Linux C与C++
一线开发实践

朱文伟 李建英 著

清华大学出版社
北京

内 容 简 介

Linux C/C++编程在 Linux 应用程序开发中占有重要的地位，掌握这项技能将在就业竞争中立于不败之地。本书是一本针对初、中级读者的、贴近软件公司一线开发实践的书。

本书共分为 19 章，内容包括 Linux 概述、搭建开发环境、语言基础、文件编程、多进程编程、进程间通信、Web 编程、多线程编程、Linux 下的库、TCP/IP 协议基础、网络编程、网络性能测试工具 iPerf 简析、版本控制和 SVN 工具、C++跨平台开发以及安全编程等。

本书适合想全面学习 Linux 环境下 C/C++语言编程的读者，并可作为初中级开发人员的案头查阅与参考手册，也适合作为高等院校和培训学校相关专业师生的教学参考书。

图书在版编目（CIP）数据

Linux C 与 C++一线开发实践 / 朱文伟，李建英著. 一北京：清华大学出版社，2018（2023.3 重印）
ISBN 978-7-302-51255-4

I. ①L… II. ①朱… ②李…III. ①Linux 操作系统—程序设计②C 语言—程序设计③C++语言—程序设计 IV. ①TP316.89 ②TP312.8

中国版本图书馆 CIP 数据核字（2018）第 213834 号

责任编辑：夏毓彦
封面设计：王　翔
责任校对：闫秀华
责任印制：宋　林

出版发行：清华大学出版社
网　　址：http://www.tup.com.cn，http://www.wqbook.com
地　　址：北京清华大学学研大厦 A 座　　　　　　邮　　编：100084
社 总 机：010-83470000　　　　　　　　　　　邮　　购：010-62786544
投稿与读者服务：010-62776969，c-service@tup.tsinghua.edu.cn
质量反馈：010-62772015，zhiliang@tup.tsinghua.edu.cn

印 装 者：三河市龙大印装有限公司
经　　销：全国新华书店
开　　本：190mm×260mm　　　印　　张：44.75　　　字　　数：1152 千字
版　　次：2018 年 12 月第 1 版　　　　　　　　　印　　次：2023 年 3 月第 6 次印刷
定　　价：129.00 元

产品编号：072288-01

前　言

　　这是一本 Linux C/C++入门的经典图书。任何学过 C/C++语言并立志成为一名 Linux 开发工程师的朋友，都可以从本书起步。本书虽然有点厚，但内容通俗易懂，由浅入深，并且实例丰富、步骤详细、注释充分，相信大家都能看得懂。对于中高级开发人员，也可以通过本书快速上手 Linux C/C++的实际开发。本书并没有详细讲述 C++语言部分（但也进行了一定程度的叙述），而是把更多的笔墨放在 Linux 编程方面，因此书中都是实实在在的 Linux 编程"干货"。此外，实例丰富是本书的一大特点，大家应该知道，编程开发只是了解理论是不够的，只有自己上机调试运行实例，才能深刻理解编程，尤其是 C/C++。另外，为了照顾初学者，每个实例步骤都非常详细，并且从建立工程到运行工程都有着丰富的注释。最后，本书所有例子都在 CentOS 7 上用 gcc/g++编译通过。

　　本书在讲述基本编程的同时，也讲述了很多一线实践开发中经常会碰到的问题和解决方案，可以说本书是紧贴工业界的图书。希望大家能够通过本书的学习打好 Linux 开发的基础，早日成为 Linux C/C++开发高手。

本书示例源代码下载

　　本书示例源代码，请用微信扫描下面的二维码获取，可按扫描后的页面提示，把下载链接转发到自己的邮箱下载。如果下载有问题，请联系 booksaga@163.com，邮件主题为"Linux C 与 C++一线开发实践"。

技术支持与鸣谢

虽然编者尽了最大努力，但是书中难免会出现一些疏漏，希望大家不吝指正。这里要感谢作者夫人李建英，没有她认真测试示例程序就不能顺利完成本书的写作。同时也感谢清华大学出版社的老师们，他们辛勤的工作使得本书得以顺利出版。

编　者

2018 年 11 月

目　录

第 1 章　Linux 概述 ·· 1

1.1　什么是 Linux ··· 1

1.2　Linux 的简史 ··· 2

1.3　Linux 和 Windows 的比较 ··· 4

1.4　Linux 主要应用领域 ··· 4

1.5　Linux 的版本 ··· 5

1.6　使用哪个版本的 Linux 进行学习 ··· 5

1.7　Linux 的特点 ··· 5

1.8　如何学习 Linux ·· 6

1.9　命令行还是图形界面 ··· 6

1.10　计算机启动的基本过程 ·· 6

　　1.10.1　按下电源 ··· 7

　　1.10.2　BIOS 自检 ··· 7

　　1.10.3　系统引导 ··· 8

　　1.10.4　实模式和保护模式 ··· 10

1.11　启动内核 ·· 11

1.12　认识 Shell ·· 11

1.13　常见的 Shell ··· 11

1.14　图形界面和字符界面的切换 ·· 12

　　1.14.1　在不退出 X-Window 的情况下切换到字符界面 ······························ 12

　　1.14.2　强行退出 X-Window 进入文本模式 ·· 12

　　1.14.3　设置每次开机进入字符界面 ·· 13

　　1.14.4　从字符界面进入图形界面 ··· 14

1.15　Shell 命令概述 ·· 14

1.16　环境变量 ·· 14

第 2 章　搭建 Linux C++开发环境 ·································· 16

2.1　准备 Linux 虚拟机 ·· 16

2.2　连接 Linux 虚拟机 ·· 20

2.2.1　通过桥接模式连接虚拟机 ······························ 21

2.2.2　主机模式 ·· 24

2.2.3　通过 NAT 模式连接虚拟机 ···························· 25

2.3　通过终端工具连接 Linux 虚拟机 ·································· 27

2.4　搭建 Linux 下的 C++开发环境 ···································· 30

2.4.1　非集成开发方式 ·· 30

2.4.2　集成开发方式 ·· 31

2.5　搭建 Windows 下的 Linux C++开发环境 ······················ 37

2.5.1　搭建非集成式的 Windows 下的 Linux C++开发环境 ·················· 37

2.5.2　搭建集成式的 Windows 下的 Linux C++开发环境 ··················· 39

2.6　需要掌握的开发工具 ··· 49

2.7　vi 编辑器的使用 ·· 50

2.7.1　vi 编辑器概述 ·· 50

2.7.2　vi 编辑器的工作模式 ······································ 50

2.7.3　vi 的基本操作 ·· 51

2.7.4　命令行模式下的基本操作 ································· 51

2.7.5　插入模式 ·· 55

2.7.6　末行模式操作 ·· 55

2.8　gcc 编译器的使用 ·· 57

2.8.1　gcc 对 C 语言的编译过程 ································· 57

2.8.2　gcc 所支持的后缀名文件 ·································· 62

2.8.3　gcc 的语法格式 ·· 62

2.8.4　gcc 常见选项 ··· 64

2.9　g++的基本使用 ··· 75

2.10　gdb 调试器的使用 ··· 77

2.10.1　为何要学习 gdb 调试器 ·································· 77

2.10.2　gdb 简介 ·· 77

2.10.3　重要准备 ··· 77

2.10.4　启动 gdb ·· 77

2.10.5　退出 gdb ·· 78

2.10.6　gdb 的常用命令概述 ···79

2.10.7　file 命令加载程序 ···80

2.10.8　list 命令显示源代码 ···80

2.10.9　run 命令运行程序 ···83

2.10.10　break 命令设置断点 ···85

第 3 章　C++语言基础···89

3.1　C++基础知识 ···89

3.1.1　C++程序结构 ···89

3.1.2　注释 ···91

3.1.3　变量和数据类型 ··92

3.1.4　标识 ···92

3.1.5　基本数据类型 ···93

3.1.6　变量的定义和 C++11 中的 auto ··94

3.1.7　变量的范围 ··98

3.1.8　变量初始化 ··98

3.1.9　常量 ···99

3.1.10　操作符/运算符 ···103

3.1.11　控制台交互 ··110

3.2　控制结构···115

3.2.1　条件结构 ··115

3.2.2　循环结构 ··116

3.2.3　分支控制和跳转 ···120

3.2.4　选择结构语句 switch ···122

3.3　函数···123

3.4　函数高级话题 ···127

3.4.1　参数按数值传递和按地址传递 ···127

3.4.2　函数重载 ··130

3.4.3　内联函数 ··131

3.4.4　递归 ··132

3.4.5　函数的声明 ···133

3.5　高级数据类型 ···134

3.5.1　数组 134

3.5.2　指针 145

3.5.3　动态分配内存 155

3.5.4　结构体 159

3.5.5　自定义数据类型 165

3.6　面向对象编程 168

3.6.1　类 168

3.6.2　构造函数和析构函数 171

3.6.3　构造函数重载 173

3.6.4　类的指针 175

3.6.5　由关键字 struct 和 union 定义的类 176

3.6.6　操作符重载 176

3.6.7　关键字 this 179

3.6.8　静态成员 180

3.6.9　类之间的关系 182

3.6.10　多态 189

3.7　C++面向对象小结 195

3.8　C++高级知识 199

3.8.1　模板 199

3.8.2　命名空间 205

3.8.3　异常处理 209

3.8.4　预处理指令 213

3.8.5　预定义宏 215

3.8.6　C++11 中的预定义宏 216

3.9　字符串 218

3.9.1　字符串基础 218

3.9.2　搜索与查找 227

3.10　再论异常处理 233

3.10.1　基本概念 233

3.10.2　抛出异常 234

3.10.3　捕获异常 234

3.10.4　C++ 标准异常 235

3.10.5　定义新的异常 236

3.11 再论函数模板 ···237

3.12 字符集 ··239

　　3.12.1 计算机上的 3 种字符集 ···239

　　3.12.2 查看 Linux 系统的字符集 ··241

　　3.12.3 修改 Linux 系统的字符集 ··242

　　3.12.4 Unicode 编码的实现 ··242

　　3.12.5 C 运行时库对 Unicode 的支持 ·······································246

　　3.12.6 C++标准库对 Unicode 的支持 ··247

　　3.12.7 字符集相关实例 ··248

第 4 章 Linux 文件编程 ··249

4.1 文件系统 ··249

　　4.1.1 基本概念 ··249

　　4.1.2 文件系统层次结构标准 ··249

4.2 文件的属性信息 ···250

4.3 i 节点 ···251

　　4.3.1 基本概念 ··251

　　4.3.2 i 节点的内容 ···251

　　4.3.3 i 节点的使用状况 ···253

4.4 文件类型 ··254

　　4.4.1 普通文件 ··255

　　4.4.2 目录 ··255

　　4.4.3 块设备文件 ··256

　　4.4.4 字符设备文件 ··257

　　4.4.5 链接文件 ··257

4.5 文件权限 ··259

4.6 Linux 文件 I/O 编程的基本方式 ···260

4.7 什么是 I/O ··260

4.8 Linux 系统调用下的文件 I/O 编程 ···261

　　4.8.1 文件描述符 ··261

　　4.8.2 打开或创建文件 ··262

　　4.8.3 创建文件 ··263

　　4.8.4 关闭文件 ··264

4.8.5　读取文件中的数据 266

4.8.6　向文件写入数据 268

4.8.7　设定文件偏移量 269

4.8.8　获取文件状态 271

4.8.9　文件锁定 272

4.8.10　建立文件和内存映射 276

4.8.11　mmap 和共享内存对比 279

4.9　C++方式下的文件 I/O 编程 280

4.9.1　流的概念 280

4.9.2　流的类库 280

4.9.3　打开文件 281

4.9.4　关闭文件 283

4.9.5　写入文件 283

4.9.6　读取文件 283

4.9.7　文件位置指针 285

4.9.8　状态标志符的验证 287

4.9.9　读写文件数据块 288

4.10　文件编程中的其他操作 290

4.10.1　获取文件有关信息 290

4.10.2　创建和删除文件目录项 293

第 5 章　多进程编程 296

5.1　进程的基本概念 296

5.2　进程的描述 296

5.2.1　进程的标识符 299

5.2.2　PID 文件 301

5.3　进程的创建 303

5.3.1　使用 fork 创建进程 303

5.3.2　使用 exec 创建进程 305

5.3.3　使用 system 创建进程 311

5.4　进程调度 312

5.5　进程的分类 315

5.5.1　前台进程 315

  5.5.2 后台进程 315

 5.6 守护进程 316

  5.6.1 守护进程的概念 316

  5.6.2 守护进程的特点 317

  5.6.3 查看守护进程 317

  5.6.4 守护进程的分类 318

  5.6.5 守护进程的启动方式 319

  5.6.6 编写守护进程的步骤 319

第 6 章 Linux 进程间的通信 ·· 323

 6.1 信号 323

  6.1.1 信号的基本概念 323

  6.1.2 与信号相关的系统调用 328

 6.2 管道 336

  6.2.1 管道的基本概念 336

  6.2.2 管道读写的特点 337

  6.2.3 管道的局限性 337

  6.2.4 创建管道函数 pipe 338

  6.2.5 读写管道函数 read/write 338

  6.2.6 等待子进程中断或结束的函数 wait 338

  6.2.7 使用管道的特殊情况 342

 6.3 消息队列 342

  6.3.1 创建和打开消息队列函数 msgget 343

  6.3.2 获取和设置消息队列的属性函数 msgctl 343

  6.3.3 将消息送入消息队列的函数 msgsnd 344

  6.3.4 从消息队列中读取一条新消息的函数 msgrcv 345

  6.3.5 生成键值函数 ftok 346

第 7 章 C++ Web 编程 ·· 354

 7.1 CGI 程序的工作方式 354

 7.2 架设 Web 服务器 Apache 354

第 8 章 多线程基本编程 ·· 358

 8.1 使用多线程的好处 358

 8.2 多线程编程的基本概念 359

8.2.1　操作系统和多线程 ···359

8.2.2　线程的基本概念 ··359

8.2.3　线程的状态 ···360

8.2.4　线程函数 ···361

8.2.5　线程标识 ···361

8.2.6　C++多线程开发的两种方式 ···361

8.3　利用 POSIX 多线程 API 函数进行多线程开发 ···362

8.3.1　线程的创建 ···362

8.3.2　线程的属性 ···367

8.3.3　线程的结束 ···379

8.3.4　线程退出时的清理机会 ···387

8.4　C++11 中的线程类 ···392

8.4.1　线程的创建 ···393

8.4.2　线程的标识符 ··401

8.4.3　当前线程 this_thread ··402

第 9 章　多线程高级编程 ···406

9.1　多线程的同步和异步 ··406

9.2　线程同步 ···406

9.3　利用 POSIX 多线程 API 函数进行线程同步 ···411

9.3.1　互斥锁 ···411

9.3.2　读写锁 ···417

9.3.3　条件变量 ··424

9.4　C++11/14 中的线程同步 ··431

9.5　线程池 ··434

9.5.1　线程池的定义 ··434

9.5.2　使用线程池的原因 ··435

9.5.3　用 C++实现一个简单的线程池 ··435

第 10 章　Linux 下的库 ···441

10.1　库的基本概念 ···441

10.2　库的分类 ···441

10.3　静态库 ··442

10.3.1　静态库的基本概念 ···442

　　　　10.3.2　静态库的创建和使用 ·· 442

　　10.4　动态库 ··· 445

　　　　10.4.1　动态库的基本概念 ·· 445

　　　　10.4.2　动态库的创建和使用 ·· 445

第 11 章　TCP/IP 协议基础 ··· 450

　　11.1　什么是 TCP/IP ·· 450

　　11.2　TCP/IP 协议的分层结构 ·· 450

　　11.3　应用层 ··· 453

　　　　11.3.1　DNS ·· 454

　　　　11.3.2　端口的概念 ·· 454

　　11.4　传输层 ··· 455

　　　　11.4.1　TCP 协议 ··· 455

　　　　11.4.2　UDP 协议 ··· 456

　　11.5　网络层 ··· 456

　　　　11.5.1　IP 协议 ·· 456

　　　　11.5.2　ARP 协议 ··· 462

　　　　11.5.3　RARP 协议 ·· 464

　　　　11.5.4　ICMP 协议 ·· 465

　　11.6　数据链路层 ··· 474

　　　　11.6.1　数据链路层的基本概念 ··· 474

　　　　11.6.2　数据链路层的主要功能 ··· 474

第 12 章　套接字基础 ·· 476

　　12.1　网络程序的架构 ··· 477

　　12.2　套接字的类型 ·· 478

　　12.3　套接字的地址结构 ·· 478

　　12.4　主机字节序和网络字节序 ·· 479

　　12.5　出错信息的获取 ··· 481

第 13 章　TCP 套接字编程 ··· 483

　　13.1　TCP 套接字编程的基本步骤 ··· 483

　　13.2　协议簇和地址簇 ··· 484

　　13.3　socket 地址 ·· 487

　　　　13.3.1　通用 socket 地址 ·· 487

13.3.2 专用 socket 地址 ······ 488

13.3.3 IP 地址的转换 ······ 489

13.4 TCP 套接字编程的相关函数 ······ 491

13.4.1 socket 函数 ······ 491

13.4.2 bind 函数 ······ 492

13.4.3 listen 函数 ······ 494

13.4.4 accept 函数 ······ 494

13.4.5 connect 函数 ······ 495

13.4.6 write 函数 ······ 497

13.4.7 read 函数 ······ 498

13.4.8 send 函数 ······ 498

13.4.9 recv 函数 ······ 499

13.4.10 close 函数 ······ 499

13.4.11 获得套接字地址 ······ 499

13.4.12 阻塞套接字的使用 ······ 504

13.4.13 非阻塞套接字的使用 ······ 511

第 14 章 UDP 套接字编程 ······ 525

14.1 UDP 套接字编程的基本步骤 ······ 525

14.2 TCP 套接字编程的相关函数 ······ 526

14.2.1 消息发送函数 sendto 和 sendmsg ······ 526

14.2.2 消息接收函数 recvfrom 和 recvmsg ······ 527

14.3 实战 UDP 套接字 ······ 529

14.4 UDP 丢包及无序问题 ······ 538

第 15 章 原始套接字编程 ······ 539

15.1 原始套接字概述 ······ 539

15.2 与标准套接字的区别 ······ 539

15.3 原始套接字的编程方法 ······ 540

15.4 面向链路层的原始套接字编程函数 ······ 540

15.4.1 创建原始套接字函数 ······ 540

15.4.2 接收函数 recvfrom ······ 541

15.4.3 发送函数 sendto ······ 542

15.5 以太网帧格式 ······ 545

15.6　获取网络接口的信息 ……………………………………………………………… 547

15.7　实战链路层的原始套接字 ………………………………………………………… 550

　　15.7.1　常见的应用场景 …………………………………………………………… 550

　　15.7.2　混杂模式 …………………………………………………………………… 577

　　15.7.3　链路层原始套接字开发注意事项 ………………………………………… 596

15.8　面向 IP 层的原始套接字编程 ……………………………………………………… 597

第 16 章　C++网络性能测试工具 iPerf 的简析 ……………………………………… 605

16.1　iPerf 概述 …………………………………………………………………………… 605

16.2　iPerf 的特点 ………………………………………………………………………… 605

16.3　iPerf 的工作原理 …………………………………………………………………… 605

16.4　iPerf 的主要功能 …………………………………………………………………… 606

16.5　在 Linux 下安装 iPerf ……………………………………………………………… 607

16.6　iPerf 的简单使用 …………………………………………………………………… 608

16.7　iPerf 源代码概述 …………………………………………………………………… 609

16.8　Thread 类 …………………………………………………………………………… 610

　　16.8.1　数据成员说明 ……………………………………………………………… 611

　　16.8.2　主要函数成员 ……………………………………………………………… 611

16.9　SocketAddr 类 ……………………………………………………………………… 615

16.10　Socket 类 …………………………………………………………………………… 617

　　16.10.1　Listen 函数 ………………………………………………………………… 618

　　16.10.2　Accept 函数 ……………………………………………………………… 620

　　16.10.3　Connect 函数 ……………………………………………………………… 620

第 17 章　版本控制和 SVN 工具 ……………………………………………………… 623

17.1　SVN 简介 …………………………………………………………………………… 623

　　17.1.1　什么是 SVN ………………………………………………………………… 623

　　17.1.2　使用 SVN 的好处 …………………………………………………………… 624

　　17.1.3　使用 SVN 的基本流程 ……………………………………………………… 624

17.2　SVN 服务器的安装和配置 ………………………………………………………… 624

　　17.2.1　VisualSVN 服务器的安装和配置 ………………………………………… 624

　　17.2.2　SVN 客户端在 Windows 上的使用 ……………………………………… 629

第 18 章　C++跨平台开发 ……………………………………………………………… 634

18.1　什么是跨平台 ……………………………………………………………………… 634

18.2　C++的可移植性 ·· 634

18.2.1　可移植性的概念 ·· 634

18.2.2　影响 C++语言可移植性的因素 ·· 635

18.3　设计跨平台软件的原则 ·· 638

18.3.1　避免语言的扩展特性 ·· 638

18.3.2　实现动态的处理 ·· 638

18.3.3　使用脚本文件进行管理 ··· 639

18.3.4　使用安全的数据串行化 ··· 640

18.3.5　跨平台开发中的编译及测试 ··· 641

18.3.6　实现抽象 ··· 641

18.4　建立跨平台的开发环境 ·· 642

18.4.1　跨平台开发编译器的选择 ·· 642

18.4.2　建立跨平台的 Make 系统 ·· 643

18.5　C++语言跨平台软件开发的实现 ·· 648

18.6　C++语言跨平台的开发策略 ·· 649

18.7　建立统一的工程包 ·· 650

18.8　建立跨平台的代码库 ··· 650

18.9　工厂模式与单例模式的实现 ·· 651

18.10　利用平台依赖库封装平台相关代码 ·· 651

18.11　处理器的差异控制 ··· 652

18.11.1　内存对齐 ··· 652

18.11.2　字节顺序 ··· 653

18.11.3　类型的大小 ·· 654

18.11.4　使用预编译处理类型差异 ·· 654

18.12　编译器的差异控制 ··· 655

18.12.1　实现平台无关的代码 ·· 655

18.12.2　内存管理 ··· 657

18.12.3　容错性的影响 ··· 657

18.12.4　利用日志管理异常 ··· 657

18.13　操作系统和接口库 ··· 658

18.13.1　文件描述符的限制 ··· 659

18.13.2　进程和线程的限制 ··· 659

18.13.3　操作系统抽象层 ·· 659

18.14　用户界面 ……………………………………………………………………… 660

18.14.1　跨平台软件图形界面的设计 ……………………………………… 660

18.14.2　wxWidgets 简介 …………………………………………………… 661

18.14.3　使用 wxWidgets 开发跨平台软件的界面 ………………………… 661

第 19 章　Linux 下的安全编程 ………………………………………………………… 663

19.1　本章概述 ………………………………………………………………………… 663

19.2　密码学基础知识 ………………………………………………………………… 665

19.2.1　密码学概述 …………………………………………………………… 665

19.2.2　对称密钥加密技术 …………………………………………………… 665

19.2.3　公开密钥加密技术 …………………………………………………… 666

19.2.4　单向散列函数算法 …………………………………………………… 667

19.2.5　数字签名基础知识 …………………………………………………… 667

19.3　身份认证基础知识 ……………………………………………………………… 668

19.3.1　身份认证概述 ………………………………………………………… 668

19.3.2　身份认证的方式 ……………………………………………………… 669

19.4　密码编程的两个重要库 ………………………………………………………… 670

19.5　OpenSSL 的简介 ………………………………………………………………… 671

19.6　OpenSSL 模块分析 ……………………………………………………………… 671

19.6.1　OpenSSL 源代码模块结构 …………………………………………… 671

19.6.2　OpenSSL 加密库调用方式 …………………………………………… 672

19.6.3　OpenSSL 支持的对称加密算法 ……………………………………… 673

19.6.4　OpenSSL 支持的非对称加密算法 …………………………………… 673

19.6.5　OpenSSL 支持的信息摘要算法 ……………………………………… 673

19.6.6　OpenSSL 密钥和证书管理 …………………………………………… 673

19.7　面向对象与 OpenSSL ……………………………………………………………… 674

19.7.1　BIO 接口 ……………………………………………………………… 675

19.7.2　EVP 接口 ……………………………………………………………… 676

19.8　OpenSSL 的下载、编译和升级安装 …………………………………………… 677

19.9　对称加解密算法的分类 ………………………………………………………… 680

19.9.1　流对称算法 …………………………………………………………… 680

19.9.2　分组对称算法 ………………………………………………………… 680

19.9.3　了解库和头文件 ……………………………………………………… 684

19.10　利用 OpenSSL 进行对称加解密 686

　　19.10.1　一些基本概念 686

　　19.10.2　对称加解密相关函数 687

19.11　Crypto++的简介 695

19.12　Crypto++的编译 696

19.13　Crypto++进行 AES 加解密 696

第1章 Linux概述

1.1 什么是Linux

讲到开源操作系统软件 Linux，就不能不提 GNU 计划，真是因为 GNU 计划，才使得包括 Linux 在内的各种著名开源软件蓬勃发展起来。所以在介绍 Linux 之前，首先要介绍一下 GNU 计划。

GNU 计划在 1983 年 9 月 27 日公开发起，创始人是 Richard Stallman。GNU 计划的目标是创建一套完全自由的操作系统。

如何创建，基于什么思想呢？当时 UNIX 操作系统是主流的商业操作系统，因此 GNU 把目光投向了 UNIX 操作系统，即实现一个与 UNIX 接口标准兼容的操作系统，同时要开发出一些基础软件。

GNU 计划的另一个重要内容是许可证，主要有 GPL、LGPL 和 GFDL。GNU 通用许可证（GNU Gerneral Public License，简称 GPL）是一个广泛使用的自由软件许可证，经历了不同的版本，比如 1989 年 1 月发布了 1.0 版本，1991 年 6 月发布了 2.0 版本，2007 年 6 月发布了 3.0 版本，其中 GPL 2.0 版是最为广泛使用的版本。GNU 自由文档许可证（GNU Free Document License，简称 GFDL）是一个内容开放的著作版权许可证，于 2000 年发布，是自由软件基金会为 GNU 计划而发布的。后来也发展了几个新版本，比如 2000 年 3 月发布的 1.1 版、2002 年 12 月发布的 1.2 版和 2008 年 11 月 3 日发布的 1.3 版。

GNU 计划大大促进了开源软件的发展，但使得 GNU 计划名声大噪的却是 Linux 操作系统。人们是从 Linux 操作系统开始知道 GNU 计划的。

准确地讲，Linux 是一个操作系统的内核，即内核的名字叫 Linux，而不是指整个操作系统叫 Linux，但现在人们已经习惯把 Linux 等价于一个操作系统，而说到内核的时候只能啰唆地说 Linux 内核，习惯的力量是强大的。

Linux 内核最初是由芬兰人林纳斯托瓦兹（Linus Torvalds）在赫尔辛基大学上学时开发出来的，完全出于爱好和方便。他在 1991 年 9 月发布了第一个版本，此后一发不可收拾。Linux 内核迅速得到大家认可，并持续开发新版本，很快 Linux 成为享誉全球的开源操作系统。在这个过程中，GNU 的 GPL 协议成了 Linux 迅速发展的重要保障。

Linux 是一个内核，只有内核还不能成为一个完整的操作系统，而且 Linux 内核并不是 GNU 的组成部分。此时，GNU 计划下的各种操作系统工具有了用武之地，它们完美地和 Linux 内核结合在一起，迅速成为一个完整可用的操作系统，因此我们通常称 Linux 操作系统为 GNU/Linux 操作系统。GNU 有了 Linux 操作系统，于是该计划就被大家知道了。

前面提到 GNU 希望实现一个与 UNIX 接口标准兼容的操作系统，而 Linux 作为一个类 UNIX 系统，基本符合 UNIX 的一个重要标准——POSIX 标准。该标准是 IEEE 为要在 UNIX 操作系统上运行的软件而定义的一些 API 接口的标准，目的是提高代码的可移植性。POSIX 的正式名称是 IEEE 1003，国际名称是 ISO/IEC9945，全称是 Portable Operating System Interface（可移植操作系统界面）。

目前，Linux 操作系统在服务器领域、嵌入式领域、党政军涉密领域、国产化自主可控领域应用非常广泛。大家学好 Linux 可谓大有前途。

1.2　Linux 的简史

为什么要了解 Linux 的历史呢？方便以后研究 Linux 内核代码，因为研读 Linux 内核代码的时候都是从最基本、最初的内核代码开始研读的。

最早在 1991 年 8 月，芬兰一个名为 Linus Torvalds 的大学生，开发出了一个可系统，运行在 IBM 386 以上的电脑上。在 1991 年 10 月 5 日，Linus Torvalds 在新闻组 comp.os.minix 发布了大约有一万行代码的 Linux v0.01 版本。到了 1992 年，大约有 1000 人在使用 Linux，值得一提的是，他们基本上都属于真正意义上的 hacker（黑客）。

到了 1993 年，大约有 100 余名程序员参与了 Linux 内核代码的编写和修改工作，其中核心组由 5 人组成，此时 Linux 0.99 的代码大约有 10 万行，用户大约有 10 万。

1994 年 3 月，Linux 1.0 发布，代码量为 17 万行，当时是完全按照自由免费协议发布的，随后正式采用 GPL 协议。至此，Linux 的代码开发进入良性循环。很多系统管理员开始在自己的操作系统环境中尝试 Linux，并将修改的代码提交给核心小组。由于拥有了丰富的操作系统平台，因此 Linux 的代码中也充实了对不同硬件系统的支持，大大地提高了跨平台移植性。

1995 年，Linux 已可在 Intel、Digital 以及 Sun SPARC 处理器上运行，用户量也超过了 50 万，相关介绍 Linux 的 Linux Journal 杂志也发行了 10 万多册。

1996 年 6 月，Linux 2.0 内核发布，此内核有大约 40 万行代码，并可以支持多个处理器。此时的 Linux 已经进入实用阶段，全球大约有 350 万人使用。

1997 年夏，大片《泰坦尼克号》在制作特效中使用的 160 台 Alpha 图形工作站中，有 105 台采用了 Linux 操作系统。

1998 年是 Linux 迅猛发展的一年。1 月，小红帽高级研发实验室成立，同年 RedHat 5.0 获得了 InfoWorld 的操作系统奖项。4 月，Mozilla 代码发布，成为 Linux 图形界面上的王牌浏览器。RedHat 宣布支持商业计划，召集了多名优秀技术人员开始商业运作。王牌搜索引擎 Google 现身，采用的也是 Linux 服务器。值得一提的是，Oracle 和 Informix 两家数据库厂商明确表示不支持 Linux，这个决定给予 MySQL 数据库充分的发展机会。同年 10 月，Intel 和 Netscape 宣布小额投资红帽软件，这被业界视作 Linux 获得商业认同的信号。同月，微软在法国发布了反 Linux 公开信，这表明微软公司开始将 Linux 视作一个对手。12 月，IBM 发布了适用于 Linux 的文件系统 AFS 3.5 以及 Jikes Java 编辑器和 Secure Mailer 及 DB2 测试版。IBM 的此番行为可以看作是与 Linux 羞答答的第一次亲密接触。迫于 Windows 和 Linux 的压力，Sun 逐渐开放了 Java 协议，并且在 UltraSparc 上支持 Linux 操作系统。1998 年可以说是 Linux 与商业接触的一年。

1999 年，IBM 宣布与 RedHat 公司建立伙伴关系，以确保 RedHat 在 IBM 机器上正确运行。3 月，第一届 LinuxWorld 大会召开，象征着 Linux 时代的来临。IBM、Compaq 和 Novell 宣布投资 RedHat 公司，以前一直对 Linux 持否定态度的 Oracle 公司也宣布投资。5 月，SGI 公司宣布向 Linux 移植其先进的 XFS 文件系统。对于服务器来说，高效可靠的文件系统是不可或缺的，SGI 的慷慨移植再一次帮助了 Linux 确立在服务器市场的专业性。7 月，IBM 启动对 Linux 的支持服务并发布了 Linux DB2，从此结束了 Linux 得不到支持服务的历史，这可以视作 Linux 真正成为服务器操作系统一员的重要里程碑。

2000 年初始，Sun 公司在 Linux 的压力下宣布 Solaris 8 降低售价。事实上，Linux 对 Sun 造成的冲击远比对 Windows 更大。2 月，RedHat 发布了嵌入式 Linux 的开发环境，Linux 在嵌入式行业的潜力逐渐被发掘出来。4 月，拓林思公司宣布推出中国首家 Linux 工程师认证考试，从此使 Linux 操作系统管理员的水准可以得到权威机构的资格认证，此举大大增加了国内 Linux 爱好者学习的热情。伴随着国际上的 Linux 热潮，国内的联想集团推出了"幸福 Linux 家用版"，同年 7 月，中科院与新华科技合作发展红旗 Linux，此举让更多的国内个人用户认识到了存在 Linux 这个操作系统。11 月，Intel 与 Xteam 合作，推出基于 Linux 的网络专用服务器，此举结束了 Linux 单向顺应硬件商硬件开发驱动的历史。

2001 年新年伊始就爆出新闻，Oracle 宣布在 OTN 上的所有会员都可以免费索取 Oracle 9i 的 Linux 版本，从几年前的"绝不涉足 Linux 系统"到如今的主动献媚，足以体现 Linux 的发展迅猛。IBM 则决定投入 10 亿美元扩大 Linux 系统的运用，此举犹如一针强心剂，令华尔街的投资者闻风而动。到了 5 月这个初夏的时节，微软公开反对 GPL 引起了一场大规模的论战。8 月，红色代码爆发，引得许多站点纷纷从 Windows 操作系统转向 Linux 操作系统，虽然是一次被动的转变，不过也算是一次应用普及吧。12 月，Red Hat 为 IBM S/390 大型计算机提供了 Linux 解决方案，从此结束了 AIX "孤单独行无人伴"的历史。

2002 年是 Linux 企业化的一年。2 月，微软公司迫于各州政府的压力，宣布扩大公开代码行动，这是 Linux 开源带来的深刻影响的结果。3 月，内核开发者宣布新的 Linux 系统支持 64 位的计算机。

2003 年 1 月，NEC 宣布将在其手机中使用 Linux 操作系统，代表着 Linux 成功进军手机领域。5 月，SCO 表示就 Linux 使用的涉嫌未授权代码等问题对 IBM 进行起诉，此时人们才留意到，原本由 SCO 垄断的银行/金融领域，份额已经被 Linux 抢占了不少。9 月，中科红旗发布 Red Flag Server 4 版本，性能改进良多。11 月，IBM 注资 Novell 以 2.1 亿收购 SuSE，同期 RedHat 计划停止免费的 Linux，顿时业内骂声四起。Linux 在商业化的路上渐行渐远。

"天下事分久必合，合久必分"，2004 年 1 月，SuSE 嫁到了 Novell，SCO 继续顶着骂名四处强行"化缘"，Asianux、MandrakeSoft 也在 5 年中首次宣布季度赢利。3 月，SGI 宣布成功实现了 Linux 操作系统支持 256 个 Itanium 2 处理器。4 月，美国斯坦福大学 Linux 大型机系统被黑客攻陷，再次证明了没有绝对安全的 OS。6 月的统计报告显示，在世界 500 强超级计算机系统中，使用 Linux 操作系统的已经占到了 280 席，抢占了原本属于各种 UNIX 的份额。9 月，HP 开始网罗 Linux 内核代码人员，以影响新版本的内核朝对 HP 有利的方向发展，而 IBM 则准备推出 OpenPower 服务器，仅运行 Linux 系统。

至今，Linux 仍然经久不衰，并且越来越受计算机学习者的追捧，人们都在大力学习这个操作系统，虚拟机、嵌入式系统等领域都对 Linux 有着情有独钟的感情，所以学好 Linux 前途一片光明。

1.3　Linux 和 Windows 的比较

相信大家对 Windows 操作系统已经是如数家珍了。现在要接触新的操作系统 Linux，可能开始有些抵触情绪，为何要学它，它和 Windows 有什么区别？Linux 和 Windows 两个操作系统各有优缺点，两者也在很多情况下互相借鉴、互相融合。在易用性方面，Windows 仍然处于优势；在灵活性方面，Linux 则占据上风；在安全性方面，Linux 系统比 Windows 系统好；在应用软件支持方面，一直是 Windows 强；Linux 的真正优势是服务器操作系统和嵌入式操作系统。我们可以通过表 1-1 来了解一下两者的重大区别。

表 1-1　Windows 与 Linux 两者的重大区别

特　点	Windows	Linux
安全性能	一般	好
稳定性	好	很好
软件支持	很好	好
硬件支持	好	一般
源代码	保密	开放
系统可调节性	基于界面的规范性，更易于调节	具有极大的可调节性
使用方便性	非常方便	方便
版权限制和费用	有	无
技术支持	好	基于社团形式的

1.4　Linux 主要应用领域

Windows 已经牢牢占据了普通用户的桌面 PC 市场。那么 Linux 呢，它的主要应用领域在哪里呢？Linux 操作系统源代码公开和免费的特点使其迅速发展壮大，赢得了许多大型软件公司的支持。Linux 的主要应用领域如下：

（1）Linux 服务器（中低端的应用服务器）。
（2）嵌入式 Linux 系统 （信息家电、智能仪表、网络安全产品等）。
（3）桌面市场（办公软件、电子政务）。

1.5 Linux **的版本**

Linux 的版本分为发行版本和内核版本，而内核版本又分为开发版本和稳定版本。为了安装方便，将 Linux 内核、系统软件/应用软件打包在一起发行，称作发行版本。

Linux 的内核版本号由 3 个字母组成：r、x、y。这 3 个字母的含义如下：

● r：目前发布的内核版本。
● x：偶数表示稳定版本，奇数表示开发中版本。
● y：错误修补的次数。

比如 kernel 2.0.38、kernel 2.6.13-17、kernel 3.10.0。

我们可以在命令行下用 uname -a 或 cat /proc/version 查看当前系统的内核版本号。

Linux 发行（Distribution）版（套件）以 Linux Kernel 为核心，搭配各种应用程序和工具。许多个人、组织和企业开发了基于 GNU/Linux 的 Linux 发行版。目前有 200 余种 Linux Distribution，Linux 发行版大体可以分为两类：商业公司维护和社区组织维护。前者以著名的 RedHat（RHEL）为代表，后者以 Debian、CentOS 为代表。查看发行版本的命令是：cat /etc/redhat-release。

当今比较流行的发行版如下：

● Red Hat：http://www.redhat.com。
● Mandrake：http://www.linux-mandrake.com/en/。
● Slackware：http://www.slackware.com/。
● SuSE：http://www.suse.com/index_us.html。
● Debian：http://www.debian.org/。
● CentOS：http://www.centos.org/。
● Ubuntu：http://www.ubuntu.com.cn/。

1.6 **使用哪个版本的** Linux **进行学习**

Linux 发行版众多，有国内的，比如红旗，也有国外的，比如 RedHat、CentOS 和 Fedora 等。可以根据个人爱好和基础选中一款，其实差别也不是非常大。这里推荐 CentOS 和 Fedora，因为社区强大，这就意味着学习资料和问答的地方多。本书采用的 Linux 版本是 CentOS 7.2。

1.7 Linux **的特点**

Linux 操作系统最大的特点是免费、开源、可以定制以及功能强大。这是它能迅速在 IT 工业界发展起来的根本。从功能方面具体地讲，Linux 有如下特点：

（1）真正的多用户、多任务操作系统。

（2）符合 POSIX（The Portable Operating System Interface）标准。

（3）提供 shell 命令解释程序和编程语言。

（4）提供强大的管理功能，包括远程管理功能（SSH）。

（5）具有内核的编程接口。

（6）具有图形用户接口（KDE/GNOME）。

（7）具有大量实用的程序和通信、联网工具。

（8）Linux 系统组成部分的源代码是开放的，任何人都能修改和重新发布它。

（9）Linux 系统不仅可以运行自由发布的应用软件，还可以运行许多商业化的应用软件。

（10）Linux 可以运行在几乎所有硬件平台上，比如 x86 PC、Sun Sparc、Digital Alpha、680x0、PowerPC、MIPS 等。

1.8　如何学习 Linux

一句话：多看书，多动脑，多动手。

1.9　命令行还是图形界面

如果决定往网络管理、嵌入式开发方向发展，命令行是必须要熟练的。如果只是做上位机的桌面开发，图形界面就可以了。

1.10　计算机启动的基本过程

对于一台安装了 Linux 系统的主机来说，当用户按下开机按钮后，一共要经历如图 1-1 所示的几个过程。

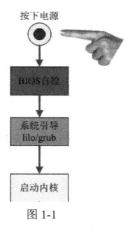

图 1-1

其中，每个过程都执行了自己该做的初始化部分，有些过程又可分为好几个子过程。接下来，我们就对每个阶段进行分析。

1.10.1 按下电源

按下电源，其实更科学的称呼是上电，因为有些嵌入式系统是通过拨动电源开关来上电的，没有按下的按钮。任何 Linux 系统的启动必然是从上电开始的。上电后，CPU 的 RESET 引脚会由特殊的硬件电路产生一个逻辑值，这就是 CPU 的复位，此时 CPU 唤醒了，CPU 将在 0xfffffff0 处执行一条长跳转指令，直接跳到固化在 ROM 中的启动代码处（这个启动代码叫作 BIOS），并开始执行 BIOS 代码。

1.10.2 BIOS 自检

20 世纪 70 年代初，"只读内存"（Read-Only Memory，ROM）发明后，开机程序被刷入 ROM 芯片，计算机通电后，第一件事就是读取它。图 1-2 所示就是一个 BIOS 芯片。

图 1-2

这块芯片里存放着 BIOS 代码。有计算机基础的人都应该听过 BIOS（Basic Input / Output System），又称基本输入输出系统，可以视为一个永久地记录在 ROM（只读存储器）中的软件，是操作系统输入输出管理系统的一部分。早期的 BIOS 芯片确实是"只读"的，里面的内容是用一种烧录器写入的，一旦写入就不能更改，除非更换芯片。现在的主板都使用一种叫 Flash EPROM 的芯片来存储系统 BIOS，里面的内容可使用主板厂商提供的擦写程序擦除后重新写入，这样就给用户升级 BIOS 提供了极大的方便。

1. 硬件自检

BIOS 程序的主要作用是硬件自检（简称 BIOS 自检），然后将控制权转交给下一阶段的启动程序。BIOS 程序的硬件自检也称上电自检（Power-On Self Test，POST），主要负责检测系统外围关键设备（如 CPU、内存、显卡、I/O、键盘鼠标等）是否正常。例如，最常见的是内存松动的情况，BIOS 自检阶段会报错，系统则无法启动起来。自检中如果发现错误，将按两种情况处理：对于严重故障（致命性故障），直接停机，此时由于各种初始化操作还没完成，因此不能给出任何提示或信号；对于非严重故障则给出提示或声音报警信号，等待用户处理。如果没有问题，屏幕就会显示出 CPU、内存、硬盘等信息。图 1-3 所示就是硬件自检过程中的一些打印信息。

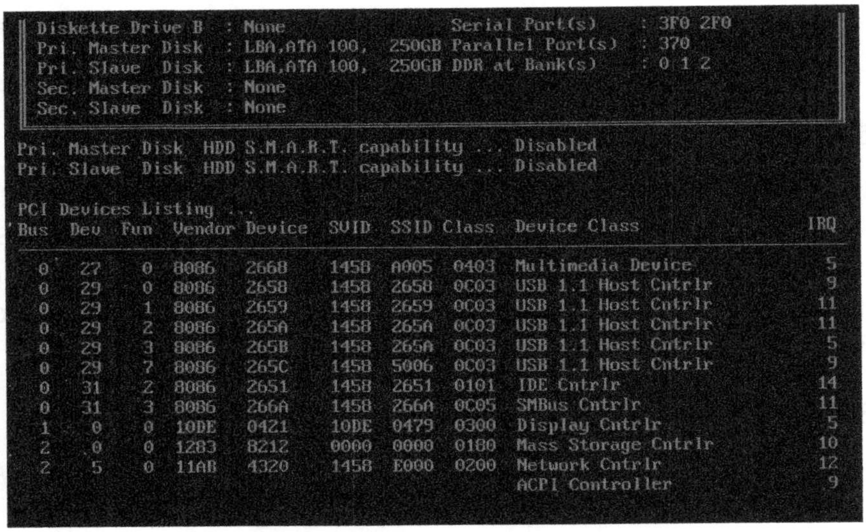

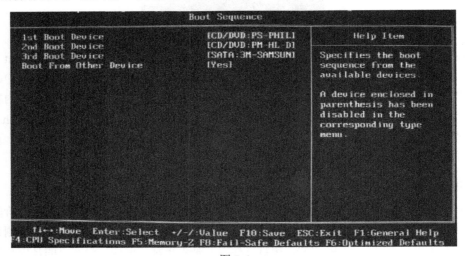

图 1-3

2. 查找引导设备

硬件自检完成后，BIOS 将把控制权转交给下一阶段的启动程序。这时，BIOS 需要知道，"下一阶段的启动程序"具体存放在哪一个设备。也就是说，BIOS 需要有一个外部储存设备的排序，排在前面的设备就是优先转交控制权的设备。这种排序叫作"启动顺序"（Boot Sequence）。打开 BIOS 的操作界面，里面有一项是"设定启动顺序"，如图 1-4 所示。

图 1-4

1.10.3 系统引导

BOIS 代码基本运行结束了，现在要将引导程序代码载入内存进行运行。那么引导代码在哪里呢？这里讲的是 PC 上的引导。PC 上的引导代码（bootloader 程序）分为两部分，第一部分位于主引导记录（MBR）上，这部分先启动，作用是引导位于某个分区上的第二部分引导程序，如 NTLDR、BOOTMGR 和 GRUB 等。所以我们经常见到的 GRUB 属于 bootloader，不属于 BIOS。

BIOS 按照"启动顺序"，把控制权转交给排在第一位的存储设备。这时，计算机读取该设备的第一个扇区，也就是读取最前面的 512 字节。如果这 512 字节的最后两个字节是 0x55 和 0xAA，就表明这个设备可以用于启动；如果不是，表明设备不能用于启动，控制权于是被转交给"启动顺序"中的下一个设备。最前面的 512 字节就叫作"主引导记录"（Master Boot Record，MBR）。"主引导记录"只有 512 字节，放不了太多东西。它的主要作用是，告诉计算机到硬盘的哪个位置去找操作系统。主引导记录由以下 3 个部分组成。

（1）第 1~446 字节：调用操作系统的机器码（第一部分引导代码）。

（2）第 447~510 字节：分区表（Partition Table）。

（3）第 511、512 字节：主引导记录签名（0x55 和 0xAA）。

BIOS 把第一部分引导代码装入内存后，它就退出了，此时第一部分引导就启动了。第二部分"分区表"的作用是将硬盘分成若干个区。将硬盘进行分区有很多好处。考虑到每个区可以安装不同的操作系统，因此"主引导记录"必须知道将控制权转交给哪个区。分区表的长度只有 64 字节，里面又分成 4 项，每项 16 字节。所以，一个硬盘最多只能分 4 个一级分区，又叫作"主分区"。每个主分区的 16 字节由以下 6 部分组成。

（1）第 1 个字节：如果为 0x80，就表示该主分区是激活分区，控制权要转交给这个分区。四个主分区里面只能有一个是激活的。

（2）第 2~4 个字节：主分区第一个扇区的物理位置（柱面、磁头、扇区号等）。

（3）第 5 个字节：主分区类型。

（4）第 6~8 个字节：主分区最后一个扇区的物理位置。

（5）第 9~12 字节：该主分区第一个扇区的逻辑地址。

（6）第 13~16 字节：主分区的扇区总数。

最后的 4 个字节（主分区的扇区总数）决定了这个主分区的长度。也就是说，一个主分区的扇区总数最多不超过 2 的 32 次方。如果每个扇区为 512 字节，就意味着单个分区最大不超过 2TB。再考虑到扇区的逻辑地址也是 32 位，所以单个硬盘可利用的空间最大也不超过 2TB。如果想使用更大的硬盘，只有两个方法：一是提高每个扇区的字节数；二是增加扇区总数。

介绍了一些分区表的概念后，我们继续计算机的引导。现在计算机的控制权就要转交给硬盘的某个分区了，这里又分成 3 种情况。

（1）要引导的操作系统位于激活的主分区里。4 个主分区里面只有一个是激活的。计算机会读取激活分区的第一个扇区，这个分区叫作"卷引导记录"（Volume Boot Record，VBR）。"卷引导记录"的主要作用是，告诉计算机，操作系统在这个分区里的位置。随后，计算机就会加载操作系统了。

（2）要引导的操作系统位于逻辑分区里。随着硬盘越来越大，4 个主分区已经不够了，需要更多的分区。但是，分区表只有 4 项，因此规定有且只有一个区可以被定义成"扩展分区"（Extended

Partition）。所谓"扩展分区"，就是指这个区里面又分成多个区。这种分区里面的分区就叫作"逻辑分区"（Logical Partition）。扩展分区包含一个或多个逻辑分区。

计算机先读取扩展分区的第一个扇区，叫作"扩展引导记录"（Extended Boot Record，EBR）。它里面也包含一张 64 字节的分区表，但是最多只有两个分区项，第一个分区项描述第一个逻辑分区，第二个分区项描述第二个逻辑分区，如果不存在下一个逻辑分区，第二个分区项就不需要使用。如果有两个分区项，计算机就可以找到第二个逻辑分区，接着会读取第二个逻辑分区的第一个扇区，再从里面的分区表中找到第三个逻辑分区的位置，以此类推，直到某个逻辑分区的分区表只包含它自身为止（只有一个分区项）。因此，扩展分区可以包含无数个逻辑分区。

如果要启动扩展分区（逻辑分区）上的操作系统，计算机读取"主引导记录"前面 446 字节的机器码之后，不再把控制权转交给某一个分区，而是运行事先安装好的"启动管理器"程序（比如 GRUB），这意味着第二部分引导代码启动了。它提示用户选择启动哪一个操作系统。Linux 环境中，目前最流行的启动管理器是 GRUB，如图 1-5 所示。

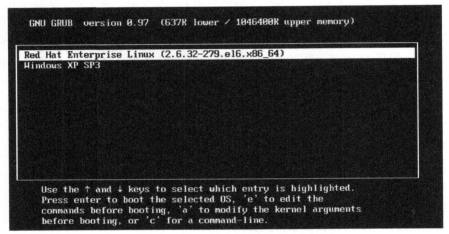

图 1-5

用户选择后，就可以直接启动所选的操作系统了。系统引导程序到此就基本结束了，下面轮到操作系统内核登场了。

1.10.4　实模式和保护模式

从 80386 开始，CPU 有 3 种工作方式：实模式、保护模式和虚拟 8086 模式。CPU 在刚刚启动的时候工作模式是实模式，等到操作系统运行起来以后就切换到保护模式。实模式只能访问地址在 1MB 以下的内存，称为常规内存，我们把地址在 1MB 以上的内存称为扩展内存。在保护模式下，全部 32 条地址线有效，可寻址高达 4GB 的物理地址空间；扩充的存储器分段管理机制和可选的存储器分页管理机制不仅为存储器共享和保护提供了硬件支持，而且为实现虚拟存储器提供了硬件支持；支持多任务，能够快速地进行任务切换（switch）和保护任务环境（context）；4 个特权级和完善的特权检查机制，既能实现资源共享，又能保证代码和数据的安全和保密及任务的隔离。

既然讲到引导程序，这里顺便介绍一下，与 PC 不同的是，对于嵌入式 Linux 系统来说，并没有

BIOS，而是直接从 Flash 中运行 bootloader，然后装载内核，所以省去了 BIOS。当然嵌入式 Linux 的 bootloader 也不怎么用 GRUB，用得较多的是 uboot。以后大家开发嵌入式 Linux 系统会体会到这一点。

1.11 启动内核

控制权转交给操作系统后，操作系统的内核首先被载入内存。以 Linux 系统为例，先载入/boot 目录下面的内核文件。内核加载成功后，第一个运行的程序是/sbin/init。它根据配置文件（Debian 系统是/etc/initab）产生 init 进程。这是 Linux 启动后的第一个进程，其进程号（PID）为 1，其他进程都是它的后代。然后，init 进程加载系统的各个模块，比如窗口程序和网络程序，直至执行/bin/login 程序，跳出登录界面，等待用户输入用户名和密码。至此，全部启动过程完成。

1.12 认识 Shell

Shell 俗称壳（区别于内核），是用户使用 Linux 的接口，用户输入命令后，得到返回结果。Shell 可以分为图形（GUI）Shell 和命令行（CLI）Shell，本书主要讲解命令行 Shell。

Linux 的命令行 Shell 有两种工作模式。

（1）交互模式

在交互模式下，Shell 作为命令解释器的角色，类似于 Windows XP 下的 cmd.exe。用户在 Linux 终端下输入的每一个命令都由 Shell 先解释，然后传给 Linux 内核，内核再调用相应的系统程序后返回结果给用户。

（2）非交互式模式

在非交互式模式下，Shell 作为脚本语言解释器的角色，用户编写一个脚本文件（如.sh 文件），然后在命令行下运行该脚本文件。脚本语言也称 Shell 脚本语言，可以把几条命令放在一起，也可以定义变量，并提供许多在高级语言中才具有的控制结构，包括循环和分支等。反正就是自动化、批量地来解释命令。

1.13 常见的 Shell

不同的 Linux 系统上，Shell 可能不同。当前，使用较广的 Shell 有标准的 Bourne Shell（sh）、Korn Shell（ksh）、C Shell（csh）、Bourne Again Shell（bash）等。本书使用的 Shell 是 bash。我们可以用下面的命令来查看当前环境所用的 Shell：

```
#echo $SHELL
```

运行结果：#/bin/bash。

1.14　图形界面和字符界面的切换

1.14.1　在不退出 X-Window 的情况下切换到字符界面

开机默认进入的是图形界面，这里要在不退出图形界面的情况下切换到字符界面。Linux 默认打开 7 个屏幕，编号为 tty1~tty7。X-Window 启动后，占用的是 tty7 号屏幕，tty1~tty6 仍为字符界面屏幕。也就是说，用 Ctrl+Alt+Fn 组合键即可实现字符界面与 X-Window 界面的快速切换。按 Ctrl+Alt+Fn 只是切换，并不退出 X-Window，按 Ctrl+Alt+F7 或 Alt+F7 就回 X-Window 了。

值得注意的是，在 VMware 中，默认情况下使用 Ctrl+ Alt +Fn 是不起作用的，这是因为 VMware 虚拟操作系统和宿主操作系统之间的鼠标切换热键是 Ctrl+Alt，这就和 Ctrl+ Alt +Fn 发生冲突了，所以我们要修改 VMware 的热键，打开 VMware 菜单项 Edit→Preference，出现如图 1-6 所示的对话框。

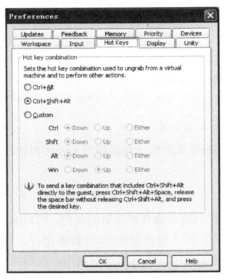

图 1-6

把 Ctrl+Alt 改为 Ctrl+Shit+Alt，然后单击 OK 按钮。修改完毕后，需要重启虚拟机的操作系统。在系统图形界面启动后，可使用 Ctrl+Alt+F1~F6 切换到字符界面，再用 Ctrl+Alt+F7 切换回图形界面。

1.14.2　强行退出 X-Window 进入文本模式

开机默认进入的是图形界面，退出图形界面后进入字符界面。首先在图形界面中打开一个终端，然后输入 init 3（注意 init 后面有一个空格）。稍后系统将退出图形界面并进入字符界面。用该方法切换后，图形界面完全关闭。如果图形界面中有文件未保存，那么将丢失。

用 init 5 可以回到图形界面，但原来图形界面中的进程已死，而且需要重新登录。

1.14.3　设置每次开机进入字符界面

安装完 Linux 后，默认进入的是图形界面，我们现在要在图形界面下修改设置，使得以后开机直接进入字符界面，步骤如下：

（1）在图形界面下找到文件/etc/inittab，然后右击，选择菜单项 Open with "Text Editor"，如图 1-7 所示。

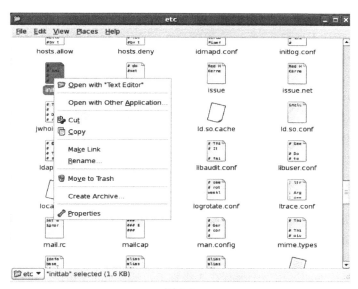

图 1-7

（2）在/etc/inittab 中找到 id:5:initdefault:，如图 1-8 所示。

图 1-8

把 5 改为 3，然后保存并关闭该文件。

（3）重启 Linux，可以看到直接进入字符界面。

"id:5:initdefault:"的意思是告诉 Linux 启动时运行的级别是 5，也就是图形模式，改成 3 就是文本模式了。

这是因为 Linux 操作系统有 6 种不同的运行级（run level），在不同的运行级下，系统有着不同的状态，这 6 种运行级说明如下。

- 0：停机。记住不要把 initdefault 设置为 0，因为这样会使 Linux 无法启动。
- 1：单用户模式，就像 Win9X 下的安全模式。
- 2：多用户，但是没有 NFS 。
- 3：完全多用户模式，标准的运行级，字符界面模式。
- 4：一般不用，在一些特殊情况下可以用它来做一些事情。
- 5：X11，即进入 X-Window 系统。
- 6：重新启动。记住不要把 initdefault 设置为 6，因为这样会使 Linux 不断地重新启动。

1.14.4　从字符界面进入图形界面

开机默认进入的是字符界面，然后要切换到图形界面，方法是在字符界面下输入命令"init 5"。

通过 init 5 进入图形界面后，可以通过 Ctrl+Alt+Fn（n=1~6）来切换到字符界面、通过 Ctrl+Alt+F7 切换回图形界面。

开机进入的是字符界面，相当于运行在 3 级别上，通过 init 5 切换到运行级别 5，该操作会启动图形界面相关的服务，并且需要重新输入用户名和密码后登录。如果不运行 init 5，直接用 Ctrl+Alt+F7 是无法切换成功的，因为此时图形界面还没有启动。

1.15　Shell 命令概述

Shell 命令也就是俗称的 Linux 命令，共有 2000 多个。要成为 Linux 高手，掌握命令是必需的。如果要把 Linux 下的命令全部掌握，那么恐怕只能打击初学者的积极性了。所以，根据多年的工作经验，在 2000 多个命令中精选出几百个常用的 Shell 命令，熟练掌握这些常用命令后，一般能应付大多数工作场合，而剩下的命令可以通过帮助（man）来解决。

1.16　环境变量

环境变量（environment variables）通常是指在操作系统中用来指定操作系统运行环境的一些变量，比如 PATH 变量包含一系列由冒号分隔开的目录，系统就从这些目录里寻找可执行文件。

在 Linux 中，环境变量分为系统级和用户级，系统级的环境变量是每个登录系统的用户都要读取的系统变量，而用户级的环境变量则是该用户使用系统时加载的环境变量。

（1）系统级环境变量

系统级环境变量存放在/etc/profile 文件中。该文件是用户登录时，操作系统定制用户环境时使用的第一个文件，应用于登录到系统的每一个用户。修改该文件中的环境变量将作用于系统的每个用户。

查看系统级环境变量的命令是 env，大家可以在命令行下直接运行这个命令来查看系统级环境变量。

（2）用户级环境变量

用户级环境变量存放在各个用户的~/.bash_profile 文件中，~表示每个用户的宿主目录（也就是 home 目录）。.bash_profile 是一个隐藏文件，我们在进入~后，通过 ls –a 可以看到该文件。修改该文件中的系统变量将仅影响该文件对应的用户。

可以用 env 命令来显示当前用户的环境变量。

第2章 搭建Linux C++开发环境

2.1 准备 Linux 虚拟机

要开发 Linux 程序，前提是需要一个 Linux 操作系统。通常在公司的开发中，都会有一台专门的 Linux 服务器供员工使用，而我们自己学习不需要这样，可以使用虚拟机软件（比如 VMware）来安装一个虚拟机中的 Linux 操作系统。

VMware 是大名鼎鼎的虚拟机软件，通常分为两种版本：工作站版本（VMware Workstation）和服务器客户机版本（VMware vSphere）。这两大类软件都可以安装操作系统作为虚拟机操作系统。但个人用得较多的是工作站版本，供单个人在本机使用。服务器客户机版本通常用于企业环境，供多个人远程使用。通常，我们把自己真实 PC 上装的操作系统叫宿主机系统，VMware 中安装的操作系统叫虚拟机系统。

我们开发 Linux 程序前，通常先在虚拟机下安装 Linux 操作系统，然后在这个虚拟机的 Linux 系统中编程调试，或在宿主机系统（比如 Windows）中进行编辑，然后传到 Linux 中进行编译。有了虚拟机的 Linux 系统，开发方式的灵活性比较大。实际上，不少一线开发工程师都是在 Windows 下阅读编辑代码，然后放到 Linux 环境中编译运行的，这样的方式效率居然还不低。

这里我们采用的虚拟机软件是 VMware Workstation 10（它是最后一个能安装 32 位操作系统的版本）。在安装之前，我们要准备 Linux 安装映像文件，可以从网上直接下载 Linux 操作系统的 ISO 文件，也可以通过 UltraISO 等软件从 Linux 系统光盘制作一个 ISO 文件，制作方法是在菜单上选择"工具"→"制作光盘映像文件"。

建议直接从网上下载一个 ISO 文件，这样更加简单。笔者就从 CentOS 官网下载了一个 64 位的 Centos7.2.iso。其他发行版本（如 RedHat、Debian、Ubuntu 或 Fedora 等）也可以作为学习开发环境。

准备好 ISO 文件之后，就可以通过 VMware 来安装 Linux 了。打开 VMware Workstation，然后根据下面几个步骤操作即可。

（1）在 VMware 上选择菜单 New→Virtual Machine，打开如图 2-1 所示的界面。

图 2-1

单击"创建新的虚拟机"按钮后，出现如图 2-2 所示的对话框。

单击"下一步"按钮，出现如图 2-3 所示的对话框。

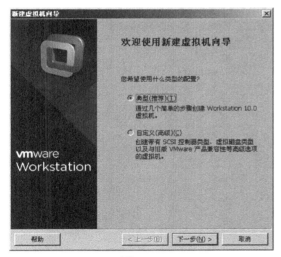

图 2-2

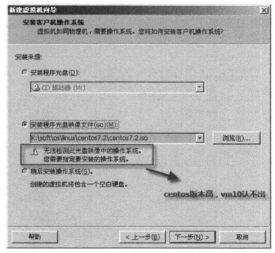

图 2-3

我们可以单击"浏览"按钮来选择 ISO 文件。对于 CentOS 7.2，VMware 10 并不会自动探测到，所以会有图 2-3 中的提示。不必管它，继续单击"下一步"按钮，出现如图 2-4 所示的对话框。

选中 Linux，并在"版本"下选择"CentOS 64 位"，因为我们要安装的 CentOS 7.2 是 64 位的。然后单击"下一步"按钮，出现如图 2-5 所示的对话框。

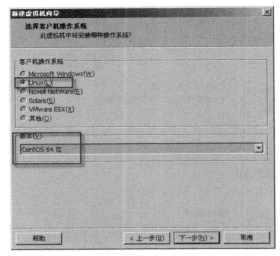

图 2-4

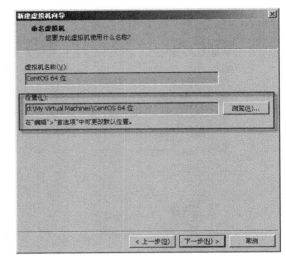

图 2-5

我们可以在"位置"下面的编辑框中设置虚拟机 Linux 存放的目标位置。然后单击"下一步"按钮，将出现如图 2-6 所示的对话框。

这个对话框可以设置虚拟机 Linux 系统的硬盘容量，默认是 20GB，一般足够使用，保持默认设置即可。然后单击"下一步"按钮，出现如图 2-7 所示的对话框。

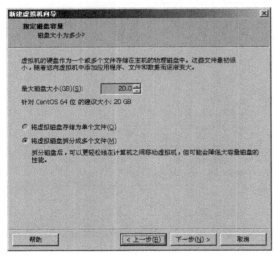

图 2-6

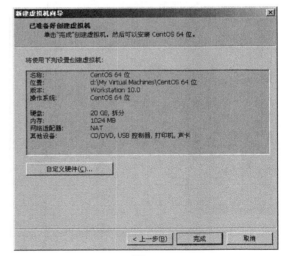

图 2-7

该对话框显示了我们即将要安装的虚拟机的配置，就像去电脑城装机的硬件清单一样。单击"完成"按钮关闭对话框，此时会回到 VMware 主界面，单击"开启此虚拟机"，如图 2-8 所示。此时将正式开始安装 CentOS 7.2 操作系统。安装过程比较简单，引导片刻后，会出现安装向导，第一步是选择"语言"，我们可以选择"中文"，然后单击"下一步"按钮，出现如图 2-9 所示的页面。

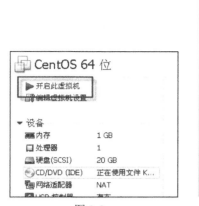

图 2-8

图 2-9

在该页面中单击"软件选择（S）"，以便选择要安装的一些软件（尤其是编程开发类的软件包）。随后出现"软件选择"页面，如图 2-10 所示。

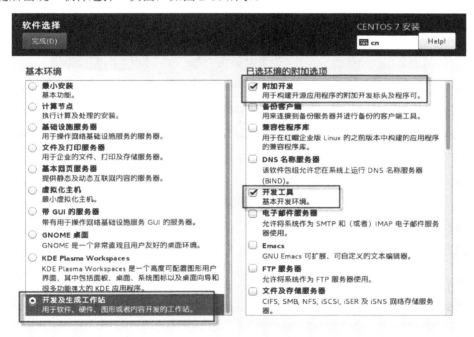

图 2-10

在左边"基本环境"下选中"开发及生成工作站"，在右边选中 4 项："附加开发""开发工具""KDE"和"平台开发"。然后在左上角单击"完成"按钮，将回到上一级的向导页面，此时会计算要安装的软件包之间的依赖关系，稍等片刻，等右下角的"开始安装"变为高亮可用的时候，说明已经准备好了，单击"开始安装"，便开始自动安装。安装过程中，我们需要设置 ROOT 账户的密码，如图 2-11 所示。

图 2-11

单击"ROOT 密码"会出现设置密码的页面，如图 2-12 所示。

图 2-12

这里输入的密码是"123456"，由于太简单了，因此下方会有一行提示，需要再次单击左上方的"完成"按钮。如果是正式场合，建议设置复杂一点的密码，自己练习时，设置简单一点也没有关系。单击 2 次左上方的"完成"按钮后，ROOT 账户的密码设置完毕。

稍等片刻，安装完成。我们就可以在 VMware 的主界面中开启 Linux 了。

2.2　连接 Linux 虚拟机

前面准备好了 Linux，这一步我们要在物理机器的 Windows 操作系统（简称宿主机）上连接 VMware 中的虚拟机 Linux（简称虚拟机），以便传送文件和远程控制编译运行。基本上，两个系统能相互 ping 通就算连接成功了。别小看这一步，有时候也蛮费劲的。下面简单介绍一下 VMware 的 3 种网络模式，以便连接失败的时候可以尝试去修复。

VMware 虚拟机网络模式就是虚拟机操作系统和宿主机操作系统之间的网络拓扑关系，通常有

3 种模式：桥接模式、主机模式、NAT 模式。这 3 种网络模式都通过一台虚拟交换机和主机通信。默认情况下，桥接模式下使用的虚拟交换机是 VMnet0，主机模式下使用的虚拟交换机为 VMnet1，NAT 模式下使用的虚拟交换机为 VMnet8。如果需要查看、修改或添加其他虚拟交换机，可以打开 VMware，然后选择主菜单中的"编辑"→"虚拟网络编辑器"，此时会出现"虚拟网络编辑器"对话框，如图 2-13 所示。

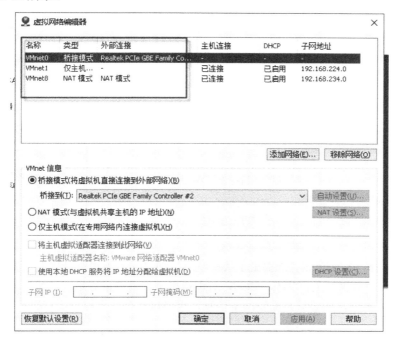

图 2-13

默认情况下，VMware 也会为主机操作系统安装两块虚拟网卡，分别是 VMware Virtual Ethernet Adapter for VMnet1 和 VMware Virtual Ethernet Adapter for VMnet8，看名字就知道，前者用来和虚拟交换机 VMnet1 相连，后者用来连接 VMnet8。我们可以在主机系统的"控制面板"→"网络和 Internet"→"网络连接"下看到这两块网卡。有读者可能会问，在虚拟交换机 VMnet0 中，为什么主机系统里没有虚拟网卡去连接呢？这个问题好，其实 VMnet0 虚拟交换机所建立的网络模式是桥接网络（桥接模式中的虚拟机操作系统相当于宿主机所在网络中的一台独立主机），所以主机直接用物理网卡去连接 VMnet0。

值得注意的是，这 3 种虚拟交换机都是默认就有的，我们也可以自己添加更多的虚拟交换机（图 2-13 中的"添加网络"按钮便起这样的作用）。如果添加的虚拟交换机的网络模式是主机模式或 NAT 模式，那么 VMware 也会自动为主机系统添加相应的虚拟网卡。接下来我们具体阐述 VMware 的 3 种网络模式（或称架构）。本书中的宿主机和虚拟机是通过桥接模式连接的。

2.2.1 通过桥接模式连接虚拟机

桥接（或称网桥）模式是指宿主机操作系统的物理网卡和虚拟机操作系统的网卡通过 VMnet0 虚拟交换机进行桥接，物理网卡和虚拟网卡在拓扑图上处于同等地位，网桥模式使用 VMnet0 虚拟交换机。桥接模式下的网络拓扑如图 2-14 所示。

知道原理后，下面具体设置一下桥接模式，使得宿主机和虚拟机相互 ping 通。过程如下：

（1）打开 VMware，然后单击 CentOS 7.2 的"编辑虚拟机设置"，如图 2-15 所示。

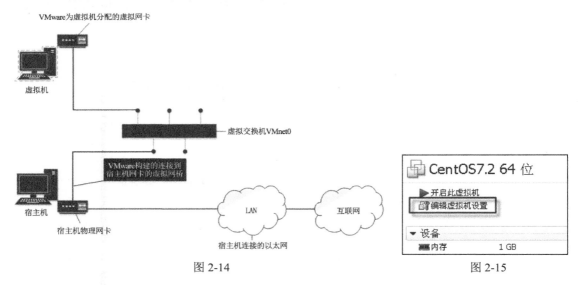

图 2-14   图 2-15

注意，此时虚拟机 CentOS 7.2 要处于关机状态，即"编辑虚拟机设置"上面的文字是"开启此虚拟机"，说明虚拟机是关机状态。通常，对虚拟机进行设置最好是在虚拟机的关机状态，比如更改内存大小等。不过，如果只是配置网卡信息，也可以在开启虚拟机后再进行设置。

（2）单击"编辑虚拟机设置"后，将弹出"虚拟机设置"对话框，在该对话框左边选中"网络适配器"，在右边选择"桥接模式"，并选中"复制物理网络连接状态"复选框，如图 2-16 所示。

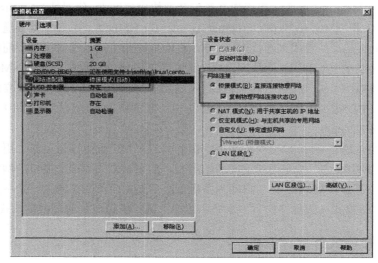

图 2-16

然后单击"确定"按钮，接着开启此虚拟机。

（3）设置桥接模式后，VMware 的虚拟机操作系统就像是局域网中一台独立的主机，相当于物理局域网中的一台主机。它可以访问网内任何一台机器。在桥接模式下，VMware 的虚拟机操作系统的 IP 地址、子网掩码可以手工设置，而且要和宿主机器处于同一网段，这样虚拟系统才能和宿主机器进行通信，如果要上因特网，还需要自己设置 DNS 地址。当然，更方便的方法是从 DHCP 服务器处获得 IP、DNS 地址（我们的家庭路由器通常里面包含 DHCP 服务器，所以可以自动获取 IP 和 DNS 等信息）。

在虚拟机 CentOS 7.2 中打开终端窗口（可以在桌面上右击，然后在快捷菜单中选择"在终端中打开"），然后在终端窗口（后面简称终端）中输入查看网卡信息的命令 ifconfig：

```
[root@localhost 桌面]# ifconfig
eno16777736: flags=4163<UP,BROADCAST,RUNNING,MULTICAST>  mtu 1500
        inet 192.168.1.8  netmask 255.255.255.0  broadcast 192.168.1.255
        inet6 fe80::20c:29ff:febf:8054  prefixlen 64  scopeid 0x20<link>
        ether 00:0c:29:bf:80:54  txqueuelen 1000  (Ethernet)
        RX packets 3  bytes 553 (553.0 B)
        RX errors 0  dropped 0  overruns 0  frame 0
        TX packets 27  bytes 3871 (3.7 KiB)
        TX errors 0  dropped 0  overruns 0  carrier 0  collisions 0
```

其中，eno16777736 是笔者虚拟机 CentOS 7.2 中的一块网卡名称，我们可以修改其配置文件来设置新的网卡配置信息。在终端下输入：

```
# vi /etc/sysconfig/network-scripts/ifcfg-eno16777736
```

vi 是字符模式下的文本编辑命令，如果要可视化编辑，可以用 gedit 编辑器，命令就变为：

```
# gedit /etc/sysconfig/network-scripts/ifcfg-eno16777736
```

ifcfg-eno16777736 是网卡 eno16777736 的配置文件，假设宿主机 Windows 的 IP 是 192.168.1.0 网段的，我们对其进行如下修改。

```
TYPE=Ethernet
BOOTPROTO=dhcp   #表示IP/DNS等信息从DHCP服务器获取
#IPADDR=192.168.1.8  #IP地址，这里注释掉不设置，如果BOOTPROTO是static，就要设置
#NETMASK=255.255.255.0   #掩码，这里注释掉不设置，如果BOOTPROTO是static，就要设置
DEFROUTE=yes
PEERDNS=yes
PEERROUTES=yes
IPV4_FAILURE_FATAL=no
IPV6INIT=yes
IPV6_AUTOCONF=yes
IPV6_DEFROUTE=yes
IPV6_PEERDNS=yes
IPV6_PEERROUTES=yes
IPV6_FAILURE_FATAL=no
```

```
NAME=eno16777736
UUID=51324e46-7b41-40bf-b244-8b80d05f400c
DEVICE=eno16777736
ONBOOT=yes    #开启自动使用该配置
```

然后保存后退出。接着重启网络服务，以生效刚才的配置：

```
#service network restart
```

此时，查看网卡 eno16777736 的 IP，发现已经是新的 IP 地址了，此时在虚拟机 Linux 和宿主机 Windows 可以相互 ping 通了（如果没有 ping 通，可能 Windows 中的防火墙开着，可以把它关闭）。此外，在虚拟机中，用火狐上网也可以打开网页了，如图 2-17 所示。

图 2-17

至此，桥接模式下的 DHCP 方式已经可以和宿主机相互通信了。如果要在桥接模式下通过静态 IP 方式让虚拟机和宿主机相互访问，虚拟机 IP 地址就需要与宿主机 IP 在同一个网段，掩码要一样，如果需要联 Internet，网关与 DNS 就需要与宿主机的网卡一致，限于篇幅，这里不赘述了。

2.2.2 主机模式

VMware 的 Host-Only（仅主机模式）就是主机模式。默认情况下，物理主机和虚拟机都连在虚拟交换机 VMnet1 上，VMware 为主机创建的虚拟网卡是 VMware Virtual Ethernet Adapter for VMnet1，主机通过该虚拟网卡和 VMnet1 相连。主机模式将虚拟机与外网隔开，使得虚拟机成为一个独立的系统，只与主机相互通信。当然，主机模式下也可以让虚拟机连接因特网，方法是将主机网卡共享给 VMware Network Adapter for VMnet1 网卡，从而达到虚拟机联网的目的。但一般主机模式都是为了和物理主机的网络隔开，仅让虚拟机和主机通信。

2.2.3 通过 NAT 模式连接虚拟机

NAT（Network Address Translation，网络地址转换）模式也是 VMware 创建虚拟机的默认网络连接模式。使用 NAT 模式连接网络时，VMware 会在宿主机上建立单独的专用网络，用以在主机和虚拟机之间相互通信。虚拟机向外部网络发送的请求数据将被"包裹"，交由 NAT 网络适配器加上"特殊标记"并以主机的名义转发出去，外部网络返回的响应数据将被拆"包裹"，也是先由主机接收，然后交由 NAT 网络适配器根据"特殊标记"进行识别并转发给对应的虚拟机，因此虚拟机在外部网络中不必具有自己的 IP 地址。从外部网络来看，虚拟机和主机在共享一个 IP 地址，默认情况下，外部网络终端也无法访问到虚拟机。

此外，在一台宿主机上只允许有一个 NAT 模式的虚拟网络。因此，同一台宿主机上的多个采用 NAT 模式连接网络的虚拟机也是可以相互访问的。

设置虚拟机 NAT 模式的过程如下：

（1）设置虚拟机，使得网卡的网络连接模式为 NAT 模式，然后单击"确定"按钮，如图 2-18 所示。

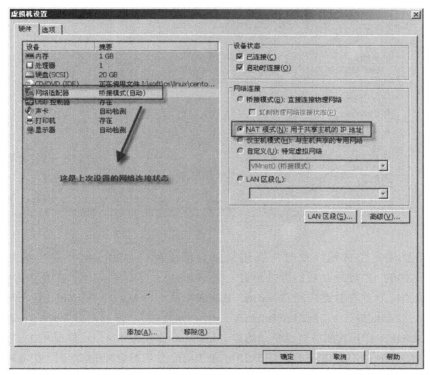

图 2-18

（2）编辑网卡配置文件，设置以 DHCP 方式获取 IP。具体步骤和 2.2.1 节的相同。如果大家以前已经编辑网卡为 DHCP 方式获取 IP，这一步可以不做，保持默认即可。

此时，就可以和宿主机相互 ping 通（如果没有 ping 通，可能 Windows 中的防火墙开着，可以把它关闭），并且可以在虚拟机中上网浏览网页了。

NAT 模式也很简单。大家也可以在虚拟机中用 ifconfig 命令看一下 IP：

```
[root@localhost 桌面]# ifconfig
eno16777736: flags=4163<UP,BROADCAST,RUNNING,MULTICAST>  mtu 1500
        inet 192.168.80.128  netmask 255.255.255.0  broadcast 192.168.80.255
```

可以看到虚拟机 IP 为 192.168.80.128，这个 IP 是从哪里获取的呢？和桥接模式不同，这个 IP 不是从家庭路由器处获得的，而是从虚拟交换机 VMnet8 处获得的。打开 VMware 界面，选择主菜单中的"编辑"→"虚拟网络编辑器"，打开"虚拟网络编辑器"对话框，并选择 VMnet8，可以看到其子网 IP 为 192.168.80.0，如图 2-19 所示。

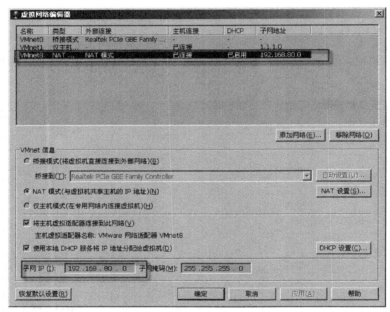

图 2-19

然后单击"确定"按钮，此时所有连接到虚拟交换机 VMnet8 上的主机都将动态获得 192.168.80.x 这样的 IP 地址。我们可以到宿主机 Windows（以 Windows 7 系统为例说明，其他 Windows 系统类似）下查看连接到 VMnet8 上的虚拟网卡 VMware Virtual Ethernet Adapter for VMnet8，进入"控制面板"→"网络和 Internet"→"网络连接"，然后右击 VMware Virtual Ethernet Adapter for VMnet8，打开其属性对话框，选中"Internet 协议版本 4"，然后单击"属性"按钮，可以看到该网卡的 IP 是 192.168.80.1，这个 IP 也是 VMnet8 动态分配的。此时，在 Windows 下 ping 虚拟机 Linux，可以发现能 ping 通了，如图 2-20 所示。

图 2-20

2.3 通过终端工具连接 Linux 虚拟机

安装完毕虚拟机的 Linux 操作系统后，我们就要开始使用它了。怎么使用呢？通常都是在 Windows 下通过终端工具（比如 SecureCRT）来操作 Linux。这里我们使用 SecureCRT（后面简称 CRT）终端工具来连接 Linux，然后在 CRT 窗口下以命令行的方式使用 Linux。该工具既可以通过安全加密的网络连接方式（SSH）来连接 Linux，也可以通过串口的方式来连接 Linux，前者需要知道 Linux 的 IP 地址，后者需要知道串口号。除此以外，还能通过 Telnet 等方式，大家可以在实践中慢慢体会。

虽然操作界面也是命令行方式，但是比 Linux 自己的字符界面方便得多，比如 CRT 可以打开多个终端窗口、可以使用鼠标等。SecureCRT 软件是 Windows 下的软件，可以在网上免费下载到。下载安装就不赘述了，大家可以根据自己的 Windows 版本（32 位还是 64 位）来下载相应的版本，然后进行安装，或直接使用免安装的绿色版本。这里使用的是绿色版的 64 位 SecureCRTSecureFX_HH_x64_7.0.0.326。我们通过一个例子来说明如何连接虚拟机 Linux。

【例 2.1】使用 SecureCRT 连接虚拟机 Linux

（1）打开 SecureCRTPortable，在工具栏上单击"连接"按钮或直接按快捷键 Alt+C，如图 2-21 所示。

出现"连接"对话框，单击工具栏上的"新建会话"按钮，如图 2-22 所示。

图 2-21

图 2-22

此时出现"新建会话向导"对话框，如图 2-23 所示。

图 2-23

（2）在"新建会话向导"对话框中，选中 SecureCRT 协议：SSH2，然后单击"下一步"按钮，接着输入主机名"192.168.80.128"，用户名"root"这个 IP 就是我们前面安装的虚拟机 Linux 的 IP，root 是 Linux 的超级用户账户。输入完毕后如图 2-24 所示。

图 2-24

单击"下一步"按钮，接着选中 SecureFX 协议：SFTP，如图 2-25 所示。SecureFX 是宿主机和虚拟机之间传输文件的软件，采用的协议可以是 SFTP（安全的 FTP 传输协议）、FTP、SCP 等。

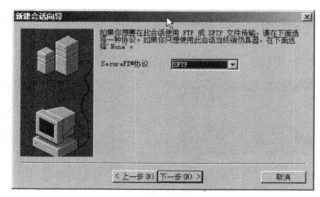

图 2-25

单击"下一步"按钮，接着可以重命名会话的名称，也可以保持默认，即用 IP 作为会话名称，最后单击"完成"按钮，如图 2-26 所示。

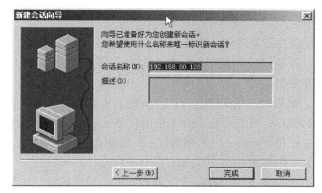

图 2-26

此时，我们可以看到"连接"对话框中出现了我们刚才建立的会话，如图 2-27 所示。

（3）在"连接"对话框中单击"连接"按钮，正式进入终端窗口，此时还会提示需要输入 root 的密码，如图 2-28 所示。

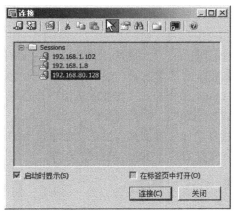

图 2-27

图 2-28

输入完毕后，单击"确定"按钮，就到了熟悉的 Linux 命令提示符下了，如图 2-29 所示。

图 2-29

SecureCRT 正式连接成功，可以通过命令来使用 Linux 了。

2.4 搭建 Linux 下的 C++开发环境

Linux 下的 C++开发就是开发过程（编辑、编译、连接）全部在 Linux 下完成。通常有两种方式，一种是编辑、编译、调试分开（称为命令开发方式）；另一种是编辑、编译、调试在一个集成开发环境中完成，称为集成开发方式。

在命令开发方式下，编辑源代码的工具可以使用图形界面下的编辑器 gedit 或字符界面下的编辑器 vi/vim。编辑完毕后保存，然后在命令行下使用命令 gcc/g++编译程序，如果需要调用，可以使用 gdb 命令。这两种方式稍显啰唆，尤其是调试，只能在命令行下用 gdb 进行调试，效率不是很高，但这是 Linux 开发人员的基本功。

集成开发方式就是在图形界面的 Linux 下使用 C++集成开发环境，比如 Eclipse CDT。这种方式比较方便，比如可以用鼠标把工程管理、编辑、编译和调试工作都在一个集成开发环境下完成。这种开发方式效率较高，但不是每个企业都会提供 Linux 图形界面。

既然这里讲到了图形界面和字符界面，就顺便介绍一下图形界面和字符界面的切换。在 CentOS 7.2 下，如果当前是图形界面，可以使用组合键 Ctrl+Alt+F2 切换到字符界面；如果当前是字符界面，就可以使用 Ctrl+Alt+F1 切换到图形界面。

2.4.1 非集成开发方式

在非集成开发方式下，编辑、编译、调试分别使用不同的工具。常用的编辑器有 gedit 和 vi。gedit 需要在图形界面下使用，可以使用鼠标。大名鼎鼎的 vi 通常在字符界面下使用，关于该编辑器的详细使用方式，我们会在后面章节中阐述。很多 Linux 操作系统（比如服务器操作系统、嵌入式系统等）都会提供 vi 编辑器，而其他编辑器则有可能不提供，所以必须要学会 vi。

在 Linux 下，通常使用 gcc 或 g++来编译源代码程序。如果要调试，也是在命令行下输入命令 gdb。这两个工具都会在后面章节中阐述。下面开始完成我们的"Hello World"程序。

【例 2.2】通过 gedit 编辑源代码并编译生成第一个 C++程序

（1）打开 VMware，启动 Linux，然后以 root 账户登录图形界面。

（2）在桌面上右击，在快捷菜单上选择"在终端中打开"，接着在命令提示符下输入 gedit：

```
[root@localhost 桌面]# gedit
```

稍等片刻，将会出现 gedit 编辑窗口，在窗口中输入的代码如下：

```cpp
#include <iostream>
using namespace std;

int main(int argc, char *argv[])
{
    char sz[] = "Hello, World!";
    cout << sz << endl;
    return 0;
}
```

代码很简单，前面包含头文件、引用命名空间 std，这是为了使用 cout。然后定义了 main 函数，并在里面定义了字符串及输出语句。

单击 gedit 的保存按钮（在右上方），然后定位到桌面（或其他路径），接着输入保存的文件名 test.cpp。

（3）开始编译链接。返回到终端窗口，进入 test.cpp 所在目录，然后输入命令进行编译链接：

```
[root@localhost 桌面]# g++ -o test test.cpp
```

再运行生成的 test 程序：

```
[root@localhost 桌面]# ./test
Hello, World!
```

我们可以看到 test 程序输出了"Hello, World!"。

g++是编译 C++程序的编译工具，-o 是输出生成二进制程序的意思，其后面紧跟生成二进制程序的名称。

【例 2.3】通过 vi 编辑源代码并编译生成第二个 C++程序

（1）进入图形界面的 Linux，打开终端窗口，或者进入字符界面的命令行。

（2）在命令行提示符下，运行 vi 或 vim 编辑命令，然后输入【例 2.2】同样的代码。接着使用 wq 命令保存为 test.cpp 并退出 vi。

（3）在命令行提示符下运行编译链接命令：

```
[root@localhost 桌面]# g++ -o test test.cpp
```

再运行生成的 test 程序：

```
[root@localhost 桌面]# ./test
Hello, World!
```

我们可以看到 test 程序输出了"Hello, World!"。

2.4.2 集成开发方式

我们开发一个程序，基本过程是先编辑源代码，然后对其进行编译、运行、调试。如果能把这些工作放在一个软件里进行，将会很方便，再加上工程管理，那么简直完美了。集成开发环境（IDE）就是用来做这项工作的。Linux 下的集成开发环境也有不少，最著名的莫过于 Eclipse。该工具不仅可以开发 Java 程序，还有专门用来开发 C/C++程序的 Eclipse 版本 CDT。如果开发的环境是图形界面的 Linux 操作系统，建议使用 Eclipse 来开发程序。

Eclipse 可以从官方网站（http://www.eclipse.org/downloads/eclipse-packages/）下载。打开网页，然后在右上方选择 Linux，这是因为我们要下载的是 Linux 系统下的 Eclipse。然后在当前页面上找到 Eclipse IDE for C/C++ Developers，并在旁边单击"64 bit"进行下载。因为 CentOS 7.2 是 64 位操作系统，所以选择下载 64 位的 Eclipse。下载后是一个压缩文件 eclipse-cpp-oxygen-1a-linux-gtk-x86_64.tar.gz，可以把它拖曳到虚拟机 Linux 下，然后右击，进行解

压。解压后会在同路径下生成一个文件夹 Eclipse，进入该文件夹，里面有一个可执行程序 eclipse，双击便可启动。因为是 Java 程序，所以启动过程有点慢。启动过程中会有一个启动图片显示在屏幕中央，如图 2-30 所示。

图 2-30

启动过程中会让用户选择工作空间（或叫工作区，就是存放工程的地方），如图 2-31 所示。

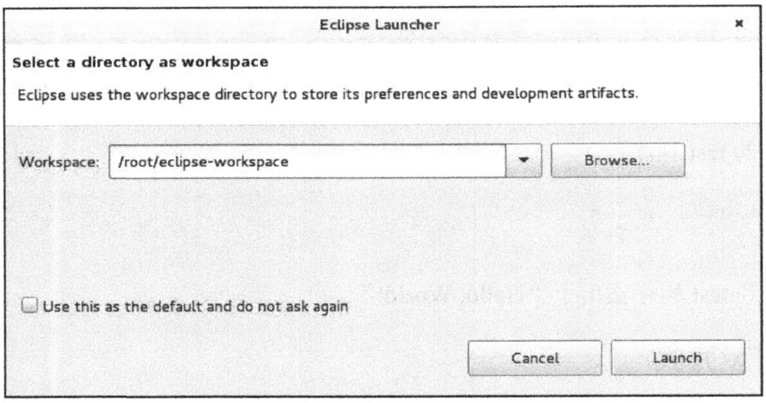

图 2-31

如果不想每次启动都出现该对话框，可以在对话框的左下角选中 Use this as the default and do not ask again。这里说明一下 Eclipse 对工程的管理。Eclipse 的基本工程目录叫作 workspace，每个运行时的 Eclipse 实例只能对应一个 workspace，即 workspace 是当前工作的根目录。我们在 workspace 中可以创建一个或多个 C/C++工程。这里保持默认的工作空间，即路径为 /root/eclipse-workspace。单击 Launch 按钮，进入 Eclipse 的主界面，如图 2-32 所示。

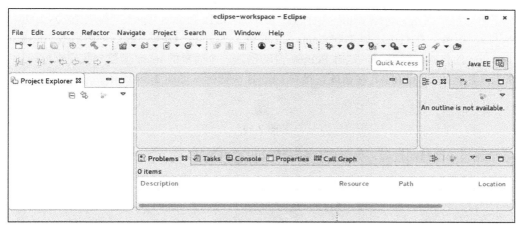

图 2-32

现在我们要新建一个 C++工程。

【例 2.4】第一个 Eclipse C++程序

（1）打开 Eclipse。

（2）在主界面上单击菜单 File→New→C++ Project，然后会出现 C++工程向导对话框，
如图 2-33 所示。

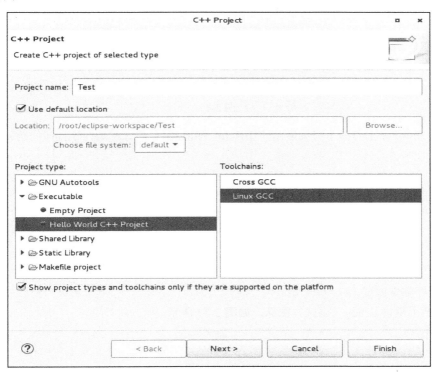

图 2-33

在该对话框中输入 Project name（项目名）为 Test。选择 Project type（工程类型）为 Hello World C++ Project。另外，在右边选择 Toolchains（工具链）为 Linux GCC。最后直接单击 Finish 按钮。出现 Test.cpp 的代码编辑窗口，这时 Eclipse 自动创建一个简单的 main 函数。我们来编译运行它，首先在工具栏上找到 Build All 按钮或直接按 Ctrl+B 快捷键，如图 2-34 所示。

图 2-34

build 相当于编译的过程，完成后会在下方输出窗口显示：

```
make all
Building file: ../src/Test.cpp
Invoking: GCC C++ Compiler
g++ -O0 -g3 -Wall -c -fmessage-length=0 -MMD -MP -MF"src/Test.d" -MT"src/Test.o"
-o "src/Test.o" "../src/Test.cpp"
Finished building: ../src/Test.cpp

Building target: Test
Invoking: GCC C++ Linker
g++ -o "Test"  ./src/Test.o
Finished building target: Test

21:29:05 Build Finished (took 4s.632ms)
```

没有显示错误，说明我们编译成功了。此时可以准备运行程序。注意，先要在左边的 Project Explorer 下选中工程 Test，然后单击工具栏上的"运行"按钮，如图 2-35 所示。

图 2-35

稍等会，Eclipse 主界面下方会显示"!!!Hello World!!!"，这就是程序打印的结果，如图 2-36 所示。

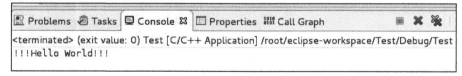

图 2-36

（3）进行单步调试。

在工具栏上单击 debug（调试）图标，如图 2-37 所示。

图 2-37

然后 Eclipse 主界面就会进入调试模式，并且会停在程序的第一行代码上（这个例子的第一行代码是 cout 语句，第二行代码就是 return 语句）。此时我们可以进行单步调试，按 F5 键就会往下走一步，并高亮在第二行代码上，如图 2-38 所示。

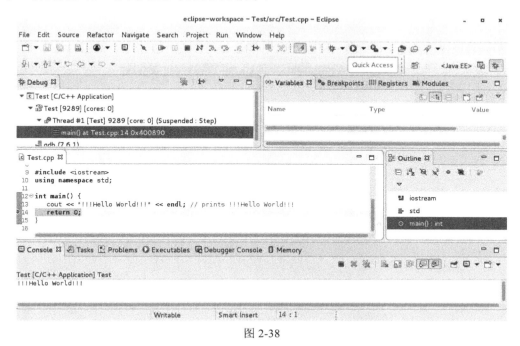

图 2-38

由于第一行代码执行了 cout 语句，因此在 Console（控制台）窗口下会输出"!!!Hello World!!!"。调试结束后，我们可以单击右上角的"C/C++"图标来回到代码编辑窗口，该图标如图 2-39 所示。

图 2-39

至此，第一个 Eclipse C++程序就开发完成了。Eclipse 功能十分强大，比如可以单步调试、是一个跨平台开发工具、有可以在 Windows 下使用的版本。

除了 Eclipse 这个集成开发工具外，在 Linux 下开发 C++还有一个集成开发环境 QtCreator。它通常用来开发 Qt 程序，本书不准备介绍 Qt 的开发，因此这里只是简单介绍一下 QtCreator 的安装。Qt 是一个 1991 年由奇趣科技开发的跨平台 C++图形用户界面应用程序开发框架，既可以开发基于 Qt 库的图形界面程序，也可用于开发和 Qt 无关的标准 C/C++程序。QtCreator 也是一个跨平台开发工具，有可以在 Windows 下使用的版本。

QtCreator 只是一个免费的开发工具，要开发 Qt 程序，还需要相应的 Qt SDK，就像 VC 需要相应的 SDK 一样。可以从网站 https://www.qt.io/download-open-source/上下载。不同操作系统有不同的版本，这里下载的是针对 64 位的 Linux 版本：qt-opensource-linux-x64-5.7.0.run。这是一个 run 格式的安装文件，包含 Qt SDK 和 Qt Creator。.run 格式文件在运行前通常先要设置可执行权限，然后才能运行。先把 qt-opensource-linux-x64-5.7.0.run 拖进虚拟机 Linux。我们在终端窗口下进入文件 qt-opensource-linux-x64-5.7.0.run 所在目录，然后在命令行下输入：

```
# chmod +x qt-opensource-linux-x64-5.7.0.run
# ./qt-opensource-linux-x64-5.7.0.run
```

然后就会出现安装向导对话框，如图 2-40 所示。

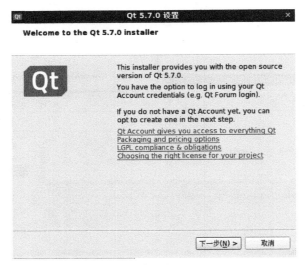

图 2-40

　　然后单击"下一步"按钮即可，安装很简单，如果需要把 Qt 源代码也安装上，可以在"选择组件"对话框中根据需要进行选择，如图 2-41 所示。

图 2-41

　　接着单击"下一步"按钮，一直到完成。安装完毕后，可以在安装目录 Tools/QtCreator/bin 下发现有 Qt Creator 可执行文件，双击它即可运行 Qt Creator。

2.5　搭建 Windows 下的 Linux C++开发环境

2.5.1　搭建非集成式的 Windows 下的 Linux C++开发环境

前面介绍了在 Linux 下开发非图形界面程序的方式，由于很多程序员习惯使用 Windows，因此我们可以采取在 Windows 下开发 Linux 程序的方式。基本步骤就是先在 Windows 下用自己熟悉的编辑器写源代码，然后通过网络连接到 Linux，把源代码文件（cpp 文件）上传到远程 Linux 主机，在 Linux 主机上对源代码进行编译、调试和运行，当然编译和调试所输入的命令也可以在终端工具（比如 SecureCRT）里完成，这样从编辑到编译、调试、运行都可以在 Windows 下操作，注意是操作（命令），真正的编译、调试、运行工作实际都是在 Linux 主机上完成的。

我们在 Windows 下选择什么编辑器呢？Windows 下的编辑器多如牛毛，大家可以根据自己的习惯选择使用。本书使用的编辑器是 UltraEdit（简称 UE），它小巧且功能多，还具有语法高亮、函数列表显示等常见编写代码所需的功能，对付普通的小程序开发绰绰有余。如果需要 UE 显示源文件的函数列表，可以按 F8 键。在函数列表上双击某个函数，就可以跳转到该函数的定义。若需要对 C/C++语言进行语法高亮，则可以选择菜单"视图"→"查看方式（加亮文件类型）"→"C/C++"。

用 UE 编辑完源代码后，就可以通过网络上传到 Linux 主机或 Linux 虚拟机，把文件从 Windows 传到 Linux 的方式也很多，既有命令行的 sz/rz，也有 FTP 客户端、SecureFX 等图形化工具，大家可以根据习惯和实际情况选择合适的工具。本书使用的是命令行工具 SCP。关于 SCP 的详细用法后面会再讲到。

把源代码文件上传到 Linux 后，就可以进行编译了，编译的工具可以使用 gcc 或 g++，两者都可以编译 C++文件，这里使用 g++。关于 g++的详细用法后面会再讲到。

编译过程中如果需要调试，可以使用命令行的调试工具 GDB，这后面也会详细阐述。下面介绍在 Windows 下开发 Linux 程序的过程。

【例 2.5】第一个在 Windows 下开发的 Linux C++程序

1. 编辑源代码

打开 UE（UE 是 Windows 下的一个编辑器），输入代码如下：

```
#include <iostream>

using namespace std;

int main(int argc, char *argv[])
{
    char sz[] = "Hello, World!";
    cout << sz << endl;
    return 0;
}
```

代码很简单，无须多言，然后保存为 test.cpp。

2. 上传源文件到虚拟机 Linux

Linux 上传和下载文件常用的命令是 sz/rz，但这两个命令需要在 Linux 端安装，有点小麻烦。这里使用 SecureCRT 自带的可视化文件传输工具 SecureFX，它可以用于在 Windows 与 Linux 之间传输文件，利用 SFTP 协议或 SSH2 协议实现文件安全传输（传输过程的数据会加密），也可以利用 FTP 进行标准传输（但传输过程并不加密）。该客户端具有 Explorer 风格的界面，易于使用，同时提供强大的自动化能力，可以实现自动化的安全文件传输。上传过程如下：

首先用 SecureCRT 连接到 Linux，然后单击右上角工具栏中的按钮 SecureFX，如图 2-42 所示。

图 2-42

此时会启动 SecureFX 程序，并自动打开 Windows 和 Linux 的文件浏览窗口，界面如图 2-43 所示。

图 2-43

图 2-43 左边是本地 Windows 的文件浏览窗口，右边是 IP 为 192.168.3.9 的虚拟机 Linux 的文件浏览窗口，如果需要把 Windows 中的某个文件上传到 Linux，只需要在左边选中该文件，然后拖曳到右边的 Linux 窗口中，从 Linux 下载文件到 Windows 也是这样的操作，非常简单。大家实践一下即可上手。

3. 编译源文件

现在源文件已经在 Linux 的某个目录下了，我们可以在命令行下对其进行编译。在 Linux 下编译 C++源程序通常有两种命令，一种是利用命令 g++，另一种是利用命令 gcc，它们都是根据源文件的后缀名来判断是 C 程序还是 C++程序。编译也是在 SecureCRT 下进行，我们打开 SecureCRT，连接远程 Linux，然后定位到源文件所在的文件夹，并输入 g++编译命令：

```
[root@localhost test]# g++ test.cpp -o test
[root@localhost test]# ls
test  test.cpp
[root@localhost test]# ./test
Hello, World!
```

-o 表示输出，它后面加的 test 表示最终输出的可执行程序名字是 test。

如果要用 gcc 来编译，可以这样输入：

```
[root@localhost zww]# gcc -o test -l stdc++ test.cpp
[root@localhost zww]# ls
test  test.cpp
[root@localhost zww]# ./test
Hello, World!
```

其中-o 表示输出，它后面加的 test 表示最终输出的可执行程序名字是 test；-l 表示要连接到某个库，stdc++表示 C++标准库，因此-l stdc++表示链接到标准 C++库。

2.5.2　搭建集成式的 Windows 下的 Linux C++开发环境

相信习惯 Windows 下集成开发环境的程序员，对非集成式开发环境颇为头大，VB、VC、.Net 和 Delphi 等优秀基础开发环境提高了我们的效率。在 Windows 下开发 Linux 程序有没有集成开发环境呢？答案是肯定的，微软为了壮大 Linux，在 VC 2015 上面开始支持 Linux 的开发。VC 2015 全称是 Visual C++ 2015，是当前 Windows 平台上主流的集成化、可视化的开发软件，功能异常强大，几乎是一个"巨无霸"。为了照顾一些没有使用过 VC 系列工具的朋友，这里简单介绍一下它的界面，如果感觉不好，也可以使用非集成方式。如果想详细掌握 VC 系列工具，可以参考笔者出版的另一本书《Visual C++ 2013 从入门到精通》。

1. 安装

安装 VC 2015 就不介绍了，在 Windows 下安装软件相信大家都是高手，要注意系统的版本至少是 Windows 7 sp1 和 IE 10，并且装完 VC 2015 后，要打上补丁 VS2015Update3，这个补丁可以在微软官网上下载，笔者是直接在 Windows 10 下安装的。装完补丁后，还需要安装 VC 2015 开发 Linux 的插件 VC_Linux.exe，下载链接为：

```
https://visualstudiogallery.msdn.microsoft.com/725025cf-7067-45c2-8d01-1e0
fd359ae6e/file/206420/7/VC_Linux.exe?SRC=VSIDE
```

安装完毕后，还要在 CentOS 7 中安装 gdb-gdbserver 软件。该软件可以从网上下载，也可以直接从下载资源中获取。安装 gdbserver 的命令为：

```
[root@localhost soft]# rpm -i gdb-gdbserver-7.6.1-51.el7.x86_64.rpm --force
--nodeps
```

下面可以使用 VC 2015 开发 Linux 程序了。

2. 起始页

第一次打开 Visual C++ 2015 集成开发环境时，会出现 Visual C++ 2015 的起始页，如图 2-44 所示。

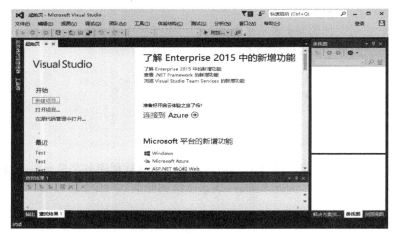

图 2-44

在起始页上，我们可以进行"新建项目""打开项目"等操作，并且最近打开过的项目也能在起始页上显示。如果开发者的计算机能连接 Internet，起始页上还会自动显示一些微软官方的公告、产品信息等。如果不想让 IDE 每次启动都显示起始页，可以取消勾选起始页左下角的"启动时显示此页"复选框，如图 2-45 所示。

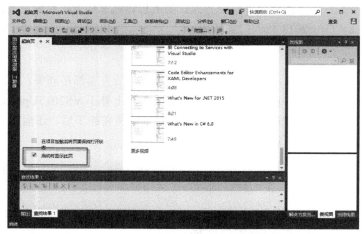

图 2-45

这样下一次打开 IDE 的时候，起始页不再显示。不显示起始页其实也有好处，就是不用每次都去联网显示新闻或公告等，能加快 IDE 的打开速度。

如果又想每次启动 IDE 时都显示起始页，可以单击主菜单中的"视图"→"起始页"来打开起始页，如图 2-46 所示。

	代码(C)	F7
	打开(O)	
	打开方式(N)...	
	解决方案资源管理器(P)	Ctrl+Alt+L
	团队资源管理器(M)	Ctrl+\, Ctrl+M
	服务器资源管理器(V)	Ctrl+Alt+S
	体系结构资源管理器(A)	Ctrl+\, Ctrl+R
	SQL Server 对象资源管理器	Ctrl+\, Ctrl+S
	书签窗口(B)	Ctrl+K, Ctrl+W
	调用层次结构(H)	Ctrl+Alt+K
	类视图(A)	Ctrl+Shift+C
	代码定义窗口(D)	Ctrl+\, D
	对象浏览器(J)	Ctrl+Alt+J
	错误列表(I)	Ctrl+\, E
	输出(O)	Ctrl+Alt+O
	起始页(G)	
	任务列表(K)	Ctrl+\, T
	工具箱(X)	Ctrl+Alt+X
	通知(W)	Ctrl+W, N
	查找结果(N)	▶
	其他窗口(E)	▶
	工具栏(T)	▶
	全屏显示(U)	Shift+Alt+Enter
	所有窗口(L)	Shift+Alt+M
	向后导航(B)	Ctrl+-
	向前导航(F)	Ctrl+Shift+-
	下一任务(N)	
	上一任务(R)	
	属性窗口(W)	F4
	属性页(Y)	Shift+F4

图 2-46

然后重新勾选起始页左下角的"启动时显示此页"复选框，这样下次启动 IDE 的时候就能显示起始页了。

3. 主界面

在 Visual C++ 2015 主界面上，集成开发环境的操作界面包括 7 部分：标题栏、菜单栏、工具栏、工作区窗口、代码编辑窗口、信息输出窗口和状态栏，如图 2-47 所示。

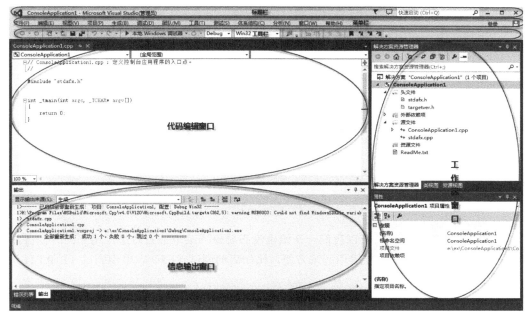

图 2-47

4. 标题栏

在标题栏上可以看到当前工程的名称和当前登录操作系统的用户类型，比如管理员类型，开发的程序可以对内核进行操作。另外，在标题栏的右边有一个反馈按钮，单击该按钮会出现一个下拉菜单，如图 2-48 所示。

图 2-48

其中有一个"MSDN 论坛"菜单项，通过该项可以直接访问 MSDN 论坛。MSDN 论坛有很多技术论题，我们遇到问题也可以去讨论。

5. 菜单栏

Visual C++ 2015 的菜单栏位于主窗口的上方，包括"文件""编辑""视图""项目""生成""调试""团队""工具""测试""体系结构""分析""窗口"和"帮助"13 个主菜单。IDE 操作的所有功能都可以在菜单里找到，比如在"文件"菜单里面可以进行文件、项目和解决方案的打开和关闭，以及 IDE 的退出等，如图 2-49 所示。

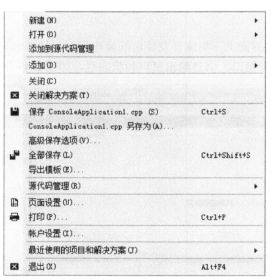

图 2-49

很多菜单功能都会用到，所以我们一开始也没必要每项菜单都去熟悉，用到的时候自然会熟悉，而且有些菜单功能不如快捷键用起来方便，比如启动调试（F5）、单步调试（F10/F11）、开始运行（Ctrl+F5）等。

6. 工具栏

工具栏提供了和菜单几乎——对应的命令功能，而且更加方便。Visual C++ 2015 除了提供标准的工具栏之外，还能自定义工具栏，把一些常用的功能放在工具栏上，比如在工具栏上增加"生成解决方案"和"开始执行（不调试）"按钮。默认情况下，工具栏上是没有"生成解决方案"和"开始执行（不调试）"按钮的，在执行程序的时候，每次都要进入菜单，单击"调试"→"开始执行（不调试）"来启动程序，非常麻烦，虽然有 Ctrl+F5 快捷键，但也要让手离开鼠标，对于懒人来讲也是有点痛苦的。因此，最好在工具栏上有这么一个按钮，只要鼠标点一下，就启动执行了。"生成解决方案"相当于把修改过的工程源代码都编译一遍，在不需要执行的时候，也会经常用到。让"生成解决方案"和"开始执行（不调试）"按钮显示在工具栏上的步骤如下：

（1）添加一个自定义的工具栏。打开 Visual C++ 2015 的集成开发环境，然后在工具栏的右边空白处右击，会出现一个快捷菜单，选择最末一项"自定义"，在"自定义"对话框中单击"新建"按钮，新建一个工具栏，如图 2-50 所示。

自定义工具栏的名称保持默认即可，如图 2-51 所示。

图 2-50   图 2-51

然后单击"确定"按钮，在集成开发环境的工具栏上即可多出一个工具栏，但不仔细看是看不出来的，因为我们还没给它添加命令按钮。

（2）在"自定义"对话框中切换至"命令"选项卡，选择"工具栏"，然后在右边的下拉菜单中选择"自定义 1"，如图 2-52 所示。

图 2-52

然后单击"添加命令"按钮，出现"添加命令"对话框，在"添加命令"对话框中，在左边的"类别"下选择"生成"，在右边的"命令"下选择"生成解决方案"，如图 2-53 所示。

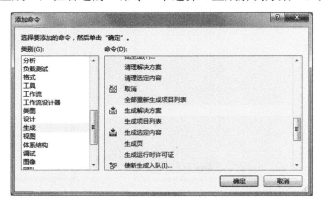

图 2-53

然后单击"确定"按钮。此时，我们新建的工具栏上就有了一个"生成解决方案"按钮。

（3）再添加"开始执行（不调试）"按钮。同样，在"自定义"对话框中单击"添加命令"，然后在"添加命令"对话框中，在左边的"类别"下选择"调试"，在右边的"命令"下选择"开始执行（不调试）"，如图 2-54 所示。

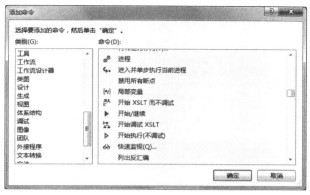

图 2-54

最后单击"确定"按钮，关闭"添加命令"对话框，再关闭"自定义"对话框，此时我们新建的工具栏上又多了一个按钮，共有 2 个按钮了，如图 2-55 所示。

图 2-55

7. 类视图

类视图用于显示正在开发的应用程序中的类名及其类成员函数和成员变量。可以在"视图"菜单中打开"类视图"窗口。类视图分为上部的"对象"窗格和下部的"成员"窗格。"对象"窗格包含一个可以展开的符号树，其顶级节点表示每个类，如图 2-56 所示。

图 2-56

8. 解决方案资源管理器

这个视图显示的是当前解决方案中的各个工程以及每个工程中的源文件、头文件、资源文件的文件名，并且分类显示，如果要打开某个文件，直接双击文件名即可。我们还能在解决方案资源管理器中删除文件或添加文件。图 2-57 所示就是一个解决方案资源管理器。

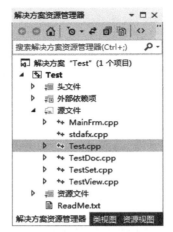

图 2-57

9. 输出窗口

输出窗口用于显示程序的编译结果和程序执行过程中的调试输出信息，比如我们调用函数 OutputDebugString 就可以在输出窗口中显示一段字符串。通过"视图"菜单的"输出"菜单项打开输出窗口，如图 2-58 所示。

图 2-58

10. 错误列表

错误列表用来显示编译或链接的出错信息。双击错误列表中的某行，可以定位到源代码出错的地方。通过"视图"菜单的"错误列表"菜单项打开错误列表，如图 2-59 所示。

图 2-59

11. 设置源代码编辑窗口的颜色

默认情况下，源代码编辑窗口的背景色是白色的，代码文本颜色是黑色的，这样的颜色对比比较强烈，看久了眼睛容易疲劳，为此我们可以设置自己喜欢的背景色。方法是在主界面的菜单中选择"工具"→"选项"，打开"选项"对话框，然后在左边展开"环境"，在展开的项目的末尾找到并选中"字体和颜色"，接着在右边的显示项中选择"纯文本"，就可以通过设置"项前景"和"项背景"来设置源代码编辑窗口的前景色和背景色，如图2-60所示。

图 2-60

12. 显示行号

默认情况下，源代码编辑窗口的左边是不显示行号的，如果要显示行号，可以在主界面的菜单中选择"工具"→"选项"，打开"选项"对话框，然后在左边展开"文本编辑器"，在展开的项目中找到并选中"C/C++"，接着在右边就可以看到"行号"，如图2-61所示。

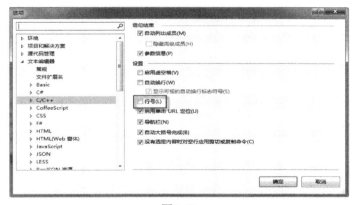

图 2-61

13. 使用 VC 2015 开发 Linux 程序

这里要强调一下，VC 2015 要安装补丁 Update 3 和插件 VC_Linux.exe，然后在 Linux 下安装 gdb-gdbserver 后才能开发 Linux 程序。gdb-gdbserver 可以从网上搜索下载，也可以从下载资源中获取，安装 gdb-gdbserver 的命令如下：

```
    [root@localhost soft]# rpm -ivh gdb-gdbserver-7.6.1-51.el7.x86_64.rpm
--force --nodeps
    警告: gdb-gdbserver-7.6.1-51.el7.x86_64.rpm: 头V3 RSA/SHA256 Signature, 密钥 ID
```

```
f4a80eb5: NOKEY
    准备中...                        ################################# [100%]
    正在升级/安装...
        1:gdb-gdbserver-7.6.1-51.el7    #################################
[100%]
```

安装后，可以查询一下是否安装成功：

```
[root@localhost soft]# rpm -q gdb-gdbserver
gdb-gdbserver-7.6.1-51.el7.x86_64
```

查询到已安装成功，现在万事俱备，可以开始编写程序了。

【例 2.6】 第一个 VC 2015 开发的 Linux C++程序

（1）打开 VC 2015，在主菜单上选择"文件"→"新建"→"项目"或者直接按快捷键 Ctrl+Shift+N，此时会出现"新建项目"对话框，在"新建项目"对话框的左边展开"模板"→"Visual C++"→"Cross Platform"，在"Cross Platform"下选中"Linux"，输入项目名称和路径后，单击"确定"按钮。

（2）此时会出现一个对话框，让我们输入目标机器（CentOS 7）的主机名、端口、账户、口令等信息，如图 2-62 所示。

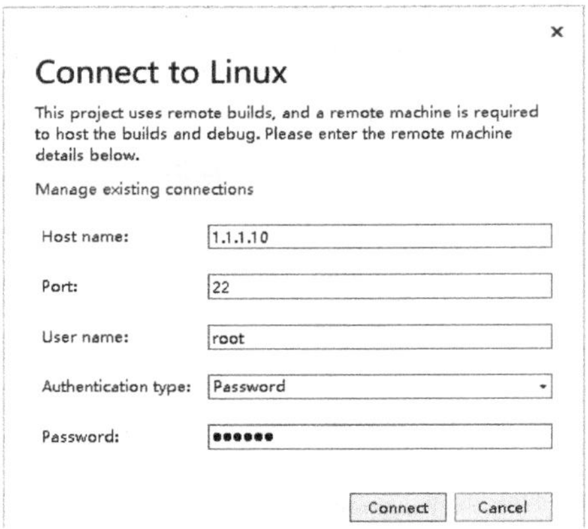

图 2-62

然后单击 "Connect"按钮。注意：这里要确定我们的目标主机能 ping 通，并且用终端软件（SecureCRT）能登录上去。

接着会出现源代码编辑窗口，并且 main.cpp 已经默认为我们建好了，可以在 main.cpp 中输入代码：

```cpp
#include <iostream>
using namespace std;

int main(int argc, char *argv[])
{
    char sz[] = "Hello, World!";
```

```
    cout << sz << endl;
    return 0;
}
```

此时单击工具栏上的"运行"按钮，就可以运行程序了。在目标主机的/root/projects/下有一个 test 文件夹，里面有源代码 main.cpp，说明 VC 2015 自动帮我们上传了源代码文件 main.cpp。在 Linux 下进入/root/projects/test，会发现有 bin 文件夹，它的子文件夹 x64/Debug 存放着最终生成的程序，进入/root/projects/test/bin/x64/Debug，会发现最终的可执行文件 test.out，运行它：

```
[root@localhost Debug]# ./test.out
Hello, World!
```

熟悉的 Hello, World 出现了，说明我们成功了。

（3）如果需要调试，可以按 F5 键启动调试模式，然后可以按 F10 键进行单步调试，如图 2-63 所示。

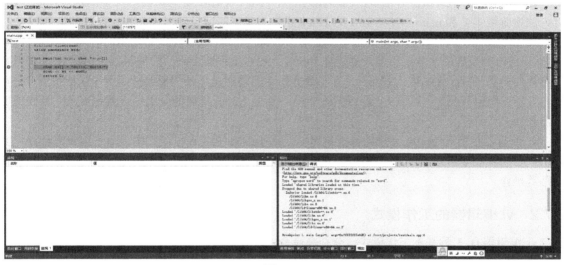

图 2-63

VC 2015 异常强大，更多功能限于篇幅无法多讲，大家如果需要设置更多功能，可以在工程的属性中去探宝。在 VC 2015 的"解决方案资源管理器"视图上，可以对工程右击，然后在快捷菜单中选择"属性"，打开工程"属性"对话框。或者选择 VC 2015 的主菜单"项目"→"属性"，也可以打开"属性"对话框。

是不是感觉很强大？但是我们还是要学会命令的开发方式，尤其后面讲述的几个工具，非常有用。

2.6　需要掌握的开发工具

有一定经验的程序员还是喜欢非集成的开发方式，因此掌握命令行工具是基本功。何况很多企业开发的场景是不会提供 Linux 图形界面让你开发非图形界面的 Linux 程序的，即不会提供集成开发环境来开发非图形界面的 Linux 程序。尤其是现场客户支持和排错的时候，能使用的开发工具更少，那种环境更加不会提供 Windows 系统让你舒舒服服地编辑。因此，Linux 开发者必须要掌握几个 Linux 字符界面下的开发工具，比如编辑器 vi/vim、编译器 gcc、调试 gdb，还有 Makefile 文件的编写，这几种工具一般在客户现场的环境中都会提供，掌握它们是基本功。我们在家里（单位）开发或许有更好的环境工具使用，但一定要考虑以后到用户现场开发和排错时的场景，那时只有这几样武器。废话不多说，下面介绍这几样武器。

2.7   vi 编辑器的使用

2.7.1   vi 编辑器概述

Linux 下的文本编辑器有很多，图形模式下有 gedit、kwrite 等编辑器，文本模式下有 vi、vim（vi 的增强版本）和 nano。vi 和 vim 是 Linux 系统中常用的编辑器，vim 相当于 vi 的加强版本。

vi 编辑器是 Linux 和 UNIX 上基本的文本编辑器，工作在字符模式下。由于不需要图形界面，因此 vi 是效率很高的文本编辑器。尽管在 Linux 上也有很多图形界面的编辑器可用，但 vi 在没有图形界面的系统中（比如嵌入式系统、服务器系统）的功能是那些图形编辑器所无法比拟的。一句话，当没有图形界面时，vi 就是编辑器"一哥"。而且 Linux 重要的应用场合就是嵌入式系统或服务器系统。

vi 编辑器是所有 Linux 系统的标准编辑器，用于编辑任何 ASCII 文本，对于编辑源程序尤其有用。它的功能非常强大，通过使用 vi 编辑器可以对文本进行创建、查找、替换、删除、复制和粘贴等操作。

2.7.2   vi 编辑器的工作模式

vi 编辑器有 3 种基本工作模式，分别是命令（行）模式、插入模式和末行模式。在使用时，一般将末行模式也算入命令行模式。各模式的功能区分如下。

（1）命令行模式

控制屏幕光标的移动，字符、字或行的删除，移动、复制某区域及进入插入模式，或者到末行模式。

（2）插入模式

只有在插入模式下才可以做文本输入，按 ESC 键可回到命令行模式。

（3）末行模式

将文件保存或退出 vi 编辑器，也可以设置编辑环境，如寻找字符串、列出行号等。在命令行模式下按"："即可进入末行模式。

2.7.3 vi 的基本操作

（1）进入 vi 编辑器

在系统 shell 提示符下输入 vi 及文件名称后，即可进入 vi 编辑界面。如果系统内还不存在该文件，就意味着要创建文件；如果系统内存在该文件，就意味着要编辑该文件。下面介绍用 vi 编辑器创建文件的示例。

```
#vi filename
~
```

进入 vi 之后，系统处于命令行模式，要切换到插入模式才能够输入文字。

（2）切换至插入模式编辑文件

在命令行模式下按字母键 i 就可以进入插入模式，这时就可以开始输入文字了。

（3）退出 vi 及保存文件

在命令行模式下，按冒号键（：）可以进入末行模式，例如[:w filename]将文件内容以指定的文件名 filename 保存。

输入"wq"，存盘并退出 vi。输入"q!"，不存盘强制退出 vi。

图 2-64 展示了 vi 编辑器 3 种模式之间的关系。

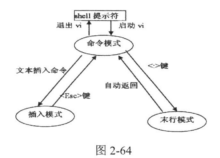

图 2-64

2.7.4 命令行模式下的基本操作

1. 进入插入模式

按下列字符键时就可以进入插入模式。虽然都是进入插入模式，但稍微有些区别，尤其是光标所在的位置。

● a：从目前光标所在位置的下一个位置开始输入文字。
● A：在光标所在行的行末插入。
● i：从光标当前位置开始输入文件。
● I：在光标所在行的行首插入。
● o：在光标所在行的下面插入一行。
● O：在光标所在行的上面插入一行。

- s: 删除光标后的一个字符，然后进入插入模式。
- S: 删除光标所在的行，然后进入插入模式。

2. 从插入模式切换为命令行模式

直接按 ESC 键即可从插入模式切换为命令行模式。

3. 移动光标

vi 可以直接用键盘上的光标来上下左右移动，但正规的 vi 是用小写英文字母"h""j""k" "1"分别控制光标左、下、上、右移一格的。

- Ctrl+B: 屏幕往后移动一页。
- Ctrl+F: 屏幕往前移动一页。
- Ctrl+U: 屏幕往后移动半页。
- Ctrl+D: 屏幕往前移动半页。
- gg: 移动到文件的开头。
- G: 移动到文件的末尾。
- $: 移动到光标所在行的行尾。
- ^: 移动到光标所在行的行首。
- w: 光标跳到下个字的开头。
- e: 光标跳到下个字的字尾。
- b: 光标回到上个字的开头。

4. 删除文字

- x: 每按一次，删除光标所在位置的后面一个字符。
- nx: 例如，"6x"表示删除光标所在位置后面 6 个字符。
- X: 大写的 X，每按一次，删除光标所在位置的前面一个字符。
- nX: 例如，"20X"表示删除光标所在位置前面 20 个字符。
- dd: 删除光标所在行。
- ndd: 从光标所在行开始删除 n 行。例如，"4dd"表示删除从光标所在行开始的 4 行字符。

5. 复制

- yw: 将光标所在之处到字尾的字符复制到缓冲区中。
- nyw: 复制 n 个字符到缓冲区。
- yy: 复制当前行。
- nyy: 例如，"6yy"表示复制从光标所在行开始的 6 行字符。

6. 剪切

- dd: 剪切当前行。

7. 粘贴

- p：将缓冲区内的字符粘贴到光标所在位置的后面。

8. 撤销上一次操作

- u：如果误执行一个命令，可以马上按 u 键，回到上一个操作。按多次 u 键可以执行多次撤销操作。

9. 跳至指定的行

- Ctrl+G：列出光标所在行的行号。
- nG：例如，"5G"，表示移动光标到该文件的第 5 行行首，行跳转都是基于文件首行的。

10. 存盘退出

- ZZ：存盘退出。

11. 不存盘退出

- ZQ：不存盘退出。

12. 命令模式小结

命令行模式下的基本操作如表 2-1 所示。

表 2-1　命令行模式下的基本操作

命令行模式：移动光标的方法	
h 或向左方向键（←）	光标向左移动一个字符
j 或向下方向键（↓）	光标向下移动一个字符
k 或向上方向键（↑）	光标向上移动一个字符
l 或向右方向键（→）	光标向右移动一个字符
如果想要进行多次移动，例如向下移动 30 行，可以使用"30j"或"30↓"的组合键，即加上想要进行的次数（数字）后，操作即可	
Ctrl+f	屏幕"向下"移动一页，相当于 Page Down 按键
Ctrl+b	屏幕"向上"移动一页，相当于 Page Up 按键
Ctrl+d	屏幕"向下"移动半页
Ctrl+u	屏幕"向上"移动半页
命令行模式：移动光标的方法	
+	光标移动到非空格符的下一行
-	光标移动到非空格符的上一行
n<space>	n 表示"数字"，按下数字后再按空格键，光标会向右移动这一行的 n 个字符。例如 20<space>，光标会向后面移动 20 个字符
0	这是数字"0"，移动到这一行最前面的字符处（常用）

（续表）

命令行模式：移动光标的方法	
$	移动到这一行最后面的字符处（常用）
H	光标移动到这个屏幕的最上方那一行
M	光标移动到这个屏幕的中央那一行
L	光标移动到这个屏幕的最下方那一行
G	移动到这个文件的最后一行（常用）
nG	n 为数字。移动到这个文件的第 n 行。例如 20G 则会移动到这个文件的第 20 行（可配合：set nu）
gg	移动到这个文件的第一行，相当于 1G（常用）
n\<Enter\>	n 为数字。光标向下移动 n 行（常用）
命令行模式：搜索与替换	
/word	从光标位置开始，向下寻找一个名为 word 的字符串。例如要在文件内搜索 vbird 这个字符串，就输入/vbird（常用）
?word	从光标位置开始，向上寻找一个名为 word 的字符串
n	n 是英文按键，表示"重复前一个搜索的动作"。举例来说，如果刚刚执行/vbird 去向下搜索 vbird 字符串，则按下 n 键后，会向下继续搜索下一个名称为 vbird 的字符串。如果是执行?vbird 的话，那么按下 n 键会向上继续搜索名称为 vbird 的字符串
N	这个 N 是英文按键。与 n 刚好相反，为"反向"进行前一个搜索操作。例如执行/vbird 后，按下 N 则表示"向上"搜索 vbird
命令行模式：搜索与替换	
:n1、n2s/word1/word2/g	n1 与 n2 为数字。在第 n1 与 n2 行之间寻找 word1 这个字符串，并将该字符串替换为 word2。举例来说，在 100 到 200 行之间搜索 vbird 并替换为 VBIRD，则为":100、200s/vbird/VBIRD/g"（常用）
:1、$s/word1/word2/g	从第一行到最后一行寻找 word1 字符串，并将该字符串替换为 word2（常用）
:1、$s/word1/word2/gc	从第一行到最后一行寻找 word1 字符串，并将该字符串替换为 word2，且在替换前显示提示符给用户确认（conform）是否需要替换（常用）
命令行模式：删除、复制与粘贴	
p,P	p 为将已复制的数据粘贴到光标的下一行，P 则为粘贴在光标上一行。举例来说，当前光标在第 20 行，且已经复制了 10 行数据，则按下 p 后，这 10 行数据会粘在原来的 20 行之后，即由 21 行开始粘贴。但如果是按下 P，那么原来的第 20 行会被变成 30 行（常用）
J	将光标所在行与下一列的数据结合成同一行
c	重复删除多个数据，例如向下删除 10 行，[10cj]
u	复原前一个操作（常用）
[Ctrl]+r	重做上一个操作（常用）
u 与[Ctrl]+r 是很常用的命令。一个是复原，另一个则是重做一次。利用这两个功能按键，编辑起来得心应手	

（续表）

命令行模式：删除、复制与粘贴	
.	这就是小数点，意思是重复前一个动作。如果想重复删除、重复粘贴，按下小数点"."就可以了（常用）

2.7.5 插入模式

插入模式用来向文本中添加、修改或删除文本内容，也就是通常所说的编辑工作。如果要退回到命令行模式，可以按 ESC 键。

2.7.6 末行模式操作

在使用末行模式之前，记住先按 ESC 键确定已经处于命令行模式后，再按冒号"："即可进入末行模式。

1. 列出行号

- set nu：输入"set nu"后，会在文件中的每一行前面列出行号。

2. 取消列出行号

- set nonu：输入"set nonu"后，会取消在文件中的每一行前面列出行号。

3. 搜索时忽略大小写

- set ic：输入"set ic"后，会在搜索时忽略大小写。

4. 取消搜索时忽略大小写

- set noic：输入"set noic"后，会取消在搜索时忽略大小写。

5. 跳到文件中的某一行

- n："n"表示一个数字，在冒号后输入一个数字，再按回车键就会跳到该行，如输入数字 15，再按回车键就会跳到文本的第 15 行。

6. 查找字符

- /关键字：先按"/"键，再输入想查找的字符，如果第一次查找的关键字不是想要的，可以一直按 n 键，往后查找一个关键字。
- ?关键字：先按?键，再输入想查找的字符，如果第一次查找的关键字不是想要的，可以一直按 n 键，往后查找一个关键字。

7. 运行 shell 命令

- !cmd：运行 shell 命令 cmd。

8. 替换字符

- s/SEARCH/REPLACE/g：把当前光标所处的行中的 SEARCH 单词替换成

REPLACE，并把所有 SEARCH 高亮显示。

- %s /SEARCH/REPLACE: 把文档中所有 SEARCH 替换成 REPLACE。
- n1,n2 s /SEARCH/REPLACE/g: n1、n2 表示数字，表示从 n1 行到 n2 行，把 SEARCH 替换成 REPLACE。

9. 保存文件

- w:: 在冒号前输入字母 "w" 就可以将文件保存起来。

10. 离开 vi

- q: 按 q 健即可退出 vi，如果无法离开 vi，可以在 "q" 后面输入一个 "!" 强制符离开 vi。
- qw: 一般建议离开时，搭配 "w" 一起使用，这样在退出的时候还可以保存文件。

11. 命令行模式小结

命令行模式下的基本操作如表 2-2 所示。

表 2-2　命令行模式下的基本操作

命令	说明
:w	将编辑的数据写入硬盘文件中（常用）
:w!	若文件属性为 "只读"，则强制写入该文件。不过，到底能不能写入，与文件权限有关
:q	离开 vi（常用）
:q!	若曾修改过文件，又不想存储，则使用! 强制离开不存储文件
:wq	存储后离开，若为:wq!，则为强制存储后离开（常用）
:e!	将文件还原到最原始的状态
ZZ	若文件没有更改，则不存储离开；若文件已经更改，则存储后离开
:w[filename]	将编辑的数据存储成另一个文件（类似另存新文件）
:r[filename]	在编辑的数据中，读入另一个文件的数据，即将 "filename" 文件内容加到光标所在行的后面
:n1、n2 w[filename]	将 n1 到 n2 的内容存储成 filename 文件
:!command	暂时离开 vi，到命令模式下执行 command 的显示结果。例如，":! ls /home"，即可在 vi 中查看/home 中以 ls 输出的文件信息
:set nu	显示行号，设置之后，会在每一行的前缀显示该行的行号
:set nonu	与 set nu 相反，为取消行号

注意，感叹号（!）在 vi 中常常具有"强制"的意思。

vi 命令较多，但常用到的命令也可能只有一半。通常 vi 的命令除了上面注明"常用"的外，其他的可以做一张简单的命令表，当有问题时可以马上查询，如图 2-65 所示。

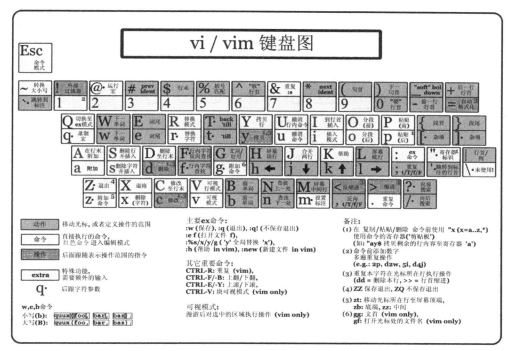

图 2-65

2.8 gcc 编译器的使用

Linux 系统下的 gcc（GNU C Compiler）是 GNU 推出的功能强大、性能优越的多平台编译器，是 GNU 的代表作品之一。gcc 是可以在多种硬体平台上编译出可执行程序的超级编译器，其执行效率与一般的编译器相比，平均效率要高 20%~30%。因为它功能十分强大，而且开源，所以很多著名的软件都通过它来编译。很多人知道它可以编译 C 语言源程序，其实还可以用来编译 C++语言源程序。虽然另一个 C++编译工具 g++更专业些，但作为一个 C++开发者，学会 gcc 工具的使用也是必备技能。C++程序员应该同样能开发 C 语言程序，所以 gcc 也要学会使用，更何况 gcc 也能用来编译 C++。

2.8.1 gcc 对 C 语言的编译过程

前面的例子中对 C++编译用了一条 gcc 命令，但内部其实不是这么简单的。gcc 对 C/C++语言的编译过程可分为 4 个阶段：预处理（Preprocess）、编译（Compilation）、汇编（Assembly）和链接（Linking），如图 2-66 所示。

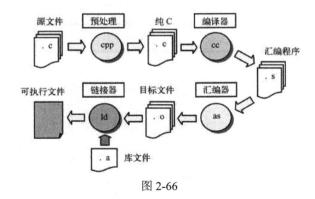

图 2-66

1．预处理

预处理就是对源程序中的伪指令（以#开头的指令）和特殊符号进行处理的过程。伪指令包括宏定义指令、条件编译指令和头文件包含指令。gcc 对 C 源文件进行预处理后会输出.i 文件。

预编译过程主要处理那些源代码中以#开始的预编译指令，主要处理规则如下：

（1）将所有的#define 删除，并且展开所有的宏定义。

（2）处理所有条件编译指令，如#if、#ifdef 等。

（3）处理#include 预编译指令，将被包含的文件插入该预编译指令的位置。该过程递归进行，被包含的文件可能还包含其他文件。

（4）删除所有的注释（//和 /**/）。

（5）添加行号和文件标识，以便于编译时编译器产生调试用的行号信息及编译时产生编译错误或警告时能够显示行号信息。

（6）保留所有的#pragma 编译器指令，因为编译器需要使用它们。

【例2.7】预处理 C 程序

（1）打开 UE，然后输入代码：

```c
#include <stdio.h>

int main(int argc, char *argv[])
{
    char sz[] = "Hello, World!\n";
    printf("%s", sz);
    fflush(stdout);
    return 0;
}
```

保存文件为 test.c。

（2）把 test.c 上传到 Linux，并在命令行下输入 gcc 预处理命令：

```
gcc -E test.c -o test.i
```

选项 "-E" 告诉 gcc 只进行预处理；"test.c" 是 C 源程序文件；"-o" 用于指定要生成的结果文件，后面跟的就是结果文件名字；这里输出的结果文件为 test.i，是一个经过预处理后的 C 代码文件，会把源代码中的 stdio.h 内容编译进来，因此文件变长了很多。大家如果要看其内容，可以在命令行下输入 cat -n test.i，加-n 是为了显示行号，文件内容较长，我们截取了最后部分，可以看到 test.i 一共有 842 行，因为把 stdio.h 的内容包含进来了。

```
    …
825  extern char *ctermid (char *__s) __attribute__ ((__nothrow__ , __leaf__));
826  # 913 "/usr/include/stdio.h" 3 4
827  extern void flockfile (FILE *__stream) __attribute__ ((__nothrow__ ,
__leaf__));
828
829
830
831  extern int ftrylockfile (FILE *__stream) __attribute__ ((__nothrow__ ,
__leaf__)) ;
832
833
834  extern void funlockfile (FILE *__stream) __attribute__ ((__nothrow__ ,
__leaf__));
835  # 943 "/usr/include/stdio.h" 3 4
836
837  # 2 "test.c" 2
838
839  int main()
840  {
841   printf("hello, boy\n");
842  }
```

从 835 行可以看到，stdio.h 的路径位于/usr/include/下。

值得注意的是，选项 "-o" 中的 o 是 output 的意思，不是目标的意思。-o 后面跟的是要输出的结果文件名称，结果文件可能是预处理文件、汇编文件、目标文件或者最终的可执行文件，我们在后续章节会讲到-o，这里只需了解即可。

2. 编译

编译过程就是把预处理完的文件进行一系列词法分析、语法分析、语义分析及优化后生成相应的汇编代码文件。在使用 gcc 进行编译时，默认情况下，不输出这个汇编代码的文件。如果需要，可以在编译时指定-S 选项，这样就会输出同名的汇编语言文件。

gcc 对 C 源文件编译后生成的汇编代码文件是.s 文件。我们对上面的 test.i 进行编译：

```
[root@localhost test]# gcc -S test.i -o test.s
```

选项 "-S" 告诉 gcc 只进行到编译阶段；"test.i" 是进行编译的源文件；"-o" 用于指定要生成的结果文件，后面跟的就是结果文件名字；这里输出的结果文件为汇编文件 test.s，也就是一个文本文件，里面包含的是汇编语言源代码。可以用 cat 命令来查看 test.s 中的内容：

```
[root@localhost test]# cat -n test.s
     1          .file   "test.c"
     2          .section        .rodata
     3  .LC0:
     4          .string "hello, boy"
     5          .text
     6          .globl  main
     7          .type   main, @function
     8  main:
     9  .LFB0:
    10          .cfi_startproc
    11          pushq   %rbp
    12          .cfi def cfa offset 16
    13          .cfi_offset 6, -16
    14          movq    %rsp, %rbp
    15          .cfi def cfa register 6
    16          movl    $.LC0, %edi
    17          call    puts
    18          popq    %rbp
    19          .cfi_def_cfa 7, 8
    20          ret
    21          .cfi endproc
    22  .LFE0:
    23          .size   main, .-main
    24          .ident  "GCC: (GNU) 4.8.5 20150623 (Red Hat 4.8.5-11)"
    25          .section        .note.GNU-stack,"",@progbits
[root@localhost test]#
```

可以看到经过编译阶段后，gcc 已经将 test.i 文件转化为汇编语言文件。汇编语言是一种低级的通用编程语言。不同高级语言的不同编译器输出的汇编语言几乎相同，例如 C 和 Fortran 在此步编译产生的输出文件都是一样的汇编语言。

3. 汇编

汇编就是将汇编代码转变成机器可以执行的二进制代码，每一个汇编语句几乎都对应一条机器指令。汇编相对于编译过程比较简单，根据汇编指令和机器指令的对照表一一翻译即可。

gcc 生成的二进制代码文件为后缀名为.o 的文件。我们对上面的 test.s 进行汇编：

```
[root@localhost test]# gcc -c test.s -o test.o
```

选项 "-c" 告诉 gcc 只进行到汇编处理为止； "test.s" 是进行汇编的源文件； "-o" 用于指定要生成的结果文件，后面跟的就是结果文件名字；这里输出的结果文件为目标文件 test.o，是一个二进制文件（不是文本文件），在 Windows 上通常就是 obj 文件。test.o 是二进制文件，可以用命令 hexdump 来查看：

```
[root@localhost test]# hexdump test.o
0000000 457f 464c 0102 0001 0000 0000 0000 0000
0000010 0001 003e 0001 0000 0000 0000 0000 0000
0000020 0000 0000 0000 0000 0130 0000 0000 0000
0000030 0000 0000 0040 0000 0000 0040 000d 000a
0000040 4855 e589 00bf 0000 e800 0000 0000 c35d
```

```
0000050 6568 6c6c 2c6f 6220 796f 0000 4347 3a43
0000060 2820 4e47 2955 3420 382e 352e 3220 3130
0000070 3035 3236 2033 5228 6465 4820 7461 3420
0000080 382e 352e 312d 2931 0000 0000 0000 0000
0000090 0014 0000 0000 0000 7a01 0052 7801 0110
00000a0 0c1b 0807 0190 0000 001c 0000 001c 0000
00000b0 0000 0000 0010 0000 4100 100e 0286 0d43
....
```

4. 链接

在成功汇编之后，就进入了链接阶段。链接主要是为了解决多个文件之间符号引用的问题（symbol resolution）。编译时编译器只对单个文件进行处理，如果该文件里面需要引用到其他文件中的符号（例如全局变量或者某个函数库中的函数），那么这时在这个文件中该符号的地址是没法确定的，只能等链接器把所有的目标文件连接到一起才能确定最终的地址，最终生成可执行的文件。当所有的目标文件都生成之后，gcc 就在内部调用链接器 ld 来完成链接工作。在链接阶段，所有的目标文件被安排在可执行程序中的恰当位置。值得注意的是，在 Linux 系统中，可执行文件没有统一的后缀，系统从文件的属性来区分可执行文件和不可执行文件。

这里要介绍一下函数库。我们可以回头看 C 源程序，程序中并没有定义"printf"的函数实现，且在预编译中包含进的"stdio.h"中也只有该函数的声明，而没有定义函数的实现。GNU 组织把这些函数实现都放到名为 libc.so.6 的库文件中去了，该文件是 GNU 的标准 C 函数库，里面实现了printf。gcc 会到系统默认的搜索路径"/usr/lib64"下查找 libc.so.6，然后就可以发现 printf 在 libc.so.6 中的实现，这样 printf 函数的地址就确定了，即 printf 符号的引用问题解决了，就不会报出链接时候的错误，比如找不到函数实现等。这就是链接的作用。啰唆一句，libc.so.6 是 Linux 下的 GUN C 函数库（glibc），是 gcc 在编译时默认使用的 C 函数库。我们可以通过下列方式来查看当前系统上的 glibc 的版本：

```
[root@localhost lib64]#  /lib64/libc.so.6
GNU C Library (GNU libc) stable release version 2.17, by Roland McGrath et al.
Copyright (C) 2012 Free Software Foundation, Inc.
This is free software; see the source for copying conditions.
There is NO warranty; not even for MERCHANTABILITY or FITNESS FOR A
PARTICULAR PURPOSE.
Compiled by GNU CC version 4.8.5 20150623 (Red Hat 4.8.5-4).
Compiled on a Linux 3.10.0 system on 2015-11-19.
Available extensions:
    The C stubs add-on version 2.1.2.
    crypt add-on version 2.1 by Michael Glad and others
    GNU Libidn by Simon Josefsson
    Native POSIX Threads Library by Ulrich Drepper et al
    BIND-8.2.3-T5B
    RT using linux kernel aio
libc ABIs: UNIQUE IFUNC
For bug reporting instructions, please see:
<http://www.gnu.org/software/libc/bugs.html>.
```

可以看到，当前 glibc 的版本是 2.17。注意，/lib64 是一个文件夹链接，它的真实文件夹是/usr/lib64。glibc 是 GNU 组织对 C 的标准实现库，是操作系统 UNIX/Linux 的基石之一。微软也有自己的 C 标准实现库，叫 msvcrt；嵌入式行业里还常用 uClibc，是一个迷你版的 C 标准实现库。

言归正传，我们对上面生成的 test.o 进行链接：

```
[root@localhost test]# gcc test.o -o test
```

这里只有一个目标文件，如果有多个目标文件（.o 文件）可以写在一起，每两个目标文件之间加空格，比如 gcc test1.o test2.o test3.o -o test。

运行后，将最终生成可执行文件 test，我们可以运行它：

```
[root@localhost test]# ./test
hello, boy
```

运行成功，输出"hello, boy"。至此，gcc 内部工作的几个阶段都完成了。实际开发的时候，当然不需要这样麻烦，只需要 gcc test.c -o test 就会生成可执行文件 test，而且并不会输出那些中间文件。这里介绍它的过程只是让大家明白内部工作原理。

2.8.2　gcc 所支持的后缀名文件

上面 gcc 内部工作的过程中产生了不少中间文件。gcc 可以针对支持的不同源程序文件进行不同的处理，文件格式以文件的后缀来识别，即 gcc 通过文件后缀来区别输入文件的类型。下面用表格（见表 2-3）归纳一下 gcc 所支持的具有不同后缀名的文件，这些文件可能是 gcc 工作中某个步骤所产生的。

表 2-3　gcc 所支持的具有不同后缀名的文件

后缀名	文件类型	后续编译流程
.c	C 源代码文件	预处理、编译、汇编、链接
.C/.cc/.cxx/.cpp/c++	C++源代码文件	预处理、编译、汇编、链接
.m	Objective-C 源代码文件	预处理、编译、汇编、链接
.i	已经预处理过的 C 源代码文件	编译、汇编、链接
.ii	已经预处理过的 C++源代码文件	编译、
.s	汇编语言源代码文件	汇编、链接
.S	经过预编译的汇编语言源代码文件	汇编、链接
.a	由目标文件构成的档案库文件（静态库）	链接
.o	编译后的目标文件（二进制文件）	链接

当然，我们平时不经常和所有的后缀名文件打交道。使用 gcc 的时候，基本上就是输入源文件，得到可执行文件。

2.8.3　gcc 的语法格式

gcc 编译器的基本语法格式如下：

```
gcc [选项] 准备编译的文件 [选项] [目标文件]
```

要注意 5 个部分之间都有空格。选项较多，后面章节会详细阐述。准备编译的文件除了是 C 或 CPP 源文件外，也可能是汇编代码文件（.s 文件）。如果目标文件没有指明，就自动生成 a.out。

常用的使用方式是 gcc test.c –o test，直接将 test.c 编译生成可执行文件 test。比较简洁的使用方式是 gcc test.c，这样生成的可执行文件是 a.out。

下面我们来看一个简单的例子，编译一个 C 程序。这里的"编译"不是前面 gcc 第二个工作阶段的"编译"，而是从预处理到链接再到生成可执行程序，就是一种习惯说法，大家心里清楚即可。

【例 2.8】使用 gcc 编译一个 C 程序

（1）新建一个 C 源文件 test.c，内容如下：

```
#include <stdio.h>

int main()
{
    printf("hello, boy \n" );
    return 0;
}
```

很简单的一个 C 程序。

（2）进入 test.c 所在目录，用 gcc 开始编译，然后运行：

```
[root@localhost test]# gcc test.c -o test
[root@localhost test]# ./test
hello, boy
```

可以发现，程序运行成功了，输出了结果"hello,boy"。这个程序没什么难度，但大家可以通过这个程序来检查系统安装的 gcc 是否可用。

gcc 除了可以编译 C 程序外，也可以用来编写 C++程序，下面我们来看一个例子。

【例 2.9】使用 gcc 编译一个不需要 C++库的 C++程序

（1）新建一个 C++源文件 test.cpp，内容如下：

```
#include <stdio.h>

int main()
{
    bool b=false;
    printf("hello, boy \n" );
    return 0;
}
```

程序中使用了 C++的关键字 bool，因此如果把文件命名为 test.c，再用 gcc 去编译就会报错，因为 C 语言里没有 bool 类型。现在我们命名文件名后缀 cpp，gcc 就认为是一个 C++程序了。

（2）进入 test.cpp 所在目录，用 gcc 开始编译，然后运行：

```
[root@localhost test]# gcc test.cpp -o test
[root@localhost test]# ./test
hello, boy
```

gcc 对 C++文件成功编译，输出结果"hello,boy"。gcc 编译 C 和编译 C++似乎命令行很相似。其实不然，我们现在的 test.cpp 并没有使用 C++标准库里的内容。如果调用了 C++标准库里面的函数，情况就不同了，请看下例。

【例 2.10】使用 gcc 编译一个需要 C++库的 C++程序

（1）新建一个 C++源文件 test.cpp，内容如下：

```
#include <iostream>
using namespace std;
int main()
{
    bool b = false;
    cout<< "hello, boy \n";
    return 0;
}
```

其中，std 是命名空间；cout 是 std 中的对象，用于打印输出。这段程序使用 C++标准库里面的 cout 来输出内容。

（2）进入 test.cpp 所在目录，用 gcc 开始编译，然后运行：

```
[root@localhost test]# gcc test.cpp -lstdc++ -o test
[root@localhost test]# ./test
hello, boy
```

因为用到了 C++标准库里的内容，所以我们需要用 gcc 的选项-l 来链接 C++标准库 stdc++，如果没有这个选项，将会报错。关于-l 后面会讲到。

2.8.4　gcc 常见选项

gcc 选项有上百个，当然很多都用不着，我们只需要熟悉一些常见的即可。虽然现在 gcc 的选项繁多，但 gcc 刚诞生的时候才只有 4 个选项，它就像一个人的成长过程，功能越来越强大。现在 gcc 已经成为开源编译器的"一哥"。下面介绍几个常见的选项。注意，gcc 的选项是区分大小写的，比如-o 和-O 的含义完全不同，前者是生成一个结果文件，后者表示对生成的可执行文件进行一级优化。

1. 没有任何选项

不用任何选项，结果会在与源文件 test.c 相同的目录下产生一个 a.out 可执行文件。比如 gcc test.c，将生成可执行文件 a.out。

2. 选项-x

选项-x 可以告诉 gcc 要编译的源文件是什么语言文件，而不用根据其后缀去判断；或者也可以告诉 gcc 需要开始根据源文件后缀名来判断语言类型了。

（1）-x language filename

language 和 filename 都是选项 x 的参数，告诉 gcc 源文件（filename）所使用的语言为 language，使后缀名无效。这样设定后，对以后的源文件都这样处理，一直等到再次调用-x 来关闭。默认情况下，gcc 是根据源文件后缀名来判断源文件语言的，比如根据.c 来知道是 C 语言的代码，根据.cpp 后缀名知道要编译的源代码是 C++语言的。为了满足个性化需求，有些同学希望用.pig 作为 C 源代码文件的后缀名，此时这个选项就可以派上用场了。

参数 language 可以使用下列选项：

```
'c', 'objective-c', 'c-header', 'c++', 'cpp-output', 'assembler', and
'assembler-with-cpp'.
```

看到英文，应该可以理解所代表的编程语言，比如：

```
gcc -x c test.pig
```

值得注意的是，使用-x 之后，下次不再使用-x 的时候，gcc 依然会根据后缀名来判断源文件的语言类型。比如我们定义了这样一个源文件 test.c：

```
#include <stdio.h>

int main()
{
    printf("hello, boy\n");
}
```

首先用-x 指定汇编语言来编译：

```
[root@localhost test]# gcc -x assembler test.c
test.c: Assembler messages:
test.c:3: Error: junk `()' after expression
test.c:3: Error: operand size mismatch for `int'
test.c:4: Error: junk at end of line, first unrecognized character is `{'
test.c:6: Error: invalid character '(' in mnemonic
test.c:7: Error: junk at end of line, first unrecognized character is `}'
```

出现了一堆错误，因为 test.c 中不是汇编语言。下面不再用-x 来编译：

```
[root@localhost test]# gcc test.c -o test
[root@localhost test]# ./test
hello, boy
```

gcc 就能根据后缀名来判断它是一个 C 语言文件，并正确编译了。为了进一步证实，我们可以在 test.c 中加入 C++的关键字 bool，文件内容变为：

```
#include <stdio.h>

int main()
```

```
{
bool b=false;
    printf("hello, boy\n");
}
```

再进行编译：

```
[root@localhost test]# gcc test.c -o test
test.c: 在函数 'main' 中:
test.c:5:2: 错误：未知的类型名 'bool'
  bool b = false;
  ^
test.c:5:11: 错误：'false' 未声明(在此函数内第一次使用)
  bool b = false;
           ^
test.c:5:11: 附注：每个未声明的标识符在其出现的函数内只报告一次
```

gcc 认为 C 语言中没有 bool 类型。我们把 test.c 改为 test.cpp，再编译：

```
[root@localhost test]# gcc test.cpp -o myt
[root@localhost test]# ./myt
hello, boy
```

能正确编译了。不改后缀名也可以，使用-x c++，比如：

```
root@localhost test]# gcc -x c++ test.c
[root@localhost test]# ./test
hello, boy
```

3. 选项-o

选项-o 用于指定要生成的结果文件，后面跟的就是结果文件名字。o 是 output 的意思，不是目标的意思。-o 后面跟的是要输出的结果文件名称，结果文件可能是预处理文件、汇编文件、目标文件或者最终的可执行文件。

比如：

```
gcc -S test.i -o test.s
```

将生成汇编文件 test.s。
再比如：

```
gcc -c test.cpp -o test
```

将生成二进制目标文件 test。注意，这个 test 是目标文件，不是可执行文件。我故意没有写 test.o，就是要引起大家的重视，不要看到没有后缀就习惯性视为可执行文件。因为这里用了-c，告诉 gcc 到汇编阶段为止，不要进行链接，所以不会生成可执行文件，-c 下面会讲到。当然这里也可以写成：

```
gcc -c test.cpp -o test.o
```

将生成二进制目标文件 test.o。

再比如：

```
gcc test.c -o test
```

将生成可执行文件 test。

4. 选项-c

选项-c 告诉 gcc 对源文件进行编译和汇编，但不进行链接。此时，将生成目标文件，如果没有指定输出文件名，就生成同名的.o 文件，比如我们对上面的 test.cpp 文件进行编译、汇编：

```
[root@localhost test]# gcc -c test.cpp
[root@localhost test]# ls
test.cpp  test.o
```

可以看到，生成目标文件 test.o。我们也可以指定目标文件名，比如：

```
[root@localhost test]# gcc -c test.cpp -o test
[root@localhost test]# ls
test  test.cpp  test.o
```

我们用-o 指定生成的目标文件为 test。注意，它不是可执行文件（因为没有进行链接），所以是无法运行的。比如：

```
[root@localhost test]# ./test
-bash: ./test: 权限不够
[root@localhost test]# chmod +x test
[root@localhost test]# ./test
-bash: ./test: 无法执行二进制文件
```

提示我们无法执行二进制文件。此时 test 和 test.o 中的内容其实是一样的，我们可以用 md5sum 命令来比较：

```
[root@localhost test]# md5sum test.o
f968a405749d04f035ecfcbb89d2346f  test.o
[root@localhost test]# md5sum test
f968a405749d04f035ecfcbb89d2346f  test
```

可以看到，这两个文件的 md5 校验值是一样的，说明这两个文件内容是一样的。这说明指定了-c 选项后，生成的就是二进制目标文件，而不是可执行文件。值得注意的是，当有多个源文件时，-c 将为每个源文件生成一个.o 文件，而且此时是不能使用-o 的。下面我们增加两个 cpp 文件 test1.cpp 和 test2.cpp。test1.cpp 内容如下：

```
#include <stdio.h>
int t1()
{
    bool b = false;
    printf("hello, boy\n");
}
```

test2.cpp 内容如下：

```
#include <stdio.h>
int t2()
{
    bool b = false;
    printf("hello, boy\n");
}
```

然后进行-c 编译和汇编：

```
[root@localhost test]# ls
test1.cpp  test2.cpp  test.cpp
[root@localhost test]# gcc -c test.cpp test1.cpp test2.cpp
[root@localhost test]# ls
test1.cpp  test1.o  test2.cpp  test2.o  test.cpp  test.o
```

可以看到分别生成了 3 个.o 文件。如果我们企图用-o，就会报错：

```
[root@localhost test]# gcc -c test.cpp test1.cpp test2.cpp -o test.o
gcc：致命错误：当有多个文件时，不能在已指定 -c 或 -S 的情况下指定 -o
编译中断。
```

注意，这是在有-c 的情况下，所以用-o 会出现这样的提示。如果我们要直接生成可执行文件（不用-c），即使有多个源文件，-o 也是可用的。比如：

```
[root@localhost test]# gcc  test.cpp test1.cpp test2.cpp -o test
[root@localhost test]# ls
test  test1.cpp  test2.cpp  test.cpp
[root@localhost test]# ./test
hello, boy
```

5. 选项-I

选项-I（i 的大写）用来指定头文件所在文件夹的路径，用法为-I dirPath。

如果源代码中用尖括号包含头文件，gcc 就会先在-I 指定的路径中搜索所需的头文件，若找不到，则到标准默认路径/usr/local/include 下搜索，若还找不到，再到标准默认路径/usr/include 下搜索，若再找不到，则报错（而不会再到当前工作目录搜索，即使当前工作目录有所需头文件）。后面的例子会验证这一点。

如果源代码中用双引号包含头文件，gcc 就会先在当前工作目录（和源文件同一目录）进行寻找，如果没有找到，就到-I 所指定的路径下寻找，若找不到，则到标准默认路径/usr/local/include 下搜索，若还找不到，再到标准默认路径/usr/include 下搜索，若再找不到，则会报错。

【例 2.11】选项-I 的基本使用

（1）打开 crt，连接虚拟机 Linux，新建文件夹/zww/inc：

```
mkdir -p /zww/inc
```

-p 的意思是如果父目录不存在，就先创建父目录，再创建子目录，即如果/zww 不存在，就先创建 zww，再创建子目录 inc。

（2）进入/zww/inc，然后用 vi 新建一个头文件 test.h 并保存。test.h 内容如下：

```
#define ZWW 8 //就一行代码，定义了宏ZWW
```

（3）新建目录/zww/test，并在该目录下新建一个 test.cpp 并保存，test.cpp 内容如下：

```
#include <stdio.h>
#include <test.h>
int main()
{
    bool b = false;
    printf("hello, boy:%d\n",ZWW); //引用了ZWW这个宏
    return 0;
}
```

（4）进入/zww/test 下，然后编译 test.cpp 并运行：

```
[root@localhost test]# gcc test.cpp -I /zww/inc -o test
[root@localhost test]# ./test
hello, boy:8
```

我们在编译的时候，使用了-I，告诉 gcc 首先到目录/zww/inc 下去寻找 test.cpp 所需的头文件。大家可以试试，若把-I /zww/inc 去掉，则将报错。

下面再介绍一下搜索的顺序。大家学#include 的时候都知道它有两种包含方式，一种是尖括号包含头文件，另一种是双引号包含头文件。比如：#include <test.h>和#include"test.h"。使用尖括号包含指示 gcc 预处理程序到预定义的默认路径下（比如-I /zww/inc 下）寻找文件。预定义的默认路径通常是在选项-I 中指定的路径，如果未找到，就到/usr/include 目录下继续寻找；如果还找不到，就到当前目录下继续寻找。

【例 2.12】验证尖括号包含时的搜索次序

（1）在上例的基础上，我们把 test.h 复制一份到 test.cpp 同一目录下，即/zww/test。然后把/zww/inc 下的 test.h 修改为：

```
#define ZWW 7
```

（2）进入/zww/test，然后编译 test.cpp 并运行：

```
[root@localhost test]# gcc test.cpp -I /zww/inc -o test
[root@localhost test]# ./test
hello, boy:7
```

可以发现，打印输出的是 7，说明 gcc 先找到的是/zww/inc 下的 test.h。

（3）进入/zww/inc，把/zww/inc 下的 test.h 剪切到/usr/include 下：

```
mv test.h /usr/include
```

这样/zww/inc 下就没有 test.h 了。此时再进入/zww/test，然后编译 test.cpp 并运行：

```
[root@localhost inc]# cd /zww/test
[root@localhost test]# gcc test.cpp -I /zww/inc -o test
[root@localhost test]# ./test
hello, boy:7
```

可以发现依旧能输出 7，说明 gcc 虽然在/zww/inc 下找不到 test.h，但会马上去/usr/include 下找，找到了就停止继续搜索，所以与 test.cpp 同目录的 test.h 并没用。

（4）复制一份/usr/include 下的 test.h 到/usr/local/include：

```
cp /usr/include/test.h /usr/local/include
```

并通过 vi 命令修改/usr/local/include/test.h 的内容：

```
#define ZWW 9
```

进入/zww/test，然后编译 test.cpp 并运行：

```
[root@localhost test]# gcc test.cpp -I /zww/inc -o test
[root@localhost test]# ./test
hello, boy:9
```

可以发现打印了 9，这说明 gcc 先搜索了/usr/local/include，发现有 test.h 就用它了。

（5）把所有 test.h 都删除，除了当前工作目录外。

```
[root@localhost lib]# rm -f /usr/include/test.h /usr/local/include/test.h
/zww/inc/test.h
```

进入/zww/test，然后编译 test.cpp 并运行：

```
[root@localhost lib]# cd /zww/test
[root@localhost test]#  gcc test.cpp -I /zww/inc -o test
test.cpp:2:18: 致命错误: test.h: 没有那个文件或目录
 #include <test.h>
                  ^
编译中断。
```

可以发现，提示找不到 test.h，而/zww/test 目录下的 test.h 是存在的，说明尖括号包含的头文件不会到当前工作目录下去寻找。

【例 2.13】验证双引号包含时的搜索次序

（1）在/zww/test 下新建 test.h，内容是：

```
#define ZWW 8
```

（2）新建文件夹 zww/inc，在/zww/inc 下新建 test.h，内容是：

```
#define ZWW 9
```

（3）在/usr/local/include 下新建 test.h，内容是：

```
#define ZWW 10
```

（4）在/usr/include 下新建 test.h，内容是：

```
#define ZWW 11
```

（5）在/zww/test 下建立源文件 test.cpp，内容是：

```
#include <stdio.h>
#include "test.h"  //注意是双引号
int main()
{
    bool b = false;
    printf("hello, boy:%d\n",ZWW);
    return 0;
}
```

在/zww/test 下进行编译并运行：

```
[root@localhost ~]# cd /zww/test
[root@localhost test]#  gcc test.cpp -I /zww/inc -o test
[root@localhost test]# ./test
hello, boy:8
```

可以发现，输出的是 8，说明使用的是/zww/test，即当前工作目录下的头文件。

（6）把当前工作目录/zww/test 下的 test.h 删除，再进行编译运行：

```
[root@localhost test]# gcc test.cpp -I /zww/inc -o test
[root@localhost test]# ./test
hello, boy:9
```

结果打印的是 9，即使用的是/zww/inc 中的 test.h。说明双引号包含时，如果在当前工作目录下没有找到所需头文件，就到-I 所包含的路径下去寻找。

（7）我们把/zww/inc 下的 test.h 也删除，再进入/zww/test 去编译运行：

```
[root@localhost test]# cd /zww/inc
[root@localhost inc]# ls
test.h
[root@localhost inc]# rm -f test.h
[root@localhost inc]# cd /zww/test
[root@localhost test]# gcc test.cpp -I /zww/inc -o test
[root@localhost test]# ./test
hello, boy:10
```

可以发现打印的是 10，说明使用的是/usr/local/include 下的 test.h。

（8）我们把/usr/local/include 下的 test.h 删除，再进入/zww/test 去编译运行：

```
[root@localhost test]# cd /usr/local/include
[root@localhost include]# rm -f test.h
[root@localhost include]# cd /zww/test
[root@localhost test]# gcc test.cpp -I /zww/inc -o test
[root@localhost test]# ./test
hello, boy:11
```

可以发现打印的是 11，说明 gcc 使用了/usr/include 下的 test.h。如果再把这个头文件删除，就会提示找不到 test.h。大家可以试一下。

这两个例子主要是为了让大家了解尖括号包含和双引号包含的不同搜索次序，尤其是在指定了-I 的情况下。以后实际开发大型软件时，会有很多同名的头文件，清楚调用的是哪里的头文件是非常重要的。

6. 选项-include

gcc 命令行中也能包含头文件。很多开源软件都是这样的，有时候开源软件源码中找不到"#include <xxx.h>"这样的代码，而 xxx.h 的内容又确实被引用了，是不是很奇怪？这就是选项-include 搞的鬼。在 gcc 编译时通过-include 来保护 xxx.h。看到这里一定要留个印象。做 Linux 的以后肯定会研究开源软件源码工程，那时在源码中找不到"包含头文件"的代码时，希望能回忆起现在强调的内容。因为不知道 gcc 命令行能包含头文件而浪费精力的事件太多，教训之谈，希望大家重视、少走弯路。

选项-include 的使用方式：

```
gcc [srcfile] -include [headfile]
```

用起来很简单，只需要加个头文件即可（可以使用绝对路径或相对路径）。例子胜于雄辩，请看下例。

【例 2.14】在 gcc 命令行包含头文件，而不在源码中包含头文件

（1）新建文件夹 zww/inc，在/zww/inc 下新建 test.h，内容是：

```
#define ZWW 9
```

（2）在/zww/test 下建立源文件 test.cpp，内容是：

```
#include <stdio.h>
 //注意：本文件没有包含test.h
int main()
{
    bool b = false;
    printf("hello, boy:%d\n",ZWW);
    return 0;
}
```

在/zww/test 下进行编译并运行：

```
[root@localhost ~]# cd /zww/test
[root@localhost test]# gcc test.cpp -include /zww/inc/test.h -o test
```

```
[root@localhost test]# ./test
hello, boy:9
```

打印的是 9，gcc 使用了/zww/inc/下的 test.h。

7. 选项-Wall

选项-Wall 显示所有警告信息。看它的字面意思就知道，Warn all，显示所有警告。

【例 2.15】gcc 显示警告信息

（1）在/zww/test 下新建 test.cpp，内容如下：

```
#include <stdio.h>

int main()
{
    bool b = false;
    int i;
    printf("hello, boy:%d\n",i); //i没有赋值就开始使用
    return 0;
}
```

（2）在命令行下，进入/zww/test 并编译：

```
[root@localhost test]# gcc test.cpp -Wall -o test
test.cpp: 在函数'int main()'中：
test.cpp:5:7: 警告：未使用的变量'b' [-Wunused-variable]
 bool b = false;
      ^
test.cpp:7:29: 警告：此函数中的'i'在使用前未初始化 [-Wuninitialized]
 printf("hello, boy:%d\n",i);
                          ^
[root@localhost test]#
```

可以看到，gcc 显示了 2 条经过信息，一条是"未使用的变量'b'"，另一条是"此函数中的'i'在使用前未初始化"。如果我们编译时不用-Wall，这两条警告信息就不会显示。

8. 选项-g

选项-g 可以产生供 gdb 调试用的可执行文件，即可执行文件中包含可供 gdb 调试器进行调试所需的信息。因此，加了这个选项后，产生的可执行文件尺寸要大些。关于 gdb 后面会讲到。

【例 2.16】使用-g 后生成的可执行文件更大

（1）新建一个源文件 test.cpp，内容如下：

```
#include <stdio.h>

int main()
{
    bool b = false;
```

```
    printf("hello, boy \n" );
    return 0;
}
```

（2）进入 test.cpp 所在目录，然后在命令行下带上-g 选项后编译：

```
[root@localhost test]# gcc test.cpp -g -o test
```

再在命令行下不带上-g 选项后编译：

```
[root@localhost test]# gcc test.cpp  -o testNoDebugInfo
```

分别生成了可执行文件 test 和 testNoDebugInfo，然后用 ls -l 来查看它们的大小：

```
[root@localhost test]# ls -l
总用量 28
-rwxr-xr-x. 1 root root 9624 11月 11 21:47 test
-rwxr-xr-x. 1 root root  124 11月 11 21:47 test.cpp
-rwxr-xr-x. 1 root root 8552 11月 11 21:48 testNoDebugInfo
```

可以看到，程序 test 的大小有 9624 字节，而 testNoDebugInfo 的大小为 8552 字节，足足大了一千多字节。

9. 选项-pg

选项-pg 能产生供 gprof 剖析用的可执行文件。gprof 是 Linux 下对 C++程序进行性能分析的工具，后面具体阐述。

既然在可执行文件中加入了性能分析所需的信息，那么可执行程序的尺寸肯定变大了，但比加了-g 后还要小些。

【例 2.17】比较-g 和-pg 生成程序的大小

（1）新建一个源文件 test.cpp，内容如下：

```
#include <stdio.h>

int main()
{
    bool b = false;
    printf("hello, boy \n" );
    return 0;
}
```

（2）在命令行下带上-g 选项后编译：

```
[root@localhost test]# gcc test.cpp -g -o test
```

在命令行下不带上-pg 选项后编译：

```
[root@localhost test]# gcc test.cpp  -o testWithPgInfo
```

再在命令行下不带上-g 和-pg 选项后编译：

```
[root@localhost test]# gcc test.cpp  -o testNoDebugInfo
```

分别生成了可执行文件 test 和 testNoDebugInfo，然后用 ls -l 来查看它们的大小：

```
-rwxr-xr-x. 1 root root 9624 11月 11 21:47 test
-rwxr-xr-x. 1 root root 8552 11月 11 21:48 testNoDebugInfo
-rwxr-xr-x. 1 root root 8761 11月 11 22:03 testWithPgInfo
```

可以看到，加了-g 生成的程序 test 尺寸比 testWithPgInfo 大。

10. 选项-l

选项-l 可以用来链接共享库（动态链接库）。关于共享库后面会讲到。这里只要理解它是可执行程序运行时需要用到的一个函数库，可执行程序调用的函数是在这个库里实现的，因此需要链接它。-l 的用法是后面直接加动态库的名字，比如编译一个使用了 C++标准库里内容的程序，则需要链接 C++标准库，gcc 写成：

```
gcc test.cpp -lstdc++ -o test
```

其中，stdc++是 C++标准库的名字，它和 l 之间没空格。选项-l 在这里只需简单了解，在后面章节介绍动态库的时候，还会和它深入打交道。

2.9　g++的基本使用

g++是 GNU 组织推出的 C++编译器。它不但可以用来编译传统的 C++程序，也可以用来编译现代 C++，比如 C++11/14 等。

g++的用法和 gcc 类似，学会 gcc 后，相信 g++也能很快上手。而且，编译 C++的时候比 gcc 更简单，因为它会自动链接到 C++标准库，而不像 gcc 需要手工指定。

g++编译程序的内部过程和 gcc 一样，也要经过 4 个阶段：预处理、编译、汇编和链接。g++的基本语法格式如下：

```
g++ [选项] 准备编译的文件 [选项]   [目标文件]
```

选项和 gcc 的选项类似，这里不再赘述。

【例 2.18】用 g++编译一个 C++程序

（1）新建一个 C++源文件 test.cpp，内容如下：

```
#include <stdio.h>

int main()
{
    bool b = false;
    printf("hello, boy \n" );
    return 0;
}
```

（2）在命令行下进入 test.cpp 所在目录，然后用 g++进行编译：

```
[root@localhost test]# g++ test.cpp -o test
```

然后运行 test：

```
[root@localhost test]# ./test
hello, boy
```

可以发现，用 g++编译 C++程序不用和 gcc 那样手工去链接 stdc++，所以用 g++编译 C++程序更加方便。

【例 2.19】用 g++编译多个 C++程序

（1）新建一个头文件 speaker.h，内容如下：

```
class speaker
{
public:
    void sayHello(const char *);
};
```

我们定义了一个类 speaker，再新建一个 C++源文件 speaker.cpp，内容如下：

```
#include "speaker.h"
#include <iostream>
using namespace std;
void speaker::sayHello(const char *str)
{
    cout << "Hello " << str << "\n";
}
```

我们实现了 speaker 的成员函数 sayHello。

（2）新建一个 C++源文件 testspeaker.cpp，内容如下：

```
#include "speaker.h"
int main(int argc,char *argv[])
{
    speaker speak;  //定义对象speak
    speak.sayHello("world"); //调用成员函数sayHello
    return 0;
}
```

（3）在命令行下进入 test.cpp 所在目录，然后用 g++进行编译并运行：

```
[root@localhost test]# g++ testspeaker.cpp speaker.cpp -o testspeaker
[root@localhost test]# ./testspeaker
Hello world
```

2.10 gdb 调试器的使用

2.10.1 为何要学习 gdb 调试器

前面介绍了编译工具 gcc，现在介绍另一种编程重器——gdb 调试器。大家知道，开发程序难免出现错误，这个时候排除错误就需要一定的方法，动态调试是诸多排错（debug）方法中最有效、最直观的一个。所以掌握调试方法是开发程序，尤其是大型程序的必备技能。在 Linux 下，动态调试程序的工具是 gdb，运行于命令行下。不过也有版本可以使用于图形界面上，但 Linux 很多时候是没有图形界面的，因此掌握命令行下的调试方法还是有必要的。更何况，以后大家调试一些内核源代码或内核模块程序的时候，还是会用到 gdb 的。现在必须学好 gdb 来调试应用程序。

2.10.2 gdb 简介

gdb 是一个由 GNU 开源组织发布的、UNIX/Linux 操作系统下的、基于命令行的、功能强大的程序调试工具。虽然它不像 Windows 诸多开发环境中的图形界面调试工具，但在 Linux 下开发程序时，你会发现 gdb 调试工具十分强大，更适合字符界面环境，毕竟 Linux 系统很多都是字符界面系统。所谓"寸有所长，尺有所短"就是这个道理。一般来说，gdb 主要有下面 4 个方面的功能：

（1）启动你的程序，可以按照自定义的要求随心所欲地运行程序。

（2）可让被调试的程序在你所指定的调试的断点处停住（断点可以是条件表达式）。

（3）当程序被停住时，可以检查此时你的程序中所发生的事，比如查看某个变量值、查看内存堆栈内容等。

（4）动态改变你的程序的执行环境。

从前面介绍的功能来看，gdb 和一般的调试工具没有什么两样，基本上也是完成这些功能，不过在细节上，你会发现 gdb 调试工具的强大。大家可能比较习惯图形化的调试工具，但有时候命令行的调试工具却有着图形化工具所不能完成的功能。总之，gdb 调试器能让我们观察一个程序在执行时的内部活动，或者程序出错时发生了什么。

2.10.3 重要准备

要使用 gdb 来调试 C/C++程序，最重要的准备是在编译 C/C++程序的时候，把调试信息加到可执行文件中。前面讲 gcc 的时候，说到为 gcc 加上-g 选项就可以做到这一点，比如：

```
gcc -g test.c -o test
```

如果没有-g，我们将看不见程序的函数名、变量名，所代替的全是运行时的内存地址。切记，如果要用 gdb 调试程序，就要在编译时使用-g。

2.10.4 启动 gdb

启动 gdb 很简单，就是在命令行下输入 gdb，然后按回车键，如果成功，将出现版本信息，然后处于一个（gdb）状态，在此状态下可以输入所需要的调试命令。命令如下：

```
[root@localhost test]# gdb
GNU gdb (GDB) Red Hat Enterprise Linux 7.6.1-80.el7
Copyright (C) 2013 Free Software Foundation, Inc.
License GPLv3+: GNU GPL version 3 or later <http://gnu.org/licenses/gpl.html>
This is free software: you are free to change and redistribute it.
There is NO WARRANTY, to the extent permitted by law.  Type "show copying"
and "show warranty" for details.
This GDB was configured as "x86_64-redhat-linux-gnu".
For bug reporting instructions, please see:
<http://www.gnu.org/software/gdb/bugs/>.
(gdb)
```

在这种状态下可以输入 gdb 命令，gdb 命令较多，但常用的大概有 10 个左右。

也可以在启动 gdb 的同时加载一个要调试的可执行文件，比如：

```
[root@localhost test]# gdb test
GNU gdb (GDB) Red Hat Enterprise Linux 7.6.1-80.el7
Copyright (C) 2013 Free Software Foundation, Inc.
License GPLv3+: GNU GPL version 3 or later <http://gnu.org/licenses/gpl.html>
This is free software: you are free to change and redistribute it.
There is NO WARRANTY, to the extent permitted by law.  Type "show copying"
and "show warranty" for details.
This GDB was configured as "x86_64-redhat-linux-gnu".
For bug reporting instructions, please see:
<http://www.gnu.org/software/gdb/bugs/>...
Reading symbols from /zww/test/test...(no debugging symbols found)...done.
(gdb)
```

由于这个 test 在编译的时候没有加选项-g，因此 gdb 提示：(no debugging symbols found)。

上面两种启动方式是比较常用的，除此之外，gdb 还可以按照以下两种方式启动：

（1）gdb <program> core

用 gdb 同时调试一个运行程序和 core 文件，core 是程序非法执行 core dump 后产生的文件。

（2）gdb <program> <PID>

如果我们的程序是一个服务程序（守护程序），那么可以指定这个服务程序运行时的进程 ID。gdb 会自动 attach 上去，并调试它。program 应该在 PATH 环境变量中搜索得到。

这两种方式用得不多，但在某些特殊情况下也会用到。

2.10.5 退出 gdb

在 gdb 状态下，输入命令 quit 就可以退出 gdb 调试状态，比如：

```
(gdb) quit
[root@localhost test]#
```

2.10.6　gdb 的常用命令概述

gdb 调试工具是在命令行下使用的,自然提供了不少命令,这些命令都是在 gdb 启动后,在(gdb)提示符下使用的, 常见的命令如表 2-4 所示。

表 2-4　gdb 的常用命令

命令	说明
file	装入想要调试的可执行文件
list	列出产生执行文件的源代码的一部分
next	执行一行源代码但不进入函数内部
step	执行一行源代码而且进入函数内部
run	执行当前被调试的程序
c	继续运行程序
quit	终止 gdb
watch	使你能监视一个变量的值而不管它何时被改变
backtrace	栈跟踪, 查出代码被谁调用
print	查看变量的值
make	使你能不退出 gdb
shell	使你能不离开 gdb
whatis	显示变量或函数类型
break	在代码里设断点, 这将使程序执行到这里时被挂起
info break	显示当前断点清单, 包括到达断点处的次数等
info files	显示被调试文件的详细信息
info func	显示所有的函数名称
info local	显示当前函数中的局部变量信息
info prog	显示被调试程序的执行状态
delete [n]	删除第 n 个断点
disable[n]	关闭第 n 个断点
enable[n]	开启第 n 个断点
ptype	显示结构定义
set variable	设置变量的值
call name(args)	调用并执行名为 name、参数为 args 的函数
finish	终止当前函数并输出返回值
return value	停止当前函数并返回 value 给调用者

不需要全部去记忆,实践中经常用的话自然会记住。具体使用的时候,可以用 gdb 的帮助来详细了解某个命令,在 gdb 提示符下输入 help <command>来查看某个命令的帮助,比如"help breakpoints", 查看设置断点的所有命令。

2.10.7　file 命令加载程序

file 命令用来加载要调试的可执行程序文件，使用格式如下：

```
file [可执行程序文件]
```

因为一般都在被调试程序所在目录下执行 gdb，所以文件名不需要带路径。若"[可执行程序文件]"没有加路径，则 gdb 在 gdb 启动时所在的目录下找可执行程序。若 file 后输入一个当前目录下没有的程序名，则报错。

【例 2.20】加载要调试的可执行文件

（1）新建一个 C++源文件 test.cpp，内容如下：

```cpp
#include <iostream>
using namespace std;
int main()
{
    cout<< "hello, boy \n";
    return 0;
}
```

（2）在命令行下进入 test.cpp 所在目录，用 g++带上-g 后编译，然后运行：

```
[root@localhost test]# g++ -g test.cpp -o test
[root@localhost test]# ./test
hello, boy
```

（3）启动 gdb，然后加载可执行程序 test。

```
[root@localhost test]# gdb
GNU gdb (GDB) Red Hat Enterprise Linux 7.6.1-80.el7
Copyright (C) 2013 Free Software Foundation, Inc.
License GPLv3+: GNU GPL version 3 or later <http://gnu.org/licenses/gpl.html>
This is free software: you are free to change and redistribute it.
There is NO WARRANTY, to the extent permitted by law.  Type "show copying"
and "show warranty" for details.
This GDB was configured as "x86_64-redhat-linux-gnu".
For bug reporting instructions, please see:
<http://www.gnu.org/software/gdb/bugs/>.
(gdb) file test
Reading symbols from /zww/test/test...done.
(gdb)
```

提示 Reading symbols from /zww/test/test...done，说明 gdb 成功读取了可执行文件 test 中的调试信息，已经准备好接受用户具体的调试命令了。

2.10.8　list 命令显示源代码

list 命令可以列出可执行文件的源代码的一部分，简写为 l。该命令既可以不带参数，也可以带 1 个或 2 个参数。

1. list 命令不带参数的用法

不带参数的时候，list 命令将显示 10 行源代码。第一次从源代码文件首行开始显示，第二次从上一次显示的末行后的下一行开始显示，以此类推。

【例 2.21】list 不带参数显示源代码内容

（1）用 vi 或 gedit 新建一个 C++源文件 test.cpp，内容如下：

```
#include <iostream>
using namespace std;
int main()
{
    cout<< "1 line\n";
    cout<< "2 line\n";
    cout<< "3 line\n";
    cout<< "4 line\n";
    cout<< "5 line\n";
    cout<< "6 line\n";
    cout<< "7 line\n";
    cout<< "8 line\n";
    cout<< "9 line\n";
    cout<< "10 line\n";
    return 0;
}
```

（2）在命令行下编译 test.cpp，注意要加-g：

```
[root@localhost test]# g++ test.cpp -g -o test
```

如果没错，就会生成可执行程序 test。下面启动 gdb。

（3）启动 gdb，即在命令行下直接输入 gdb，然后用 file 命令加载 test。也可以直接用 gdb test 形式启动 gdb，同时加载 test。这里我们先输入 gdb，然后在（gdb）下输入 file 命令。

```
(gdb) file test
Reading symbols from /zww/test/test...done.
```

（4）输入 list 命令或直接输入 l 来显示源代码。

```
(gdb) l
1       #include <iostream>
2       using namespace std;
3       int main()
4       {
5           cout<< "1 line\n";
6             cout<< "2 line\n";
7             cout<< "3 line\n";
8             cout<< "4 line\n";
```

```
9                cout<< "5 line\n";
10               cout<< "6 line\n";
```

显示了 10 行。如果要继续显示下面的内容，可以再输入 l。

```
(gdb) l
11               cout<< "7 line\n";
12               cout<< "8 line\n";
13               cout<< "9 line\n";
14               cout<< "10 line\n";
15           return 0;
16     }
17
```

此时，test 源代码全部显示完毕了。

2. list 显示指定行前后的源代码内容

list 命令带一个数字参数时，显示的范围是参数所表示的行的前 5 行和后 4 行。命令格式如下：

```
list n
```

其中 n 表示行。比如，我们要显示源代码第 6 行的前 5 行和后 4 行的内容，可以这样输入：

```
(gdb)list 6
```

【例 2.22】list 带一个数字显示源代码内容

（1）我们使用上例生成的可执行文件 test 启动 gdb 并加载 test：

```
[root@localhost test]# gdb test
```

（2）在 gdb 下用命令 list 来显示第 8 行的前 5 行和后 4 行的内容：

```
(gdb) list 8
3      int main()
4      {
5              cout<< "1 line\n";
6              cout<< "2 line\n";
7              cout<< "3 line\n";
8              cout<< "4 line\n";
9              cout<< "5 line\n";
10             cout<< "6 line\n";
11             cout<< "7 line\n";
12             cout<< "8 line\n";
```

可以看到，显示的范围正是第 8 行的前 5 行到后 5 行。

3. list 显示始末行之间的源代码内容

list 命令带 2 个参数时，这 2 个参数分别表示起始行和结束行，显示的范围就是第一个参数所代表的行到第二个参数所代表的行。命令格式如下：

```
list n1,n2
```

其中，n1 表示起始行、n2 表示结束行。比如我们显示源代码第 2 行到第 6 行的内容，可以这
样写：

```
list 2,6
```

【例 2.23】list 带 2 个参数显示源代码内容

（1）使用上例生成的可执行文件 test 启动 gdb 并加载 test：

```
[root@localhost test]# gdb test
```

（2）在 gdb 下用命令 list 来显示从第 8 行到第 10 行的源代码内容：

```
(gdb) list 8,10
8               cout<< "4 line\n";
9               cout<< "5 line\n";
10              cout<< "6 line\n";
```

4. list 显示某函数附近的源代码内容

list 命令可以带一个源代码中的函数名作为参数，这样可以显示该函数的上下 10 行内容。命
令格式如下：

```
list funcname
```

【例 2.24】list 显示某函数附近的源代码内容

（1）使用上例生成的可执行文件 test 启动 gdb 并加载 test：

```
[root@localhost test]# gdb test
```

（2）在 gdb 下用命令 list 来显示函数 main 上下 10 行的源代码内容：

```
(gdb) list main
1       #include <iostream>
2       using namespace std;
3       int main()
4       {
5           cout<< "1 line\n";
6               cout<< "2 line\n";
7               cout<< "3 line\n";
8               cout<< "4 line\n";
9               cout<< "5 line\n";
10              cout<< "6 line\n";
(gdb)
```

2.10.9　run 命令运行程序

使用 run 命令可以在 gdb 中运行调试中的程序。run 命令可以跟一个或多个参数，这些参数可
以用来发给可执行程序。run 的命令格式如下：

```
(gdb) run arg1 arg2 …
```

其中，arg1 和 arg2 都是命令带的参数，参数之间用空格隔开，参数的个数可以多于 2 个，所以后面用了省略号。run 命令也可用 r 来代替，所以命令格式又可写为：

```
(gdb) r arg1 arg2 …
```

【例 2.25】传参数给程序并运行程序

（1）新建一个 C++源文件 test.cpp，内容如下：

```cpp
#include <iostream>
using namespace std;
int main(int argc,char *argv[])
{
    int i;
    if(argc==3)
    {
        cout<<"argc="<<argc<<endl;
        for(i=0;i<argc;i++)
            cout<<"argv["<<i<<"]="<<argv[i]<<endl;
    }
    else cout<<"usage:./test 4 str1 str2 str3"<<endl;

    return 0;
}
```

（2）用 g++带-g 进行编译。在命令行下，进入 test.cpp 所在目录，然后输入 g++编译命令：

```
[root@localhost test]# g++ test.cpp -g -o test
```

此时会在同目录下生成可执行程序 test。

（3）用 gdb 加载 test。在命令行下，进入 test 所在目录，然后输入命令：

```
[root@localhost test]# gdb test
```

此时将进入<gdb> 提示符下，我们可以用 r 命令使之运行：

```
(gdb) run boy girl
Starting program: /zww/test/test boy girl
argc=3
argv[0]=/zww/test/test
argv[1]=boy
argv[2]=girl
[Inferior 1 (process 24828) exited normally]
Missing separate debuginfos, use: debuginfo-install glibc-2.17-105.el7.x86_64
libgcc-4.8.5-11.el7.x86_64 libstdc++-4.8.5-11.el7.x86_64
```

可以看到，程序输出了我们输入的参数，运行十分正常（normally）。暂时不要退出 gdb，下面会继续使用这个例子。

1. 显示传给 main 的参数

我们可以用命令 show args 来显示传给 main 函数的参数，比如接着上面的程序，在<gdb>提示符下输入命令 show args：

```
(gdb) show args
Argument list to give program being debugged when it is started is "boy girl".
```

可以看到末尾的"boy girl"，这是我们传给 main 的参数。

2. 重新设置传给 main 的参数

接着上例，如果继续在<gdb>下输入 run，会发现默认传递上一次 run 传递给 main 的参数，比如继续输入 run 命令：

```
(gdb) run
Starting program: /zww/test/test boy girl
argc=3
argv[0]=/zww/test/test
argv[1]=boy
argv[2]=girl
[Inferior 1 (process 24848) exited normally]
```

虽然此时 run 没带参数，但是依然会把上次的参数传给 main。如果要改变传给 main 的参数，就可以使用命令 set args。比如在<gdb>下输入：

```
(gdb) set args dad mum
(gdb) run
Starting program: /zww/test/test dad mum
argc=3
argv[0]=/zww/test/test
argv[1]=dad
argv[2]=mum
[Inferior 1 (process 24857) exited normally]
```

首先设置了新参数 dad 和 mum，然后运行，就可以看到程序输出了我们新传入的参数。

2.10.10 break 命令设置断点

断点就是让程序执行暂停的地方，此时可以查看相关的变量或某内存地址的内容。在 gdb 中，可以用 break 命令来设置断点。break 命令在代码中设置断点后，将使程序执行到这里时被挂起，也就是停下来。它有以下几种方式：

（1）根据行号设置断点，比如：(gdb) break linenumber。

（2）根据函数名设置断点，比如：(gdb) break funcname。

（3）执行非当前源文件的某行或某函数时停止执行，比如：(gdb) break filename:linenum 或(gdb) break filename:funcname。

（4）根据条件停止执行程序，比如：(gdb) break linenum if expr 或(gdb) break funcname if expr。

break 命令可以简写成 b。

1. 指定在源代码的某行处设置断点

我们可以使用命令 break 加行号的形式来指定在源代码的某行处设置断点。命令格式如下：

```
(gdb)break linenumber
```

其中，linenumber 为源代码中某行的行号，也可以简写为 b linenumber。比如我们要在源代码的第 5 行设置断点，可以输入 break 命令：

```
(gdb)break 5
```

或简写成：

```
(gdb)b 5
```

有人可能会问，是否要知道每行代码的行号才行呢？的确如此，此时可以用前面介绍过的 list 命令。首先用 list 命令显示源程序代码，这样每行代码的行号都显示出来了，再用 break 命令来设置断点。

【例 2.26】在源代码某行处设置断点

（1）新建一个 C++源文件 test.cpp，内容如下：

```cpp
#include <iostream>
using namespace std;
void zww(int age)
{
    int a, b, c;
    if (age > 60)  //line 6
        cout << "I am old\n";
    else
        cout << "I am young\n";
}
int main()
{
    int a = 5, b = 6;
    zww(70);

    a++; //line 16
    b++;
    if (a > b)
        cout << a << endl;
    else
        cout << b << endl;
    return 0;
}
```

（2）用 g++带-g 进行编译。在命令行下，进入 test.cpp 所在目录，然后输入 g++编译命令：

```
[root@localhost test]# g++ test.cpp -g -o test
```

（3）启动 gdb 调试 test：

```
[root@localhost test]# gdb test
```

然后在<gdb>下可以用 list 命令查看源代码，这样就知道每行的行号了。这里在第 15 行处设置断点：

```
(gdb) b 16
Breakpoint 1 at 0x400913: file test.cpp, line 16.
```

可以发现，提示在第 16 行处设置了断点（Breakpoint）。注意只是在第 16 行设置了断点，并不是运行到 16 行就停在这里，要运行 run 命令来启动程序，才会在这个断点处停下。

（4）设置断点后，我们可以用 run 命令来运行程序，以便在断点处停下：

```
(gdb) run
Starting program: /zww/test/test
I am old

Breakpoint 1, main () at test.cpp:16
warning: Source file is more recent than executable.
16              a++; //line 16
```

可以看到程序执行到第 16 行停下来了，并且前面有打印语句的地方也打印出来了（比如 I am old），而第 16 行后面的代码因为还没执行到，所以没有输出。

2. 在源代码的某函数处设置断点

我们可以使用命令 break 加函数名的形式来指定在源代码的某函数处设置断点。命令格式如下：

```
(gdb)break funcname
```

其中，funcname 为源代码中某个函数的名字，也可以简写为 b funcname。比如我们要在源代码的函数 myfunc 处设置断点，可以输入 break 命令：

```
(gdb)break myfunc
```

或简写成：

```
(gdb)b myfunc
```

【例 2.27】在源代码的某函数处设置断点

（1）在上例代码的基础上，我们启动 gdb 调试 test：

```
[root@localhost test]# gdb test
```

然后在<gdb>下可以用 list 命令查看源代码，这样就知道源代码的所有函数名了。这里我们在函数 zww 处设置断点：

```
(gdb) b zww
Breakpoint 2 at 0x4008cb: file test.cpp, line 6.
```

（2）设置断点后，我们可以用 run 命令来运行程序，以便在断点处停下：

```
(gdb) run
Starting program: /zww/test/test

Breakpoint 1, zww (age=70) at test.cpp:6
6               if (age > 60)
```

可以发现，程序在第 6 行处暂停下来了，而这一行是 zww 函数的第一条语句，注意"int a,b,c;"并不是语句，所以不会停在这一行，但如果我们定义的同时又进行了赋值，就会停在该行，比如改成：

```
int a,b,c=2;
```

则 b zww 后再运行，就会停在这一行（第 5 行）了。

第3章 C++语言基础

3.1 C++基础知识

3.1.1 C++程序结构

我们从一个简单的程序入手看一个 C++程序的组成结构。

【例 3.1】第一个 C++例子

（1）打开 UE，输入代码如下：

```
// my first program in C++
#include <iostream>
using namespace std;

int main() {
    cout << "Hello World!\n";
    return 0;
}
```

以上代码是多数初学者学会写的第一个程序，它的运行结果是在屏幕上打出"Hello World!"这句话。虽然它可能是 C++可以写出的最简单的程序之一，但其中已经包含每一个 C++程序的基本组成结构。下面我们就逐个分析其组成结构的每一部分：

```
// my first program in C++
```

这是注释行。所有以两个斜线符号（//）开始的程序行都被认为是注释行，这些注释行是程序员写在程序源代码内，用来对程序做简单解释或描述的，对程序本身的运行不会产生影响。在本例中，这行注释对本程序是什么做了一个简要的描述。

```
# include < iostream>
```

以#标志开始的句子是预处理器的指示语句。它们不是可执行代码，只是对编译器做出指示。在本例中，# include < iostream > 告诉编译器的预处理器将输入输出流的标准头文件（iostream）包括在本程序中。这个头文件包括 C++中定义的标准输入输出程序库的声明。此处它被包括进来是因为在本程序的后面将用到它的功能。

```
using namespace std;
```

C++标准函数库的所有元素都被声明在一个命名空间中，这就是 std 命名空间。因此，为了能够访问它的功能，我们用这条语句来表达将使用标准命名空间中定义的元素。这条语句在使用标准函数库的 C++程序中频繁出现，本教程中大部分代码例子中也将用到它。

```
int main()
```

这一行为主函数（main function）的起始声明。main function 是所有 C++程序运行的起始点。不管它是在代码的开头、结尾还是中间，此函数中的代码总是在程序开始运行时第一个被执行的。并且，由于同样的原因，所有 C++程序都必须有一个 main function。

main 后面跟了一对圆括号"()"，表示它是一个函数。C++中所有函数都跟有一对圆括号"()"，括号中可以输入一些参数。例如例子中显示的，主函数（main function）的内容紧跟在它的声明之后，由花括号"{}"括起来。

```
cout << "Hello World!\n";
```

这个语句在本程序中最重要。cout 是 C++中的标准输出流（通常为控制台，即屏幕），这句话把一串字符串（本例中为"Hello World!\n"）插入输出流（控制台输出）中。cout 的声明在头文件 iostream.h 中，所以要想使用 cout，必须将该头文件包括在程序开始处。

注意这个句子以分号";"结尾。分号标示了一个语句的结束，C++的每一个语句都必须以分号结尾。C++程序员常犯的错误之一就是忘记在语句末尾写上分号。

```
return 0;
```

返回语句（return）引起主函数 main()执行结束，并将该语句后面所跟代码（在本例中为 0）返回。这是在程序执行没有出现任何错误的情况下最常见的程序结束方式。在后面的例子中，你会看到所有 C++程序都以类似的语句结束。

（2）保存代码为 test.cpp，上传到 Linux，在命令行下编译运行：

```
[root@localhost test]# g++ test.cpp -o test
[root@localhost test]# ./test
Hello World!
```

你可能注意到并不是程序中的所有行都会被执行。程序中可以有注释行（以//开头），有编译器、预处理器的指示行（以#开头），然后有函数的声明（本例中的 main 函数），最后是程序语句（例如调用 cout <<），最后这些语句行全部被括在主函数的花括号"{}"内。

本例中程序被写在不同的行中以方便阅读。其实这并不是必需的，例如以下程序：

```
int main ()
{
cout << " Hello World ";
return 0;
}
```

也可以被写成：

```
int main () { cout << " Hello World "; return 0; }
```

以上两段程序是完全相同的。

在 C++中，语句的分隔是以分号 ";" 为分隔符的。分行写代码只是为了更方便编程人员阅读。

以下程序包含更多的语句：

```
// my second program in C++
#include <iostream>
using namespace std;
int main ()
{
cout << "Hello World! ";
cout << "I'm a C++ program";
return 0;
}
```

这段代码将在控制台窗口上输出：Hello World! I'm a C++ program。在这个例子中，我们在两个不同的语句中调用了 cout << 函数两次。再一次说明分行写程序代码只是为了我们阅读方便，因为这个 main 函数也可以被写为以下形式而没有任何问题：

```
int main () { cout << " Hello World! "; cout << " I'm to C++ program "; return
0; }
```

为方便起见，我们也可以把代码分为更多的行来写：

```
int main ()
{
cout <<
"Hello World!";
cout
<< "I'm a C++ program";
return 0;
}
```

运行结果将和上面的例子完全一样。

这个规则对预处理器指示行（以#号开始的行）并不适用，因为它们并不是真正的语句。它们由预处理器读取并忽略，并不会生成任何代码。因此，它们每一个必须单独成行，末尾不需要加分号 ";"。

3.1.2　注释

注释（comments）是源代码的一部分，但它们会被编译器忽略，不会生成任何执行代码。使用注释的目的只是使程序员可以在源程序中插入一些说明、解释性的内容。

C++ 支持两种插入注释的方法：

```
// line comment
/* block comment */
```

第一种方法为行注释，它告诉编译器忽略从//开始至本行结束的任何内容。第二种为块注释（段注释），告诉编译器忽略在/*符号和*/符号之间的所有内容，可能包含多行内容。

在下面的程序中，我们插入了更多注释。

```
/* my second program in C++
with more comments */

#include <iostream.h>

int main ()
{
cout << "Hello World! "; // says Hello World!
cout << "I'm a C++ program"; // says I'm a C++ program
return 0;
}
```

如果你在源程序中插入了注释而没有用//符号或/*和*/符号，编译器会把它们当成 C++的语句，在编译时就会出现一个或多个错误信息。

3.1.3　变量和数据类型

你可能觉得这个"Hello World！"程序用处不大。我们写了好几行代码，编译，然后执行，生成的程序只是为了在屏幕上看到一句话。的确，我们直接在屏幕上打出这句话会更快。但是编程并不仅限于在屏幕上打出文字这么简单。为了能够进一步写出可以执行更有用的任务的程序，我们需要引入变量（variable）这个概念。

设想这样一个例子，要求在脑子里记住数字 5，再记住数字 2。你已经存储了两个数值在记忆里。现在要求在说的第一个数值上加 1，应该保留 6 （即 5+1）和 2 在记忆里。现在如果将两数相减，可以得到结果 4。

这些你在脑子里做的事情与计算机用两个变量可以做的事情非常相似。同样的处理过程用 C++来表示可以写成下面一段代码：

```
a = 5;
b = 2;
a = a + 1;
result = a - b;
```

很明显这是一个很简单的例子，因为我们只用了两个很小的整数数值。但是你的计算机可以同时存储成千上万个这样的数值，并进行复杂的数学运算。

因此，我们可以将变量定义为内存的一部分，用以存储一个确定的值。

每一个变量需要一个标识，以便将它与其他变量相区别。例如，在前面的代码中，变量标识是 a、b 和 result。我们可以给变量起任何名字，只要它们是有效的标识符。

3.1.4　标识

有效标识由字母（letter）、数字（digits）和下画线（_）组成。标识的长度没有限制，但是有些编译器只取前 32 个字符（剩下的字符会被忽略）。

空格（spaces）、标点（punctuation marks）和符号（symbols）都不可以出现在标识中，只有字母、数字和下画线是合法的，并且变量标识必须以字母开头。标识也可能以下画线开头，但这种标识通常是保留给外部连接用的。标识不可以以数字开头。

必须注意的另一条规则是，当你给变量起名字时，不可以和 C++语言的关键字或你所使用的编译器的特殊关键字同名，因为这样会与这些关键字产生混淆。例如，以下列出标准保留关键字，它们不允许被用作变量标识名称：

```
asm, auto, bool, break, case, catch, char, class, const, const cast, continue,
default, delete, do, double, dynamic_cast, else, enum, explicit, extern, false,
float, for, friend, goto, if, inline, int, long, mutable, namespace, new, operator,
private, protected, public, register, reinterpret cast, return, short, signed,
sizeof, static, static_cast, struct, switch, template, this, throw, true, try,
typedef, typeid, typename, union, unsigned, using, virtual, void, volatile, wchar t,
while
```

另外，不要使用一些操作符的替代表示作为变量标识，因为在某些环境中，它们可能被用作保留词：

```
and, and_eq, bitand, bitor, compl, not, not_eq, or, or_eq, xor, xor_eq
```

你的编译器还可能包含一些特殊保留词，例如许多生成 16 位码的编译器（比如一些 DOS 编译器）把 far、huge 和 near 也作为关键字。

值得注意的是，C++语言是"大小写敏感"（case sensitive）的，即同样的名字，字母大小写不同代表不同的变量标识。因此，例如变量 RESULT、变量 result 和变量 Result 分别表示 3 个不同的变量标识。

3.1.5 基本数据类型

编程时，我们将变量存储在计算机的内存中，但是计算机要知道我们要用这些变量存储什么样的值，因为一个简单的数值、一个字符或一个巨大的数值在内存中所占用的空间是不一样的。

计算机的内存是以字节（byte）为单位组织的。一个字节是我们在 C++中能够操作的最小的内存单位。一个字节可以存储相对较小的数据：一个单个的字符或一个小整数（通常为一个 0~255 的整数）。但是计算机可以同时操作处理由多个字节组成的复杂数据类型，比如长整数（long integers）和小数（decimals）。表 3-1 总结了现有的 C++基本数据类型以及每一种类型所能存储的数据范围。

表 3-1　C++基本数据类型以及每一种类型所能存储的数据范围

名称	字节数	描述	范围
char	1	字符（character）或整数（integer），8 位（bits）长	有符号（signed）：-128~127 无符号（unsigned）：0~255
short int（short）	2	短整数，16 位长	有符号：-32768~32767 无符号：0~65535
long int（long）	4	长整数，32 位长	有符号：-2147483648~2147483647 无符号：0~4294967295
int	4	整数	有符号：-2147483648~2147483647 无符号：0~4294967295

（续表）

名称	字节数	描述	范围
float	4	浮点数（floating point number）	3.4e + / - 38（7 个数字，7 digits）
double	8	双精度浮点数（double precision floating point number）	1.7e + / - 308（15 digits）
long double	8	长双精度浮点数（long double precision floating point number）	1.7e + / - 308（15 digits）
bool	1	布尔（Boolean）值。只能是真（true）或假（false）两个值之一	true 或 false
wchar_t	2	宽字符（wide character）。这是为存储两字节（2 bytes）长的国际字符而设计的类型	一个宽字符

字节数一列和范围一列可能根据程序编译和运行的系统不同而有所不同。这里列出的数值是多数 32 位系统的常用数据。对于其他系统，通常的说法是整型（int）具有根据系统结构建议的自然长度（一个字的长度），而 4 种整型数据 char、short、int、long 的长度必须是递增的，也就是说按顺序每一类型必须大于等于其前面一个类型的长度。同样的规则也适用于浮点数类型 float、double 和 long double，也是按递增顺序。

除以上列出的基本数据类型外，还有指针（pointer）和 void 参数表示类型，我们将在后面看到。

3.1.6　变量的定义和 C++11 中的 auto

在 C++中，要使用一个变量必须先定义（有些文献也会说声明，但为了和 extern 声明变量相区分，我更愿意用定义）该变量的数据类型。定义一个新变量的语法是写出数据类型标识符（例如 int、short、float 等），后面跟一个有效的变量标识名称，例如：

```
int a;
float mynumber;
```

以上两个均为有效的变量声明（variable declaration）。第一个声明一个标识为 a 的整型变量（int variable），第二个声明一个标识为 mynumber 的浮点型变量（float variable）。声明之后，我们就可以在后面的程序中使用变量 a 和 mynumber 了。

如果你需要声明多个同一类型的变量，可以将它们缩写在同一行声明中，在标识之间用逗号（comma）分隔，例如：

```
int a, b, c;
```

以上语句同时定义了 a、b、c 三个整型变量，与下面写法的意义完全等同：

```
int a;
int b;
int c;
```

整型数据类型（char、short、long 和 int）可以是有符号的（signed）或无符号的（unsigned），这取决于我们需要表示的数据范围。有符号类型（signed）可以表示正数和负数，而无符号类型（unsigned）只能表示正数和 0。在定义一个整型数据变量时，可以在数据类型前面加关键字 signed 或 unsigned 来声明数据的符号类型，例如：

```
unsigned short NumberOfSons;
signed int MyAccountBalance;
```

如果我们没有特别写出 signed 或 unsigned，那么变量默认为 signed，因此以上第二个声明也可以写成：

```
int MyAccountBalance;
```

因为以上两种表示方式的意义完全一样，所以我们在源程序中通常省略关键字 signed。

唯一的例外是字符型（char）变量，这种变量独立存在，与 signed char 和 unsigned char 型均不相同。

short 和 long 可以被单独用来表示整型基本数据类型，short 相当于 short int，long 相当于 long int。也就是说 short year；和 short int year；两种声明是等价的。

最后，signed 和 unsigned 也可以被单独用来表示简单类型，意思分别同 signed int 和 unsigned int，即以下两种声明互相等同：

```
unsigned MyBirthYear;
unsigned int MyBirthYear;
```

下面我们就用 C++代码来解决在这一节前面提到的记忆问题，来看一下变量定义是如何在程序中起作用的。

【例 3.2】操作变量

（1）打开 UE，输入代码如下：

```cpp
// operating with variables
#include <iostream>
using namespace std;

int main ()
{
    // declaring variables:
    int a, b;
    int result;

    // process:
    a = 5;
    b = 2;
    a = a + 1;
    result = a - b;

    // print out the result:
```

```
    cout << result<<endl;

    // terminate the program:
    return 0;
}
```

如果以上程序中的变量声明部分有你不熟悉的地方，不用担心，在后面的章节中很快会学到这些内容。

（2）保存代码为 test.cpp，上传到 Linux，在命令行下编译运行：

```
[root@localhost test]# g++ test.cpp -o test
[root@localhost test]# ./test
4
```

上面讲了一个变量使用之前必须进行显式类型的定义，比如通过 int a;告诉编译器 a 是个整型变量。现在，C++11 支持隐式类型定义了，即不指明变量的具体类型，而让编译器推导出变量的类型，而且是在编译阶段进行推导的。是不是很"高大上"？Too young to simple，其实这个功能 C#从 3.0 开始就有了，也就是 C#中的 var 关键字，只不过 C++11 中用的是 auto 关键字。下面演示 auto 的常见用法：

```
auto a = 20;         //编译器自动推导a为int型，auto被认为是int
static auto f=0.1;   //编译器自动推导f为double型，auto被认为是doulbe
auto p = new auto(5);   //编译器自动推导p为int * 型，auto被认为是int*
const auto *q=&a,k=8;   //编译器自动推导q为const int * 型，k自动推导为const int型，
auto被认为是int
```

下面的用法是错误的：

```
auto t;      //编译器无法推导出t的类型
auto int b; //在C++11中，auto不再表示存储类型的指示符
```

需要注意以下几点：

（1）使用 auto 定义变量时，必须同时进行初始化，以便编译器能推导出变量的类型。

（2）auto 其实不是一个实际的类型，充其量相当于一个类型占位符，先占着位置，等到编译的时候推导出实际类型时再替换为真正的类型。编译器推导出实际类型的依据是初始化的内容。比如上面 auto 常见用法的第一、第二条语句，20 是整型常量，因此 a 的类型被推导为整型；0.1 是浮点数，因此 f 被推导为 double。

（3）同时定义多个变量时，不能产生二义性，否则报错。比如上面 q 初始化内容为整型变量的地址，因此 q 被推导为 int*，auto 被认为是 int 这个实际类型，然后编译器再推导 k 为 int 型，先后一致，没问题。如果我们这样初始化 k："k=0.8;"那么编译器就认为 k 是 double 型，即修饰 k 的实际类型应该是 double，而前面推导出 auto 是 int，就发生矛盾了，此时编译器将报错。

（4）auto 不能用于函数参数。

auto 不是全新的关键字，在旧标准（C++98/03）的版本中，它就存在，只不过是被忽略的角

色。在旧标准中，它是一个存储类型的指示符（storage-class-specifier），作用是修饰一个局部变量"具有自动存储期"，即到了函数结束的时候，局部变量就自动释放了。然而，局部变量默认是具有自动存储期的，因此我们很少这样定义局部变量：

```
auto int a;
```

而是直接写：

```
int a;
```

因为两者等价，所以 auto 很少抛头露面了。在 C++11 中，auto 被赋予了新的使命，变成了类型指示符（type- specifier），作用是告诉编译器要对它定义的变量进行类型推导。下面我们再看一组 auto 推导的小例子来加深理解：

```
int a = 10;
auto *p=&a; //p为int*类型，auto被推导为int
auto  q=&a; //q为int*类型，auto被推导为int*
auto &s=a;  //s是个引用，即int&，auto被推导为int
auto t=s;   //t为int，auto被推导为int

const auto b=a; //b为const int，auto被推导为int
auto c=b;   //b为int，auto被推导为int
volatile auto b1=a; //b1为volatile int，auto被推导为int
auto c1=b; //c1为int，auto被推导为int

const auto &d=a;    //d为const int &，auto被推导为int
auto &e=d; //e为const int &，auto被推导为int
const volatile &d1=a;   //d1为volatile int &，auto被推导为int
auto &e1=d; //e1为volatile int &，auto被推导为int
```

以后面两段可以看到，当 const int 型变量用于初始化一个变量（c）时，auto 会舍弃 const，变为 int，volatile 也是如此；而 const int &型变量用于初始化一个引用变量（e）时，const 将被保留，volatile 也是如此。

上面只是一些简单类型的推导，有人感觉用不用 auto 其实区别不大。下面我们看 auto 对于容器迭代器（iterator）类型的推导，就可以发现 auto 的可贵之处了。关于容器是 C++ STL 里的内容，大家可以参考相关书籍。这里主要说明 auto 的作用，不对容器进行展开。

```
std::map<double,double> mymap;
auto it=mymap.begin();
```

it 被自动推导为 std::map<double,double>::iterator，是不是少写了很多字符？以前必须全部写完整：

```
std::map<double,double>::iterator it=mymap.begin();
```

否则编译出错，现在有了 auto，大大减少了代码量，提高了效率。

3.1.7　变量的范围

所有要使用的变量都必须事先声明过。C 和 C++语言的一个重要区别是，在 C++语言中，我们可以在源程序中的任何地方声明变量，甚至可以在两个可执行（executable）语句的中间声明变量，而不像在 C 语言中，变量声明只能在程序的开头部分。

然而，还是建议在一定程度上遵循 C 语言的习惯来声明变量，因为将变量声明放在一处对调试程序有好处。传统的 C 语言方式的变量声明就是把变量声明放在每一个函数（function）的开头（对本地变量）或直接放在程序开头所有函数（function）的外面（对全局变量）。

一个变量在本地（local）范围内有效，叫作本地变量，在全局（global）范围内有效，叫作全局变量。全局变量要定义在一个源码文件的主体中，所有函数（包括主函数 main()）之外。而本地变量定义在一个函数中，甚至只是一个语句块单元中，如图 3-1 所示。

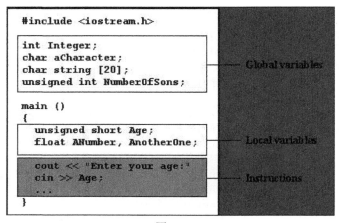

图 3-1

全局变量（global variables）可以在程序中任何地方的任何函数中被引用，只要是在变量的声明之后。

本地变量（local variables）的作用范围被局限在声明它的程序范围内。如果本地变量是在一个函数的开头被声明的（例如 main 函数），其作用范围就是整个 main 函数。在图 3-1 左边的例子中，意味着如果在 main 函数外还有另一个函数，main 函数中声明的本地变量（Age、 ANumber、 AnotherOne）不能够被另一个函数使用，反之亦然。

在 C++中，本地变量的作用范围被定义在声明它的程序块内（一个程序块是被一对花括号"{}"括起来的一组语句）。如果变量是在一个函数中被声明的，那么它是一个函数范围内的变量，如果变量是在一个循环中（loop）中被声明的，那么它的作用范围只是在这个循环中，以此类推。

除本地和全局范围外，还有一种外部范围，它使得一个变量不仅在同一源程序文件中可见，而且在其他所有将被链接在一起的源文件中均可见。

3.1.8　变量初始化

当一个本地变量被声明时，它的值默认为未定（undetermined）。但你可能希望在声明变量的同时赋给它一个具体的值。要想达到这个目的，需要对变量进行初始化。C++中有两种初始化方法。

第一种叫作类 C（C-Like）方法，是在声明变量的时候加上一个等于号，并在后面跟上想要的数值：

```
type identifier = initial_value ;
```

例如，如果想声明一个叫作 a 的 int 变量并同时赋予它 0 值，可以这样写：

```
int a = 0;
```

另一种变量初始化的方法叫作构造函数（constructor）初始化，是将初始值用小括号"()"括起来：

```
type identifier (initial_value) ;
```

例如：

```
int a (0);
```

在 C++中，以上两种方法都正确并且两者等同。

【例 3.3】变量的初始化

（1）打开 UE，输入代码如下：

```
// 变量初始化
#include <iostream>
using namespace std;

int main ()
{
  int a=5;    // 初始值为 5
  int b(2);   // 初始值为 2
  int result; // 不确定初始值

  a = a + 3;
  result = a - b;
  cout << result<<endl;

  return 0;
}
```

（2）保存代码为 test.cpp，上传到 Linux，在命令行下编译运行：

```
[root@localhost test]# g++ test.cpp -o test
[root@localhost test]# ./test
6
```

3.1.9 常量

一个常量（constant）是一个有固定值的表达式。首先我们来看一下字的概念，字用来在程序源代码中表达特定的值。在前面的内容中，我们已经用了很多字来给变量赋予特定的值，例如：

```
a = 5;
```

在这句代码中，5 就是一个字常量。

字常量（literal constant）可以被分为整数、浮点数、字符和字符串。

1. 整数

整数也就是整型常数，下列几个数字就是整数：

```
1776
707
-273
```

它们是整型常数，表示十进制整数值。注意表示整型常数时，我们不需要写引号""或任何特殊字符。毫无疑问它是一个常量：任何时候，当我们在程序中写 1776 时，指的就是 1776 这个数值。

除十进制整数外，C++还允许使用八进制（octal numbers）和十六进制（hexadecimal numbers）的字常量。如果我们想要表示一个八进制数，就必须在它前面加上一个 0 字符（zero character），而表示十六进制数则需要在它前面加 0x（zero、x）字符。例如以下字常量互相等值：

```
75    // 十进制 decimal
0113 // 八进制 octal
0x4b // 十六进制 hexadecimal
```

所有这些都表示同一个整数：75，分别以十进制数、八进制数和十六进制数表示。

像变量一样，常量也是有数据类型的。默认的整数字常量的类型为 int 型。我们可以通过在后面加字母 u 或 l 来迫使它为无符号（unsigned）的类型或长整型（long）。

```
75     // int
75u    // unsigned int
75l    // long
75ul   // unsigned long
```

这里后缀 u 和 l 可以是大写的，也可以是小写的。

2. 浮点数

浮点数以小数（decimals）或指数幂（exponents）的形式表示，可以包括一个小数点，一个 e 字符（表示 by ten at the Xth height，这里 X 是后面跟的整数值），或两者都包括。

```
3.14159 // 3.14159
6.02e23 // 6.02×10^1023
1.6e-19 // 1.6×10^-19
3.0    // 3.0
```

以上是包含小数的以 C++表示的 4 个有效数值。第一个是 PI，第二个是 Avogadro 数之一，第三个是一个电子（electron）的电量（electric charge，一个极小的数值），这些都是近似值。最后一个是浮点数字常量，表示数 3。

浮点数的默认数据类型为 double。如果你想使用 float 或 long double 类型，可以在后面加 f 或

l 后缀，同样大小写都可以：

```
3.14159L   // long double
6.02e23f   // float
```

3. 字符和字符串

除了数字常量外，还有非数字常量，例如：

```
'z'
'p'
"Hello world"
"How do you do?"
```

前两个表达式表示单独的字符，后面两个表示由若干字符组成的字符串。注意，在表示单独字符的时候，我们用单引号"'"，在表示字符串或多于一个字符的时候，我们用双引号"""。

当以常量方式表示单个字符和字符串时，必须写上引号，以便把它们和可能的变量标识或保留字区分开，注意以下例子：

```
x
'x'
```

x 指一个变量名称为 x，而'x'指字符常量'x'。

字符常量和字符串常量各有特点，例如 escape codes，这些是除此之外无法在源程序中表示的特殊字符，例如换行符（\n）或跳跃符（\t）。这些符号前面都要加一个反斜杠（\）。这里列出了这些 escape codes：

```
\n   换行符newline
\r   回车carriage return
\t   跳跃符tabulation
\v   垂直跳跃vertical tabulation
\b   backspace
\f   page feed
\a   警告alert （beep）
\'   单引号single quotes （'）
\"   双引号double quotes （"）
\?   问号question （?）
\\   反斜杠inverted slash （\）
```

例如：

```
'\n'
'\t'
"Left \t Right"
"one\ntwo\nthree"
```

另外，你可以以数字 ASCII 码表示一个字符，这种表示方式是在反斜杠（\）之后加以 8 进制数或十六进制数表示的 ASCII 码。在第一种（八进制）表示中，数字必须紧跟反斜杠（例如\23 或\40），在第二种（十六进制）表示中，必须在数字之前写一个 x 字符（例如\x20 或\x4A）。

如果每一行代码以反斜杠（\）结束，字符串常量可以分多行代码表示：

```
"string expressed in \
two lines"
```

还可以将多个被空格（blank space）、跳跃符（tabulator）、换行符（newline）或其他有效空白符号分隔开的字符串常量连接在一起：

```
"we form" "a single" "string" "of characters"
```

最后，如果想让字符串使用宽字符（wchar_t），而不是窄字符（char），可以在常量的前面加前缀 L：

```
L"This is a wide character string"
```

宽字符通常用来存储非英语字符，比如中文字符，一个字符占两个字节。关于字符串后面还会详细讲述。

4. 布尔型常量

布尔型只有两个有效的值：true 和 false，其数据类型为 bool。

5. 定义常量

使用预处理器指令#define 可以将那些经常使用的常量定义为你自己取的名字而不需要借助于变量。它的格式是：

```
#define identifier value
```

例如：

```
#define PI 3.14159265
#define NEWLINE '\n'
#define WIDTH 100
```

以上定义了 3 个常量。一旦做了这些声明，你可以在后面的程序中使用这些常量，就像使用其他任何常量一样，例如：

```
circle = 2 * PI * r;
cout << NEWLINE;
```

实际上，编译器在遇到#define 指令的时候，做的只是把任何出现这些常量名（在前面的例子中为 PI、 NEWLINE 或 WIDTH）的地方替换成它们被定义为的代码（分别为 3.14159265、 '\n' 和 100）。因此，由#define 定义的常量被称为宏常量（macro constants）。

#define 指令不是代码语句，它是预处理器指令，因此指令行末尾不需要加分号（;）。如果你在宏定义行末尾加了分号（;），当预处理器在程序中做常量替换的时候，分号也会被加到被替换的行中，这样可能导致错误。

6. 声明常量

通过使用 const 前缀可以定义指定类型的常量，就像定义一个变量一样：

```
const int width = 100;
const char tab = '\t';
const zip = 12440;
```

如果没有指定类型（如上面例子中的最后一行），编译器会假设常量为整型。

3.1.10 操作符/运算符

前面已经学习了变量和常量，我们可以开始对它们进行操作，这就要用到 C++的操作符。在有些语言中，很多操作符都是一些关键字，比如 add、equals 等。C++的操作符主要是由符号组成的。这些符号不在字母表中，但是在所有键盘上都可以找到。这个特点使得 C++程序更简洁，也更国际化。操作符也称运算符。运算符是 C++语言的基础，非常重要。

1. 赋值运算符

赋值运算符的功能是将一个值赋给一个变量。

```
a = 5;
```

将整数 5 赋给变量 a。= 运算符左边的部分叫作 lvalue(left value)，右边的部分叫作 rvalue（right value）。lvalue 必须是一个变量，而右边的部分可以是一个常量、一个变量、一个运算（operation）的结果或是前面几项的任意组合。

强调一下，赋值运算符永远是将右边的值赋给左边，不会反过来。

```
a = b;
```

将变量 b （rvalue）的值赋给变量 a （lvalue），不论 a 当时存储的是什么值。同时考虑到只是将 b 的数值赋给 a，以后如果 b 的值改变了，并不会影响到 a 的值。

【例 3.4】赋值运算符的使用

（1）打开 UE，输入代码如下：

```
#include <iostream>
using namespace std;

int main ()
{
  int a, b;        // a:?,  b:?
  a = 10;          // a:10, b:?
  b = 4;           // a:10, b:4
  a = b;           // a:4,  b:4
  b = 7;           // a:4,  b:7

  cout << "a:";
  cout << a<<endl;
```

```
cout << "b:";
cout << b<<endl;

return 0;
}
```

以上代码的结果是 a 的值为 4，b 的值为 7。b=7 语句导致 b 被改变，但并不会影响到 a，虽然在此之前我们声明了 a = b;（从右到左规则）。

（2）保存代码为 test.cpp，上传到 Linux，在命令行下编译运行：

```
[root@localhost test]# g++ test.cpp -o test
[root@localhost test]# ./test
a:4
b:7
```

C++拥有而其他语言没有的一个特性是赋值符(=)可以被用作另一个赋值符的 rvalue（或 rvalue 的一部分），例如：

```
a = 2 + (b = 5);
```

等同于：

```
b = 5;
a = 2 + b;
```

意思是：先将 5 赋给变量 b，然后把前面对 b 的赋值运算的结果（即 5）加上 2 再赋给变量 a，这样最后 a 中的值为 7。因此，下面的表达式在 C++中也是正确的：

```
a = b = c = 5; //将5同时赋给3个变量a、b和c
```

2. 数学运算符

C++语言支持的 5 种数学运算符为：

（1）+（加，addition）。
（2）-（减，subtraction）。
（3）*（乘，multiplication）。
（4）/（除，division）。
（5）%（取模，module）。

加减乘除运算想必大家都很了解，它们和一般的数学运算符没有区别。

唯一你可能不太熟悉的是用百分号（%）表示的取模运算（module）。取模运算是取两个整数相除的余数。例如，如果我们写 a = 11 % 3;，变量 a 的值将会为 2，因为 2 是 11 除以 3 的余数。

3. 组合运算符

C++以书写简练著称的一大特色就是组合运算符（+=、 -=、 *= 和 /= 及其他），这些运算符使得只用一个基本运算符就可以改写变量的值：

```
value += increase; 等同于 value = value + increase;
a -= 5; 等同于 a = a - 5;
a /= b; 等同于 a = a / b;
price *= units + 1; 等同于 price = price * (units + 1);
```

其他运算符以此类推。下面来看组合运算符的例子。

【例 3.5】组合运算符的使用

（1）打开 UE，输入代码如下：

```
// 组合运算符的例子

#include <iostream>
using namespace std;

int main ()
{
  int a, b=3;
  a = b;
  a+=2;              // 相当于 a=a+2
  cout << a<<endl;
  return 0;
}
```

（2）保存代码为 test.cpp，上传到 Linux，在命令行下编译运行：

```
[root@localhost test]# g++ test.cpp -o test
[root@localhost test]# ./test
5
```

4. 递增和递减

书写简练的另一个例子是递增（increase）运算符（++）和递减（decrease） 运算符（--）。它们使得变量中存储的值加 1 或减 1，分别等同于+=1 和-=1。因此：

```
a++;
a+=1;
a=a+1;
```

在功能上全部等同，即全部使得变量 a 的值加 1。

递增运算符的存在是因为最早的 C 编译器将以上 3 种表达式编译成不同的机器代码，不同的机器代码运行速度不一样。现在，编译器已经基本自动实行代码优化，所以以上 3 种不同的表达方式编译成的机器代码在实际运行上已基本相同。

递增运算符的一个特点是既可以被用作前缀（prefix），也可以被用作后缀（suffix），也就是说它既可以被写在变量标识的前面（++a），也可以被写在后面（a++）。虽然在简单表达式（如 a++或++a）中，这两种写法代表同样的意思，但当递增或递减的运算结果被直接用在其他的运算式中时，它们就代表不同的意思了：当递增运算符被用作前缀（++a）时，变量 a 的值先增加，再计算整个表达式的值，因此增加后的值被用在了表达式的计算中；当它被用作后缀（a++）时，变量 a 的值在表达式计算后才增加，因此 a 在增加前所存储的值被用在了表达式的计算中。注意表 3-2 中两个例子的不同。

表 3-2　两个例子

例 1	例 2
B=3; A=++B; //A 的值为 4，B 的值为 4	B=3; A=B++; //A 的值为 3，B 的值为 4

在第一个例子中，B 在它的值被赋给 A 之前增加 1。而在第二个例子中，B 原来的值 3 被赋给 A，然后 B 的值才加 1 变为 4。

5. 关系运算符

我们用关系运算符来比较两个表达式。例如 ANSI-C++ 标准中指出，关系运算的结果是一个 bool 值，根据运算结果的不同，它的值只能是 true 或 false。

例如，我们想通过比较两个表达式来看它们是否相等或一个值是否比另一个值大。以下为 C++ 的关系运算符：

== 　相等（Equal）。

!= 　不等（Different）。

> 　大于（Greater than）。

< 　小于（Less than）。

>= 　大于等于（Greater or equal than）。

<= 　小于等于（Less or equal than）。

下面可以看到一些实际的例子：

(7 == 5)将返回 false。

(5 > 4)将返回 true。

(3 != 2)将返回 true。

(6 >= 6)将返回 true。

(5 < 5)将返回 false。

当然，除了使用数字常量外，我们也可以使用任何有效表达式，包括变量。假设有 a=2、 b=3 和 c=6：

(a == 5)将返回 false。

(a*b >= c)将返回 true，因为它实际是(2*3 >= 6)。

(b+4 > a*c)将返回 false，因为它实际是(3+4 > 2*6)。

((b=2) == a)将返回 true。

注意：运算符=（单个等号）不同于运算符==（双等号）。第一个（=）是赋值运算符（将等号右边的表达式的值赋给左边的变量）；第二个（==）是一个判断等于的关系运算符，用来判断运算符两边的表达式是否相等。因此，在上面的例子中，最后一个表达式((b=2) == a)，我们首先将数值 2 赋给变量 b，然后把它和变量 a 进行比较。因为变量 a 中存储的也是数值 2，所以整个运算的结果为 true。

在 ANSI-C++标准出现之前，许多编译器中，就像 C 语言中，关系运算并不返回值为 true 或 false 的 bool 值，而是返回一个整型数值为结果，它的数值可以为 0，代表 false，或一个非 0 数值（通常为 1），代表 true。

6. 逻辑运算符

运算符 ! 等同于 boolean 运算 NOT （取非），它只有一个操作数（operand），写在它的右边。它做的唯一工作就是取该操作数的反面值，也就是说如果操作数值为 true，那么运算后值变为false，如果操作数值为 false，那么运算结果为 true。它就像是取与操作数相反的值，例如：

!(5 == 5) 返回 false，因为它右边的表达式(5 == 5)为 true。

!(6 <= 4) 返回 true，因为(6 <= 4)为 false。

!true   返回 false。

!false   返回 true。

逻辑运算符&&和||用来计算两个表达式而获得一个结果值。它们分别对应逻辑运算中的与运算（AND）和或运算（OR）。它们的运算结果取决于两个操作数（operand）的关系，如表 3-3 所示。

表 3-3   两个操作数的关系

第一个操作数 a	第二个操作数 b	a && b 的结果	a || b 的结果
true	true	true	true
true	false	false	true
false	true	false	true
false	false	false	false

例如：

```
( (5 == 5) && (3 > 6) )  返回false ( true && false ).
( (5 == 5) || (3 > 6))   返回true ( true || false ).
```

7. 条件运算符

条件运算符计算一个表达式的值并根据表达式的计算结果为 true 或 false 而返回不同的值。它的格式是：

```
condition ? result1 : result2 （条件？返回值1：返回值2）
```

如果条件为 true，整个表达式将返回 result1，否则将返回 result2。

7==5 ? 4 : 3   返回 3，因为 7 不等于 5。

7==5+2 ? 4 : 3   返回 4，因为 7 等于 5+2。

5>3 ? a : b   返回 a，因为 5 大于 3。

a>b ? a : b   返回较大值，a 或 b。

【例 3.6】 条件运算符的使用

（1）打开 UE，输入代码如下：

```
#include <iostream>
using namespace std;

int main ()
{
  int a,b,c;

  a=2;
  b=7;
  c = (a>b) ? a : b;

  cout << c<<endl;

  return 0;
}
```

上面的例子中，a 的值为 2，b 的值为 7，所以表达式（a>b）运算值为 false，整个表达式(a>b)?a:b 要取分号后面的值，也就是 b 的值 7。因此，最后输出 c 的值为 7。

（2）保存代码为 test.cpp，上传到 Linux，在命令行下编译运行：

```
[root@localhost test]# g++ test.cpp -o test
[root@localhost test]# ./test
7
```

8. 逗号运算符

逗号运算符（,）用来分开多个表达式，并只取最右边的表达式的值返回。
例如以下代码：

```
a = (b=3, b+2);
```

这行代码首先将 3 赋值给变量 b，然后将 b+2 赋值给变量 a。所以最后变量 a 的值为 5，而变量 b 的值为 3。

9. 位运算符

位运算符以比特位改写变量存储的数值，也就是改写变量值的二进制表示：

```
op  asm Description
&   AND 逻辑与（Logic AND）
|   OR  逻辑或（Logic OR）
^   XOR 逻辑异或（Logical exclusive OR）
~   NOT 对1取补（位反转）（Complement to one (bit inversion)）
<<  SHL 左移（Shift Left）
>>  SHR 右移（Shift Right）
```

10. 变量类型转换运算符

变量类型转换运算符可以将一种类型的数据转换为另一种类型的数据。在 C++中，有几种方法可以实现这种操作，最常用的一种，也是与 C 兼容的一种，是在原转换的表达式前面加用括号

"()"括起的新数据类型：

```
int i;
float f = 3.14;
i = (int) f;
```

以上代码将浮点型数字 3.14 转换成一个整数值（3）。这里类型转换操作符为（int）。在 C++中，实现这一操作的另一种方法是使用构造函数（constructor）的形式：在要转换的表达式前加变量类型并将表达式括在括号中：

```
i = int ( f );
```

以上两种类型转换的方法在 C++中都是合法的。另外，ANSI-C++针对面向对象编程（object oriented programming）增加了新的类型转换操作符。

11. sizeof()

这个运算符接收一个输入参数，该参数可以是一个变量类型或一个变量自己，返回该变量类型（variable type）或对象（object）所占的字节数：

```
a = sizeof (char);
```

将会返回 1 给 a，因为 char 是一个常为 1 个字节的变量类型。

sizeof 返回的值是一个常数，因此它总是在程序执行前就被固定了。

12. 运算符的优先级

当多个操作数组成复杂的表达式时，我们可能会疑惑哪个运算先被计算，哪个后被计算。例如以下表达式：

```
a = 5 + 7 % 2
```

我们可以怀疑它实际上表示：

```
a = 5 + (7 % 2) 结果为6，还是 a = (5 + 7) % 2 结果为0？
```

正确答案为第一个，结果为 6。每一个运算符有一个固定的优先级，不仅对数学运算符（我们在学习数学的时候应该已经很了解它们的优先顺序了），所有在 C++中出现的运算符都有优先级。从高到低，运算的优先级按表 3-4 排列。

表 3-4　运算的优先级

优先级	操作符	说明	结合方向
1	::	范围	从左到右
2	() [] . -> ++ -- dynamic_cast static_cast reinterpret_cast const_cast typeid	后缀	从左到右

（续表）

优先级	操作符	说明	结合方向
3	++ -- ~ ! sizeof new delete	一元（前缀）	从右到左
	* &	指针和取地址	
	+ -	一元符号	
4	(type)	类型转换	从右到左
5	.* ->*	指向成员的指针	从左到右
6	* / %	乘、除、取模	从左到右
7	+ -	加减	从左到右
8	<< >>	位移	从左到右
9	< > <= >=	关系操作符	从左到右
10	== !=	等于、不等于	从左到右
11	&	按位与运算	从左到右
12	^	按位异或运算	从左到右
13	|	按位或运算	从左到右
14	&&	逻辑与运算	从左到右
15	||	逻辑或运算	从左到右
16	?:	条件运算	从右到左
17	= *= /= %= += -= >>= <<= &= ^= |=	赋值运算	从右到左
18	,	逗号	从左到右

结合方向定义了当有同优先级的多个运算符在一起时，哪一个必须被首先运算，最右边的还是最左边的。

这些运算符的优先级顺序可以通过使用圆括号来控制，有了括号更易读懂，例如以下例子：

```
a = 5 + 7 % 2;
```

根据我们想要实现的不同计算，可以写成：

```
a = 5 + (7 % 2);  或者
a = (5 + 7) % 2;
```

如果你想写一个复杂的表达式而不敢肯定各个运算的执行顺序，就加上括号，这样还可以使代码更易读懂。

3.1.11　控制台交互

控制台（console）是计算机的基本交互接口，通常包括键盘（keyboard）和屏幕（screen）。

键盘通常为标准输入设备，而屏幕为标准输出设备。

在 C++的 iostream 函数库中，一个程序的标准输入输出操作依靠两种数据流：cin（给输入使用）和 cout（给输出使用）。另外，cerr 和 clog 也已经被实现——它们是两种特殊设计的数据流，专门用来显示出错信息，可以被重新定向到标准输出设备或一个日志文件（log file）。

cout（标准输出流）通常被定向到屏幕，而 cin（标准输入流）通常被定向到键盘。通过控制这两种数据流，你可以在程序中与用户交互，因为可以在屏幕上显示输出并从键盘接收用户的输入。

1. 输出 （cout）

输出流 cout 与重载（overloaded）运算符<<一起使用：

```
cout << "Output sentence"; // 打印Output sentence到屏幕上
cout << 120; // 打印数字 120 到屏幕上
cout << x; // 打印变量 x 的值到屏幕上
```

运算符<<又叫插入运算符（insertion operator），因为它将后面所跟的数据插入它前面的数据流中。在以上例子中，字符串常量 Output sentence、数字常量 120 和变量 x 先后被插入输出流 cout 中。注意，第一句中的字符串常量是被双引号引起来的。每当我们使用字符串常量的时候，必须用引号把字符串引起来，以便将它和变量名明显地区分开来。例如，下面两个语句是不同的：

```
cout << "Hello"; // 打印字符串Hello到屏幕上
cout << Hello; // 把变量Hello存储的内容打印到屏幕上
```

插入运算符（<<）可以在同一语句中被多次使用：

```
cout << "Hello, " << "I am " << "a C++ sentence";
```

上面这一行语句将会打印 Hello, I am a C++ sentence 到屏幕上。插入运算符（<<）的重复使用在我们想要打印变量和内容的组合内容或多个变量时有所体现：

```
cout << "Hello, I am " << age << " years old and my zipcode is " << zipcode;
```

假设变量 age 的值为 24，变量 zipcode 的值为 90064，以上句子的输出将为：Hello, I am 24 years old and my zipcode is 90064。

注意，除非明确指定，cout 并不会自动在其输出内容的末尾加换行符，因此下面的语句：

```
cout << "This is a sentence.";
cout << "This is another sentence.";
```

将会有如下内容输出到屏幕：

```
This is a sentence.This is another sentence.
```

虽然我们分别调用了两次 cout，但是两个句子还是被输出在同一行。所以，为了在输出中换行，必须插入一个换行符来明确表达这一要求。在 C++中，换行符可以写作\n：

```
cout << "First sentence.\n ";
cout << "Second sentence.\nThird sentence.";
```

将会产生如下输出：

```
First sentence.
Second sentence.
Third sentence.
```

另外，你也可以用操作符 endl 来换行，例如：

```
cout << "First sentence." << endl;
cout << "Second sentence." << endl;
```

将会输出：

```
First sentence.
Second sentence.
```

我们可以使用\n 或 endl 来指定 cout 输出换行。

2. 输入（cin）

在 C++中，标准输入是通过在 cin 数据流上重载运算符>> 来实现的。它后面必须跟一个变量以便存储读入的数据，例如：

```
int age;
cin >> age;
```

声明一个整型变量 age，然后等待用户从键盘输入到 cin，并将输入值存储在这个变量中。

cin 只能在键盘上按回车键（RETURN）后才能处理前面输入的内容。因此，即使你只要求输入一个单独的字符，在用户按回车键（RETURN）之前，cin 将不会处理用户输入的字符。

在使用 cin 输入的时候必须考虑后面的变量类型。如果你要求输入一个整数，>>后面必须跟一个整型变量；如果要求输入一个字符，后面必须跟一个字符型变量；如果要求输入一个字符串，后面必须跟一个字符串型变量。

【例 3.7】cin 的基本使用

（1）打开 UE，输入代码如下：

```
#include <iostream>
using namespace std;

int main ()
{
    int i;

    cout << "Please enter an integer value: ";
    cin >> i;
    cout << "The value you entered is " << i;
    cout << " and its double is " << i*2 << ".\n";

    return 0;
```

```
}
```

（2）保存代码为 test.cpp，上传到 Linux，在命令行下编译运行：

```
[root@localhost test]# g++ test.cpp -o test
[root@localhost test]# ./test
Please enter an integer value: 5
The value you entered is 5 and its double is 10.
```

使用程序的用户可能是引起错误的原因之一，即使是在简单的需要用 cin 输入的程序中（就像上面这个程序）。如果你要求输入一个整数数值，而用户输入了一个名字（一个字符串），其结果可能导致程序产生错误操作，因为它不是我们期望从用户处获得的数据。当你使用由 cin 输入的数据的时候，你不得不假设程序的用户将会完全合作而不会在程序要求输入整数的时候输入他的名字。后面介绍使用字符串的时候，将会给出一些解决这一类出错问题的办法。

你也可以利用 cin 要求用户输入多个数据：

```
cin >> a >> b;
```

等同于：

```
cin >> a;
cin >> b;
```

在以上两种情况下，用户都必须输入两个数据，一个给变量 a，一个给变量 b。输入时，两个变量之间可以以任何有效的空白符号间隔，包括空格、跳跃符（tab）或换行符。

3. cin 和字符串

我们可以像读取基本类型数据一样，使用 cin 和>>操作符来读取字符串，例如：

```
cin >> mystring;
```

但是，cin >> 只能读取一个单词，一旦碰到任何空格，读取操作就会停止。在很多时候，这并不是我们想要的操作，比如希望用户输入一个英文句子，那么这种方法就无法读取完整的句子，因为一定会遇到空格。

要一次读取一整行输入，需要使用 C++的函数 getline，相对于使用 cin，更建议使用 getline 来读取用户输入。

【例 3.8】 读取字符串

（1）打开 UE，输入代码如下：

```
#include <iostream>
#include <string>
using namespace std;

int main ()
{
  string mystr;
```

```
  cout << "What's your name? ";
  getline (cin, mystr);
  cout << "Hello " << mystr << ".\n";
  cout << "What is your favorite color? ";
  getline (cin, mystr);
  cout << "I like " << mystr << " too!\n";
  return 0;
}
```

（2）保存代码为 test.cpp，上传到 Linux，在命令行下编译运行：

```
[root@localhost test]# g++ test.cpp -o test
[root@localhost test]# ./test
What's your name? zww
Hello zww.
What is your favorite color? black
I like black too!
```

你可能注意到，在上面的例子中，两次调用 getline 函数都使用了同一个字符串变量（mystr）。在第二次调用的时候，程序会自动用第二次输入的内容取代以前的内容。

4. 字符串流

标准头文件 <sstream> 定义了一个叫作 stringstream 的类，使用这个类可以对基于字符串的对象进行像流（stream）一样的操作。这样，我们可以对字符串进行抽取和插入操作，这对将字符串与数值互相转换非常有用。例如，我们想将一个字符串转换为一个整数，可以这样写：

```
string mystr ("1204");
int myint;
stringstream(mystr) >> myint;
```

这个例子中先定义了一个字符串类型的对象 mystr，初始值为 1204，又定义了一个整数变量 myint。然后使用 stringstream 类的构造函数定义了这个类的对象，并以字符串变量 mystr 为参数。因为我们可以像使用流一样使用 stringstream 的对象，所以可以像使用 cin 那样使用操作符，>>后面跟一个整数变量来提取整数数据。这段代码执行之后变量 myint 存储的是数值 1204。

【例 3.9】字符串流的使用

（1）打开 UE，输入代码如下：

```
#include <iostream>
#include <string>
#include <sstream>
using namespace std;

int main ()
{
  string mystr;
  float price=0;
  int quantity=0;
```

```
cout << "Enter price: ";
getline (cin,mystr);
stringstream(mystr) >> price;
cout << "Enter quantity: ";
getline (cin,mystr);
stringstream(mystr) >> quantity;
cout << "Total price: " << price*quantity << endl;
return 0;
}
```

（2）保存代码为 test.cpp，上传到 Linux，在命令行下编译运行：

```
[root@localhost test]# g++ test.cpp -o test
[root@localhost test]# ./test
Enter price: 5
Enter quantity: 5
Total price: 25
```

在这个例子中，我们要求用户输入数值，但不同于从标准输入中直接读取数值，我们使用函数 getline 从标注输入流 cin 中读取字符串对象（mystr），再从这个字符串对象中提取数值 price 和 quantity。

通过使用这种方法，我们可以对用户的输入有更多的控制，因为它将用户输入与对输入的解释分离，只要求用户输入整行的内容，再对用户输入的内容进行检验操作。这种做法在用户输入比较集中的程序中是非常推荐使用的。

3.2 控制结构

一个程序的语句往往并不仅限于线性顺序结构。在程序的执行过程中，可能被分成两支执行，可能重复某些语句，也可能根据一些判断结果而执行不同的语句。因此，C++提供一些控制结构语句（control structures）来实现这些执行顺序。

为了介绍程序的执行顺序，我们需要先介绍一个新概念：语句块（block of instructions）。一个语句块（A block of instructions）是一组互相之间由分号（;）分隔开但整体被花括号（{}）括起来的语句。

本节中将看到大多数控制结构允许一个通用的 statement 做参数，这个 statement 根据需要可以是一条语句，也可以是一组语句组成的语句块。如果我们只需要一条语句做 statement，它可以不被括在花括号（{}）内。但若需要多条语句共同做 statement，则必须把它们括在花括号内（{}），以组成一个语句块。

3.2.1 条件结构

条件结构用来实现仅在某种条件满足的情况下才执行一条语句或一个语句块。它的形式是：

```
if (condition) statement
```

这里 condition 是一个将被计算的表达式（expression）。如果表达式值为真，即条件（condition）为 true，statement 将被执行。否则，statement 将被忽略（不被执行），程序从整个条件结构之后的下一条语句继续执行。

例如，以下程序段实现只有当变量 x 存储的值确实为 100 的时候才输出"x is 100"：

```
if (x == 100)
cout << "x is 100";
```

如果我们需要在条件为真的时候执行一条以上的语句，可以用花括号（{}）将语句括起来组成一个语句块：

```
if (x == 100)
{
cout << "x is ";
cout << x;
}
```

我们可以用关键字 else 来指定当条件不能被满足时需要执行的语句，它需要和 if 一起使用，形式是：

```
if (condition) statement1 else statement2
```

例如：

```
if (x == 100)
cout << "x is 100";
else
cout << "x is not 100";
```

以上程序如果 x 的值为 100，就在屏幕上打出 x is 100，如果 x 不是 100，而且也只有 x 不是 100 的时候，屏幕上将打出 x is not 100。

多个 if + else 的结构被连接起来使用来判断数值的范围。以下例子显示如何用它来判断变量 x 中当前存储的数值是正值、负值还是既不是正值也不是负值（即等于 0）

```
if (x > 0)
cout << "x is positive";
else if (x < 0)
cout << "x is negative";
else
cout << "x is 0";
```

注意，当我们需要执行多条语句时，必须使用花括号"{}"将它们括起来以组成一个语句块。

3.2.2 循环结构

循环的目的是重复执行一组语句一定的次数或直到满足某种条件。循环结构有 while 循环、do-while 循环和 for 循环。

1. while 循环

while 循环语句的格式是:

```
while (表达式expression) 语句statement
```

它的功能是当 expression 的值为 true 时重复执行 statement。

例如, 下面将用 while 循环来写一个倒计数程序。

【例 3.10】while 循环结构的使用

(1) 打开 UE, 输入代码如下:

```
#include <iostream>
using namespace std;
int main ()
{
    int n;
    cout << "Enter the starting number > ";
    cin >> n;
    while (n>0) {
    cout << n << ", ";
    --n;
    }
    cout << "FIRE!\n";
    return 0;
}
```

(2) 保存代码为 test.cpp, 上传到 Linux, 在命令行下编译运行:

```
[root@localhost test]# g++ test.cpp -o test
[root@localhost test]# ./test
Enter the starting number > 10
10, 9, 8, 7, 6, 5, 4, 3, 2, 1, FIRE!
```

程序开始时提示用户输入一个倒计数的初始值。然后 while 循环开始, 如果用户输入的数值满足条件 n>0 (即 n 比 0 大), 后面跟的语句块将会被执行一定的次数, 直到条件 (n>0) 不再满足 (变为 false)。

以上程序的所有处理过程可以用以下描述来解释。

从 main 开始:

```
用户输入一个数值赋给n。
while语句检查 (n>0) 是否成立, 这时有两种可能:
    true: 执行statement (到第3步)。
    false: 跳过statement, 程序直接执行第5步。
执行statement:
cout << n << ", ";
--n;
(将n 的值打印在屏幕上, 然后将n 的值减1)
语句块结束, 自动返回第2步。
```

继续执行语句块之后的程序：打印 FIRE！，程序结束。

我们要考虑到循环必须在某个点结束，因此在语句块之内（loop 的 statement 之内）必须提供一些方法使得条件可以在某个时刻变为假，否则循环将无限重复下去。在这个例子里，我们用语句--n;使得循环在重复一定的次数后变为 false：当 n 变为 0 时，倒计数结束。

2. do-while 循环

do-while 循环语句的格式是：

```
do 语句statement while (条件condition);
```

它的功能与 while 循环一样，除了在 do-while 循环中是先执行 statement 然后才检查条件（condition），而不像 while 循环中先检查条件然后才执行 statement。这样，即使条件从来没有被满足过，statement 仍至少被执行一次。例如，下面的程序重复输出（echoes）用户输入的任何数值，直到用户输入 0 为止。

【例 3.11】do-while 的使用

（1）打开 UE，输入代码如下：

```cpp
#include <iostream>
using namespace std;
int main ()
{
    unsigned long n;
    do {
    cout << "Enter number (0 to end): ";
    cin >> n;
    cout << "You entered: " << n << "\n";
    } while (n != 0);
    return 0;
}
```

（2）保存代码为 test.cpp，上传到 Linux，在命令行下编译运行：

```
[root@localhost test]# g++ test.cpp -o test
[root@localhost test]# ./test
Enter number (0 to end): 5
You entered: 5
Enter number (0 to end): 0
You entered: 0
```

do-while 循环通常被用在判断循环结束的条件是在循环语句内部被决定的情况下，比如以上的例子，在循环的语句块内，用户的输入决定了循环是否结束。如果用户永远不输入 0，循环就永远不会结束。

3. for 循环

for 循环语句的格式是：

```
for (initialization; condition; increase) statement;
```

它的主要功能是当条件 condition 为真时，重复执行语句 statement ，类似 while 循环。但除此之外，for 还提供了写初始化语句 initialization 和增值语句 increase 的地方。因此，这种循环结构是特别为执行由计数器控制的循环而设计的。

按以下方式工作：

（1）执行初始化 initialization。通常是设置一个计数器变量（counter variable）的初始值，初始化仅被执行一次。

（2）检查条件 condition，如果条件为真，就继续循环，否则循环结束，循环中的语句 statement 被跳过。

（3）执行语句 statement。像以前一样，它可以是一个单独的语句，也可以是一个由花括号（{}）括起来的语句块。

（4）最后增值域（increase field）中的语句被执行，循环返回第 2 步。注意，增值域中可能是任何语句，而不一定只是将计数器增加的语句。例如下面的例子中，计数器实际为减 1，而不是加 1。

下面是用 for 循环实现的倒计数的例子。

【例 3.12】for 循环的使用

（1）打开 UE，输入代码如下：

```cpp
#include <iostream>
using namespace std;
int main ()
{
    for (int n=10; n>0; n--) {
    cout << n << ", ";
    }
    cout << "FIRE!\n";
return 0;
}
```

（2）保存代码为 test.cpp，上传到 Linux，在命令行下编译运行：

```
[root@localhost test]# g++ test.cpp -o test
[root@localhost test]# ./test
10, 9, 8, 7, 6, 5, 4, 3, 2, 1, FIRE!
```

初始化 initialization 和增值 increase 域是可选的（可以为空）。但这些域为空的时候，它们和其他域之间间隔的分号不可以省略。例如，我们可以写 for (;n<10;)来表示没有初始化和增值语句，或 for (;n<10;n++) 来表示有增值语句但没有初始化语句。

另外，我们也可以在 for 循环初始化或增值域中放一条以上的语句，中间用逗号（，）隔开。例如，假设想在循环中初始化一个以上的变量，可以用以下程序来实现：

```cpp
for ( n=0, i=100 ; n!=i ; n++, i-- )
{
// whatever here...
}
```

如果 n 和 i 在循环内部都不被改变,这个循环将被执行 50 次。

n 的初始值为 0,i 的初始值为 100,条件是 n!=i(n 不能等于 i)。因为每次循环 n 加 1,而且 i 减 1,循环的条件将会在第 50 次循环之后变为假(n 和 i 都等于 50)。

3.2.3 分支控制和跳转

1. break 语句

通过使用 break 语句,即使在结束条件没有满足的情况下,我们也可以跳出一个循环。它可以被用来结束一个无限循环(infinite loop),或强迫循环在其自然结束之前结束。例如,我们想要在倒计数自然结束之前强迫它停止(也许因为一个引擎故障)。

【例 3.13】break 语句的使用

(1)打开 UE,输入代码如下:

```cpp
#include <iostream>
using namespace std;

int main ()
{
    int n;
    for (n=10; n>0; n--)
    {
        cout << n << ", ";
        if (n==3)
        {
            cout << "countdown aborted!";
            break;
        }
    }
    return 0;
}
```

(2)保存代码为 test.cpp,上传到 Linux,在命令行下编译运行:

```
[root@localhost test]# g++ test.cpp -o test
[root@localhost test]# ./test
10, 9, 8, 7, 6, 5, 4, 3, countdown aborted!
```

2. continue 语句

continue 语句使得程序跳过当前循环中剩下的部分而直接进入下一次循环,就好像循环中语句块的结尾已经到了使得循环进入下一次重复。例如,下面的例子中,倒计数时,我们将跳过数字 5 的输出。

【例 3.14】continue 语句的使用

(1)打开 UE,输入代码如下:

```cpp
#include <iostream>
using namespace std;
```

```
int main ()
{
    for (int n=10; n>0; n--) {
    if (n==5) continue;
    cout << n << ", ";
    }
    cout << "FIRE!";
    return 0;
}
```

（2）保存代码为 test.cpp，上传到 Linux，在命令行下编译运行：

```
[root@localhost test]# g++ test.cpp -o test
[root@localhost test]# ./test
10, 9, 8, 7, 6, 4, 3, 2, 1, FIRE!
```

3. goto 语句

通过使用 goto 语句可以使程序从一点跳转到另一点。注意必须谨慎使用这条语句，因为它的执行可以忽略任何嵌套限制。

跳转的目标点可以由一个标识符（label）来标明，该标识符作为 goto 语句的参数。一个标识符由一个标识名称后面跟一个冒号（:）组成。

通常除了底层程序爱好者使用这条语句外，它在结构化或面向对象的编程中并不常用。下面的例子中用 goto 来实现倒计数循环。

【例 3.15】goto 语句的使用

（1）打开 UE，输入代码如下：

```
#include <iostream>
using namespace std;

int main ()
{
    int n=10;
    loop:
    cout << n << ", ";
    n--;
    if (n>0) goto loop;
    cout << "FIRE!\n";
    return 0;
}
```

（2）保存代码为 test.cpp，上传到 Linux，在命令行下编译运行：

```
[root@localhost test]# g++ test.cpp -o test
[root@localhost test]# ./test
10, 9, 8, 7, 6, 5, 4, 3, 2, 1, FIRE!
```

3.2.4 选择结构语句 switch

switch 语句的语法比较特殊，目标是对一个表达式检查多个可能的常量值，有些像我们在前面学习的把几个 if 和 else if 语句连接起来的结构。它的形式是：

```
switch (expression) {
case constant1:
block of instructions 1
break;
case constant2:
block of instructions 2
break;
.
.
.
default:
default block of instructions
}
```

按以下方式执行：

switch 计算表达式（expression）的值，并检查它是否与第一个常量 constant1 相等，如果相等，程序执行常量 1 后面的语句块 block of instructions 1 直到碰到关键字 break ，程序跳转到 switch 选择结构的结尾处。

如果 expression 不等于 constant1，程序检查表达式 expression 的值是否等于第二个常量 constant2，如果相等，程序将执行常量 2 后面的语句块 block of instructions 2 直到碰到关键字 break。

以此类推，直到最后表达式 expression 的值不等于任何前面的常量（你可以用 case 语句指明任意数量的常量值来要求检查），程序将执行默认区 default: 后面的语句，如果它存在的话。default: 选项是可以省略的。

表 3-5 中的两段代码段功能相同。

表 3-5　switch 与 if-else 代码段

switch	if-else
switch (x) {	if (x == 1) {
case 1:	cout << "x is 1";
cout << "x is 1";	}
break;	else if (x == 2) {
case 2:	cout << "x is 2";
cout << "x is 2";	}
break;	else {
default:	cout << "value of x unknown";
cout << "value of x unknown";	}
}	

前面已经提到 switch 的语法有点特殊。注意每个语句块结尾包含的 break 语句，这是必需的，如果不这样做，例如在语句块 block of instructions 1 的结尾没有 break，程序执行将不会跳转到 switch 选择的结尾处（}），而是继续执行下面的语句块，直到第一次遇到 break 语句或到 switch 选择结构的结尾。因此，不需要在每一个 case 域内加花括号"{}"。这个特点同时可以帮助实现对不同的可能值执行相同的语句块，例如：

```
switch (x) {
case 1:
case 2:
case 3:
cout << "x is 1, 2 or 3";
break;
default:
cout << "x is not 1, 2 nor 3";
}
```

注意，switch 只能被用来比较表达式和不同常量的值（constants）。因此，我们不能够把变量或范围放在 case 之后，例如 (case (n*2):) 或 (case (1..3):) 都不可以，因为它们不是有效的常量。如果你需要检查范围或非常量数值，可使用连续的 if 和 else if 语句。

3.3 函数

通过使用函数（functions）可以把程序以更模块化的形式组织起来，从而利用 C++所能提供的所有结构化编程的潜力。

一个函数（function）是一个可以从程序其他地方调用执行的语句块。以下是它的格式：

```
type name ( argument1, argument2, ...) statement
```

其中：

type 是函数返回的数据的类型。

name 是函数被调用时使用的名。

argument 是函数调用需要传入的参量（可以声明任意多个参量）。每个参量由一个数据类型后面跟一个标识名称组成，就像变量声明中一样（例如 int x）。参量仅在函数范围内有效，可以和函数中的其他变量一样使用，它们使得函数在被调用时可以传入参数，不同的参数用逗号隔开。

statement 是函数的内容。它可以是一句指令，也可以是一组指令组成的语句块。如果是一组指令，语句块就必须用花括号"{}"括起来，这也是我们常见到的情况。为了使程序的格式更加统一、清晰，建议在仅有一条指令的时候也使用花括号，这是一个良好的编程习惯。

【例 3.16】第一个函数例子

（1）打开 UE，输入代码如下：

```
#include <iostream>
using namespace std;
```

```
int addition (int a, int b)
{
    int r;
    r=a+b;
    return (r);
}

int main ()
{
    int z;
    z = addition (5,3);
    cout << "The result is " << z<<endl;
    return 0;
}
```

（2）保存代码为 test.cpp，上传到 Linux，在命令行下编译运行：

```
[root@localhost test]# g++ test.cpp -o test
[root@localhost test]# ./test
The result is 8
```

记得在本章开始时说过：一个 C++程序总是从 main 函数开始执行。

可以看到，main 函数以定义一个整型变量 z 开始。紧跟着调用 addition 函数。函数调用的写法和上面的函数定义本身十分相似。

参数有明显的对应关系。在 main 函数中，我们调用 addition 函数，并传入两个数值：5 和 3，它们对应函数 addition 中定义的参数 int a 和 int b。

当函数在 main 中被调用时，程序执行的控制权从 main 转移到函数 addition。调用传递的两个参数的数值（5 和 3）被复制到函数的本地变量（local variables）int a 和 int b 中。

函数 addition 中定义了新的变量（int r;），通过表达式 r=a+b;把 a 加 b 的结果赋给 r。因为传过来的参数 a 和 b 的值分别为 5 和 3，所以结果是 8。

下面一行代码：

```
return (r);
```

结束函数 addition，并把控制权交还给调用它的函数（main），从调用 addition 的地方开始继续向下执行。另外，return 在调用的时候后面跟着变量 r（return(r);），它当时的值为 8，这个值被称为函数的返回值。

函数返回的数值就是函数的计算结果，因此，z 将存储函数 addition (5, 3)返回的数值，即 8。用另一种方式解释，你也可以想象成调用函数（addition (5,3)）被替换成了它的返回值 8。

接下来 main 中的下一行代码是：

```
cout << "The result is " << z;
```

这行代码把结果打印在屏幕上。

值得注意的是变量的范围，我们必须考虑到变量的范围只是在定义该变量的函数或指令块内有效，而不能在它的函数或指令块之外使用。例如，在上面的例子中就不可能在 main 中直接使用变量 a、b 或 r，因为它们是函数 addition 的本地变量。在函数 addition 中也不可能直接使用变量 z，因为它是 main 的本地变量。

因此，本地变量的范围是局限于声明它的嵌套范围之内的。尽管如此，你还可以定义全局变量（global variables），它们可以在代码的任何位置被访问，不管在函数以内还是以外。要定义全局变量，必须在所有函数或代码块之外定义它们，也就是说，直接在程序体中声明它们。

【例 3.17】第二个函数的例子

（1）打开 UE，输入代码如下：

```cpp
#include <iostream>
using namespace std;

int subtraction (int a, int b)
{
    int r;
    r=a-b;
    return (r);
}

int main ()
{
    int x=5, y=3, z;
    z = subtraction (7,2);
    cout << "The first result is " << z << '\n';
    cout << "The second result is " << subtraction (7,2) << '\n';
    cout << "The third result is " << subtraction (x,y) << '\n';
    z= 4 + subtraction (x,y);
    cout << "The fourth result is " << z << '\n';
    return 0;
}
```

（2）保存代码为 test.cpp，上传到 Linux，在命令行下编译运行：

```
[root@localhost test]# g++ test.cpp -o test
[root@localhost test]# ./test
The first result is 5
The second result is 5
The third result is 2
The fourth result is 6
```

在这个例子中，我们定义了函数 subtraction。这个函数的功能是计算传入的两个参数的差值并将结果返回。

在 main 函数中，函数 subtraction 被调用了多次。我们用了几种不同的调用方法，因此可以看到在不同情况下函数如何被调用。

为了更好地理解这些例子，你需要考虑到被调用的函数其实完全可以由它所返回的值来代替。

例如在上面的例子中，第一种情况下（这种调用你应该已经知道了，因为在前面的例子中已经用过这种形式的调用）：

```
z = subtraction (7,2);
cout << "The first result is " << z;
```

如果我们把函数调用用它的结果（也就是 5）来替换，将得到：

```
z = 5;
cout << "The first result is " << z;
```

同样地：

```
cout << "The second result is " << subtraction (7,2);
```

与前面的调用有同样的结果，但在这里我们把对函数 subtraction 的调用直接用作 cout 的参数。可以简单想象成写的是：

```
cout << "The second result is " << 5;
```

因为 5 是 subtraction (7,2)的结果。在下面一行语句中：

```
cout << "The third result is " << subtraction (x,y);
```

与前面的调用唯一的不同之处是，这里调用 subtraction 时的参数使用的是变量而不是常量。这样用是毫无问题的。在这个例子里，传入函数 subtraction 的参数值是变量 x 和 y 中存储的数值，即分别为 5 和 3，结果为 2。

第 4 种调用也是一样的。只要知道除了：

```
z = 4 + subtraction (x,y);
```

也可以写成：

```
z = subtraction (x,y) + 4;
```

它们的结果是完全一样的。注意在整个表达式的结尾写上分号。

没有返回值类型的函数使用 void。

如果你记得函数声明的格式：

```
type name ( argument1, argument2 ...) statement
```

就会知道函数声明必须以一个数据类型（type）开头，它是函数由 return 语句所返回的数据类型。但是如果我们并不打算返回任何数据，那该怎么办呢？

假设我们要写一个函数，它的功能是在屏幕上打印一些信息。我们不需要它返回任何值，而且也不需要它接收任何参数。C 语言为这些情况设计了 void 类型。让我们来看一下下面的例子。

【例 3.18】第三个函数的例子

（1）打开 UE，输入代码如下：

```
#include <iostream>
using namespace std;

void printmessage ()
{
  cout << "I'm a function!";
}

int main ()
{
  printmessage ();
  return 0;
}
```

（2）保存代码为 test.cpp，上传到 Linux，在命令行下编译运行：

```
[root@localhost test]# g++ test.cpp -o test
[root@localhost test]# ./test
I'm a function!
```

void 还可以被用在函数参数的位置，表示我们明确希望这个函数在被调用时不需要任何参数。例如上面的函数 printmessage 也可以写为以下形式：

```
void printmessage (void)
{
  cout << "I'm a function!";
}
```

虽然在 C++ 中 void 可以被省略，但是还是建议写出 void，以便明确指出函数不需要参数。

注意，在调用一个函数时，要写出它的名字并把参数写在后面的括号内。但如果函数不需要参数，后面的括号并不能省略。因此，调用函数 printmessage 的格式是：

```
printmessage();
```

函数名称后面的括号就明确表示了它是一个函数调用，而不是一个变量名称或其他什么语句。以下调用函数的方式就不对：

```
printmessage;
```

3.4 函数高级话题

3.4.1 参数按数值传递和按地址传递

到目前为止，我们看到的所有函数中，传递到函数中的参数全部是按数值传递的（by value）。也就是说，当我们调用一个带有参数的函数时，传递到函数中的是变量的数值而不是变量本身。例如，用下面的代码调用我们的第一个函数 addition：

```
int x=5, y=3, z;
z = addition ( x , y );
```

在这个例子里，我们调用函数 addition，同时将 x 和 y 的值传给它，即分别为 5 和 3，而不是两个变量，如图 3-2 所示。

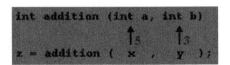

图 3-2

这样，当函数 addition 被调用时，它的变量 a 和 b 的值分别变为 5 和 3，但在函数 addition 内，对变量 a 或 b 所做的任何修改都不会影响函数外面的变量 x 和 y 的值，因为变量 x 和 y 并没有把它们自己传递给函数，而只是传递了它们的数值。

但在某些情况下，你可能需要在一个函数内控制一个函数以外的变量。要实现这种操作，我们必须使用按地址传递的参数（arguments passed by reference），就像下面的例子中的函数 duplicate。

【例 3.19】按地址传递参数的函数

（1）打开 UE，输入代码如下：

```
#include <iostream>
using namespace std;

void duplicate(int& a, int& b, int &c)
{
    a *= 2;
    b *= 2;
    c *= 2;
}

int main()
{
    int x = 1, y = 3, z = 7;
    duplicate(x, y, z);
    cout << "x=" << x << ", y=" << y << ", z=" << z<<endl;
    return 0;
}
```

（2）保存代码为 test.cpp，上传到 Linux，在命令行下编译运行：

```
[root@localhost ~]# cd /zww/test
[root@localhost test]# g++ test.cpp -o test
[root@localhost test]# ./test
x=2, y=6, z=14
```

第一个应该注意的是，在函数 duplicate 的声明（declaration）中，每一个变量类型的后面跟了一个地址符（&），它的作用是指明变量是按地址传递的（by reference），而不是按数值传递的（by value）。

当按地址传递一个变量的时候，我们是在传递这个变量本身，在函数中对变量所做的任何修改将会影响函数外面被传递的变量，如图 3-3 所示。

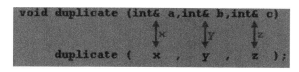

图 3-3

用另一种方式来说，我们已经把变量 a、b、c 和调用函数时使用的参数（x、y 和 z）联系起来了，因此如果我们在函数内对 a 进行操作，函数外面 x 的值也会改变。同样，任何对 b 的改变也会影响 y，对 c 的改变也会影响 z。

这就是上面的程序中，主程序 main 中的 3 个变量 x、y 和 z 在调用函数 duplicate 后，打印结果显示它们的值增加了一倍的原因。

如果在声明下面的函数时：

```
void duplicate (int& a, int& b, int& c);
```

我们是按这样声明的：

```
void duplicate (int a, int b, int c)
```

也就是不写地址符（&），也就没有将参数的地址传递给函数，而是传递了它们的值，因此，屏幕上显示的输出结果 x、 y 、z 的值将不会改变，仍是 1、3、7。

值得注意的是，这种用地址符（&）来声明按地址传递参数的方式只是在 C++中适用。在 C 语言中，我们必须用指针（pointers）来做相同的操作。

按地址传递是一个使函数返回多个值的有效方法。例如，下面是一个函数，可以返回第一个输入的参数的前一个和后一个数值。

【例 3.20】按地址传递是使函数返回多个值

（1）打开 UE，输入代码如下：

```cpp
#include <iostream>
using namespace std;

void prevnext(int x, int& prev, int& next)
{
    prev = x - 1;
    next = x + 1;
}

int main()
{
    int x = 100, y, z;
    prevnext(x, y, z);
```

```
cout << "Previous=" << y << ", Next=" << z<<endl;
return 0;
}
```

（2）保存代码为 test.cpp，上传到 Linux，在命令行下编译运行：

```
[root@localhost test]# g++ test.cpp -o test
[root@localhost test]# ./test
Previous=99, Next=101
```

参数的默认值

当声明一个函数的时候，我们可以给每一个参数指定一个默认值。如果函数被调用时没有给出该参数的值，那么这个默认值将被使用。指定参数默认值只需要在声明函数时把一个数值赋给参数。如果函数被调用时没有数值传递给该参数，那么默认值将被使用。但如果已将指定的数值传递给参数，那么默认值将被指定的数值取代。看下面一段小程序：

```
#include <iostream.h>
int divide (int a, int b=2) {
int r;
r=a/b;
return (r);
}

int main () {
cout << divide (12);
cout << endl;
cout << divide (20,4);
return 0;
}
```

我们可以看到 divide 在定义的时候，第二个参数 b 被赋值为 2，表示如果调用 divide 的时候，没有给定第二个实际参数，则使用默认值 2 作为实际参数。在程序中有两次调用函数 divide。第一次调用：

```
divide (12)
```

只有一个参数被指明，因此函数 divide 就用默认值 2 作为第二个参数的值，这次函数调用的结果是 6（12/2）。

在第二次调用中：

```
divide (20,4)
```

这里有两个参数，所以默认值（int b=2）被传入的参数值 4 所取代，使得最后的结果为 5（20/4）。

3.4.2 函数重载

函数重载（Overloaded）的意思是，两个不同的函数可以用同样的名字，只要它们的参量（arguments）的原型（prototype）不同。也就是说，你可以把同一个名字给多个函数，如果它们用不同数量的参数或不同类型的参数。

【例 3.21】函数重载的例子

（1）打开 UE，输入代码如下：

```cpp
#include <iostream>
using namespace std;

int divide(int a, int b) {
    return (a / b);
}

float divide(float a, float b) {
    return (a / b);
}

int main() {
    int x = 5, y = 2;
    float n = 5.0, m = 2.0;
    cout << divide(x, y);
    cout << "\n";
    cout << divide(n, m);
    cout << "\n";
    return 0;
}
```

（2）保存代码为 test.cpp，上传到 Linux，在命令行下编译运行：

```
[root@localhost test]# g++ test.cpp -o test
[root@localhost test]# ./test
2
2.5
```

在这个例子里，我们用同一个名字定义了两个不同的函数，当它们其中一个接收两个整型（int）参数时，另一个则接收两个浮点型（float）参数。编译器（compiler）通过检查传入的参数的类型来确定是哪一个函数被调用。如果调用传入的是两个整数参数，那么原型定义中有两个整型（int）参量的函数被调用，如果传入的是两个浮点数，那么原型定义中有两个浮点型（float）参量的函数被调用。

为了简单起见，这里我们用的两个函数的代码相同，但这并不是必需的。你可以让两个函数用同一个名字同时完成完全不同的操作。

3.4.3 内联函数

inline 指令可以被放在函数声明之前，要求该函数必须在被调用的地方以代码形式被编译。这相当于一个宏定义（macro）。它的好处是只对短小的函数有效，这种情况下，因为避免了调用函数的一些常规操作的时间（overhead），如参数堆栈操作的时间，所以编译结果的运行会更快一些。

它的声明形式是：

```
inline type name ( arguments ... ) { instructions ... }
```

内联函数的调用和其他的函数调用一样。调用函数的时候并不需要写关键字 inline，只有在函数声明前需要写。

3.4.4　递归

递归（recursivity）指函数将被自己调用。它对排序（sorting）和阶乘（factorial）运算很有用。例如，要获得一个数字 n 的阶乘，它的数学公式是：

```
n! = n * (n-1) * (n-2) * (n-3) ... * 1
```

更具体一些，5!是：

```
5! = 5 * 4 * 3 * 2 * 1 = 120
```

用一个递归函数来实现这个运算的代码如下。

【例 3.22】利用递归计算阶乘

（1）打开 UE，输入代码如下：

```cpp
#include <iostream>
using namespace std;

long factorial(long a) {
    if (a > 1) return (a * factorial(a - 1));
    else return (1);
}

int main() {
    long l;
    cout << "Type a number: ";
    cin >> l;
    cout << "!" << l << " = " << factorial(l)<<endl;
    return 0;
}
```

（2）保存代码为 test.cpp，上传到 Linux，在命令行下编译运行：

```
[root@localhost test]# g++ test.cpp -o test
[root@localhost test]# ./test
Type a number: 3
!3 = 6
```

注意在函数 factorial 中是怎样调用它自己的，但只是在参数值大于 1 的时候才调用，否则函数会进入死循环（an infinite recursive loop），当参数到达 0 的时候，函数不继续用负数乘下去，最终可能导致运行时的堆栈溢出错误（stack overflow error）。

这个函数有一定的局限性，为了简单起见，函数设计中使用的数据类型为长整型（long）。在标准系统中，长整型无法存储 12! 以上的阶乘值。

3.4.5　函数的声明

到目前为止，我们定义的所有函数都是在它们第一次被调用（通常是在 main 中）之前，而把 main 函数放在最后。如果重复前面几个例子，但把 main 函数放在其他被它调用的函数之前，就会遇到编译错误。原因是在调用一个函数之前，函数必须已经被定义了，就像我们前面的例子中所做的。

实际上还有一种方法来避免在 main 或其他函数之前写出所有被它们调用的函数的代码，那就是在使用前先声明函数的原型定义。声明函数就是对函数完整定义之前做一个短小重要的声明，以便让编译器知道函数的参数和返回值类型。

它的形式是：

```
type name ( argument_type1, argument_type2, ...);
```

它与一个函数的头定义（header definition）一样，除了：

● 它不包括函数的内容，也就是不包括函数后面花括号 "{}" 内的所有语句。

● 它以一个分号 ";" 结束。

在参数列举中只需要写出各个参数的数据类型就够了，至于每个参数的名字，可以写，也可以不写，但是建议写上。例如下例。

【例 3.23】函数的声明

（1）打开 UE，输入代码如下：

```cpp
#include <iostream>
using namespace std;

void odd(int a);
void even(int a);

int main() {
    int i;
    do {
        cout << "Type a number: (0 to exit)";
        cin >> i;
        odd(i);
    } while (i != 0);
    return 0;
}

void odd(int a) {
    if ((a % 2) != 0) cout << "Number is odd.\n";
    else even(a);
}

void even(int a) {
    if ((a % 2) == 0) cout << "Number is even.\n";
```

```
    else odd(a);
}
```

（2）保存代码为 test.cpp，上传到 Linux，在命令行下编译运行：

```
[root@localhost test]# g++ test.cpp -o test
[root@localhost test]# ./test
Type a number: (0 to exit)5
Number is odd.
Type a number: (0 to exit)0
Number is even.
```

这个例子的确不是很有效率，相信现在你已经可以只用一半行数的代码来完成同样的功能。但这个例子显示了函数原型（prototyping functions）是怎样工作的。并且在这个例子中，两个函数中至少有一个是必须定义原型的。

这里首先看到的是函数 odd 和 even 的原型：

```
void odd (int a);
void even (int a);
```

这样使得这两个函数可以在它们被完整定义之前就被使用，例如在 main 中被调用，这样 main 就可以被放在逻辑上更合理的位置：程序代码的开头部分。

尽管如此，这个程序至少需要一个函数原型定义的特殊原因是，在 odd 函数里需要调用 even 函数，而在 even 函数里也同样需要调用 odd 函数。如果两个函数任何一个都没被提前定义原型，就会出现编译错误，因为要么 odd 函数在 even 函数中是不可见的（因为它还没有被定义），要么 even 函数在 odd 函数中是不可见的。

很多程序员建议给所有的函数定义原型。这也是笔者的建议，特别是在有很多函数或函数很长的情况下。把所有函数的原型定义放在一个地方，可以使我们在决定怎样调用这些函数的时候轻松一些，同时也有助于生成头文件。

3.5　高级数据类型

3.5.1　数组

数组（Arrays）是在内存中连续存储的一组同种数据类型的元素（变量），每一个数组都有一个唯一的名称，通过在名称后面加索引（index）的方式可以引用它的每一个元素。

也就是说，例如有 5 个整型数值需要存储，但我们不需要定义 5 个不同的变量名称，而是用一个数组来存储这 5 个不同的数值。注意，数组中的元素必须是同一数据类型的，在这个例子中为整型。

例如，一个存储 5 个整数，叫作 billy 的数组可以用图 3-4 来表示。

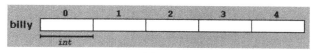

图 3-4

这里每一个空白框代表数组的一个元素，在这个例子中为一个整数值。空白框上面的数字 0~4 代表元素的索引。注意，无论数组的长度是多少，它的第一个元素的索引总是从 0 开始的。

同其他的变量一样， 数组必须先被声明然后才能被使用。一种典型的数组声明显示如下：

```
type name [elements];
```

这里 type 可以是任何一种有效的对象数据类型（object type），如 int、float 等，name 是一个有效的变量标识（identifier），而由中括号（[]）引起来的 elements 域指明数组的大小，即可以存储多少个元素。

因此，要定义图 3-4 中显示的 billy 数组，用以下语句就可以了：

```
int billy [5];
```

注意：在定义一个数组的时候，中括号（[]）中的 elements 域必须是一个常量数值，因为数组是内存中一块有固定大小的静态空间,编译器必须在编译所有相关指令之前能够确定要给该数组分配多少内存空间。

1. 初始化数组

当声明一个本地范围内（在一个函数内）的数组时，除非我们特别指定，否则数组将不会被初始化，因此它的内容在将数值存储进去之前是不定的。

如果我们声明一个全局数组（在所有函数之外），它的内容将被初始化为所有元素均为 0。因此，如果全局范围内声明：

```
int billy [5];
```

那么 billy 中的每一个元素将会被初始化为 0，如图 3-5 所示。

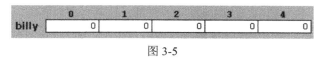

图 3-5

另外，我们还可以在声明一个变量的同时把初始值赋给数组中的每一个元素，这个赋值用花括号（{}）来完成，例如：

```
int billy [5] = { 16, 2, 77, 40, 12071 };
```

这个声明生成的数组如图 3-6 所示。

图 3-6

在花括号（{}）中，我们要初始化的元素数值个数必须和数组声明时方括号（[]）中指定的数组长度相符。例如，在上面的例子中，数组 billy 声明的长度为 5，因此在后面的花括号（{}）中的初始值也有 5 个，每个元素一个数值。

因为这是一种信息的重复，所以 C++允许在这种情况下数组[ ]中为空白，而数组的长度将由后面花括号（{}）中数值的个数来决定，例如：

```
int billy [] = { 16, 2, 77, 40, 12071 };
```

2. 存取数组中的数值

在程序中，我们可以读取和修改数组任一元素的数值，就像操作其他普通变量一样。格式如下：

```
name[index]
```

继续上面的例子，数组 billy 有 5 个元素，其中每一个元素都是整型的，我们引用其中每一个元素的名字，分别如图 3-7 所示。

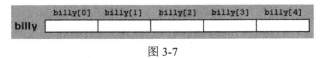

图 3-7

例如，要把数值 75 存入数组 billy 中，第 3 个元素的语句可以是：

```
billy[2] = 75;
```

又例如，要把数组 billy 中第 3 个元素的值赋给变量 a，可以这样写：

```
a = billy[2];
```

因此，在所有使用中，表达式 billy[2]就像任何其他整型变量一样。

注意，数组 billy 的第 3 个元素为 billy[2]，因为索引从 0 开始，第 1 个元素是 billy[0]，第 2 个元素是 billy[1]。同样的原因，最后一个元素是 billy[4]。如果我们写 billy[5]，那么是在使用 billy 的第 6 个元素，因此会超出数组的长度。

在 C++中，对数组使用超出范围的索引是合法的，这就会产生问题，因为它不会产生编译错误而不易被察觉，但是在运行时会产生意想不到的结果，甚至导致严重运行错误。超出范围的索引合法的原因我们在后面学习指针（pointer）的时候会了解。

学到这里，我们必须能够清楚地了解方括号（[ ]）在对数组操作中的两种不同用法。它完成两种任务：一种是在声明数组的时候定义数组的长度；另一种是在引用具体的数组元素的时候指明一个索引号（index）。要注意不要把这两种用法混淆。

```
int billy[5]; // 声明新数组(以数据类型名称开头)
billy[2] = 75; // 存储数组的一个元素
```

其他合法的数组操作：

```
billy[0] = a; // a为一个整型变量
billy[a] = 75;
b = billy [a+2];
```

```
billy[billy[a]] = billy[2] + 5;
```

【例 3.24】使用一维数组

（1）打开 UE，输入代码如下：

```cpp
#include <iostream>
using namespace std;


int billy[] = { 16, 2, 77, 40, 12071 };
int n, result = 0;

int main() {
    for (n = 0; n < 5; n++) {
        result += billy[n];
    }

    cout << result<<endl;
    return 0;
}
```

（2）保存代码为 test.cpp，上传到 Linux，在命令行下编译运行：

```
12206[root@localhost test]# g++ test.cpp -o test
[root@localhost test]# ./test
12206
```

3. 多维数组

多维数组（Multidimensional Arrays）本质上是以数组作为数组元素的数组，即"数组的数组"。例如，一个 2 维数组（Bidimensional Array）可以被想象成一个有同一数据类型的 2 维表格，如图 3-8 所示。

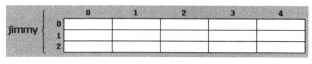

图 3-8

jimmy 显示了一个整型（int ）的 3×5 二维数组，声明这一数组的方式是：

```cpp
int jimmy [3][5];
```

而引用这一数组中第 2 排第 4 列元素的表达式为：jimmy[1][3]，如图 3-9 所示。

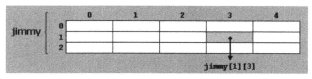

图 3-9

记住数组的索引总是从 0 开始的。

多维数组并不局限于 2 维。如果需要，它可以有任意维数，虽然需要三维以上的时候并不多。但是考虑一下一个有很多维的数组所需要的内存空间，例如：

```
char century [100][365][24][60][60];
```

给一个世纪中的每一秒赋一个字符（char），就是多于 30 亿的字符。如果我们定义这样一个数组，需要消耗 3000MB 的内存。

多维数组只是一个抽象的概念，因为我们只需要把各个索引的乘积放入一个简单的数组中就可以获得同样的结果，例如：

```
int jimmy [3][5]; //效果上等价于下面一句
int jimmy [15]; (3 * 5 = 15)
```

唯一的区别是编译器帮我们记住每一个想象中的维度的深度。

【例 3.25】一个简单的多维数组例子

（1）打开 UE，输入代码如下：

```cpp
#include <iostream>
using namespace std;

#define WIDTH 5
#define HEIGHT 3

int jimmy[HEIGHT][WIDTH];
int n, m;

int main() {
    for (n = 0; n < HEIGHT; n++) {
        for (m = 0; m < WIDTH; m++)
        {
            jimmy[n][m] = (n + 1)*(m + 1);
            cout << jimmy[n][m] << ",";
        }
        cout << endl;
    }

    return 0;
}
```

（2）保存代码为 test.cpp，上传到 Linux，在命令行下编译运行：

```
[root@localhost test]# g++ test.cpp -o test
[root@localhost test]# ./test
1,2,3,4,5,
2,4,6,8,10,
3,6,9,12,15,
```

从上面的例子中可以看到，两段代码中，一个使用 2 维数组，另一个使用简单数组，获得了同样的结果，即都在内存中开辟了一块叫作 jimmy 的空间，这个空间有 15 个连续地址位置，程序结束后都在相同的位置上存储了相同的数值，如图 3-10 所示。

jimmy	0	1	2	3	4
0	1	2	3	4	5
1	2	4	6	8	10
2	3	6	9	12	15

图 3-10

我们用了宏定义常量（#define）来简化未来可能出现的程序修改，例如，决定将数组的纵向由 3 扩大到 4，只需要将代码行：

```
#define HEIGHT 3
```

修改为：

```
#define HEIGHT 4
```

而不需要对程序的其他部分做任何修改。

4. 数组参数

有时候，我们需要将数组作为参数传给函数。在 C++中，将一整块内存中的数值作为参数完整地传递给一个函数是不可能的，即使是一个规整的数组也不可能，但是允许传递它的地址。它们的实际作用是一样的，但传递地址更快速有效。

要定义数组为参数，我们只需要在声明函数的时候指明参数数组的基本数据类型，一个标识后面再跟一对空中括号（[]）就可以了。例如以下的函数：

```
void procedure (int arg[])
```

接收一个叫作 arg 的整型数组为参数。为了给这个函数传递一个按如下定义的数组：

```
int myarray [40];
```

其调用方式可写为：

```
procedure (myarray);
```

下面我们来看一个完整的例子。

【例 3.26】把数组作为参数

（1）打开 UE，输入代码如下：

```
#include <iostream>
using namespace std;

void printarray(int arg[], int length) {
    for (int n = 0; n < length; n++) {
        cout << arg[n] << " ";
```

```
    }
    cout << "\n";
}

int main() {
    int firstarray[] = { 5, 10, 15 };
    int secondarray[] = { 2, 4, 6, 8, 10 };
    printarray(firstarray, 3);
    printarray(secondarray, 5);
    return 0;
}
```

（2）保存代码为 test.cpp，上传到 Linux，在命令行下编译运行：

```
[root@localhost test]# g++ test.cpp -o test
[root@localhost test]# ./test
5 10 15
2 4 6 8 10
```

可以看到，函数的第一个参数（int arg[ ]）接收任何整型数组为参数，不管其长度如何。因此，我们用了第 2 个参数来告知函数传给它的第一个参数数组的长度。这样函数中打印数组内容的 for 循环才能知道需要检查的数组范围。

在函数的声明中也包含多维数组参数。定义一个三维数组的形式是：

```
base_type[ ][depth][depth]
```

例如，一个包含多维数组参数的函数可以定义为：

```
void procedure (int myarray[ ][3][4])
```

注意，第一对中括号（[]）中为空，而后面两对不为空。这是必需的，因为编译器必须能够在函数中确定每一个增加的维度的深度。

数组作为函数的参数，不管是多维数组还是简单数组，都是初级程序员容易出错的地方。

5. 字符数组

字符数组也叫字符序列，字符数组每个元素存放的是字符。例如下面这个数组：

```
char jenny [20];
```

是一个可以存储最多 20 个字符类型数据的数组。你可以把它想象成如图 3-11 所示的样子。

图 3-11

理论上，这个数组可以存储长度为 20 的字符序列，但是它也可以存储更短的字符序列，而且实际中常常如此。例如，jenny 在程序的某一点可以只存储字符串"Hello" 或者"Merry Christmas"。因此，既然字符数组经常被用于存储短于其总长的字符串，就形成了一种习惯，在字符串的有效内容的结尾处加一个空字符（null character）来表示字符结束，它的常量表示可写为 0 或\0。

我们可以用图 3-12 表示 jenny（一个长度为 20 的字符数组）存储字符串 "Hello" 和 "Merry Christmas"，如图 3-12 所示。

图 3-12

6. 初始化以空字符结束的字符序列

因为字符数组其实就是普通数组，所以它与数组遵守同样的规则。例如，我们想将数组初始化为指定数值，可以像初始化其他数组一样：

```
char mystring[] = { 'H', 'e', 'l', 'l', 'o', '\0' };
```

在这里我们定义了一个有 6 个元素的字符数组，并将它初始化为字符串 Hello 加一个空字符（'\0'）。

除此之外，字符串还有另一个方法来进行初始化：用字符串常量。

在前几章的例子中，字符串常量已经出现过多次，它们是由双引号引起来的一组字符来表示的，例如：

```
"the result is: "
```

是一个字符串常量，我们在前面的例子中已经使用过。

与表示单个字符常量的单引号（'）不同，双引号（"）用于表示一串连续字符的常量。由双引号引起来的字符串的末尾总是会被自动加上一个空字符（'\0'）。

因此，我们可以用下面两种方法的任何一种来初始化字符串 mystring：

```
char mystring [ ] = { 'H', 'e', 'l', 'l', 'o', '\0' };
char mystring [ ] = "Hello";
```

在两种情况下，字符串或数组 mystring 都被定义为 6 个字符长（元素类型为 char）：组成 Hello 的 5 个字符加上最后的空字符（'\0'）。在第二种用双引号的情况下，空字符（'\0'）是被自动加上的。

注意：同时给数组赋多个值只有在数组初始化时，也就是在声明数组时，才是合法的。像下面的代码实现的表达式都是错误的：

```
mystring = "Hello";
mystring[ ] = "Hello";
mystring = { 'H', 'e', 'l', 'l', 'o', '\0' };
```

因此记住：只有在数组初始化时才能够同时赋多个值给它。其原因在学习了指针（pointer）之后会比较容易理解，因为那时你会认识到一个数组其实只是一个指向被分配的内存块的常量指针（constant pointer），数组自己不能够被赋予任何数值，但我们可以给数组中的每一个元素赋值。

7. 给字符序列的赋值

因为赋值运算的 lvalue 只能是数组的一个元素，而不能是整个数组，所以用以下方式将一个字符串赋给一个字符数组是合法的：

```
mystring[0] = 'H';
mystring[1] = 'e';
mystring[2] = 'l';
mystring[3] = 'l';
mystring[4] = 'o';
mystring[5] = '\0';
```

但正如你可能想到的，这并不是一个实用的方法。通常给数组赋值，或更具体些，给字符序列赋值的方法是使用一些函数，例如 strcpy。strcpy（string copy）在函数库 cstring（string.h）中被定义，可以用以下方式被调用：

```
strcpy (string1, string2);
```

这个函数将 string2 中的内容拷贝给 string1。string2 可以是一个数组、一个指针或一个字符串常量（constant string）。因此，用下面的代码可以将字符串常量 Hello 赋给 mystring：

```
strcpy (mystring, "Hello");
```

【例 3.27】strcpy 的简单使用

（1）打开 UE，输入代码如下：

```
#include <iostream>
using namespace std;
#include <string.h>
int main() {
    char szMyName[20];
    strcpy(szMyName, "J. Soulie");
    cout << szMyName << endl;
    return 0;
}
```

（2）保存代码为 test.cpp，上传到 Linux，在命令行下编译运行：

```
[root@localhost test]# g++ test.cpp -o test
[root@localhost test]# ./test
J. Soulie
```

我们需要包括头文件 string.h 才能够使用函数 strcpy。

通常可以写一个像下面的 setstring 一样的简单程序来完成与上例中 strcpy 同样的操作：

```
void setstring (char szOut [ ], char szIn [ ]) {
int n=0;
do {
szOut[n] = szIn[n];
```

```
} while (szIn[n++] != '\0');
}

int main () {
char szMyName [20];
setstring (szMyName,"J. Soulie");
cout << szMyName;
return 0;
}
```

另一个给数组赋值的常用方法是直接使用输入流（cin）。在这种情况下，字符序列的值是在程序运行时由用户输入的。

当 cin 被用来输入字符序列值时，它通常与函数 getline 一起使用，方法如下：

```
cin.getline ( char buffer[], int length, char delimiter = ' \n');
```

这里 buffer 用来存储输入的地址（例如一个数组名），length 是缓存 buffer 的最大容量，而 delimiter 是用来判断用户输入结束的字符，它的默认值（如果我们不写这个参数）是换行符（'\n'）。

下面的例子重复输出用户在键盘上的任何输入。这个例子简单地显示了如何使用 cin.getline 来输入字符串。

【例 3.28】通过 cin 输入字符数组

（1）打开 UE，输入代码如下：

```
#include <iostream>
using namespace std;

int main() {
    char mybuffer[100];
    cout << "What's your name? ";
    cin.getline(mybuffer, 100);
    cout << "Hello " << mybuffer << ".\n";
    cout << "Which is your favourite team? ";
    cin.getline(mybuffer, 100);
    cout << "I like " << mybuffer << " too.\n";
    return 0;
}
```

（2）保存代码为 test.cpp，上传到 Linux，在命令行下编译运行：

```
[root@localhost test]# g++ test.cpp -o test
[root@localhost test]# ./test
What's your name? zww
Hello zww.
Which is your favourite team? cow
I like cow too.
```

注意，上面的例子中两次调用 cin.getline 时，我们都使用了同一个字符串标识（mybuffer）。

程序在第二次调用时，新输入的内容将直接覆盖第一次输入 buffer 中的内容。

你可能还记得，在以前与控制台交互的程序中，我们使用 ">>" 符号直接从标准输入设备接收数据。这个方法也同样可以被用来输入字符串，例如，在上面的例子中，我们也可以用以下代码来读取用户输入：

```
cin >> mybuffer;
```

但这种方法有以下局限性是 cin.getline 所没有的：

（1）它只能接收单独的词（而不能是完整的句子），因为这种方法以任何空白符为分隔符，包括空格（spaces）、跳跃符（tabulators）、换行符（newlines）和回车符（arriage returns）。

（2）它不能给 buffer 指定容量，这使得程序不稳定，如果用户输入超出数组长度，输入信息就会丢失。

因此，建议在需要用 cin 来输入字符串时，使用 cin.getline 来代替 cin >>。

8. 字符串和其他数据类型的转换

鉴于字符串可能包含其他数据类型的内容，例如数字，将字符串内容转换成数字型变量的功能会有用处。例如一个字符串的内容可能是"1977"，但这 5 个字符组成的序列并不容易转换为一个单独的整数。因此，函数库 cstdlib（stdlib.h）提供了以下 3 个有用的函数。

● atoi: 将字符串（string）转换为整型（int）。
● atol: 将字符串（string）转换为长整型（long）。
● atof: 将字符串（string）转换为浮点型（float）。

这 3 个函数接收一个参数，返回一个指定类型的数据（int、long 或 float）。这 3 个函数与 cin.getline 一起使用来获得用户输入的数值，比传统的 cin>> 方法更可靠。

【例 3.29】字符串转换

（1）打开 UE，输入代码如下：

```
#include <iostream>
using namespace std;
#include <stdlib.h>

int main() {
    char mybuffer[100];
    float price;
    int quantity;
    cout << "Enter price: ";
    cin.getline(mybuffer, 100);
    price = atof(mybuffer);
    cout << "Enter quantity: ";
    cin.getline(mybuffer, 100);
    quantity = atoi(mybuffer);
    cout << "Total price: " << price*quantity;
```

```
        return 0;
    }
```

（2）保存代码为 test.cpp，上传到 Linux，在命令行下编译运行：

```
[root@localhost test]# g++ test.cpp -o test
[root@localhost test]# ./test
Enter price: 5
Enter quantity: 6
```

9. C 函数库中的字符串操作函数

函数库（string.h）定义了许多与 C 语言类似的处理字符串的函数（如前面已经解释过的函数 strcpy）。这里再简单列举一些常用的：

```
    strcat: char* strcat (char* dest, const char* src); //将字符串src 附加到字符串
dest 的末尾，返回dest
    strcmp: int strcmp (const char* string1, const char* string2); //比较两个字
符串string1 和string2。如果两个字符串相等，返回0
    strcpy: char* strcpy (char* dest, const char* src); //将字符串src 的内容拷贝给
dest，返回dest
    strlen: size_t strlen (const char* string); //返回字符串的长度
```

注意：char* 与 char[]相同。

3.5.2 指针

我们已经明白变量其实是可以由标识来存取的内存单元。但变量实际上是存储在内存中具体的位置上的。对程序来说，计算机内存只是一串连续的单字节单元（1byte cell），即最小数据单位，每一个单元有一个唯一地址。

计算机内存就好像城市中的街道。在一条街上，所有的房子被顺序编号，每所房子有唯一编号。因此，如果我们说芝麻街 27 号，就很容易找到它，因为只有一所房子会是这个编号，而且我们知道它会在 26 号和 28 号之间。

与房屋按街道地址编号一样，操作系统（operating system）也按照唯一顺序编号来组织内存。因此，当我们说内存中的位置 1776 时，我们知道内存中只有一个位置是这个地址，而且它在地址 1775 和 1777 之间。

1. 地址操作符/去引操作符

在声明一个变量的同时，它必须被存储到内存中一个具体的单元中。通常我们并不会指定变量被存储到哪个具体的单元中，这通常是由编译器和操作系统自动完成的，一旦操作系统指定了一个地址，有时候我们可能会想知道变量被存储在哪里。

这可以通过在变量标识前面加与符号（&）来实现，它表示"……的地址"（address of），因此称为地址操作符（address operator），又称去引操作符（dereference operator），例如：

```
ted = &andy;
```

将变量 andy 的地址赋给变量 ted，当在变量名称 andy 前面加&符号时，我们指的将不再是该

变量的内容，而是它在内存中的地址。

假设 andy 被放在了内存中地址为 1776 的单元中，有下列代码：

```
andy = 25;
fred = andy;
ted = &andy;
```

其结果显示在图 3-13 中。

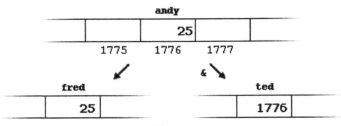

图 3-13

我们将变量 andy 的值赋给变量 fred，这与以前看到的很多例子都相同，但对于 ted，我们把操作系统存储 andy 的内存地址赋给它，想象该地址为 1776（可以是任何地址，这里只是一个假设的地址），原因是当给 ted 赋值的时候，我们在 andy 前面加了&符号。

存储其他变量地址的变量（如上面例子中的 ted）称为指针（pointer）。在 C++中，指针有其特定的优点，因此经常被使用。在后面我们将会看到这种变量如何被声明。

2. 引用操作符

使用指针的时候，我们可以通过在指针标识的前面加星号（*）来存储该指针指向的变量所存储的数值，它可以被翻译为"所指向的数值"（value pointed by）。因此，仍用前面例子中的数值，如果写：beth = *ted;（读作：beth 等于 ted 所指向的数值），beth 将会获得数值 25，因为 ted 是 1776，而 1776 所指向的数值为 25，如图 3-14 所示。

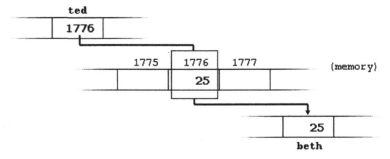

图 3-14

你必须清楚地区分 ted 存储的是 1776，但*ted（前面加*）指的是地址 1776 中存储的数值，即 25。注意，加或不加星号（*）的不同（下面代码中的注释显示了如何读这两个不同的表达式）：

```
beth = ted; // beth 等于 ted ( 1776 )
beth = *ted; // beth 等于 ted 所指向的数值 ( 25 )
```

3. 地址或反引用操作符

地址或反引用操作符被用作一个变量前缀，可以被翻译为"……的地址"，因此，&variable1 可以被读作 variable1 的地址（address of variable1）。

4. 引用操作符

引用操作符表示要取的是表达式所表示的地址指向的内容，可以被翻译为"……指向的数值"（value pointed by）。

* mypointer 可以被读作"mypointer 指向的数值"。

继续使用上面的例子，看下面的代码：

```
andy = 25;
ted = &andy;
```

现在你应该可以清楚地看到以下等式全部成立：

```
andy == 25
&andy == 1776
ted == 1776
*ted == 25
```

第一个表达式很容易理解，因为我们有赋值语句 andy=25;。第二个表达式使用了地址（或反引用）操作符（&）来返回变量 andy 的地址，即 1776。第三个表达式很明显成立，因为第二个表达式为真，而我们给 ted 赋值的语句为 ted = &andy;。第四个表达式使用了引用操作符（*），相当于 ted 指向的地址中存储的数值，即 25。

由此你也可以推断出，只要 ted 所指向的地址中存储的数值不变，以下表达式也为真：

```
*ted == andy
```

5. 声明指针型变量

由于指针可以直接引用它所指向的数值，因此有必要在声明指针的时候指明它所指向的数据类型。指向一个整型（int）或浮点型（float）数据的指针与指向一个字符型（char）数据的指针并不相同。

因此，声明指针的格式如下：

```
type * pointer_name;
```

这里，type 是指针所指向的数据的类型，而不是指针自己的类型，例如：

```
int * number;
char * character;
float * greatnumber;
```

它们是 3 个指针的声明，每一个指针指向不同的数据类型。这 3 个指针本身其实在内存中占用同样大小的内存空间（指针的大小取决于不同的操作系统），但它们所指向的数据是不同的类型，并占用不同大小的内存空间，一个是整型（int），一个是字符型（char），还有一个是浮点型（float）。

需要强调的一点是，在声明指针时，星号（*）仅表示这里声明的是一个指针，不要把它和前面用过的引用操作符混淆，虽然那也写成一个星号（*）。它们只是用同一符号表示的两个不同任务。

【例 3.30】第一个指针例子

（1）打开 UE，输入代码如下：

```
#include <iostream>
using namespace std;

int main() {
    int value1 = 5, value2 = 15;
    int * mypointer;
    mypointer = &value1;
    *mypointer = 10;
    mypointer = &value2;
    *mypointer = 20;
    cout << "value1==" << value1 << "/ value2==" << value2;
    return 0;
}
```

（2）保存代码为 test.cpp，上传到 Linux，在命令行下编译运行：

```
[root@localhost test]# g++ test.cpp -o test
[root@localhost test]# ./test
value1==10/ value2==20
```

注意变量 value1 和 value2 是怎样间接地被改变数值的。首先使用&将 value1 的地址赋给 mypointer。然后将 10 赋给 mypointer 所指向的数值，它其实指向 value1 的地址，因此，我们间接地修改了 value1 的数值。

为了让你了解在同一个程序中一个指针可以被用作不同的数值，我们在这个程序中用 value2 和同一个指针重复了上面的过程。下面是一个更复杂的例子。

【例 3.31】更复杂的指针例子

（1）打开 UE，输入代码如下：

```
#include <iostream>
using namespace std;

int main() {
    int value1 = 5, value2 = 15;
    int *p1, *p2;
    p1 = &value1; // p1 = address of value1
    p2 = &value2; // p2 = address of value2
    *p1 = 10; // value pointed by p1 = 10
    *p2 = *p1; // value pointed by p2 = value pointed by p1
```

```
    p1 = p2; // p1 = p2 (value of pointer copied)
    *p1 = 20; // value pointed by p1 = 20
    cout << "value1==" << value1 << "/ value2==" << value2<<endl;
    return 0;
}
```

（2）保存代码为 test.cpp，上传到 Linux，在命令行下编译运行：

```
[root@localhost test]# g++ test.cpp -o test
[root@localhost test]# ./test
value1==10/ value2==20
```

上面每一行都有注释说明代码的意思：&为 "address of"，* 为 "value pointed by"。注意，有些包含 p1 和 p2 的表达式不带星号。加不加星号的含义十分不同：星号（*）后面跟指针名称表示指针所指向的地方，而指针名称不加星号（*）表示指针本身的数值，即它所指向的地方的地址。

另一个需要注意的地方是这一行：

```
int *p1, *p2;
```

声明了上例用到的两个指针，每个带一个星号（*），因为是这一行定义的所有指针都是整型（int，而不是 int*）的。原因是引用操作符（*）的优先级顺序与类型声明的相同，因此，它们都是向右结合的操作，星号被优先计算。注意，在声明每一个指针的时候，前面加上星号（*）。

6. 指针和数组

数组的概念与指针的概念联系非常紧密。其实数组的标识相当于它的第一个元素的地址，就像一个指针相当于它所指向的第一个元素的地址，因此其实它们是同一个东西。例如，假设有以下声明：

```
int numbers [20];
int * p;
```

下面的赋值为合法的：

```
p = numbers;
```

这里指针 p 和 numbers 是等价的，它们有相同的属性，唯一的不同是我们可以给指针 p 赋其他的数值，而 numbers 总是指向被定义的 20 个整数组中的第一个。所以，p 只是一个普通的指针变量，而与之不同的是，numbers 是一个数组名，数组名的本质是一个指针常量。因此，虽然前面的赋值表达式是合法的，但下面的不是：

```
numbers = p;
```

因为 numbers 是一个数组（指针常量），所以常量标识不可以被赋其他数值。

由于变量的特性，以下例子中所有包含指针的表达式都是合法的。

【例 3.32】指向数组的指针

（1）打开 UE，输入代码如下：

```
#include <iostream>
using namespace std;
int main() {
    int numbers[5];
    int * p;
    p = numbers;
    *p = 10;
    p++;
    *p = 20;
    p = &numbers[2];
    *p = 30;
    p = numbers + 3;
    *p = 40;
    p = numbers;
    *(p + 4) = 50;
    for (int n = 0; n < 5; n++)
        cout << numbers[n] << ", ";
    cout << endl;
    return 0;
}
```

（2）保存代码为 test.cpp，上传到 Linux，在命令行下编译运行：

```
[root@localhost test]# g++ test.cpp -o test
[root@localhost test]# ./test
10, 20, 30, 40, 50,
```

在 3.5.1 节中，我们使用中括号（[]）来指明要引用的数组元素的索引（index）。中括号（[]）也叫位移（offset）操作符，它相当于在指针中的地址上加上括号中的数字。例如，下面两个表达式互相等价：

```
a[5] = 0; // a [offset of 5] = 0
*(a+5) = 0; // pointed by (a+5) = 0
```

无论 a 是一个指针还是一个数组名，这两个表达式都是合法的。

7. 指针初始化

当声明一个指针的时候，我们可能需要同时指定它们指向哪个变量。

```
int number;
int *tommy = &number;
```

这相当于：

```
int number;
int *tommy;
tommy = &number;
```

当给一个指针赋值的时候，我们总是赋给它一个地址值，而不是它所指向数据的值。你必须考虑到在声明一个指针的时候，星号（*）只是用来指明它是指针，而从不表示引用操作符（*）。

记住，它们是两种不同操作，虽然它们写成同样的符号。因此，我们要注意不要将以上代码与下面的代码混淆：

```
int number;
int *tommy;
*tommy = &number;
```

这些代码也没有什么实际意义。

在定义数组指针的时候，编译器允许我们在声明变量指针的同时对数组进行初始化，初始化的内容需要是常量，例如：

```
char * terry = "hello";
```

在这个例子中，内存中预留了存储"hello"的空间，并且 terry 是指向这个内存空间第一个字符（对应"h"）的指针。假设"hello"存储在地址 1702 中，图 3-15 显示了上面的定义在内存中的状态。

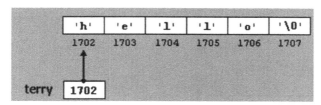

图 3-15

这里需要强调，terry 存储的是数值 1702，而不是"h"或"hello"，虽然 1702 指向这些字符。

指针 terry 指向一个字符串，可以被当作数组一样使用（数组只是一个常量指针）。例如，我们想把 terry 指向的内容中的字符"o"变为符号"!"，可以用以下两种方式的任何一种来实现：

```
terry[4] = '!';
*(terry+4) = '!';
```

记住写 terry[4] 与*(terry+4)是一样的，虽然第一种表达方式更常用一些。以上两种表达式都会实现如图 3-16 所示的改变。

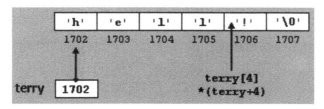

图 3-16

8. 指针的数学运算

对指针进行数学运算与其他整型数据类型进行数学运算稍有不同。首先，对指针只有加法和减法运算，其他运算在指针世界里没有意义。但是指针的加法和减法的具体运算根据它所指向的数据类型大小的不同而有所不同。

我们知道不同的数据类型在内存中占用的存储空间是不一样的。例如，对于整型数据，字符（char）占用 1 字节（1 byte），短整型（short）占用 2 字节，长整型（long）占用 4 字节。

假设有 3 个指针：

```
char *mychar;
short *myshort;
long *mylong;
```

而且我们知道它们分别指向内存地址 1000、2000 和 3000。因此，如果有以下代码：

```
mychar++;
myshort++;
mylong++;
```

就像你可能想到的，mychar 的值将会变为 1001。而 myshort 的值将会变为 2002，mylong 的值将会变为 3004。原因是当我们给指针加 1 时，实际上是让该指针指向下一个与它被定义的数据类型相同的元素。因此，它所指向的数据类型的长度字节数将会被加到指针的数值上。以上过程可以由图 3-17 表示。

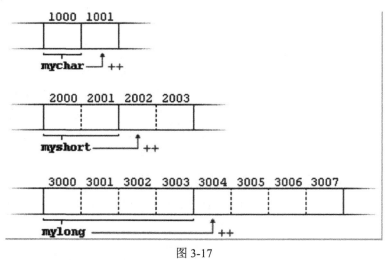

图 3-17

这一点对指针的加法和减法运算都适用。以下代码与上面例子的作用一样：

```
mychar = mychar + 1;
myshort = myshort + 1;
mylong = mylong + 1;
```

这里需要提醒的是，递增（++）和递减（--）操作符比引用操作符（*）有更高的优先级，因此，以下表达式有可能引起歧义：

```
*p++;
*p++ = *q++;
```

第一个表达式等同于*(p++)，它的作用是指针 p 本身的地址值递增一次（p 中存储的是地址，递增一次后，变为新的地址）。

在第二个表达式中，因为两个递增操作（++）都是在整个表达式被计算之后进行而不是在之前，所以*q 的值首先被赋予*p，然后 q 和 p 都增加 1。它相当于：

```
*p = *q;
p++;
q++;
```

建议使用括号"()"以避免意想不到的结果。

9. 指针的指针

C++ 允许使用指向指针的指针。要做到这一点，我们只需要在每一层引用之前加星号（*）即可：

```
char a;
char * b;
char ** c;
a = 'z';
b = &a;
c = &b;
```

假设随机选择内存地址为 7230、8092 和 10502，以上例子可以用图 3-18 表示。

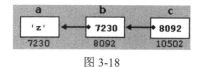

图 3-18

图 3-18 中方框内为变量的内容，方框下面为内存地址。

这个例子中新的元素是变量 c，关于它可以从 3 个方面来讨论，每一个方面对应不同的数值：

- c 是一个(char **)类型的变量，它的值是 8092。
- *c 是一个(char *)类型的变量，它的值是 7230。
- **c 是一个(char)类型的变量，它的值是'z'.

10. 空指针

指针 void 是一种特殊类型的指针。void 指针可以指向任意类型的数据，可以是整数、浮点数，甚至是字符串。唯一一个限制是被指向的数值不可以被直接引用（不可以直接对空指针使用星号"*"），因为它的长度是不定的，因此必须使用类型转换操作或赋值操作来把 void 指针指向一个具体的数据类型。

空指针的应用之一是被用来给函数传递通用参数。

【例 3.33】空指针实例

（1）打开 UE，输入代码如下：

```cpp
#include <iostream>
using namespace std;
void increase(void* data, int type) {
    switch (type) {
    case sizeof(char) : (*((char*)data))++; break;
    case sizeof(short): (*((short*)data))++; break;
    case sizeof(long) : (*((long*)data))++; break;
    }
}

int main() {
    char a = 5;
    short b = 9;
    long c = 12;
    increase(&a, sizeof(a));
    increase(&b, sizeof(b));
    increase(&c, sizeof(c));
    cout << (int) a << ", " << b << ", " << c<<endl;
    return 0;
}
```

（2）保存代码为 test.cpp，上传到 Linux，在命令行下编译运行：

```
[root@localhost test]# g++ test.cpp -o test
[root@localhost test]# ./test
6, 10, 13
```

sizeof 是 C++的一个操作符，用来返回其参数的长度字节数常量。例如，sizeof(char) 返回 1，因为 char 类型是 1 字节长的数据类型。另外，我们可以看到 data 转换为(char*)后，才能使用星号来引用。

11. 函数指针

C++ 允许对指向函数的指针进行操作。它最大的作用是把一个函数作为参数传递给另一个函数。声明一个函数指针像声明一个函数原型一样，除了函数的名字需要被括在括号内并在前面加星号（*）。

【例 3.34】函数指针的例子

（1）打开 UE，输入代码如下：

```cpp
#include <iostream>
using namespace std;
int addition(int a, int b) {
    return (a + b);
}

int subtraction(int a, int b) {
    return (a - b);
}
```

```
int(*myf)(int, int) = subtraction;

int operation(int x, int y, int(*functocall)(int, int)) {
    int g;
    g = (*functocall)(x, y);
    return (g);
}

int main() {
    int m, n;
    m = operation(7, 5, addition);
    n = operation(20, m, myf);
    cout << n << endl;
    return 0;
}
```

（2）保存代码为 test.cpp，上传到 Linux，在命令行下编译运行：

```
[root@localhost test]# g++ test.cpp -o test
[root@localhost test]# ./test
8
```

在这个例子里，minus 是一个全局指针，指向一个有两个整型参数的函数，它被赋值指向函数 subtraction，这些由一行代码实现：

```
int (* minus)(int,int) = subtraction;
```

这里似乎解释得不太清楚，你可能会问为什么(int int)只有类型，没有参数，下面就再多说两句。

这里 int (*minus)(int int)实际是在定义一个指针变量，这个指针的名字叫作 minus，这个指针的类型指向一个函数，函数的类型有两个整型参数并返回一个整型值。

整句话 "int (*minus)(int,int) = subtraction;" 定义了这样一个指针并把函数 subtraction 的值赋给它，也就是说有了这个定义后，minus 就代表函数 subtraction。因此，括号中的两个 int 实际上只是一种变量类型的声明，也就是说是一种形式参数，而不是实际参数。

3.5.3　动态分配内存

到目前为止，我们的程序中只用了声明变量、数组和其他对象（objects）所必需的内存空间，这些内存空间的大小都在程序执行之前就已经确定了。但如果我们需要内存大小为一个变量，其数值只有在程序运行时（runtime）才能确定，例如有些情况下需要根据用户输入来决定必需的内存空间，那么该怎么办呢？

答案是动态分配内存（dynamic memory），为此 C++ 集成了操作符 new 和 delete。

1. 操作符 new 和 new[ ]

操作符 new 的作用是动态分配内存。new 后面跟一个数据类型，并跟一对可选的方括号（[ ]），里面为要求的元素数。它返回一个指向内存块开始位置的指针。其形式为：

```
pointer = new type
```

或者

```
pointer = new type [elements]
```

第一个表达式用来给一个单元素的数据类型分配内存。第二个表达式用来给一个数组分配内存。例如：

```
int * bobby;
bobby = new int [5];
```

在这个例子里，操作系统分配了可存储 5 个整型（int）元素的内存空间，返回指向这块空间开始位置的指针并将它赋给 bobby。因此，现在 bobby 指向一块可存储 5 个整型元素的合法的内存空间，如图 3-19 所示。

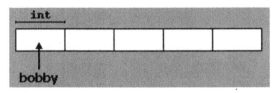

图 3-19

你可能会问刚才所做的给指针分配内存空间与定义一个普通的数组有什么不同。最重要的不同是，数组的长度必须是一个常量，这样它的大小在程序执行之前的设计阶段就被决定了。而采用动态内存分配，数组的长度可以常量或变量，其值可以在程序执行过程中再确定。

动态内存分配通常由操作系统控制，在多任务的环境中，它可以被多个应用（applications）共享，因此内存有可能被用完。如果这种情况发生，操作系统将不能在遇到操作符 new 时分配所需的内存，一个无效指针（null pointer）将被返回。因此，建议在使用 new 之后总是检查返回的指针是否为空（null），如下例所示：

```
int * bobby;
bobby = new int [5];
if (bobby == NULL) {
// error assigning memory. Take measures.
};
```

2. 删除操作符 delete

既然动态分配的内存只是在程序运行的某一具体阶段才有用，那么一旦它不再被需要时就应该被释放，以便给后面的内存申请使用。操作符 delete 因此而产生，它的形式是：

```
delete pointer;
```

或

```
delete [ ] pointer;
```

第一种表达形式用来删除给单个元素分配的内存，第二种表达形式用来删除多元素（数组）的内存分配。在多数编译器中两种表达式等价，使用没有区别，虽然它们实际上是两种不同的操作，需要考虑操作符重载（overloading）。

【例 3.35】delete[]的例子

（1）打开 UE，输入代码如下：

```cpp
#include <iostream>
using namespace std;
#include <stdlib.h>

int main() {
    char input[100];
    int i, n;
    long * l;
    cout << "How many numbers do you want to type in? ";
    cin.getline(input, 100); i = atoi(input);
    l = new long[i];
    if (l == NULL) exit(1);
    for (n = 0; n < i; n++) {
        cout << "Enter number: ";
        cin.getline(input, 100);
        l[n] = atol(input);
    }
    cout << "You have entered: ";
    for (n = 0; n < i; n++)
        cout << l[n] << ", ";
    delete[] l;
    return 0;
}
```

（2）保存代码为 test.cpp，上传到 Linux，在命令行下编译运行：

```
How many numbers do you want to type in? 2
Enter number: 1
Enter number: 3
You have entered: 1, 3,
```

这个简单的例子可以记下用户想输入的任意多个数字，它的实现归功于我们动态地向系统申请用户要输入的数字所需的空间。

NULL 是 C++库中定义的一个常量，专门设计用来指代空指针的。如果这个常量没有被预先定义，你可以自己定以它为 0：

```
#define NULL 0
```

在检查指针的时候，0 和 NULL 并没有区别。但用 NULL 来表示空指针更为常用，并且更易懂。原因是指针很少被用来比较大小或被直接赋予一个除 0 以外的数字常量，使用 NULL，这一赋值行为就被符号化了。

3. ANSI-C 中的动态内存管理

操作符 new 和 delete 仅在 C++中有效，而在 C 语言中没有效。在 C 语言中，为了动态分配内存，我们必须求助于函数库 stdlib.h。因为该函数库在 C++中仍然有效，并且在一些现存的程序中仍然使用，所以下面将学习一些关于这个函数库中的函数的用法。

（1）函数 malloc

这是给指针动态分配内存的通用函数。它的原型是：

```
void * malloc (size_t nbytes);
```

其中，nbytes 是我们想要给指针分配的内存字节数。这个函数返回一个 void*类型的指针，因此需要用类型转换(type cast)来把它转换成目标指针所需的数据类型，例如：

```
char * ronny;
ronny = (char *) malloc (10);
```

这个例子将一个指向 10 个字节可用空间的指针赋给 ronny。当我们想给一组除 char 以外的类型（不是 1 字节长度的）的数值分配内存的时候，我们需要用元素数乘以每个元素的长度来确定所需内存的大小。幸运的是，我们有操作符 sizeof，它可以返回一个具体数据类型的长度。

```
int * bobby;
bobby = (int *) malloc (5 * sizeof(int));
```

这一小段代码将一个指向可存储 5 个 int 型整数的内存块的指针赋给 bobby，它的实际长度可能是 2、4 或更多字节数，取决于程序是在什么操作系统下被编译的。

（2）函数 calloc

calloc 与 malloc 在操作上非常相似，它们主要的区别是在原型上：

```
void * calloc (size_t nelements, size_t size);
```

因为它接收 2 个参数而不是 1 个。这两个参数相乘被用来计算所需内存块的总长度。通常第一个参数 nelements 是元素的个数，第二个参数 size 被用来表示每个元素的长度。例如，我们可以像下面这样用 calloc 定义 bobby：

```
int * bobby;
bobby = (int *) calloc (5, sizeof(int));
```

malloc 和 calloc 的另一点不同在于 calloc 会将所有的元素初始化为 0。

（3）函数 realloc

这个函数用来改变已经被分配给一个指针的内存的长度。

```
void * realloc (void * pointer, size_t size);
```

参数 pointer 用来传递一个已经被分配内存的指针或一个空指针，而参数 size 用来指明新的内存长度。这个函数给指针分配 size 字节的内存。这个函数可能需要改变内存块的地址，以便能够分配足够的内存来满足新的长度要求。在这种情况下，指针当前所指的内存中的数据内容将会被复制到新的地址中，以保证现存数据不会丢失。函数返回新的指针地址。如果新的内存尺寸不能够被满足，函数将会返回一个空指针，但原来参数中的指针 pointer 及其内容保持不变。

（4）函数 free

这个函数用来释放被前面 malloc、calloc 或 realloc 所分配的内存块。

```
void free (void * pointer);
```

注意：这个函数只能被用来释放由函数 malloc、calloc 和 realloc 所分配的空间。

3.5.4　结构体

一个结构体是组合到同一定义下的一组不同类型的数据，各个数据类型的长度可能不同。它的形式是：

```
struct model_name {
type1 element1;
type2 element2;
type3 element3;
...
...
} object_name;
```

这里 model_name 是这个结构类型的一个模块名称。object_name 为可选参数，是一个或多个具体结构对象的标识。在花括号（{}）内是组成这一结构的各个元素的类型和子标识。

如果结构的定义包括参数 model_name（可选），该参数即成为一个与该结构等价的有效的类型名称，例如：

```
struct products {
char name [30];
float price;
};
products apple;
products orange, melon;
```

我们首先定义了结构模块 products，它包含两个域：name 和 price，每一个域是不同的数据类型。然后用这个结构类型的名称（products）来声明 3 个该类型的对象：apple、orange 和 melon。

一旦被定义，products 就成为一个新的有效数据类型名称，可以像其他基本数据类型（如 int、char 或 short）一样，被用来声明该数据类型的对象（object）变量。

在结构定义的结尾可以加可选项 object_name，作用是直接声明该结构类型的对象。例如，我们也可以这样声明结构对象 apple、orange 和 melon：

```
struct products {
char name [30];
float price;
}apple, orange, melon;
```

并且，像上面的例子中，如果在定义结构的同时声明结构的对象，参数 model_name（这个例子中的 products）将变为可选项。但是如果没有 model_name，我们将不能在后面的程序中用它来声明更多此类结构的对象。

清楚地区分结构模型和它的对象的概念是很重要的。参考我们对变量所使用的术语，模型是一个类型，而对象是变量。我们可以从同一个模型实例化出很多对象。

在我们声明了确定结构模型的 3 个对象（apple、orange 和 melon）之后，就可以对它们的各个域（field）进行操作了，通过在对象名和域名之间插入符号点（.）来实现。例如，我们可以像使用一般的标准变量一样对下面的元素进行操作：

```
apple.name
apple.price
orange.name
orange.price
melon.name
melon.price
```

它们每一个都有对应的数据类型：apple.name、orange.name 和 melon.name 是字符数组类型（char[30]），而 apple.price、orange.price 和 melon.price 是浮点型（float）。

下面我们看一个例子。

【例 3.36】一个结构体的例子

（1）打开 UE，输入代码如下：

```
#include <iostream>
using namespace std;
#include <stdlib.h>
#include <string.h>


struct movies_t {
    char title[50];
    int year;
}mine, yours;

void printmovie(movies_t movie);

int main() {
    char buffer[50];
    strcpy(mine.title, "2001 A Space Odyssey");
    mine.year = 1968;
    cout << "Enter title: ";
    cin.getline(yours.title, 50);
    cout << "Enter year: ";
    cin.getline(buffer, 50);
    yours.year = atoi(buffer);
    cout << "My favourite movie is:\n ";
```

```
    printmovie(mine);
    cout << "And yours:\n";
    printmovie(yours);
    return 0;
}

void printmovie(movies_t movie) {
    cout << movie.title;
    cout << " (" << movie.year << ")\n";
}
```

（2）保存代码为 test.cpp，上传到 Linux，在命令行下编译运行：

```
[root@localhost test]# g++ test.cpp -o test
[root@localhost test]# ./test
Enter title: boss
Enter year: 1999
My favourite movie is:
 2001 A Space Odyssey (1968)
And yours:
boss (1999)
```

从这个例子中可以看到如何像使用普通变量一样使用一个结构的元素及其本身。例如，yours.year 是一个整型数据（int），而 mine.title 是一个长度为 50 的字符数组。

注意，这里 mine 和 yours 也是变量，它们是 movies_t 类型的变量，被传递给函数 printmovie()。因此，结构的重要优点之一就是既可以单独引用它的元素，也可以引用整个结构数据块。

结构经常被用来建立数据库，特别是当我们考虑结构数组的时候。

【例 3.37】数组结构体的例子

（1）打开 UE，输入代码如下：

```
#include <iostream>
using namespace std;
#include <stdlib.h>
#include <string.h>


#define N_MOVIES 5

struct movies_t {
    char title[50];
    int year;
} films[N_MOVIES];

void printmovie(movies_t movie);

int main() {
    char buffer[50];
```

```
    int n;
    for (n = 0; n < N_MOVIES; n++) {
        cout << "Enter title: ";
        cin.getline(films[n].title, 50);
        cout << "Enter year: ";
        cin.getline(buffer, 50);
        films[n].year = atoi(buffer);
    }

    cout << "\nYou have entered these movies:\n";
    for (n = 0; n < N_MOVIES; n++)
        printmovie(films[n]);
    return 0;
}

void printmovie(movies_t movie) {
    cout << movie.title;
    cout << " (" << movie.year << ")\n";
}
```

（2）保存代码为 test.cpp，上传到 Linux，在命令行下编译运行：

```
[root@localhost test]# g++ test.cpp -o test
[root@localhost test]# ./test
Enter title: boss
Enter year: 1101
Enter title: pupil
Enter year: 1100
Enter title: student
Enter year: 990
Enter title: b2
Enter year: 999
Enter title: b3
Enter year: 998

You have entered these movies:
boss (1101)
pupil (1100)
student (990)
b2 (999)
b3 (998)
```

2. 结构指针

就像其他数据类型一样，结构也可以有指针。其规则同其他基本数据类型一样：指针必须被声明为一个指向结构的指针：

```
struct movies_t {
char title [50];
int year;
```

```
};
movies_t amovie;
movies_t * pmovie;
```

这里 amovie 是一个结构类型 movies_t 的对象,而 pmovie 是一个指向结构类型 movies_t 的对象的指针。所以,同基本数据类型一样,以下表达式是正确的:

```
pmovie = &amovie;
```

下面我们看另一个例子,将引入一种新的操作符。

【例 3.38】结构指针的例子

(1)打开 UE,输入代码如下:

```
#include <iostream>
using namespace std;
#include <stdlib.h>
struct movies_t {
    char title[50];
    int year;
};

int main() {
    char buffer[50];

    movies_t amovie;
    movies_t * pmovie;
    pmovie = & amovie;

    cout << "Enter title: ";
    cin.getline(pmovie->title, 50);
    cout << "Enter year: ";

    cin.getline(buffer, 50);
    pmovie->year = atoi(buffer);

    cout << "\nYou have entered:\n";
    cout << pmovie->title;
    cout << " (" << pmovie->year << ")\n";

    return 0;
}
```

(2)保存代码为 test.cpp,上传到 Linux,在命令行下编译运行:

```
[root@localhost test]# g++ test.cpp -o test
[root@localhost test]# ./test
Enter title: boss
Enter year: 1998
```

```
You have entered:
boss (1998)
```

上面的代码中引入了一个重要的操作符：->。这是一个引用操作符，常与结构或类的指针一起使用，以便引用其中的成员元素，这样就可以避免使用很多括号。例如，我们用：

```
pmovie->title
```

来代替：

```
(*pmovie).title
```

以上两种表达式 pmovie->title 和(*pmovie).title 都是合法的，都表示取指针 pmovie 所指向的结构的元素 title 的值。我们要清楚地将它和以下表达式区分开：

```
*pmovie.title
```

它相当于：

```
*(pmovie.title)
```

表示取结构 pmovie 的元素 title 作为指针所指向的值，这个表达式在本例中没有意义，因为 title 本身不是指针类型。

表 3-6 中总结了指针和结构组成的各种可能的组合。

表 3-6　指针和结构组成的可能的组合

表达式	描述	等价于
pmovie.title	结构 pmovie 的元素 title	
pmovie->title	指针 pmovie 所指向的结构的元素 title 的值	(*pmovie).title
*pmovie.title	结构 pmovie 的元素 title 作为指针所指向的值	*(pmovie.title)

3. 结构嵌套

结构可以嵌套使用，即一个结构的元素本身又可以是另一个结构类型，例如：

```
struct movies t {
char title [50];
int year;
}

struct friends t {
char name [50];
char email [50];
movies t favourite movie;
} charlie, maria;
friends t * pfriends = &charlie;
```

因此，在有以上声明之后，我们可以使用下面的表达式：

```
charlie.name
maria.favourite_movie.title
charlie.favourite_movie.year
pfriends->favourite_movie.year
```

以上最后两个表达式等价。

本节中所讨论的结构的概念与 C 语言中结构的概念是一样的。然而，在 C++中，结构的概念已经被扩展到与类（class）相同的程度，只是它所有的元素都是公开的（public）。

3.5.5　自定义数据类型

前面我们已经看到过一种用户（程序员）定义的数据类型：结构。除此之外，还有一些其他类型的用户自定义数据类型。

1. 定义自己的数据类型（typedef）

C++ 允许我们在现有数据类型的基础上定义自己的数据类型。我们将用关键字 typedef 来实现这种定义，它的形式是：

```
typedef existing_type new_type_name;
```

这里 existing_type 是 C++ 基本数据类型或其他已经被定义了的数据类型，new_type_name 是我们将要定义的新数据类型的名称，例如：

```
typedef char C;
typedef unsigned int WORD;
typedef char * string_t;
typedef char field [50];
```

在上面的例子中，我们定义了 4 种新的数据类型：C、WORD、string_t 和 field，分别代替 char、unsigned int、char* 和 char[50] 。这样，我们就可以安全地使用以下代码：

```
C achar, anotherchar, *ptchar1;
WORD myword;
string_t ptchar2;
field name;
```

如果在一个程序中反复使用一种数据类型，而在以后的版本中有可能改变该数据类型，typedef 就很有用了。或者如果一种数据类型的名称太长，想用一个比较短的名字来代替，也可以使用 typedef。

2. 联合

联合（Union）使得同一段内存可以按照不同的数据类型来访问，数据实际是存储在同一个位置的。它的声明和使用看起来与结构（structure）十分相似，但实际功能是完全不同的：

```
union model_name {
    type1 element1;
    type2 element2;
    type3 element3;
    ...
```

```
    ...
} object_name;
```

union 中的所有被声明的元素占据同一段内存空间,其大小取声明中最长的元素的大小,例如:

```
union mytypes t {
    char c;
    int i;
    float f;
} mytypes;
```

定义了 3 个元素:

```
mytypes.c
mytypes.i
mytypes.f
```

每一个是一种不同的数据类型。既然它们都指向同一段内存空间,改变其中一个元素的值将会影响所有其他元素的值。

union 的用途之一是将一种较长的基本类型与由其他比较小的数据类型组成的结构(structure)或数组(array)联合使用,例如:

```
union mix t{
    long l;
    struct {
        short hi;
        short lo;
    } s;
    char c[4];
} mix;
```

以上例子中定义了 3 个名称:mix.l、mix.s 和 mix.c,我们可以通过这 3 个名字来访问同一段 4 字节长的内存空间。至于使用哪一个名字来访问,取决于我们想使用什么数据类型,是 long、short,还是 char。图 3-20 显示了在这个联合(union)中各个元素在内存中的可能结构,以及我们如何通过不同的数据类型进行访问。

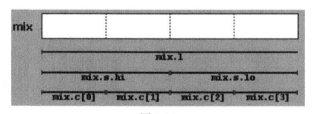

图 3-20

3. 匿名联合

在 C++中,我们可以选择使联合(union)匿名。如果我们将一个 union 包括在一个结构(structure)的定义中,并且不赋予它 object 名称 (就是跟在花括号({})后面的名字),这个 union 就是匿名的。这种情况下,我们可以直接使用 union 中元素的名字来访问该元素,而不需要再在前面加 union 对象的名称。在表 3-7 的例子中,我们可以看到这两种表达方式在使用上的区别。

表 3-7　两种表达方式

union	anonymous union

struct {
　　char title[50];
　　char author[50];
　　union {
　　　　float dollars;
　　　　int yens;
　　} price;
} book;
	struct {
	　　char title[50];
	　　char author[50];
	　　union {
	　　　　float dollars;
	　　　　int yens;
	　　};
	} book;

以上两种定义唯一的区别在于左边的定义中我们给了 union 一个名字 price，而在右边的定义中没给。在使用时的区别是，当我们想访问一个对象（object）的元素 dollars 和 yens 时，在前一种定义的情况下，需要使用：

```
book.price.dollars
book.price.yens
```

而在后一种定义下，我们直接使用：

```
book.dollars
book.yens
```

再一次提醒，因为这是一个联合（union），域 dollars 和 yens 占据的是同一块内存空间，所以它们不能被用来存储两个不同的值。也就是你可以使用一个 dollars 或 yens 的价格，但不能同时使用两者。

4. 枚举

枚举（enumerations）可以用来生成一些任意类型的数据，不只限于数字类型或字符类型，甚至常量 true 和 false。它的定义形式如下：

```
enum model_name {
    value1,
    value2,
    value3,
    ...
    ...
} object_name;
```

例如，我们可以定义一种新的变量类型 color_t 来存储不同的颜色：

```
enum colors_t {black, blue, green, cyan, red, purple, yellow, white};
```

注意，在这个定义里，我们没有使用任何基本数据类型。换句话说，我们创造了一种新的数据类型，而它并没有基于任何已存在的数据类型：类型 color_t，花括号（{}）中包括它所有的可能取值。例如，在定义了 colors_t 类型后，我们可以使用以下表达式：

```
colors_t mycolor;
mycolor = blue;
if (mycolor == green) mycolor = red;
```

实际上，我们的枚举数据类型在编译时是被编译为整型数值的，而它的数值列表可以是任何指定的整型常量。如果没有指定常量，枚举中第一个列出的可能值为 0，后面的每一个值为前面一个值加 1。因此，在前面定义的数据类型 colors_t 中，black 相当于 0，blue 相当于 1，green 相当于 2，后面以此类推。

如果在定义枚举数据类型的时候明确指定某些可能值（例如第一个）的等价整数值，后面的数值将会在此基础上增加，例如：

```
enum months_t { january=1, february, march, april,
                may, june, july, august,
                september, october, november, december} y2k;
```

在这个例子中，枚举类型 months_t 的变量 y2k 可以是 12 种可能取值中的任何一个，从 january 到 december，它们相当于数值 1~12，而不是 0~11，因为我们已经指定 january 等于 1。

3.6　面向对象编程

3.6.1　类

类（class）是一种将数据和函数组织在同一个结构里的逻辑方法。定义类的关键字为 class，其功能与 C 语言中的 struct 类似，不同之处是 class 可以包含函数，而不像 struct 只能包含数据元素。

类定义的形式是：

```
class class_name {
    permission_label_1:
        member1;
    permission_label_2:
        member2;
    ...
} object_name;
```

其中，class_name 是类的名称（用户自定义的类型），而可选项 object_name 是一个或几个对象（object）标识。class 的声明体中包含成员（members），成员可以是数据或函数定义，同时也可以包括允许范围标志（permission labels），范围标志可以是这 3 个关键字中的任意一个：private、public 或 protected。它们分别代表以下含义。

private：class 的 private 成员，只有同一个 class 的其他成员或该 class 的"friend" class 可以访问这些成员。

protected：class 的 protected 成员，只有同一个 class 的其他成员，或该 class 的"friend" class，

或该 class 的子类（derived classes）可以访问这些成员。

　　public：class 的 public 成员，任何可以看到这个 class 的地方都可以访问这些成员。

　　如果我们在定义一个 class 成员的时候没有声明其允许范围，这些成员将被默认为 private 范围。
例如：

```
class CRectangle {
        int x, y;
      public:
        void set_values (int,int);
        int area (void);
} rect;
```

　　上面的例子定义了一个 class CRectangle 和该 class 类型的对象变量 rect。这个 class 有 4 个成员：两个整型变量（x 和 y），在 private 部分（因为 private 是默认的允许范围）；两个函数：set_values() 和 area()，在 public 部分，这里只包含函数的原型（prototype）。

　　注意 class 名称与对象（object）名称的不同：在上面的例子中，CRectangle 是 class 名称（即用户定义的类型名称），而 rect 是一个 CRectangle 类型的对象名称。它们的区别就像下面的例子中类型名 int 和变量名 a 的区别一样：

```
int a;
```

　　int 是 class 名称（类型名），而 a 是对象名（变量）。

　　在程序中，我们可以通过使用对象名后面加一点再加成员名称（同使用 C structs 一样）来引用对象 rect 的任何 public 成员，就像它们只是一般的函数或变量，例如：

```
rect.set_value (3,4);
myarea = rect.area();
```

　　但我们不能够引用 x 或 y，因为它们是该 class 的 private 成员，它们只能够在该 class 的其他成员中被引用。下面是关于 class CRectangle 的一个复杂的例子。

【例 3.39】第一个类的例子

　　（1）打开 UE，输入代码如下：

```
#include <iostream>
using namespace std;
class CRectangle {
    int x, y;
public:
    void set_values(int, int);
    int area(void) {return (x*y);}
};

void CRectangle::set_values(int a, int b) {
    x = a;
    y = b;
}
```

```
int main() {
    CRectangle rect;
    rect.set_values(3, 4);
    cout << "area: " << rect.area()<<endl;
}
```

（2）保存代码为 test.cpp，上传到 Linux，在命令行下编译运行：

```
[root@localhost test]# g++ test.cpp -o test
[root@localhost test]# ./test
area: 12
```

上面代码中新的东西是在定义函数 set_values()时使用的范围操作符(::)。它是用来在一个 class 之外定义该 class 的成员。注意，我们在 CRectangle class 内部已经定义了函数 area() 的具体操作，因为这个函数非常简单。而对于函数 set_values()，在 class 内部只是定义了它的原型 prototype，而其实现是在 class 之外定义的。这种在 class 之外定义其成员的情况必须使用范围操作符::。

范围操作符（::）声明了被定义的成员所属的 class 名称，并赋予被定义成员适当的范围属性，这些范围属性与在 class 内部定义的成员的属性是一样的。例如，在上面的例子中，我们在函数 set_values() 中引用了 private 变量 x 和 y，这些变量只有在 class 内部和它的成员中才是可见的。

在 class 内部直接定义完整的函数，和只定义函数的原型而把具体实现放在 class 外部的唯一区别在于，在第一种情况下，编译器（compiler）会自动将函数作为 inline 考虑，而在第二种情况下，函数只是一般的 class 成员函数。

我们把 x 和 y 定义为 private 成员（记住，如果没有特殊声明，所有 class 的成员均默认为 private），原因是已经定义了一个设置这些变量值的函数（set_values()），这样一来，在程序的其他地方就没有办法直接访问它们。也许在这样简单的一个例子中，你无法看到保护两个变量有什么意义，但在比较复杂的程序中，这是非常重要的，因为它使得变量不会被意外修改（这里的意外是从 object 的角度来讲的）。

使用 class 的一个更大的好处是我们可以用它来定义多个不同对象（object）。例如，接着上面 class CRectangle 的例子，除了对象 rect 之外，我们还可以定义对象 rectb，如下面的代码：

```
#include <iostream>
using namespace std;
    class CRectangle {
            int x, y;
        public:
            void set_values (int,int);
            int area (void) {return (x*y);}
    };

    void CRectangle::set_values (int a, int b) {
        x = a;
        y = b;
    }
```

```
int main () {
    CRectangle rect, rectb;
    rect.set_values (3,4);
    rectb.set_values (5,6);
    cout << "rect area: " << rect.area() << endl;
    cout << "rectb area: " << rectb.area() << endl;
}
```

输出结果是：

```
rect area: 12
rectb area: 30
```

注意：调用函数 rect.area() 与调用 rectb.area()所得到的结果是不一样的。这是因为每一个 class CRectangle 的对象都拥有它自己的变量 x 和 y，以及它自己的函数 set_value() 和 area()。

这是基于对象（object）和面向对象编程（object-oriented programming）的概念的。这个概念中，数据和函数是对象的属性（properties），而不是像以前在结构化编程（structured programming）中所认为的对象是函数参数。后面将讨论面向对象编程的好处。

在这个例子中，我们讨论的 class （object 的类型）是 CRectangle，有两个实例（instance），或称对象：rect 和 rectb，每一个有它自己的成员变量和成员函数。

3.6.2 构造函数和析构函数

对象在生成过程中通常需要初始化变量或分配动态内存，以便我们能够操作，或防止在执行过程中返回意外结果。例如，在前面的例子中，如果我们在调用函数 set_values( ) 之前就调用了函数 area()，将会产生什么样的结果呢？可能会是一个不确定的值，因为成员 x 和 y 还没有被赋予任何值。

为了避免这种情况发生，一个 class 可以包含一个特殊的函数：构造函数（constructor），它可以通过声明一个与 class 同名的函数来定义。当且仅当要生成一个 class 的新实例（instance）的时候，也就是当且仅当声明一个新的对象，或给该 class 的一个对象分配内存的时候，这个构造函数将自动被调用。下面将实现包含一个构造函数的 CRectangle。

【例 3.40】构造函数的例子

（1）打开 UE，输入代码如下：

```
#include <iostream>
using namespace std;
class CRectangle {
    int width, height;
public:
    CRectangle(int, int);
    int area(void) {return (width*height);}
};

CRectangle::CRectangle(int a, int b) {
    width = a;
```

```
        height = b;
}

int main() {
    CRectangle rect(3, 4);
    CRectangle rectb(5, 6);
    cout << "rect area: " << rect.area() << endl;
    cout << "rectb area: " << rectb.area() << endl;
}
```

（2）保存代码为 test.cpp，上传到 Linux，在命令行下编译运行：

```
[root@localhost test]# g++ test.cpp -o test
[root@localhost test]# ./test
rect area: 12
rectb area: 30
```

正如你所看到的，这个例子的输出结果与上一个例子没有区别。在这个例子中，我们只是把函数 set_values 换成了 class 的构造函数。注意这里参数是如何在 class 实例生成的时候传递给构造函数的：

```
CRectangle rect (3,4);
CRectangle rectb (5,6);
```

同时你可以看到，构造函数的原型和实现中都没有返回值（return value），也没有 void 类型的声明。构造函数必须这样写。一个构造函数永远没有返回值，也不用声明 void，就像我们在前面的例子中看到的。

析构函数（destructor）的功能完全相反。它在对象从内存中释放的时候被自动调用。释放可能是因为它存在的范围已经结束了（例如，对象被定义为一个函数内的本地（local）对象变量，而该函数结束了，该对象也就自动释放了）；或者是因为它是一个动态分配的对象，在使用操作符的时候被释放（delete）了。

析构函数必须与 class 同名，加水波号（~）前缀，必须无返回值。

析构函数特别适用于当一个对象被动态分配内存空间，而在对象被销毁时，我们希望释放它所占用的空间的时候。

【例 3.41】构造函数和析构函数的例子

（1）打开 UE，输入代码如下：

```
#include <iostream>
using namespace std;
class CRectangle {
    int *width, *height;
public:
    CRectangle(int, int);
    ~CRectangle();
    int area(void) {return (*width * *height);}
};
```

```
CRectangle::CRectangle(int a, int b) {
    width = new int;
    height = new int;
    *width = a;
    *height = b;
}

CRectangle::~CRectangle() {
    delete width;
    delete height;
}

int main() {
    CRectangle rect(3, 4), rectb(5, 6);
    cout << "rect area: " << rect.area() << endl;
    cout << "rectb area: " << rectb.area() << endl;
    return 0;
}
```

（2）保存代码为 test.cpp，上传到 Linux，在命令行下编译运行：

```
[root@localhost test]# g++ test.cpp -o test
[root@localhost test]# ./test
rect area: 12
rectb area: 30
```

3.6.3 构造函数重载

像其他函数一样，一个构造函数也可以被多次重载（overload）为同样名字的函数，但有不同的参数类型和个数。注意编译器会调用与在调用时刻要求的参数类型和个数一样的那个函数。在这里则是调用与类对象被声明时一样的那个构造函数。

实际上，当我们定义一个 class 而没有明确定义构造函数的时候，编译器会自动假设两个重载的构造函数（默认构造函数（default constructor）和复制构造函数（copy constructor））。例如，对以下 class：

```
class CExample {
  public:
    int a,b,c;
    void multiply (int n, int m) { a=n; b=m; c=a*b; };
};
```

没有定义构造函数，编译器自动假设它有以下 constructor 成员函数：

```
Empty constructor
```

这是一个没有任何参数的构造函数，被定义为 nop （没有语句）。它什么都不做。

```
CExample::CExample () { };
```

```
Copy constructor
```

这是一个只有一个参数的构造函数，该参数是这个 class 的一个对象，这个函数的功能是将被传入的对象（object）的所有非静态（non-static）成员变量的值都复制给自身的对象。

```
CExample::CExample (const CExample& rv) {
    a=rv.a;  b=rv.b;  c=rv.c;
}
```

必须注意：这两个默认构造函数（Empty construction 和 Copy constructor ）只有在没有其他构造函数被明确定义的情况下才存在。如果任何其他有任意参数的构造函数被定义了，这两个构造函数就都不存在了。在这种情况下，如果你想要有 Empty construction 和 Copy constructor，就必须自己定义它们。

当然，你也可以重载 class 的构造函数，定义有不同的参数或完全没有参数的构造函数，见如下例子。

【例 3.42】重载类的构造函数

（1）打开 UE，输入代码如下：

```cpp
#include <iostream>
using namespace std;
class CRectangle {
    int width, height;
public:
    CRectangle();
    CRectangle(int, int);
    int area(void) {return (width*height);}
}
;

CRectangle::CRectangle() {
    width = 5;
    height = 5;
}

CRectangle::CRectangle(int a, int b) {
    width = a;
    height = b;
}

int main() {
    CRectangle rect(3, 4);
    CRectangle rectb;
    cout << "rect area: " << rect.area() << endl;
    cout << "rectb area: " << rectb.area() << endl;
}
```

（2）保存代码为 test.cpp，上传到 Linux，在命令行下编译运行：

```
[root@localhost test]# g++ test.cpp -o test
[root@localhost test]# ./test
rect area: 12
rectb area: 25
```

在上面的例子中，rectb 被声明的时候没有参数，所以它被使用没有参数的构造函数进行初始化，也就是 width 和 height 都被赋值为 5。

注意，在我们声明一个新的 object 的时候，如果不想传入参数，就不需要写括号 "()"：

```
CRectangle rectb; // right
CRectangle rectb(); // wrong!
```

3.6.4   类的指针

类也是可以有指针的，要定义类的指针，我们只需要认识到，类一旦被定义就成为一种有效的数据类型，因此只需要用类的名字作为指针的名字就可以了，例如：

```
CRectangle * prect;
```

是一个指向 class CRectangle 类型的对象的指针。

就像数据结构中的情况一样，要想直接引用一个由指针指向的对象（object）中的成员，需要使用操作符 ->。下面是一个例子，显示了几种可能出现的情况。

【例 3.43】类的指针的例子

（1）打开 UE，输入代码如下：

```
#include <iostream>
using namespace std;

class CRectangle {
    int width, height;
public:
    void set_values(int, int);
    int area(void) {return (width * height);}
};

void CRectangle::set_values(int a, int b) {
    width = a;
    height = b;
}

int main() {
    CRectangle a, *b, *c;
    CRectangle * d = new CRectangle[2];
    b = new CRectangle;
    c = &a;
    a.set_values(1, 2);
    b->set_values(3, 4);
```

```
    d->set_values(5, 6);
    d[1].set_values(7, 8);
    cout << "a area: " << a.area() << endl;
    cout << "*b area: " << b->area() << endl;
    cout << "*c area: " << c->area() << endl;
    cout << "d[0] area: " << d[0].area() << endl;
    cout << "d[1] area: " << d[1].area() << endl;
    return 0;
}
```

（2）保存代码为 test.cpp，上传到 Linux，在命令行下编译运行：

```
[root@localhost test]# g++ test.cpp -o test
[root@localhost test]# ./test
a area: 2
*b area: 12
*c area: 2
d[0] area: 30
d[1] area: 56
```

以下是怎样读前面例子中出现的一些指针和类操作符（*、&、.、->、[ ]）：

```
*x 读作: pointed by x （由x指向的）
&x 读作: address of x（x的地址）
x.y 读作: member y of object x （对象x的成员y）
(*x).y 读作: member y of object pointed by x（由x指向的对象的成员y）
x->y 读作: member y of object pointed by x（同上一个等价）
x[0] 读作: first object pointed by x（由x指向的第一个对象）
x[1] 读作: second object pointed by x（由x指向的第二个对象）
x[n] 读作: (n+1)th object pointed by x（由x指向的第n+1个对象）
```

在继续向下阅读之前，一定要确定明白这些指针和类操作符的逻辑含义。如果你还有疑问，可以再读一遍这一小节的内容。

3.6.5　由关键字 struct 和 union 定义的类

类不仅可以用关键字 class 来定义，也可以用 struct 或 union 来定义。

因为在 C++中，类和数据结构的概念太相似了，所以这两个关键字 struct 和 class 的作用几乎是一样的（也就是说，在 C++中，struct 定义的类也可以有成员函数，而不仅仅有数据成员）。两者定义的类的唯一区别在于，由 class 定义的类所有成员的默认访问权限为 private，而 struct 定义的类所有成员默认访问权限为 public。除此之外，两个关键字的作用是相同的。

union 的概念与 struct 和 class 定义的类不同，因为 union 在同一时间只能存储一个数据成员。但是由 union 定义的类也是可以有成员函数的。union 定义的类访问权限默认为 public。

3.6.6　操作符重载

C++实现了在类（class）之间使用语言标准操作符，而不只是在基本数据类型之间使用，例如：

```
int a, b, c;
a = b + c;
```

是有效操作，因为加号两边的变量都是基本数据类型。然而，我们是否可以进行下面的操作就不是那么显而易见了（它实际上是正确的）：

```
struct { char product [50]; float price; } a, b, c;
a = b + c;
```

将一个类（或结构）的对象赋给另一个同种类型的对象是允许的（通过使用默认的复制构造函数（copy constructor））。但相加操作就有可能产生错误，理论上讲，它在非基本数据类型之间是无效的。

但归功于 C++ 的操作符重载能力，我们可以完成这个操作。像上面的例子中这样的组合类型的对象，在 C++中可以接受如果没有操作符重载就不能被接受的操作，我们甚至可以修改这些操作符的效果。以下是所有可以被重载的操作符的列表：

```
+     -    *    /    =    <    >    +=   -=   *=   /=   <<   >>
<<=   >>=  ==   !=   <=   >=   ++   --   %    &    ^    !    |
~     &=   ^=   |=   &&   ||   %=   []   ()   new  delete
```

要想重载一个操作符，只需要编写一个成员函数，名为 operator，后面跟要重载的操作符，遵循以下原型定义：

```
type operator sign (parameters);
```

这里是一个操作符"+"的例子。我们要计算二维向量 a(3,1) 与 b(1,2)的和。两个二维向量相加的操作很简单，就是将两个 x 轴的值相加获得结果的 x 值，将两个 y 轴的值相加获得结果的 y 值。在这个例子里，结果是 (3+1,1+2) = (4,3)。

【例 3.44】操作符重载的例子

（1）打开 UE，输入代码如下：

```
#include <iostream>
using namespace std;

class CVector {
public:
    int x, y;
    CVector() {}
    ;
    CVector(int, int);
    CVector operator +(CVector);
};

CVector::CVector(int a, int b) {
    x = a;
    y = b;
}
```

```
CVector CVector::operator+(CVector param) {
    CVector temp;
    temp.x = x + param.x;
    temp.y = y + param.y;
    return (temp);
}

int main() {
    CVector a(3, 1);
    CVector b(1, 2);
    CVector c;
    c = a + b;
    cout << c.x << "," << c.y<<endl;
    return 0;
}
```

（2）保存代码为 test.cpp，上传到 Linux，在命令行下编译运行：

```
[root@localhost test]# g++ test.cpp -o test
[root@localhost test]# ./test
4,3
```

你是否迷惑为什么看到这么多遍的 CVector，那是因为其中有些是指 class 名称 CVector ，而另一些是以它命名的函数名称，不要把它们搞混了：

```
CVector (int, int);           // 函数名称 CVector (constructor)
CVector operator+ (CVector);   // 函数 operator+ 返回CVector 类型的值
```

Class CVector 的函数 operator+是对数学操作符"+"进行重载的函数。这个函数可以用以下两种方法进行调用：

```
c = a + b;
c = a.operator+ (b);
```

注意：我们在这个例子中包括了一个空构造函数（无参数），而且将它定义为无任何操作：

```
CVector ( ) { };
```

这是很必要的，因为例子中已经有另一个构造函数，

```
CVector (int, int);
```

因此，如果我们不像上面这样明确定义一个的话，CVector 的两个默认构造函数都不存在。这样，main( )中包含的语句：

```
CVector c;
```

将为不合法的。

尽管如此，已经警告过一个空语句块（no-op block）并不是一种值得推荐的构造函数的实现方

式，因为它不能实现一个构造函数应该完成的基本功能，也就是初始化 class 中的所有变量。在我们的例子中，这个构造函数没有完成对变量 x 和 y 的定义。因此，一个更值得推荐的构造函数定义应该像下面这样：

```
CVector ( ) { x=0; y=0; };
```

就像一个 class 默认包含一个空构造函数和一个复制构造函数一样，它同时包含一个对赋值操作符（=）的默认定义，该操作符用于两个同类对象之间。这个操作符将其参数对象（符号右边的对象）的所有非静态（non-static）数据成员复制给其左边的对象。当然，你也可以将它重新定义为想要的任何功能，例如只复制某些特定 class 成员。

重载一个操作符并不要求保持其常规的数学含义，虽然这是推荐的。例如，我们可以将操作符 "+" 定义为取两个对象的差值，或用 "==" 操作符将一个对象赋为 0，但这样做没有什么逻辑意义。

函数 operator+ 的原型定义看起来很明显，因为它取操作符右边的对象为其左边对象的函数 operator+的参数，其他的操作符就不一定这么明显了。表 3-8 总结了不同的操作符函数是怎样定义声明的（用操作符替换每个@）。

表 3-8　不同操作符函数的定义声明

Expression	Operator (@)	Function member	Global function
@a	+ - * & ! ~ ++ --	A::operator@( )	operator@(A)
a@	++ --	A::operator@(int)	operator@(A, int)
a@b	+ - * / % ^ & | < > == != <= >= << >> && || ,	A::operator@(B)	operator@(A, B)
a@b	= += -= *= /= %= ^= &= |= <<= >>= [ ]	A::operator@(B)	-
a(b, c...)	( )	A::operator()(B, C...)	-
a->b	->	A::operator->()	-

这里 a 是 class A 的一个对象，b 是 class B 的一个对象，c 是 class C 的一个对象。

从表 3-8 可以看出有两种方法重载一些 class 操作符：作为成员函数或作为全域函数。它们的用法没有区别，但是要提醒一下，如果不是 class 的成员函数，就不能访问该 class 的 private 或 protected 成员，除非这个全域函数是该 class 的 friend（friend 的含义将在后面解释）。

3.6.7　关键字 this

关键字 this 通常被用在一个 class 内部，指正在被执行的该 class 的对象（object）在内存中的地址。它是一个指针，其值永远是自身对象的地址。

关键字 this 可以被用来检查传入一个对象的成员函数的参数是不是该对象本身。

【例 3.45】关键字 this 的例子

（1）打开 UE，输入代码如下：

```
#include <iostream>
using namespace std;

class CDummy {
public:
    int isitme(CDummy& param);
};

int CDummy::isitme(CDummy& param) {
    if (&param == this) return 1;
    else return 0;
}

int main() {
    CDummy a;
    CDummy* b = &a;
    if (b->isitme(a))
        cout << "yes, &a is b\n";
    return 0;
}
```

（2）保存代码为 test.cpp，上传到 Linux，在命令行下编译运行：

```
[root@localhost test]# g++ test.cpp -o test
[root@localhost test]# ./test
yes, &a is b
```

它还经常被用在成员函数 operator= 中，用来返回对象的指针（避免使用临时对象）。下面用前面看到的向量（vector）的例子来看一下函数 operator= 是怎样实现的：

```
CVector& CVector::operator= (const CVector& param) {
    x=param.x;
    y=param.y;
        return *this;
}
```

实际上，如果我们没有定义成员函数 operator=，编译器自动为该 class 生成的默认代码有可能就是这个样子的。

3.6.8　静态成员

一个 class 可以包含静态成员（static members），可以是数据，也可以是函数。

一个 class 的静态数据成员也被称作类变量（class variables），因为它们的内容不依赖于某个对象，同一个 class 的所有 object 具有相同的值。

例如，可以被用作计算一个 class 声明的 objects 的个数，例子如下。

【例 3.46】静态成员的例子

（1）打开 UE，输入代码如下：

```
#include <iostream>
using namespace std;


class CDummy {
public:
    static int n;
    CDummy() { n++; }
    ;
    ~CDummy() { n--; }
    ;
};

int CDummy::n = 0;

int main() {
    CDummy a;
    CDummy b[5];
    CDummy * c = new CDummy;
    cout << a.n << endl;
    delete c;
    cout << CDummy::n << endl;
    return 0;
}
```

（2）保存代码为 test.cpp，上传到 Linux，在命令行下编译运行：

```
[root@localhost test]# g++ test.cpp -o test
[root@localhost test]# ./test
7
6
```

实际上，静态成员与全域变量（global variable）具有相同的属性，但它享有类（class）的范围。因此，根据 ANSI-C++ 标准，为了避免它们被多次重复声明，在 class 的声明中只能够包括 static member 的原型（声明），而不能够包括其定义（初始化操作）。为了初始化一个静态数据成员，我们必须在 class 之外（在全域范围内）包括一个正式的定义，就像上面例子中的做法一样。

因为它的同一个 class 的所有 object 是同一个值，所以可以被该 class 的任何 object 的成员所引用，或者直接作为 class 的成员引用（只适用于 static 成员）：

```
cout << a.n;
cout << CDummy::n;
```

以上两个调用都指同一个变量：class CDummy 里的 static 变量 n。再提醒一次，这其实是一个全域变量。唯一的不同是它的名字跟在 class 的后面。

就像我们会在 class 中包含 static 数据一样，也可以使它包含 static 函数。它们表示相同的含义：static 函数是全域函数（global functions），但是像一个指定 class 的对象成员一样被调用。它们只能够引用 static 数据，永远不能引用 class 的非静态（nonstatic）成员。它们也不能够使用关键字 this，因为 this 实际引用了一个对象指针，但这些 static 函数却不是任何 object 的成员，而是 class 的直接成员。

3.6.9 类之间的关系

1. 友元函数

在前面的章节中，我们已经看到了对 class 的不同成员存在 3 个层次的内部保护：public、protected 和 private。在成员为 protected 和 private 的情况下，它们不能够被从所在的 class 以外的部分引用。然而，这个规则可以通过在一个 class 中使用关键字 friend 来绕过，这样我们可以允许一个外部函数获得访问 class 的 protected 和 private 成员的能力。

为了实现允许一个外部函数访问 class 的 private 和 protected 成员，我们必须在 class 内部用关键字 friend 来声明该外部函数的原型，以指定允许该函数共享 class 的成员。在下面的例子中，我们声明了一个 friend 函数 duplicate。

【例 3.47】友元函数的例子

（1）打开 UE，输入代码如下：

```
#include <iostream>
using namespace std;


class CRectangle {
    int width, height;
public:
    void set_values(int, int);
    int area(void) {return (width * height);}
    friend CRectangle duplicate(CRectangle);
};

void CRectangle::set_values(int a, int b) {
    width = a;
    height = b;
}

CRectangle duplicate(CRectangle rectparam) {
    CRectangle rectres;
    rectres.width = rectparam.width * 2;
    rectres.height = rectparam.height * 2;
    return (rectres);
```

```
}

int main() {
    CRectangle rect, rectb;
    rect.set_values(2, 3);
    rectb = duplicate(rect);
    cout << rectb.area() << endl;
}
```

（2）保存代码为 test.cpp，上传到 Linux，在命令行下编译运行：

```
[root@localhost test]# g++ test.cpp -o test
[root@localhost test]# ./test
24
```

函数 duplicate 是 CRectangle 的 friend，因此在该函数之内，我们可以访问 CRectangle 类型的各个 object 的成员 width 和 height。注意，在 duplicate() 的声明中，及其在后面 main() 里被调用的时候，我们并没有把 duplicate 当作 class CRectangle 的成员，它不是。

friend 函数可以被用来实现两个不同 class 之间的操作。广义来说，使用 friend 函数是面向对象编程之外的方法，因此，如果可能，应尽量使用 class 的成员函数来完成这些操作。比如在上面的例子中，将函数 duplicate() 集成在 class CRectangle 可以使程序更短。

2. 友元类

就像我们可以定义一个 friend 函数，也可以定义一个 class 是另一个的 friend，以便允许第二个 class 访问第一个 class 的 protected 和 private 成员。

【例 3.48】友元类的例子

（1）打开 UE，输入代码如下：

```
#include <iostream>
using namespace std;
class CSquare;

class CRectangle {
    int width, height;
public:
    int area(void) {return (width * height);}
    void convert(CSquare a);
};

class CSquare {
private:
    int side;
public:
    void set_side(int a){side = a; }
    friend class CRectangle;
```

```
}
;

void CRectangle::convert(CSquare a) {
    width = a.side;
    height = a.side;
}

int main() {
    CSquare sqr;
    CRectangle rect;
    sqr.set_side(4);
    rect.convert(sqr);
    cout << rect.area()<<endl;
    return 0;
}
```

（2）保存代码为 test.cpp，上传到 Linux，在命令行下编译运行：

```
[root@localhost test]# g++ test.cpp -o test
[root@localhost test]# ./test
16
```

在这个例子中，我们声明了 CRectangle 是 CSquare 的 friend，因此 CRectangle 可以访问 CSquare 的 protected 和 private 成员，更具体地说，可以访问 CSquare::side，它定义了正方形的边长。

在上面程序的第一个语句里，你可能也看到了一些新的东西，就是 class CSquare 空原型。这是必需的，因为在 CRectangle 的声明中，我们引用了 CSquare（作为 convert()的参数）。CSquare 的定义在 CRectangle 的后面，因此如果我们没有在这个 class 之前包含一个 CSquare 的声明，它在 CRectangle 中就是不可见的。

这里要考虑到，如果没有特别指明，友元关系（friendships）并不是相互的。在 CSquare 的例子中，CRectangle 是一个 friend 类，但因为 CRectangle 并没有对 CSquare 做相应的声明，所以 CRectangle 可以访问 CSquare 的 protected 和 private 成员，但反过来并不行，除非我们将 CSquare 也定义为 CRectangle 的 friend。

3. 类之间的继承

类的一个重要特征是继承，这使得我们可以基于一个类生成另一个类的对象，以便使后者拥有前者的某些成员，再加上它自己的一些成员。例如，假设要声明一系列类型的多边形，比如长方形（CRectangle）或三角形（CTriangle）。它们有一些共同的特征，比如都有宽度和高度。

这个特点可以用一个类 CPolygon 来表示，基于这个类，我们可以引申出上面提到的两个类：CRectangle 和 CTriangle，如图 3-21 所示。

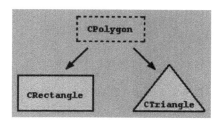

图 3-21

类 CPolygon 包含所有多边形共有的成员。在我们的例子里就是：width 和 height。而 CRectangle 和 CTriangle 将为它的子类（derived classes）。

由其他类引申而来的子类继承基类的所有可视成员，意思是说，如果一个基类包含成员 A，而我们将它引申为另一个包含成员 B 的类，则这个子类将同时包含 A 和 B。

要定义一个类的子类，我们必须在子类的声明中使用冒号操作符（:），如下所示：

```
class derived_class_name: public base_class_name;
```

这里 derived_class_name 为子类名称，base_class_name 为基类名称。public 也可以根据需要换为 protected 或 private，描述被继承的成员的访问权限，在以下例子中会很快看到。

【例 3.49】被继承成员的访问权限

（1）打开 UE，输入代码如下：

```
#include <iostream>
using namespace std;
class CPolygon {
protected:
    int width, height;
public:
    void set_values(int a, int b) { width = a; height = b; }
}
;

class CRectangle : public CPolygon {
public:
    int area(void){ return (width * height); }
};

class CTriangle : public CPolygon {
public:
    int area(void){ return (width * height / 2); }
};

int main() {
    CRectangle rect;
    CTriangle trgl;
    rect.set_values(4, 5);
    trgl.set_values(4, 5);
```

```
    cout << rect.area() << endl;
    cout << trgl.area() << endl;
    return 0;
}
```

（2）保存代码为 test.cpp，上传到 Linux，在命令行下编译运行：

```
[root@localhost test]# g++ test.cpp -o test
[root@localhost test]# ./test
20
10
```

如上所示，类 CRectangle 和 CTriangle 的每一个对象都包含 CPolygon 的成员，即 width、height 和 set_values()。

标识符 protected 与 private 类似，它们的唯一区别在继承时才表现出来。当定义一个子类的时候，基类的 protected 成员可以被子类的其他成员所使用，然而 private 成员就不可以。因为我们希望 CPolygon 的成员 width 和 height 能够被子类 CRectangle 和 CTriangle 的成员所访问，而不只是被 CPolygon 自身的成员操作，我们使用了 protected 访问权限，而不是 private。

表 3-9 按照谁能访问总结了不同访问权限类型。

表 3-9　不同访问权限类型

可以访问	public	protected	private
本 class 的成员	yes	yes	yes
子类的成员	yes	yes	no
非成员	yes	no	no

这里"非成员"指从 class 以外的任何地方引用，例如从 main() 中、从其他的 class 中或从全域（global）或本地（local）的任何函数中。

在我们的例子中，CRectangle 和 CTriangle 继承的成员与基类 CPolygon 拥有同样的访问限制：

```
CPolygon::width          // protected access
CRectangle::width        // protected access
CPolygon::set_values()   // public access
CRectangle::set_values() // public access
```

这是因为在继承的时候使用的是 public，记得我们用的是：

```
class CRectangle: public CPolygon;
```

这里关键字 public 表示新的类（CRectangle）从基类（CPolygon）所继承的成员必须获得最低程度保护。这种被继承成员的访问限制的最低程度可以通过使用 protected 或 private 而不是 public 来改变。例如，daughter 是 mother 的一个子类，我们可以这样定义：

```
class daughter: protected mother;
```

这将使得 protected 成为 daughter 从 mother 处继承的成员的最低访问限制。也就是说，原来

mother 中的所有 public 成员到 daughter 中将会成为 protected 成员，这是它们能够被继承的最低访问限制。当然，这并不是限制 daughter 不能有它自己的 public 成员。最低访问权限限制只是建立在从 mother 中继承的成员上。

最常用的继承限制除了 public 外就是 private，它被用来将基类完全封装起来，因为在这种情况下，除了子类自身外，其他任何程序都不能访问那些从基类继承而来的成员。不过大多数情况下，继承都是使用 public 的。

如果没有明确写出访问限制，所有由关键字 class 生成的类被默认为 private，而所有由关键字 struct 生成的类被默认为 public。

4. 基类的继承

理论上说，子类（drived class）继承了基类（base class）的所有成员，除了构造函数和析构函数：

```
operator=() 成员
friends
```

虽然基类的构造函数和析构函数没有被继承，但是当一个子类的 object 被生成或销毁的时候，其基类的默认构造函数（即没有任何参数的构造函数）和析构函数总是被自动调用的。

如果基类没有默认构造函数，或你希望当子类生成新的 object 时，基类的某个重载的构造函数被调用，你需要在子类的每一个构造函数的定义中指定它：

```
derived_class_name (parameters) : base_class_name (parameters) {}
```

【例 3.50】基类继承的例子

（1）打开 UE，输入代码如下：

```cpp
#include <iostream>
using namespace std;
class mother {
public:
    mother()
      { cout << "mother: no parameters\n"; }
    mother(int a)
      { cout << "mother: int parameter\n"; }
};

class daughter : public mother {
public:
    daughter(int a)
      { cout << "daughter: int parameter\n\n"; }
};

class son : public mother {
public:
    son(int a)
        : mother (a)
```

```
    { cout << "son: int parameter\n\n"; }
};

int main() {
    daughter cynthia(1);
    son daniel(1);
    return 0;
}
```

（2）保存代码为 test.cpp，上传到 Linux，在命令行下编译运行：

```
[root@localhost test]# g++ test.cpp -o test
[root@localhost test]# ./test
mother: no parameters
daughter: int parameter

mother: int parameter
son: int parameter
```

观察当一个新的 daughter object 生成的时候，mother 的哪一个构造函数被调用了，而当新的 son object 生成的时候，又是哪一个被调用了。不同的构造函数被调用是因为 daughter 和 son 的构造函数的定义不同：

```
daughter (int a)              // 没有特别指定：调用默认constructor
son (int a) : mother (a)  // 指定了constructor：调用被指定的构造函数
```

5. 多重继承

在 C++ 中，一个 class 可以从多个 class 中继承属性或函数，只需要在子类的声明中用逗号将不同基类分开就可以了。例如，有一个特殊的 class COutput 可以实现向屏幕打印的功能，我们同时希望类 CRectangle 和 CTriangle 在 CPolygon 之外还继承一些其他的成员，可以这样写：

```
class CRectangle: public CPolygon, public COutput {
class CTriangle: public CPolygon, public COutput {
```

以下是一个完整的例子。

【例 3.51】多重继承的例子

（1）打开 UE，输入代码如下：

```
#include <iostream>
using namespace std;
class CPolygon {
protected:
    int width, height;
public:
    void set_values(int a, int b)
      { width = a; height = b; }
};
```

```
class COutput {
public:
    void output(int i);
};

void COutput::output(int i) {
    cout << i << endl;
}

class CRectangle : public CPolygon, public COutput {
public:
    int area(void)
      { return (width * height); }
};

class CTriangle : public CPolygon, public COutput {
public:
    int area(void)
      { return (width * height / 2); }
};

int main() {
    CRectangle rect;
    CTriangle trgl;
    rect.set_values(4, 5);
    trgl.set_values(4, 5);
    rect.output(rect.area());
    trgl.output(trgl.area());
    return 0;
}
```

2）保存代码为 test.cpp，上传到 Linux，在命令行下编译运行：

```
[root@localhost test]# g++ test.cpp -o test
[root@localhost test]# ./test
20
10
```

3.6.10　多态

1．基类的指针

继承的好处之一是一个指向子类（derived class）的指针与一个指向基类（base class）的指针是类型兼容的。本节重点介绍如何利用 C++的这一重要特性。我们将结合 C++的这个功能重写前面关于长方形和三角形的程序。

【例 3.52】指向基类的例子

（1）打开 UE，输入代码如下：

```cpp
#include <iostream>
using namespace std;
class CPolygon {
protected:
    int width, height;
public:
    void set_values(int a, int b) {
        width = a; height = b;
    }
};
class CRectangle : public CPolygon {
public:
    int area(void) {
        return (width * height);
    }
};
class CTriangle : public CPolygon {
public:
    int area(void) {
        return (width * height / 2);
    }
};
int main() {
    CRectangle rect;
    CTriangle trgl;
    CPolygon * ppoly1 = &rect;
    CPolygon * ppoly2 = &trgl;
    ppoly1->set_values(4, 5);
    ppoly2->set_values(4, 5);
    cout << rect.area() << endl;
    cout << trgl.area() << endl;
    return 0;
}
```

（2）保存代码为 test.cpp，上传到 Linux，在命令行下编译运行：

```
[root@localhost test]# g++ test.cpp -o test
[root@localhost test]# ./test
20
10
```

在主函数 main 中定义了两个指向 class CPolygon 的对象的指针，即 *ppoly1 和 *ppoly2。它们被赋值为 rect 和 trgl 的地址，因为 rect 和 trgl 是 CPolygon 的子类的对象，因此这种赋值是有效的。

使用*ppoly1 和 *ppoly2 取代 rect 和 trgl 的唯一限制是*ppoly1 和 *ppoly2 是 CPolygon* 类型的，因此我们只能够引用 CRectangle 和 CTriangle 从基类 CPolygon 中继承的成员。正是由于这个原因，我们不能够使用*ppoly1 和 *ppoly2 来调用成员函数 area()，而只能使用 rect 和 trgl 来调用这个函数。

要想使 CPolygon 的指针承认 area()为合法成员函数，必须在基类中声明它，而不能只在子类中声明。

2. 虚拟成员

如果想在基类中定义一个成员留待子类中进行细化，我们必须在它前面加关键字 virtual，以便可以使用指针对指向相应的对象进行操作。请看一下例子。

【例 3.53】虚拟成员的例子

（1）打开 UE，输入代码如下：

```
#include <iostream>
using namespace std;
class CPolygon {
protected:
    int width, height;
public:
    void set_values(int a, int b) {
        width = a;
        height = b;
    }
    virtual int area(void) { return (0); }
};
class CRectangle : public CPolygon {
public:
    int area(void) { return (width * height); }
};
class CTriangle : public CPolygon {
public:
    int area(void) {
        return (width * height / 2);
    }
};
int main() {
    CRectangle rect;
    CTriangle trgl;
    CPolygon poly;
    CPolygon * ppoly1 = &rect;
    CPolygon * ppoly2 = &trgl;
    CPolygon * ppoly3 = &poly;
    ppoly1->set_values(4, 5);
    ppoly2->set_values(4, 5);
    ppoly3->set_values(4, 5);
    cout << ppoly1->area() << endl;
    cout << ppoly2->area() << endl;
    cout << ppoly3->area() << endl;
    return 0;
}
```

（2）保存代码为 test.cpp，上传到 Linux，在命令行下编译运行：

```
[root@localhost test]# g++ test.cpp -o test
[root@localhost test]# ./test
20
10
0
```

现在这 3 个类（CPolygon、CRectangle 和 CTriangle）都有同样的成员：width、height、set_values() 和 area()。

area()被定义为 virtual 是因为它后来在子类中被细化了。你可以做一个试验，如果在代码中去掉这个关键字（virtual），然后执行这个程序，3 个多边形的面积计算结果都将是 0，而不是 20、10、0。这是因为没有了关键字 virtual，程序执行不再根据实际对象的 area()函数（即不再执行 CRectangle::area()、CTriangle::area() 和 CPolygon::area()），取而代之，程序将全部调用 CPolygon::area()，因为这些调用是通过 CPolygon 类型的指针进行的。

因此，关键字 virtual 的作用就是在使用基类的指针的时候，使子类中与基类同名的成员在适当的时候被调用，如前面的例子所示。

注意，虽然本身被定义为虚拟类型，我们还是可以声明一个 CPolygon 类型的对象并调用它的 area() 函数，它将返回 0 ，如前面的例子结果所示。

3. 抽象基类

基本的抽象类与前面例子中的类 CPolygon 非常相似，唯一的区别是在前面的例子中，我们已经为类 CPolygon 的对象（例如对象 poly）定义了一个有效的 area()函数，而在一个抽象类（abstract base class）中，我们可以对它不定义，而简单地在函数声明后面写 "=0" （等于 0）。

类 CPolygon 可以写成这样：

```
// abstract class CPolygon
class CPolygon {
    protected:
        int width, height;
    public:
        void set_values (int a, int b) {
            width=a;
            height=b;
        }
        virtual int area (void) =0;
};
```

注意我们是如何为 virtual int area (void)加 "=0" 来代替函数的具体实现的。这种函数被称为纯虚拟函数（pure virtual function），而所有包含纯虚拟函数的类被称为抽象基类（abstract base classes）。

抽象基类的最大不同是它不能够有实例（对象），但我们可以定义指向它的指针。因此，像这样的声明：

```
CPolygon poly;
```

对于前面定义的抽象基类是不合法的。

然而，指针：

```
CPolygon * ppoly1;
CPolygon * ppoly2;
```

是完全合法的。这是因为该类包含的纯虚拟函数是没有被实现的，而又不可能生成一个不包含它的所有成员定义的对象。然而，因为这个函数在其子类中被完整地定义了，所以生成一个指向其子类的对象的指针是完全合法的。下面是完整的例子。

【例 3.54】第一个抽象基类的例子

（1）打开 UE，输入代码如下：

```cpp
#include <iostream>
using namespace std;
class CPolygon {
protected:
    int width, height;
public:
    void set_values(int a, int b) {
        width = a;
        height = b;
    }
    virtual int area(void) = 0;
};
class CRectangle : public CPolygon {
public:
    int area(void) { return (width * height); }
};
class CTriangle : public CPolygon {
public:
    int area(void) {
        return (width * height / 2);
    }
};
int main() {
    CRectangle rect;
    CTriangle trgl;
    CPolygon * ppoly1 = &rect;
    CPolygon * ppoly2 = &trgl;
    ppoly1->set_values(4, 5);
    ppoly2->set_values(4, 5);
    cout << ppoly1->area() << endl;
    cout << ppoly2->area() << endl;
    return 0;
}
```

（2）保存代码为 test.cpp，上传到 Linux，在命令行下编译运行：

```
[root@localhost test]# g++ test.cpp -o test
[root@localhost test]# ./test
20
10
```

再看一遍这段程序，你会发现我们可以用同一种类型的指针（CPolygon*）指向不同类的对象，这一点非常有用。想象一下，现在我们可以写一个 CPolygon 的成员函数，使得它可以将函数 area() 的结果打印到屏幕上。

【例 3.55】第二个抽象基类的例子

（1）打开 UE，输入代码如下：

```cpp
#include <iostream>
using namespace std;
class CPolygon {
protected:
    int width, height;
public:
    void set_values(int a, int b) {
        width = a;
        height = b;
    }
    virtual int area(void) = 0;
    void printarea(void) {
        cout << this->area() << endl;
    }
};
class CRectangle : public CPolygon {
public:
    int area(void) { return (width * height); }
};
class CTriangle : public CPolygon {
public:
    int area(void) {
        return (width * height / 2);
    }
};
int main() {
    CRectangle rect;
    CTriangle trgl;
    CPolygon * ppoly1 = &rect;
    CPolygon * ppoly2 = &trgl;
    ppoly1->set_values(4, 5);
    ppoly2->set_values(4, 5);
    ppoly1->printarea();
    ppoly2->printarea();
    return 0;
}
```

（2）保存代码为 test.cpp，上传到 Linux，在命令行下编译运行：

```
[root@localhost test]# g++ test.cpp -o test
[root@localhost test]# ./test
20
10
```

注意，this 代表代码正在被执行的这个对象的指针。

抽象类和虚拟成员赋予了 C++多态（polymorphic）的特征，使得面向对象的编程，成为一个有用的工具。这里只是展示了这些功能最简单的用途。想象一下，如果在对象数组或动态分配的对象上使用这些功能，将会节省多少麻烦。

3.7 C++面向对象小结

1. 类和对象的区别

类是抽象的，对象是具体的，所以类不占用内存，而对象占用内存。

总之类是对象的抽象，而对象是类的具体事例。

假如类是水果，那么对象就是香蕉。

2. 面向对象的三大特点

面向对象的三大特点是封装、继承、多态。

3. 类的 3 种访问限定符

（1）public（公有的）

（2）private（私有的）

（3）protected（受保护的）

它们的特点如下：

（1）public 成员可从类外部直接访问，private/protected 成员不能从类外部直接访问。

（2）每个限定符在类体中可使用多次，它的作用域是从该限定符出现开始到下一个限定符之前或类体结束前。

（3）类体中如果没有定义限定符，就默认为私有的，而 struct 如果没有定义限定符，就默认为公有的。

（4）类的访问限定符体现了面向对象的封装性。

4. 类的作用域

（1）每个类都定义了自己的作用域，类的成员（成员函数/成员变量）都在类的这个作用域内，成员函数内可任意访问成员变量和其他成员函数。

（2）对象可以通过"."直接访问公有成员，指向对象的指针通过"->"也可以直接访问对象的公有成员。

（3）在类体外定义成员，需要使用"::"作用域解析符指明成员属于哪个类域。

5. 隐含的 this 指针

（1）每个成员函数都有一个指针形参，它的名字是固定的，称为 this 指针，this 指针是隐式的（构造函数比较特殊，没有这个隐含 this 形参）。

（2）编译器会对成员函数进行处理，在对象调用成员函数时，对象地址作为实参传递给成员函数的第一个形参 this 指针。

（3）this 指针是成员函数隐含的指针形参，是编译器自己处理的，我们不能在成员函数的形参中添加 this 指针的参数定义，也不能在调用时显示传递对象的地址给 this 指针。

6. 类的 6 个默认成员函数

（1）构造函数

（2）拷贝构造函数

（3）赋值操作符重载

（4）析构函数

（5）取地址操作符重载

（6）const 修饰的取地址操作符重载

7. 构造函数的特征

（1）函数名与类名相同。

（2）无返回值。

（3）对象构造时系统自动调用对应的构造函数。

（4）构造函数可以重载。

（5）构造函数可以在类外定义，也可以在类内定义。

（6）如果类定义中没有给出构造函数，C++编译器就会自动产生一个默认的构造函数，但是只要我们定义了一个构造函数，系统就不会自动生成默认的构造函数。

（7）无参的构造函数和全默认值的构造函数都认为是默认构造函数，并且默认的构造函数只能有一个。

比如下面这段代码：

```
class Date
{
public:
    Date()//无参构造函数
    {}
    Date(int year=1990 , int month = 1, int day = 1)//全默认值的构造函数
        :_year(year)
        , _day(day)
        , _month(month)
    {}
```

```
protected:
    int _year;
    int _month;
    int _day;
}
```

8. 拷贝构造函数

（1）拷贝构造函数其实是一个构造函数的重载。

（2）拷贝构造函数的参数必须使用引用传参，使用传参方式会引发无穷递归调用。

（3）若未显式定义，系统会使用默认的拷贝构造函数。默认的拷贝构造函数会依次对拷贝类成员进行初始化。

9. 析构函数

（1）析构函数在类名前加上字符~。

（2）析构函数无参数、无返回值。

（3）一个类只有一个析构函数，若未显式定义，系统会自动生成默认的析构函数。

（4）对象生命周期结束时，C++编译系统会自动调用析构函数。

（5）析构函数体内并不是删除对象，而是做一些清理工作。

```
class Array
{
public:
    Array(int size)
    {
        _ptr = (int*)malloc(sizeof(int)*size);
    }
    ~Array()
    {
        if (_ptr)
        {
            free(_ptr);
            _ptr = NULL;
        }
    }
protected:
    int* _ptr;
};
```

10. 类成员变量的两种初始化方式

（1）初始化列表。

（2）构造函数体内进行赋值。

初始化列表以一个冒号开始，接着以一个逗号分隔数据列表，每个数据成员都放在一个括号中进行初始化。尽量使用初始化列表进行初始化，因为它更高效。

11. 友元函数

在 C++中，友元函数允许在类外访问该类中的任何成员函数，就像成员函数一样，友元函数用关键字 friend 说明。

（1）友元函数不是类的成员函数。

（2）友元函数可以通过对象访问所有成员，私有和保护成员也一样。

```cpp
class Date
{
    friend void Display(const Date& d);
public:
    Date(int year = 1990, int month = 1, int day = 22)
        :_year(year)
        , _month(month)
        , _day(day)
    {}
private:
    int _year;
    int _month;
    int _day;
};
void Display(const Date& d)
{
    cout << "year=" << d._year << endl;
    cout << "month=" << d._month << endl;
    cout << "day" << d._day << endl;
}
int main()
{
    Date d1;
    Display(d1);
    return 0;
}
```

提示　友元函数在一定程度上破坏了 C++的封装，不宜多用，在恰当的地方使用即可。

12. 类的静态成员函数

（1）类里面用 static 修饰的成员，称为静态成员。

（2）类的静态成员是该类型的所有对象所共享的。

```cpp
class Date
{
public :
    Date ()
    {
        cout<<"Date ()" <<endl;
```

```
        ++ sCount;
    }
void Display ()
{
    cout<<"year:" << _year<< endl;
    cout<<"month:" << _month<< endl;
    cout<<"day:" << _day<< endl;
}
// 静态成员函数
static void PrintCount()
{
    cout<<"Date count:" <<sCount<< endl;
}
private :
    int _year ; // 年
    int _month ; // 月
    int _day ; // 日
private :
    static int sCount; // 静态成员变量，统计创建时间个数
};
// 定义并初始化静态成员变量
int Date::sCount = 0;
void Test ()
{
    Date d1 ,d2;
    // 访问静态成员
    Date::PrintCount ();
}
```

静态成员函数没有隐含 this 指针参数，所以可以使用类型::作用域访问符直接调用静态成员函数。

3.8 C++高级知识

3.8.1 模板

模板（Templates）是 ANSI-C++ 标准中新引入的概念。如果你使用的 C++ 编译器不符合这个标准，那么很可能不能使用模板。

1. 函数模板

模板使得我们可以生成通用的函数，这些函数能够接收任意数据类型的参数，可返回任意类型的值，而不需要对所有可能的数据类型进行函数重载。这在一定程度上实现了宏（macro）的作用。它们的原型定义可以是下面两种中的任何一种：

```
template <class identifier> function_declaration;
template <typename identifier> function_declaration;
```

上面两种原型定义的不同之处在于关键字 class 或 typename 的使用。它们实际是完全等价的，因为两种定义表达的意思和执行都一模一样。

例如，要生成一个模板，返回两个对象中较大的一个，我们可以这样写：

```
template <class GenericType>
GenericType GetMax (GenericType a, GenericType b) { return (a>b?a:b); }
```

在第一行声明中，已经生成了一个通用数据类型的模板，叫作 GenericType。因此，在其后面的函数中，GenericType 成为一个有效的数据类型，它被用来定义了两个参数 a 和 b，并被用作了函数 GetMax 的返回值类型。

GenericType 仍没有代表任何具体的数据类型，当函数 GetMax 被调用的时候，我们可以使用任何有效的数据类型来调用它。这个数据类型将被作为 pattern 来代替函数中 GenericType 出现的地方。用一个类型 pattern 来调用一个模板的方法如下：

```
function <type> (parameters);
```

例如，要调用 GetMax 来比较两个 int 类型的整数可以这样写：

```
int x,y;
GetMax <int> (x,y);
```

因此，GetMax 的调用就好像所有的 GenericType 出现的地方都用 int 来代替一样。下面是一个例子。

【例 3.56】第一个函数模板的例子

（1）打开 UE，输入代码如下：

```
#include <iostream>
using namespace std;
template <class T> T GetMax(T a, T b) {
    T result;
    result = (a > b) ? a : b;
    return (result);
}

int main() {
    int i = 5, j = 6, k;
    long l = 10, m = 5, n;
    k = GetMax(i, j);
    n = GetMax(l, m);
    cout << k << endl;
    cout << n << endl;
    return 0;
}
```

（2）保存代码为 test.cpp，上传到 Linux，在命令行下编译运行：

```
[root@localhost test]# g++ test.cpp -o test
```

```
[root@localhost test]# ./test
6
10
```

在这个例子中，我们将通用数据类型命名为 T。

在上面的例子中，我们对同样的函数 GetMax()使用了两种参数类型：int 和 long，而只写了一种函数的实现，也就是说我们写了一个函数的模板，用了两种不同的 pattern 来调用它。

如你所见，在模板函数 GetMax()里，类型 T 可以被用来声明新的对象：

```
T result;
```

result 是一个 T 类型的对象，就像 a 和 b 一样，也就是说，它们都是同一类型的，这种类型就是当我们调用模板函数时，写在尖括号（<>）中的类型。

在这个具体的例子中，通用类型 T 被用作函数 GetMax 的参数，不需要说明<int>或 <long>，编译器也可以自动检测到传入的数据类型，因此，我们也可以这样写这个例子：

```
int i,j;
GetMax (i,j);
```

因为 i 和 j 都是 int 类型，编译器会自动假设我们想要函数按照 int 进行调用。这种暗示的方法更为有用，并产生同样的结果。

【例 3.57】第二个函数模板的例子

（1）打开 UE，输入代码如下：

```cpp
#include <iostream>
using namespace std;
template <class T> T GetMax(T a, T b) {
    return (a > b ? a : b);
}

int main() {

    int i = 5, j = 6, k;
    long l = 10, m = 5, n;
    k = GetMax(i, j);
    n = GetMax(l, m);
    cout << k << endl;
    cout << n << endl;
    return 0;
}
```

（2）保存代码为 test.cpp，上传到 Linux，在命令行下编译运行：

```
[root@localhost test]# g++ test.cpp -o test
[root@localhost test]# ./test
6
10
```

注意在这个例子的 main()中我们是如何调用模板函数 GetMax() 而没有在尖括号（<>）中指明具体数据类型的。编译器自动决定每一个调用需要什么数据类型。

因为我们的模板函数只包括一种数据类型（class T），而且它的两个参数都是同一种类型，所以不能够用两个不同类型的参数来调用它：

```
int i;
long l;
k = GetMax (i,l);
```

上面的调用就是不对的，因为函数等待的是两个同种类型的参数。

我们也可以使得模板函数接收两种或两种以上类型的数据，例如：

```
template <class T>
T GetMin (T a, U b) { return (a<b?a:b); }
```

在这个例子中，模板函数 GetMin()接收两个不同类型的参数，并返回一个与第一个参数同类型的对象。在这种定义下，我们可以这样调用该函数：

```
int i,j;
long l;
i = GetMin <int, long> (j,l);
```

或者，简单地用：

```
i = GetMin (j,l);
```

虽然 j 和 l 是不同的类型。

2. 类模板

我们也可以定义类模板（class templates），使得一个类可以有基于通用类型的成员，而不需要在类生成的时候定义具体的数据类型，例如：

```
template <class T>
class pair {
    T values [2];
public:
    pair (T first, T second) {
        values[0]=first;
        values[1]=second;
    }
};
```

上面定义的类可以用来存储两个任意类型的元素。例如，想要定义该类的一个对象，用来存储两个整型数据 115 和 36，可以这样写：

```
pair<int> myobject (115, 36);
```

同时，可以用这个类来生成另一个对象，用来存储任何其他类型数据，例如：

```
pair<float> myfloats (3.0, 2.18);
```

在上面的例子中，类的唯一一个成员函数已经被 inline 定义。如果我们要在类之外定义它的一个成员函数，就必须在每一个函数前面加 template <... >。

【例 3.58】类模板的例子

（1）打开 UE，输入代码如下：

```cpp
#include <iostream>
using namespace std;
template <class Type>
class compare
{
public:
    compare(Type a, Type b)
    {
        x = a;
        y = b;
    }
    Type max()
    {
        return (x > y) ? x : y;
    }
    Type min()
    {
        return (x < y) ? x : y;
    }
private:
    Type x;
    Type y;
};

int main(void)
{
    compare<int> C1(3, 5);
    cout << "最大值: " << C1.max() << endl;
    cout << "最小值: " << C1.min() << endl;

    compare<float> C2(3.5, 3.6);
    cout << "最大值: " << C2.max() << endl;
    cout << "最小值: " << C2.min() << endl;

    compare<char> C3('a', 'd');
    cout << "最大值: " << C3.max() << endl;
    cout << "最小值: " << C3.min() << endl;
    return 0;
}
```

（2）保存代码为 test.cpp，上传到 Linux，在命令行下编译运行：

```
[root@localhost test]# g++ test.cpp -o test
[root@localhost test]# ./test
最大值: 5
最小值: 3
最大值: 3.6
最小值: 3.5
最大值: d
最小值: a
```

所有写 T 的地方都是必需的，每次定义模板类的成员函数的时候，都需要遵循类似的格式（这里第二个 T 表示函数返回值的类型，这个根据需要可能会有变化）。

3. 模板的参数值

除了模板参数前面跟关键字 class 或 typename 表示一个通用类型外，函数模板和类模板还可以包含其他不是代表一个类型的参数，例如代表一个常数，这些通常是基本数据类型的。下面的例子定义了一个用来存储数组的类模板。

【例 3.59】模板的参数值的例子

（1）打开 UE，输入代码如下：

```cpp
#include <iostream>
using namespace std;

template <class T, int N>
class array {
    T memblock[N];
public:
    void setmember(int x, T value);
    T getmember(int x);
};

template <class T, int N>
void array<T, N>::setmember(int x, T value) {
    memblock[x] = value;
}

template <class T, int N>
T array<T, N>::getmember(int x) {
    return memblock[x];
}

int main() {
    array <int, 5> myints;
    array <float, 5> myfloats;
    myints.setmember(0, 100);
    myfloats.setmember(3, 3.1416);
    cout << myints.getmember(0) << '\n';
    cout << myfloats.getmember(3) << '\n';
```

```
    return 0;
}
```

（2）保存代码为 test.cpp，上传到 Linux，在命令行下编译运行：

```
[root@localhost test]# g++ test.cpp -o test
[root@localhost test]# ./test
100
3.1416
```

我们也可以为模板参数设置默认值，就像为函数参数设置默认值一样。

下面是一些模板定义的例子：

```
template <class T> // 最常用的：一个class 参数
template <class T, class U> // 两个class 参数
template <class T, int N> // 一个class 和一个整数
template <class T = char> // 有一个默认值
template <int Tfunc (int)> // 参数为一个函数
```

4. 模板与多文件工程

从编译器的角度来看，模板不同于一般的函数或类。它们在需要时才被编译（compiled on demand），也就是说一个模板的代码直到需要生成一个对象的时候（instantiation）才被编译。当需要 instantiation 的时候，编译器根据模板为特定的调用数据类型生成一个特殊的函数。

当工程变得越来越大的时候，程序代码通常会被分割为多个源程序文件。在这种情况下，通常接口（interface）和实现（implementation）是分开的。用一个函数库做例子，接口通常包括所有能被调用的函数的原型定义。它们通常被定义在以.h 为扩展名的头文件（header file）中，而实现（函数的定义）则在独立的 C++代码文件中。

模板这种类似宏（macro-like）的功能对多文件工程有一定的限制：函数或类模板的实现（定义）必须与原型声明在同一个文件中。也就是说，我们不能再将接口（interface）存储在单独的头文件中，而必须将接口和实现放在使用模板的同一个文件中。

回到函数库的例子，如果我们想要建立一个函数模板的库，不能再使用头文件（.h），取而代之，应该生成一个模板文件（template file），将函数模板的接口和实现都放在这个文件中（这种文件没有惯用扩展名，除了不要使用.h 扩展名或不要不加任何扩展名）。在一个工程中，多次包含同时具有声明和实现的模板文件并不会产生链接错误（linkage errors），因为它们只有在需要时才被编译，而兼容模板的编译器应该已经考虑到这种情况，不会生成重复的代码。

3.8.2 命名空间

1. 命名空间的定义

通过使用命名空间（Namespaces）可以将一组全局范围有效的类、对象或函数组织到一个名字下面。换种说法，就是它将全局范围分割成许多子域范围，每个子域范围叫作一个命名空间。

使用命名空间的格式是：

```
namespace identifier
{
    namespace-body
```

```
}
```

这里 identifier 是一个有效的标识符，namespace-body 是该命名空间包含的一组类、对象和函数，例如：

```
namespace general
{
    int a, b;
}
```

在这个例子中，a 和 b 是命名空间 general 中的整型变量。要想在这个命名空间外面访问这两个变量，我们必须使用范围操作符（::）。例如，要想访问前面的两个变量，需要这样写：

```
general::a
general::b
```

命名空间的作用在于全局对象或函数很有可能重名而造成重复定义的错误，命名空间的使用可以避免这些错误的发生。

【例 3.60】命名空间的简单例子

（1）打开 UE，输入代码如下：

```
#include <iostream>
using namespace std;
namespace first {
    int var = 5;
}

namespace second {
    double var = 3.1416;
}

int main() {
cout << first::var << endl;         cout << second::var << endl;
    return 0;
}
```

（2）保存代码为 test.cpp，上传到 Linux，在命令行下编译运行：

```
[root@localhost test]# g++ test.cpp -o test
[root@localhost test]# ./test
5
3.1416
```

在这个例子中，两个都叫作 var 的全局变量同时存在，一个在名空间 first 下面定义，另一个在 second 下面定义，由于我们使用了命名空间，因此这里不会产生重复定义的错误。

2. 命名空间的使用

使用 using 指令后面跟 namespace 可以将当前的嵌套层与一个指定的命名空间连在一起，以便使该命名空间下定义的对象和函数可以被访问，就好像它们是在全局范围内被定义的一样。它的使用遵循以下原型定义：

```
using namespace identifier;
```

【例 3.61】命名空间的使用

（1）打开 UE，输入代码如下：

```
#include <iostream>
using namespace std;
namespace first {
    int var = 5;
}

namespace second {
    double var = 3.1416;
}

int main() {
    using namespace second;
    cout << var << endl;
    cout << (var * 2) << endl;
    return 0;
}
```

（2）保存代码为 test.cpp，上传到 Linux，在命令行下编译运行：

```
[root@localhost test]# g++ test.cpp -o test
[root@localhost test]# ./test
3.1416
6.2832
```

在这个例子的 main 函数中可以看到，我们能够直接使用变量 var 而不用在前面加任何范围操作符。

这里要注意，语句 using namespace 只在其被声明的语句块内有效（一个语句块指在一对花括号（{}）内的一组指令），如果 using namespace 是在全局范围内被声明的，则在所有代码中都有效。例如，想在一段程序中使用一个命名空间，而在另一段程序中使用另一个命名空间，则可以像【例 3.62】中那样做。

【例 3.62】命名空间的再次使用

（1）打开 UE，输入代码如下：

```
#include <iostream>
using namespace std;
namespace first {
    int var = 5;
```

```
}

namespace second {
    double var = 3.1416;
}

int main() {
    {
        using namespace first;
        cout << var << endl;
    }
    {
        using namespace second;
        cout << var << endl;
    }
    return 0;
}
```

（2）保存代码为 test.cpp，上传到 Linux，在命令行下编译运行：

```
[root@localhost test]# g++ test.cpp -o test
[root@localhost test]# ./test
5
3.1416
```

3. 别名定义

我们可以为已经存在的命名空间定义别名，格式为：

```
namespace new_name = current_name ;
```

4. 标准命名空间

我们能够找到的关于命名空间的最好的例子就是标准 C++ 函数库本身。例如 ANSI C++ 标准定义，标准 C++库中的所有类、对象和函数都是定义在命名空间 std 下面的。

你可能已经注意到，本书忽略了这一点。作者决定这么做是因为这条规则几乎和 ANSI 标准本身一样年轻，许多老一点的编译器并不兼容这条规则。

几乎所有的编译器，即使是那些与 ANSI 标准兼容的编译器，都允许使用传统的头文件（如 iostream.h、stdlib.h 等），就像本书中所使用的一样。然而，ANSI 标准完全重新设计了这些函数库，利用了模板功能，而且遵循了这条规则，将所有的函数和变量定义在了命名空间 std 下。

该标准为这些头文件定义了新的名字，对针对 C++的文件基本上使用同样的名字，但没有.h 的扩展名，例如 iostream.h 变成了 iostream。

如果我们使用 ANSI-C++ 兼容的包含文件，就必须记住所有的函数、类和对象是定义在命名空间 std 下面的。

【例 3.63】标准命名空间的使用

（1）打开 UE，输入代码如下：

```
#include <iostream>

// ANSI-C++ compliant hello world
#include <iostream>

int main() {
    std::cout << "Hello world in ANSI-C++\n";
    return 0;
}
```

（2）保存代码为 test.cpp，上传到 Linux，在命令行下编译运行：

```
[root@localhost test]# g++ test.cpp -o test
[root@localhost test]# ./test
Hello world in ANSI-C++
```

更常用的方法是使用 using namespace ，这样我们就不必在所有标准空间中定义的函数或对象前面使用范围操作符（::）了：

```
// ANSI-C++ compliant hello world (II)
#include <iostream>
using namespace std;

int main () {
    cout << "Hello world in ANSI-C++\n";
    return 0;
}
```

对于 STL 用户，强烈建议使用 ANSI-compliant 方式来包含标准函数库。

3.8.3 异常处理

1. 异常的定义

本节介绍的出错处理是 ANSI-C++ 标准引入的新功能。如果你使用的 C++ 编译器，不兼容这个标准，就可能无法使用这些功能。

在编程过程中，很多时候我们无法确定一段代码是否总是能够正常工作，或者因为程序访问了并不存在的资源，或者由于一些变量超出了预期的范围，等等。

这些情况统称为出错（异常），C++ 新近引入的 3 种操作符能够帮助我们处理这些出错情况：try、throw 和 catch。

它们的一般用法是：

```
try {
    // code to be tried
    throw exception;
}
catch (type  exception)
{
    // code to be executed in case of exception
}
```

所进行的操作为：try 语句块中的代码被正常执行。如果有例外发生，代码必须使用关键字 throw 和一个参数来扔出一个例外。这个参数可以是任何有效的数据类型，它的类型反映了例外的特征。

如果有例外发生，也就是说在 try 语句块中有一个 throw 指令被执行了，catch 语句块就会被执行，用来接收 throw 传来的例外参数。

【例 3.64】异常处理的例子

（1）打开 UE，输入代码如下：

```cpp
#include <iostream>
using namespace std;
int main() {
    char myarray[10];
    try {
        for (int n = 0; n <= 10; n++) {
            if (n > 9) throw "Out of range";
            myarray[n] = 'z';
        }
    }
    catch (char * str) {
        cout << "Exception: " << str << endl;
    }
    return 0;
}
```

（2）保存代码为 test.cpp，上传到 Linux，在命令行下编译运行：

```
[root@localhost test]# g++ test.cpp -o test
[root@localhost test]# ./test
terminate called after throwing an instance of 'char const*'
```

在这个例子中，如果在 n 循环中，n 变得大于 9 了，就仍出一个例外，因为数组 myarray[n] 在这种情况下会指向一个无效的内存地址。当 throw 被执行的时候，try 语句块立即被停止执行，在 try 语句块中生成的所有对象会被销毁。此后，控制权被传递给相应的 catch 语句块（上面的例子中即执行仅有的一个 catch）。最后程序紧跟着 catch 语句块继续向下执行，在上面的例子中就是执行 return 0;。

throw 语法与 return 相似，只是参数不需要括在括号内。

catch 语句块必须紧跟在 try 语句块后面，中间不能有其他的代码。catch 捕获的参数可以是任何有效的数据类型。catch 甚至可以被重载，以便能够接收不同类型的参数。

【例 3.65】多个 catch 块的异常处理

（1）打开 UE，输入代码如下：

```cpp
#include <iostream>
using namespace std;
int main() {
    try {
        char * mystring;
        mystring = new char[10];
```

```
            if (mystring == NULL) throw "Allocation failure";
            for (int n = 0; n <= 100; n++) {
                if (n > 9) throw n;
                mystring[n] = 'z';
            }
        }
        catch (int i) {
            cout << "Exception: ";
            cout << "index " << i << " is out of range" << endl;
        }
        catch (char * str) {
            cout << "Exception: " << str << endl;
        }
        return 0;
    }
```

（2）保存代码为 test.cpp，上传到 Linux，在命令行下编译运行：

```
[root@localhost test]# g++ test.cpp -o test
[root@localhost test]# ./test
Exception: index 10 is out of range
```

在上面的例子中，有两种不同的例外可能发生：

要求的 10 个字符空间不能够被赋值（这种情况很少，但是有可能发生）：这种情况下，扔出的例外就会被 catch (char * str)捕获。

n 超过了 mystring 的最大索引值（index）：这种情况下，扔出的例外将被 catch (int i)捕获，因为它的参数是一个整型值。

我们还可以定义一个 catch 语句块来捕获所有的例外，不论扔出的是什么类型的参数。这种情况下，我们需要在 catch 或后面的括号中写 3 个点来代替原来的参数类型和名称。

```
try {
    // code here
}
catch (...) {
    cout << "Exception occurred";
}
```

try-catch 也是可以被嵌套使用的。在这种情况下，我们可以使用表达式 throw;（不带参数）将里面的 catch 语句块捕获的例外传递到外面一层，例如：

```
try {
    try {
        // code here
    }
    catch (int n) {
        throw;
    }
}
catch (...) {
    cout << "Exception occurred";
}
```

2. 没有捕获的异常

如果由于没有对应的类型，一个例外没有被任何 catch 语句捕获，特殊函数 terminate 将被调用。这个函数通常已被定义了，以便立即结束当前的进程（process），并显示一个"非正常结束"（Abnormal termination）的出错信息。它的格式是：

```
void terminate();
```

3. 标准异常

一些 C++ 标准语言库中的函数也会扔出一些例外，我们可以用 try 语句来捕获它们。这些例外扔出的参数都是 std::exception 引申出的子类类型的。这个类（std::exception）被定义在 C++ 标准头文件中，用来作为 exceptions 标准结构的模型，如图 3-22 所示。

```
exception
 ├─bad_alloc        (thrown by new)
 ├─bad_cast         (thrown by dynamic_cast when fails with a referenced type)
 ├─bad_exception    (thrown when an exception doesn't match any catch)
 ├─bad_typeid       (thrown by typeid)
 ├─logic_error
 │   ├─domain_error
 │   ├─invalid_argument
 │   ├─length_error
 │   └─out_of_range
 ├─runtime_error
 │   ├─overflow_error
 │   ├─range_error
 │   └─underflow_error
 └─ios_base::failure (thrown by ios::clear)
```

图 3-22

因为这是一个类结构，如果包括了一个 catch 语句块使用地址（reference）来捕获这个结构中的任意一种例外（也就是说在类型后面加地址符（&）），你同时可以捕获所有引申类的例外 （C++ 的继承原则）。

下面的例子中，一个类型为 bad_typeid 的例外（exception 的引申类），在要求类型信息的对象为一个空指针的时候被捕获。

【例 3.66】标准异常的例子

（1）打开 UE，输入代码如下：

```
#include <iostream>
using namespace std;
#include <exception>
#include <typeinfo>

class A {
    virtual void f() {}
        ;
};

int main() {
    try {
```

```
    A * a = NULL;
    typeid(*a);
  }
  catch (std::exception& e) {
    cout << "Exception: " << e.what()<<endl;
  }
    return 0;
}
```

（2）保存代码为 test.cpp，上传到 Linux，在命令行下编译运行：

```
[root@localhost test]# g++ test.cpp -o test
[root@localhost test]# ./test
Exception: std::bad_typeid
```

你可以用这个标准的例外层次结构来定义你的例外或从中引申出新的例外类型。

3.8.4 预处理指令

预处理指令是我们写在程序代码中的给预处理器（preprocessor）的命令，而不是程序本身的语句。预处理器在编译一个 C++程序时由编译器自动执行，它负责控制对程序代码的第一次验证和消化。

所有这些指令必须写在单独的一行中，它们不需要加结尾的分号（；）。

1. #define

#define 可以被用来生成宏定义常量，它的使用形式是：

```
#define name value
```

它的作用是定义一个叫作 name 的宏定义，然后每当在程序中遇到这个名字的时候，它就会被 value 代替，例如：

```
#define MAX_WIDTH 100
char str1[MAX_WIDTH];
char str2[MAX_WIDTH];
```

它定义了两个最多可以存储 100 个字符的字符串。

#define 也可以被用来定义宏函数：

```
#define getmax(a,b) a>b?a:b
int x=5, y;
y = getmax(x,2);
```

这段代码执行后 y 的值为 5 。

2. #undef

#undef 完成与 #define 相反的工作，它取消对传入的参数的宏定义：

```
#define MAX_WIDTH 100
char str1[MAX_WIDTH];
#undef MAX_WIDTH
```

```
#define MAX_WIDTH 200
char str2[MAX_WIDTH];
```

#ifdef、#ifndef、#if、#endif、#else 和#elif 指令可以使程序的一部分在某种条件下被忽略。

#ifdef 可以使一段程序只有在某个指定常量已经被定义了的情况下才被编译,无论被定义的值是什么。它的操作是:

```
#ifdef name
// code here
#endif
```

例如:

```
#ifdef MAX_WIDTH
char str[MAX_WIDTH];
#endif
```

在这个例子中,语句 char str[MAX_WIDTH]; 只有在宏定义常量 MAX_WIDTH 已经被定义的情况下才被编译器考虑,不管它的值是什么。如果它还没有被定义,这一行代码就不会被包括在程序中。

#ifndef 起相反的作用:在指令#ifndef 和 #endif 之间的代码只有在某个常量没有被定义的情况下才被编译,例如:

```
#ifndef MAX_WIDTH
#define MAX_WIDTH 100
#endif
char str[MAX_WIDTH];
```

这个例子中,如果处理到这段代码的时候 MAX_WIDTH 还没有被定义,它就会被定义为值100。而如果它已经被定义了,那么它会保持原值(因为#define 语句这一行不会被执行)。

指令#if、#else 和#elif(elif = else if)用来使得其后面所跟的程序部分只有在特定条件下才被编译。这些条件只能够是常量表达式,例如:

```
#if MAX_WIDTH>200
#undef MAX_WIDTH
#define MAX_WIDTH 200

#elsif MAX_WIDTH<50
#undef MAX_WIDTH
#define MAX_WIDTH 50

#else
#undef MAX_WIDTH
#define MAX_WIDTH 100
#endif

char str[MAX_WIDTH];
```

注意看这一连串的指令#if、#elsif 和#else 是怎样以#endif 结尾的。

3. #line

当我们编译一段程序的时候，如果有错误发生，编译器会在错误前面显示出错文件的名称以及文件中的第几行发生的错误。

指令#line 可以使我们对这两点进行控制，也就是说当出错时显示文件中的行数以及我们希望显示的文件名。它的格式是：

```
#line number "filename"
```

这里 number 是将会赋给下一行的新行数。它后面的行数从这一点逐个递增。

filename 是一个可选参数，用来替换自此行以后出错时显示的文件名，直到有另一个#line 指令替换它或直到文件的末尾，例如：

```
#line 1 "assigning variable"
int a?;
```

这段代码将会产生一个错误，显示为在文件"assigning variable", line 1 。

4. #error

这个指令将中断编译过程并返回一个参数中定义的出错信息，例如：

```
#ifndef __cplusplus
#error A C++ compiler is required
#endif
```

这个例子中，如果 __cplusplus 没有被定义就会中断编译过程。

5. #include

这个指令我们已经见到过很多次。当预处理器找到一个#include 指令时，它用指定文件的全部内容替换这条语句。声明包含一个文件有两种方式：

```
#include "file"
#include <file>
```

两种表达的唯一区别是编译器应该在什么路经下寻找指定的文件。第一种情况下，文件名被写在双引号中，编译器首先在包含这条指令的文件所在的目录下寻找，如果找不到指定文件，编译器再到被配置的默认路径下（也就是标准头文件路径下）寻找。

如果文件名是在尖括号（<>）中，编译器就会直接到默认标准头文件路径下寻找。

6. #pragma

这个指令是用来对编译器进行配置的，针对你所使用的平台和编译器而有所不同。要了解更多信息，可参考编译器手册。

如果你的编译器不支持某个#pragma 的特定参数，这个参数会被忽略，不会产生出错。

3.8.5 预定义宏

系统预先定义了一些标准宏供开发者使用。表 3-10 中的宏名称在任何时候都是定义好的。

表 3-10 宏名称

macro	value
__LINE__	整数值，表示当前正在编译的行在源文件中的行数
__FILE__	字符串，表示被编译的源文件的文件名
__DATE__	一个格式为 "Mmm dd yyyy" 的字符串，存储编译开始的日期
__TIME__	一个格式为 "hh:mm:ss" 的字符串，存储编译开始的时间
__cplusplus	整数值，所有 C++编译器都定义了这个常量为某个值。如果这个编译器是完全遵守 C++标准的，它的值应该等于或大于 199711L，具体值取决于它遵守的是哪个版本的标准

【例 3.67】标准宏的例子

（1）打开 UE，输入代码如下：

```
#include <iostream>
using namespace std;
// 标准宏名称
#include <iostream>
using namespace std;

int main()
{
    cout << "This is the line number "
     <<   LINE  ;
    cout << " of file " <<    FILE
     << ".\n";
    cout << "Its compilation began "
       <<   DATE  ;
    cout << " at " <<   TIME   << ".\n";
     cout << "The compiler gives a "
      << "  cplusplus value of "
      <<    cplusplus;
    cout << endl;
    return 0;
}
```

（2）保存代码为 test.cpp，上传到 Linux，在命令行下编译运行：

```
[root@localhost test]# g++ test.cpp -o test
[root@localhost test]# ./test
This is the line number 10 of file test.cpp.
Its compilation began Apr  7 2018 at 09:53:29.
The compiler gives a __cplusplus value of 199711
```

3.8.6 C++11 中的预定义宏

1. 通过宏__func__显示函数名称

有时候我们为了调试方便，想在某个函数中打印出函数名。C++11 提供了一个预定义__func__（注意两边各有两条下画线），用于表示函数名称。该宏使用起来很简单，将它当作一个字符串即可，这样在需要打印的地方，按照字符串的打印方式即可显示函数名称。

下面看一个小例子来加深理解。

【例3.68】使用宏__func__得到函数名

（1）打开 UE，输入代码如下：

```
const char *test()
{
    return __func__;
}
int main()
{
    printf("%s,%s", __func__,test());
    return 0;
}
```

（2）保存代码为 test.cpp，上传到 Linux，在命令行下编译运行：

```
main,test
```

我们从 test 函数的返回类型可以看出，__func__本质上就是一个字符串。

2. 使用宏_Pragma

前面我们讲到了预处理指令"#pragma"，它的作用是向编译器传达语言标准以外的信息。在 C++11 中引入了一个预定义宏_Pragma，它的功能和预处理指令"#pragma"相同，基本用法如下：

```
_Pragma(字符串常量)
```

比如，前面提到为了防止某个头文件被重复编译，可以在头文件的开头使用预处理指令"#pragma once"，现在我们通过_Pragma 也可以达到同样的效果：

```
_Pragma("once")
```

由于_Pragma 是一个宏，因此相对于预处理指令"#pragma"来说，具有更大的灵活性。

3. 变长参数的宏__VA_ARGS__

__VA_ARGS__是一个表示变长参数的宏，它以前属于 C99 标准，现在 C++11 把它正式纳入 C++标准。变长参数是指参数列表的最后一个参数是省略号，而变长参数的宏__VA_ARGS__则可以替换省略号所代表的字符串，这个功能在轻量级调试中非常有用，我们可以自己定义一些日志函数、打印函数来丰富调试信息。

例如，我们可以对 printf 重新定义：

```
#define PT(...)  printf(__VA_ARGS__);
```

然后调用 printf 的地方就可以用 PT 来代替：

```
PT("%d,%s\n", 5, "abc");
```

结果输出：

```
5,abc
```

这样可以少打字符，提高效率。下面我们来实现一个日志打印的函数。

【例3.69】实现一个日志打印函数

（1）打开 UE，输入代码如下：

```
#define DBGDUMP(...)  \
{  \
    printf("%s\n%s,%d\n", __FILE__, __func__,__LINE__); \
    printf(__VA_ARGS__); \
}

int main()
{
    int ret = 5;
    DBGDUMP("ret=%d\n", ret);

    return 0;
}
```

（2）保存代码为 test.cpp，上传到 Linux，在命令行下编译运行：

```
e:\ebook\c++\note\code\ch03\3.70\test\test\test.cpp
main,16
ret=5
```

首先打印出源代码文件名，然后打印出函数名和行数，最后打印出我们希望查看的变量值。代码很简单，我们综合性地用到了前面介绍的几个宏，它们和__VA_ARGS__一起较好地显示出了一些调试信息，比如当前文件名称、函数名称和行数，以及自己想查看的变量值，这里就是 ret。这样的打印信息对于一些无法单步调试的环境非常重要，比如内核调试环境等。

3.9 字符串

3.9.1 字符串基础

字符串是用来存储一个以上字符的非数字值的变量。

1. string 类

C++提供一个 string 类来支持字符串的操作，它不是一个基本的数据类型，但是在一般的使用中与基本数据类型非常相似。

与普通数据类型不同的一点是，要想声明和使用字符串类型的变量，需要引用头文件<string>，并且使用 using namespace 语句来使用标准命名空间（std），如下面的例子所示。

【例 3.68】第一个 C++字符串例子

（1）打开 UE，输入代码如下：

```
#include <iostream>
#include <string>
using namespace std;

int main ()
{
    string mystring = "This is a string";
    cout << mystring<<endl;
    return 0;
}
```

（2）保存代码为 test.cpp，上传到 Linux，在命令行下编译运行：

```
[root@localhost test]# g++ test.cpp -o test
[root@localhost test]# ./test
This is a string
```

如上面的例子所示，字符串变量可以被初始化为任何字符串值，就像数字类型变量可以被初始化为任何数字值一样。

以下两种初始化格式对字符串变量都是可以使用的：

```
string mystring = "This is a string";
string mystring ("This is a string");
```

字符串变量还可以进行其他与基本数据类型变量一样的操作，比如声明的时候不指定初始值，和在运行过程中被重新赋值。

【例 3.69】第二个 C++字符串例子

（1）打开 UE，输入代码如下：

```
#include <iostream>
#include <string>
using namespace std;

int main ()
{
    string mystring;
    mystring =
    "This is the initial string content";
    cout << mystring << endl;
    mystring =
    "This is a different string content";
    cout << mystring << endl;
    return 0;
}
```

（2）保存代码为 test.cpp，上传到 Linux，在命令行下编译运行：

```
[root@localhost test]# g++ test.cpp -o test
[root@localhost test]# ./test
This is the initial string content
This is a different string content
```

除了使用 string 类外，C++程序中还能使用 C 风格字符串。C 风格的字符串起源于 C 语言，并在 C++ 中继续得到支持。字符串实际上是使用 NULL 字符 '\0' 终止的一维字符数组。因此，一个以 NULL 结尾的字符串包含组成字符串的字符。

下面的声明和初始化创建了一个 "Hello" 字符串。由于在数组的末尾存储了空字符，因此字符数组的大小比单词 "Hello" 的字符数多一个。

```
char greeting[6] = { 'H', 'e', 'l', 'l', 'o', '\0'};
```

依据数组初始化的规则，可以把上面的语句改写成以下语句：

```
char greeting[] = "Hello";
```

其实，我们不需要把 NULL 字符（'\0'）放在字符串常量的末尾。C++ 编译器会在初始化数组时，自动把 '\0' 放在字符串的末尾。下面的实例让我们尝试输出上面的字符串。

【例 3.70】一个简单字符串例子

（1）打开 UE，输入代码如下：

```
#include <iostream>
using namespace std;

int main ()
{
    char greeting[6] = {'H', 'e', 'l', 'l', 'o', '\0'};
    cout << "Greeting message: ";
    cout << greeting << endl;
    return 0;
}
```

（2）保存代码为 test.cpp，上传到 Linux，在命令行下编译并运行：

```
[root@localhost test]# g++ test.cpp -o test
[root@localhost test]# ./test
Greeting message: Hello
```

C++中有大量的函数用来操作以 NULL 结尾的字符串，常用函数如表 3-11 所示。

表 3-11　常用函数

函数	说明
strcpy(s1, s2);	复制字符串 s2 到字符串 s1
strcat(s1, s2);	连接字符串 s2 到字符串 s1 的末尾
strlen(s1);	返回字符串 s1 的长度
strcmp(s1, s2);	如果 s1 和 s2 是相同的,就返回 0;如果 s1<s2,返回值就小于 0;如果 s1>s2,返回值就大于 0
strchr(s1, ch);	返回一个指针,指向字符串 s1 中字符 ch 第一次出现的位置
strstr(s1, s2);	返回一个指针,指向字符串 s1 中字符串 s2 第一次出现的位置

下面的实例使用了上述的一些函数。

【例 3.71】使用字符串函数的例子

（1）打开 UE，输入代码如下：

```cpp
#include <iostream>
#include <cstring>

using namespace std;

int main ()
{
    char str1[11] = "Hello";
    char str2[11] = "World";
    char str3[11];
    int  len ;

    // 复制 str1 到 str3
    strcpy( str3, str1);
    cout << "strcpy( str3, str1) : " << str3 << endl;

    // 连接 str1 和 str2
    strcat( str1, str2);
    cout << "strcat( str1, str2): " << str1 << endl;

    // 连接后，str1 的总长度
    len = strlen(str1);
    cout << "strlen(str1) : " << len << endl;

    return 0;
}
```

（2）保存代码为 test.cpp，上传到 Linux，在命令行下编译并运行：

```
[root@localhost test]# g++ test.cpp -o test
[root@localhost test]# ./test
strcpy( str3, str1) : Hello
strcat( str1, str2): HelloWorld
```

```
strlen(str1) : 10
```

现在我们再回过头来看 string 类。C++标准库提供了 string 类，支持上述所有的操作，另外还增加了其他更多的功能。string 是 C++中的重要类型，程序员在 C++面试中经常会遇到关于 string 的细节问题，甚至要求当场实现这个类。只是由于面试时间关系，可能只要求实现构造函数、析构函数、拷贝构造函数等关键部分。所以大家平时还是要注意对 string 知识的积累。

string 是 C++标准库的一个重要部分，主要用于字符串处理。可以使用输入输出流方式直接进行操作，也可以通过文件等手段进行操作。同时，C++的算法库对 string 也有着很好的支持，而且 string 还和 C 语言的字符串之间有着良好的接口。虽然也有一些弊端，但是瑕不掩瑜。

要想使用标准 C++中的 string 类，必须要包含头文件 string，注意是 string，不是 string.h，带.h 的是 C 语言中的头文件。

```
#include <string>// 注意是<string>，不是<string.h>，带.h的是C语言中的头文件
using  std::string;
using  std::wstring;
```

或

```
using namespace std;
```

下面就可以使用 string/wstring 了，它们分别对应着 char 和 wchar_t。string 和 wstring 的用法是一样的，下面只介绍 string 的用法。

2. 声明 C++字符串

声明一个字符串变量很简单：

```
string str;
```

这样我们就声明了一个字符串变量，但既然是一个类，就有构造函数和析构函数。上面的声明没有传入参数，所以就直接使用了 string 的默认构造函数，这个函数所做的就是把 str 初始化为一个空字符串。string 类的构造函数如下：

（1）string s;　生成一个空字符串 s。

（2）string s(str)　拷贝构造函数，生成 str 的复制品。

（3）string s(str,stridx)　将字符串 str 内"始于位置 stridx"的部分当作字符串的初值。

（4）string s(str,stridx,strlen)　将字符串 str 内"始于 stridx 且长度顶多 strlen"的部分作为字符串的初值。

（5）string s(cstr)　将 c 字符串作为 s 的初值。

（6）string s(chars,chars_len)　将 c 字符串前 chars_len 个字符作为字符串 s 的初值。

（7）string s(num,c)　生成一个字符串，包含 num 个 c 字符。

（8）string s(beg,end)　以区间 beg;end（不包含 end）内的字符作为字符串 s 的初值。

3. string 常用成员函数

string 常用成员函数如表 3-12 所示。

表 3-12   string 常用成员函数

函数名	描述
begin	得到指向字符串开头的 Iterator
end	得到指向字符串结尾的 Iterator
rbegin	得到指向反向字符串开头的 Iterator
rend	得到指向反向字符串结尾的 Iterator
size	得到字符串的大小
length	和 size 函数功能相同
max_size	字符串可能的最大大小
capacity	在不重新分配内存的情况下，字符串可能的大小
empty	判断是否为空
operator[]	取第几个元素，相当于数组
c_str	取得 C 风格的 const char* 字符串
data	取得字符串内容地址
operator=	赋值操作符
reserve	预留空间
swap	交换函数
insert	插入字符
append	追加字符
push_back	追加字符，字符串之后插入一个字符
operator+=	+= 操作符
erase	删除字符串
clear	清空字符容器中所有内容
resize	重新分配空间
assign	和赋值操作符一样
replace	替代
copy	字符串到空间
find	查找
rfind	反向查找
find_first_of	查找包含子串中的任何字符，返回第一个位置
find_first_not_of	查找不包含子串中的任何字符，返回第一个位置
find_last_of	查找包含子串中的任何字符，返回最后一个位置
find_last_not_of	查找不包含子串中的任何字符，返回最后一个位置
substr	得到子串
compare	比较字符串
operator+	字符串链接

（续表）

函数名	描述
operator==	判断是否相等
operator!=	判断是否不等于
operator<	判断是否小于
operator>>	从输入流中读入字符串
operator<<	字符串写入输出流
getline	从输入流中读入一行

4. C++字符串和 C 字符串的转换

C++提供这几个函数 data()、c_str()和 copy()得到对应的 C 风格的字符串，其中，data()以字符数组的形式返回字符串内容，但并不添加"\0"；c_str()返回一个以"\0"结尾的字符数组；而 copy()则把字符串的内容复制或写入既有的 c_string 或字符数组内。C++字符串并不以"\0"结尾。建议在程序中能使用 C++字符串就使用，除非万不得已，否则不选用 c_string。

（1）char*转换为 string

char * 和 char str[]类型可以直接转换为 string 类型，比如：

```
char * chstr,
char arstr[]
string str1=chstr;
string str2=arstr; //可以直接进行赋值
```

（2）string 转换为 char *

string 提供一个方法可以直接返回字符串的首指针地址，即 string.c_str();，比如：

```
string str="Hi Cpp";
const char * mystr=str.c_str(); //注意要加上const.
```

5. 获取大小和容量

一个 C++字符串存在 3 种大小：（1）现有的字符数，函数是 size()和 length()，它们等效。Empty()用来检查字符串是否为空。（2）max_size()是指当前 C++字符串最多能包含的字符数，很可能和机器本身的限制或者字符串所在位置连续内存的大小有关。我们一般情况下不用关心 max_size()，大小应该足够我们使用。但是不够用的话，会抛出 length_error 异常。（3）capacity()重新分配内存之前 string 所能包含的最大字符数。这里另一个需要指出的是 reserve()函数，这个函数为 string 重新分配内存。重新分配的大小由其参数决定，默认参数为 0，这时会对 string 进行非强制性缩减。

6. 元素存取

我们可以使用下标操作符（[]）和函数 at()对元素包含的字符进行访问。但是应该注意的是，操作符[]并不检查索引是否有效（有效索引 0~str.length()），如果索引失效，就会引起未定义的行为。而 at()会检查，如果使用 at()的时候索引无效，就会抛出 out_of_range 异常。

有一个例外不得不说，const string a;的操作符[]对索引值是 a.length()仍然有效，其返回值是

"\0"。其他的情况下，a.length()索引都是无效的。举例如下：

```
const string Cstr("const string");
string Str("string");

Str[3];    //ok
Str.at(3); //ok

Str[100]; //未定义的行为
Str.at(100);  //throw out_of_range

Str[Str.length()]   //未定义行为
Cstr[Cstr.length()] //返回 '\0'
Str.at(Str.length());//throw out_of_range
Cstr.at(Cstr.length()) ////throw out_of_range
```

不建议类似于下面的引用或指针赋值：

```
char& r=s[2];
char* p= &s[3];
```

因为一旦发生重新分配，r、p 立即失效。避免的方法就是不使用。

7. 比较函数

C++字符串支持常见的比较操作符（>、>=、<、<=、==、!=），甚至支持 string 与 C-string 的比较（如 str<"hello"）。在使用>、>=、<、<=操作符的时候、是根据"当前字符特性"将字符按字典顺序进行逐一得比较。字典排序靠前的字符小，比较的顺序是从前向后比较，遇到不相等的字符，就按这个位置上的两个字符的比较结果确定两个字符串的大小。同时，string("aaaa")<string("aaaaa")。

另一个功能强大的比较函数是成员函数 compare()。它支持多参数处理，支持用索引值和长度定位子串来进行比较。它返回一个整数来表示比较结果，返回值意义为：0（相等）、>0（大于）、<0（小于）。举例如下：

```
string s("abcd");

s.compare("abcd"); //返回0
s.compare("dcba"); //返回一个小于0的值
s.compare("ab"); //返回大于0的值

s.compare(s); //相等
s.compare(0,2,s,2,2); //用"ab"和"cd"进行比较,小于零
s.compare(1,2,"bcx",2); //用"bc"和"bc"比较
```

8. 更改内容

这在字符串的操作中占了很大一部分。

首先介绍赋值，第一个赋值方法当然是使用操作符"="，新值可以是 string（如：s=ns）、c_string，（如 s="gaint"）甚至是单一字符（如 s='j'）。还可以使用成员函数 assign()，这个成员函数可以使

你更灵活地对字符串赋值。下面举例说明。

```
s.assign(str);
s.assign(str,1,3);//如果str是"iamangel"，就是把"ama"赋给字符串
s.assign(str,2,string::npos);//把字符串str从索引值2开始到结尾赋给s
s.assign("gaint");
s.assign("nico",5);//把 'n' 'I' 'c' 'o' '\0' 赋给字符串
s.assign(5,'x');//把5个x赋给字符串
```

把字符串清空的方法有 3 个：s=""、s.clear();和 s.erase();。

string 提供了很多函数用于插入（insert）、删除（erase）、替换（replace）、增加字符。

先介绍增加字符（这里介绍的增加是在末尾），函数有+=、append()、push_back()。举例如下：

```
s+=str;//加个字符串
s+="my name is jiayp";//加个C字符串
s+='a';//加个字符

s.append(str);
s.append(str,1,3);//不解释了，同前面的函数参数assign的解释
s.append(str,2,string::npos)//不解释了

s.append("my name is jiayp");
s.append("nico",5);
s.append(5,'x');

s.push_back('a');//这个函数只能增加单个字符，对STL熟悉的读者理解起来很简单
```

也许你需要在 string 中间的某个位置插入字符串，这时候可以用 insert()函数，这个函数需要指定一个安插位置的索引，被插入的字符串将放在这个索引的后面。

```
s.insert(0,"my name");
s.insert(1,str);
```

这种形式的 insert()函数不支持传入单个字符，这时单个字符必须写成字符串形式。为了插入单个字符，insert 函数提供了两个对插入单个字符操作的重载函数：insert(size_type index,size_type num,chart c)和 insert(iterator pos,size_type num,chart c)。其中，size_type 是无符号整数，iterator 是 char*，所以，这么调用 insert 函数是不行的：insert(0,1,'j')，这时候第一个参数将转换成哪一个呢？所以你必须这么写：insert((string::size_type)0,1,'j')，第二种形式指出了使用迭代器安插字符的形式。

删除函数 erase()和替换函数 replace()的形式都有好几种。请看例子：

```
string s="il8n";
s.replace(1,2,"nternationalizatio");//从索引1开始的2个替换成后面的C_string
s.erase(13);//从索引13开始往后全删除
s.erase(7,5);//从索引7开始往后删5个
```

9. 提取子串和字符串连接

提取子串的函数是：substr()，举例如下：

```
s.substr();//返回s的全部内容
s.substr(11);//从索引11往后的子串
s.substr(5,6);//从索引5开始的6个字符
```

10. 输入输出操作

>>：从输入流读取一个 string。

<<：把一个 string 写入输出流。

另一个函数就是 getline()，从输入流读取一行内容，直到遇到分行符或到文件尾。

3.9.2 搜索与查找

以下所介绍的所有 string 查找函数都有唯一的返回类型，那就是 size_type，即一个无符号整数（按打印出来的算）。若查找成功，则返回按查找规则找到的第一个字符或子串的位置；若查找失败，则返回 npos，即-1（打印出来为 4294967295）。

1. find 函数

该函数正向查找。声明如下：

```
//string (1)
size_type find (const basic_string& str, size_type pos = 0) const noexcept;
//c-string (2)
size_type find (const charT* s, size_type pos = 0) const;
//buffer (3)
size_type find (const charT* s, size_type pos, size_type n) const;
//character (4)
size_type find (charT c, size_type pos = 0) const noexcept;
```

【例 3.72】find 函数测试

（1）打开 UE，输入代码如下：

```
#include<iostream>
#include<string>

using namespace std;

int main()
{
    cout<<"find test:"<<endl;
    //测试size_type find (charT c, size_type pos = 0) const noexcept;
    string st1("babbabab");
    cout << st1.find('a') << endl;//1    由原型知，若省略第2个参数，则默认从位置0（即
第1个字符）起开始查找
    cout << st1.find('a', 0) << endl;//1
    cout << st1.find('a', 1) << endl;//1
    cout << st1.find('a', 2) << endl;//4    在st1中，从位置2（b，包括位置2）开始查
找字符a，返回首次匹配的位置，若匹配失败，则返回npos
    cout << st1.rfind('a',7) << endl;//6    关于rfind，后面讲述
    cout << st1.find('c', 0) << endl;//4294967295
```

```
        cout << (st1.find('c', 0) == -1) << endl;//1
        cout << (st1.find('c', 0) == 4294967295) << endl;//1    两句均输出1，原因是计
算机中-1和4294967295都表示为32个1（二进制）
        cout << st1.find('a', 100) << endl;//4294967295    当查找的起始位置超出字符串
长度时，按查找失败处理，返回npos
        //测试size_type find (const basic_string& str, size_type pos = 0) const
noexcept;
        string st2("aabcbcabcbabcc");
        string str1("abc");
        cout << st2.find(str1, 2) << endl;//6    从st2的位置2（b）开始匹配，返回第一次
成功匹配时匹配的串（abc）的首字符在st2中的位置，失败返回npos
        //测试size_type find (const charT* s, size_type pos = 0) const;
        cout << st2.find("abc", 2) << endl; //6    同上，只不过参数不是string而是char*
        //测试size_type find (const charT* s, size_type pos, size_type n) const;
        cout << st2.find("abcdefg", 2, 3) << endl;//6    取abcdefg的前3个字符（abc）
参与匹配，相当于st2.find("abc", 2)
        cout << st2.find("abcbc", 0, 5) << endl;//1    相当于st2.find("abcbc", 0)
        cout << st2.find("abcbc", 0, 6) << endl;//4294967295    第3个参数超出第1个参
数的长度时，返回npos
        return 0;
    }
```

（2）保存代码为 test.cpp，上传到 Linux，在命令行下编译并运行：

```
[root@localhost test]# g++ test.cpp -o test
[root@localhost test]# ./test
find test:
1
1
1
4
6
18446744073709551615
1
0
18446744073709551615
6
6
6
1
18446744073709551615
```

【例 3.73】找出字符串 str 中所有的"abc"

（1）打开 UE，输入代码如下：

```
//找出字符串str中所有的"abc"（输出位置），若未找到，则输出"not find!"
#include<iostream>
#include<string>
```

```
using namespace std;

int main()
{
    string str("babccbabcaabcccbabccabcabcabbabcc");
    int num = 0;
    size_t fi = str.find("abc", 0);
    while (fi!=str.npos)
    {
        cout << fi << "   ";
        num++;
        fi = str.find("abc", fi + 1);
    }
    if (0 == num)
        cout << "not find!";
    cout << endl;
    return 0;
}
```

（2）保存代码为 test.cpp，上传到 Linux，在命令行下编译并运行：

```
[root@localhost test]# g++ test.cpp -o test
[root@localhost test]# ./test
1   6   10   16   20   23   29
```

2. rfind 函数

rfind()与 find()很相似，差别在于查找顺序不一样，rfind()是从指定位置起向前查找，直到串首。例如，【例 3.72】中的 st1.rfind('a',7)一句，就是从 st1 的位置 7（st1 的最后一个字符 b）开始查找字符 a，第一次找到的是倒数第 2 个字符 a，所以返回 6。

函数声明如下：

```
//string (1)
size_type rfind (const basic_string& str, size_type pos = npos) const noexcept;
//c-string (2)
size_type rfind (const charT* s, size_type pos = npos) const;
//buffer (3)
size_type rfind (const charT* s, size_type pos, size_type n) const;
//character (4)
size_type rfind (charT c, size_type pos = npos) const noexcept;
```

关于 rfind()不再举例，读者可根据 find()的示例自行写代码学习 rfind()。

3. find_first_of 函数

该函数在源串中从位置 pos 起往后查找，只要在源串中遇到一个字符，该字符与目标串中任意一个字符相同，就停止查找，返回该字符在源串中的位置；若匹配失败，则返回 npos。

函数声明如下：

```
//string (1)
```

```
size_type find_first_of (const basic_string& str, size_type pos = 0) const
noexcept;
    //c-string (2)
    size_type find_first_of (const charT* s, size_type pos = 0) const;
    //buffer (3)
    size_type find_first_of (const charT* s, size_type pos, size_type n) const;
    //character (4)
    size_type find_first_of (charT c, size_type pos = 0) const noexcept;
```

【例 3.74】find_first_of 的测试

（1）打开 UE，输入代码如下：

```
#include<iostream>
#include<string>

using namespace std;

int main()
{
    cout<<"find_first_of test:"<<endl;
    //测试size_type find_first_of (charT c, size_type pos = 0) const noexcept;
    string str("babccbabcc");
    cout << str.find('a', 0) << endl;//1
    cout << str.find_first_of('a', 0) << endl;//1  str.find_first_of('a', 0)
与str.find('a', 0)
    //测试size_type find_first_of (const basic_string& str, size_type pos = 0)
const noexcept;
    string str1("bcgjhikl");
    string str2("kghlj");
    cout << str1.find_first_of(str2, 0) << endl;//从str1的第0个字符b开始找，b不
与str2中的任意字符匹配；再找c，c不与str2中的任意字符匹配；再找g，g与str2中的g匹配，于是停止
查找，返回g在str1中的位置2
    //测试size_type find_first_of (const charT* s, size_type pos, size_type n)
const;
    cout << str1.find_first_of("kghlj", 0, 20);//2   尽管第3个参数超出了kghlj的
长度，但仍能得到正确的结果，可以认为，str1是和"kghlj+乱码"做匹配
    return 0;
}
```

（2）保存代码为 test.cpp，上传到 Linux，在命令行下编译并运行：

```
[root@localhost test]# g++ test.cpp -o test
[root@localhost test]# ./test
find_first_of test:
1
1
2
```

【例3.75】将字符串中所有的元音字母换成*

（1）打开 UE，输入代码如下：

```cpp
#include<iostream>
#include<string>

using namespace std;

int main()
{
    std::string str("PLease, replace the vowels in this sentence by
asterisks.");
    std::string::size_type found = str.find_first_of("aeiou");
    while (found != std::string::npos)
    {
        str[found] = '*';
        found = str.find_first_of("aeiou", found + 1);
    }
    std::cout << str << '\n';
    return 0;
}
```

（2）保存代码为 test.cpp，上传到 Linux，在命令行下编译并运行：

```
[root@localhost test]# g++ test.cpp -o test
[root@localhost test]# ./test
PL**s*, r*pl*c* th* v*w*ls *n th*s s*nt*nc* by *st*r*sks.
```

4. find_last_of 函数

该函数与 find_first_of()函数相似，只不过查找顺序是从指定位置向前。函数声明如下：

```cpp
//string (1)
size_type find_last_of (const basic_string& str, size_type pos = npos) const
noexcept;
//c-string (2)
size_type find_last_of (const charT* s, size_type pos = npos) const;
//buffer (3)
size_type find_last_of (const charT* s, size_type pos, size_type n) const;
//character (4)
size_type find_last_of (charT c, size_type pos = npos) const noexcept;
```

【例3.76】find_last_of 的测试

（1）打开 UE，输入代码如下：

```cpp
#include<iostream>
#include<string>

using namespace std;
```

```
int main()
{
    cout<<"find_last_of test"<<endl;
    //测试size_type find_last_of (const charT* s, size_type pos = npos) const;
    //目标串中仅有字符c与源串中的两个c匹配，其余字符均不匹配
    string str("abcdecg");
    cout << str.find_last_of("hjlywkcipn", 6) << endl;//5    从str的位置6(g)开
始向前找，g不匹配，再找c，c匹配，停止查找，返回c在str中的位置5
    cout << str.find_last_of("hjlywkcipn", 4) << endl;//2    从str的位置4(e)开
始向前找，e不匹配，再找d，d不匹配，再找c，c匹配，停止查找，返回c在str中的位置5
    cout << str.find_last_of("hjlywkcipn", 200) << endl;//5   当第2个参数超出源
串的长度（这里str长度是7）时，不会出错，相当于从源串的最后一个字符起开始查找
    return 0;
}
```

（2）保存代码为 test.cpp，上传到 Linux，在命令行下编译并运行：

```
[root@localhost test]# g++ test.cpp -o test
[root@localhost test]# ./test
find_last_of test
5
2
5
```

5. find_first_not_of 函数

该函数在源串中从位置 pos 开始往后查找，只要在源串遇到一个字符，该字符与目标串中的任意一个字符都不相同，就停止查找，返回该字符在源串中的位置；若遍历完整个源串都找不到满足条件的字符，则返回 npos。

函数声明如下：

```
//string (1)
size_type find_first_not_of (const basic_string& str, size_type pos = 0) const
noexcept;
//c-string (2)
size_type find_first_not_of (const charT* s, size_type pos = 0) const;
//buffer (3)
size_type find_first_not_of (const charT* s, size_type pos, size_type n) const;
//character(4)
size_type find_first_not_of (charT c, size_type pos = 0) const noexcept;
```

【例 3.77】find_first_not_of 的测试

（1）打开 UE，输入代码如下：

```
#include<iostream>
#include<string>

using namespace std;

int main()
```

```
{
    //测试size_type find_first_not_of (const charT* s, size_type pos = 0) const;
    string str("abcdefg");
    cout << str.find_first_not_of("kiajbvehfgmlc", 0) << endl;//3    从源串str
的位置0(a)开始查找，目标串中有a（匹配），再找b，b匹配，再找c，c匹配，再找d，目标串中没有d（不
匹配），停止查找，返回d在str中的位置3
    return 0;
}
```

（2）保存代码为 test.cpp，上传到 Linux，在命令行下编译并运行：

```
[root@localhost test]# g++ test.cpp -o test
[root@localhost test]# ./test
3
```

6. find_last_not_of 函数

find_last_not_of()与 find_first_not_of()相似，只不过查找顺序是从指定位置向前。函数声明如下：

```
//string (1)
size_type find_last_not_of (const basic_string& str, size_type pos = npos) const
noexcept;
//c-string (2)
size_type find_last_not_of (const charT* s, size_type pos = npos) const;
//buffer (3)
size_type find_last_not_of (const charT* s, size_type pos, size_type n) const;
//character (4)
size_type find_last_not_of (charT c, size_type pos = npos) const noexcept;
```

函数比较简单，这里不再赘述举例。

3.10 再论异常处理

3.10.1 基本概念

异常是指程序在运行时存在异常行为，这些异常的行为让函数不能正常执行。异常应该捕获的是能够处理的错误，比如不能连接服务器、不能连接数据库、数组访问越界、死锁、文件访问失败等情况。在异常处理中，我们需要做的是尽可能地修补错误，让程序不至于崩溃，比如释放内存、解锁互斥锁。

C++ 异常处理涉及 3 个关键字：try、catch、throw。

● throw：当问题出现时，程序会抛出一个异常。这是通过使用 throw 关键字来完成的。

● catch：在你想要处理问题的地方，通过异常处理程序捕获异常。catch 关键字用于捕获异常。

● try: try 块中的代码标识将被激活的特定异常。它后面通常跟着一个或多个 catch 块。

如果有一个块抛出一个异常，捕获异常的方法是使用 try 和 catch 关键字。try 块中放置可能抛出异常的代码，try 块中的代码被称为保护代码。使用 try/catch 语句的语法如下：

```
try
{
    // 保护代码
}catch( ExceptionName e1 )
{
    // catch 块
}catch( ExceptionName e2 )
{
    // catch 块
}catch( ExceptionName eN )
{
    // catch 块
}
```

如果 try 块在不同的情境下会抛出不同的异常，这个时候可以尝试罗列多个 catch 语句，用于捕获不同类型的异常。

3.10.2 抛出异常

可以使用 throw 语句在代码块中的任何地方抛出异常。throw 语句的操作数可以是任意的表达式，表达式结果的类型决定了抛出异常的类型。以下是尝试除以零时抛出异常的实例：

```
double division(int a, int b)
{
    if( b == 0 )
    {
        throw "Division by zero condition!";
    }
    return (a/b);
}
```

3.10.3 捕获异常

catch 块跟在 try 块后面，用于捕获异常。你可以指定想要捕捉的异常类型，这是由 catch 关键字后的括号内的异常声明决定的。

```
try
{
    // 保护代码
}catch( ExceptionName e )
{
    // 处理 ExceptionName 异常的代码
}
```

上面的代码会捕获一个类型为 ExceptionName 的异常。如果你想让 catch 块能够处理 try 块抛出的任何类型的异常，就必须在异常声明的括号内使用省略号，如下所示：

```
try
{
    // 保护代码
}catch(...)
{
    // 能处理任何异常的代码
}
```

下面是一个实例，抛出一个除以零的异常，并在 catch 块中捕获该异常。

【例 3.78】一个 C++异常的例子

（1）打开 UE，输入代码如下：

```
#include <iostream>
using namespace std;

double division(int a, int b)
{
    if( b == 0 )
    {
        throw "Division by zero condition!";
    }
    return (a/b);
}

int main ()
{
    int x = 50;
    int y = 0;
    double z = 0;

    try {
        z = division(x, y);
        cout << z << endl;
    }catch (const char* msg) {
        cerr << msg << endl;
    }

    return 0;
}
```

由于我们抛出了一个类型为 const char* 的异常，因此，当捕获该异常时，我们必须在 catch 块中使用 const char*。当上面的代码被编译和执行时，会产生下列结果：

```
Division by zero condition!
```

（2）保存代码为 test.cpp，上传到 Linux，在命令行下编译并运行：

```
[root@localhost test]# g++ test.cpp -o test
.[root@localhost test]# ./test
Division by zero condition!
```

3.10.4 C++ 标准异常

C++ 提供了一系列标准的异常，定义在<exception> 中，我们可以在程序中使用这些标准的异常。它们是以父子类层次结构组织起来的，表3-13是对上面层次结构中出现的每个异常的说明。

表3-13 异常说明

异常	描述
std::exception	该异常是所有标准 C++ 异常的父类
std::bad_alloc	该异常可以通过 new 抛出
std::bad_cast	该异常可以通过 dynamic_cast 抛出
std::bad_exception	这在处理 C++ 程序中无法预期的异常时非常有用
std::bad_typeid	该异常可以通过 typeid 抛出
std::logic_error	理论上可以通过读取代码来检测到的异常
std::domain_error	当使用了一个无效的数学域时，会抛出该异常
std::invalid_argument	当使用了无效的参数时，会抛出该异常
std::length_error	当创建了太长的 std::string 时，会抛出该异常
std::out_of_range	该异常可以通过方法抛出，例如 std::vector 和 std::bitset<>::operator[]()
std::runtime_error	理论上不可以通过读取代码来检测到的异常
std::overflow_error	当发生数学上溢时，会抛出该异常
std::range_error	当尝试存储超出范围的值时，会抛出该异常
std::underflow_error	当发生数学下溢时，会抛出该异常

3.10.5 定义新的异常

可以通过继承和重载 exception 类来定义新的异常。下面的实例演示了如何使用 std::exception 类来实现自己的异常。

【例 3.79】std::exception 类的简单使用

（1）打开 UE，输入代码如下：

```
#include <iostream>
#include <exception>
using namespace std;

struct MyException : public exception
{
    const char * what () const throw ()
    {
        return "C++ Exception";
    }
};

int main()
{
    try
    {
```

```
        throw MyException();
    }
    catch(MyException& e)
    {
        std::cout << "MyException caught" << std::endl;
        std::cout << e.what() << std::endl;
    }
    catch(std::exception& e)
    {
        //其他的错误
    }
}
```

（2）保存代码为 test.cpp，上传到 Linux，在命令行下编译并运行：

```
[root@localhost test]# g++ test.cpp -o test
[root@localhost test]# ./test
MyException caught
C++ Exception
```

3.11 再论函数模板

模板机制是 C++语言中引入的新特性，因其抽象化程度很高，对于初学者而言是一大难点。所以我们再次讲述，以便加深理解。

模板分为类模板和函数模板，如果能很好地掌握函数模板的概念与使用，对类模板的理解也就顺理成章。所以大家首先要重视函数模板的学习。

首先来看 3 个函数的异同：

```
int max(int x,int y){ return (x>y)?x:y;}
float max(float x, float y){ return (x>y)?x:y;}
char max(char x, char y){ return (x>y)?x:y;}
```

你会发现这些函数所进行的操作都是一样的，所不同的仅仅是操作参数的类型。若用通用的标识符 T 代表函数的参数与返回值类型，则上述 3 个函数可以统一表示成这样的形式：

```
T max(T x,T y){ return (x>y)?x:y;}
```

接下来，为我们熟识的这位"老朋友"戴上一顶"新帽子"，也就是在头部增加模板的声明：template <class T>，得到的最终形式为：

```
template <class T>
T max(T x,T y){ return (x>y)?x:y;}
```

这便是一个完整的、合法的函数模板，它的功能是求任意类型的两个数中的较大者。之所以要在头部戴上一顶"新帽子"，是要由关键字 template 说明下面是在声明一个模板，关键字 class 或 typename 修饰 T，说明 T 是模板的类型参数，代表一种通用类型。这样，大家可以容易搞清楚函数模板的来龙去脉，大家可以看到，函数模板的实质是通过类型的参数化把多个实现相同、操作数类型不同的函数用统一的模板形式表示出来。反过来，如果用实际的数据类型（如 int、char 等）替代上述模板中的类型参数 T，则可得到具体的函数。通过上面的引导过程，大家应该可以理解函数模板是一组函数的抽象，是生成具体函数的模型、样板，并且知道编写函数模板的语法。

理论和语法介绍完了，下面来看实例。首先看下面一段代码：

```
#include <iostream.h>
template <class T>
T max(T x,T y){return (x>y)?x:y;}
void main()
{
    cout<<max(5,12)<<endl;  //A
    cout<<max(4.0,35.2)<<endl;  //B
    cout<<max('a','f')<<endl;  //C
    cout<<max(5,12.0)<<endl;  //D
    cout<<max("cap","cup")<<endl;  //E
}
```

在这段程序中，一个实际的函数调用语句时，系统遵循这样的规则：首先寻找一个参数完全匹配的函数，如果找到了就调用它；其次寻找一个函数模板，把它实例化产生一个匹配的模板函数，然后调用。

系统使用函数模板的过程包括两个步骤：首先推断出模板的实参，然后使用该实参去实例化函数模板。以 A 的调用代码 max(5,12)为例来说明函数模板的使用，大家可以看图 3-23 的说明。

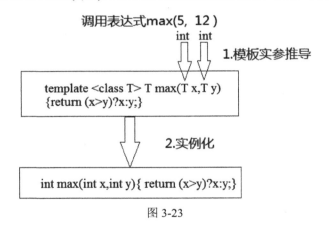

图 3-23

因为程序中不存在完全与之匹配的具体参数 max(int,int)，系统找到对应的函数模板 max()，根据第一个调用参数 5 的类型 int，编译器推断出：T 必须是 int；根据第二个调用参数 12 的类型 int，编译器又推断出：T 必须是 int。于是以 int 作为模板实参实例化函数模板 max(),产生了模板函数：

```
int max(int x,int y){ return (x>y)?x:y;}
```

然后调用它。行 B 和行 C 的调用函数匹配过程与此类似，所不同的是分别以 double 和 char 作为模板实参去实例化函数模板。

模板实参的推导过程需要注意的是：推导是逐个参数进行的。对于上例中行 D 的调用表达式 max(5,12.0)，编译器根据第一个参数 5 的类型是 int，推导出 T 必须是 int；而根据第二个参数 12.0 的类型 double，推导出 T 必须是 double，于是发生矛盾，编译器报错。那对于参数类型不同怎么办呢？可以使用多个类型参数的函数模板，即若程序中的函数模板为：

```
template <class T1, class T2>
T1 max(T1 x,T2 y){return (x>y)?x:y;}
```

则 D 行代码可正确编译通过。而对于 E 行的调用 max("cap","cup")，因为函数模板中的比较操作不适用于字符串，所以需要在程序中为其提供专门的版本：

```
char *max(char*s1,char*s2){ return (strcmp(s1,s2)>0)?s1:s2;}
```

相信通过简短的实例，大家能够明白函数模板的使用原理，以及多个类型参数模板和函数模板的专门化概念。

3.12　字符集

3.12.1　计算机上的 3 种字符集

在计算机中，每个字符都要使用一个编码来表示，而每个字符究竟使用哪个编码来表示，取决于使用哪个字符集（charset）。

计算机字符集可归类为 3 种，单字节字符集（SBCS）、多字节字符集（MBCS）和宽字符集（Unicode 字符集）。

（1）单字节字符集（SBCS）

SBCS（Single-Byte Character System）的中文意思是单字节字符集，它的所有字符都只有一个字节的长度，SBCS 是一个理论规范。具体实现时有两种字符集：ASCII 字符集和扩展 ASCII 字符集。

ASCII 字符集主要用于美国，它由美国国家标准局（ANSI）颁布，全称是美国国家标准信息交换码（American National Standard Code For Information Interchange），使用 7 位来表示一个字符，总共可以表示 128 个字符（0~127），一个字节有 8 位，有一位不需要用到，因此人们把最高的一位永远设为 0，用剩下的 7 位来表示这 128 个字符。ASCII 字符集包括英文字母、数字、标点符号等常用字符，如字符 A 的 ASCII 码是 65，字符 a 的 ASCII 码是 97，字符 0 的 ASCII 码是 48，字符 1 的 ASCII 码是 49，具体可以查看 ASCII 码表。

在计算机刚刚在美国兴起的时候，ASCII 字符集中的 128 个字符够用了，一切应用都是妥妥的。但后来计算机发展到欧洲，欧洲各个国家的字符就多了，128 个不够用了，怎么办？人们对 ASCII 码进行了扩展，因此就有了扩展 ASCII 字符集，它使用 8 位表示一个字符，这样表示 256 个字符，在前面 0~127 的范围内定义与 ASCII 字符集相同的字符，后面多出来的 128 个字符用来表示欧洲国家的一些字符，如拉丁字母、希腊字母等。有了扩展 ASCII 字符集，计算机在欧洲的发展也是妥妥的。

（2）多字节字符集（MBCS）

随着计算机普及到更多国家和地区（比如东亚和中东），由于这些国家的字符更多，8 位的单字节字符集（SBCS）也不能满足信息交流的需要了。因此，为了能够表示其他国家的文字（比如中文），人们对 ASCII 码继续扩展，即英文字母和欧洲字符为了和扩展 ASCII 兼容，依然用一个字节表示，而对于其他各国自己的字符（如中文字符）则用两个字节表示，这就是多字节字符集（Multi-Byte Character System，MBCS），这也是一个理论规范，具体实现时，各个国家根据自己的语言字符分别各自实现不同的字符集，比如中国实现了 GB-2312 字符集（后来又扩展出 GBK 和 GB18030），日本实现了 JIS 字符集，等等。这些具体的字符集虽然不同，但实现依据都是 MBCS，即 256 后面的字符用 2 个字节表示。

MBCS 解决了欧美地区以外的字符表示，但缺点也是明显的。MBCS 保留原有扩展 ASCII 码（前面 256 个）的同时，用两个字节来表示各国语言的语言字符，这样就导致占用一个字节和两个字节的混在一起，使用起来不方便。例如字符串"你好 abc"，字符数是 5，而字节数是 8（最后还有一个\0）。对于用++或--运算符来遍历字符串的程序员来说，这简直就是噩梦。另外，各个国家、地区各自定义的字符集难免会有交集，因此使用简体中文的软件就不能在日文环境下运行（显示乱码）。

（3）Unicode 编码

Unicode 编码是纯理论的概念，和具体计算机没关系。为了把全世界所有的文字符号都统一进行编码，国际标准化组织（International Standard Organization，ISO）提出了 Unicode 编码方案，它是可以容纳世界上所有文字和符号的字符编码方案，这个方案规定任何语言中的任一字符都只对应一个唯一的数字，这个数字被称为代码点（Code Point），或称码点、码位，它用十六进制书写，并加上 U+前缀，比如，"田"的代码点是 U+7530；"A"的代码点是 U+0041。再强调一下，代码点是一个理论的概念，和具体的计算机无关。

所有字符及其 Unicode 编码构成的集合就叫 Unicode 字符集（Unicode Character Set，UCS）。早期的版本有 UCS-2，它用两个字节编码，最多能表示 65535 个字符。在这个版本中，每个码点的长度有 16 位，这样可以用数字 0~65535（2 的 16 次方）来表示世界上的字符（当初以为够用了），其中 0~127 这 128 个数字表示的字符依旧跟 ASCII 完全一样，比如 Unicode 和 ASCII 中的数字 65，都表示字母"A"；数字 97 都表示字母"a"。但反过来却是不同的，字符"A"在 Unicode 中的编码是 0x0041，在 ASCII 中的编码是 0x41，虽然它们的值都是 97，但编码的长度是不一样的，Unicode 码是 16 位长度，ASCII 码是 8 位长度。

但 UCS-2 后来不够用了，因此有了 UCS-4 这个版本，UCS-4 用 4 个字节编码（实际上只用了 31 位，最高位必须为 0），它根据最高字节分成 2^7=128 个组（最高字节的最高位恒为 0，所以有 128 个）。每个组再根据次高字节分为 256 个平面（plane）。每个平面根据第 3 个字节分为 256 行（row），每行有 256 个码位（cell）。组 0 的平面 0 被称作基本多语言平面（Basic Multilingual Plane，BMP），即范围在 U+00000000~U+0000FFFF 的码点，如果将 UCS-4 的 BMP 去掉前面的两个零字节，就得到了 UCS-2（U+0000 ~ U+FFFF）。每个平面有 2^16=65536 个码位。Unicode 计划使用了 17 个平面，一共有 17*65536=1114112 个码位。在 Unicode 5.0.0 版本中，已定义的码位只有 238605

个，分布在平面 0、平面 1、平面 2、平面 14、平面 15、平面 16。其中，平面 15 和平面 16 上只是定义了两个各占 65534 个码位的专用区（Private Use Area），分别是 0xF0000~0xFFFFD 和 0x100000~0x10FFFD。所谓专用区，就是保留给大家放自定义字符的区域，可以简写为 PUA。平面 0 也有一个专用区：0xE000~0xF8FF，有 6400 个码位。平面 0 的 0xD800~0xDFFF 共有 2048 个码位，是一个被称作代理区（Surrogate）的特殊区域。代理区的目的是用两个 UTF-16 字符表示 BMP 以外的字符。在介绍 UTF-16 编码时会介绍。

在 Unicode 5.0.0 版本中，238605-65534*2-6400-2408=99089，余下的 99089 个已定义码位分布在平面 0、平面 1、平面 2 和平面 14 上，它们对应着 Unicode 目前定义的 99089 个字符，其中包括 71226 个汉字。平面 0、平面 1、平面 2 和平面 14 上分别定义了 52080、3419、43253 和 337 个字符。平面 2 的 43253 个字符都是汉字。平面 0 上定义了 27973 个汉字。

再归纳总结一下：

（1）在 Unicode 字符集中的某个字符对应的代码值称作代码点（Code Point），简称码点，用 16 进制书写，并加上 U+前缀。比如，"田"的代码点是 U+7530；"A"的代码点是 U+0041。

（2）后来字符越来越多，最初定义的 16 位（UC2 版本）已经不够用了，于是用 32 位（UC4 版本）表示某个字符的代码点，并且把所有 CodePoint 分成 17 个代码平面（Code Plane）。其中，U+0000 ~ U+FFFF 划入基本多语言平面；其余划入 16 个辅助平面（Supplementary Plane），代码点范围为 U+10000 ~ U+10FFFF。

（3）并不是每个平面中的代码点都有对应的字符，有些是保留的，还有些是有特殊用途的。

3.12.2　查看 Linux 系统的字符集

字符集在 Linux 系统中的体现形式是一个环境变量，以 CentOS 7 为例，其查看当前终端使用字符集的方式有以下几种：

第 1 种查看方式：

```
[root@localhost test]# echo $LANG
zh_CN.UTF-8
```

第 2 种查看方式：

```
[root@localhost test]# env |grep LANG
LANG=zh_CN.UTF-8
```

第 3 种查看方式：

```
[root@localhost test]# export |grep LANG
declare -x LANG="zh_CN.UTF-8"
```

第 4 种查看方式：

```
[root@localhost test]# locale
LANG=zh_CN.UTF-8
LC_CTYPE="zh_CN.UTF-8"
```

```
LC_NUMERIC="zh_CN.UTF-8"
LC_TIME="zh_CN.UTF-8"
LC_COLLATE="zh_CN.UTF-8"
LC_MONETARY="zh_CN.UTF-8"
LC_MESSAGES="zh_CN.UTF-8"
LC_PAPER="zh_CN.UTF-8"
LC_NAME="zh_CN.UTF-8"
LC_ADDRESS="zh_CN.UTF-8"
LC_TELEPHONE="zh_CN.UTF-8"
LC_MEASUREMENT="zh_CN.UTF-8"
LC_IDENTIFICATION="zh_CN.UTF-8"
```

3.12.3　修改 Linux 系统的字符集

值得注意的是，如果默认语言是 en_US.UTF-8，在 Linux 的字符和图形界面下都是无法显示和输入中文的。如果默认语言是中文，比如 zh_CN.GB18030 或者 zh_CN.gb2312，字符界面无法显示和输入，图形界面可以。

修改的方式有如下两种：

（1）直接设置变量的方式修改：

```
[root@localhost test]# export LANG=zh_CN.UTF-8
```

（2）修改文件方式，通过修改/etc/sysconfig/i18n 文件控制：

```
[root@Testa-www ~]# vim /etc/sysconfig/i18n
LANG="zh_CN.UTF-8"
[root@Testa-www ~]# source /etc/sysconfig/i18n
```

3.12.4　Unicode 编码的实现

到目前为止，关于 Unicode 都是在讲理论层面的东西，没有涉及 Unicode 码在计算机中的实现方式。Unicode 的实现方式和编码方式不一定等价，一个字符的 Unicode 编码是确定的，但是在实际存储和传输过程中，由于不同系统平台的设计可能不一致，以及出于节省空间的目的，对 Unicode 编码的实现方式有所不同。Unicode 编码的实现方式称为 Unicode 转换格式（Unicode Transformation Format，UTF）。Unicode 编码的实现方式主要有 UTF-8、UTF-16、UTF-32 等，分别以字节（BYTE）、字（WORD，2 个字节）、双字（DWORD，4 个字节，实际上只用了 31 位，最高位恒为 0）作为编码单位。根据字节序的不同，UTF-16 可以被实现为 UTF-16LE 或 UTF-16BE，UTF-32 可以被实现为 UTF-32LE 或 UTF-32BE。再次强调，这些实现方式是对 Unicode 码点进行编码，以适合计算机的存储和传输。

1. UTF-8

在 UTF-8 以字节为单位对 Unicode 进行编码，这里的单位是程序在解析二进制流时的最小单元。UTF-8 中，程序是一个字节一个字节地解析文本的。从 Unicode 到 UTF-8 的编码方式（对 Unicode 码点进行 UTF-8 编码）如表 3-14 所示。

表 3-14　从 Unicode 到 UTF-8 的编码方式

Unicode 编码（16 进制）所处范围	UTF-8 字节流（二进制）
000000~00007F	0xxxxxxx
000080~0007FF	110xxxxx 10xxxxxx
000800~00FFFF	1110xxxx 10xxxxxx 10xxxxxx
010000~10FFFF	11110xxx 10xxxxxx 10xxxxxx 10xxxxxx

从表 3-14 可以看出，UTF-8 的特点是对不同范围的字符（也就是 Unicode 码点，一个码点对应一个字符）使用不同长度的编码。对于 0x00~0x7F 之间的字符，UTF-8 编码与 ASCII 编码完全相同。UTF-8 编码的最大长度是 4 字节。4 字节模板有 21 个 x，即可以容纳 21 位二进制数字。Unicode 的最大码点 0x10FFFF 也只有 21 位。

举个例子，"汉"这个中文字符的 Unicode 编码是 0x6C49。0x6C49 在 0x0800 和 0xFFFF 之间，使用 3 字节模板：1110xxxx 10xxxxxx 10xxxxxx。将 0x6C49 写成二进制是：0110 1100 0100 1001，用这个比特流从左到右依次代替模板中的 x，得到：11100110 10110001 10001001，即 E6 B1 89。这样，"汉"的 UTF-8 编码就是 E6B189。

再看一个例子，假设某字符的 Unicode 编码为 0x20C30，0x20C30 在 0x010000 和 0x10FFFF 之间，使用 4 字节模板：11110xxx 10xxxxxx 10xxxxxx 10xxxxxx。将 0x20C30 写成 21 位二进制数字（不足 21 位就在前面补 0）：0 0010 0000 1100 0011 0000，用这个比特流依次代替模板中的 x，得到：11110000 10100000 10110000 10110000，即 F0 A0 B0 B0。

2. UTF-16

UTF-16 编码以 16 位无符号整数为单位，即把 Unicode 码点转换为 16 比特长为一个单位的二进制串，以用于数据存储或传递。程序每次取 16 位二进制串为一个单位来解析。我们把 Unicode 编码记作 U。具体编码规则如下：

（1）代理区

因为 Unicode 字符集的编码值范围为 0~0x10FFFF，而大于等于 0x10000 的辅助平面区的编码值无法用一个 16 位来表示（16 位最多能表示到码点为 0xFFFF），所以 Unicode 标准规定：基本多语言平面内，码点范围在 U+D800~U+DFFF 的值不对应于任何字符，称为代理区。这样，UTF-16 利用保留下来的 0xD800~0xDFFF 区段的码点来对辅助平面内的字符的码点进行编码。

（2）从 U+0000 至 U+D7FF 以及从 U+E000 至 U+FFFF 的码点

第一个 Unicode 平面的码点从 U+0000 至 U+FFFF（除去代理区），包含最常用的字符。这个范围内的码点的 UTF-16 编码数值等价于对应的码点，都是 16 位。

我们用 U 来表示码点，如果 U<0x10000，U 的 UTF-16 编码就是 U 对应的 16 位无符号整数（为书写简便，后文将 16 位无符号整数记作 WORD）。

（3）从 U+10000 到 U+10FFFF 的码点

辅助平面（Supplementary Planes）中的码点大于等于 0x10000，在 UTF-16 中被编码为一对 16 比特长的码元（即 32bit，4Bytes），称作理对（surrogate pair）。

如果码点 U≥0x10000，先计算 U'=U-0x10000，然后将 U'（注意右上方有一个撇）写成二进制形式：yyyy yyyy yyxx xxxx xxxx，接着在 y 前加上 110110，在 x 前加上 110111，则 U 的 UTF-16 编码（二进制）就是：110110yyyyyyyyyy 110111xxxxxxxxxx。

为什么 U' 可以被写成 20 个二进制位？Unicode 的最大码点是 0x10ffff，减去 0x10000 后，U' 的最大值是 0xfffff，所以肯定可以用 20 个二进制位表示。例如，Unicode 编码 0x20C30 减去 0x10000 后，得到 0x10C30，写成二进制是：0001 0000 1100 0011 0000。用前 10 位依次代替模板中的 y，用后 10 位依次代替模板中的 x，就得到：1101100001000011 1101110000110000，即 0xD843 0xDC30。按照这个规则，如果 Unicode 编码在 0x10000~0x10FFFF 范围内，UTF-16 编码就有两个 WORD，第一个 WORD 的高 6 位是 110110，第二个 WORD 的高 6 位是 110111。可见，第一个 WORD 的取值范围（二进制）是 11011000 00000000~11011011 11111111，即 0xD800~0xDBFF。第二个 WORD 的取值范围（二进制）是 11011100 00000000~11011111 11111111，即 0xDC00~0xDFFF。它们和码点的具体对应关系见表 3-15。

表 3-15　和码点的具体对应关系

hi \ lo	DC00	DC01	...	DCFF
D800	10000	10001	...	103FF
D801	10400	10401	...	107FF
⋮	⋮	⋮	⋱	⋮
DBFF	10FC00	10FC01	...	10FFFF

通过代理区（Surrogate）很好地表示了 U≥0x10000 的码点，并且将一个 WORD 的 UTF-16 编码与两个 WORD 的 UTF-16 编码区分开了。

我们把 D800~DB7F 的范围称为高位代理（High Surrogates），意思是代理区中的 D800~DB7F 作为两个 WORD 的 UTF-16 编码的第一个 WORD（高位部分的那个 WORD）；把 DB80~DBFF 的范围称为高位专用代理（High Private Use Surrogates）；把 DC00~DFFF 的范围称为低位代理（Low Surrogates），意思是代理区中的 DC00~DFFF 作为两个 WORD 的 UTF-16 编码的第二个 WORD（低位部分的那个 WORD）。后来，由于高位代理比低位代理的值要小，为了避免混淆使用，Unicode 标准现在称高位代理为前导代理（Lead Surrogates）。同样，由于低位代理比高位代理的值要大，因此为了避免混淆使用，Unicode 标准现在称低位代理为后尾代理（Trail Surrogates）。

下面再介绍一下高位专用代理。首先来看一下如何从 UTF-16 编码推导 Unicode 编码。

如果一个字符的 UTF-16 编码的第一个 WORD 的范围为 0xDB80 到 0xDBFF，那么它的 Unicode 编码的范围是什么？我们知道第二个 WORD 的取值范围是 pl=0xDC00-0xDFFF，所以这个字符的 UTF-16 编码范围应该是 0xDB80 0xDC00~0xDBFF 0xDFFF。我们将这个范围写成二进制：

```
1101101110000000 11011100 00000000 - 1101101111111111 1101111111111111
```

按照编码的相反步骤，取出高低 WORD 的后 10 位，然后拼在一起，得到：

```
1110 0000 0000 0000 0000 - 1111 1111 1111 1111 1111
```

即 0xE0000-0xFFFFF，按照编码的相反步骤再加上 0x10000，得到 0xF0000-0x10FFFF。这就是

UTF-16 编码的第一个 WORD 在 0xDB80 到 0xDBFF 之间的 Unicode 编码范围,即平面 15 和平面 16。由于 Unicode 标准将平面 15 和平面 16 都作为专用区,因此 0xDB80 到 0xDBFF 之间的保留码点被称作高位专用代理。

下面讲述一下 UTF-16 的字节序(字节存储次序)问题。

UTF-16 的编码单元是 16 位,两个字节,这两个字节在传输和存储过程中,高低位位置不同,是不同的字符。比如,"田"的 UTF-16 编码是 0x7530,但是如果存成 0x3075,就变成了字符"ふ",成了另外的字符。再比如"奎"的 UTF-16 编码是 594E,"乙"的 UTF-16 编码是 4E59,如果我们收到 UTF-16 字节流 594E,那么应该解释成"奎"还是"乙"?再如"汉"字的 Unicode 编码是 6C49,那么写到文件里时,究竟是将 6C 写在前面,还是将 49 写在前面?

UTF-8 以字节为编码单元,没有字节序的问题。UTF-16 以两个字节为编码单元,在解释一个 UTF-16 文本前,要弄清楚每个编码单元的字节序,字节序有两种:大端(Big Endian)和小端(Little Endian),或称大尾和小尾。大端是指将一个数的高位字节存储在起始地址,数的其他部分再按顺序存储;小端是指将一个数的低位字节存储在起始地址,数的其他部分再按顺序存储。

例如,16 位宽的数 0x1234 在小端模式 CPU 内存中的存放方式(假设从地址 0x8000 开始存放)为:

内存地址	0x8000	0x80001
存放的数据	0x34	0x12

而在大端模式的 CPU 内存中的存放方式则为:

内存地址	0x8000	0x80001
存放的数据	0x12	0x34

32 位宽的数 0x12345678 在小端模式的 CPU 内存中的存放方式(假设从地址 0x8000 开始存放)为:

内存地址	0x8000	0x8001	0x8002	0x8003
存放的数据	0x78	0x56	0x34	0x12

而在大端模式的 CPU 内存中的存放方式则为:

内存地址	0x8000	0x8001	0x8002	0x8003
存放的数据	0x12	0x34	0x56	0x78

大端和小端是由硬件决定的,和操作系统没关系。通常 x86、ARM 等硬件平台都是小端。

为了识别一个编码的字节序,Unicode 标准建议用 BOM(Byte Order Mark)来区分字节序,即在传输字节流前,先传输被作为 BOM 的字符,该字符的码点为 U+FEFF,而它的相反 FFFE 在 Unicode 中是未定义的码位,所以两者结合起来可以分别表示字节序,即 BOM 字符在大端系统上的编码为 FEFF,而在小端系统上的编码则为 FFFE。通常把 BOM 字符的编码放在文件开头,如果开头是 FEFF,就说明该文件是以大端方式存储的 UTF-16(UTF-16 大端可以写成 UTF-16BE)编码;如果文件开头是 FFFE,则说明该文件是以小端方式存储的 UTF-16(UTF-16 小端可以写成 UTF-16LE)编码。

数据传输过程也一样，如果接收者收到 FEFF，就表明这个字节流是大端的；如果收到 FFFE，就表明这个字节流是小端的。

UTF-8 不需要 BOM 来表明字节顺序，但可以用 BOM 来表明编码方式，BOM 的 UTF-8 编码为 11101111 1011101110111111（EFBBBF）。如果文件开头是 EFBBBF，就说明该文件的编码是 UTF-8；如果接收者收到以 EFBBBF 开头的字节流，也就知道这是 UTF-8 编码了。

在 Windows 的记事本上，选择"另存为"的时候，用户可以选择不同的编码选项，对应编码选项有 "ANSI""Unicode""Unicode big endian"以及"UTF-8"。其中，"Unicode""Unicode big endian"对应的分别是 UTF-16LE 和 UTF-16BE。我们可以来做个试验，选一个字，比如"海"，"海"的码点是 U+6D77。在 Windows 下新建一个文本文档，输入"海"，然后选择菜单"另存为"，在另存为的时候选择编码方式为"Unicode big endian"，接着关闭文件。再用可以查看二进制码的文本工具（比如 UltraEdit，注意最好用版本高一点的，比如版本 21，版本太低只会显示小端的情况，比如 UltraEdit 版本 11 就是这样的），打开后，选择二进制查看方式，然后可以看到内容为 FE FF 6D 77，文件开头的两个字节是 FE FF，表示大端存储，6D 77 就是"海"的 UTF-16BE 编码（因为码点小于等于 0x10000，所以和码点一样，因为是大端，所以数据的高位字节 6D 存在低地址，即先存高位字节）。以同样的方式，我们再把文本文件改为小端方式（在记事本另存为的时候选择编码为 Unicode）存储，然后用二进制查看，可以看到内容为 FF FE 77 6D，文件开头两个字节为 FF FE，表示小端存储，77 6D 为 UTF-16LE 编码，低位部分 77 存在低地址，即先存数据的低位字节；如果以 UTF-8 存放，以二进制查看的时候就可以看到开头 3 个字节是 EFBBBF。

3. UTF-32

UTF-32 编码以 32 位无符号整数为单位。Unicode 码点的 UTF-32 编码就是该码点值。UTF-32 很简单，其编码和 Unicode 码点一一对应。根据字节序的不同，UTF-32 也被实现为 UTF-32LE 或 UTF-32BE。BOM 字符在 UTF-32LE（UTF-32 小端方式）的编码为 FF FE 00 00，BOM 字符在 UTF-32BE（UTF-32 小端方式）的编码为 00 00 FE FF。

既然 UTF-32 最简单，那为什么很多系统不采用 UTF-32 呢？这是因为 Unicode 定义的范围太大了，实际使用中，99%的人使用的字符编码不会超过 2 个字节，如果统一用 4 个字节，数据冗余就非常大，会造成存储上的浪费和传输上的低效，因此 16 位是最好的。就算遇到超过 16 位表示的字符，我们也可以通过上面讲到的代理技术，采用 32 位标识，这样的方案是最好的。不少主流操作系统实现 Unicode 方案还是采用的 UTF-16 或 UTF-8。比如 Windows 用的方案就是 UTF16，而不少 Linux 用的方案就是 UTF-8。但现在情况正在发生改变，现在好多新版本的主流 Linux 系统已经开始采用了 UTF-32 了，比如 CentOS 7。

3.12.5　C 运行时库对 Unicode 的支持

首先要记住宽字节，即 wchar_t 类型采用 Unicode 编码方式，在 Windows 中为 UTF-16，在 CentOS 7 中默认情况下为 UTF-32。

C95 标准化了两种表示大型字符集的方法：宽字符（wide character，该字符集内每个字符使用相同的位长）以及多字节字符（multibyte character，每个字符可以是一到多个字节不等，而某个字节序列的字符值由字符串或流（stream）所在的环境背景决定）。自从 1994 年增补之后，C 语言不止提供 char 类型，还提供 wchar_t 类型（宽字符），此类型定义在 stddef.h 头文件中。wchar_t 指定的宽字节类型足以表示某个实现版本扩展字符集的任何元素。

在多字节字符集中，每个字符的编码宽度都是不等的，可以是一个字节，也可以是多个字节。源代码字符集和运行字符集都可能包含多字节字符。多字节字符可以被用于字符的常量、字符串字面值（string literal）、标识符（identifier）、注释（comment）以及头文件。

C 语言本身并没有定义或指定任何编码集合或任何字符集（基本源代码字符集和基本运行字符集除外），而是由其实现指定如何编码宽字符，以及要支持什么类型的多字节字符编码机制。

虽然 C 标准没有支持 Unicode 字符集，但是许多实现版本使用 Unicode 转换格式 UTF-16 和 UTF-32 来处理宽字符。如果遵循 Unicode 标准，wchar_t 类型至少是 16 位或 32 位长，而 wchar_t 类型的一个值就代表一个 Unicode 字符。

UTF-8 是一个由 Unicode Consortium（万国码联盟）定义的实现，可以表示 Unicode 字符集的所有字符。UTF-8 字符所使用的空间大小从 1 个字节到 4 个字节都有可能。

多字节字符和宽字符（也就是 wchar_t）的主要差异在于宽字符占用的字节数目都一样，而多字节字符的字节数目不等，这样的表示方式使得多字节字符串比宽字符串更难处理。比如，即使字符 A 可以用一个字节来表示，但是要在多字节的字符串中找到此字符，就不能使用简单的字节比对，因为即使在某个位置找到相符合的字节，此字节也不见得是一个字符，它可能是另一个不同字符的一部分。然而，多字节字符相当适合用来将文字存储成文件。

在下面的代码中，我们可以看到 wchar_t 所占用的字节数。

```c
#include <stdio.h>
int main()
{
    w_char_t ch = 'A'; //ch占用4个字节
    printf("sizeof(ch)=%d\n", sizeof(ch));
    return 0;
}
```

在 CentOS 7 下编译运行：

```
[root@localhost test]# g++ test.cpp -o test
[root@localhost test]# ./test
sizeof(ch)=4
```

3.12.6 C++标准库对 Unicode 的支持

C++标准库中的 string 也有对应的宽字符版本 wstring，但没有提供统一的函数形式，不过可以自己定义一个，例如：

```cpp
#ifdef _UNICODE
#define tstr  wstring
#else
#define tstr  string
#endif
```

然后在程序中使用 tstr 即可。类似的还有 fstream/wfstream、ofstream/wofstream 等，都有两个版本。

3.12.7 字符集相关实例

【例 3.80】找出 char 类型的数组里的汉字

（1）打开 UE，输入代码如下：

```
#include "string.h"
#include "iostream"
using namespace std;

int main(int argc, char* argv[])
{
    char sz1[] = "a世界a1a都去asdfad哪啦";
    string str;
    int i, len = strlen(sz1); //得到字符数组长度

    for (int i = 0; i < len;)
    {
        if (sz1[i] < 0)      //若为负数，则前后两个字节存的是汉字
        {
            str.push_back(sz1[i]);
            i++;
            str.push_back(sz1[i]);
        }
        i++;
    }
    cout << str << endl; //输出找到的汉字

    return 0;
}
```

（2）上传到 Linux，在命令行下编译运行：

```
[root@localhost test]# g++ test.cpp -o test
[root@localhost test]# ./test
世界都去哪啦
```

注意，若用 SecureCRT 终端工具，则要把字符集设为"简体中文 GB2312"，否则无法正确显示出中文。

第4章 Linux文件编程

4.1 文件系统

4.1.1 基本概念

文件系统是操作系统中负责管理和存储文件的软件系统。

4.1.2 文件系统层次结构标准

当我们在 Linux 下查看根目录下的内容时,见到的目录结构都大同小异,这是因为所有的 Linux 发行版对根文件系统的布局都遵循文件系统层次结构标准(File system Hierarchy Standard,FHS)标准的建议规定。该标准规定了根目录下各个子目录的名称及其存放的内容,如表 4-1 所示。

表 4-1 根目录下各个子目录的名称及其存放的内容

目录名	存放的内容
/	根目录,一般根目录下只存放目录,不要存放文件,/etc、/bin、/dev、/lib、/sbin 应该和根目录放置在一个分区中
/bin	必备的用户命令程序,例如 ls、cp 等
/boot	放置 Linux 系统启动时用到的一些文件。比如,/boot/vmlinuz 为 Linux 的内核文件。建议单独分区,分区大小 100MB 即可
/sbin	必备的系统管理员命令,例如 ifconfig、reboot 等
/dev	设备文件,例如 mtdblock0、tty1 等
/etc	系统配置文件存放的目录,不建议在此目录下存放可执行文件,重要的配置文件有/etc/inittab、/etc/fstab、/etc/init.d、/etc/X11、/etc/sysconfig、/etc/xinetd.d,修改配置文件之前记得备份。注:/etc/X11 存放与 X Windows 有关的设置
/lib	必要的链接库,例如 C 链接库、内核模块
/home	普通用户主目录
/root	root 用户主目录
/usr/bin	非必备的用户程序,例如 find、du 等
/usr/sbin	非必备的管理员程序,例如 chroot、inetd 等

（续表）

目录名	存放的内容
/var	放置系统执行过程中经常变化的文件，如随时更改的日志文件 /var/log，/var/log/message：所有的登录文件存放目录，/var/spool/mail：邮件存放的目录，/var/run：程序或服务启动后，其 PID 存放在该目录下。建议单独分区，设置较大的磁盘空间
/proc	此目录的数据都在内存中，如系统核心、外部设备、网络状态，由于数据都存放于内存中，因此不占用磁盘空间，比较重要的目录有 /proc/cpuinfo、/proc/interrupts、/proc/dma、/proc/ioports、/proc/net/* 等
/tmp	一般用户或正在执行的程序临时存放文件的目录，任何人都可以访问，重要数据不可放置在此目录下
/srv	服务程序启动之后需要访问的数据目录，如www 服务需要访问的网页数据存放在/srv/www 内
/usr	应用程序存放的目录。/usr/bin 存放应用程序；/usr/share 存放共享数据；/usr/lib 存放不能直接运行的，却是许多程序运行所必需的一些函数库文件；/usr/local 存放软件升级包；/usr/share/doc 存放系统说明文件；/usr/share/man 存放程序说明文件
/lib，/usr/lib，/usr/local/lib	系统使用的函数库的目录，程序在执行过程中，通常需要一些程序库的支持

4.2　文件的属性信息

如何查看文件类型的属性信息呢？可以通过命令 ls -l 或 ll 显示的每行结果的第一个字符来判断是哪种文件。比如在 /root 下执行 ls -l，结果显示：

```
[root@localhost ~]# ls -l
总用量 12
-rw-------. 1 root root 1659 12月 16 2016 anaconda-ks.cfg
-rw-------. 1 root root 1707 12月 15 2016 initial-setup-ks.cfg
-rwxr-xr-x 1 root root    0 1月  27 22:03 myfile.txt
drwxr-xr-x. 2 root root    6 12月 17 2016 perl5
drwxr-xr-x. 5 root root 4096 12月  9 06:49 soft
drwxr-xr-x. 2 root root   32 11月  3 22:11 zww
drwxr-xr-x. 2 root root    6 12月 17 2016 公共
drwxr-xr-x. 2 root root    6 12月 17 2016 模板
drwxr-xr-x. 2 root root    6 12月 17 2016 视频
drwxr-xr-x. 2 root root    6 12月 17 2016 图片
drwxr-xr-x. 2 root root    6 12月 17 2016 文档
drwxr-xr-x. 2 root root    6 12月 17 2016 下载
drwxr-xr-x. 2 root root    6 12月 17 2016 音乐
drwxr-xr-x. 2 root root    6 12月 17 2016 桌面
```

从第二行开始，每行就代表某个文件或目录的属性信息，比如第二行：

```
-rw-------. 1 root root 1659 12月 16 2016 anaconda-ks.cfg
```

表示文件 anaconda-ks.cfg 的属性行（信息），第一个字符就表示文件类型，anaconda-ks.cfg 的属性行（信息）的第一个字符是"-"，表示文件类型是普通文件。文件属性信息分为：文件类型、权限、链接数、所属用户、所属用户组、文件大小、最后修改时间、文件名，具体可以参见图 4-1。

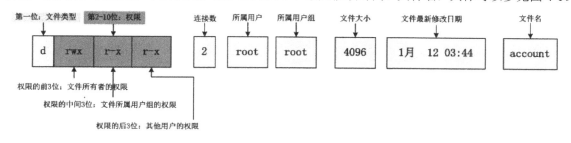

图 4-1

4.3 i 节点

4.3.1 基本概念

在 Linux 系统中，内核为每一个新创建的文件分配一个 i 节点（索引节点，index node）。文件的属性信息就保存在索引节点里，在访问文件时，索引节点被复制到内存中，从而实现文件的快速访问。索引节点是 Linux 虚拟文件系统（Virtual File Systems，VFS）的基本概念之一。

i 节点不但包含某个文件的属性信息，还包含指向存储文件数据的数据块的指针。在 Linux 文件系统中，一个文件除了纯数据本身之外，还必须包含对这些纯数据的管理信息，如访问权限、文件的属主以及该文件的数据所对应的磁盘块等，这些管理信息称为元数据（mata data），保存在文件的 i 节点之中。

我们以硬盘存储文件来说明，文件储存在硬盘上，硬盘的最小存储单位叫作"扇区"。每个扇区能存储 512 字节。操作系统在读取硬盘的时候，不会一个个扇区地读取，这样效率太低，而是一次性连续读多个扇区，即一次性读取一个"块"（block）。这种由多个扇区组成的"块"是文件存取的最小单位。"块"的大小最常见的是 4KB，即连续 8 个扇区组成一个块。文件纯数据都存放在"块"中，很显然，我们还必须找到一个地方来存储文件的元数据，比如文件的创建者、文件的创建日期、文件的大小等。这种存储文件元数据的区域就叫作 i 节点。通常，在一个 Linux 系统中，i 节点所占空间大约是整个文件系统空间的 1%。在 Linux 系统中，一个磁盘被格式化为 ext 文件系统（比如 ext2 或 ext3）时，系统将自动生成一个 i 节点表（i 节点数组），并且每个文件都对应着一个 i 节点。创建一个文件后，会同时创建一个 i 节点和一个"块"，i 节点存放的是文件的属性信息（但是不包括文件名），并存放所对应数据所在的"块"的地址的指针；"块"存放文件的真正数据，每个"块"最多存放一个文件，而当一个"块"存放不下时，会占用下一个"块"。

4.3.2 i 节点的内容

i 节点包含文件的元数据，具体来说主要有以下内容：

（1）i 节点号（inode-no），在一个文件系统中，每个 i 节点都有一个唯一的编号。

（2）文件类型（file type），比如字符"-"表示普通文件，字符"d"表示目录，等等。

（3）权限（permission），权限分为可读权限、可写权限、可执行权限等，系统使用一组数字来表示某个文件或目录的权限，这是因为用数字表示权限比用符号表示权限占用的存储空间少。

（4）文件的字节数。

（5）文件的拥有者 uid。

（6）文件的所属组 gid。

（7）文件的时间戳，时间戳又包含 3 个时间：

① ctime（change time）表示文件的 i 节点上一次变动的时间。

② mtime（modify time）表示文件内容上一次变动的时间。

③ atime（access time）表示文件上一次访问（内容没有变动）的时间。

（8）硬链接数，稍后会讲到。

（9）存有文件纯数据的"块"的位置，即真正存放文件数据的数据块的指针。

细心的朋友可能会发现，为什么 i 节点里不包含文件名？的确，i 节点不包含文件名。每个 i 节点都有一个 i 节点号，操作系统是通过用 i 节点号来识别文件的，而不是通过文件名来识别文件的，文件名是给人用的。虽然每个文件对应唯一的 i 节点号，但 i 节点号是杂乱而毫无意义的，不方便人记忆和使用，用户希望对每个文件取一个有意义的文件名。现代文件系统提供的一个基本功能是按名存取，所以还需要建立文件名到 i 节点号的对应关系，这就引出了目录项（directory entry，即 dentry）的概念。在 Linux 文件系统中有一类特殊的文件称为"目录"，目录就保存了该目录下所有文件的文件名到 i 节点号的对应关系，这里的每个对应关系就称为一个目录项。Linux 把所有的文件和目录构建成了一个倒立的树状结构，这样只要确定了根目录的 i 节点号，就可以对整个文件系统进行按名存取。再次强调，文件名保存在一个目录项中。每一个目录项中都包含文件名和 i 节点。我们可以通过图 4-2 来看一下目录项、i 节点之间的联系。

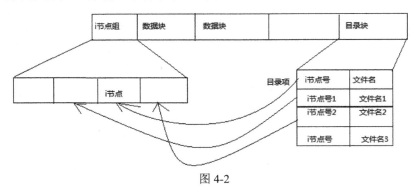

图 4-2

从图 4-2 中可以看出目录是一种表，而每一行即为一个目录项，每个目录项都包含一个 i 节点号和一个文件名，i 节点号指向 i 节点。这样我们就可以通过文件名找到节点号，通过 i 节点号找到 i 节点，从而找到文件在磁盘上的位置。表面上用户通过文件名打开文件，实际上系统内部这个过程分为 3 步：

（1）系统通过目录项找到这个文件名对应的 i 节点号。

（2）通过 i 节点号获取 i 节点信息。

（3）根据 i 节点信息找到文件数据所在的"块"，读出数据。

我们可以用 ls -i 来查看文件所对应的 i 节点号，比如：

```
[root@localhost ~]# ls -i myfile.txt
67230464 myfile.txt
```

67230464 就是 myfile.txt 的 i 节点号。也可以用 stat 命令来查看某个文件的 i 节点号，如下：

```
[root@localhost ~]# stat myfile.txt
  文件: "myfile.txt"
  大小: 0          块: 0         IO 块: 4096    普通空文件
设备: fd00h/64768d    Inode: 67230464    硬链接: 1
权限: (0755/-rwxr-xr-x)  Uid: (   0/   root)  Gid: (   0/   root)
最近访问: 2018-01-27 22:03:59.006601572 +0800
最近更改: 2018-01-27 22:03:59.006601572 +0800
最近改动: 2018-01-27 22:03:59.006601572 +0800
创建时间: -
```

可以看到，除了 i 节点号外，其他的属性信息也都显示出来了。如果要查看某目录下的所有文件的 i 节点号，可用命令 ls -li，如下：

```
[root@localhost ~]# ls -li
总用量 12
 74593456 -rw-------. 1 root root 1659 12月 16 2016 anaconda-ks.cfg
 72621286 -rw-------. 1 root root 1707 12月 15 2016 initial-setup-ks.cfg
 67230464 -rwxr-xr-x  1 root root    0 1月  27 22:03 myfile.txt
 67230504 -rw-r--r--  1 root root    0 2月  18 18:14 newfile.dat
 39782649 drwxr-xr-x. 2 root root    6 12月 17 2016 perl5
102575654 drwxr-xr-x. 5 root root 4096 12月  9 06:49 soft
 72630749 drwxr-xr-x. 2 root root   32 11月  3 22:11 zww
104214069 drwxr-xr-x. 2 root root    6 12月 17 2016 公共
 72621302 drwxr-xr-x. 2 root root    6 12月 17 2016 模板
104214070 drwxr-xr-x. 2 root root    6 12月 17 2016 视频
 72621303 drwxr-xr-x. 2 root root    6 12月 17 2016 图片
  6224821 drwxr-xr-x. 2 root root    6 12月 17 2016 文档
 39782647 drwxr-xr-x. 2 root root    6 12月 17 2016 下载
 39782648 drwxr-xr-x. 2 root root    6 12月 17 2016 音乐
  6224820 drwxr-xr-x. 2 root root    6 12月 17 2016 桌面
```

4.3.3　i 节点的使用状况

每个 i 节点的大小一般是 128 字节或 256 字节。i 节点的总数在格式化时就会给定，一般是每 1KB 或每 2KB 就设置一个 i 节点。

查看每个硬盘分区的 i 节点总数和已经使用的数量可以使用 df 命令。我们每次新建一个文件，可用 i 节点的数目就会减 1，已用 i 节点数目就会增加 1，通过 df -i 命令可以查看到这一点，这个命令可以用来查看当前文件系统的 i 节点的使用情况，如下：

```
[root@localhost ~]# df -i
文件系统                    Inode 已用(I)   可用(I)  已用(I)% 挂载点
devtmpfs                    118950     370  118580      1% /dev
tmpfs                       125962      15  125947      1% /dev/shm
tmpfs                       125962     568  125394      1% /run
tmpfs                       125962      13  125949      1% /sys/fs/cgroup
/dev/mapper/centos-root   81027072  449567 80577505     1% /
/dev/sda1                   512000     381  511619      1% /boot
tmpfs                       125962      27  125935      1% /run/user/0
tmpfs                       125962      37  125925      1% /run/user/1000
```

可以看到，当前/dev/mapper/centos-root 的可用 i 节点数为 80577505，已用 i 节点数为 449567。下面在/root 下新建一个文件，然后用 df -i 查看：

```
[root@localhost ~]# touch newfile.dat
[root@localhost ~]# df -i
文件系统                    Inode 已用(I)   可用(I)  已用(I)% 挂载点
devtmpfs                    118950     370  118580      1% /dev
tmpfs                       125962      15  125947      1% /dev/shm
tmpfs                       125962     577  125385      1% /run
tmpfs                       125962      13  125949      1% /sys/fs/cgroup
/dev/mapper/centos-root   81027072  449568 80577504     1% /
/dev/sda1                   512000     381  511619      1% /boot
tmpfs                       125962      27  125935      1% /run/user/0
tmpfs                       125962      37  125925      1% /run/user/1000
```

可以看到，新建了文件 newfile.dat 后，/dev/mapper/centos-root 的可用 i 节点数减 1，变为 80577504，可用的 i 节点数增加 1，变为 449568。

4.4　文件类型

在 Linux 系统中，可以说一切皆文件。我们看到的目录和外设（如光驱、U 盘、硬盘等）都是以文件的形式存在的。在 Linux 中有 7 种文件类型：普通文件、目录、块设备文件、字符设备文件、链接文件、管道文件、套接口文件。针对这 7 种文件类型，分别有相应的字符来表示。

- -: 普通文件。
- d: 目录。
- b: 块设备文件（例如硬盘、光驱等）。
- c: 字符设备文件（例如"猫"等串口设备）。
- l: 链接文件。
- p: 管道文件。
- s: 套接口文件/数据接口文件（例如启动一个 MySQL 服务器时会产生一个 mysql.sock 文件）。

这里只需关注第一个字符（即文件类型）即可，其他属性暂且不介绍。顺便介绍一下 ll 和 ls-l 的区别：ll 会显示出当前目录下的隐藏文件，而 ls -l 不会。

4.4.1 普通文件

普通文件中包含的内容就是用户、系统或应用程序输入而生成的数据，在文件系统中不加任何内部修饰，把它们看作纯粹的字节流。我们可以用命令 ls -l 或 ll 来查看文件的属性信息，通过判断属性行的第一个字符来判断文件的类型，如果第一个字符是"-"，就表示是一个普通文件。比如我们在/root 下运行 ll 命令：

```
[root@localhost ~]# ll
总用量 12
-rw-------. 1 root root 1659 12月 16 2016 anaconda-ks.cfg
-rw-------. 1 root root 1707 12月 15 2016 initial-setup-ks.cfg
-rwxr-xr-x 1 root root    0 1月  27 22:03 myfile.txt
drwxr-xr-x. 2 root root    6 12月 17 2016 perl5
drwxr-xr-x. 5 root root 4096 12月  9 06:49 soft
drwxr-xr-x. 2 root root   32 11月  3 22:11 zww
drwxr-xr-x. 2 root root    6 12月 17 2016 公共
drwxr-xr-x. 2 root root    6 12月 17 2016 模板
drwxr-xr-x. 2 root root    6 12月 17 2016 视频
drwxr-xr-x. 2 root root    6 12月 17 2016 图片
drwxr-xr-x. 2 root root    6 12月 17 2016 文档
drwxr-xr-x. 2 root root    6 12月 17 2016 下载
drwxr-xr-x. 2 root root    6 12月 17 2016 音乐
drwxr-xr-x. 2 root root    6 12月 17 2016 桌面
```

把"总用量 12"看作第 1 行，ll 输出的第 2 行到第 4 行的属性符号的第一个字符是"-"，因此文件 anaconda-ks.cfg、initial-setup-ks.cfg 和 myfile.txt 是普通文件。

文件和普通文件的所指范围不同，普通文件一定是文件，但文件不一定是普通文件，普通文件只是文件的一个子集。

4.4.2 目录

在 Linux 中，任何东西都被看成文件，目录也不例外。前面提到，目录保存了该目录下所有文件的文件名到 i 节点号的对应关系。每个文件的文件名和该文件的 i 节点构成一个目录项，所有的目录项连在一起就是一个目录（块），如图 4-3 所示。

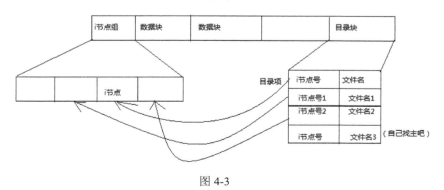

图 4-3

我们可以用命令 ls -l 或 ll 来查看某个文件的属性符号（类似 drw-----），如果第一个字符是"d"，该文件就表示一个目录，这句话是不是感觉有点别扭？要注意这里说的是"该文件"，文件和普通文件所指的范围不同，普通文件一定是文件，但文件不一定是普通文件，普通文件只是文件的一个子集。慢慢习惯吧，Linux 下一切皆文件。比如我们在/root 下运行 ls -l 命令：

```
[root@localhost ~]# ls -l
总用量 12
-rw-------. 1 root root 1659 12月 16 2016 anaconda-ks.cfg
-rw-------. 1 root root 1707 12月 15 2016 initial-setup-ks.cfg
-rwxr-xr-x  1 root root    0 1月  27 22:03 myfile.txt
drwxr-xr-x. 2 root root    6 12月 17 2016 perl5
drwxr-xr-x. 5 root root 4096 12月  9 06:49 soft
drwxr-xr-x. 2 root root   32 11月  3 22:11 zww
drwxr-xr-x. 2 root root    6 12月 17 2016 公共
drwxr-xr-x. 2 root root    6 12月 17 2016 模板
drwxr-xr-x. 2 root root    6 12月 17 2016 视频
drwxr-xr-x. 2 root root    6 12月 17 2016 图片
drwxr-xr-x. 2 root root    6 12月 17 2016 文档
drwxr-xr-x. 2 root root    6 12月 17 2016 下载
drwxr-xr-x. 2 root root    6 12月 17 2016 音乐
drwxr-xr-x. 2 root root    6 12月 17 2016 桌面
```

把"总用量 12"看作第 1 行，从 ls -l 输出的第 5 行到结束，其属性符号的第一个字符都是"d"，因此从第 5 行开始都是目录。

当我们新建一个目录的时候，会默认的分配一个"块"，就是你看到的 4096 byte，目录中文件的文件名和 inode 信息要存放到这个"块"中。目录里面文件增长，要存储的元信息也会增多，一个"块"不够，会再申请"块"，但是最小的单位就是"块"，所以大小总会是 4096 的整数倍。

4.4.3 块设备文件

块设备（Block Device）是具有一定结构的随机存取设备，对这种设备的读写是按块进行的，它使用缓冲区来存放暂时的数据，待条件成熟后，从缓存一次性写入设备或者从设备一次性读到缓冲区。Linux 秉承"一切都是文件"的设计思想，将所有的块设备也看成文件，内核发现一个块设备时，会通知用户空间，用户空间的 udevd 后台进程接收到这些消息后，会按照用户指定的规则为他们创建块设备文件。块设备文件通常存放在/dev 下，比如/dev/sg1。常见的块设备文件如下：

● /dev/hd[a-t]: IDE 设备。
● /dev/sd[a-z]: SCSI 设备和 SATA 设备。
● /dev/fd[0-7]: 标准软驱。
● /dev/md[0-31]: 软 raid 设备。
● /dev/loop[0-7]: 本地回环设备。
● /dev/ram[0-15]: 内存。

其中，[]里的字母表示第几块设备，数字代表分区，因此/dev/sda3 代表第一块 SATA 接口的硬盘的第 3 个分区。我们可以用 ll 和 grep 联合使用来搜索出/dev 下的 sda 设备文件，如下：

```
[root@localhost dev]# ll /dev|grep sd
brw-rw----  1 root disk     8,   0 11月 25 16:16 sda
brw-rw----  1 root disk     8,   1 11月 25 16:16 sda1
brw-rw----  1 root disk     8,   2 11月 25 16:16 sda2
brw-rw----  1 root disk     8,   3 11月 25 16:16 sda3
```

可以看到，块设备文件的属性符号的第一个字符是 b，b 就是 block 的简写，代表块设备文件。

4.4.4　字符设备文件

相对于块设备可以随机访问，字符设备只能被顺序读写。字符设备（Character Device Drive）又称为裸设备（Raw Devices）。常见的字符设备有打印机、计算机显示器、键盘、鼠标、调试解调器、终端等。终端是一种字符型设备，它有多种类型，通常使用 tty 来简称各种类型的终端设备。tty 是 Teletype 或者 Teletypewriters 的缩写，Teletype 是最早出现的一种终端设备，很像电传打字机，是由 Teletype 公司生产的。字符设备文件通常也是存放在/dev 下。

字符设备文件的属性符号的第一个字符是 c，我们用 ll 和 grep 联合搜索出/dev 下的 tty 设备文件，如下：

```
[root@localhost dev]# ll /dev|grep tty
crw-rw-rw-  1 root tty      5,   2 2月  12 13:42 ptmx
crw-rw-rw-  1 root tty      5,   0 11月 25 16:16 tty
crw--w----  1 root tty      4,   0 11月 25 16:16 tty0
crw--w----  1 root tty      4,   1 11月 25 08:24 tty1
crw--w----  1 root tty      4,  10 11月 25 16:16 tty10
crw--w----  1 root tty      4,  11 11月 25 16:16 tty11
crw--w----  1 root tty      4,  12 11月 25 16:16 tty12
...
```

可以看到属性符号的第一个字符都是 c，表示是一个字符设备。

4.4.5　链接文件

链接相当于给文件添加了另一条索引。

要理解 Linux 下链接文件的实质，需要先理解索引节点（inode）和目录项（dentry）两个基本概念。

合理地使用链接文件会对日常使用和系统管理带来一些便利，主要包括以下几方面：

（1）保持软件的兼容性

例如，在很多 Linux 发行版中，/bin/sh 文件其实是一个指向/bin/bash 的符号链接。为什么要这样设计？因为几乎所有的 shell 脚本的第一行都是"#!/bin/sh"，"#!"符号表示该行指定该脚本所用的解释器。#!/bin/sh 表示使用 Bourne Shell 作为解释器，这是一个早期的 Shell。在现代的 Linux 发行版中，通常采用 Bourne Again Shell（即 bash），bash 是对 sh 的改进和增强，而早期的 Bourne Shell 在系统中根本不存在。为了能够顺利地运行脚本而不必修改 shell 脚本，只需要创建一个软链接/bin/sh 让其指向/bin/bash。如此一来，就可以让 bash 来解释原本针对 Bourne Shell 编写的脚本了。

（2）方便软件的使用

比如安装了一个大型软件 Matlab，它可能默认安装在/usr/opt/Matlab 目录下，可执行文件位置在/usr/opt/Matlab/bin 目录下，除非你在这个路径加入 PATH 环境变量里，否则每次运行这个软件，你都需要输入一长串的路径，很不方便。此时，可以通过在"~/bin"下创建一个符号链接，今后在命令行下无须输入完整路径，只需输入 matlab 即可。

（3）维持旧的操作习惯

比如在 SuSE 中，启动脚本的位置放在/etc/init.d 目录下，而在 RedHat 的发行版中，是放在/etc/init.d/rc.d 目录下。为了避免因为从 SuSE 转换到 RedHat 系统而导致管理员找不到位置的情况，可以创建一个符号链接/etc/init.d 使其指向/etc/init.d/rc.d。事实上，RedHat 发行版也正是这样做的。

（4）方便系统管理

在/etc/rc.d/rcX.d 目录下的符号链接（X 为数字 0~7）是一个非常典型的例子。在 init.d/目录下有许多用于启动、停止系统服务的脚本，如 sshd、crond 等。这些脚本可以接收一个参数，代表要启动（start）或停止（stop）服务。为了决定在某个运行级别运行哪些脚本及传递给这些脚本哪些参数，RedHat 设计了一个额外的目录机制，即 rc0.d~rc6.d 的 7 个目录，每个目录对应一个运行级别。如果在某运行级别下需要启动某服务或者停止某服务，就在对应的 rcX.d 目录下建立一个符号链接，指向 init.d/目录下的脚本。

Linux 下的链接文件可以分为硬链接（文件）和软链接（文件）。

1. 硬链接文件

硬链接的实质是现有文件在目录树中的另一个入口。也就是说，硬链接相当于源文件的另一个目录项（directory entry，dentry）而已，它和源文件指向同一个索引节点（index node，inode），对应于相同的磁盘数据块（data block），具有相同的访问权限、属性等。简而言之，硬链接其实就是给现有的文件起了一个别名。如果把文件系统比喻成一本书，硬链接就是在书本的目录中有两个目录项指向了同一页码的同一章节。硬链接的优点是几乎不占磁盘空间（因为仅仅是增加了一个目录项而已），但是这一优点相对于软链接其实并不明显（因为软链接占用的磁盘空间也很少）。另外，硬链接有以下一些局限：

（1）不能跨文件系统创建硬链接。原因很简单，inode 号只有在一个文件系统内才能保证是唯一的，如果跨越文件系统，inode 号就可能重复。

（2）不能对目录创建硬链接。正因为硬链接的这些局限，加之软链接更加易于管理，所以软链接更加常用。软链接又称为符号链接（symbolic link），简写为 symlink。与硬链接仅仅是一个目录项不同，软连接实质上本身也是个文件，不过这个文件的内容是另一个文件名的指针。当 Linux 访问软链接时，它会循着指针找出含有实际数据的目标文件。同样用书本来打个比方，软链接是书本里的某一章节，不过这一章节什么内容都没有，只有一行字"转某某章某某页"。软链接可以跨越文件系统指向另一个分区的文件，甚至可以跨越主机指向远程主机的一个文件，也可以指向目录。当创建了一个软链接文件后，它的权限为 777，即所有权限都是开放的，实际上你也无法使用 chmod

命令修改其权限，但是实际文件的保护权限仍然起作用。软链接还可以指向不存在的文件（可能是原来指向的文件被删除了，或者指向的文件系统尚未挂载，或者最初建立该符号链接的时候就指向了一个不存在的文件，等等），此时称这种状态为"断裂"（broken）。与之相对的是，硬链接是不能指向一个不存在的文件的。另外，在 Linux 上创建一个指向目录的软链接是允许的，但是却不能创建一个指向目录的硬链接。其实在 UNIX 操作系统的历史上，对目录创建硬链接曾经是允许的。但人们发现，这样做会出现很多问题，尤其是一些对目录树进行的遍历操作，如 fsck、find 等命令无法正确执行。在《UNIX 环境高级编程》中提到作者在自己的系统上做过实验，结果是：创建目录硬链接后，文件系统变得错误百出。因为这样做会破坏文件系统的树形结构，可能会使目录之间出现环。

对于硬链接文件进行读写时，系统会自动把读写操作转换为对源文件的操作，但删除硬链接文件的时候，系统仅仅删除硬链接文件，而不删除源文件。但如果删除硬链接文件的源文件，硬链接文件依然存在，而且保留了原有的内容。此时，系统会把它当作一个普通文件。

建立硬链接有什么好处呢？除了方便外，它还有防止"误删"的作用。意思是，只要文件的索引节点号上有一个及以上的硬链接，该文件就不会删除（文件的数据块和目录链接不被释放）。

2. 软链接文件

软链接（Soft Link）也称为符号链接（Symbolic Link）。Linux 里的软链接文件就类似于 Windows 系统中的快捷方式。Linux 里的软链接文件实际上是一个特殊的文件，可以理解为一个文本文件，这个文本文件中包含另一个源文件的位置信息内容，因此，通过访问这个"快捷方式"就可以迅速定位到软链接所指向的源文件。对软链接文件进行读写时，系统会自动把读写操作转换为对源文件的操作，但删除软链接文件的时候，系统仅删除链接文件，而不删除源文件。

对于软链接文件，文件属性信息的第一个字符是"1"，比如我们可以进入目录/etc/httpd/，然后用 ll 来查看软链接文件，如下：

```
[root@localhost logs]# cd /etc/httpd/
[root@localhost httpd]# ll
总用量 8
drwxr-xr-x. 2 root root   35 12月 16 2016 conf
drwxr-xr-x. 2 root root 4096 12月 16 2016 conf.d
drwxr-xr-x. 2 root root 4096 12月 16 2016 conf.modules.d
lrwxrwxrwx. 1 root root   19 12月 16 2016 logs -> ../../var/log/httpd
lrwxrwxrwx. 1 root root   29 12月 16 2016 modules
-> ../../usr/lib64/httpd/modules
lrwxrwxrwx. 1 root root   10 12月 16 2016 run -> /run/httpd
```

可以看到，后 3 个文件都是软链接文件。

4.5　文件权限

文件或目录的访问权限可分为只读、只写和可执行 3 种。以文件为例，只读权限表示只允许读其内容，而禁止对其做任何的更改操作。可执行权限表示允许将该文件作为一个程序执行。文件被创建时，文件所有者自动拥有对该文件的读、写和可执行权限，以便于对文件进行阅读和修改。用户也可以根据需要把访问权限设置为需要的任何组合。可以用命令 ls -l 来查看文件或目录的权限，比如：

```
[root@localhost ~]# ls -l
总用量 12
-rwxrwxrwx. 1 root root  629 5月  18 14:14 myshell.sh
-rw-------. 1 root root 1659 12月 16 2016 anaconda-ks.cfg
-rw-------. 1 root root 1707 12月 15 2016 initial-setup-ks.cfg
drwxr-xr-x. 2 root root    6 12月 17 2016 perl5
drwxr-xr-x. 3 root root   49 6月   3 07:52 soft
-rw-rw-rw-. 1 root root    0 10月 10 16:37 test.txt
drwxr-xr-x. 2 root root    6 12月 17 2016 公共
drwxr-xr-x. 2 root root    6 12月 17 2016 模板
drwxr-xr-x. 2 root root    6 12月 17 2016 视频
drwxr-xr-x. 2 root root    6 12月 17 2016 图片
drwxr-xr-x. 2 root root    6 12月 17 2016 文档
drwxr-xr-x. 2 root root    6 12月 17 2016 下载
drwxr-xr-x. 2 root root    6 12月 17 2016 音乐
drwxr-xr-x. 2 root root   32 9月  14 06:48 桌面
```

显示了当前目录下所有文件和目录的权限。要查看某个指定文件的权限，可以这样：

```
[root@localhost ~]# ls -l test.txt
-rw-rw-rw-. 1 root root 0 10月 10 16:37 test.txt
```

第一个字符代表是文件还是目录，-代表非目录，d 代表目录。接下来每 3 个字符为一组权限，分为 3 组，依次代表所有者权限、同组用户权限和其他用户权限。每组权限的 3 个字符依次代表是否可读、是否可写、是否可执行，其中，r 表示拥有读的权限，w 表示拥有写的权限，x 表示拥有可执行的权限，-表示没有该权限。

4.6　Linux 文件 I/O 编程的基本方式

在 Linux 下对文件进行输入输出操作（I/O 操作）有 3 种编程方式，一种是调用 C 库中文件的 I/O 函数，比如 fopen、fread/fwrite、fclose 等。相信大家在学习 C 语言的过程中，对这些函数已经有所了解，这节就不介绍了。另外两种方式是使用 Linux 的系统调用和 C++文件流的操作。

4.7　什么是 I/O

I/O 就是输入/输出，它是主存和外部设备（比如硬盘、U 盘）之间复制数据的过程，其中数据从设备到内存的过程称为输入，数据从内存到设备的过程叫输出。I/O 可以分为高级 I/O 和低级 I/O，高级 I/O 通常也称为带缓冲的 I/O，比如 ANSI C 提供的标准 I/O 库。低级 I/O 通常也称为不带缓冲的 I/O，它是 Linux 提供的系统调用，速度快，如函数 open、read、write 等。而带缓冲的 I/O 在系统调用前采用一定的策略，速度慢，但比不带缓冲的 I/O 安全，如 fopen、fread、fwrite 等。

4.8　Linux 系统调用下的文件 I/O 编程

4.8.1　文件描述符

对于 Linux 而言，所有对设备或文件的操作都是通过文件描述符进行的。当打开或者创建一个文件的时候，内核向进程返回一个文件描述符（非负整数）。后续对文件的操作只需通过该文件描述符，内核记录有关这个打开文件的信息。一个进程启动时，默认打开 3 个文件，标准输入、标准输出、标准错误，对应文件描述符是 0（STDIN_FILENO）、1（STDOUT_FILENO）、2（STDERR_FILENO），这些常量定义在 unistd.h 头文件中。

我们以前可能没接触过文件描述符，接触较多的是文件指针，其实两者之间是可以相互转换的，具体是通过函数 fileno 和 fdopen。函数 fileno 将文件指针转换为文件描述符，声明如下：

```
int fileno(FILE *stream);
```

其中，参数 stream 是文件指针。

函数 fdopen 将文件描述符转换为文件指针，声明如下：

```
FILE *fdopen(int fd, const char *mode);
```

其中，参数 fd 是文件描述符，mode 是打开方式。

【例 4.1】打印 stdin、stdout 和 stderr 的文件描述符值

（1）打开 UE，新建一个 test.cpp 文件，在 test.cpp 中输入代码如下：

```
#include <stdlib.h>
#include <stdio.h>

int main(void)
{
    printf("fileno(stdin) = %d\n", fileno(stdin));
    printf("fileno(stdout) = %d\n", fileno(stdout));
    printf("fileno(stderr) = %d\n", fileno(stderr));
    return 0;
}
```

（2）上传 test.cpp 到 Linux，在终端下输入命令：g++ -o test test.cpp，然后运行 test，运行结果如下：

```
[root@localhost cpp98]# g++ -o test test.cpp
[root@localhost cpp98]# ./test
fileno(stdin) = 0
fileno(stdout) = 1
```

```
fileno(stderr) = 2
```

4.8.2 打开或创建文件

Linux 提供 open 函数来打开或者创建一个文件。该函数声明如下：

```
#include <fcntl.h>
int open(const char *pathname, int flags);
int open(const char *pathname, int flags, mode_t mode);
```

其中，参数 pathname 表示文件的名称，可以包含（绝对和相对）路径；flags 表示文件打开方式；mode 用来规定对该文件的所有者、文件的用户组及系统中其他用户的访问权限。如果函数执行成功，就返回文件描述符，如果函数执行失败，就返回-1。

文件打开的方式 flags 可以使用下列宏（当有多个选项时，采用 "|" 连接）：

- O_RDONLY：打开一个只供读取的文件。
- O_WRONLY：打开一个只供写入的文件。
- O_RDWR：打开一个可供读写的文件。
- O_APPEND：写入的所有数据将被追加到文件的末尾。
- O_CREAT：打开文件，如果文件不存在就建立文件。
- O_EXCL：如果已经置 O_CREAT 且文件存在，就强制 open 失败。
- O_TRUNC：在打开文件时，将文件的内容清空。
- O_DSYNC：每次写入时，等待数据写到磁盘上。
- O_RSYNC：每次读取时，等待相同部分先写到磁盘上。
- O_SYNC：以同步方式写入文件，强制刷新内核缓冲区到输出文件。

最后 3 个 SYNC（同步）选项都会降低性能。使用这些宏需要包含头文件 fcntl.h。值得注意的是，O_RDONLY、O_WRONLY 或 O_RDWR 这 3 个选项是必选其一的。

mode 只有创建文件时才使用此参数，指定文件的访问权限。模式有：

- S_IRUSR：文件所有者的读权限位。
- S_IWUSR：文件所有者的写权限位。
- S_IXUSR：文件所有者的执行权限位。
- S_IRWXU：S_IRUSR|S_IWUSR|S_IXUSR。
- S_IRGRP：文件用户组的读权限位。
- S_IWGRP：文件用户组的写权限位。
- S_IXGRP：文件用户组的执行权限位。
- S_IRWXG：S_IRGRP|S_IWGRP|S_IXGRP。
- S_IROTH：文件其他用户的读权限位。
- S_IWOTH：文件其他用户的写权限位。
- S_IXOTH：文件其他用户的执行权限位。

● S_IRWXO: S_IROTH|S_IWOTH|S_IXOTH。

使用这些权限宏，需要包含头文件 sys/stat.h。文件的访问权限是根据 umask&~mode 得出来的，例如 umask=0022,mode = 0655，则访问权限为：644。umask 是目前用户在建立档案或目录时的权限默认值，我们可以通过命令 umask 查看该值，比如：

```
[root@localhost ~]# umask
0022
[root@localhost ~]# umask -S
u=rwx,g=rx,o=rx
```

加 S 是以字符形式显示。下面看一个小例子，创建一个指定权限的文件。

打开文件，既可以用相对文件又可以用绝对路径，比如打开当前目录 zww 下的文件 myfile.dat，可以这样写：

```
int fd = open("./zww/myfile.dat", O_RDWR);
```

其中，"."表示当前工作目录，当前进程被启动的目录就是当前工作目录。

如果要以只读方式打开当前目录上级目录下的某个文件，可以这样写：

```
int fd = open("../myfile.dat", O_RDONLY); //其中..表示当前工作目录的上一级目录
```

或者打开一个绝对路径下的文件，比如：

```
int fd = open("/etc/myfile.dat", O_CREAT| O_RDWR); //不存在就新建，否则以读写方式打开
```

4.8.3 创建文件

为了维持与早期的 UNIX 系统的向后兼容性，Linux 也提供了一个专门创建文件的系统调用，即 creat 函数，注意结尾没有 e。它的声明如下：

```
int creat(const char *pathname, mode_t mode);
```

其中，参数 pathname 表示文件的名称，可以包含（绝对和相对）路径；mode 用来规定对该文件的所有者、文件的用户组及系统中其他用户的访问权限，其取值与 open 函数的 mode 相同。如果函数执行成功，就返回文件描述符，否则返回-1。

在 UNIX 的早期版本中，open 系统调用仅仅存在两个参数的形式。如果文件不存在，就不能打开这些文件。文件的创建则由单独的系统调用 creat 完成。在 Linux 及所有 UNIX 的近代版本中，creat 系统调用是多余的，因为 open 也可以用来创建文件。下面两种形式等价。

```
int fd = creat(file, mode);
int fd = open(file, O_WRONLY | O_CREAT | O_TRUNC, mode);
```

【例 4.2】创建一个只读的文件

（1）打开 UE，新建一个 test.cpp 文件，在 test.cpp 中输入代码如下：

```
#include <sys/types.h>
```

```
#include <sys/stat.h>
#include <fcntl.h>
#include <stdio.h>
#include <unistd.h>

int main(void)
{
    int fd = -1;
    char filename[] = "/root/test.txt"; //注意路径中的/不要写成\
    fd = creat(filename,0666); //创建只读属性的文件
    if (fd == -1)
        printf("fail to pen file %s\n", filename);
    else
        printf("create file %s successfully\n", filename);

    return 0;
}
```

（2）上传 test.cpp 到 Linux，在终端下输入命令：g++ -o test test.cpp，然后运行 test，运行结果如下：

```
[root@localhost cpp98]# g++ -o test test.cpp
[root@localhost cpp98]# ./test
create file /root/test.txt successfully
```

我们在路径/root 下创建了一个文件 test.txt。即使 test.txt 存在，依然会成功。

4.8.4 关闭文件

文件不再使用的时候，需要把它关闭。可以用函数 close 来关闭文件，该函数声明如下：

```
#include <unistd.h>
int close(int fd);
```

其中，参数 fd 为要关闭的文件的文件描述符。如果函数执行成功，就返回文件描述符，否则返回-1。

关闭以后，此文件描述符不再指向任何文件，从而描述符可以再次使用。如果每次打开文件后不关闭，就会将系统的文件描述符耗尽，导致不能再打开文件。

【例 4.3】打开并关闭一个文件

（1）打开 UE，新建一个 test.cpp 文件，在 test.cpp 中输入代码如下：

```
#include <sys/types.h>
#include <sys/stat.h>
#include <fcntl.h>
#include <stdio.h>
#include <unistd.h>
```

```
int main(void)
{
    int fd = -1;
    char filename[] = "test.txt"; //若没有使用绝对路径，则打开的是当前目录下的
test.txt
    fd = open(filename, O_CREAT | O_RDWR, S_IRWXU); //打开文件
    if (fd == -1)
        printf("fail to pen file %s,fd:%d\n", filename, fd);
    else
        printf("Open file %s successfully,fd:%d\n", filename, fd);
    close(fd);
    return 0;
}
```

（2）上传 test.cpp 到 Linux，在终端下输入命令：g++ -o test test.cpp，然后运行 test，运行结果如下：

```
[root@localhost cpp98]# g++ -o test test.cpp
[root@localhost cpp98]# ./test
Open file test.txt successfully,fd:3
```

如果当前目录（就是和可执行文件 test 同一目录）下没有 test.txt，就新建一个 test.txt，如果已经有了，就打开它。

【例 4.4】循环打开文件，而不关闭

（1）打开 UE，新建一个 test.cpp 文件，在 test.cpp 中输入代码如下：

```
#include <sys/types.h>
#include <sys/stat.h>
#include <fcntl.h>
#include <stdio.h>
#include <unistd.h>
#include <stdlib.h>

int main(void)
{
    int i = 0;
    int fd = 0;
    for (i = 1; fd >= 0; i++)
    {
        fd = open("test.txt", O_RDONLY); //打开文件
        if (fd > 0)
            printf("fd:%d\n", fd); //如果成功，就打印文件描述符
        else
        {
            printf("error,can't openf file \n");
            exit(1); //如果失败，就退出
        }
```

```
    }
    return 0;
}
```

（2）上传 test.cpp 到 Linux，在终端下输入命令：g++ -o test test.cpp，然后运行 test，运行结果如下：

```
...
fd:65530
fd:65531
fd:65532
fd:65533
fd:65534
error,can't openf file
```

打开文件，文件描述符是 65534 的时候，就无法再继续打开了。如果我们再次运行 test：

```
[root@localhost cpp98]# ./test
error,can't openf file
```

可以发现一个文件都无法打开了。因为系统中的文件描述符已经耗尽了。此时需要重启计算机。

4.8.5 读取文件中的数据

可以用函数 read 从已打开的文件中读取数据，该函数声明如下：

```
#include <unistd.h>
ssize_t read(int fd,void * buf ,size_t count);
```

该函数会把参数 fd 所指的文件传送 count 个字节到 buf 指针所指的内存中。若参数 count 为 0，则 read()不会有作用并返回 0。返回值为实际读取到的字节数，如果返回 0，表示已到达文件尾或没有可读取的数据，注意：文件读写位置会随读取到的字节移动。

需要强调的是，如果函数读取成功，会返回实际读到的数据的字节数，最好能将返回值与参数 count 做比较，若返回的字节数比要求读取的字节数少，则有可能读到了文件尾或者 read()被信号中断了读取动作。当有错误发生时，则返回-1，错误代码存入 errno 中，此时文件读写位置无法预期。

常见的错误代码如下。

- EINTR：此调用被信号所中断。
- EAGAIN：当使用不可阻断 I/O 时（O_NONBLOCK），若无数据可读取，则返回此值。
- EBADF：参数 fd 为非有效的文件描述符，或当前文件已关闭。

【例 4.5】从文件中读取数据

（1）打开 UE，新建一个 test.cpp 文件，在 test.cpp 中输入代码如下：

```
#include<stdio.h>
#include<unistd.h>
```

```
#include<sys/types.h>
#include<sys/stat.h>
#include<fcntl.h>

int main(void)
{
    int fd = -1,i;
    ssize_t size =-1;
    char buf[10];
    char filename[] = "/root/test.txt"; //要读取的文件

    fd = open(filename,O_RDONLY); //只读方式打开文件
    if(-1==fd)
    {
        printf("Open file %s failuer,fd:%d\n",filename,fd);
         return -1;
    }
    else  printf("Open file %s success,fd:%d\n",filename,fd);

    //循环读取数据，直到文件末尾或者出错
    while(size)
    {
       //读取文件中的数据，10的意思是希望读10个字节，但真正读到的字节数是函数返回值
       size = read(fd,buf,10);
       if(-1==size)
       {
           close(fd);
           printf("Read file %s error occurs\n",filename);
           return -1;
       }else{
           if(size>0)
           {
               printf("read %d bytes:",size);
               printf("\"");
               for(i =0;i<size;i++) //循环打印文件读到的内容
                   printf("%c",*(buf+i));
               printf("\"\n");
           }else{
               printf("reach the end of file \n");
           }

       }
    }
    return 0;
}
```

（2）上传 test.cpp 到 Linux，在终端下输入命令：g++ -o test test.cpp，然后运行 test，运行结果如下：

```
[root@localhost cpp98]# g++ -o test test.cpp
[root@localhost cpp98]# ./test
Open file /root/test.txt success,fd:3
read 3 bytes:"abc"
reach the end of file
```

我们可以在/root 下放一个文本文件 test.txt，然后输入 3 个字符 abc，这样程序就能正确打开 test.txt 并读出文件的内容了。

4.8.6　向文件写入数据

可以用函数 write 将数据写入已打开的文件内，该函数声明如下：

```
#include <unistd.h>
ssize_t write (int fd,const void * buf,size_t count);
```

该函数会把参数 buf 所指的缓冲区中的 count 个字节数据写入 fd 所指的文件内。当然，文件读写位置也会随之移动。其中，参数 fd 是一个已经打开的文件描述符；buf 指向一个缓冲区，表示要写的数据；count 表示要写的数据的长度，单位是字节。如果函数执行成功，就返回实际写入数据的字节数。当有错误发生时，则返回-1，错误代码可以用 errno 查看。常见的错误代码如下。

- EINTR *此调用被信号所中断。*
- EADF *参数 fd 是非有效的文件描述符，或该文件已关闭。*

【例 4.6】向文件中写入文件

（1）打开 UE，新建一个 test.cpp 文件，在 test.cpp 中输入代码如下：

```
#include<sys/types.h>
#include<sys/stat.h>
#include<stdio.h>
#include<unistd.h>
#include<fcntl.h>

int main(void)
{
    int fd = -1,i;
    ssize_t size =-1;
    int input =0;

    char buf[] = "boys and girls\n hi,children!"; //要写入文件的字符串
    char filename[] = "test.txt";

    fd = open(filename,O_RDWR|O_APPEND); //以追加和读写方式打开一个文件
    if(-1==fd)
    {
        printf("Open file %s faliluer \n",filename );
    }else{
        printf("Open file %s success \n,=",filename );
```

```
    }
    size = write(fd,buf,strlen(buf)); //向文件中写入数据，实际写入数据由函数返回存
入size中
    printf("write %d bytes to file %s\n",size,filename);

    close(fd);
    return 0;
}
```

（2）上传 test.cpp 到 Linux，在终端下输入命令：g++ -o test test.cpp，然后运行 test，运行结果如下：

```
[root@localhost cpp98]# g++ -o test test.cpp
[root@localhost cpp98]# ./test
Open file /root/test.txt success
write 28 bytes to file /root/test.txt
```

我们可以在/root 下放一个文件 test.txt，并预先写入几个字符，比如 abc，然后运行该程序，完毕后再打开文件，可以看到 abc 后面追加了我们通过程序添加的内容，比如：

```
[root@localhost cpp98]# cat /root/test.txt
abcboys and girls
 hi,children!boys and girls
```

4.8.7 设定文件偏移量

有时候需要从文件中某个位置开始读写，此时需要让文件读写位置移动到新的位置，所以有了设定文件偏移量的函数。文件偏移量指的是当前文件操作位置相对于文件开始位置的偏移。当打开一个文件时，如果没有指定 O_APPEND 参数，文件的偏移量为 0。如果指定了 O_APPEND 参数，文件的偏移量与文件的长度相等，即文件的当前操作位置移到了末尾。

用来设定文件偏移量的系统函数是 lseek，该函数声明如下：

```
<unistd.h>
off_t lseek( int fd, off_t offset, int whence)
```

该函数对文件描述符 fd 所代表的文件，按照操作模式 whence 和偏移量的大小 off_t，重新设定文件偏移量。如果 lseek()函数操作成功，就返回新的文件偏移量的值；如果失败，就返回-1。由于文件的偏移量可以为负值，因此判断 lseek()是否操作成功时，不要使用小于 0 的判断，要使用是否等于-1 来判断。参数 offset 和 whence 搭配使用，具体含义如下：

● whence 值为 SEEK_SET 时，offset 为相对文件开始处的值。
● whence 值为 SEEK_CUR 时，offset 为相对当前位置的值。
● whence 值为 SEEK_END 时，offset 为相对文件结尾的值。

【例 4.7】对空文件设置偏移量到 5 处，写入字符串 "boys"

（1）打开 UE，新建一个 test.cpp 文件，在 test.cpp 中输入代码如下：

```c
#include <stdio.h>
#include <sys/types.h>
#include <sys/stat.h>
#include <unistd.h>
#include <fcntl.h>
#include <string.h>

int main(void)
{
    int fd = -1;
    ssize_t size = -1;
    off_t offset = -1;

    char buf[] = "boys";
    char filename[] = "/root/test.txt";

    fd = open(filename, O_RDWR); //读写方式打开文件
    if (-1 == fd)
    {
        printf("Open file %s failure,fd:%d", filename, fd);
        return -1;
    }
    offset = lseek(fd, 5, SEEK_SET); //重新定义文件偏移量到5处
    if (-1 == offset)
    {
        printf("lseek file %s failure,fd:%d", filename, fd);
        return -1;
    }
    size = write(fd, buf, strlen(buf)); //向文件写入数据
    if (size != strlen(buf))
    {
        printf("write file %s failure,fd:%d", filename, fd);
        return -1;
    }
    close(fd);
    return 0;
}
```

（2）上传 test.cpp 到 Linux，在终端下输入命令：g++ -o test test.cpp，然后运行 test，运行结果如下：

```
[root@localhost cpp98]# g++ -o test test.cpp
[root@localhost cpp98]# ./test
write file boys OK
```

我们可以在/root 下存放一个空文件（0 字节大小）test.txt，然后运行程序，运行完毕后把 /root/test.txt 下载到 Windows 下，然后双击打开它，可以看到，boys 的确在距离文件开头 5 个空格处，比如：

boys

其实 boys 前面的不是空格，而是"0"，因为如果偏移量的设置超出文件的大小（我们原来的文件大小是 0），就会造成文件空洞，即文件尾部（0 字节的文件尾部其实就是文件开头）到设置位置之间被"0"填充。这种情况应该避免，我们设置文件偏移量的时候不应该超出文件的大小。

现在我们在 Windows 下新建一个 test.txt，然后输入 123456789ABCD，保存并上传到 Linux 的 /root 下，再运行 test 程序后，打开文件可以发现，boys 写在 5 后面了，并且 6789 被覆盖了，比如：

```
[root@localhost cpp98]# cat /root/test.txt
12345boysABCD
```

4.8.8 获取文件状态

在设计程序的时候，经常要用到文件的一些特征值，如文件的所有者、文件的修改时间、文件的大小等。stat()函数、fstat()函数和 lstat()函数都可以获得文件的状态。这些函数声明如下：

```
int stat(const char *path, struct stat *buf);
int fstat(int filedes, struct stat *buf);
int lstat(const char *path, struct stat *buf);
```

其中，参数 path 是文件的路径（含文件名）；filedes 是文件描述符；buf 为指向 struct stat 结构体的指针，获得的状态从这个参数中传回。当函数执行成功时返回 0，执行失败时返回-1。

fstat 区别于另外两个系统调用的地方在于，fstat 系统调用接收的是一个"文件描述符"，而另外两个则直接接收"文件全路径"。文件描述符是需要我们用 open 系统调用后才能得到的，而文件全路径直接写就可以了。stat 和 lstat 的区别：当文件是一个符号链接时，lstat 返回的是该符号链接本身的信息；而 stat 返回的是该链接指向的文件的信息。结构体 struct stat 为一个描述文件状态的结构，定义如下：

```
struct stat {
    mode_t     st_mode;      //文件对应的模式、文件、目录等
    ino_t      st_ino;       //inode节点号
    dev_t      st_dev;       //设备号码
    dev_t      st_rdev;      //特殊设备号码
    nlink_t    st_nlink;     //文件的链接数
    uid_t      st_uid;       //文件所有者
    gid_t      st_gid;       //文件所有者对应的组
    off_t      st_size;      //普通文件，对应的文件字节数
    time_t     st_atime;     //文件最后被访问的时间
    time_t     st_mtime;     //文件内容最后被修改的时间
    time_t     st_ctime;     //文件状态改变的时间
    blksize_t  st_blksize;   //文件内容对应的块大小
    blkcnt_t   st_blocks;    //文件内容对应的块数量
};
```

【例 4.8】获取文件的状态

（1）打开 UE，新建一个 test.cpp 文件，在 test.cpp 中输入代码如下：

```cpp
#include<sys/stat.h>
#include<sys/types.h>
#include<unistd.h>
#include <iostream>
using namespace std;

int main(void)
{
    struct stat st;

    if (-1 == stat("/root/test.txt", &st)) //获取文件状态
    {
        cout << ("stat failed\n");
        return -1;
    }
    cout<<"file length:"<<st.st_size<<"byte"<<endl; //文件长度
    cout << "mod time:" << st.st_mtime << endl; //最后修改时间
    cout << "node:" << st.st_ino << endl; //节点
    cout << "mode:" << st.st_mode << endl; //模式
}
```

（2）上传 test.cpp 到 Linux，在终端下输入命令：g++ -o test test.cpp，然后运行 test，运行结果如下：

```
[root@localhost cpp98]# g++ -o test test.cpp
[root@localhost cpp98]# ./test
file length:13byte
mod time:1508633499
node:82506175
mode:33188
```

4.8.9 文件锁定

当多个用户共同使用、操作一个文件时，Linux 采用的方法就是给文件上锁，来避免共享的资源产生竞争的状态。文件锁分为建议性锁和强制性锁。建议性锁是指给文件上锁后，只在文件上设置一个锁的标识，其他进程在对这个文件进程操作时，可以检测到锁的存在，但这个锁并不能阻止它（其他进程）对这个文件进行操作，这就好比红绿灯，当红灯亮时，告诉你不要过马路，但如果你一定要过，也拦不住你。强制性锁则是当给文件上锁后，当其他进程要对这个文件进行不兼容的操作（比如上了读锁，另一个进程要写）时，系统内核将阻塞后来的进程，直到第一个进程将锁解开。一般情况下，内核和系统都不适合用建议性锁，而要使用强制性锁，这样可以防止一些破坏性操作。每个进程对文件操作时，例如执行 open、read、write 等操作时，内核都会检测该文件是否被加了强制性锁，如果加了强制性锁，就会导致这些文件操作失败，也就是内核强制应用程序来遵守游戏规则，这就是强制性锁的原理所在。

值得注意的是，对文件加锁是原子性的。另外，由 fork 产生的子进程不继承父进程所设置的锁。意味着，若一个进程得到一把锁，然后调用 fork，那么对于父进程获得的锁而言，子进程被视为另一个进程。对于从父进程处继承过来的任一描述符，子进程需要调用 fcntl 才能获得它自己的锁。

Linux 下可以用 fcntl 函数来实现文件的锁定。文件锁定在很多场合都很有用，比如为了防止进程重复启动，可以在进程启动时对/var/run 下的.PID 文件进行锁定，这样后面的进程重复启动时，会因为无法对该文件上锁而退出。fcntl 函数不仅能对整个文件上锁，而且可以对文件的某一记录上锁，此时的锁又可称为记录锁。

函数 fcntl 声明如下：

```
#include <unistd.h>
#include <fcntl.h>
int fcntl(int fd, int cmd, struct flock *lock);
```

其中，参数 fd 是文件描述符，cmd 是操作命令。对于文件锁定，取值如下：

● F_GETLK: 根据 lock 描述，决定是否上文件锁（或记录锁）。
● F_SETLK: 设置 lock 描述的文件锁（或记录锁）。

lock 是指向结构体 flock 的指针，表示一个文件锁或记录锁，用于将整个文件或者文件中的某一记录（即某一部分字节）锁起来。锁的类型有两种：建议锁和强制锁。建议锁，顾名思义，相对温柔一些，在对文件进行锁操作时，会检测是否已经有锁存在，并且尊重已有的锁，但是另外的进程还是可以自由修改文件的，如果你编写的程序或者程序新创建的进程都以一致的方式处理文件（或记录）锁（即在读写前都申请一次文件（或记录）锁，或者都不申请，总之要以一致的方式处理），就不会发生冲突，这样的进程集称为合作进程，合作进程使用建议性锁是可行的。但是如果需要阻止非你创建的进程也按照一致的方式处理记录锁，就只能使用强制性记录锁了。强制锁是由内核执行的锁，当一个文件被上锁进行写入操作的时候，内核将阻止其他进程对其进行读写操作。采取强制锁对性能的影响很大，fuctl 默认是建议锁，如果想在 Linux 中使用强制锁，则要在 root 权限下，通过 mount 命令用-o mand 选项打开该机制。结构体 flock 定义如下：

```
struct flock
{
    short int l_type;//锁定的状态
    short int l_whence;//决定l_start的位置
    off_t    l_start;//锁定区域的开头位置
    off_t    l_len;//锁定区域的大小
    pid_t    l_pid;//锁定动作的进程
};
```

l_type 有以下 3 个选项。

● F_RDLCK: 共享锁（也称读取锁），只读用，多个进程可以同时建立读取锁。
● F_WRLCK: 独占锁（也称写入锁），在任何时刻只能有一个进程建立写入锁。
● F_UNLCK: 解除锁定。

l_whence 必须是以下几个值之一（在 unistd.h 中定义）。

● SEEK_SET: 文件开始位置。
● SEEK_CUR: 文件当前位置。

● SEEK_END: 文件末尾位置。

l_start 为相对开始偏移量，相对于 l_whence 而言。

● l_len: 加锁的长度，0 为到文件末尾。
● l_pid: 当前操作文件的进程 ID 号。

如果函数成功，就返回 0，否则返回-1，此时可以用 errno 查看错误码。

是不是感觉这个 fcntl 函数有点复杂？其实上面只是针对锁文件的情况，fcntl 函数还有其他功能和形式，这里暂且不介绍。下面我们来看一个关于 fcntl 函数的小例子。

【例 4.9】测试建议锁

（1）打开 UE，新建一个 test.cpp 文件，在 test.cpp 中输入代码如下：

```cpp
#include <fcntl.h>
#include <stdio.h>
#include <error.h>
#include <sys/stat.h>
#include <unistd.h>

int main(int argc, char* argv[])
{
    struct flock lock; //定义文件锁
    int res, fd = open("myfile.txt", O_RDWR|O_CREAT,0777);//创建一个文本文件
    if (fd > 0)
    {
        lock.l_type = F_WRLCK; //独占锁
        lock.l_whence = SEEK_SET; //文件开始位置
        lock.l_start = 0; //根据l_whence而定的相对开始偏移量
        lock.l_len = 0; //锁到文件末尾
        lock.l_pid = getpid();
        res = fcntl(fd, F_SETLK, &lock); //设置文件锁
        printf("return value of fcntl=%d\n", res);
        while (true)
            ;
    }

    return 0;
}
```

（2）上传 test.cpp 到 Linux，在终端下输入命令：g++ -o test test.cpp，然后运行 test，运行结果如下：

```
[root@localhost test]# g++ -o test test.cpp
[root@localhost test]# ./test
return value of fcntl=0
```

现在程序处于死循环中，一直在运行了。此时这个终端被 test 程序独占，我们需要新开一个

shell（可以在 secureCRT 下直接克隆会话）来修改 myfile.txt 文件。

```
[root@localhost ~]# cd /zww/test
[root@localhost test]# cat myfile.txt
[root@localhost test]# echo "hello" >> myfile.txt
[root@localhost test]# cat myfile.txt
hello
```

可以看到，开始 myfile.txt 内容是空的，我们用 echo 写入一个字符串 hello 后，内容就有了，说明修改成功了。更说明，在建议锁锁住的情况下，其他进程的确是可以修改被锁文件的。因此，建议锁只适用于合作进程。

通过一个比喻再次强调，建议性锁就是假定人们都会遵守某些规则去干一件事。例如，人与车看到红灯都会停，而看到绿灯才会继续走，我们可以称红绿灯为建议锁。但这是一种需要大家主动去遵守的规则，你并不能阻止某些人强闯红灯。而强制性锁是你想闯红灯也闯不了。

下面我们来具体看看强制锁，实现强制性锁需将文件所在的文件系统通过 mount 命令的 "-o mand" 选项来挂载，并且使用 chmod 函数或 chmod 命令将文件用户组的 x 权限去掉（即清除组可执行位）。

【例 4.10】测试强制锁

首先查看我们的硬盘信息，在 shell 下输入命令：

```
[root@localhost dev]# df -hT
文件系统                    类型       容量   已用   可用  已用%  挂载点
devtmpfs                   devtmpfs  465M    0    465M    0%  /dev
tmpfs                      tmpfs     493M  144K   492M    1%  /dev/shm
tmpfs                      tmpfs     493M   14M   479M    3%  /run
tmpfs                      tmpfs     493M    0    493M    0%  /sys/fs/cgroup
/dev/mapper/centos-root    xfs              78G   21G   57G   27%  /
/dev/sda1                  xfs       497M  265M   232M   54%  /boot
tmpfs                      tmpfs      99M   20K    99M    1%  /run/user/0
```

其中，-T 选项表示查看文件系统类型。/zww/test 下的 myfile.txt 是在/dev/mapper/centos-root 上的，所以进入/zww/test 后，重新挂载：

```
[root@localhost dev]# cd /zww/test
[root@localhost test]# mount -o remount,mand /dev/mapper/centos-root
```

此时文件系统/dev/mapper/centos-root 增加了 mand 选项，我们再来修改 myfile.txt 的权限：

```
[root@localhost test]# chmod g+s,g-x myfile.txt
```

g-x 表示将用户组的 x 权限去掉。然后再次运行上例的 test 程序：

```
[root@localhost test]# ./test
return value of fcntl=0
```

此时程序处于死循环运行中，我们再新开一个终端 shell，然后尝试向 myfile.txt 写入新的内容：

```
[root@localhost test]# echo "boy" >> myfile.txt
```

可以发现，#提示符不出现了，说明 echo 命令被阻塞不动了（内核阻止了它），说明我们的强制锁生效了。下面用 Ctrl+C 快捷键结束 test 程序，可以发现另一个 shell 下的 echo 命令的阻塞被解除了，出现#提示符：

```
[root@localhost test]#
```

我们再来查看 myfile.txt 的内容：

```
[root@localhost test]# cat myfile.txt
hello
boy
```

可以发现，boy 写入成功。这说明强制锁解除后，就可以写入新内容了，否则就无法写入。从这个例子可以发现，我们并没有重新修改代码，程序依旧是上例的程序，只是进行了一些系统设置（重新加载了文件系统，修改了文件的权限）。fcntl 真是一个奇特的函数，实现一个功能并不是通过本身的参数控制，而是通过系统设置。

4.8.10 建立文件和内存映射

所谓文件和内存映射，就是将普通文件映射到内存中，普通文件被映射到进程地址空间后，进程可以像访问普通内存一样对文件进行访问，不必再调用 read 或 write 等操作。系统提供了函数 mmap 将普通文件映射到内存中，该函数声明如下：

```
void *mmap(void *start, size_t length, int prot, int flags, int fd, off_t offset);
```

其中，参数 start 为映射区的起始地址，通常为 NULL（或 0），表示由系统自己决定映射到什么地址；length 表示映射数据的长度，即文件需要映射到内存中的数据的大小；prot 表示映射区保护方式，取下列某个值或者它们的组合。

- PROT_EXEC：映射区可被执行。
- PROT_READ：映射区可读取。
- PROT_WRITE：映射区可写入。
- PROT_NONE：映射区不可访问。

flags 用来指定映射对象的类型、映射选项和映射页是否可以共享。它的值可以是一个或者多个位的组合。

- MAP_FIXED：如果参数 start 指定了需要映射到的地址，而所指定的地址无法成功建立映射，映射就会失败。通常不推荐使用此设置，而将 start 设置为 NULL（或 0），由系统自动选取映射地址。
- MAP_SHARED：共享映射区域，映射区域允许其他进程共享，对映射区域写入数据

Linux 文件编程　第 4 章

将会写入原来的文件中。

- MAP_RIVATE：对映射区域进行写入操作时会产生一个映射文件的复制，即写入复制（copy on write），而读操作不会影响此复制。对此映射区的修改不会写回原来的文件，即不会影响原来文件的内容。
- MAP_ANONYMOUS：建立匿名映射。映射区不与任何文件关联，而且映射区无法与其他进程共享。
- MA_DENYWRITE：对文件的写入操作将被禁止，不允许直接对文件进行操作。
- MAP_LOCKED：将映射区锁定，防止页面被交换出内存。

参数 flags 必须为 MAP_SHARED 或者 MAP_PRIVATE 二者之一的类型。MAP_SHARED 类型表示多个进程使用的是一个内存映射的副本，任何一个进程都可对此映射进行修改，其他的进程对其修改是可见的。而 MAP_PRIVATE 则是多个进程使用的文件内存映射，在写入操作后，会复制一个副本给修改的进程，多个进程之间的副本是不一致的。参数 fd 表示文件描述符，一般由 open() 函数返回；参数 offset 表示被映射数据在文件中的起点。

mmap()映射后，让用户程序直接访问设备内存，相比较在用户空间和内核空间互相复制数据，效率更高，在要求高性能的应用中比较常用。mmap 映射内存必须是页面大小的整数倍，面向流的设备不能进行 mmap，mmap 的实现和硬件有关。

下面这个例子显示了把文件映射到内存的方法。

【例 4.11】文件与内存映射

（1）打开 UE，输入代码如下：

```
#include <sys/mman.h> /* for mmap and munmap */
#include <sys/types.h> /* for open */
#include <sys/stat.h> /* for open */
#include <fcntl.h>     /* for open */
#include <unistd.h>    /* for lseek and write */
#include <stdio.h>

int main(int argc, char **argv)
{
    int fd;
    char *mapped_mem, * p;
    int flength = 1024;
    void * start_addr = 0;

    fd = open(argv[1], O_RDWR | O_CREAT, S_IRUSR | S_IWUSR);
    flength = lseek(fd, 1, SEEK_END);
    write(fd, "\0", 1); /* 在文件最后添加一个空字符，以便下面的printf正常工作 */
    lseek(fd, 0, SEEK_SET);
    mapped_mem =(char*) mmap(start_addr,
        flength,
        PROT_READ,          //允许读
        MAP_PRIVATE,        //不允许其他进程访问此内存区域
```

```
        fd,
        0);

    /* 使用映射区域 */
    printf("%s\n", mapped_mem); /* 为了保证这里工作正常，参数传递的文件名最好是一个
文本文件 */
    close(fd);
    munmap(mapped_mem, flength);
    return 0;
}
```

（2）保存代码为 test.cpp，上传到 Linux，在命令行下编译并运行：

```
[root@localhost test]# g++ test.cpp -o test
[root@localhost test]# ./test myfile.txt
hello
boy
```

可以发现，程序把文件中的内容映射到内存后，再把该内存区域打印出来，显示的正是文件中的内容。其中，myfile.txt 是自己新建的文本文件。

上面的方法因为用了 PROT_READ，所以只能读取文件里的内容，不能修改，如果换成 PROT_WRITE，就可以修改文件的内容了。又由于用了 MAAP_PRIVATE，因此此进程只能使用此内存区域，若换成 MAP_SHARED，则可以被其他进程访问，请看下例。

【例 4.12】修改文件的内存映像

（1）打开 UE，输入代码如下：

```
#include <sys/mman.h> /* for mmap and munmap */
#include <sys/types.h> /* for open */
#include <sys/stat.h> /* for open */
#include <fcntl.h>     /* for open */
#include <unistd.h>    /* for lseek and write */
#include <stdio.h>
#include <string.h> /* for memcpy */

int main(int argc, char **argv)
{
    int fd;
    char *mapped_mem, * p;
    int flength = 1024;
    void * start_addr = 0;

    fd = open(argv[1], O_RDWR | O_CREAT, S_IRUSR | S_IWUSR);
    flength = lseek(fd, 1, SEEK_END);
    write(fd, "\0", 1); //在文件最后添加一个空字符，以便下面的printf正常工作
    lseek(fd, 0, SEEK_SET);
    start_addr = (void*)0x80000;
    mapped_mem = (char*)mmap(start_addr,
```

```
                flength,
                PROT_READ|PROT_WRITE,              //允许写入
                MAP_SHARED,            //允许其他进程访问此内存区域
                fd,
                0);

        // 使用映射区域
        printf("%s\n", mapped_mem); //为了保证这里正常工作，参数传递的文件名最好是一个文
本文件
        while ((p = strstr(mapped_mem, "hello"))) { // 此处来修改文件内容，hello必
须在文件中已经有
                memcpy(p, "Linux", 5);  //我们把hello改为Linux
                p += 5;
        }

        close(fd);
        munmap(mapped_mem, flength);
        return 0;
}
```

（2）保存代码为 test.cpp，上传到 Linux，在命令行下编译并运行：

```
[root@localhost test]# g++ test.cpp -o test
[root@localhost test]# ./test myfile.txt
hello
boy
```

再次查看 myfile.txt，可以发现内容变了：

```
[root@localhost test]# cat myfile.txt
Linux
boy
```

说明我们修改内存映像成功。

4.8.11　mmap 和共享内存对比

　　共享内存允许两个或多个进程共享一个给定的存储区，因为数据不需要来回复制，所以是最快的一种进程间通信机制。共享内存可以通过 mmap()映射普通文件（特殊情况下还可以采用匿名映射）机制实现，也可以通过系统 V 共享内存机制实现。应用接口和原理很简单，内部机制复杂。为了实现更安全的通信，往往还与信号灯等同步机制共同使用，对比如下。

　　mmap 机制：就是在磁盘上建立一个文件，每个进程存储器里面单独开辟一个空间来进行映射。如果是多进程，那么对实际的物理存储器（主存）消耗不会太大。mmap 保存到实际硬盘，实际存储并没有反映到主存上。优点是储存量可以很大（多于主存），缺点是进程间读取和写入速度要比主存的要慢。

　　shm 机制：每个进程的共享内存都直接映射到实际物理存储器里面。shm 保存到物理存储器（主存），实际的储存量直接反映到主存上。优点是进程间访问速度（读写）比磁盘要快，缺点是存储

量不能非常大（多于主存）。

从使用上看，如果分配的存储量不大，就使用 shm；如果存储量大，就使用 mmap。

4.9　C++方式下的文件 I/O 编程

4.9.1　流的概念

在 C++语言中，数据的输入和输出（简写为 I/O）包括对标准输入设备（键盘）和标准输出设备（显示器）、在外存磁盘上的文件和内存中指定的字符串存储空间（当然可用该空间存储任何信息）进行输入输出 3 方面。对标准输入设备和标准输出设备的输入输出简称为标准 I/O，对在外存磁盘上文件的输入输出简称为文件 I/O，对内存中指定的字符串存储空间的输入输出简称为串 I/O。

"流"就是"流动"，是物质从一处向另一处流动的过程。C++流是指信息从外部输入设备（如键盘和磁盘）向计算机内部（即内存）输入和从内存向外部输出设备（如显示器和磁盘）输出的过程，这种输入输出过程被形象地比喻为"流"。为了实现信息的内外流动，C++系统定义了 I/O 类库，其中的每一个类都称作相应的流或流类，用以完成某一方面的功能。一个流类定义的对象也时常被称为流。例如根据文件流类 fstream 定义的一个对象 fio 可称作为 fio 流或 fio 文件流，用它可以同磁盘上一个文件相联系，实现对该文件的输入和输出，fio 就等同于与之相联系的文件。

因为 C++兼容 C，所以 C 中的输入输出函数依然可以在 C++中使用，但是很显然，直接把 C 的那套输入输出搬到 C++中肯定无法满足 C++的需求，重要的一点是，C 中的输入输出有类型要求，只支持基本类型，很显然没办法满足 C++的需求，因此 C++设计了易于使用的并且多种输入输出流接口统一的 IO 类库，并且支持多种格式化操作，还可以自定义格式化操作。总体来说，C++中有 3 种输入输出流。

（1）标准 I/O 流：内存与标准输入输出设备之间信息的传递。
（2）文件 I/O 流：内存与外部文件之间信息的传递。
（3）字符串 I/O 流：内存变量与表示字符串流的字符数组之间信息的传递。

C++引入 IO 流，将这 3 种输入输出流接口统一起来，使用符号">>"读取数据的时候，不用去管是从何处读取数据，使用符号"<<"写数据的时候，也不需要管是写到哪里去。

4.9.2　流的类库

C++语言系统为实现数据的输入和输出定义了一个庞大的类库，其中 ios 为根基类，其余都是它的直接或间接派生类，它直接派生 4 个类：输入流类 istream、输出流类 ostream、文件流基类 fstreambase 和字符串流基类 strstreambase。C++系统中的 I/O 类库的所有类被包含在 iostream、fstream 和 strstream 3 个系统头文件中。我们可以用图 4-4 来表示各个类的继承关系。

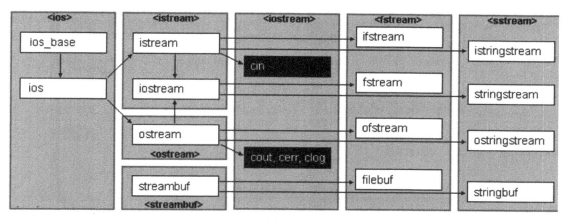

图 4-4

头文件<fstream>提供了 3 个文件流类：ifstream、fstream 和 ofstream。这 3 个类的描述如表 4-2 所示。

表 4-2   三个文件流类的描述

类	描述
ifstream	该类表示输入文件流，用于从文件读取信息
ofstream	该类表示输出文件流，用于创建文件并向文件写入信息
fstream	该类通常表示文件流，且同时具有 ofstream 和 ifstream 两种功能，意味着它可以创建文件、向文件写入信息、从文件读取信息

值得注意的是，要在 C++中进行文件处理，必须在 C++源代码文件中包含头文件<fstream>。此外，C++新标准中，头文件都把.h 去掉了，如#include<fstream.h>现在要用：

```
#include<fstream>
using namespace std;
```

同时要把标准命名空间加上。但是它们两个并不是完全等价的。在旧头文件里的 fstream.h，如果使用 ifstream file 的默认参数声名一个输入文件流，当这个要读的 file 文件不存在时，会自动创建一个空文件，从而给判断文件是否存在造成了很多麻烦。如果使用新标准 fstream，就不会创建空文件，从而可以用 while(!file)来判断文件是否存在，返回数值来指导程序运行。

类似的，头文件 ostream.h 与 iostream 是不同的。iostream.h 在旧的标准 C++中使用，新标准中用头文件 iostream，还要引用命名空间 std。iostream.h 慢慢地不再使用了，比如微软的 VC6 可以使用 iostream.h，VS 2008 已经不能使用 iostream.h 了。好像没有.h 结尾的不习惯称为头文件，但与时俱进吧，头文件不一定要.h。

4.9.3   打开文件

在从文件读取信息或者向文件写入信息之前，必须先打开文件。ofstream 和 fstream 对象都可以用来打开文件进行写操作，如果只需要打开文件进行读操作，就使用 ifstream 对象。被打开的文件在程序中由一个流对象（stream object）来表示（这些类的一个实例），而对这个流对象所做的任何输入输出操作实际上就是对该文件所做的操作。要通过一个流对象打开一个文件，我们使用它的成员函数 open()，open() 函数是 fstream、ifstream 和 ofstream 对象的一个成员，该函数声明如下：

```
void open(const char *filename, ios::openmode mode);
```

其中，第一参数指定要打开的文件的名称和位置，第二个参数定义文件被打开的模式。文件打开模式如表 4-3 所示。

表 4-3　文件打开模式

模式标志	描述
ios::app	追加模式。所有写入都追加到文件末尾
ios::ate	文件打开后定位到文件末尾
ios::in	打开文件用于读取
ios::out	打开文件用于写入
ios::trunc	如果该文件已经存在，其内容将在打开文件之前被截断，即把文件长度设为 0

可以把以上两种或两种以上的模式结合使用。例如，如果想要以写入模式打开文件，并希望截断文件，以防止文件已存在，那么可以使用下面的代码：

```
ofstream outfile;
outfile.open("file.dat", ios::out | ios::trunc );
```

类似的，你如果想要打开一个文件用于读写，可以使用下面的代码：

```
fstream  afile;
afile.open("file.dat", ios::out | ios::in );
```

又比如，如果想要以二进制方式打开文件"example.bin" 来写入一些数据，可以这样写：

```
ofstream file;
file.open ("example.bin", ios::out | ios::app | ios::binary);
```

ofstream、ifstream 和 fstream 类的成员函数 open 都包含一个默认打开文件的方式，这 3 个类的默认方式各不相同，如表 4-4 所示。

表 4-4　ofstream、ifstream 和 fstream 三个类的默认方式

类	参数的默认方式
ofstream	ios::out	ios::trunc
ifstream	ios::in
fstream	ios::in	ios::out

只有在函数被调用时没有声明方式参数的情况下，默认值才会被采用。如果函数被调用时声明了任何参数，默认值将被完全改写，而不会与调用参数组合。

由于对类 ofstream、ifstream 和 fstream 的对象所进行的第一个操作通常都是打开文件，因此这些类都有一个构造函数可以直接调用 open 函数，并拥有同样的参数。这样，我们就可以通过以下方式进行与上面同样的定义对象和打开文件的操作：

```
ofstream file ("example.bin", ios::out | ios::app | ios::binary); //定义对象
的同时直接打开文件
```

两种打开文件的方式都是正确的。

另外，我们可以通过调用成员函数 is_open() 来检查一个文件是否已经被顺利地打开了：

```
bool is_open();
```

该函数返回一个布尔（bool）值，为真（true）代表文件已经被顺利打开，为假（false）则相反。

4.9.4 关闭文件

当文件读写操作完成之后，我们必须将文件关闭以使文件重新变为可访问的。关闭文件需要调用成员函数 close()，它负责将缓存中的数据排放出来并关闭文件。close() 函数是 fstream、ifstream 和 ofstream 对象的一个成员函数，声明如下：

```
void close ();
```

这个函数一旦被调用，原先的流对象（stream object）就可以被用来打开其他的文件了，这个文件也就可以重新被其他的进程（process）所访问了。为防止流对象被销毁时还联系着打开的文件，析构函数（destructor）将会自动调用关闭函数 close。

4.9.5 写入文件

在 C++ 编程中，我们使用流插入运算符（<<）向文件写入数据，就像使用该运算符输出信息到屏幕上一样。唯一不同的是，在这里使用的是 ofstream 或 fstream 对象，而不是 cout 对象。

4.9.6 读取文件

在 C++ 编程中，我们使用流提取运算符（>>）从文件读取信息，就像使用该运算符从键盘输入信息一样。唯一不同的是，在这里使用的是 ifstream 或 fstream 对象，而不是 cin 对象。

下面我们来看一个小例子，以读写模式打开一个文件。在向文件 afile.dat 写入用户输入的信息之后，程序从文件读取信息，并将其输出到屏幕上。

【例 4.13】用 C++流的方式读写文件

（1）打开 UE，然后输入内容如下：

```
#include <fstream>
#include <iostream>
using namespace std;
```

```cpp
int main ()
{

    char data[100];

    // 以写模式打开文件
    ofstream outfile;
    outfile.open("afile.dat");

    cout << "Writing to the file" << endl;
    cout << "Enter your name: ";
    cin.getline(data, 100);

    // 向文件写入用户输入的数据
    outfile << data << endl;

    cout << "Enter your age: ";
    cin >> data;
    cin.ignore();

    // 再次向文件写入用户输入的数据
    outfile << data << endl;

    // 关闭打开的文件
    outfile.close();

    // 以读模式打开文件
    ifstream infile;
    infile.open("afile.dat");

    cout << "Reading from the file" << endl;
    infile >> data;

    // 在屏幕上写入数据
    cout << data << endl;

    // 再次从文件读取数据，并显示它
    infile >> data;
    cout << data << endl;

    // 关闭打开的文件
    infile.close();

    return 0;
}
```

（2）上传 test.cpp 到 Linux，在终端下输入命令：g++ -o test test.cpp，然后运行 test，运行结果如下：

```
[root@localhost test]# g++ -o test test.cpp
[root@localhost test]# ./test
Writing to the file
Enter your name: zww
Enter your age: 61
Reading from the file
zww
61
```

可以看到在同目录下生成了一个文件 afile.dat，查看里面的内容可得：

```
[root@localhost test]# cat afile.dat
zww
61
```

上面的例子中使用了 cin 对象的附加函数，比如 getline()函数从外部读取一行，ignore() 函数会忽略掉之前读语句留下的多余字符。

4.9.7 文件位置指针

先复习一下 C 语言中的文件指针定位函数 fseek()，其声明如下：

```
int fseek(FILE *fp, LONG offset, int origin);
```

其中，fp 是文件指针；offset 是相对于 origin 规定的偏移位置量；origin 是指针移动的起始位置，可设置为以下 3 种情况：

- SEEK_SET：文件开始位置。
- SEEK_CUR：文件当前位置。
- SEEK_END：文件结束位置。

当 offset 是向文件尾方向偏移的时候，无论偏移量是否超出文件尾，fseek 都是返回 0，当偏移量没有超出文件尾的时候，文件指针指向正常的偏移地址；当偏移量超出文件尾的时候，文件指针指向文件尾，并不会返回偏移出错-1 值。当 offset 是向文件头方向偏移的时候，如果偏移量没有超出文件头，就是正常偏移，文件指针指向正确的偏移地址，fseek 返回值为 0；当偏移量超出文件头时，fseek 返回出错-1 值，文件指针不变，还是处于原来的地址。

在 C++中，istream 和 ostream 也提供了用于重新定位文件位置指针的成员函数 seekg 和 seekp，seekg 用于设置输入文件流的文件流指针位置，而 seekp 用于设置输出文件流的文件流指针位置。它们的声明如下：

```
ostream& seekp( streampos pos );
ostream& seekp( streamoff off, ios::seek_dir dir );
istream& seekg( streampos pos );
istream& seekg( streamoff off, ios::seek_dir dir );
```

其中，pos 表示新的文件流指针位置值；off 表示需要偏移的值；dir 表示搜索的起始位置；dir 参数用于对文件流指针的定位操作，代表搜索的起始位置在 ios 中定义的枚举类型：

```
enum seek_dir {beg, cur, end};
```

每个枚举常量的含义如下。

● ios::beg: 文件流的起始位置（默认值，从流的开头开始定位）。
● ios::cur: 文件流的当前位置。
● ios::end: 文件流的结束位置。

文件位置指针是一个整数值，指定了从文件的起始位置到指针所在位置的字节数。下面是关于定位"get"文件位置指针的代码片段。

```
// 定位到 fileObject 的第 n 个字节（假设是 ios::beg）
fileObject.seekg( n );

// 把文件的读指针从 fileObject 当前位置向后移 n 个字节
fileObject.seekg( n, ios::cur );

// 把文件的读指针从 fileObject 末尾往回移 n 个字节
fileObject.seekg( n, ios::end );

// 定位到 fileObject 的末尾
fileObject.seekg( 0, ios::end );
```

下面的例子使用这些函数来获得一个二进制文件的大小。

【例 4.14】获得二进制文件的大小

（1）打开 UE，输入代码如下：

```cpp
#include <iostream>
#include <fstream>
using namespace std;


const char * filename = "afile.dat"; // afile.dat前面的例子已经生成了

int main() {
    long l, m;
    ifstream file(filename, ios::in | ios::binary);
    l = file.tellg();
    file.seekg(0, ios::end);
    m = file.tellg();
    file.close();
    cout << "size of " << filename;
    cout << " is " << (m - l) << " bytes.\n";
    return 0;
}
```

（2）上传 test.cpp 到 Linux，在终端下输入命令：g++ -o test test.cpp，然后运行 test，运行结

果如下：

```
[root@localhost test]# g++ -o test test.cpp
[root@localhost test]# ./test
size of afile.dat is 7 bytes.
```

假设当前目录下有一个文件 afile.dat，大小为 7 字节，上面的代码就可以判断出其大小。同时，我们可以在命令行下验证一下：

```
[root@localhost test]# ll afile.dat
-rw-r--r-- 1 root root 7 3月  15 21:49 afile.da
```

可以看出，果然是 7 字节。

4.9.8   状态标志符的验证

一些验证流的状态的成员函数有时候会大大方便我们的开发，比如 eof ，它是 ifstream 从类 ios 中继承过来的，当到达文件末尾时返回 true。除了 eof()以外，还有一些验证流的状态的成员函数（所有都返回 bool 型返回值）：

```
bool bad();
```

如果在读写过程中出错，就返回 true。例如，当我们要对一个打开不是为写状态的文件进行写入时，或者要写入的设备没有剩余空间的时候。

```
bool fail();
```

除了与 bad() 同样的情况下会返回 true 以外，格式错误时也返回 true ，例如想要读入一个整数，而获得了一个字母的时候。

```
bool eof();
```

如果读文件到达文件末尾，返回 true。

```
bool good();
```

这是最通用的，如果调用以上任何一个函数返回 true，此函数返回 false 。

要想重置以上成员函数所检查的状态标志，你可以使用成员函数 clear()，该函数没有参数。

【例 4.15】判断文件是否达到末尾

（1）打开 UE，输入代码如下：

```
#include <iostream>
#include <fstream>
using namespace std;



#include <stdlib.h>
```

```
int main() {
    char buffer[256];
    ifstream examplefile("afile.dat");  // afile.dat前面的例子已经生成了
    if (!examplefile.is_open())
    { cout << "Error opening file"; exit(1); }
    while (!examplefile.eof()) {  //判断文件是否达到末尾
        examplefile.getline(buffer, 100);
        cout << buffer << endl;
    }
    return 0;
}
```

（2）上传 test.cpp 到 Linux，在终端下输入命令：g++ -o test test.cpp，然后运行 test，运行结果如下：

```
[root@localhost test]# g++ -o test test.cpp
[root@localhost test]# ./test
zww
61
```

4.9.9　读写文件数据块

C++的 IO 中提供了 write 和 read 函数，分别从流中读取数据和向流写入数据。第一个函数（write）是 ostream 的一个成员函数，都是被 ofstream 所继承的。而 read 是 istream 的一个成员函数，被 ifstream 所继承。类 fstream 的对象同时拥有这两个函数。它们的原型是：

```
ostream& write ( char * buffer, streamsize size );
istream read ( char * buffer, streamsize size );
```

这里 buffer 是一块内存的地址，用来存储要写入或读出的数据。参数 size 是一个整数值，表示要从缓存（buffer）中读出或写入的字符数。

下面两个小例子演示了这两个函数的使用。

【例 4.16】复制文件

（1）打开 UE，输入代码如下：

```
// Copy a file
#include <fstream>        // std::ifstream, std::ofstream

int main() {
    std::ifstream infile("myfile.txt", std::ifstream::binary);
    std::ofstream outfile("new.txt", std::ofstream::binary);

    // get size of file
    infile.seekg(0, infile.end);
    long size = infile.tellg();
    infile.seekg(0);
```

```
    // allocate memory for file content
    char* buffer = new char[size];

    // read content of infile
    infile.read(buffer, size);

    // write to outfile
    outfile.write(buffer, size);

    // release dynamically-allocated memory
    delete[] buffer;

    outfile.close();
    infile.close();
    return 0;
}
```

（2）上传 test.cpp 到 Linux，在终端下输入命令：g++ -o test test.cpp，然后运行 test，运行结果如下：

```
[root@localhost test]# g++ test.cpp -o test
[root@localhost test]# ./test
[root@localhost test]# cat new.txt
Linux
boy
```

【例 4.17】读取文件到内存

（1）打开 UE，输入代码如下：

```
// read a file into memory
#include <iostream>     // std::cout
#include <fstream>      // std::ifstream

int main() {

    std::ifstream is("myfile.txt", std::ifstream::binary);
    if (is) {
        // get length of file:
        is.seekg(0, is.end);
        int length = is.tellg();
        is.seekg(0, is.beg);

        char * buffer = new char[length];

        std::cout << "Reading " << length << " characters... ";
        // read data as a block:
        is.read(buffer, length);

        if (is)
```

```
        std::cout << "all characters read successfully.";
    else
        std::cout << "error: only " << is.gcount() << " could be read";
    is.close();

    // ...buffer contains the entire file...

    delete[] buffer;
    }
}
```

（2）上传 test.cpp 到 Linux，在终端下输入命令：g++ -o test test.cpp，然后运行 test，运行结果如下：

```
[root@localhost test]# g++ test.cpp -o test
[root@localhost test]# ./test
Reading 18 characters... all characters read successfully.
```

4.10　文件编程中的其他操作

4.10.1　获取文件有关信息

Linux 一线开发中，经常会碰到和文件打交道的情况，除了前面介绍的读写文件外，获取文件的相关信息（比如类型、大小、是否存在）也经常会遇到。Linux 用函数 stat 来获取文件相关信息，该函数声明如下：

```
#include <sys/stat.h>
#include <unistd.h>
int stat(const char *file_name, struct stat *buf);
```

其中，参数 file_name 指向文件名；buf 指向结构体 stat，存放文件属性信息。结构体 stat 定义如下：

```
struct stat {
    dev_t        st_dev;        //文件的设备编号
    ino_t        st_ino;        //节点
    mode_t       st_mode;        //文件的类型和存取的权限
    nlink_t      st_nlink;       //连到该文件的硬链接数目，刚建立的文件值为1
    uid_t        st_uid;        //用户ID
    gid_t        st_gid;        //组ID
    dev_t        st_rdev;        //(设备类型)若此文件为设备文件，则为其设备编号
    off_t        st_size;        //文件字节数(文件大小)
    unsigned long st_blksize;    //块大小(文件系统的I/O 缓冲区大小)
    unsigned long st_blocks;     //块数
    time_t       st_atime;       //最后一次访问时间
    time_t       st_mtime;       //最后一次修改时间
```

```
        time_t          st_ctime;        //最后一次改变时间(指属性)
};
```

如果函数执行成功，就返回 0，失败返回-1，错误代码存于 errno 中，常见错误代码如下：

- ENOENT：参数 file_name 指定的文件不存在。
- ENOTDIR：路径中的目录存在但却非真正的目录。
- ELOOP：欲打开的文件有过多符号连接问题，上限为 16 个符号连接。
- EFAULT：参数 buf 为无效指针，指向无法存在的内存空间。
- EACCESS：存取文件时被拒绝。
- ENOMEM：核心内存不足。
- ENAMETOOLONG：参数 file_name 的路径名称太长。

这些宏的定义可以在 include/asm-generic/errno-base.h 中找到，比如：

```
#define ENOENT          2   /* No such file or directory */
```

我们可以通过 stat 获取文件的类型和文件大小等信息。文件类型有：普通文件、目录文件、块特殊文件、字符特殊文件、FIFO、套接字和符号链接。

【例 4.18】获取文件的大小

（1）打开 UE，输入代码如下：

```
#include <sys/stat.h>
#include <unistd.h>
#include <stdio.h>

int main() {
    struct stat buf;
    stat("/etc/hosts", &buf);
    printf("/etc/hosts file size = %d\n", buf.st_size);

    stat("/zww/test/myfile.txt", &buf);
    printf("/zww/test/myfile.txt size = %d\n", buf.st_size);
}
```

上面的代码中，分别用 stat 函数获取了 2 个文件的属性信息，然后打印了两个文件的大小。注意这 2 个文件必须存在。

（2）上传到 Linux，然后在命令行下编译运行：

```
[root@localhost test]# g++ test.cpp -o test
[root@localhost test]# ./test
/etc/hosts file size = 158
/zww/test/myfile.txtfile size = 18
```

我们可以再用命令 ll 来验证一下：

```
[root@localhost ~]# ll /etc/hosts
-rw-r--r--. 1 root root 158 6  7 2013 /etc/hosts
[root@localhost test]# ll /zww/test/myfile.txt
-rwxr-Sr-x. 1 root root 18 3 26 13:17 /zww/test/myfile.txt
```

可见，/etc/hosts 的大小的确为 158 字节，/zww/test/myfile.txt 的大小的确为 18 字节。

【例 4.19】判断文件是否存在

（1）打开 UE，输入代码如下：

```
#include <sys/stat.h>
#include <unistd.h>
#include <stdio.h>
#include <errno.h>//for ENOENT
#include <string.h>//for memset
int main()
{
    struct stat st;
    memset(&st, 0, sizeof(st));
    if (!stat("/zww/test/myfile.txt", &st)) //如果myfil.txt不存在，stat就会返回
非0
    {
        if (st.st_size >= 0) //加了一层保证
        {
            printf("/zww/test/myfile.txt exists.\n");
        }
    }
    else    if(ENOENT == errno)
        printf("/zww/test/myfile.txt does NOT exist:%d\n",errno);
}
```

代码中，我们还用 st.st_size 来判断文件大小是否大于等于 0，这样可以加一层保障。或者用 fopen 也可加一层保障，比如：

```
if (stat("/zww/test/myfile.txt", &stb) == 0)
{
    FILE *fd = fopen("/zww/test/myfile.txt", "r");
    if (fd)
    {
        //文件存在
    }
}
```

有朋友或许会想，那直接用 fopen 判断文件是否存在不就行了？这个会有例外情况，比如一个文件存在，但没有读权限的时候，此时就不能用 fopen 去判断是否存在了。其实判断文件是否存在更简单的方法是用 access 函数，限于篇幅，不再展开了。

（2）上传到 Linux，然后在命令行下编译运行：

```
[root@localhost test]# g++ test.cpp -o test
[root@localhost test]# ./test
/zww/test/myfile.txt exists.
```

4.10.2 创建和删除文件目录项

首先必须要弄清楚目录项和 inode 节点两个概念（本章开头讲过了，这里不再赘述）。目录文件中存放的是文件名和对应的 inode 号码，统称为目录项。link 和 unlink 函数分别用来创建硬链接和删除硬链接。link 函数创建一个新目录项，并且增加一个链接数。unlink 函数删除目录项，并且减少一个链接数。如果链接数达到 0 并且没有任何进程打开该文件，该文件内容才被真正删除。如果在 unlink 之前没有 close，那么依旧可以访问文件内容。两个函数中的操作都是原子操作。总之，真正影响链接数的操作是 link、unlink 以及 open 的创建。删除文件内容的真正含义是文件的链接数为 0。

link 函数声明如下：

```
int link(const char *oldpath,const char * newpath);
```

其中，参数 oldpath 为源文件路径名，参数 newpath 为新文件路径名。当 oldpath 不存在或者 newpath 存在但调用失败时返回-1，调用成功时返回 0。

unlink 函数的声明如下：

```
int unlink(const char *pathname);
```

其中，参数 pathname 为要删除目录项的文件路径名。如果函数执行成功就返回 0，否则返回-1。

我们知道 Linux 中是用 inode 节点来区分文件的，当删除一个文件的时候，系统并不一定就会释放 inode 节点的内容。当满足下面的要求的时候，系统才会释放 inode 节点的内容。

（1）inode 中记录指向该节点的硬链接数为 0。
（2）没有进程打开指向该节点的文件。

使用 unlink 函数删除文件的时候，只会删除目录项，并且将 inode 节点的硬链接数目减 1，并不一定会释放 inode 节点。

如果此时没有进程正在打开该文件或者有其他文件指向该 inode 节点，该 inode 节点将会被释放；如果此时有进程正在打开一个文件，而此时使用 unlink 删除了该文件，那么此时只是删除了目录项，并没有释放，因为此时仍然有进程在打开这个文件。

unlink 函数的另一个用途就是用来创建临时文件，如果在程序中使用 open 创建了一个文件后，立即使用 unlink 函数删除文件，由于此时进程正在打开该文件，因此系统并不会释放该文件的 inode 节点，而只是删除其目录项。当进程退出时，该 inode 节点将会立即被释放。临时文件可以用在进程间通信的有名管道通信中。

【例 4.20】link 和 unlink 的简单用法

（1）打开 UE，输入代码如下：

```
#include <stdio.h>
```

```c
#include <sys/types.h>
#include <sys/stat.h>
#include <fcntl.h>
#include <unistd.h>
int main()
{
    int fd;
    struct stat buf;
    stat("test.txt", &buf);
    printf("1.link =% d\n", buf.st_nlink);//1.未打开文件之前测试链接数

    fd = open("test.txt", O_RDONLY);//2.打开已存在的文件test.txt
    stat("test.txt", &buf);
    printf("2.link =% d\n", buf.st_nlink);//测试链接数

    close(fd);//3.关闭文件test.txt
    stat("test.txt", &buf);
    printf("3.link =% d\n", buf.st_nlink);//测试链接数

    link("test.txt", "test2.txt");//4.创建硬链接test2.txt
    stat("test.txt", &buf);
    printf("4.link =% d\n", buf.st_nlink);//测试链接数

    unlink("test2.txt");//5.删除test2.txt
    stat("test.txt", &buf);
    printf("5.link =% d\n", buf.st_nlink);//测试链接数

    //6.重复步骤2   //重新打开test.txt
    fd = open("test.txt", O_RDONLY);//打开已存在的文件test.txt
    stat("test.txt", &buf);
    printf("6.link =% d\n", buf.st_nlink);//测试链接数

    unlink("test.txt");//7.删除test.txt
    fstat(fd, &buf);
    printf("7.link =% d\n", buf.st_nlink);//测试链接数

    close(fd);//8.此步骤可以不显式写出，因为进程结束时，打开的文件自动被关闭
}
```

（2）上传到 Linux，然后在命令行下用 touch 命令新建一个 test.txt 空文件，再编译运行：

```
[root@localhost test]# touch test.txt
[root@localhost test]# g++ test.cpp -o test
[root@localhost test]# ./test
1.link = 1
2.link = 1
3.link = 1
4.link = 2
5.link = 1
```

```
6.link = 1
7.link = 0
```

我们对每一步结果进行分析。

顺次执行代码中注释的 8 个步骤，结果如下：

```
1.link=1
2.link=1        //open不影响链接数
3.link=1        //close不影响链接数
4.link=2        //link之后链接数加1
5.link=1        //unlink后链接数减1
6.link=1        //重新打开，链接数不变
7.link=0        //unlink之后再减1，此处我们改用fstat函数而非stat，因为unlilnk已经删除文
件名，所以不可以通过文件名访问，但是fd仍然是打开着的，文件内容还没有被真正删除，依旧可以使用fd
获得文件信息
```

执行步骤 8，文件内容被删除。

第5章 多进程编程

进程（Process）是操作系统结构的基础。进程是一个具有独立功能的程序对某个数据集在处理机上的执行过程，进程也是作为资源分配的一个基本单位。Linux作为一个多用户、多任务的操作系统，必定支持多进程。多进程是现代操作系统的基本特征。

5.1 进程的基本概念

进程是现代操作系统重要的特征之一。操作系统在裸机硬件层面之上提供了更为简单、可靠、安全、高效的功能，而操作系统的首要功能就是管理和协调各种计算机系统资源，包括物理的和虚拟的资源。为了提高计算机系统中各种资源的利用效率，现代操作系统广泛采用了多道程序技术，使多种硬件资源能够并行工作。因此，程序的并发执行以及多任务共享资源成为现代操作系统的重要特点。为了描述计算机程序的执行过程和作为资源分配的基本单位，便引进了"进程"这个概念。

从提出进程这一概念以来，人们已经对进程下过许多种定义，尽管侧重点不尽相同，但都注重这一点，就是进程是一个动态的执行过程。因此可以这样定义进程的概念：进程是一个具有独立功能的程序对某个数据集在处理机上的执行过程，进程也是资源分配的基本单位。为了更好地理解进程的概念，有必要将进程与程序的概念做一下比较。

（1）进程和程序是相辅相成的。程序是进程的组成部分之一，一个进程的运行目标是执行它所对应的程序，如果没有程序，进程就失去了其存在的意义。一个程序也可以由多个进程组成。

（2）进程是一个动态概念，而程序则是一个静态概念。程序是指令的有序集合，其本身没有任何运行的含义，是一个静态的概念。进程是程序在处理机上的一次执行过程，它是一个动态的概念，动态地产生、执行，然后消亡。因此进程的存在也是暂时的。

（3）进程具有并行性特征，而程序则没有。进程具有并行特征的两个方面：独立性和异步性。独立性是指，进程是一个相对完整的资源分配单位。异步性是指，每个进程按照各自独立的、不可预知的速度向前推进。显然程序不反映执行过程，所以不具有并行性。

5.2 进程的描述

从构成要素来看，进程由3部分组成，也就是进程控制块（Process Control Block，PCB）、有关的程序段以及操作的数据集。其中进程控制块主要包括进程的一些描述信息、资源信息以及控制信息等。系统为每个进程设置一个 PCB，它是标识和描述进程存在及相关特性的数据块，是进程存在的唯一标识，是进程动态特征的集中反映。当创建一个进程时，系统首先创建其 PCB，然后根据 PCB 中的信息对进程实施有效的管理和控制。当一个进程完成其功能之后，系统则释放 PCB，进程也随之消亡。进程控制块的具体内容随操作系统的不同而有所区别，但主要都应当包括以下信息。

（1）进程标识。每个进程都有系统唯一的进程名称或标识号。在识别一个进程时，进程名或标识号就代表该进程。

（2）状态信息。指明进程当前所处的状态，作为进程调度、分配处理机的依据。进程在活动期间有 3 种基本的状态，可分为就绪状态、执行状态和等待状态。一个进程在任一时刻只能具有这三种状态中的一种。执行状态表示该进程当前占有处理机，正在处理机上调度执行；就绪状态表示该进程已经得到了除处理机之外的全部资源，准备占有处理机；等待状态则表示进程因某种原因（等待某事件发生）而暂时不能占有处理机。当然在具体的系统中，为了最大可能地提高资源的利用率，可能会引进或者进一步细分某些状态。

（3）进程的优先级。进程优先级是选取进程占有处理机的重要依据，一般根据进程的轻重缓急程度为进程指定一个优先级，包括静态或者动态的优先级。

（4）CPU 现场信息。当进程状态变化时（例如一个进程放弃使用处理机），它需要将当时的 CPU 现场保护到内存中，以便再次占用处理机时恢复正常运行。包括各种通用寄存器、程序计数器、程序状态字等。

（5）资源清单。每个进程在运行时，除了需要内存外，还需要其他资源，如 I/O 设备、外存、数据区等。

（6）队列指针。用于将处于同一状态或者具有家族关系的进程链接成一个队列，在该单元中存放下一进程 PCB 首地址。

（7）其他，如计时信息、记账信息、通信信息等。

Linux 中的每个进程都由一个 task_struct 数据结构来表示。task_struct 其实就是通常意义上的进程控制块，或者称为进程描述符，系统正是通过 task_stmct 结构来对进程进行有效管理和控制的。当系统创建一个进程时，Linux 为新的进程分配一个 task_stmct 结构，进程结束时，又收回其 task_struct 结构，进程也随之消亡。分配给进程的 task_truct 结构可以被内核中的许多模块（如调度程序、资源分配程序、中断处理程序等）访问，并常驻于内存。在最新发布的 Linux 4.14 内核中，Linux 为每个新创建的进程动态地分配一个 task_struct 结构，系统所能允许的最大进程数是由机器所拥有的物理内存的大小决定的，这是对以前版本的改进。

Linux 支持两种进程：普通进程和实时进程。实时进程具有一定程度上的紧迫性，应该有一个短的响应时间，更重要的是，这个响应时间应该有很小的变化；而普通进程则没有这种限制。因此，调度程序需要区别对待这两类进程。

由于 task_struct 结构包含进程的全部信息，因此有必要来详细分析 task_struct 结构中所包含的内容，task_struct 结构包含的数据比较庞大，按其功能主要可分为几大部分：进程标识符信息、进程调度信息、进程间通信信息、时间和定时器信息、进程链接信息、文件系统信息、虚拟内存信息、处理器特定信息及其他信息。

（1）进程标识符信息

进程标识符信息包括进程标识符、用户标识符、组标识符等一些信息。每个进程都有一个唯一的进程标识符（Process ID，PID），内核通过这个标识符来识别不同的进程，同时，进程标识符也是内核提供给用户程序的接口。PID 是 32 位的无符号整数，存放在进程描述符的 PID 域中，它被顺序编号，新创建进程的 PID 通常是前一个进程的 PID 加 1，为了与 16 位硬件平台的传统 UNIX 系统保持兼容，Linux 上允许的最大 PID 号是 32767。当内核在系统中创建第 32768 个进程时，就必须重新开始使用闲置的 PID 号。

此外，每个进程都属于某个用户和某个用户组。进程描述符中定义了多种类别的用户标识符和组标识符，比如用户标识符（uid）、有效用户标识符（euid）以及组标识符（gid）、有效组标识符（egid）等。这些也都是简单的数字，主要用于系统的安全控制。

（2）进程调度信息

调度程序利用这些信息来决定系统中哪个进程最迫切需要运行，并采用适当的策略来保证系统运转的公平性和高效性。这些信息主要包括调度标志、调度的策略、进程的类别、进程的优先级、进程状态。其中可能的进程状态有：可运行状态、可中断的等待状态、不可中断的等待状态、暂停状态和僵死状态。

（3）进程间通信信息

在多任务编程环境中，进程之间必然会发生多种多样的合作、协调等，因此进程之间就必须进行通信，来交换信息和交流数据。Linux 支持多种不同形式的进程间通信机制，如信号、管道，也支持 System V 进程间通信机制，如信号量、消息队列和共享内存等。进程描述符中主要有这些域与进程通信相关：sig，信号处理函数，包括自定义的和系统默认的处理函数；blocked，进程所能接收信号的位掩码；sigmask_lock，信号掩码的自旋锁；semundo，进程信号量的取消操作队列，进程每操作一次信号量，都生成一个对此次操作的取消操作，这些属于同一进程的取消操作组成一个链表，当进程异常终止时，内核就会执行取消操作；semsleeping，与信号量相关的等待队列，每一信号量集合对应一个等待队列。

（4）进程链接信息

Linux 系统中所有进程都是相互联系的。除了初始化进程 init 外，其他所有进程都有一个父进程。可以通过 fork 或 clone 系统调用来创建子进程，除了进程标识符（PID）等必要的信息外，子进程的 task_struct 结构中的绝大部分信息都是从父进程中复制过来的。每个进程对应的 task_struct 结构中都包含有指向其父进程和兄弟进程（具有相同父进程的进程）以及子进程的指针。有了这些指针，进程之间的通信、协作就更加方便了。进程的 ask_struct 结构中主要有下面这些域记录了进程间的各种关系。next_task、prev_task 用于链入进程双向链表的前后指针，系统的所有进程组成一个双向循环链表。p_opptr、p_pptr、p_cptr、p_ysptr、p_osptr 分别表示指向祖先进程、父进程、子进程、兄弟进程的指针。Pidhash_next、pidhash_pprev 用于链入进程哈希表的前后指针。

（5）时间和定时器信息

内核需要记录进程的创建时间以及在其生命周期中消耗的 CPU 时间。进程耗费的 CPU 时间由两部分组成：一是在用户态（用户模式）下耗费的时间，二是在内核态（内核模式）下耗费的时间。

每个时钟滴答，也就是每个时钟中断，内核都要更新当前进程耗费的时间。Linux 支持与进程相关的多种间隔定时器，包括实时定时器、虚拟定时器和概况定时器。进程可以通过系统调用来设定定时器，以便在定时器到期后向它发送信号。这些定时器可以是一次性的或者周期性的。

（6）文件系统信息

进程经常会访问文件系统资源，打开或者关闭文件，Linux 内核要对进程使用文件的情况进行记录。task_struct 结构中有两个数据结构用于描述进程与文件相关的信息。其中，fs 域是指向 fs_struct 结构的指针，fs_struct 结构中描述了两个 VFS 索引节点，这两个索引节点叫作 root 和 pwd，分别指向进程的可执行映像所对应的主目录和当前工作目录。files 域用来记录进程打开文件的文件描述符。

（7）虚拟内存信息

Linux 采用按需分页的策略来解决进程的内存需求，当物理内存不足时，Linux 内存管理系统需要把内存中的部分页面交换到外存。每个进程都有自己的虚拟地址空间（内核线程除外），用 mm_struct 来描述，其中包含一个指向若干个虚存块的虚存队列。另外，Linux 内核还引入了另一个域 active_mm，它指向活动地址空间，但这一空间并不为该进程所拥有，通常为内核线程所使用。内核线程与用户进程相比不需要 mm_struct 结构：当用户进程切换到内核线程时，内核线程可以直接借用进程的页表，无须重新加载独立的页表。内核线程用 active_mm 指针指向所借用进程的 mm_struct 结构。

（8）处理器特定信息

进程可以看作是系统当前执行状态的综合。进程运行时，它将使用处理器的寄存器以及堆栈等。进程被挂起时，进程的上下文，即所有与 CPU 相关的处理机状态必须保存在它的 task_struct 结构中。当进程被调度重新运行时，再从中恢复这些环境，重新设定上下文，也就是恢复这些寄存器和堆栈的值。

5.2.1 进程的标识符

进程标识符也称进程识别码（Process Identification，进程 ID，PID），可以用来唯一表示某个进程，就像我们每个人的身份证号一样，每人都不同。就算几个进程来自同一个程序，这些进程的 ID 也是不同的。PID 是进程运行时系统随机分配的，在进程运行时，PID 是不会改变的，进程终止后，PID 就会被系统回收，以后可能会被分配给新运行的进程。

进程 ID 在系统中其实就是一个无符号整型数值，类型是 pid_t，该类型定义在 /usr/include/sys/types.h 中，定义如下：

```
#ifndef __pid_t_defined
typedef __pid_t pid_t;
# define __pid_t_defined
#endif
```

可以看到 pid_t 其实就是 __pid_t 类型。而 __pid_t 在 /usr/include/bits/types.h 中被定义为 __PID_T_TYPE 类型。在文件 /usr/include/bits/typesizes.h 中可以看到这样的定义：

```
#define        __PID_T_TYPE            __S32_TYPE
```

可以看出__PID_T_TYPE 被定义为__S32_TYPE 类型。在文件/usr/include/bits/types.h 中，我们终于找到了这样的定义：

```
#define        __S32_TYPE            int
```

pid_t 实际上就是一个 int 型。真是山穷水尽疑无路，柳暗花明又一村。

【例 5.1】获取 pid_t 的字节长度

（1）新建一个 test.cpp，输入代码如下：

```cpp
#include <iostream>
using namespace std;
int main(int argc, char *argv[])
{
    pid_t pid;
    cout << sizeof(pid_t) << endl;
    return 0;
}
```

（2）在 Linux 下编译运行后，结果如下：

```
sizeof(pid_t)=4
```

可以看到，在 64 位的 Linux 下，pid_t 的字节长度是 4，就是 int 型的大小。

我们可以在终端下用命令 ps -e 来查看所有进程的 ID，比如：

```
[root@localhost ~]# ps -e
  PID TTY          TIME CMD
    1 ?        00:00:26 systemd
    2 ?        00:00:00 kthreadd
    3 ?        00:00:11 ksoftirqd/0
    7 ?        00:00:00 migration/0
    8 ?        00:00:00 rcu_bh
    9 ?        00:00:00 rcuob/0
   ...
  995 ?        00:00:00 sedispatch
 1001 ?        00:00:04 rtkit-daemon
38136 ?        00:00:00 sshd
38140 pts/3    00:00:00 bash
38816 ?        00:00:00 sshd
42238 pts/0    00:00:00 bash
```

-e 表示显示所有进程，也可以用-A，含义一样。上面第一列的内容就是进程的 ID，即 PID。最后一列就是进程的名字，和所对应的程序名字相同，因此会出现重名（比如上面的 ssh 和 bash 进程），虽然重名了，但其 PID 是不同的，因此 PID 可以用来标识一个进程。

在开发中，我们可以用函数 getpid 来获取当前进程的 ID，该函数声明如下：

```
#include <unistd.h>
pid_t getpid(void);
```

【例 5.2】获取当前进程的 ID

（1）新建一个 test.cpp 文件，输入代码如下：

```
#include <iostream>
#include <unistd.h>
using namespace std;

int main(int argc, char *argv[])
{
    pid_t pid = getpid();
    cout <<"pid="<<pid << endl;
    return 0;
}
```

（2）保存文件为 test.cpp，然后上传到 Linux 下，输入编译命令并运行：

```
[root@localhost test]# g++ test.cpp -o test
[root@localhost test]# ./test
    pid=42518
```

结果打印的内容就是进程 test 的 ID，多次运行可以发现每次打印的值是不同的。

5.2.2　PID 文件

在 Linux 系统的/var/run 目录下，一般会看到很多*.pid 文件，而且往往新安装的程序在运行后也会在/var/run 目录下产生自己的 PID 文件。它的内容是什么呢？其实，PID 文件为文本文件，内容只有一行，记录了该进程的 ID。我们可以用 cat 命令来查看 PID 文件的内容。比如可以用 cat 命令查看/var/run 目录下的 sshd.pid 文件。

```
[root@localhost ~]# cd /var/run
[root@localhost run]# cat sshd.pid
1712
```

说明进程 sshd 的 PID 是 1712。可以用 ps 来查看一下进程 sshd 的 PID。

```
[root@localhost run]# ps -e|grep ssh
 1712 ?        00:00:02 sshd
```

那么这些 PID 文件有什么作用呢？PID 文件的作用是防止进程启动多个副本。只有获得相应 PID 文件写入权限的进程才能正常启动，并把自身的 PID 写入该文件中。PID 文件位于固定路径（/var/run），并且文件名也是固定的（进程名字为.pid）。

通常有两种方法配合 PID 文件来实现进程的重复启动。一种是文件加锁法，另一种是 PID 读写法。文件加锁法的基本思路是进程运行后会给.pid 文件加一个文件锁，只有获得该锁的进程才有写入权限（F_WRLCK），以后其他试图获得该锁的进程会自动退出。给文件加锁的函数是 fcntl，如果成功锁定，进程则继续往下执行，如果锁定不成功，说明已经有同样的进程在运行了，进程就退出。我们在第 4 章对 fcntl 函数进行了详细阐述，这里就不赘述了。PID 读写法就是先启动的进程往 PID 文件中写入自己的进程 ID 号，然后其他进程判断该 PID 文件中是否有数据了，下面看一个小例子。

【例 5.3】通过 PID 文件判断进程是否运行

（1）打开 UE，输入代码如下：

```c
#include <stdlib.h>
#include <stdio.h>
#include <sys/types.h>
#include <sys/stat.h>
#include <fcntl.h>
#include <unistd.h>
#include <string.h>
#include <signal.h>

static char* starter pid file default = "/var/run/test.pid";


static bool check pid(char *pid file)
{
    struct stat stb;
    FILE *pidfile;

    if (stat(pid_file, &stb) == 0)
    {
        pidfile = fopen(pid file, "r");
        if (pidfile)
        {
            char buf[64];
            pid_t pid = 0;
            memset(buf, 0, sizeof(buf));
            if (fread(buf, 1, sizeof(buf), pidfile))
            {
                buf[sizeof(buf) - 1] = '\0';
                pid = atoi(buf);
            }
            fclose(pidfile);
            if (pid && kill(pid, 0) == 0)//检查进程
            {   /* such a process is running */
                return 1;
            }
        }
        printf("removing pidfile '%s', process not running", pid file);
        unlink(pid file);
    }
    return 0;
}


int main()
{
```

```
       FILE *fd = fopen(starter pid file default, "w");

       if (fd)
       {
           fprintf(fd, "%u\n", getpid());
           fclose(fd);
       }
       if (check_pid(starter_pid_file_default))
       {
           printf("test is already running (%s exists)",
starter_pid_file_default);

       }
       else
           printf("test is NOT running (%s NOT exists)",
starter pid file default);

       unlink(starter pid file default);


       return 0;
   }
```

代码中，check_pid 是一个自定义函数，用来检查 PID 文件是否存在，继而判断进程是否运行，因为整个程序设计的思路是程序刚刚启动的时候，会创建一个/var/run/test.pid 文件，并把本进程的进程号写入该文件中。在 check_pid 中，用了 stat 函数判断文件是否存在，为了保险起见，又用 fopen 打开了一次。如果存在，就读取该文件中的进程号，然后通过 kill 函数检查一下该进程是否在运行。kill 函数的第二参数表示准备发送的信号代码，如果为零，则没有任何信号送出，但是系统会执行错误检查，通常会利用 sig 值为零来检验某个进程是否仍在执行。

程序结束的时候，也就是进程即将退出的时候，我们会删除 PID 文件。

（2）上传到 Linux，然后在命令行下编译运行：

```
[root@localhost test]# g++ test.cpp -o test
[root@localhost test]# ./test
test is already running (/var/run/test.pid exists)
```

5.3 进程的创建

5.3.1 使用 fork 创建进程

Linux 可以通过执行系统调用函数 fork 来创建新进程。由 fork 创建的新进程被称为子进程。该函数被调用一次，但返回两次。两次返回的区别是子进程的返回值是 0，而父进程的返回值是子进程的 PID。子进程和父进程继续执行 fork 之后的指令。父进程和子进程几乎是等同的——它们具有相同的变量值（但变量内存并不共享），打开的文件也都相同，还有其他一些相同属性。如果父进程改变了变量的值，子进程将不会看到这个变化。实际上，子进程是父进程的一个复制，但它们并不共享内存。实际上，Linux 并不完全复制内存页，而是采用了写时复制（copy on write）的技术，这些内存区域由父、子进程共享，而且内核将它们的许可权限改为只读，当有进程试图修改这些区域时，内核就为相关部分做一下复制。系统调用函数 fork 的声明如下：

```
#include <unistd.h>
pid_t fork();
```

该函数将创建一个子进程。如果成功，在父进程的程序中将返回子进程的线程 ID，即 PID 值；在子进程中函数则返回 0。如果失败，则在父进程程序中返回-1，并且可以通过 errno 得到错误码。

一个进程成功调用 fork 函数后，系统先给新的进程分配资源，例如存储数据和代码的空间。然后把原来的进程的所有值都复制到新的进程中，只有少数值与原来的进程的值不同。相当于克隆了一个自己。下面我们来看一个小例子。

【例 5.4】通过 fork 来创建子进程

（1）打开 UE，输入代码如下：

```cpp
#include <iostream>
using namespace std;

#include <unistd.h>
#include <stdio.h>
int main()
{
    pid_t fpid;
    int count = 0;
    fpid = fork();
    if (fpid < 0)     //如果函数返回负数，则出错了
        cout<<"failed to fork";
    else if (fpid == 0)   //如果fork返回0，则下面进入子程序
    {
        cout<<"I am the child process, my pid is "<<getpid()<<endl;
        count++;
    }
    else   //如果fork返回值大于0，则依旧在父进程中执行
    {
        cout<<"I am the parent process, my pid is "<<getpid()<<endl;
        cout << "fpid =" << fpid << endl;
        count++;
    }
    printf("result: %d\n", count);
    return 0;
}
```

（2）保存文件为 test.cpp，然后上传到 Linux 下，输入编译命令并运行：

```
[root@localhost test]# g++ test.cpp -o test
[root@localhost test]# ./test
I am the parent process, my pid is 32726
```

```
fpid =32727
count=1
I am the child process, my pid is  32727
count=1
```

我们可以看到父进程和子进程的 PID 是不同的，说明是两个不同的进程。在语句 fpid=fork 之前，只有一个进程（父进程）在执行这段代码，但在这条语句之后，就变成两个进程在执行了，这两个进程几乎完全相同，将要执行的下一条语句都是 if(fpid<0)，父进程和子进程都会执行这条语句。

为什么这两个进程的 fpid 不同呢？这与 fork 函数的特性有关。fork 调用的一个奇妙之处就是它仅仅被调用一次，却能够返回两次。父进程 fork 返回的是子进程的 PID，我们可以看到父进程中的打印"fpid =32727"和子进程中的打印"my pid is 32727"一样，都是 32727。另外，count 分别在父进程和子进程中执行了一次 count++，所以输出都是 count=1。

有些读者可能疑惑为什么不是从第一行#include 处开始复制代码，这是因为 fork 是把进程当前的情况复制一份，执行 fork 时，进程已经执行完了语句"int count=0;"，fork 只复制下一次要执行的代码到新的进程。

再次强调，在 fork 函数执行完毕后，如果新进程创建成功，则出现两个进程，一个是子进程，一个是父进程。在子进程中，fork 函数返回 0，在父进程中，fork 返回新创建子进程的进程 ID。我们可以通过 fork 返回的值来判断当前进程是子进程还是父进程。创建新进程成功后，系统中出现两个基本相同的进程，这两个进程没有固定的先后执行顺序，哪个进程先执行要看操作系统的进程调度策略。

5.3.2　使用 exec 创建进程

exec 用被执行的程序（新的程序）替换调用它（调用 exec）的程序。相对于 fork 函数会创建一个新的进程，产生一个新的 PID，exec 会启动一个新的程序替换当前的进程，且 PID 不变。友情提醒，胆小的朋友可略过下面的内容。当我们看恐怖片时，经常会有这样的场景：当一个人被鬼上身后，这个人的身体表面上还和以前一样，但是他的灵魂和思想已经被这个鬼占有了，因此会控制这个人做它想做的事情，exec 创建的进程就如同这样，新创建的进程已经占据了原来的进程，而表面（PID）上看起来依旧不变。那么是如何实现的呢？现在我们来学习 exec()函数族。

```
#include <unistd.h>
int execl(const char *path, const char *arg, ...);
int execlp(const char *file, const char *arg, ...);
int execle(const char *path, const char *arg,..., char * const envp[]);
int execv(const char *path, char *const argv[]);
int execvp(const char *file, char *const argv[]);
int execvpe(const char *file, char *const argv[],  char *const envp[]);
```

一共有 6 个函数，我们来看一下常用的几个。

1. execl 函数

函数 execl 函数声明如下：

```
#include <unistd.h>
int execl(const char *path, const char *arg, ...);
```

其中，参数 path 指向要执行的文件路径（可以是命令的全路径、执行程序的全路径或脚本文件的全路径）；后面的参数（arg 及其后面的省略号）代表执行该程序时传递的参数列表，并且第一个被认为是 argv[0]（即 path 后面的参数被认为是 argv[0]），第二个被认为是 argv[1]……相当于 main 函数中的 argv，我们知道 main 中的 argv[0]是程序的名称，程序所需的参数是从 argv[1]才开始获取的，execl 的 argv[0]也是按照此习惯来的，即 argv[1]才是传给 execl 要启动的程序的第一个参数，argv[0]可以只写个程序名（其实对于大多数命令程序来说没什么作用，随便写一个字符串也可以，大家可以从后面的例子看到，但不要写 NULL，写 NULL 就认为参数列表就此结束了。而对于自定义程序，则要视实际情况而定，有些自定义程序需要 argv[0]，此时就不能乱输了，大家要记住紧跟 path 后面的参数相当于 main 的 argv[0]），最后一个参数必须用空指针 NULL 结束。函数成功时不返回值，失败则返回-1，失败原因存于 errno 中，可通过 perror()打印。

另外要注意的是，对于系统命令程序，比如 pwd 命令，argv[0]是必须要有的，但其值可以是一个无意义的字符串。

【例 5.5】使用 execl 执行不带选项的命令程序 pwd

（1）打开 UE，输入代码如下：

```
//执行/bin/pwd
#include <unistd.h>

int main()
{
    //执行/bin目录下的pwd，注意argv[0]必须要有
    execl("/bin/pwd", "asdfaf", NULL);
    return 0;
}
```

（2）保存文件为 test.cpp，然后上传到 Linux 下，输入编译命令并运行：

```
[root@localhost test]# g++ test.cpp -o test
[root@localhost test]# ./test
/zww/test
```

程序运行后，打印了当前路径，这和执行 pwd 命令是一样的。虽然 pwd 命令不带选项，但用 execl 执行的时候，依然要有 argv[0]这个参数。大家可以试试把"asdfaf"去掉，那样就会报错。不过这样乱写似乎不好看，一般都是写命令的名称，比如 execl("/bin/pwd", "pwd", NULL);。

【例 5.6】使用 execl 执行带选项的命令程序 ls

（1）打开 UE，输入代码如下：

```
/*
 * execl函数使用实例1
 *功能:执行/bin/ls -al /etc/passwd
 * */
```

```
#include <unistd.h>

int main()
{
    /*执行/bin目录下的ls，注意，argv[0]传入的是程序名ls，argv[1]才传入-al，argv[2]
传入的是要查看的文件/etc/passwd  */
    execl("/bin/ls", "ls","-al","/etc/passwd",NULL);
    return 0;
}
```

（2）保存文件为 test.cpp，然后上传到 Linux 下，输入编译命令并运行：

```
[root@localhost test]# g++ test.cpp -o test
[root@localhost test]# ./test
-rw-r--r--. 1 root root 2727 12月 16 2016 /etc/passwd
```

passwd 是 etc 下的一个文件。我们可以在 shell 下直接用 ls 命令进行查看。

```
[root@localhost test]# ls -la /etc/passwd
-rw-r--r--. 1 root root 2727 12月 16 2016 /etc/passwd
```

可以发现命令行运行和程序运行结果是一样的。这个程序中，execl 的第二个参数（相当于 argv[0]）其实没什么用处，我们即使随便输入一个字符串，效果也是一样的，大家可以在例子中修改一下，比如：

```
execl("/bin/ls", "lsadfadfae", "-al", "/etc/passwd", NULL);
```

运行结果不变。说明对于 execl 函数，只要提供了程序的全路径和 argv[1]开始的参数信息，就可以了。

【例 5.7】使用 execl 执行我们的程序

（1）首先打开 UE，编写一个小程序，代码如下：

```
#include <string.h>
using namespace std;
#include <iostream>

int main(int argc, char* argv[])
{
    int i;
    cout <<"argc=" << argc << endl; //打印一下传进来的参数个数

    for(i=0;i<argc;i++)    //打印各个参数
        cout<<argv[i]<<endl;

    if (argc == 2&&strcmp(argv[1], "-p")==0)   //判断是否带了参数-p
        cout << "will print all" << endl;
    else
        cout << "will print little" << endl;
```

```
    cout << "my program over" << endl;
    return 0;
}
```

（2）保存文件为 mytest.cpp，然后上传到 Linux 下，输入编译命令并运行：

```
[root@localhost test]# g++ mytest.cpp -o mytest
[root@localhost test]# ./mytest
argc=1
./mytest
will print little
my program over
```

（3）小程序编写完毕，然后把它复制到一个地方，比如/zww/test 下。下面用 execl 来执行它。继续打开 UE，输入代码如下：

```
#include <unistd.h>
using namespace std;
#include <iostream>

int main(int argc, char* argv[])
{
    execl("/zww/test/mytest", NULL); //不传任何参数给mytest
    cout << "------------------\n";//如果execl执行成功，这一句不会执行到的

    return 0;
}
```

（4）保存文件为 test.cpp，然后上传到 Linux 下，输入编译命令并运行：

```
[root@localhost test]# g++ test.cpp -o test
[root@localhost test]# ./test
argc=0
will print little
my program over
```

在调用 execl 时，没有传任何参数给 mytest，因此 argc 打印了 0，这说明执行自己的程序的时候，可以不传 argv[0]，这一点和执行系统命令不一样，大家可以和前面的例子比较一下。下面传 2个参数给 mytest，调用方式改为如下：

```
execl("/zww/test/mytest", "adsfadf","-p",NULL);
```

保存文件为 test.cpp，然后上传到 Linux 下，输入编译命令并运行：

```
[root@localhost test]# g++ test.cpp -o test
[root@localhost test]# ./test
argc=2
adsfadf
-p
```

```
will print all
my program over
```

可以看到，我们给 mytest 传了两个参数，分别是 "adsfadf" 和 "-p"。大家还可以试试传一个参数给 mytest 的情况，比如：execl("/zww/test/mytest", "adsfadf" ,NULL);。

下面再看一下函数 execlp，其声明如下：

```
int execlp(const char *file, const char *arg, ...);
```

其中，参数 file 指向要执行的程序，但不需要写出完整路径，函数会到环境变量 PATH 所给出的路径中去查找，找到后便执行；后面的参数同 execl，最后一个参数也必须用空指针 NULL 作为结束。如果函数执行成功，则不会返回，执行失败则直接返回-1，错误码存于 errno 中。

2. execlp 函数

execlp 函数会从 PATH 环境变量所指的目录中查找符合参数 file 的文件名，找到后便执行该文件，然后将第二个以后的参数当作该文件的 argv[0]、argv[1]……，最后一个参数必须用空指针（NULL）结束。execlp 函数声明如下：

```
#include <unistd.h>
int execlp(const char *file, const char *arg, ...);
```

如果执行成功，则函数不会返回，执行失败则直接返回-1，失败原因存于 errno 中。

【例 5.8】使用 execlp 执行不带选项的命令程序 pwd

（1）首先打开 UE，编写一个小程序，代码如下：

```
#include <unistd.h>

int main(int argc, char* argv[])
{
    execlp("pwd", "",  NULL);
    return 0;
}
```

（2）保存文件为 test.cpp，然后上传到 Linux 下，输入编译命令并运行：

```
[root@localhost test]# g++ test.cpp -o test
[root@localhost test]# ./test
/zww/test
```

execlp 的第一个参数直接用 pwd 这个命令程序即可，而不需要写出其全路径，因为环境变量PATH 中已经包含路径/usr/bin 了，而/usr/bin 下有 pwd 这个程序了，大家可以用 echo 看一下：

```
/usr/lib64/qt-3.3/bin:/root/perl5/bin:/usr/local/sbin:/usr/local/bin:/usr/
sbin:/usr/bin:/root/bin
    [root@localhost bin]# cd /usr/bin
    [root@localhost bin]# ls pwd
pwd
```

至于 execlp 的第二个参数为什么是空字符串，这其实不重要，传任意字符串都可以，但必须要有，不能为 NULL，否则运行会报错。这只是针对创建系统命令程序的情况，我们自己的程序无须这样。

【例 5.9】使用 execlp 执行我们的程序

（1）首先打开 UE，编写一个小程序，代码如下：

```
#include <string.h>
using namespace std;
#include <iostream>

int main(int argc, char* argv[])
{
    int i;
    cout <<"argc=" << argc << endl; //打印一下传进来的参数个数

    for(i=0;i<argc;i++)    //打印各个参数
        cout<<argv[i]<<endl;
}
```

（2）保存文件为 mytest.cpp，然后上传到 Linux 下，输入编译命令并运行：

```
[root@localhost test]# g++ mytest.cpp -o mytest
[root@localhost test]# ./mytest hello world
argc=3
./mytest
hello
world
```

（3）小程序编写完毕，然后把它复制到/usr/bin 下。下面用 execlp 来执行它。继续打开 UE，输入代码如下：

```
#include <unistd.h>
using namespace std;
#include <iostream>

int main(int argc, char* argv[])
{
    execl("mytest", NULL); //不传任何参数给mytest
    cout << "------------------\n";//如果execl执行成功，这一句不会执行到

    return 0;
}
```

（4）保存文件为 test.cpp，然后上传到 Linux 下，输入编译命令并运行：

```
[root@localhost test]# g++ test.cpp -o test
[root@localhost test]# ./test
argc=0
```

我们的 mytest 执行成功了。

其实，只有 execvpe 是真正意义上的系统调用，其他都是在此基础上经过包装的函数。exec 函数族的作用是根据指定的文件名找到可执行文件，并用它来取代调用进程的内容，换句话说，就是在调用进程（调用 exec 函数族的进程）内部执行一个可执行文件。这里的可执行文件既可以是二进制文件，也可以是任何 Linux 下可执行的脚本文件。

细看一下，这 6 个函数都是以 exec 开头（表示属于 exec 函数簇）的，前 3 个函数后面是字母 l，表示 list（列举参数）。后 3 个函数接着字母 v，表示 vector（参数向量表）。它们的区别在于，execv 开头的函数是以 "char *argv[]"(vector)形式传递命令行参数的，而 execl 开头的函数采用罗列（list）的方式，把参数一个一个列出来，然后以一个 NULL 表示结束。这里的 NULL 的作用和 argv 数组里的 NULL 作用是一样的。

5.3.3　使用 system 创建进程

system 函数通过调用 shell 程序来执行所传入的命令（效率低），相当于先 fork()，再 execve()。该函数的特点是源进程和子进程各自运行，且源进程需要等子进程运行完后再继续。system()会调用 fork()产生子进程，然后由子进程来调用/bin/sh -c 执行 system 函数的参数 command 字符串所代表的命令，此命令执行完后随即返回原调用的进程。/bin/sh 一般是一个软链接，指向某个具体的 shell，比如 bash，-c 选项是告诉 shell 从字符串 command 中读取命令。在该 command 执行期间，SIGCHLD 信号会被暂时搁置，SIGINT 和 SIGQUIT 信号则会被忽略（关于信号后面章节会讲述）。该函数声明如下：

```
#include <stdlib.h>
int system(const char *command);
```

其中，command 是要执行的命令。如果 fork 失败，返回-1，如果 command 顺利执行完毕，则返回 command 通过 exit 或 return 返回的值。

为了更好地理解 system()函数的返回值，需要了解其执行过程，实际上 system()函数执行了 3 步操作：

（1）fork 一个子进程。

（2）在子进程中调用 exec 函数去执行 command。

（3）在父进程中调用 wait 等待子进程结束。如果 fork 失败，system()函数返回-1。如果 exec 执行成功，即 command 顺利执行完毕，则返回 command 通过 exit 或 return 返回的值（注意，command 顺利执行不代表执行成功，比如 command："rm debuglog.txt"，无论文件是否存在，该 command 都顺利执行了）。如果 exec 执行失败，即 command 没有顺利执行，比如被信号中断或者 command 命令根本不存在，system()函数返回 127。如果 command 为 NULL，则 system()函数返回非 0 值，一般为 1。

看完这 3 点，肯定有人对 system()函数的返回值还是不清楚，下面给出一个使用 system()函数的例子。

```
int system(const char * cmdstring)
```

```
{
    pid_t pid;
    int status;
    if(cmdstring == NULL)
    {
        return (1); //如果cmdstring为空，返回非零值，一般为1
    }
    if((pid = fork())<0)
    {
        status = -1; //fork失败，返回-1
    }
    else if(pid == 0)
    {
        execl("/bin/sh", "sh", "-c", cmdstring, (char *)0);//子进程调用execl执
行cmdstring
        _exit(127); // exec执行失败返回127，注意exec只在失败时才返回现在的进程，成功
的话现在的进程就不存在
    }
    else //父进程
    {
        while(waitpid(pid, &status, 0) < 0)
        {
            if(errno != EINTR)
            {
                status = -1; //如果waitpid被信号中断，则返回-1
                break;
            }
        }
    }
    return status; //如果waitpid成功，则返回子进程的状态
}
```

仔细看完这个 system()函数的实现，对该函数的返回值就清楚了，比如什么时候 system()函数返回 0 呢？只在 command 命令返回 0 时。

5.4　进程调度

进程调度也就是处理机调度。在多道程序设计环境中，进程数往往多于处理机数，这将导致多个进程对处理机资源的互相争夺。进程调度的任务是控制和协调进程对 CPU 的竞争，按照一定的调度算法使某一就绪进程取得 CPU 的控制权，从而转为运行状态。进程调度的功能主要包括：记录系统中所有进程的执行状况；根据一定的调度算法，从就绪队列中选出一个进程来准备把处理机分配给它；将处理机分配给进程，进行上下文切换，把选中进程的进程控制块内有关的现场信息（如程序状态字、通用寄存器等内容）送入处理器相应的寄存器中，从而让它占用处理机运行。

进程的调度一般可以在下述情况下发生：

（1）正在执行的进程运行完毕。

（2）正在执行的进程调用阻塞原语将自己阻塞起，并来进入等待状态。

（3）执行中的进程提出 I/O 请求后被阻塞。

（4）正在执行的进程调用了 P 原语操作，因资源得不到满足而被阻塞；或者调用 V 原语操作释放了资源，从而激活了等待相应资源的进程队列。

（5）在分时系统中，时间片已经用完。

（6）就绪队列中的某个进程的优先级变得高于当前运行进程的优先级，从而引起进程的调度。

进程调度的主要问题是采用某种算法合理有效地将处理机分配给进程，其调度算法应尽可能提高资源的利用率，减少处理机的空闲时间。衡量进程调度的算法的指标有：面向系统的吞吐量、处理机利用率、公平性以及资源分配的平衡性等，面向用户的作业周转时间、响应时间、可预测性等。而这些"合理的目标"往往是相互制约的，难以全部达到要求。实际系统中，往往综合考虑这些因素，根据具体情况区别对待或者进行某些取舍。常见的进程调度算法有以下 4 种。

（1）先来先服务法（FCFS）

将进程变为就绪状态的先后次序排成队列，并按照先来先服务的方式进行调度处理，这是一种最普遍也是最简单的方法。

（2）时间片轮转法（RR）

其基本思想是，将 CPU 的处理时间划分成一个个时间片，就绪队列中的各个进程轮流运行一个时间片，当时间片结束时，就强迫运行进程让出 CPU，该进程进入就绪队列等待下一次调度。而同时又去选择就绪队列中的一个进程，分配给它一个时间片，以投入运行。如此轮流调度，使得就绪队列中的所有进程在有限的时间内都可以依次轮流获得一个时间片的处理机时间。这主要是分时系统中采用的一种调度算法。

（3）优先级算法

进程调度每次将处理机分配给具有最高优先级的就绪进程。进程优先级的设置可以是静态的，也可以是动态的。静态优先级是在进程创建时根据进程初始状态或者用户要求而确定，在进程运行期间不再改变。动态优先级则是指在进程创建时先确定一个初始优先级，以后在进程运行中随着进程的不断推进，其优先级值也随着不断地改变。

（4）多级反馈队列法

在实际系统中，调度模式往往是几种调度算法的结合。多级队列反馈法就是综合了先来先服务法、时间片轮转法和优先级法的一种进程调度算法。系统按照优先级别的不同设置若干个就绪队列，对级别较高的队列分配较小的时间片，对级别较低的队列分配稍大一点的时间片。除了最低一级的队列采用时间片轮转法调度之外，其他各级队列均采用先来先服务法调度。系统总是先调度级别较高队列中的进程，仅当该队列为空时才去调度下一级队列中的进程。当执行进程用完其时间片时，便被剥夺并进入下一级就绪队列。当等待进程被唤醒时，它进入与其优先级对应的就绪队列，若其优先级高于当前执行进程，便抢占 CPU 执行。

Linux 采用的是基于优先级可抢占式的调度系统，并使用 schedule 函数来实现进程调度的功能。

Linux 所实现的可抢占还只是一定程度上的抢占，因为到目前为止，Linux 内核还不是抢占式的，因此这意味着进程只有在用户态运行时才能被抢占。如果一个进程变为 TASK_RUNNING 状态，内核则会检查它的动态优先级是否大于当前正在 CPU 上运行的进程优先级。如果是，当前执行进程将被中断，并使用调度程序选择另一个进程运行（通常是刚刚变为可运行状态的进程）。此外，进程在它的时间片到期时也可以被抢占。

1. 优先级

为了选择一个进程运行，Linux 调度程序必须考虑每个进程的优先级。实际上，Linux 采用了两种优先级：静态优先级和动态优先级。静态优先级只针对实时进程，它由用户赋给实时进程，范围为 1~99，以后调度程序不再改变它。动态优先级只应用于普通进程，实质上它是基本时间片与当前时期内的剩余时间片之和。其实，实时进程的静态优先级总是高于普通进程的动态优先级，因此只有在处于可运行状态的进程中且没有实时进程后，调度程序才开始运行普通进程。

2. 调度策略

Linux 对实时进程和普通进程区别对待。对于实时进程有两种调度策略：SCHED_FIFO 和 SCHED_RR。SCHED_FIFO 就是先进先出的算法，当调度程序将 CPU 分配给一个进程时，该进程的 task_struct 结构还保留在运行队列链表的当前位置。如果没有其他更高优先级的实时进程，这个进程就可以占用 CPU 直至运行完毕。SCHED_RR 就是采用循环轮转的方法，当调度程序将 CPU 分配给一个进程时，则将这个进程的 tasl_struct 放置在运行队列的末尾。这种策略确保了把 CPU 时间公平地分配给具有相同优先级的实时进程。对于普通的分时进程采用 SCHED_OTHER 策略。

Linux 的进程调度由内核函数 schedule 实现。Linux 在进程终止、进程睡眠或者某个进程变为可运行状态时都可能会发生进程调度；如果当前进程的时间片用完，或者进程从中断、异常及系统调用返回到用户态时，都可能会发生进程调度。Linux 进程的状态转换如图 5-1 所示。

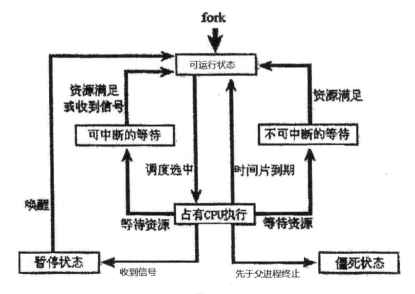

图 5-1

（1）可运行状态（TASK_RUNNING）

处于这种状态的进程，要么正在 CPU 上运行，要么准备运行。正在 CPU 上运行的进程就是当前进程（由 current 宏表示），而准备运行的进程只要得到 CPU 就可以立即投入运行，CPU 是这些进程唯一等待的系统资源。系统中有一个运行队列，用来容纳所有处于可运行状态的进程，调度程序执行时，从中选择一个进程投入运行。

（2）可中断的等待状态（TASK_INTERRUPTIBLE）

进程被挂起，直到一些条件满足为止，条件可能包括：产生一个硬件中断、释放进程正等待的系统资源或者传递一个信号，这些都有可能唤醒进程，让进程的状态返回到 TASK_RUNING 状态。

（3）不可中断的等待状态（TASK_UNINTERRUPTIBLE）

这种状态与前一种状态相似，但不同的是，传递信号给睡眠的进程并不能改变其状态。这种状态不太常见，但在一些特定的情况下是很有用的，例如进程必须等待，直到给定的事件发生，而其间不能被中断。

（4）暂停状态（TASK_STOPPED）

进程的执行已经被暂停，当进程接收到 SIGSTOP、SIGTSTP、SIGTTIN 或者 SIGTT0U 信号后，进入暂停状态。当一个进程正在被另一个进程监控时（例如调试程序执行 ptrace 系统调用来监控测试程序），每一个这样的信号都可以将这个进程置于 TASK_STOPPED 状态。

（5）僵死状态（TASK_ZOMBIE）

进程的执行已经终止，但是父进程还没有发布 wait 类系统调用来返回有关终止进程的信息。在父进程发布 wait 类系统调用之前，内核不能丢弃包含在终止进程 task_struct 结构中的数据，因为父进程可能还需要这些信息。

5.5　进程的分类

Linux 下，进程一般分为前台进程、后台进程和守护进程（Daemon）3 类。

5.5.1　前台进程

前台进程（也称普通进程）就是需要和用户交换的进程。默认情况下，启动一个进程都是在前台运行的，这时它就把 Shell 给占据了，我们无法进行其他操作，一直等到该进程终止。前面讲述的进程基本都是前台进程。查看普通进程的命令是 ps，可以根据需要加上不同的命令选项，比如通过进程名来查找进程号：

```
ps -e | grep 进程名
```

5.5.2　后台进程

对于那些不需要交互的进程，很多时候希望将其在后台启动，可以在启动的时候加一个"&"。

比如一个进程的名字叫 recv，我们希望它在后台运行，则可以输入：recv &。这样它就是一个后台进程了，而且不会占据 Shell，我们依然可以在 Shell 下做其他操作。但关闭 Shell 窗口的时候，后台进程也将随之退出。我们把切换到后台运行的进程称为 job。当一个进程以后台方式启动时（即启动时加上&），系统会输出该进程的相关 job 信息，会输出 job ID 和进程 ID。在后台运行的进程，可以用 ps 命令查看，或通过 jobs 命令只查看所有 job（后台进程）。如果想要终止某个后台进程，可使用命令 killall，比如终止所有名为 recv 的后台进程：killall recv。不过这种方法有点简单粗暴。

【例 5.10】制作一个后台进程并查看

（1）打开 UE，新建一个 test.cpp 文件，在 test.cpp 中输入代码如下：

```cpp
#include <unistd.h>
#include <iostream>
using namespace std;

int main(void)
{
    cout << "hello,world" << endl;
    sleep(10000);
    cout << "byebye"<<endl;
}
```

（2）上传 test.cpp 到 Linux，在终端下输入命令：g++ -o test test.cpp，然后运行 test，运行结果如下：

```
[root@localhost test]# g++ -o test test.cpp
[root@localhost test]# ./test &
[1] 62096
[root@localhost test]# hello,world
```

其中，[1]表示 job 的 ID，62096 表示进程 test 的进程 ID。现在进程 test 以后台方式运行了，马上可以通过命令 jobs 来查看：

```
[root@localhost test]# jobs
[1]+  运行中                ./test &
```

显示一个后台进程 test 正在运行中。

5.6 守护进程

5.6.1 守护进程的概念

守护进程（Daemon Process）是运行在后台的一种特殊进程。它独立于控制终端并且周期性地执行某种任务或等待处理某些发生的事件。守护进程是一种很有用的进程。Linux 中大多数服务器都是用守护进程实现的，比如 Internet 服务器 inetd、Web 服务器 httpd 等，另外还有常见的守护进程包括系统日志进程 syslogd、数据库服务器 mysqld 等。同时，守护进程完成许多系统任务，比如作业规划进程 crond、打印进程 lpd 等。

守护进程脱离终端运行，之所以脱离于终端，是为了避免进程被任何终端所产生的信息所打断，其在执行过程中的信息也不在任何终端上显示。Linux 中，每一个系统与用户进行交互的界面称为终端，每一个从此终端开始运行的进程都会依附于这个终端，这个终端就称为这些进程的控制终端，当控制终端被关闭时，相应的进程都会自动关闭，因此守护进程要脱离终端运行，默默地在后台提供服务。

守护进程一般在系统启动时开始运行，除非强行终止，否则直到系统关机都保持运行。守护进程经常以超级用户（root）权限运行，因为它们要使用特殊的端口（1~1024）或访问某些特殊的资源。

一个守护进程的父进程是 init 进程，因为它真正的父进程在创建出子进程后就先于子进程退出了，所以它是一个由 init 继承的孤儿进程。守护进程是非交互式程序，没有控制终端，所以任何输出，无论是向标准输出设备 stdout 还是标准出错设备 stderr 的输出都需要特殊处理。守护进程的名称通常以 d 结尾，比如 sshd、xinetd、crond 等。

守护进程类似于 Windows 操作系统中的服务程序。它通常以超级用户启动，并且没有控制终端。

5.6.2 守护进程的特点

守护进程最重要的特点是后台运行。其次，守护进程必须与其运行前的环境隔离开来。这些环境包括未关闭的文件描述符、控制终端、会话和进程组、工作目录以及文件创建掩模等。这些环境通常是守护进程从执行它的父进程（特别是 shell）中继承下来的。最后，守护进程的启动方式有其特殊之处。它可以在 Linux 系统启动时从启动脚本/etc/rc.d 中启动，可以由作业规划进程 crond 启动，还可以由用户终端（通常是 shell）执行。

总之，除了这些特殊性以外，守护进程与普通进程基本上没有什么区别。因此，编写守护进程实际上是把一个普通进程按照上述守护进程的特性改造成守护进程。如果对进程有比较深入的认识，就更容易理解和编程了。

守护进程有下面几个特点：

（1）守护进程都具有超级用户的权限。

（2）守护进程的父进程是 init 进程。

（3）守护进程都不用控制终端，其 TTY 列以"？"表示，TPGID 为-1。

（4）守护进程都是各自进程组合会话过程的唯一进程。

除了这几个特点之外，守护进程和普通进程基本没区别，但守护进程应该编写得更可靠、更健壮，这一点要注意。编写守护进程可以先写一个普通进程，然后按照一定的规则改造成守护进程。

5.6.3 查看守护进程

可以使用命令 ps x 或 ps axj 来查看当前运行着的守护进程。其中，a 表示不仅列出当前用户的进程，也列出所有其他用户的进程；x 表示不仅列有控制终端的进程，也列出所有无控制终端的进程；j 表示列出与作业控制相关的信息。

比如我们在终端下输入 ps axj：

```
[root@localhost ~]# ps axj
 PPID   PID  PGID   SID TTY       TPGID STAT   UID    TIME COMMAND
    0     2     0     0 ?            -1 S        0    0:00 [kthreadd]
    2     3     0     0 ?            -1 S        0    0:04 [ksoftirqd/0]
    2     7     0     0 ?            -1 S        0    0:00 [migration/0]
    2     8     0     0 ?            -1 S        0    0:00 [rcu_bh]
```

从上面的结果可以看出守护进程的特点，TTY 表示控制终端，可以看到这几个守护进程的控制终端为"？"，意思是这几个守护进程没有控制终端。UID 为 0，表示进程的启动者是超级进程。

5.6.4　守护进程的分类

根据守护进程的启动和管理方式，可以将守护进程分为独立启动守护进程和超级守护进程两类。

独立启动（stand_alone）守护进程：该类守护进程随系统启动，启动后就常驻内存，所以会一直占用系统资源。其最大的优点是它会一直启动，当外界有要求时响应速度较快，比如 httpd 等进程。此类守护进程通常保存在/etc/rc.d/init.d 目录下。

超级守护进程：系统启动时，由一个统一的守护进程 xinet 来负责管理一些进程，当响应请求到来时，需要通过 xinet 的转接才可以唤醒被 xinet 管理的进程。这种进程的优点是，最初只有 xinet 这一守护进程占有系统资源，其他的内部服务并不一直占有系统资源，只有数据包或其他请求到来时才会被 xinet 唤醒。并且还可以通过 xinet 对它所管理的进程设置一些访问权限，相当于多了一层管理机制。

我们可以用银行业务来形容这两类守护进程。

独立启动守护进程：银行里有一种单服务的窗口，像取钱、存钱等窗口，这种窗口边上始终会坐着一个人，如果有人来取钱或存钱，可以直接到相应的窗口去办理，这个处理单一服务的始终存在的人就是独立启动的守护进程。

超级守护进程：银行里还有一种窗口，提供综合服务，像汇款、转账、提款等业务，这种窗口附近也始终坐着一个人（xinet），他可能不提供具体的服务，提供具体服务的人在里面闲着聊天、喝茶，但是当有人来汇款时，他会通知里面的人，比如有人来汇款了，他会通知里面管汇款的工作人员，然后里面管汇款的工作人员会立马跑过来帮忙办完汇款业务。其他的人继续聊天、喝茶。这些负责具体业务的人就称为超级守护进程。当然，可能汇款时会有一些规则，比如不能往北京汇款，管汇款的工作人员就会提早告诉外面的管理员，当有人想往北京汇款时，管理员就直接告诉他不能办理，于是根本不会去喊汇款员，相当于提供了一层管理机制。这里需要注意的是，超级守护进程的管理员 xinet 也是一个守护进程，只不过它的任务就是传话，其实这也是一个很具体很艰巨的任务。

当然，每个守护进程都会监听一个端口（银行窗口），一些常用守护进程的监听端口是固定的，像 httpd 监听 80 端口、sshd 监听 22 端口等，我们可以将其理解为责任制，时刻等待，有求必应。具体的端口信息可以通过 cat /etc/services 来查看。

每个守护进程都会有一个脚本，可以理解成工作配置文件，守护进程的脚本需要放在指定位置，独立启动守护进程的脚本放在/etc/init.d/目录下，当然也包括 xinet 的 shell 脚本；超级守护进程
按照 xinet 中脚本的指示，所管理的守护进程位于/etc/xinetd.config 目录下。

5.6.5　守护进程的启动方式

守护进程一般是随着系统启动而自动激活的。它可以通过以下方式启动：

（1）在系统启动时由启动脚本启动，这些启动脚本通常放在 /etc/rc.d 目录下。

（2）利用 inetd 超级服务器启动，如 telnet 等。

（3）由 cron 定时启动，在终端用 nohup 启动的进程也是守护进程。

5.6.6　编写守护进程的步骤

在 Linux 或者 UNIX 操作系统中，在系统引导的时候会开启很多服务，这些服务就叫作守护进
程。为了增加灵活性，root 可以选择系统开启的模式，这些模式叫作运行级别，每一种运行级别以
一定的方式配置系统。守护进程是脱离于终端并且在后台运行的进程。守护进程脱离于终端是为了
避免进程在执行过程中的信息在任何终端上显示，并且进程也不会被任何终端所产生的终端信息所
打断。

在具体编写守护进程之前，我们先来了解一下守护进程编程的基本步骤。

（1）创建子进程，父进程退出

这是编写守护进程的第一步。由于守护进程是脱离控制终端的，因此完成第一步后就会在 Shell
终端里造成程序已经运行完毕的假象。之后的所有工作都在子进程中完成，而用户在 Shell 终端里
则可以执行其他命令，从而在形式上做到与控制终端的脱离。

在 Linux 中，父进程先于子进程退出会造成子进程成为孤儿进程，而每当系统发现一个孤儿进
程时，就会自动由 1 号进程（init）收养它，这样原先的子进程就会变成 init 进程的子进程。

（2）在子进程中创建新对话

这个步骤是创建守护进程中最重要的一步，虽然它的实现非常简单，但意义却非常重大。在
这里使用的是系统函数 setsid，在具体介绍 setsid 之前，首先要了解两个概念：进程组和会话周期。

进程组：是一个或多个进程的集合。进程组由进程组 ID 来唯一标识。除了进程号（PID）之
外，进程组 ID 也是一个进程的必备属性。每个进程组都有一个组长进程，其组长进程的进程号等
于进程组 ID，且该进程组 ID 不会因组长进程的退出而受到影响。

会话周期：会话周期是一个或多个进程组的集合。通常，一个会话开始于用户登录，终止于
用户退出，在此期间，该用户运行的所有进程都属于这个会话周期。

接下来具体介绍 setsid 的相关内容。

setsid 函数用于创建一个新的会话，并担任该会话组的组长。调用 setsid 有下面 3 个作用。

● 让进程摆脱原会话的控制。

● 让进程摆脱原进程组的控制。

● 让进程摆脱原控制终端的控制。

那么，在创建守护进程时为什么要调用 setsid 函数呢？由于创建守护进程的第一步调用了 fork 函数来创建子进程，再将父进程退出。在调用 fork 函数时，子进程全盘复制了父进程的会话周期、进程组、控制终端等，虽然父进程退出了，但会话周期、进程组、控制终端等并没有改变，因此还不是真正意义上的独立开来，而 setsid 函数能够使进程完全独立出来，从而摆脱其他进程的控制。

（3）改变当前目录为根目录

这一步也是必要的步骤。使用 fork 创建的子进程继承了父进程当前的工作目录。由于在进程运行中，当前目录所在的文件系统（如"/mnt/usb"）是不能卸载的，这对以后的使用会造成诸多麻烦。因此，通常的做法是让"/"作为守护进程的当前工作目录，这样就可以避免上述的问题。当然，如果有特殊需要，也可以把当前工作目录换成其他的路径，如/tmp。改变工作目录的常见函数是 chdir。

（4）重设文件权限掩码

文件权限掩码是指屏蔽掉文件权限中的对应位。比如，有个文件权限掩码是 050，它就屏蔽了文件组拥有者的可读与可执行权限。由于使用 fork 函数新建的子进程继承了父进程的文件权限掩码，这就给该子进程使用文件带来了诸多麻烦。因此，把文件权限掩码设置为 0 可以大大增强该守护进程的灵活性。设置文件权限掩码的函数是 umask。在这里，通常的使用方法为 umask(0)。

（5）关闭文件描述符

同文件权限掩码一样，用 fork 函数新建的子进程会从父进程那里继承一些已经打开的文件。这些被打开的文件可能永远不会被守护进程读写，但它们一样消耗系统资源，而且可能导致所在的文件系统无法卸载。

由于守护进程是脱离控制终端的，因此从终端输入的字符不可能到达守护进程，守护进程中用常规方法（如 printf）输出的字符也不可能在终端上显示出来。所以，文件描述符为 0、1 和 2 的 3 个文件（常说的输入、输出和报错）已经失去了存在的价值，也应被关闭。通常按如下方式关闭文件描述符：

```
for(i=0;i<MAXFILE;i++)
    close(i);
```

（6）守护进程退出处理

当用户需要外部停止守护进程运行时，往往会使用 kill 命令停止该守护进程。所以，守护进程中需要编码来实现 kill 发出的 signal 信号处理，达到进程的正常退出。

```
signal(SIGTERM, sigterm_handler);
void sigterm_handler(int arg)
{
    _running = 0;
}
```

这样，一个简单的守护进程就建立起来了。下面我们来看一个具体实例。

【例 5.11】隔 10 秒在/tmp/dameon.log 中写入一句话

（1）打开 UE，输入代码如下：

```
#include <stdio.h>
#include <stdlib.h>
#include <string.h>
#include <fcntl.h>
#include <sys/types.h>
#include <unistd.h>
#include <sys/wait.h>
#include <signal.h>
#include <sys/stat.h>

#define MAXFILE 65535

volatile sig_atomic_t _running = 1;

void sigterm_handler(int arg)
{
    _running = 0;
}

int main()
{
    pid_t pc;
    int i, fd, len;
    char *buf = "this is a Dameon\n";
    len = strlen(buf);
    pc = fork(); //第一步
    if(pc < 0)
    {
        printf("error fork\n");
        exit(1);
    }
    else if(pc > 0)
        exit(0);

    setsid(); //第二步
    chdir("/"); //第三步
    umask(0); //第四步
    for(i = 0 ; i < MAXFILE ; i++) //第五步
        close(i);
    signal(SIGTERM, sigterm_handler);
    while(_running)
    {
        if((fd = open("/tmp/dameon.log", O_CREAT | O_WRONLY | O_APPEND, 0600)) \
< 0) \
        {
```

```
            perror("open");
            exit(1);
        }
        write(fd, buf, len + 1);
        close(fd);
        usleep(10 * 1000); //10毫秒
    }

}
```

（2）保存代码为 test.cpp，上传到 Linux，在命令行下编译生成 test 程序。然后重启 Linux 就可以开始运行了。

第6章 Linux进程间的通信

Linux 中的进程为了能在同一项任务上协调工作，它们彼此之间必须能够进行通信。对于一个操作系统来说，进程间的通信是不可或缺的。Linux 支持多种不同方式的进程间通信机制，如信号、管道、FIFO 和 System V IPC 机制，其中 System V IPC 机制包括：信号量、消息队列和共享内存 3 种机制。Linux 下的这些进程间通信机制基本上是从 UNIX 平台上的进程间通信机制继承和发展而来的。下面我们分别阐述这些进程通信方式。

本章将讲述 Linux 常用的 3 种进程通信方式：信号、管道和消息队列。效果差别不是很大，大家熟练一种，基本上就可以应对一般的一线开发场景，当然熟练 3 种就更好了。

6.1 信号

6.1.1 信号的基本概念

信号可以说是最早引入类 UNIX 系统中的进程间通信方式之一，Linux 同样支持这种通信方式。信号是很短的信息，可以被发送到一个进程或者一组进程，发送给进程的这个唯一信息通常是标识信号的一个数。信号可以从键盘中断中产生，进程在虚拟内存的非法访问等系统错误环境下也会有信号产生，信号也可以被 shell 程序用来向其子进程发送任务控制命令等。信号异步地发生，也就是说没有确定的时序。而收到信号的进程则采取某种行为或者将其忽略。大多数信号可以被阻塞，以便能够在稍后的时间里再采取行动。

信号机制可以说是在软件层次上对中断机制的模拟。Linux 使用信号主要有两个目的：一是让进程意识到已经发生了一个特定的事件；二是迫使进程执行包含在其自身代码中的信号处理程序。对于每一个信号，进程可以采取以下 3 种行为之一。

（1）忽略信号。进程将忽略这个信号的出现。但有两个信号不能被忽略：SIGKILL 和 SIGSTOP。

（2）执行与这个信号相关的默认操作。由内核预定义的这个操作依赖于信号的类型，默认操作可以是这些类型之一：忽略信号，内核将信号丢弃，信号对进程没有任何影响（进程永远不知道曾经出现过该信号）；终止（杀死）进程，有时是指进程异常终止，而不是进程因调用 exit 而发生的正常终止；产生核心转储文件，同时进程终止，核心转储文件包含对进程虚拟内存的镜像，可将其加载到调试器中以检查进程终止时的状态；停止（不是终止）进程，使进程暂停执行；执行之前被暂停的进程。

（3）调用相应的信号处理函数来捕获信号，进程可以事先登记特殊的信号处理函数，当进程收到信号时，信号处理函数被调用。当从信号处理函数返回后，被中断的进程将从其断点处重新开始执行。

Linux 支持 POSIX 标准信号和实时信号，但内核不使用实时信号。我们可以用 kill 命令来显示 Linux 支持的信号列表，比如：

```
[root@localhost ~]# kill -l
 1) SIGHUP       2) SIGINT       3) SIGQUIT      4) SIGILL       5) SIGTRAP
 6) SIGABRT      7) SIGBUS       8) SIGFPE       9) SIGKILL     10) SIGUSR1
11) SIGSEGV     12) SIGUSR2     13) SIGPIPE     14) SIGALRM     15) SIGTERM
16) SIGSTKFLT   17) SIGCHLD     18) SIGCONT     19) SIGSTOP     20) SIGTSTP
21) SIGTTIN     22) SIGTTOU     23) SIGURG      24) SIGXCPU     25) SIGXFSZ
26) SIGVTALRM   27) SIGPROF     28) SIGWINCH    29) SIGIO       30) SIGPWR
31) SIGSYS      34) SIGRTMIN    35) SIGRTMIN+1  36) SIGRTMIN+2  37) SIGRTMIN+3
38) SIGRTMIN+4  39) SIGRTMIN+5  40) SIGRTMIN+6  41) SIGRTMIN+7  42) SIGRTMIN+8
43) SIGRTMIN+9  44) SIGRTMIN+10 45) SIGRTMIN+11 46) SIGRTMIN+12 47) SIGRTMIN+13
48) SIGRTMIN+14 49) SIGRTMIN+15 50) SIGRTMAX-14 51) SIGRTMAX-13 52) SIGRTMAX-12
53) SIGRTMAX-11 54) SIGRTMAX-10 55) SIGRTMAX-9  56) SIGRTMAX-8  57) SIGRTMAX-7
58) SIGRTMAX-6  59) SIGRTMAX-5  60) SIGRTMAX-4  61) SIGRTMAX-3  62) SIGRTMAX-2
63) SIGRTMAX-1  64) SIGRTMAX
```

上面的列表中，编号为 1～31 的信号为传统 UNIX 支持的信号，是不可靠信号（非实时的）；编号为 32～64 的信号是后来扩充的，称作可靠信号（实时信号）。不可靠信号和可靠信号的区别在于前者不支持排队，可能会造成信号丢失，而后者不会。下面我们对编号小于 SIGRTMIN 的信号进行讨论。

（1）SIGHUP

本信号在用户终端连接（正常或非正常）结束时发出，通常是在终端的控制进程结束时，通知同一 Session 内的各个作业，这时它们与控制终端不再关联。登录 Linux 时，系统会分配给登录用户一个终端（Session）。在这个终端运行的所有程序，包括前台进程组和后台进程组，一般都属于这个 Session。当用户退出 Linux 登录时，前台进程组和后台进程组有对终端输出的进程将会收到 SIGHUP 信号。这个信号的默认操作为终止进程，因此前台进程组和后台进程组有终端输出的进程就会中止。不过可以捕获这个信号，比如 wget 能捕获 SIGHUP 信号，并忽略它，这样即使退出了 Linux 登录，wget 也能继续下载。此外，对于与终端脱离关系的守护进程，这个信号用于通知它重新读取配置文件。

（2）SIGINT

程序终止（interrupt）信号，在用户输入 INTR 字符（通常是 Ctrl+C）时发出，用于通知前台进程组终止进程。

（3）SIGQUIT

和 SIGINT 类似，但由 QUIT 字符来控制。进程因收到 SIGQUIT 退出时会产生 core 文件，在这个意义上类似于一个程序错误信号。

（4）SIGILL

执行了非法指令。通常是因为可执行文件本身出现错误，或者试图执行数据段。堆栈溢出时也有可能产生这个信号。

（5）SIGTRAP

由断点指令或其他 trap 指令产生，由 debugger 使用。

（6）SIGABRT

调用 abort 函数生成的信号。

（7）SIGBUS

非法地址，包括内存地址对齐（alignment）出错。比如访问一个 4 个字长的整数，但其地址不是 4 的倍数。它与 SIGSEGV 的区别在于，后者是由于对合法存储地址的非法访问触发的（如访问不属于自己存储空间或只读存储空间的数据）。

（8）SIGFPE

在发生致命的算术运算错误时发出。不仅包括浮点运算错误，还包括溢出及除数为 0 等其他所有的算术错误。

（9）SIGKILL

用来立即结束程序的运行。本信号不能被阻塞、处理和忽略。如果管理员发现某个进程终止不了，可尝试发送这个信号。

（10）SIGUSR1

留给用户使用。

（11）SIGSEGV

试图访问未分配给自己的内存，或试图往没有写权限的内存地址写数据。

（12）SIGUSR2

留给用户使用。

（13）SIGPIPE

管道破裂。这个信号通常在进程间通信产生，比如采用 FIFO（管道）通信的两个进程，读管道没打开或者意外终止就往管道写，写进程会收到 SIGPIPE 信号。此外，用 Socket 通信的两个进程，写进程在写 Socket 的时候，读进程已经终止。

（14）SIGALRM

时钟定时信号，计算的是实际时间或时钟时间，alarm 函数使用该信号。

（15）SIGTERM

程序结束（terminate）信号，与 SIGKILL 不同的是，该信号可以被阻塞和处理。通常用来要求程序自己正常退出，shell 命令 kill 默认产生这个信号。如果进程终止不了，我们才会尝试

SIGKILL。

（16）SIGSTKFLT

Linux 专用，数学协处理器的栈异常。

（17）SIGCHLD

子进程结束时，父进程会收到这个信号。如果父进程没有处理这个信号，也没有等待（wait）子进程，子进程虽然终止，但是还会在内核进程表中占有表项，这时的子进程称为僵尸进程。这种情况我们应该避免（父进程或者忽略 SIGCHILD 信号，或者捕捉它，或者等待它派生的子进程，或者父进程先终止，这时子进程的终止自动由 init 进程来接管）。

（18）SIGCONT

让一个停止（stopped）的进程继续执行。本信号不能被阻塞，可以用一个 handler 来让程序在由停止状态变为继续执行时完成特定的工作，例如重新显示提示符。

（19）SIGSTOP

停止进程的执行。注意它和 terminate 以及 interrupt 的区别：该进程还未结束，只是暂停执行，本信号不能被阻塞、处理或忽略。

（20）SIGTSTP

停止进程的运行，但该信号可以被处理和忽略，用户输入 SUSP 字符时（通常是 Ctrl+Z）发出这个信号。

（21）SIGTTIN

当后台作业要从用户终端读数据时，该作业中的所有进程会收到 SIGTTIN 信号。默认时这些进程会停止执行。

（22）SIGTTOU

类似于 SIGTTIN，但在写终端（或修改终端模式）时收到。

（23）SIGURG

有"紧急"数据或带外（out-of-band）数据到达 socket 时产生。

（24）SIGXCPU

超过 CPU 时间资源限制。这个限制可以由 getrlimit/setrlimit 来读取/改变。

（25）SIGXFSZ

进程企图扩大文件，以至于超过文件大小资源限制。

（26）SIGVTALRM

虚拟时钟信号。类似于 SIGALRM，但是计算的是该进程占用的 CPU 时间。

（27）SIGPROF

类似于 SIGALRM/SIGVTALRM，但包括该进程用的 CPU 时间以及系统调用的时间。

（28）SIGWINCH

窗口大小改变时发出。

（29）SIGIO

文件描述符准备就绪，可以开始进行输入/输出操作。

（30）SIGPWR

电源失败。

（31）SIGSYS

非法的系统调用。

在以上列出的信号中，程序不可捕获、阻塞或忽略的信号有：SIGKILL 和 SIGSTOP 。不能恢复至默认动作的信号有：SIGILL 和 SIGTRAP。默认会导致进程流产的信号有：SIGABRT、SIGBUS、SIGFPE、SIGILL、SIGIOT、SIGQUIT、SIGSEGV、SIGTRAP、SIGXCPU、SIGXFSZ。默认会导致进程退出的信号有：SIGALRM、SIGHUP、SIGINT、SIGKILL、SIGPIPE、SIGPOLL、SIGPROF、SIGSYS、SIGTERM、SIGUSR1、SIGUSR2、SIGVTALRM。 默认会导致进程停止的信号有：SIGSTOP、SIGTSTP、SIGTTIN、SIGTTOU。默认进程忽略的信号有：SIGCHLD、SIGPWR、SIGURG、SIGWINCH。

总的来说，可以归纳为下列 5 种方式：

（1）硬件异常产生信号。比如无效的内存访问将产生 SIGSEGV 信号，而除数为 0 时将产生 SIGFPE 信号等。这些条件通常由硬件检测到，并将其通知给内核，内核为该条件发生时正在运行的进程产生适当的信号。

（2）软件条件触发信号。当内核检测到某种软件条件已经发生，并将其通知给有关进程时，也产生信号，比如进程所设置的定时器到期。

（3）用户按某些终端键时产生信号。比如用户在键盘终端上按 Ctrl+C 键将产生 S1GINT 信号。

（4）用户使用 kill 命令将信号发送给进程。kill 命令的语法是这样的：

```
kill[参数][进程号]
```

其中，参数通常取如下几项。

- -l: 使用 "-l" 参数会列出全部的信号名称。
- -a: 当处理当前进程时，不限制命令名和进程号的对应关系。
- -p: 指定 kill 命令只打印相关进程的进程号，而不发送任何信号。
- -s: 指定发送信号。
- -u: 指定用户。

一般可以用该命令终止一个失控的后台进程，比如希望尽快终止一个进程，可以使用命令：kill -9 pid。

（5）进程使用系统调用函数 kill 将信号发送给一个进程或一组进程。注意，这个系统调用 kill

不是杀死进程，而是一个进程发送信号给另一个进程。其中，要求接收信号进程和发送信号进程的所有者相同，或者发送信号进程的所有者是超级用户。

Linux 内核中并没有专门的机制来区分不同信号的相对优先级。也就是说，当有多个信号在同一时刻发出时，进程可能会以任意的顺序接收到信号并进行处理。此外，当进程调用信号处理函数处理某个信号时，一般会自动阻塞相同的信号，直到信号处理结束。Linux 通过存储在进程task_struct结构中的信息来实现信号，它维护着挂起的信号（已经产生但还没有被接收的信号）、阻塞信号的掩码以及进程处理每个可能信号的信息等。信号并非一产生就立刻交付给进程，而是必须等到进程再次运行时才交付给进程。进程在系统调用退出之前，它都会检查是否有可以立刻发送的非阻塞信号。当然，进程可以选择去等待信号，此时进程将一直处于可中断状态直到信号出现。

6.1.2　与信号相关的系统调用

通过系统调用，进程可以向其他进程发送信号，也可以更改默认的信号处理函数、阻塞信号的掩码以及检查是否有挂起的信号等。与信号相关的系统调用主要有 kill()、sigaction()、sigprocmask()、sigpending()、signal()等。

1. 使用 kill 发送信号

系统调用 kill()用来向一个进程或一个进程组发送一个信号，其中第一个参数决定信号发送的对象，该系统调用声明如下：

```
#include <sys/types. h>
#include <signal. h>
int kill(pid_t pid, int sig);
```

其中，pid 可能的选择有以下 4 种：

（1）当 pid>0 时，pid 是信号欲送往的进程的标识。
（2）当 pid=0 时，信号将送往所有与调用 kill()的那个进程属于同一个使用组的进程。
（3）当 pid=-1 时，信号将送往所有调用进程有权给其发送信号的进程，除了进程 1（init）外。
（4）当 pid<-1 时，信号将送往以-pid 为组标识的进程。

参数 sig 表示准备发送的信号代码，如果其值为零，则没有任何信号送出，但是系统会执行错误检查，通常会利用 sig 值为 0 来检验某个进程是否仍在执行。当函数成功执行时，返回 0，否则返回-1，此时 errno 可以得到错误码，错误码值 EINVAL 表示指定的信号码无效（参数 sig 不合法），错误码值 EPERM 表示权限不够，无法传送信号给指定进程，错误码值 ESRCH 表示参数 PID 所指定的进程或进程组不存在。

【例 6.1】使用 kill 发送信号终止目标进程

（1）打开 UE，输入代码如下：

```
#include <sys/wait.h>
#include <sys/types.h>
#include <stdio.h>
#include <stdlib.h>
```

```cpp
#include <signal.h>
#include <unistd.h>
int main(void)
{
    pid_t childpid;
    int status;
    int retval;

    childpid = fork();  //创建子进程
    if (-1 == childpid)  //判断是否创建失败
    {
        perror("fork()");
        exit(EXIT_FAILURE);
    }
    else if (0 == childpid)
    {
        puts("In child process");
        sleep(100);//让子进程睡眠，以便查看父进程的行为
        exit(EXIT_SUCCESS);
    }
    else
    {
        if (0 == (waitpid(childpid,&status,WNOHANG)))//判断子进程是否已经退出
        {
            retval=kill(childpid,SIGKILL);//发送SIGKILL给子进程，要求其停止运行

            if (retval)  //判断是否发生信号
            {
                puts("kill failed.");
                perror("kill");
                waitpid(childpid, &status, 0);
            }
            else
            {
                printf("%d killed\n", childpid);
            }

        }
    }

    exit(EXIT_SUCCESS);
}
```

（2）保存文件为 test.cpp，然后上传到 Linux 下，输入编译命令并运行：

```
[root@localhost test]# g++ test.cpp -o test
[root@localhost test]# ./test
39759 killed
```

上面例子的代码首先创建了一个子进程，然后让子进程休眠一会儿，在父进程中判断子进程

是否存在，如果存在，则发送 SIGKILL 信号给子进程，让其退出。其中，函数 waitpid 会暂时停止目前进程的执行，直到有信号来到或子进程结束，声明如下：

```
#include <sys/types.h>
#include <sys/wait.h>
pid_t waitpid(pid_t pid, int *status, int options);
```

其中，参数 pid 为欲等待的子进程识别码，不同的取值含义不同，具体如下：

● 当 pid<-1 时，等待进程组识别码为 pid 绝对值的任何子进程。
● 当 pid=-1 时，等待任何子进程，相当于 wait()。
● 当 pid=0 时，等待进程组识别码与目前进程相同的任何子进程。
● 当 pid>0 时，等待任何子进程识别码为 pid 的子进程。

参数 options 提供了一些额外的选项来控制 waitpid，常见的有 WNOHANG 或 WUNTRACED，WNOHANG 表示若 PID 指定的子进程没有结束，则 waitpid()函数返回 0，不予以等待，若结束，则返回该子进程的 ID。WUNTRACED 表示若子进程进入暂停状态，则马上返回，若子进程处于结束状态，则不予以理会。如果不想使用 options，可以把 options 设为 NULL。参数 status 用来存放子进程的结束状态。如果函数执行成功，则返回子进程识别码（PID），如果有错误发生，则返回值-1，失败原因存于 errno 中。

2. 使用 sigaction 查询或设置信号处理方式

系统调用 sigaction()可以用来查询或设置信号处理方式。函数声明如下：

```
#include <signal.h>
int sigaction(int signum, const struct sigaction *act,struct sigaction
*oldact);
```

参数 signum 表示要操作的信号，可以指定 SIGKILL 和 SIGSTOP 以外的所有信号；act 表示要设置的对信号的新处理方式，它是一个结构体指针；oldact 表示原来对信号的处理方式。如果函数执行成功就返回 0，否则返回-1。结构体 struct sigaction 用来描述对信号的处理，定义如下：

```
struct sigaction
{
    void      (*sa_handler)(int);
    void      (*sa_sigaction)(int, siginfo_t *, void *);
    sigset_t   sa_mask;
    int        sa_flags;
    void      (*sa_restorer)(void);
};
```

在这个结构体中，成员 sa_handler 是一个函数指针，指向一个信号处理函数；成员 sa_sigaction 则是另一个信号处理函数，它有 3 个参数，可以获得关于信号的更详细的信息，当 sa_flags 成员的值包含 SA_SIGINFO 标志时，系统将使用 sa_sigaction 函数作为信号处理函数，否则使用 sa_handler 作为信号处理函数。在某些系统中，成员 sa_handler 与 sa_sigaction 被放在联合体中，因此使用时不要同时设置。成员 sa_mask 用来指定在信号处理函数执行期间需要被屏蔽的信号，特别是当某个信号被处理时，它自身会被自动放入进程的信号掩码，因此在信号处理函数执行期间，这个信号不会再度发生。

sa_flags 成员用于指定信号处理的行为，它可以是以下值的"按位或"组合。

- SA_RESTART：使被信号打断的系统调用自动重新发起。
- SA_NOCLDSTOP：使父进程在它的子进程暂停或继续运行时不会收到 SIGCHLD 信号。
- SA_NOCLDWAIT：使父进程在它的子进程退出时不会收到 SIGCHLD 信号，这时子进程如果退出也，不会成为僵尸进程。
- SA_NODEFER：使对信号的屏蔽无效，即在信号处理函数执行期间，仍能发出这个信号。
- SA_RESETHAND：信号处理之后重新设置为默认的处理方式。
- SA_SIGINFO：使用 sa_sigaction 成员而不是 sa_handler 作为信号处理函数。

成员 re_restorer 则是一个已经废弃的数据域，不要使用。

如果希望能用相同方式处理某信号的多次出现，最好用 sigaction，因为它设置的响应函数设置后就一直有效，不会重置。

下面用一个小例子来说明 sigaction 函数的使用。

【例 6.2】系统调用 sigaction 函数的简单使用

（1）打开 UE，输入代码如下：

```
#include <stdio.h>
#include <unistd.h>
#include <signal.h>
#include <errno.h>

static void sig_usr(int signum)
{
    if (signum == SIGUSR1)
    {
        printf("SIGUSR1 received\n");
    }
    else if (signum == SIGUSR2)
    {
        printf("SIGUSR2 received\n");
    }
    else
    {
        printf("signal %d received\n", signum);
    }
}
```

```
int main(void)
{
    char buf[512];
    int  n;
    struct sigaction sa_usr;
    sa_usr.sa_flags = 0;
    sa_usr.sa_handler = sig_usr;   //信号处理函数

    sigaction(SIGUSR1, &sa_usr, NULL);  //设置信号处理方式
    sigaction(SIGUSR2, &sa_usr, NULL); //设置信号处理方式
    printf("My PID is %d\n", getpid()); //打印当前进程的pid
    while (1)
    {
        if ((n = read(STDIN_FILENO, buf, 511)) == -1)// 从标准输入读入字符
        {
            if (errno == EINTR)
            {
                printf("read is interrupted by signal\n");
            }
        }
        else
        {
            buf[n] = '\0';
            printf("%d bytes read: %s\n", n, buf);
        }
    }

    return 0;
}
```

（2）保存文件为 test.cpp，然后上传到 Linux 下，输入编译命令并运行：

```
[root@localhost test]# g++ test.cpp -o test
[root@localhost test]# ./test
My PID is 58471
```

此时，我们可以另外打开一个终端，然后输入发送信号的命令：

```
[root@localhost ~]# kill -USR1 58471
```

这样程序就会收到信号，并打印信息了：

```
SIGUSR1 received
read is interrupted by signal
```

这说明用 sigaction 注册信号处理函数时，不会自动重新发起被信号打断的系统调用。如果需要自动重新发起，则要设置 SA_RESTART 标志，比如在上例中可以进行类似 sa_usr.sa_flags = SA_RESTART;的设置。

3. 使用 sigprocmask 检测或更改信号屏蔽字

系统调用 sigprocmask()可以检测或更改其信号屏蔽字。一个进程的信号屏蔽字规定了当前阻塞而不能递送给该进程的信号集。函数声明如下：

```
#include <signal.h>
int  sigprocmask(int  how, const sigset_t *set, sigset_t *oldset);
```

其中，参数 how 用于指定信号修改的方式，可能的选择有 3 种：

- SIG_BLOCK 表示加入信号到进程屏蔽。
- SIG_UNBLOCK 表示从进程屏蔽里将信号删除。
- SIG_SETMASK 表示将 set 的值设定为新的进程屏蔽。

参数 set 为指向信号集的指针，在此专指新设的信号集，如果仅想读取现在的屏蔽值，可将其设置为 NULL；参数 oldset 也是指向信号集的指针，在此存放原来的信号集。如果函数成功执行，返回 0，失败则返回-1，errno 被设为 EINVAL。

下面用一个小例子来说明函数 sigprocmask 的使用。

【例 6.3】系统调用 sigprocmask 的使用

（1）打开 UE，输入代码如下：

```
#include <stdio.h>
#include <unistd.h>
#include <signal.h>

void handler(int sig)  //SIGINT信号处理函数
{
    printf("Deal SIGINT");
}
int main()
{
    sigset_t newmask;
    sigset_t oldmask;
    sigset_t pendmask;

    struct sigaction act;
    act.sa_handler = handler;  //handler为信号处理函数首地址
    sigemptyset(&act.sa_mask);
    act.sa_flags = 0;
    sigaction(SIGINT, &act, 0);  //信号捕捉函数，捕捉Ctrl+C
    sigemptyset(&newmask);//初始化信号量集
    sigaddset(&newmask, SIGINT);//将SIGINT添加到信号量集中
    sigprocmask(SIG_BLOCK, &newmask, &oldmask);//将newmask中的SIGINT阻塞掉，并
保存当前信号屏蔽字到Oldmask
    sleep(5);//休眠5秒钟，说明:在5秒休眠期间，任何SIGINT信号都会被阻塞，如果在5秒内收
到任何键盘的Ctrl+C信号，则此时会把这些信息存在内核的队列中，等待5秒结束后，可能要处理此信号
    sigpending(&pendmask);//检查信号是悬而未决的，这个函数后面会讲到
```

```
//判断信号SIGINT是否悬而未决。所谓悬而未决，是指SIGINT被阻塞还没有被处理
    if (sigismember(&pendmask, SIGINT))
        printf(" SIGINT pending\n");
    sigprocmask(SIG_SETMASK, &oldmask, NULL);//恢复被屏蔽的信号SIGINT

    //此处开始可以处理信号
    printf("SIGINT unblocked\n");
    sleep(5);  //在这个时间段内，如果按下Ctrl+C,则会调用函数handler
    return (0);
}
```

（2）保存文件为 test.cpp，然后上传到 Linux 下，输入编译命令并运行：

```
[root@localhost test]# g++ test.cpp -o test
[root@localhost test]# ./test
^C^C^C SIGINT pending
Deal SIGINTSIGINT unblocked
^CDeal SIGINT[root@localhost test]#
```

程序运行后，在开始的 5 秒内，如果按 Ctrl+C 键，则不会有反应，因为这个信号被我们屏蔽了，过了 5 秒后，再按下 Ctrl+C 键，将进入 SIGINT 信号的处理函数，即打印"Deal SIGINT"。这个例子演示了更改信号屏蔽字来屏蔽某个信号。

4. 使用 sigpending 检查是否有挂起的信号

系统调用 sigpending()用来检查进程是否有挂起的信号，也就是已经产生但被阻塞的信号。函数声明如下：

```
#include <signal.h>
int sigpending(sigset_t *set);
```

其中，信号集通过 set 参数返回。如果函数执行成功，返回 0，错误返回-1。

系统调用 sigpending 在上例实现过了，用法可以参考上例，这里不再赘述。

5. 使用 signal 设置信号处理程序

系统调用 signal()来为信号设置一个新的信号处理程序，可以将这个信号处理程序设置为一个用户指定的函数，或者设置为宏 SIG_ING 和 SIG_DFL。函数声明如下：

```
#include <signal. h>
typedef void (*sighandler_t)(int);
sighandler_t signal(int signum, sighandler_t handler);
```

参数 signum 是我们要处理的信号，指明了所要处理的信号类型，它可以取除了 SIGKILL 和 SIGSTOP 外的任何一种信号；参数 handler 描述了与信号关联的动作，它可以取以下 3 种值。

（1）SIG_ING

宏 SIG_ING 代表忽略信号，比如 signal(SIGINT,SIG_ING)表示忽略 SIGINT 信号，SIGINT 信号由 InterruptKey 产生，通常是用户按了 CTRL +C 键或者 DELETE 键产生。

（2）SIG_DFL

宏 SIG_DFL 表示恢复对信号的系统默认处理。比如 signal(SIGINT ,SIG_DFL);表示对信号 SIGINT 进行默认处理，即终止该进程。这种方式是否显式地写 signal 效果都一样。

（3）sighandler_t 类型的函数指针

此时，参数 handler 是 sighandler_t 类型的函数指针，指向一个我们自己定义的函数，用来响应对信号 signum 的处理。而且，这个自定义信号处理函数的参数是 signum。进程只要接收到类型为 signum 的信号，不管其正在执行程序的哪一部分，都立即执行 handler 函数。当 handler 函数执行结束后，控制权返回进程被中断的那一点继续执行。

如果函数执行成功，则返回该信号上一次的 handler 值，如果出错，则返回 SIG_ERR，此时可以通过错误码 errno 获得。

函数 signal 类似于 sigaction，不过两者是有区别的，首先 signal 是 ANSI C 标准的，而 sigaction 符合 POSIX 标准。其次，signal 比 sigaction 使用简单，但要注意，如果在 C 语言中使用，并且 gcc 编译时加上-std=c99 时，signal 注册的信号在 sa_handler 被调用之前会把信号的 sa_handler 指针恢复，用 signal 函数注册的信号处理函数只会被调用一次，之后收到这个信号将按默认方式处理；如果编译时没有加上-std=c99，则 signal 注册的信号在处理信号时不会恢复 sa_handler 指针，下次依旧会使用 signal 定义的信号处理行为来处理。在 C++程序中，signal 注册的信号不会在 sa_handler 被调用之前把信号的 sa_handler 指针恢复。

而 sigaction 注册的信号在处理信号时不管编译时是否加上-std=c99，都不会恢复 sa_handler 指针，下次收到该信号时，依旧会根据 sigaction 注册的信号处理行为来处理。

【例 6.4】忽略 SIGINT 信号

（1）打开 UE，输入代码如下：

```
#include <stdio.h>
#include <signal.h>
int main(int argc, char *argv[])
{
    signal(SIGINT, SIG_IGN);//忽略SIGINT信号
    while (1);
    return 0;
}
```

（2）保存文件为 test.cpp，然后上传到 Linux 下，输入编译命令并运行：

```
[root@localhost test]# g++ test.cpp -o test
[root@localhost test]# ./test
    ^C^C^C^C^C^C^C^C^C
```

可以看到，程序运行时，我们多次按下 Ctrl+C 键，但并没有使得程序退出，说明信号 SIGINT 被忽略了。

【例 6.5】自定义信号 SIGINT 的处理

（1）打开 UE，输入代码如下：

```
#include <stdio.h>
#include <signal.h>
typedef void (*signal_handler)(int);
void signal_handler_fun(int signum) {
    printf("catch signal %d\n", signum);
}
int main(int argc, char *argv[])
{
    signal(SIGINT, signal_hander_fun); //注册信号SIGINT的处理行为
    while(1);
    return 0;
}
```

（2）保存文件为 test.cpp，然后上传到 Linux 下，输入编译命令并运行：

```
[root@localhost test]# g++ test.cpp -o test
[root@localhost test]# ./test
^Ccatch signal 2
^Ccatch signal 2
^Ccatch signal 2
^Ccatch signal 2
```

可以看到，每次按下 Ctrl+C 键的时候，都会执行 signal_handler_fun 函数，而不是退出程序。

6.2 管道

6.2.1 管道的基本概念

所谓管道，是指用于连接读进程和写进程，以实现它们之间通信的共享文件，故又称管道文件。这种进程通信方式首创于 UNIX 系统，因它能传送大量的数据并且十分有效，很多操作系统都引入了这种通信方式，当然 Linux 也支持管道。

可以说管道是一种以先进先出的方式保存一定数量数据的特殊文件，而且管道一般是单向的。写进程将数据写入管道的一端，读进程从管道另一端读取数据，腾出空间以便写进程写入新的数据，所有的数据只能读取一次。Linux 下管道的大小有一定的限制。实际上，管道是一个固定大小的缓冲区。在 Linux 中，该缓冲区的大小为一个页面，即 4KB，因此管道的大小不像文件那样可以任意增长。

为了协调双方的通信，管道通信机制必须能够提供读写进程之间的同步机制。如果一个进程试图写入一个已满的管道，在默认情况下，系统会自动阻塞该进程，直到管道能够有空间接收数据。同样，如果试图读一个空的管道，进程也会被阻塞，直到管道有可读的数据。此外，如果一个进程以读方式打开一个管道，而没有另外的进程以写方式打开该管道，则同样会造成该进程阻塞（因为没有数据会写到这个管道里）。同样，当一个进程试图对没有读进程的管道进行写操作时，则会出现异常，导致进程终止。

管道是一个进程连接数据流到另一个进程的通道，它通常用作把一个进程的输出通过管道连

接到另一个进程的输入。在 Shell 下，可以通过符号"|"来使用管道。比如，当前路径下有一个文件夹 perl5，在 Shell 中输入命令：ls -l | grep per，我们知道 ls 命令（其实也是一个进程）会把当前目录中的文件或文件夹都列出来，现在把本来要输出到屏幕上的数据通过管道输出到 grep 进程中，作为 grep 进程的输入，然后 grep 进程对输入的信息进行筛选，把存在 per 字符串的那行（ls -l 是一行一行的字符串）打印在屏幕上：

```
[root@localhost ~]# ls -l|grep per
drwxr-xr-x. 2 root root    6 12月 17 2016 perl5
```

6.2.2　管道读写的特点

管道读写是通过标准的无缓冲的输入输出系统调用 read()和 write()实现的。系统调用 read ()将从一个由管道文件描述符所指的管道中读取指定的字节数到缓冲区中。如果调用成功，函数将返回实际所读的字节数。如果失败，将返回-1。当然由于管道的特殊性，管道的读取有其自身的特点：

（1）所有的读取操作总是从管道当前位置开始读，不支持文件指针的移动。

（2）如果管道没有被其他进程以写方式打开，那么 read()系统调用将返回 0，也就是遇到文件末端的条件。

（3）如果管道中没有数据，也就是管道为空，默认情况下 read()系统调用将会阻塞，直到有数据被写进该管道或者该管道被关闭。当然，也可以通过 fcuntl()系统调用对管道进行设置，如在管道为空的情况下让 read()系统调用立即返回。

数据通过系统调用 write()写入管道。write()系统调用将数据从缓冲区向管道文件描述符所指的管道中写入数据。如果该系统调用成功，将返回实际所写的字节数，否则返回-1。当然，由于管道的特殊性，管道的写操作也有其自身的特点：

（1）每一次的写请求操作总是附加在管道的末端。

（2）当有多个对同一管道的写请求发生时，系统保证小于或等于 4KB 大小的写请求操作不会交叉进行。

（3）如果试图对一个没有被任何进程以读方式打开的管道进行写操作，则将会产生 SIGPIPE 信号。默认情况下（假如 SIGP1PE 信号没有被捕获），该进程将会被系统终止。

（4）默认情况下，对管道的写操作请求会导致进程阻塞，因为如果设备处于忙状态，write()系统调用会被阻塞并且将被延迟写入，当然也可以通过 fcntl()系统调用对管道进行设置。

6.2.3　管道的局限性

管道有下列几个局限性：

（1）数据自己读却不能自己写。
（2）数据一旦被读走，便不在管道中存在，不可反复读取。
（3）由于管道采用半双工通信方式，因此数据只能在一个方向上流动。
（4）只能在有公共祖先的进程间使用管道。

Linux C 与 C++一线开发实践

6.2.4 创建管道函数 pipe

管道是一种基本的 IPC 机制，由 pipe 函数创建，该函数如下：

```
int pipe(int filedes[2]);
```

其中，参数 filedes 表示两个文件描述符，filedes[0]指向管道的读端，filedes[1]指向管道的写端。如果函数调用成功返回 0，调用失败返回-1。

调用 pipe 函数时，在内核中开辟一块缓冲区（称为管道）用于通信，它有一个读端和一个写端，然后通过 filedes 参数传出给用户程序两个文件描述符，filedes[0]指向管道的读端，filedes[1]指向管道的写端（很好记，就像 0 是标准输入，1 是标准输出一样）。所以管道在用户程序中看起来就像一个打开的文件，通过 read(filedes[0]);或者 write(filedes[1]);向这个文件读写数据其实是在读写内核缓冲区。

值得注意的是，管道创建时默认打开了文件描述符，且默认是以阻塞（block）模式打开的。

6.2.5 读写管道函数 read/write

读写管道的函数和读写文件的函数一样，都是 read 和 write。这两个函数我们在第 4 章讲过了，这里不再赘述。但有两点要注意：

（1）当没有数据可读时，read 调用阻塞，即进程暂停执行，一直等到有数据来到为止。

（2）当管道满的时候，write 调用阻塞，直到有进程读取数据。

6.2.6 等待子进程中断或结束的函数 wait

wait 函数用于等待子进程中断或结束，进程一旦调用了 wait，就立即阻塞自己，由 wait 自动分析当前进程的某个子进程是否已经退出，如果让它找到了一个已经变成僵尸的子进程，wait 就会收集这个子进程的信息，并把它彻底销毁后返回；如果没有找到这样一个子进程，wait 就会一直阻塞在这里，直到有一个出现为止，函数声明如下：

```
#include<sys/types.h>
#include<sys/wait.h>
pid_t wait (int * status);
```

子进程的结束状态值会由参数 status 返回，如果不在意结束状态值，则参数 status 可以设成 NULL。如果执行成功，则返回子进程识别码（PID），如果有错误发生，则返回-1。失败原因存于 errno 中。

管道创建成功以后，创建该管道的进程（父进程）同时掌握着管道的读端和写端。下面来看一个例子，实现父子进程间的通信，这是一个非常典型的通过管道的进程通信的例子。通常可以采用如图 6-1 所示的步骤。

· 338 ·

1. 父进程创建管道

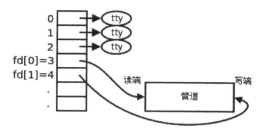

2. 父进程*fork*出子进程

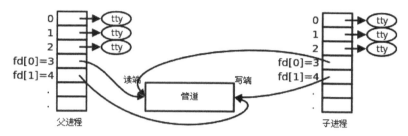

3. 父进程关闭*fd[0]*，子进程关闭*fd[1]*

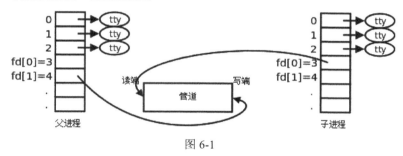

图 6-1

第一步，父进程调用 pipe 函数创建管道，得到两个文件描述符 fd[0]、fd[1]，分别指向管道的读端和写端。

第二步，父进程调用 fork 创建子进程，那么子进程也有两个文件描述符指向同一管道。

第三步，父进程关闭管道读端，子进程关闭管道写端。父进程可以向管道中写入数据，子进程将管道中的数据读出。由于管道是利用环形队列实现的，因此数据从写端流入管道，从读端流出，这样就实现了进程间的通信。

下面我们来看一个实例。

【例 6.6】父子进程使用管道通信

（1）打开 UE，输入代码如下：

```
#include <unistd.h>
#include <string.h>
#include <stdlib.h>
#include <stdio.h>
#include <sys/wait.h>
```

```
void sys_err(const char *str)
{
    perror(str);
    exit(1);
}

int main(void)
{
    pid_t pid;
    char buf[1024];
    int fd[2];
    char *p = "test for pipe\n";

    if (pipe(fd) == -1)     //创建管道
        sys_err("pipe");

    pid = fork();  //创建子进程
    if (pid < 0) {
        sys_err("fork err");
    }
    else if (pid == 0) {
        close(fd[1]);  //关闭写描述符
        printf("child process wait to read:\n");
        int len = read(fd[0], buf, sizeof(buf));  //等待管道上的数据
        write(STDOUT_FILENO, buf, len);
        close(fd[0]);
    }
    else {
        close(fd[0]);     //关闭读描述符
        write(fd[1], p, strlen(p));  //向管道写入字符串数据
        wait(NULL);
        close(fd[1]);
    }

    return 0;
}
```

在代码中，首先创建一个管道，得到 fd[0]和 fd[1]两个读写描述符，然后用 fork 函数创建一个子进程，在子进程中，先关闭写描述符，然后开始读管道上的数据，而父进程中创建了子进程后，就关闭读描述符，并向管道写入字符串 p。

（2）保存代码为 test.cpp，然后上传到 Linux，在命令行下编译并运行：

```
[root@localhost test]# g++ test.cpp -o test
[root@localhost test]# ./test
child process wait to read:
test for pipe
```

【例 6.7】read 阻塞 10 秒后读数据

（1）打开 UE，输入代码如下：

```
#include <stdio.h>
#include <unistd.h>
#include <stdlib.h>
#include <fcntl.h>

int main(void)
{
    int fds[2];
    if (pipe(fds) == -1) {
        perror("pipe error");
        exit(EXIT_FAILURE);
    }
    pid_t pid;
    pid = fork();
    if (pid == -1) {
        perror("fork error");
        exit(EXIT_FAILURE);
    }
    if (pid == 0) {
        close(fds[0]);//子进程关闭读端
        sleep(10);//睡眠10秒
        write(fds[1], "hello", 5);// 子进程写数据给管道
        exit(EXIT_SUCCESS);
    }

    close(fds[1]);//父进程关闭写端
    char buf[10] = { 0 };
    read(fds[0], buf, 10); //等待读数据
    printf("receive datas = %s\n", buf);
    return 0;
}
```

在代码中，我们让子进程先睡眠 10 秒，父进程因为没有数据从管道中读出，被阻塞了，直到子进程睡眠结束，向管道中写入数据后，父进程才读到数据。

（2）保存代码为 test.cpp，然后上传到 Linux，在命令行下编译并运行：

```
[root@localhost test]# g++ test.cpp -o test
[root@localhost test]# ./test
receive datas = hello
```

可以看到，运行 test 后，稍等 10 秒，父进程就会读到数据了，可见 read 在管道中没有数据可读的时候，的确阻塞了调用进程（这里是父进程）。

6.2.7　使用管道的特殊情况

使用管道需要注意以下 4 种特殊情况（假设都是阻塞 I/O 操作，没有设置 O_NONBLOCK 标志）：

（1）如果所有指向管道写端的文件描述符都关闭了（管道写端引用计数为 0），而仍然有进程从管道的读端读数据，那么管道中剩余的数据都被读取后，再次 read 会返回 0，就像读到文件末尾一样。

（2）如果有指向管道写端的文件描述符没关闭（管道写端引用计数大于 0），而持有管道写端的进程也没有向管道中写数据，这时有进程从管道读端读数据，那么管道中剩余的数据都被读取后，再次 read 会阻塞，直到管道中有数据可读了才读取数据并返回。

（3）如果所有指向管道读端的文件描述符都关闭了（管道读端引用计数为 0），这时有进程向管道的写端 write，那么该进程会收到信号 SIGPIPE，通常会导致进程异常终止。当然，也可以对 SIGPIPE 信号实施捕捉，不终止进程。

（4）如果有指向管道读端的文件描述符没关闭（管道读端引用计数大于 0），而持有管道读端的进程也没有从管道中读数据，这时有进程向管道写端写数据，那么在管道被写满时，再次 write 会阻塞，直到管道中有空位置了才写入数据并返回。

6.3　消息队列

现在我们来讨论另一种常用的进程间通信方式：消息队列。从许多方面来看，消息队列类似于有名管道，但是却没有与打开和关闭管道的复杂关联。然而，使用消息队列并没有解决我们使用有名管道所遇到的问题，例如管道上的阻塞。

消息队列提供了一种在两个不相关的进程之间传递数据的简单高效的方法。与有名管道比较起来，消息队列的优点在独立于发送与接收进程，这减少了在打开与关闭有名管道之间同步的困难。

消息队列提供了一种由一个进程向另一个进程发送块数据的方法。另外，每一个数据块被看作有一个类型，而接收进程可以独立接收具有不同类型的数据块。消息队列的好处在于我们几乎可以完全避免同步问题，并且可以通过发送消息屏蔽有名管道的问题。更好的是，我们可以使用某些紧急方式发送消息。坏处在于，与管道类似，在每一个数据块上有一个最大尺寸限制，同时在系统中所有消息队列的块尺寸上也有一个最大尺寸限制。

尽管有这些限制，但是 Linux 并没有定义这些限制的具体值，除了指出超过这些尺寸是某些消息队列功能失败的原因。Linux 系统有两个定义：MSGMAX 与 MSGMNB，分别用于定义单个消息与一个队列的最大尺寸。这些宏定义在其他系统上也许并不相同，甚至也许就不存在。

Linux 提供了一组消息队列函数让我们使用消息队列，消息队列函数定义如下：

```
#include <sys/msg.h>
int msgctl(int msqid, int cmd, struct msqid_ds *buf);
int msgget(key_t key, int msgflg);
int msgrcv(int msqid, void *msg_ptr, size_t msg_sz, long int msgtype, int
msgflg);
```

```
int msgsnd(int msqid, const void *msg_ptr, size_t msg_sz, int msgflg);
```

与信息号和共享内存一样，头文件 sys/types.h 与 sys/ipc.h 通常也是需要的。函数不多，下面来一个一个了解。

6.3.1　创建和打开消息队列函数 msgget

函数 msgget 用于得到一个已存在的消息队列标识符或创建一个消息队列对象，声明如下：

```
#include <sys/types.h>
#include <sys/ipc.h>
#include <sys/msg.h>
int msgget(key_t key, int msgflg);
```

其中，参数 key 表示消息队列的键值（有点类似数据库表中的键值概念），用于标识一个消息队列，函数将它与已有的消息队列对象的关键字进行比较，以此来判断消息队列对象是否已经创建，如果取宏 IPC_PRIVATE（数值为 0）表示创建一个私有队列，这在理论上只可以被当前进程所访问，key_t 是一个 32 位整型；参数 msgflg 表示创建或访问消息队列的具体方式，通常取值如下。

IPC_CREAT：如果消息队列对象不存在，则创建消息队列对象，否则进行打开操作。要创建一个新的消息队列，IPC_CREAT 特殊位必须与其他的权限位进行或操作。如果消息队列已经存在，IPC_CREAT 标记只是简单地被忽略。

IPC_EXCL：和 IPC_CREAT 一起使用（用"|"连接），如果消息对象不存在，则创建之，否则产生一个错误并返回。

如果函数执行成功，则返回一个正数作为消息队列标识符，执行错误返回-1，错误原因存于 error 中。一些常见的错误码如下。

- EACCES：指定的消息队列已存在，但调用进程没有权限访问它。
- EEXIST：key 指定的消息队列已存在，而 msgflg 中同时指定 IPC_CREAT 和 IPC_EXCL 标志。
- ENOENT：key 指定的消息队列不存在，同时 msgflg 中没有指定 IPC_CREAT 标志。
- ENOMEM：需要建立消息队列，但内存不足。
- ENOSPC：需要建立消息队列，但已达到系统的限制。

大家可以想一下，为什么需要键值 key？这是因为是进程间的通信，所以必须有一个公共的标识来确保使用同一个通信通道（比如这个通信通道就是消息队列），再把这个标识与某个消息队列进行绑定，任何一个进程如果使用同一个标识，内核就可以通过该标识找到对应的那个队列，这个标识就是键值。如果没有键值，进程 A 打开或者创建一个队列并返回这个队列的描述符，但其他进程不知道这个队列的描述符是什么，因此就不能通信了。

6.3.2　获取和设置消息队列的属性函数 msgctl

函数 msgctl 用于获取和设置消息队列的属性。该函数声明如下：

```
#include <sys/types.h>
```

```
#include <sys/ipc.h>
#include <sys/msg.h>
int msgctl(int msqid, int cmd, struct msqid_ds *buf);
```

其中，参数 msqid 是消息队列标识符；cmd 表示要对消息队列进行的操作，它的取值可以是：

● IPC_STAT：读取消息队列的 msqid_ds 数据，并将其存储在 buf 指定的地址中。
  IPC_SET：设置消息队列的属性，要设置的属性需先存储在 buf 中，可设置的属性包括：msg_perm.uid、msg_perm.gid、msg_perm.mode 以及 msg_qbytes。
● IPC_EMID：将队列从系统内核中删除。

参数 buf 指向消息队列管理结构体 msqid_ds，该结构体定义如下：

```
/* Obsolete, used only for backwards compatibility and libc5 compiles */
struct msqid_ds {
    struct ipc_perm msg_perm;
    struct msg *msg_first;      /* first message on queue,unused  */
    struct msg *msg_last;       /* last message in queue,unused */
    __kernel_time_t msg_stime;  /* last msgsnd time */
    __kernel_time_t msg_rtime;  /* last msgrcv time */
    __kernel_time_t msg_ctime;  /* last change time */
    unsigned long  msg_lcbytes; /* Reuse junk fields for 32 bit */
    unsigned long  msg_lqbytes; /* ditto */
    unsigned short msg_cbytes;  /* current number of bytes on queue */
    unsigned short msg_qnum;    /* number of messages in queue */
    unsigned short msg_qbytes;  /* max number of bytes on queue */
    __kernel_ipc_pid_t msg_lspid;  /* pid of last msgsnd */
    __kernel_ipc_pid_t msg_lrpid;  /* last receive pid */
};
```

如果函数执行成功就返回 0，失败返回-1，错误原因可以通过错误码 errno 获得，常见错误码如下。

● EACCESS：参数 cmd 为 IPC_STAT，无权限读取该消息队列。
● EFAULT：参数 buf 指向无效的内存地址。
● EIDRM：标识符为 msqid 的消息队列已被删除。
● EINVAL：无效的参数 cmd 或 msqid。
● EPERM：参数 cmd 为 IPC_SET 或 IPC_RMID，却无足够的权限执行。

6.3.3 将消息送入消息队列的函数 msgsnd

msgsnd 函数用来将消息送入消息队列。该函数声明如下：

```
#include <sys/types.h>
#include <sys/ipc.h>
#include <sys/msg.h>
int msgsnd(int msqid, const void *msgp, size_t msgsz, int msgflg);
```

其中，参数 msqid 是消息队列对象的标识符（由 msgget 函数得到），第二个参数 msgp 指向消息缓冲区的指针，该缓冲区用来暂时存储要发送的消息，通常可用一个通用结构来表示消息：

```
struct msgbuf {
    long mtype;      /* 消息类型，必须大于0*/
    char mtext[1];   /*消息数据*/
};
```

第三个参数 msgsz 是要发送信息的长度（字节数），可以用以下公式计算：

```
msgsz = sizeof(struct mymsgbuf) - sizeof(long);
```

第四个参数 msgflg 是控制函数行为的标志，可以取以下的值。

● 0：表示阻塞方式，线程将被阻塞直到消息可以被写入。

● IPC_NOWAIT：表示非阻塞方式，如果消息队列已满或其他情况无法送入消息，函数立即返回。

如果函数执行成功就返回 0，失败返回-1，errno 被设为以下某个值。

● EACCES：调用进程在消息队列上没有写权限，同时没有 CAP_IPC_OWNER 权限。

● EAGAIN：由于消息队列的 msg_qbytes 限制和 msgflg 中指定 IPC_NOWAIT 标志，因此消息不能被发送。

● EFAULT：msgp 指针指向的内存空间不可访问。

● EIDRM：消息队列已被删除。

● EINTR：等待消息队列空间可用时被信号中断。

● EINVAL：参数无效。

● ENOMEM：系统内存不足，无法将 msgp 指向的消息复制进来。

6.3.4　从消息队列中读取一条新消息的函数 msgrcv

函数 msgrcv 用于从消息队列中读出一条新消息。该函数声明如下：

```
#include <sys/types.h>
#include <sys/ipc.h>
#include <sys/msg.h>
ssize_t msgrcv(int msqid, void *msgp, size_t msgsz, long msgtyp,int msgflg);
```

其中，参数 msqid 表示消息队列的标识符，msgp 指向要读出消息的缓冲区。通常消息缓冲区结构为：

```
struct msgbuf {
    long mtype;      /* 消息类型，必须大于0*/
    char mtext[1];   /* 消息数据 */
};
```

msgsz 表示消息数据的长度，msgtyp 表示从消息队列内读取的消息形态。如果值为零，则表

示消息队列中的所有消息都会被读取。参数 msgflg 是控制函数行为的标志，可以取以下的值。

（1）0：表示阻塞方式，当消息队列为空时，一直等待。

（2）IPC_NOWAIT：表示非阻塞方式，消息队列为空时，不等待，马上返回-1，并设定错误码为 ENOMSG。如果函数执行成功，msgrcv 返回复制到 mtext 数组的实际字节数，若失败则返回-1，errno 被设为以下的某个值。

- E2BIG：消息文本长度大于 msgsz，并且 msgflg 中没有指定。
- G_NOERROREACCES：调用进程没有读权能，同时没有 CAP_IPC_OWNER 权能。
- EAGAIN：消息队列为空，并且 msgflg 中没有指定 IPC_NOWAIT。
- EFAULT：msgp 指向的空间不可访问。
- EIDRM：当进程睡眠等待接收消息时，消息已被删除。
- EINTR：当进程睡眠等待接收消息时，被信号中断。
- EINVAL：参数无效。
- ENOMSG：msgflg 中指定了 IPC_NOWAIT，同时所请求类型的消息不存在。

6.3.5 生成键值函数 ftok

系统建立 IPC 通信（如消息队列、共享内存时）必须指定一个键值。通常情况下，该键值通过 ftok 函数得到。该函数声明如下：

```
key_t ftok( char * fname, int id );
```

其中，参数 fname 是指定的文件名，这个文件必须是存在的而且可以访问的。id 是子序号，它是一个 8bit 的整数，即范围是 0~255，可以根据自己的约定随意设置，没有什么限制条件。若函数执行成功，则会返回 key_t 键值，否则返回-1。在一般的 UNIX 中，通常是将文件的索引节点取出，然后在前面加上子序号就得到 key_t 的值。

ftok 根据路径名提取文件信息，再根据这些文件信息及参数 id 合成 key，该路径可以随便设置，该路径是必须存在的，ftok 只是根据文件 inode 在系统内的唯一性来取一个数值，和文件的权限无关。

在使用 ftok()函数时，里面有两个参数，即 fname 和 id，fname 为指定的文件名，而 id 为子序列号，这个函数的返回值就是 key，它与指定的文件的索引节点号和子序列号 id 有关，这样就会给我们一个误解，即只要文件的路径、名称和子序列号不变，那么得到的 key 值永远就不会变。

事实上，这种认识是错误的，想一下，假如存在这样一种情况：在访问同一共享内存的多个进程先后调用 ftok()时间段中，如果 fname 指向的文件或者目录被删除而且又重新创建，那么文件系统会赋予这个同名文件新的 i 节点信息，于是这些进程调用的 ftok()都能正常返回，但键值 key 却不一定相同了。由此可能造成的后果是，原本这些进程意图访问一个相同的共享内存对象，然而由于它们各自得到的键值不同，实际上进程指向的共享内存不再一致，如果这些共享内存都得到创建，则在整个应用运行的过程中表面上不会报出任何错误，然而通过一个共享内存对象进行数据传输的目的将无法实现。这是一个很重要的坑，笔者当年因为此问题而苦不堪言，希望大家谨记。

所以要确保 key 值不变，要么确保 ftok()的文件不被删除，要么不用 ftok()，指定一个固定的 key 值。

【例 6.8】生成一个键值

（1）打开 UE，输入代码如下：

```
#include <stdio.h>
#include <sys/sem.h>
#include <stdlib.h>
int main()
{
    key_t semkey;
    if((semkey = ftok("./test", 123))<0)
    {
        printf("ftok failed\n");
        exit(EXIT_FAILURE);
    }
    printf("ftok ok ,semkey = %d\n", semkey);
    return 0;
}
```

代码很简单。用当前路径下的 test 程序文件和 123 一起生成一个键值，最后打印出来。

（2）保存代码为 test.cpp，然后上传到 Linux，编译并运行：

```
[root@localhost test]# g++ test.cpp -o test
[root@localhost test]# ./test
ftok ok ,semkey = 2063635014
```

【例 6.9】解开 ftok 产生键值的内幕

（1）打开 UE，输入代码如下：

```
#include <stdio.h>
#include <stdlib.h>
#include <string.h>
#include <sys/stat.h>
#include <sys/sem.h>
int main()
{
    char    filename[50];
    struct stat    buf;
    int     ret;
    strcpy( filename, "./test" );
    ret = stat( filename, &buf );
    if( ret )
    {
        printf( "stat error\n" );
        return -1;
    }

    printf( "the file info: ftok( filename, 0x27 ) = %x, st_ino = %x, st_dev=
%x\n", ftok( filename, 0x27 ), buf.st_ino, buf.st_dev );
```

```
    return 0;
}
```

代码中，我们首先生成一个键值，然后用获取文件信息的函数 stat 来获取 test 程序的文件信息，最后打印出键值和文件 tet 的相关属性。

（2）保存代码为 test.cpp，然后上传到 Linux，编译并运行：

```
[root@localhost test]# g++ test.cpp -o test
[root@localhost test]# ./test
the file info: ftok( filename, 0x27 ) = 27009246, st_ino = d359246, st_dev=
fd00
```

通过执行结果可以看出，ftok 获取的键值是由 ftok 函数的第二个参数的后 8 个位、st_dev 的后 8 位、st_ino 的后 16 位构成的。注意，它们都是 16 进制的。

其中，st_dev 是文件的设备编号，st_ino 是文件的节点信息，它们都定义在结构体 stat 中：

```
struct stat {
    unsigned long  st_dev;//文件的设备编号
    unsigned long  st_ino;//节点
    unsigned short st_mode; //文件的类型和存取的权限
    unsigned short st_nlink;//连到该文件的硬链接数目，刚建立的文件值为1
    unsigned short st_uid; //用户ID
    unsigned short st_gid; //组ID
    unsigned long st_rdev;
    unsigned long  st_size;
    unsigned long st_blksize;
    unsigned long  st_blocks;
    unsigned long  st_atime;
    unsigned long st_atime_nsec;
    unsigned long  st_mtime;
    unsigned long st_mtime_nsec;
    unsigned long  st_ctime;
    unsigned long st_ctime_nsec;
    unsigned long  __unused4;
    unsigned long  __unused5;
};
```

这个结构体 stat 和函数 stat 都在第 4 章讲述过了，这里不再赘述。

前面我们已经了解了消息队列的定义，下面看一下是如何实际工作的。我们将会编写两个程序：test 用来接收，send 用来发送。我们会允许任意一个程序创建消息队列，但是接收者在接收到最后一条消息后删除消息队列。

【例 6.10】消息队列的发送和接收

（1）首先创建接收程序，打开 UE，输入代码如下：

```
#include <stdio.h>
```

```c
#include <stdlib.h>
#include <string.h>
#include <errno.h>
#include <unistd.h>
#include <sys/types.h>
#include <sys/ipc.h>
#include <sys/msg.h>
struct my_msg_st
{
    long int my_msg_type;
    char some_text[BUFSIZ];
};
int main()
{
    int running = 1;
    int msgid;
    struct my_msg_st some_data;
    long int msg_to_receive = 0;//读取消息队列中的全部消息

        //创建消息队列
    msgid = msgget((key_t)1234,0666|IPC_CREAT);
    if(msgid == -1)
    {
        fprintf(stderr,"msgget failed with error: %d\n", errno);
        exit(EXIT_FAILURE);
    }
//接收消息队列中的消息直到遇到一个end消息。最后，消息队列被删除
    while(running)
    {   //阻塞方式等待接收消息
        if(msgrcv(msgid, (void *)&some_data, BUFSIZ, msg_to_receive, 0) == -1)
        {
            fprintf(stderr, "msgrcv failed with errno: %d\n", errno);
            exit(EXIT_FAILURE);
        }


        printf("You wrote: %s", some_data.some_text);
        if(strncmp(some_data.some_text,"end",3)==0)//如果收到的是end，就退出循环
        {
            running = 0;
        }
    }

    if(msgctl(msgid, IPC_RMID, 0)==-1)//删除消息队列
    {
        fprintf(stderr, "msgctl(IPC_RMID) failed\n");
        exit(EXIT_FAILURE);
    }
    exit(EXIT_SUCCESS);
```

```
    }
```

代码很简单，接收者使用 msgget 来获得消息队列标识符，并且等待接收消息，直到接收到特殊消息 end。然后它会使用 msgctl 删除消息队列进行一些清理工作。

（2）保存代码为 test.cpp，然后上传到 Linux，编译并运行：

```
[root@localhost test]# g++ test.cpp -o test
[root@localhost test]# ./test
```

此时接收程序就处于等待接收消息的状态了。下面我们创建消息发送程序。打开 UE，输入代码如下：

```c
#include <stdio.h>
#include <stdlib.h>
#include <unistd.h>
#include <string.h>
#includ <errno.h>
#include <sys/types.h>
#include <sys/ipc.h>
#include <sys/msg.h>
#define MAX_TEXT 512
struct my_msg_st
{
    long int my_msg_type;
    char some_text[MAX_TEXT];
};

int main()
{
    int running = 1;
    struct my_msg_st some_data;
    int msgid;
    char buffer[BUFSIZ];

    msgid = msgget((key_t)1234, 0666|IPC_CREAT);//用一个整数作为键值
    if(msgid==-1)
    {
        fprintf(stderr,"msgget failed with errno: %d\n", errno);
        exit(EXIT_FAILURE);
    }
    while(running)
    {
        printf("Enter some text: ");
        fgets(buffer, BUFSIZ, stdin);
        some_data.my_msg_type = 1;
        strcpy(some_data.some_text, buffer);
        if(msgsnd(msgid, (void *)&some_data, MAX_TEXT, 0)==-1)
        {
```

```
            fprintf(stderr, "msgsnd failed\n");
            exit(EXIT_FAILURE);
        }
        if(strncmp(buffer, "end", 3) == 0)
        {
            running = 0;
        }
    }
    exit(EXIT_SUCCESS);
}
```

发送者程序使用 msgget 创建一个消息队列，然后使用 msgsnd 函数向队列中添加消息。

与管道的程序不同，消息队列的程序并没有必要提供自己的同步机制。这是消息队列比起管道的一个巨大优点。

（3）保存代码为 send.cpp，上传到 Linux，另开一个终端窗口，在命令行下编译并运行：

```
[root@localhost test]# ./send
Enter some text: abc
Enter some text: zww book
Enter some text: end
```

我们发了 3 条消息，最后一条是 end。此时接收端变为：

```
[root@localhost test]# ./test
You wrote: abc
You wrote: zww book
You wrote: end
[root@localhost test]#
```

3 条消息都接收到了，并且收到最后一条程序就退出了，符合预期。

【例 6.11】获取消息队列的属性

（1）打开 UE，输入代码如下：

```
#include <sys/types.h>
#include <sys/msg.h>
#include <unistd.h>
#include <ctime>
#include "stdio.h"
#include "errno.h"
void msg_stat(int,struct msqid_ds );
main()
{
    int gflags,sflags,rflags;
    key_t key;
    int msgid;
    int reval;
    struct msgsbuf{
```

```
            int mtype;
            char mtext[1];
        }msg_sbuf;
    struct msgmbuf
        {
        int mtype;
        char mtext[10];
        }msg_rbuf;
    struct msqid_ds msg_ginfo,msg_sinfo;
    char  msgpath[]="./test";

    key=ftok(msgpath,'b');
    gflags=IPC_CREAT|IPC_EXCL;
    msgid=msgget(key,gflags|00666);
    if(msgid==-1)
    {
        printf("msg create error\n");
    }
    //创建一个消息队列后，输出消息队列默认属性
    msg_stat(msgid,msg_ginfo);
    sflags=IPC_NOWAIT;
    msg_sbuf.mtype=10;
    msg_sbuf.mtext[0]='a';
    reval=msgsnd(msgid,&msg_sbuf,sizeof(msg_sbuf.mtext),sflags);
    if(reval==-1)
    {
        printf("message send error\n");
    }
    //发送一个消息后，输出消息队列属性
    msg_stat(msgid,msg_ginfo);


    reval=msgctl(msgid,IPC_RMID,NULL);//删除消息队列
    if(reval==-1)
    {
        printf("unlink msg queue error\n");
    }
}
void msg_stat(int msgid,struct msqid_ds msg_info)
{
    int reval;
    sleep(1);//只是为了后面输出时间的方便
    reval=msgctl(msgid,IPC_STAT,&msg_info);
    if(reval==-1)
    {
        printf("get msg info error\n");
    }
    printf("\n");
    printf("current number of bytes on queue is %d\n",msg_info.msg_cbytes);
```

```
printf("number of messages in queue is %d\n",msg_info.msg_qnum);
printf("max number of bytes on queue is %d\n",msg_info.msg_qbytes);
//每个消息队列的容量（字节数）都有限制MSGMNB，值的大小因系统而异。在创建新的消息队列
//时，msg_qbytes的默认值就是MSGMNB
printf("pid of last msgsnd is %d\n",msg_info.msg_lspid);
printf("pid of last msgrcv is %d\n",msg_info.msg_lrpid);
printf("last msgsnd time is %s", ctime(&(msg_info.msg_stime)));
printf("last msgrcv time is %s", ctime(&(msg_info.msg_rtime)));
printf("last change time is %s", ctime(&(msg_info.msg_ctime)));
printf("msg uid is %d\n",msg_info.msg_perm.uid);
printf("msg gid is %d\n",msg_info.msg_perm.gid);
}
```

其中，函数 msg_stat 是一个自定义函数，用来打印消息队列的一些属性信息。我们先创建了一个消息队列，然后打印了其属性信息，接着发送了一个消息，又打印了其属性信息。

（2）保存代码为 test.cpp，然后上传到 Linux，编译并运行：

```
[root@localhost test]# g++ test.cpp -o test
[root@localhost test]# ./test

current number of bytes on queue is 0
number of messages in queue is 0
max number of bytes on queue is 16384
pid of last msgsnd is 0
pid of last msgrcv is 0
last msgsnd time is Thu Jan  1 08:00:00 1970
last msgrcv time is Thu Jan  1 08:00:00 1970
last change time is Fri Mar 30 14:55:17 2018
msg uid is 0
msg gid is 0

current number of bytes on queue is 1
number of messages in queue is 1
max number of bytes on queue is 16384
pid of last msgsnd is 90972
pid of last msgrcv is 0
last msgsnd time is Fri Mar 30 14:55:18 2018
last msgrcv time is Thu Jan  1 08:00:00 1970
last change time is Fri Mar 30 14:55:17 2018
msg uid is 0
msg gid is 0
```

可以看到，刚开始的时候，消息队列里的消息是 0，发送一个后，队列里面的消息个数就变成 1 了。因为我们发送的消息是字符"a"，长度是 1，所以消息队列的长度就是一个字节。

第7章 C++ Web编程

C++还可以用来开发 Web 程序？你看到这个标题或许会有一丝惊讶，Web 开发不是用脚本语言的吗，比如 JSP、PHP、ASP.NET 等。C++作为编译语言也可以用来开发 Web 程序吗？的确如此，并且可以做得很好。

其实在这些脚本语言诞生之前，Web 开发就存在了。所用的技术就是赫赫有名的 CGI（Common Gateway Interface，通用网关接口）。它是 Web 开发的祖师爷，而且只要按照该接口的标准，无论什么语言（比如脚本语言 Perl，当然也包括编译型语言 C++）都可以开发出 Web 程序，也叫作 CGI 程序。用 C++来写 CGI 程序就好像写普通程序一样。其实，C++写 Web 程序虽然没有 PHP、JSP 那么流行，但在大公司却很盛行，比如某公司的后台大部分是用 C++开发的，该公司内部 C++的地位独一无二，不仅逻辑层用 C++写，连大部分 Web 程序都用 C++写。

用 C++开发 Web 程序虽然不那么大众，但却像英菲尼迪，小众而强悍。

7.1 CGI 程序的工作方式

我们知道浏览网页其实就是用户的浏览器和 Web 服务器进行交互的过程。具体地讲，在进行网页浏览时，通常就是通过一个 URL 请求一个网页，然后服务器返回这个网页文件给浏览器，浏览器在本地解析该文件并渲染成我们看到的网页，这是静态网页的情况。还有一种情况是动态网页，就是动态生成网页，也就是说在服务端没有这个网页文件，它是在网页请求的时候动态生成的，比如 PHP/JSP 网页（通过 PHP 程序和 JSP 程序动态生成的网页）。依据浏览器传来的请求参数的不同，生成的内容也不同。

同样，在浏览器向 Web 服务器请求一个后缀是 cgi 的 URL 或者提交表单的时候，Web 服务器会把浏览器传来的数据传给 CGI 程序，CGI 程序通过标准输入来接收这些数据。CGI 程序处理完数据后，通过标准输出将结果信息发往 Web 服务器，Web 服务器再将这些信息发送给浏览器。

7.2 架设 Web 服务器 Apache

我们在开发 CGI 程序之前，首先需要一个 Web 服务器。因为我们的程序是运行在 Web 服务器上的。Web 服务器软件比较多，比较著名的有 Apache 和 Nginx。这里选用 Apache。我们不必再去下载安装 Apache，因为按照第 2 章讲述的安装 CentOS 7.2 后，Apache 已经自动安装了。这里可以直接运行它。首先可以用命令 rpm 来查看 Apache 是否安装：

```
[root@localhost 桌面]# rpm -qa | grep httpd
httpd-2.4.6-40.el7.centos.x86_64
```

```
httpd-manual-2.4.6-40.el7.centos.noarch
httpd-tools-2.4.6-40.el7.centos.x86 64
httpd-devel-2.4.6-40.el7.centos.x86_64
```

上面的结果表示 Apache 已经安装了，版本号是 2.4.6，也可以用 httpd -v 来查看版本号。httpd 是 Apache 服务器的主程序的名字。有些急性子的朋友可能看到 Apache 既然已经安装了，就迫不及待地打开浏览器，在地址栏里输入 http://localhost，希望能看到结果。但很遗憾，提示无法找到网页。这是因为 Apache 服务器虽然安装了，但程序可能还没运行。所以我们先来看一下 httpd 有没有在运行：

```
[root@localhost 桌面]# pgrep -l httpd
[root@localhost 桌面]#
```

什么也没有输出，说明 httpd 没有在运行。其中，pgrep 是通过程序的名字来查询进程的工具，一般用来判断程序是否正在运行，选项-l 表示如果运行，就将列出进程名和进程 ID。既然没有在运行，那我们运行它：

```
[root@localhost 桌面]# service httpd start
Redirecting to /bin/systemctl start  httpd.service
```

此时再查看 httpd 有没有在运行：

```
[root@localhost rc.d]# pgrep -l httpd
7037 httpd
7038 httpd
7039 httpd
7040 httpd
7041 httpd
7042 httpd
7043 httpd
[root@localhost rc.d]#
```

可以看到，httpd 在运行了，第一列是进程 ID。这个时候如果在 CentOS 7 下打开浏览器，并在地址栏里输入 http://localhost，就可以看到网页了，如图 7-1 所示。

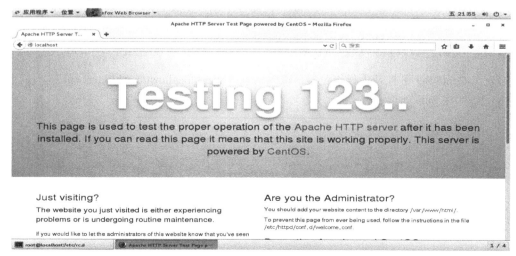

图 7-1

至此，Apache Web 服务器架设成功了。但要让 CGI 程序能正常运作，还必须配置 Apache，使其允许执行 CGI 程序。再次强调，是 Web 服务器进程来执行 CGI 程序。首先打开 Apache 的配置文件：

```
gedit /etc/httpd/conf/httpd.conf
```

在该配置文件中，我们搜索一下 ScriptAlias，找到后，确保它前面没有#（#表示注释）。ScriptAlias 是指令，告诉 Apache 默认的 cgi-bin 路径。cgi-bin 路径就是默认寻找 CGI 程序的地方，Apache 会到这个路径中去找 CGI 程序并执行。接着，再次搜索 AddHandler，找到后把它前面的#去掉，该指令告诉 Apache，CGI 程序会有哪些后缀，这里就以默认值 ".cgi" 作为后缀。保存文件并退出。最后重启 Apache。

```
[root@localhost 桌面]# service httpd restart
Redirecting to /bin/systemctl restart httpd.service
```

下面我们来看 C++开发的 Web 程序，当然很简单，属于 Hello World 级别的。

【例 7.1】第一个 C++开发的 Web 程序

（1）打开 UE，输入代码如下：

```c
#include <stdio.h>

int main()
{
    printf("Content-Type: text/html\n\n");
    printf("Hello cgi!\n");
    return 0;
}
```

代码很简单，只有两个 printf 打印语句。

（2）保存为 test.cpp，然后上传到 Linux，在命令下编译生成 test，并复制到/var/www/cgi-bin/。

```
[root@localhost test]# g++ test.cpp -o test
[root@localhost test]# cp test /var/www/cgi-bin/test.cgi
```

（3）在 CentOS 7 下打开火狐浏览器，输入网址 "http://localhost/cgi-bin/test.cgi"，按回车键，可以看到如图 7-2 所示的页面。

图 7-2

【例 7.2】第二个 C++开发的 Web 程序

（1）打开 UE，输入代码如下：

```cpp
#include <iostream>
using namespace std;

int main()
{
    cout << "Content-Type: text/html\n\n";  //注意结尾是两个\n
    cout << "<html>\n";
    cout << "<head>\n";
    cout << "<title>Hello World - First CGI Program</title>\n";
    cout << "</head>\n";
    cout << "<body>\n";
    cout << "<h2>Hello World! This is my first CGI program</h2>\n";
    cout << "</body>\n";
    cout << "</html>\n";

    return 0;
}
```

（2）保存为 test.cpp，然后上传到 Linux，在命令下编译生成 test，并复制到/var/www/cgi-bin/。

```
[root@localhost test]# g++ test.cpp -o test
[root@localhost test]# cp test /var/www/cgi-bin/test.cgi
```

（3）在 CentOS 7 下打开火狐浏览器，输入网址"http://localhost/cgi-bin/test.cgi"，按回车键，可以看到如图 7-3 所示的页面。

图 7-3

第8章 多线程基本编程

在多核时代，如何充分利用每个 CPU 内核是一个绕不开的话题，从需要为成千上万的用户同时提供服务的服务端应用程序，到需要同时打开十几个页面，每个页面都有几十、上百个链接的 Web 浏览器应用程序，从需要支持并发访问的数据库系统，到手机上的一个有良好用户响应能力的 App，为了充分利用每个 CPU 内核，都会想到是否可以使用多线程技术。这里所说的"充分利用"包含两个层面的意思，一个是使用到所有的内核，另一个是内核不空闲，不让某个内核长时间处于空闲状态。在 C++98 的时代，C++标准并没有包含多线程的支持，人们只能直接调用操作系统提供的 SDK API 来编写多线程程序，不同的操作系统提供的 SDK API 以及线程控制能力不尽相同，到了 C++11，终于在标准之中加入了正式的多线程的支持，从而我们可以使用标准形式的类来创建与执行线程，也使得我们可以使用标准形式的锁、原子操作、线程本地存储（TLS）等来进行复杂的各种模式的多线程编程，而且 C++11 还提供了一些高级概念，比如 promise/future、packaged_task、async 等，以简化某些模式的多线程编程。

多线程可以让我们的应用程序拥有更加出色的性能，同时，如果没有用好，多线程又是比较容易出错的且难以查找错误所在，甚至可以让人们觉得自己陷进了泥潭。作为一名 C++程序员，掌握好多线程并发开发技术是学习的重中之重。而且为了能在实践工作中承接老代码系统的维护，学习 C++11 之前的多线程开发技术也是必不可少的，而以后开发新功能，C++11 将是大势所趋。其实很多原理都是类似的，相信大家学的时候会感受到这一点。

8.1 使用多线程的好处

多线程编程技术作为现代软件开发的流行技术，恰当、正确地使用它将会带来巨大的优势。

（1）让软件拥有灵敏的响应

在单线程软件中，当软件中有多个任务时，比如读写文件、更新用户界面、网络连接、打印文档等操作，如果按照先后次序执行，即先完成前面的任务再执行后面的任务，当某个任务执行的时间较长时，比如读写一个大文件，那么用户界面也无法及时更新，这样看起来软件像死掉一样，用户体验很不好。怎么解决这个问题呢？人们提出了多线程编程技术。在采用多线程编程技术的程序中，多个任务由不同的线程去执行，不同线程各自占用一段 CPU 时间，即使线程任务还没完成，也会让出 CPU 时间给其他线程有机会去执行。这样从用户的角度看起来，好像几个任务同时进行，至少界面上能得到及时更新，大大改善了用户对软件的体验，提高了软件的响应速度和友好度。

（2）充分利用多核处理器

随着多核处理器日益普及，单线程程序愈发成为性能瓶颈。比如计算机有 2 个 CPU 核，单线程软件同一时刻只能让一个线程在一个 CPU 核上运行，另一个核就可能空闲在那里，无法发挥性能。如果软件设计了 2 个线程，则同一时刻可以让这两个线程在不同的 CPU 核上同时运行，运行效率增加一倍。

（3）更高效的通信

对于同一进程的线程来说，它们共享该进程的地址空间，可以访问相同的数据。通过数据共享的方式使得线程之间的通信比进程之间的通信更高效和方便。

（4）开销比进程小

创建线程、线程切换等操作所带来的系统开销比进程的类似操作所需开销要小得多。由于线程共享进程资源，因此创建线程时不需要再为其分配内存空间等资源，因此创建时间也更短。比如在 Solaris 2 操作系统上，创建进程的时间大约是创建线程的 30 倍。线程作为基本执行单元，当从同一个进程的某个线程切换到另一个线程时，需要载入的信息比进程之间切换要少，所以切换速度快，比如 Solaris 2 操作系统中，线程的切换比进程切换快大约 5 倍。

8.2　多线程编程的基本概念

8.2.1　操作系统和多线程

要在应用程序中实现多线程，必须要有操作系统的支持。Linux 32 位或 64 位操作系统对应用程序提供了多线程的支持，所以 Windows NT/2000/XP/7/8/10 是多线程操作系统。根据进程与线程的支持情况，可以把操作系统大致分为如下几类：

（1）单进程、单线程，MS-DOS 大致是这种操作系统。

（2）多进程、单线程，多数 UNIX（及类 UNIX 的 Linux）是这种操作系统。

（3）多进程、多线程，Win32（Windows NT/2000/XP/7/8/10 等）、Solaris 2.x 和 OS/2 都是这种操作系统。

（4）单进程、多线程，VxWorks 是这种操作系统。

具体到 Linux C++的开发环境，它提供了一套 POSIX API 函数来管理线程，用户既可以直接使用这些 POSIX API 函数，也可以使用 C++自带的线程类。作为一名 Linux C++开发者，这两者都应该会使用，因为在 Linux C++程序中，这两种方式都有可能会出现。

8.2.2　线程的基本概念

现代操作系统大多支持多线程概念，每个进程中至少有一个线程，所以即使没有使用多线程编程技术，进程也含有一个主线程，所以也可以说，CPU 中执行的是线程，线程是程序的最小执行单位，是操作系统分配 CPU 时间的最小实体。一个进程的执行说到底是从主线程开始的，如果需要，可以在程序任何地方开辟新的线程，其他线程都是由主线程创建的。一个进程正在运行，也可以说是一个进程中的某个线程正在运行。一个进程的所有线程共享该进程的公共资源，比如虚拟地址空间、全局变量等。每个线程也可以拥有自己私有的资源，如堆栈、在堆栈中定义的静态变量和动态变量、CPU 寄存器的状态等。

线程总是在某个进程环境中创建的，并且会在这个进程内部销毁。线程和进程的关系是：线程是属于进程的，线程运行在进程空间内，同一进程所产生的线程共享同一内存空间，当进程退出时，该进程所产生的线程都会被强制退出并清除。线程可与属于同一进程的其他线程共享进程所拥有的全部资源，但是其本身基本上不拥有系统资源，只拥有一点在运行中必不可少的信息（如程序计数器、一组寄存器和线程栈，线程栈用于维护线程在执行代码时需要的所有函数参数和局部变量）。

相对于进程来说，线程所占用的资源更少，比如创建进程，系统要为它分配很大的私有空间，占用的资源较多，而对于多线程程序来说，由于多个线程共享一个进程地址空间，因此占用的资源较少。此外，进程间切换时，需要交换整个地址空间，而线程之间切换时，只是切换线程的上下文环境，因此效率更高。在操作系统中引入线程带来的主要好处是：

（1）在进程内创建、终止线程比创建、终止进程要快。

（2）同一进程内线程间的切换比进程间的切换要快，尤其是用户级线程间的切换。

（3）每个进程具有独立的地址空间，而该进程内的所有线程共享该地址空间，因此线程的出现可以解决父子进程模型中子进程必须复制父进程地址空间的问题。

（4）线程对解决客户/服务器模型非常有效。

虽然多线程给应用开发带来了不少好处，但并不是所有情况下都要去使用多线程，要具体问题具体分析，通常在下列情况下可以考虑使用：

（1）应用程序中的各任务相对独立。

（2）某些任务耗时较多。

（3）各任务有不同的优先级。

（4）一些实时系统应用。

值得注意的是，一个进程中的所有线程共享它们父进程的变量，但同时每个线程可以拥有自己的变量。

8.2.3　线程的状态

一个线程从创建到结束是一个生命周期，总是处于下面 4 个状态中的一个。

（1）就绪态

线程能够运行的条件已经满足，只是在等待处理器（处理器要根据调度策略来把就绪态的线程调度到处理器中运行）。处于就绪态的原因可能是线程刚刚被创建（刚创建的线程不一定马上运行，一般先处于就绪态），可能是刚刚从阻塞状态中恢复，也可能是被其他线程抢占而处于就绪态。

（2）运行态

运行态表示线程正在处理器中运行，正占用着处理器。

（3）阻塞态

由于在等待处理器之外的其他条件而无法运行的状态叫作阻塞态。这里的其他条件包括 I/O 操作、互斥锁的释放、条件变量的改变等。

（4）终止态

终止态就是线程的线程函数运行结束或被其他线程取消后处于的状态。处于终止态的线程虽然已经结束了，但其所占资源还没有被回收，而且还可以被重新复活。我们不应该长时间让线程处于这种状态。线程处于终止态后应该及时进行资源回收，下面会讲到如何回收。

8.2.4　线程函数

线程函数就是线程创建后进入运行态后要执行的函数。执行线程，说到底就是执行线程函数。这个函数是我们自定义的，然后在创建线程时把我们的函数作为参数传入线程创建函数。

同理，中断线程的执行就是中断线程函数的执行，以后再恢复线程的时候，就会在前面线程函数暂停的地方开始继续执行下面的代码。结束线程也就不再运行线程函数。线程的函数可以是一个全局函数或类的静态函数，比如在 POSIX 线程库中，它通常这样声明：

```
void *ThreadProc (void *arg);
```

其中，参数 arg 指向要传给线程的数据，这个参数是在创建线程的时候作为参数传入线程创建函数中的。函数的返回值应该表示线程函数运行的结果：成功还是失败。注意函数名 ThreadProc 可以是自定义的函数名，这个函数是用户自己先定义好，然后由系统来调用。

8.2.5　线程标识

既然句柄是用来标识线程对象的，那线程本身用什么来标识呢？在创建线程的时候，系统会为线程分配一个唯一的 ID 作为线程的标识，这个 ID 号从线程创建开始存在，一直伴随着线程的结束才消失。线程结束后，该 ID 就自动不存在，我们不需要去显式清除它。

通常线程创建成功后会返回一个线程 ID。

8.2.6　C++多线程开发的两种方式

在 Linux C++开发环境中，通常有两种方式来开发多线程程序，一种是利用 POSIX 多线程 API 函数来开发多线程程序，另一种是利用 C++自带线程类来开发多线程程序。这两种方式各有利弊。前一种方法比较传统，后一种方法比较新，是 C++11 推出的方法。为何 C++程序员也要熟悉 POSIX 多线程开发呢？这是因为 C++11 以前，C++里面使用多线程一般都是利用 POSIX 多线程 API，或者把 POSIX 多线程 API 封装成类，再在公司内部供大家使用，所以一些老项目都是和 POSIX 多线程库相关的，这也使得我们必须熟悉它，因为很可能进入公司后会要求维护以前的程序代码。而 C++自带线程类很可能在以后开发新的项目时会用到。总之，技多不压身。

8.3 利用 POSIX 多线程 API 函数进行多线程开发

在用 POSIX 多线程 API 线程函数进行开发之前，我们首先要熟悉这些 API 函数。常见的与线程有关的基本 API 函数如表 8-1 所示。

表 8-1 与线程有关的基本 API 函数

API 函数	含义
pthread_create	创建线程
pthread_join	等待一个线程的结束
pthread_self	获取线程 ID
pthread_cancel	取消另一个线程
pthread_exit	在线程函数中调用来退出线程函数
pthread_kill	向线程发送一个信号

使用这些 API 函数需要包含头文件 pthread.h，并且在编译的时候需要加上库 pthread，表示包含多线程库文件。

8.3.1 线程的创建

在 POSIX API 中，创建线程的函数是 pthread_create，该函数声明如下：

```
int pthread_create(pthread_t *pid, const pthread_attr_t *attr,void
*(*start_routine)(void *),void *arg);
```

其中，参数 pid 是一个指针，指向创建成功后的线程的 ID，pthread_t 其实就是 unsigned long int；attr 是指向线程属性结构 pthread_attr_t 的指针，如果为 NULL，则使用默认属性；start_routine 指向线程函数的地址，线程函数就是线程创建后要执行的函数；arg 指向传给线程函数的参数，如果执行成功，函数返回 0。

CreateThread 创建完子线程后，主线程会继续执行 CreateThread 后面的代码，这就可能会出现创建的子线程还没执行完，主线程就结束了，比如控制台程序，主线程结束就意味着进程结束了。在这种情况下，我们就需要让主线程等待，等待子线程全部运行结束后再继续执行主线程。还有一种情况，主线程为了统计各个子线程工作的结果而需要等待子线程结束后再继续执行，此时主线程就要等待了。POSIX 提供了函数 pthread_join 来等待子线程结束，即子线程的线程函数执行完毕后，pthread_join 才返回，因此 pthread_join 是一个阻塞函数。函数 pthread_join 会让主线程挂起（休眠，就是让出 CPU），直到子线程都退出，同时 pthread_join 能让子线程所占资源得到释放。子线程退出后，主线程会接收到系统的信号，从休眠中恢复。函数 pthread_join 声明如下：

```
int pthread_join(pthread_t pid, void **value_ptr);
```

其中，参数 pid 是所等待线程的 ID 号；value_ptr 通常可设为 NULL，如果不为 NULL，则

pthread_join 复制一份线程退出值到一个内存区域，并让*value_ptr 指向该内存区域，因此pthread_join 还有一个重要功能就是能获得子线程的返回值（这一点后面会讲到）。如果函数执行成功就返回 0，否则返回错误码。

下面来实践一下，看几个简单的例子。

【例 8.1】创建一个简单的线程，不传参数

（1）打开 UE，新建一个 test.cpp 文件，在 test.cpp 中输入代码：

```
#include <pthread.h>
#include <stdio.h>
#include <unistd.h> //sleep

void *thfunc(void *arg)  //线程函数
{
    printf("in thfunc\n");
    return (void *)0;
}
int main(int argc, char *argv [])
{
    pthread_t tidp;
    int ret;

    ret = pthread_create(&tidp, NULL, thfunc, NULL); //创建线程
    if (ret)
    {
        printf("pthread_create failed:%d\n", ret);
        return -1;
    }

    sleep(1); //main线程挂起1秒钟，为了让子线程有机会执行
    printf("in main:thread is created\n");

    return 0;
}
```

（2）上传 test.cpp 到 Linux，在终端下输入命令"g++ -o test test.cpp -lpthread"，其中 pthread是线程库的名字，然后运行 test，运行结果如下：

```
[root@localhost test]# g++ -o test test.cpp -lpthread
[root@localhost test]# ./test
in thfunc
in main:thread is created
[root@localhost test]#
```

在这个例子中，首先创建一个线程，在线程函数中打印一行字符串后结束，而主线程在创建子线程后，会等待一秒，这样不至于因为主线程过早结束而导致进程结束，进程结束后，子线程就没有机会执行了。如果没有等待函数 sleep，则可能子线程的线程函数还没来得及执行，主线程就结束

了，这样导致子线程的线程函数都没有机会执行，因为主线程已经结束，整个应用程序已经退出了。

【例 8.2】创建一个线程，并传入整型参数

（1）打开 UE，新建一个 test.cpp 文件，在 test.cpp 中输入代码：

```cpp
#include <pthread.h>
#include <stdio.h>

void *thfunc(void *arg)
{
    int *pn = (int*)(arg); //获取参数的地址
    int n = *pn;

    printf("in thfunc:n=%d\n", n);
    return (void *)0;
}
int main(int argc, char *argv [])
{
    pthread_t tidp;
    int ret, n=110;

    ret = pthread_create(&tidp, NULL, thfunc, &n);//创建线程并传递n的地址
    if (ret)
    {
        printf("pthread_create failed:%d\n", ret);
        return -1;
    }

    pthread_join(tidp,NULL); //等待子线程结束
    printf("in main:thread is created\n");

    return 0;
}
```

（2）上传 test.cpp 到 Linux，在终端下输入命令"g++ -o test test.cpp -lpthread"，其中 pthread 是线程库的名字，然后运行 test，运行结果如下：

```
[root@localhost test]# g++ -o test test.cpp -lpthread
[root@localhost test]# ./test
in thfunc:n=110
in main:thread is created
[root@localhost test]#
```

这个例子和上面的例子有两点不同，一是创建线程的时候，把一个整型变量的地址作为参数传给线程函数；二是等待子线程结束没有用 sleep 函数，而是用 pthread_join 函数，sleep 只是等待一个固定的时间，有可能在这个固定的时间内子线程早已经结束，或者子线程运行的时间大于这个固定时间，因此用它来等待子线程结束并不精确，而用函数 pthread_join 则会一直等到子线程结束后才执行该函数后面的代码，我们可以看到它的第一个参数是子线程的 ID。

【例 8.3】 创建一个线程，并传递字符串作为参数

（1）打开 UE，新建一个 test.cpp 文件，在 test.cpp 中输入代码：

```
#include <pthread.h>
#include <stdio.h>

void *thfunc(void *arg)
{
    char *str;
    str = (char *)arg; //得到传进来的字符串
    printf("in thfunc:str=%s\n", str); //打印字符串
    return (void *)0;
}
int main(int argc, char *argv [])
{
    pthread_t tidp;
    int ret;
    const char *str = "hello world";

    ret = pthread_create(&tidp, NULL, thfunc, (void *)str);//创建线程并传递str
    if (ret)
    {
        printf("pthread_create failed:%d\n", ret);
        return -1;
    }
    pthread_join(tidp, NULL); //等待子线程结束
    printf("in main:thread is created\n");

    return 0;
}
```

（2）上传 test.cpp 到 Linux，在终端下输入命令"g++ -o test test.cpp -lpthread"，其中 pthread 是线程库的名字，然后运行 test，运行结果如下：

```
[root@localhost test]# g++ -o test test.cpp -lpthread
[root@localhost test]# ./test
in thfunc:n=110,str=hello world
in main:thread is created
[root@localhost test]#
```

【例 8.4】 创建一个线程，并传递结构体作为参数

（1）打开 UE，新建一个 test.cpp 文件，在 test.cpp 中输入代码：

```
#include <pthread.h>
#include <stdio.h>

typedef struct  //定义结构体的类型
{
```

```
    int n;
    char *str;
}MYSTRUCT;
void *thfunc(void *arg)
{
    MYSTRUCT *p = (MYSTRUCT*)arg;
    printf("in thfunc:n=%d,str=%s\n", p->n,p->str); //打印结构体的内容
    return (void *)0;
}
int main(int argc, char *argv [])
{
    pthread_t tidp;
    int ret;
    MYSTRUCT mystruct; //定义结构体
    //初始化结构体
    mystruct.n = 110;
    mystruct.str = "hello world";

    ret = pthread_create(&tidp, NULL, thfunc, (void *)&mystruct);
    //创建线程并传递结构体地址
    if (ret)
    {
        printf("pthread_create failed:%d\n", ret);
        return -1;
    }
    pthread_join(tidp, NULL); //等待子线程结束
    printf("in main:thread is created\n");

    return 0;
}
```

（2）上传 test.cpp 到 Linux，在终端下输入命令"g++ -o test test.cpp -lpthread"，其中 pthread 是线程库的名字，然后运行 test，运行结果如下：

```
 -bash-4.2# g++ -o test test.cpp -lpthread
-bash-4.2# ./test
in thfunc:n=110,str=hello world
in main:thread is created
-bash-4.2#
```

【例 8.5】创建一个线程，共享进程数据

（1）打开 UE，新建一个 test.cpp 文件，在 test.cpp 中输入代码：

```
#include <pthread.h>
#include <stdio.h>

int gn = 10; //定义一个全局变量，将会在主线程和子线程中用到
void *thfunc(void *arg)
{
```

```
    gn++;    //递增1
    printf("in thfunc:gn=%d,\n", gn); //打印全局变量gn值
    return (void *)0;
}

int main(int argc, char *argv [])
{
    pthread_t tidp;
    int ret;

    ret = pthread_create(&tidp, NULL, thfunc, NULL);
    if (ret)
    {
        printf("pthread_create failed:%d\n", ret);
        return -1;
    }
    pthread_join(tidp, NULL); //等待子线程结束
    gn++; //子线程结束后，gn再递增1
    printf("in main:gn=%d\n", gn); //再次打印全局变量gn值

    return 0;
}
```

（2）上传 test.cpp 到 Linux，在终端下输入命令"g++ -o test test.cpp -lpthread"，其中 pthread 是线程库的名字，然后运行 test，运行结果如下：

```
-bash-4.2# g++ -o test test.cpp -lpthread
-bash-4.2# ./test
in thfunc:gn=11,
in main:gn=12
-bash-4.2#
```

从上例中可以看到，全局变量 gn 首先在子线程中递增 1，子线程结束后，再在主线程中递增 1。两个线程都对同一个全局变量进行了访问。

8.3.2　线程的属性

POSIX 标准规定线程具有多个属性。那么，具体有哪些属性呢？线程主要的属性包括分离状态（detached state）、调度策略和参数（scheduling policy and parameters）、作用域（scope）、栈尺寸（stack size）、栈地址（stack address）、优先级（priority）等。Linux 为线程属性定义了一个联合体 pthread_attr_t，注意是联合体而不是结构体，定义在/usr/include/bits/ pthreadtypes.h 中，代码如下：

```
union pthread_attr_t
{
    char __size[__SIZEOF_PTHREAD_ATTR_T];
    long int __align;
};
```

从这个定义中可以看出，属性值都是存放在数组 __size 中的。这样很不方便存取。别急，Linux 已经为我们准备了一组专门用于存取属性值的函数，后面具体讲属性的时候会看到。如果要获取线程的属性，首先要用函数 pthread_getattr_np 来获取属性结构体值，再用相应的函数来具体获得某个属性值。函数 pthread_getattr_np 声明如下：

```
int pthread_getattr_np(pthread_t thread, pthread_attr_t *attr);
```

其中，参数 thread 是线程 ID，attr 返回线程属性结构体的内容。如果函数执行成功就返回 0，否则返回错误码。注意，使用该函数需要定义宏_GNU_SOURCE，而且要在 pthread.h 前定义，具体如下：

```
#define _GNU_SOURCE                    /* See feature_test_macros(7) */
#include <pthread.h>
```

当函数 pthread_getattr_np 获得的属性结构体变量不再需要的时候，应该用函数 pthread_attr_destroy 进行销毁。

我们前面用 pthread_create 创建线程的时候，属性结构体指针参数用了 NULL，此时创建的线程具有默认属性，即为非分离、大小为 1MB 的堆栈，与父进程有同样级别的优先级。如果要创建非默认属性的线程，可以在创建线程之前用函数 pthread_attr_init 来初始化一个线程属性结构体，再调用相应 API 函数来设置相应的属性，接着把属性结构体的地址参作为数传入 pthread_create。函数 pthread_attr_init 声明如下：

```
int pthread_attr_init(pthread_attr_t *attr);
```

其中，参数 attr 为指向线程属性结构体的指针。如果函数执行成功就返回 0，否则返回一个错误码。

需要注意的一点是：使用 pthread_attr_init 初始化线程属性，之后（传入 pthread_create）需要使用 pthread_attr_destroy 销毁，从而释放相关资源。函数 pthread_attr_destroy 声明如下：

```
int pthread_attr_destroy(pthread_attr_t *attr);
```

其中，参数 attr 为指向线程属性结构体的指针。如果函数执行成功就返回 0，否则返回一个错误码。

除了创建时指定属性外，我们也可以通过一些 API 函数来改变已经创建了线程的默认属性，后面讲具体属性的时候再详述。线程属性的设置方法我们基本了解了，那获取线程属性的方法呢？答案是通过函数 pthread_getattr_np，该函数可以获取某个正在运行的线程的属性，函数声明如下：

```
int pthread_getattr_np(pthread_t thread, pthread_attr_t *attr);
```

其中，参数 thread 是要获取属性的线程 ID，attr 用于返回得到的属性。如果函数执行成功就返回 0，否则为错误码。

下面我们通过例子来演示一下该函数的使用。

1. 分离状态

分离状态（detached state）是线程一个很重要的属性。POSIX 线程的分离状态决定一个线程以什么样的方式来终止自己。要注意和前面线程的状态进行区别，前面所说的线程的状态是不同操作系统上的线程都有的状态（线程当前活动状态的说明），而这里所说的分离状态是 POSIX 标准下的属性所特有的，用于表明该线程以何种方式终止自己。默认的分离状态是可连接，即我们创建线程时如果使用默认属性，则分离状态属性就是可连接的，因此，默认属性下创建的线程是可连接线程。

POSIX 下的线程要么是分离的，要么是非分离状态的（也称可连接的，joinable）。前者用宏 PTHREAD_CREATE_DETACHED 表示，后者用宏 PTHREAD_CREATE_JOINABLEb 表示。默认情况下创建的线程是可连接的，一个可结合的线程是可以被其他线程收回资源和杀死（或称取消）的，并且它不会主动释放资源（比如栈空间），必须等待其他线程来回收其资源。因此我们要在主线程使用 pthread_join 函数，该函数是一个阻塞函数，当它返回时，所等待的线程的资源也就被释放了。再次强调，如果是可连接的线程，当线程函数自己返回结束时或调用 pthread_exit 结束时都不会释放线程所占用的堆栈和线程描述符（总计八千多字节），必须调用 pthread_join 且返回后，这些资源才会被释放。这对于父进程长时间运行的进程来说，其结果会是灾难性的。因为父进程不退出并且没有调用 pthread_join，所以这些可连接的线程资源就一直没有释放，相当于变成僵尸线程了，僵尸线程越来越多，以后再想创建新线程将变得没有资源可用。

如果不用 pthread_join，并且父进程先于可连接的子线程退出，那么会不会泄露资源呢？答案是不会的。如果父进程先于子线程退出，那么它将被 init 进程所收养，这个时候 init 进程就是它的父进程，将调用 wait 系列函数为其回收资源。再说一遍，一个可连接的线程所占用的内存仅当有线程对其执行 pthread_join 后才会释放，为了避免内存泄漏，可连接的线程在终止时，要么被设为 DETACHED（可分离），要么使用 pthread_join 来回收资源。另外，一个线程不能被多个线程等待，否则第一个接收到信号的线程成功返回，其余调用 pthread_join 的线程将得到错误代码 ESRCH。

了解了可连接线程，我们再来看可分离的线程。这种线程运行结束时，其资源将立刻被系统回收。可以理解为这种线程能独立（分离）出去，可以自生自灭，父线程不用管。将一个线程设置为可分离状态有两种方式。一种是调用函数 pthread_detach，将线程转换为可分离线程。另一种是在创建线程时就将它设置为可分离状态，基本过程是首先初始化一个线程属性的结构体变量（通过函数 pthread_attr_init），然后将其设置为可分离状态（通过函数 pthread_attr_setdetachstate），最后将该结构体变量的地址作为参数传入线程创建函数 pthread_create，这样所创建出来的线程就直接处于可分离状态。

函数 pthread_attr_setdetachstate 用来设置线程的分离状态属性，声明如下：

```
int pthread_attr_setdetachstate(pthread_attr_t * attr, int detachstate);
```

其中，参数 attr 是要设置的属性结构体；detachstate 是要设置的分离状态值，可以取值 PTHREAD_CREATE_DETACHED 或 PTHREAD_CREATE_JOINABLE。如果函数执行成功就返回 0，否则返回非零错误码。

【例 8.6】创建一个可分离线程

（1）打开 UE，新建一个 test.cpp 文件，在 test.cpp 中输入代码如下：

```
#include <iostream>
```

```cpp
#include <pthread.h>

using namespace std;

void *thfunc(void *arg)
{
    cout<<("sub thread is running\n");
    return NULL;
}

int main(int argc, char *argv[])
{
    pthread_t thread_id;
    pthread_attr_t thread_attr;
    struct sched_param thread_param;
    size_t stack_size;
    int res;

    res = pthread_attr_init(&thread_attr);
    if (res)
        cout<<"pthread_attr_init failed:"<<res<<endl;

    res = pthread_attr_setdetachstate( &thread_attr,PTHREAD_CREATE_DETACHED);
    if (res)
        cout<<"pthread_attr_setdetachstate failed:"<<res<<endl;

    res = pthread_create(  &thread_id,      &thread_attr, thfunc,
        NULL);
    if (res )
        cout<<"pthread_create failed:"<<res<<endl;
    cout<<"main thread will exit\n"<<endl;

    sleep(1);
    return 0;
}
```

（2）上传 test.cpp 到 Linux，在终端下输入命令"g++ -o test test.cpp -lpthread"，其中 pthread 是线程库的名字，然后运行 test，运行结果如下：

```
[root@localhost test]# g++ -o test test.cpp -lpthread
[root@localhost test]# ./test
main thread will exit

sub thread is running
[root@localhost test]#
```

在上面的代码中，我们首先初始化了一个线程属性结构体，然后设置其分离状态为 PTHREAD_CREATE_DETACHED，并用这个属性结构体作为参数传入线程创建函数中。这样创建出来的线程就是可分离线程。意味着该线程结束时，它所占用的任何资源都可以立刻被系统回收。

程序的最后，我们让 main 线程挂起 1 秒，让子线程有机会执行。因为如果 main 线程很早就退出，将会导致整个进程很早退出，子线程就没机会执行了。

有朋友可能会想，如果子线程执行的时间长，那么 sleep 到底应该睡眠多少秒呢？有没有一种机制不用 sleep 函数，而让子线程完整执行呢？答案是肯定的，对于可连接线程，主线程可以用 pthread_join 函数等待子线程结束。而对于可分离线程，并没有这样的函数，但可以采用这样的方法：先让主线程退出而进程不退出，一直等到子线程退出了，进程才退出，即在主线程中调用函数 pthread_exit，在 main 线程中如果调用了 pthread_exit，那么此时终止的只是 main 线程，而进程的资源会为由 main 线程创建的其他线程保持打开的状态，直到其他线程都终止。值得注意的是，如果在非 main 线程（其他子线程）中调用 pthread_exit 就不会有这样的效果，只会退出当前子线程。下面我们重新改写上例，不用 sleep，显得更专业一些。

【例 8.7】创建一个可分离线程，且 main 线程先退出

（1）打开 UE，新建一个 test.cpp 文件，在 test.cpp 中输入代码：

```cpp
#include <iostream>
#include <pthread.h>

using namespace std;

void *thfunc(void *arg)
{
    cout<<("sub thread is running\n");
    return NULL;
}

int main(int argc, char *argv[])
{
    pthread_t thread_id;
    pthread_attr_t thread_attr;
    struct sched_param thread_param;
    size_t stack_size;
    int res;

    res = pthread_attr_init(&thread_attr);  //初始化线程结构体
    if (res)
        cout<<"pthread_attr_init failed:"<<res<<endl;

    res=pthread_attr_setdetachstate( &thread_attr,PTHREAD_CREATE_DETACHED);
        //设置分离状态
    if (res)
        cout<<"pthread_attr_setdetachstate failed:"<<res<<endl;

    res = pthread_create(  &thread_id,    &thread_attr, thfunc, NULL);
        //创建一个可分离线程

    if (res )
```

```
        cout<<"pthread_create failed:"<<res<<endl;
    cout<<"main thread will exit\n"<<endl;

    pthread_exit(NULL);   //主线程退出，但进程不会此刻退出，下面的语句不会再执行
    cout << "main thread has  exited,this line will not run\n" << endl;
    //此句不会执行
    return 0;
}
```

（2）上传 test.cpp 到 Linux，在终端下输入命令"g++ -o test test.cpp -lpthread"，其中 pthread 是线程库的名字，然后运行 test，运行结果如下：

```
[root@localhost test]# g++ -o test test.cpp -lpthread
[root@localhost test]# ./test
main thread will exit

sub thread is running
[root@localhost test]#
```

正如我们所预料的那样，main 线程中调用了函数 pthread_exit，将退出 main 线程，但进程并不会此刻退出，而是要等到子线程结束后才退出。因为是分离线程，它结束的时候，所占用的资源会立刻被系统回收。如果是一个可连接（joinable）线程，则必须在创建它的线程中调用 pthread_join 来等待可连接线程结束并释放该线程所占的资源。因此上面的代码中，如果我们创建的是可连接线程，则 main 函数中不能调用 pthread_exit 预先退出。在此我们再总结一下可连接线程和可分离线程最重要的区别：在任何一个时间点上，线程是可连接的（joinable），或者是分离的（detached）。一个可连接的线程在自己退出时或 pthread_exit 时都不会释放线程所占用堆栈和线程描述符（总计八千多字节），需要通过其他线程调用 pthread_join 之后，这些资源才会被释放；相反，一个分离的线程是不能被其他线程回收或杀死的，它所占用的资源在终止时由系统自动释放。

除了直接创建可分离线程外，还能把一个可连接线程转换为可分离线程，这有一个好处，就是把线程的分离状态转为可分离后，它自己退出或调用 pthread_exit，就可以由系统回收其资源了。转换方法是调用函数 pthread_detach，该函数可以把一个可连接线程转变为一个可分离线程，声明如下：

```
int pthread_detach(pthread_t thread);
```

其中，参数 thread 是要设置为分离状态的线程的 ID。如果函数执行成功就返回 0，否则返回一个错误码，比如错误码 EINVAL 表示目标线程不是一个可连接的线程，ESRCH 表示该 ID 的线程没有找到。要注意的是，如果一个线程已经被其他线程连接了，则 pthread_detach 不会产生作用，并且该线程继续处于可连接状态。同时，如果一个线程成功地进行 pthread_detach 后，再想要去连接它，则必定失败。

下面我们来看一个例子，首先创建一个可连接线程，然后获取其分离状态，再把它转换为可分离线程，再来获取其分离状态属性。获取分离状态的函数是 pthread_attr_getdetachstate，该函数声明如下：

```
int pthread_attr_getdetachstate(pthread_attr_t *attr, int *detachstate);
```

其中，参数 attr 为属性结构体指针，detachstate 返回分离状态。如果函数执行成功就返回 0，否则返回错误码。

【例 8.8】获取线程的分离状态属性

（1）打开 UE，新建一个 test.cpp 文件，在 test.cpp 中输入代码：

```
#ifndef _GNU_SOURCE
#define _GNU_SOURCE        /* To get pthread_getattr_np() declaration */
#endif
#include <pthread.h>
#include <stdio.h>
#include <stdlib.h>
#include <unistd.h>
#include <errno.h>

#define handle_error_en(en, msg) \      //输出自定义的错误信息
        do { errno = en; perror(msg); exit(EXIT_FAILURE); } while (0)

static void * thread_start(void *arg)
{
    int i,s;
    pthread_attr_t gattr;   //定义线程属性结构体

    s = pthread_getattr_np(pthread_self(), &gattr);
    //获取当前线程属性结构值，该函数前面讲过了
    if (s != 0)
        handle_error_en(s, "pthread_getattr_np");  //打印错误信息

    printf("Thread's detachstate attributes:\n");

    s = pthread_attr_getdetachstate(&gattr,&i);//从属性结构值中获取分离状态属性
    if (s)
        handle_error_en(s, "pthread_attr_getdetachstate");
    printf("Detach state        = %s\n",    //打印当前分离状态属性
        (i == PTHREAD_CREATE_DETACHED) ? "PTHREAD_CREATE_DETACHED" :
        (i == PTHREAD_CREATE_JOINABLE) ? "PTHREAD_CREATE_JOINABLE" :
        "???");

    pthread_attr_destroy(&gattr);
}

int main(int argc, char *argv[])
{
    pthread_t thr;
    int s;

    s = pthread_create(&thr, NULL, &thread_start, NULL);  //创建线程
```

```
    if (s != 0)
    {
        handle_error_en(s, "pthread_create");
        return 0;
    }

    pthread_join(thr, NULL); //等待子线程结束
    return 0;
}
```

（2）上传 test.cpp 到 Linux，在终端下输入命令"g++ -o test test.cpp -lpthread"，其中 pthread 是线程库的名字，然后运行 test，运行结果如下：

```
[root@localhost Debug]# ./test
Thread's detachstate attributes:
Detach state = PTHREAD_CREATE_JOINABLE
```

从运行结果可见，默认创建的线程就是一个可连接线程，即其分离状态属性是可连接的。下面我们再看一个例子，把一个可连接线程转换成可分离线程，并查看其前后的分离状态属性。

【例 8.9】把可连接线程转换为可分离线程

（1）打开 UE，新建一个 test.cpp 文件，在 test.cpp 中输入代码：

```
#ifndef _GNU_SOURCE
#define _GNU_SOURCE    /* To get pthread_getattr_np() declaration */
#endif
#include <pthread.h>
#include <stdio.h>
#include <stdlib.h>
#include <unistd.h>
#include <errno.h>

static void * thread_start(void *arg)
{
    int i,s;
    pthread_attr_t gattr;

    s = pthread_getattr_np(pthread_self(), &gattr);
    if (s != 0)
        printf("pthread_getattr_np failed\n");

    s = pthread_attr_getdetachstate(&gattr, &i);
    if (s)
        printf( "pthread_attr_getdetachstate failed");
    printf("Detach state     = %s\n",
        (i == PTHREAD_CREATE_DETACHED) ? "PTHREAD_CREATE_DETACHED" :
        (i == PTHREAD_CREATE_JOINABLE) ? "PTHREAD_CREATE_JOINABLE" :
        "???");
```

```
    pthread_detach(pthread_self());  //转换线程为可分离线程

    s = pthread_getattr_np(pthread_self(), &gattr);
    if (s != 0)
        printf("pthread_getattr_np failed\n");
    s = pthread_attr_getdetachstate(&gattr, &i);
    if (s)
        printf(" pthread_attr_getdetachstate failed");
    printf("after pthread_detach,\nDetach state       = %s\n",
        (i == PTHREAD_CREATE_DETACHED) ? "PTHREAD_CREATE_DETACHED" :
        (i == PTHREAD_CREATE_JOINABLE) ? "PTHREAD_CREATE_JOINABLE" :
        "???");

    pthread_attr_destroy(&gattr);   //销毁属性
}

int main(int argc, char *argv[])
{
    pthread_t thread_id;
    int s;

    s = pthread_create(&thread_id, NULL, &thread_start, NULL);
    if (s != 0)
    {
        printf("pthread_create failed\n");
        return 0;
    }
    pthread_exit(NULL);//主线程退出，但进程并不马上结束
}
```

（2）上传 test.cpp 到 Linux，在终端下输入命令 "g++ -o test test.cpp -lpthread"，其中 pthread 是线程库的名字，然后运行 test，运行结果如下：

```
[root@localhost Debug]# ./test
Detach state = PTHREAD_CREATE_JOINABLE
after pthread_detach,
Detach state = PTHREAD_CREATE_DETACHED
```

2. 栈尺寸

除了分离状态属性外，线程的另一个重要属性是栈尺寸。这对于我们在线程函数中开设栈上的内存空间非常重要。局部变量、函数参数、返回地址等都存放在栈空间里，而动态分配的内存（比如用 malloc）或全局变量等都属于堆空间。我们学了栈尺寸属性后，注意在线程函数中开设局部变量（尤其是数组）不要超过默认栈尺寸大小。获取线程栈尺寸属性的函数是 pthread_attr_getstacksize，声明如下：

```
int pthread_attr_getstacksize(pthread_attr_t *attr, size_t *stacksize);
```

其中，参数 attr 指向属性结构体，stacksize 用于获得栈尺寸（单位是字节），指向 size_t 类型

的变量。如果函数执行成功就返回 0，否则返回错误码。

【例 8.10】获得线程默认栈尺寸大小和最小尺寸

（1）打开 UE，新建一个 test.cpp 文件，在 test.cpp 中输入代码：

```
#ifndef _GNU_SOURCE
#define _GNU_SOURCE      /* To get pthread_getattr_np() declaration */
#endif
#include <pthread.h>
#include <stdio.h>
#include <stdlib.h>
#include <unistd.h>
#include <errno.h>
#include <limits.h>
static void * thread_start(void *arg)
{
    int i,res;
    size_t stack_size;
    pthread_attr_t gattr;

    res = pthread_getattr_np(pthread_self(), &gattr);
    if (res)
        printf("pthread_getattr_np failed\n");

    res = pthread_attr_getstacksize(&gattr, &stack_size);
    if (res)
        printf("pthread_getattr_np failed\n");

    printf("Default stack size is %u byte; minimum is %u byte\n", stack_size,
PTHREAD_STACK_MIN);


    pthread_attr_destroy(&gattr);
}

int main(int argc, char *argv[])
{
    pthread_t thread_id;
    int s;

    s = pthread_create(&thread_id, NULL, &thread_start, NULL);
    if (s != 0)
    {
        printf("pthread_create failed\n");
        return 0;
    }
    pthread_join(thread_id, NULL); //等待子线程结束
}
```

（2）上传 test.cpp 到 Linux，在终端下输入命令"g++ -o test test.cpp -lpthread"，其中 pthread 是线程库的名字，然后运行 test，运行结果如下：

```
[root@localhost Debug]# ./test
Default stack size is 8392704 byte; minimum is 16384 byte
```

3. 调度策略

线程的调度策略也是线程的一个重要属性。一个线程肯定有一种策略来调度它。进程中有了多个线程后，就要管理这些线程如何去占用 CPU，这就是线程调度。线程调度通常由操作系统来安排，不同操作系统的调度方法（或称调度策略）不同，比如有的操作系统采用轮询法来调度。在理解线程调度之前，先要了解一下实时与非实时。实时就是指操作系统对一些中断等的响应时效性非常高，非实时正好相反。目前， VxWorks 属于实时操作系统，Windows 和 Linux 则属于非实时操作系统，也叫分时操作系统。响应实时的表现主要是抢占，抢占通过优先级来控制，优先级高的任务最先占用 CPU。

Linux 虽然是一个非实时操作系统，但其线程也有实时和分时之分，具体的调度策略可以分为 3 种：SCHED_OTHER（分时调度策略）、SCHED_FIFO（先来先服务调度策略）、SCHED_RR（实时调度策略，时间片轮转）。我们创建线程的时候可以指定其调度策略，默认的调度策略是 SCHED_OTHER，SCHED_FIFO 和 SCHED_RR 只用于实时线程。

（1）SCHED_OTHER

SCHED_OTHER 表示分时调度策略（也可称轮转策略），是一种非实时调度策略，系统会为每个线程分配一段运行时间，称为时间片。该调度策略是不支持优先级的，如果我们去获取该调度策略下的最高和最低优先级，可以发现都是 0。该调度策略有点像排队上公共厕所，前面的人占用了位置，不出来的话，后面的人是轮不上的，而且不能强行赶出来（不支持优先级，没有 VIP 特权之说）。

（2）SCHED_FIFO

SCHED_FIFO 表示先来先服务调度策略，支持优先级抢占。SCHED_FIFO 策略下，CPU 让一个先来的线程执行完再调度下一个线程，顺序就是按照创建线程的先后。线程一旦占用 CPU 就会一直运行，直到有更高优先级的任务到达或自己放弃 CPU。如果有和正在运行的线程具有同样优先级的线程已经就绪，就必须等待正在运行的线程主动放弃后才可以运行这个就绪的线程。SCHED_FIFO 策略下，可设置的优先级范围是 1~99。

（3）SHCED_RR

SHCED_RR 表示时间片轮转（轮循）调度策略，但支持优先级抢占，因此也是一种实时调度策略。SHCED_RR 策略下，CPU 会分配给每个线程一个特定的时间片，当线程的时间片用完时，系统将重新分配时间片，并将线程置于实时线程就绪队列的尾部，这样就保证了所有具有相同优先级的线程能够被公平地调度。

下面我们来看一个例子，获取这 3 种调度策略下可设置的最小和最大优先级，主要使用的函数是 sched_get_priority_min 和 sched_get_priority_max。这两个函数都在 sched.h 中声明，具体如下：

```
int sched_get_priority_min(int policy);
int sched_get_priority_max(int policy);
```

该函数获取实时线程可设置的最低和最高优先级值。其中，参数 policy 为调度策略，可以取值为 SCHED_FIFO、SCHED_RR 或 SCHED_OTHER。函数返回可设置的最低优先级。对于 SCHED_OTHER，由于是分时策略，因此返回 0；另外两个策略返回的最低优先级是 1，最高优先级是 99。

【例 8.11】获取线程 3 种调度策略下可设置的最小和最大优先级

（1）打开 UE，新建一个 test.cpp 文件，在 test.cpp 中输入代码：

```
#include <stdio.h>
#include <unistd.h>
#include <sched.h>
main()
{
    printf("Valid priority range for SCHED_OTHER: %d - %d\n",
        sched_get_priority_min(SCHED_OTHER),//获取SCHED_OTHER的可设置的最低优先级
        sched_get_priority_max(SCHED_OTHER));//获取SCHED_OTHER的可设置的最高优先级
    printf("Valid priority range for SCHED_FIFO: %d - %d\n",
        sched_get_priority_min(SCHED_FIFO), //获取SCHED_FIFO的可设置的最低优先级
        sched_get_priority_max(SCHED_FIFO)); //获取SCHED_FIFO的可设置的最高优先级
    printf("Valid priority range for SCHED_RR: %d - %d\n",
        sched_get_priority_min(SCHED_RR), //获取SCHED_RR的可设置的最低优先级
        sched_get_priority_max(SCHED_RR)); //获取SCHED_RR的可设置的最高优先级
}
```

（2）上传 test.cpp 到 Linux，在终端下输入命令"g++ -o test test.cpp -lpthread"，其中 pthread 是线程库的名字，然后运行 test，运行结果如下：

```
[root@localhost Debug]# ./test
Valid priority range for SCHED_OTHER: 0 - 0
Valid priority range for SCHED_FIFO: 1 - 99
Valid priority range for SCHED_RR: 1 - 99
```

对于 SCHED_FIFO 和 SHCED_RR 调度策略，由于支持优先级抢占，因此具有高优先级的可运行的（就绪状态下的）线程总是先运行。如果一个正在运行的线程在未完成其时间片时，出现一个更高优先级的线程就绪，那么正在运行的这个线程就可能在未完成其时间片前被抢占。甚至一个线程会在未开始其时间片前就被抢占了，而要等待下一次被选择运行。当 Linux 系统切换线程的时候，将执行一个上下文转换的操作，即保存正在运行的线程的相关状态，装载另一个线程的状态，开始新线程的执行。

需要说明的是，虽然 Linux 支持实时调度策略（比如 SCHED_FIFO 和 SCHED_RR），但它依旧属于非实时操作系统，这是因为实时操作系统对响应时间有着非常严格的要求，而 Linux 作为一个通用操作系统达不到这一要求（通用操作系统要求能支持一些较差的硬件，从硬件角度就达不到实时要求）。此外，Linux 的线程优先级是动态的，也就是说即使高优先级线程还没有完成，低优

先级线程还是会得到一定的时间片。美国的宇宙飞船常用的操作系统 VxWorks 就是一个 RTOS（Real-Time Operating System，实时操作系统）。

8.3.3　线程的结束

线程安全退出是编写多线程程序时一个重要的事项。在 Linux 下，线程的结束通常由以下原因所致：

（1）在线程函数中调用 pthread_exit 函数。

（2）线程所属的进程结束了，比如进程调用了 exit。

（3）线程函数执行结束后返回（return）了。

（4）线程被同一进程中的其他线程通知结束或取消。

第一种方式，与 Windows 下的线程退出函数 ExitThread 不同，pthread_exit 不会导致 C++对象被析构，所以可以放心使用。第二种方式最好不用，因为线程函数如果有 C++对象，则 C++对象不会被销毁。第三种方式推荐使用，线程函数执行到 return 后结束是最安全的方式，尽量将线程设计成这样的形式，即想让线程终止运行时，它们就能够 return（返回）。最后一种方式通常用于其他线程要求目标线程结束运行的情况，比如目标线程中执行一个耗时的复杂科学计算，但用户等不及想中途停止它，此时就可以向目标线程发送取消信号。其实，（1）和（3）属于线程自己主动终止，（2）和（4）属于被动结束，就是自己并不想结束，但外部线程希望自己终止。

一般情况下，进程中各个线程的运行是相互独立的，线程的终止并不会相互通知，也不会影响其他的线程。对于可连接线程，它终止后，所占用的资源并不会随着线程的终止而归还系统，而是仍为线程所在的进程持有，可以调用 pthread_join 函数来同步并释放资源（这一点前面已经讲过了，这里又啰唆了一遍，希望记住）。

1. 线程主动结束

线程主动结束一般是线程函数中使用 return 语句或调用 pthread_exit 函数。函数 pthread_exit 声明如下：

```
void pthread_exit(void *retval);
```

其中，参数 retval 就是线程退出的时候返回给主线程的值。注意，线程函数的返回类型是 void*。另外，在 main 线程中调用"pthread_exit(NULL);"的时候，将结束 main 线程，但进程并不立即退出。

下面来看一个线程主动结束的例子。

【例 8.12】线程终止并得到线程的退出码

（1）打开 UE，新建一个 test.cpp 文件，在 test.cpp 中输入代码：

```
#include <pthread.h>
#include <stdio.h>
#include <string.h>
#include <unistd.h>
```

```cpp
#include <errno.h>

#define PTHREAD_NUM    2

void *thrfunc1(void *arg)  //第一个线程函数
{
    static int count = 1;  //这里需要的是静态变量
    pthread_exit((void*)(&count));  //通过pthread_exit结束线程
}
void *thrfunc2(void *arg)
{
    static int count = 2;
    return (void *)(&count);  //线程函数返回
}

int main(int argc, char *argv[])
{
    pthread_t pid[PTHREAD_NUM];  //定义两个线程id
    int retPid;
    int *pRet1;  //注意这里是指针
    int * pRet2;

    if ((retPid = pthread_create(&pid[0], NULL, thrfunc1, NULL)) != 0)
    //创建第1个线程
    {
        perror("create pid first failed");
        return -1;
    }
    if ((retPid = pthread_create(&pid[1], NULL, thrfunc2, NULL)) != 0)
    //创建第2个线程
    {
        perror("create pid second failed");
        return -1;
    }

    if (pid[0] != 0)
    {
        pthread_join(pid[0], (void**)& pRet1);  //注意pthread_join的第二个参数的用法
        printf("get thread 0 exitcode: %d\n", * pRet1);  //打印线程返回值
    }
    if (pid[1] != 0)
    {
        pthread_join(pid[1], (void**)& pRet2);
        printf("get thread 1 exitcode: %d\n", * pRet2);  //打印线程返回值
    }
    return 0;
}
```

（2）上传 test.cpp 到 Linux，在终端下输入命令 "g++ -o test test.cpp -lpthread"，其中 pthread

是线程库的名字，然后运行 test，运行结果如下：

```
[root@localhost Debug]# ./test
get thread 0 exitcode: 1
get thread 1 exitcode: 2
```

从这个例子可以看到，线程返回值有两种方式，一种是调用函数 pthread_exit，另一种是直接 return。此外，这个例子中用了不少强制转换，这里要稍微啰唆一下，首先看函数 thrfunc1 中的最后一句 pthread_exit((void*)(&count));，我们知道 pthread_exit 函数的参数类型为 void *，因此只能通过指针的形式出去，故先把整型变量 count 转换为整型指针，即&count，那么&count 为 int*类型，这个时候再与 void*匹配，需要进行强制转换，也就是代码中的(void*)(&count);。函数 thrfunc2 中的 return 关键字返回值的时候，同样也需要进行强制类型的转换，线程函数的返回类型是 void*，那么对于 count 整型变量来说，必须转换为 void 型的指针类型（void*），因此有(void*)((int*)&count);。

介绍完了返回的情况，我们再来介绍一下接收。对于接收返回值的函数 pthread_join 来说，有两个作用，其一是等待线程结束，其二是获取线程结束时的返回值。pthread_join 的第二个参数类型是 void**二级指针，那么我们就把整型指针 pRet1 的地址（int**类型）赋给它，再显式地转为 void**即可。

要注意一点，返回整数数值的时候使用了 static 关键字，这是因为必须确定返回值的地址是不变的。如果不用 static，则对于 count 变量而言，以内存上来讲，属于在栈区开辟的变量，那么在调用结束的时候，必然是释放内存空间的，相对而言，这时候就没办法找到 count 所代表内容的地址空间。这就是为什么很多人在看到 swap 交换函数的时候，写成 swap(int,int)是没有办法进行交换的。因此，如果我们需要修改传过来的参数，就必须使用这个参数的地址，或者一个变量本身是不变的内存地址空间，这样才可以进行修改，否则修改失败或者返回值是随机值。而把返回值定义成静态变量，这样线程结束时，其存储单元依然存在，这样做 main 线程中可以通过指针引用到它的值，并打印出来。大家可以试试不用静态变量，结果必将不同。还可以试着返回一个字符串，这样比返回一个整数更加简单明了。

2. 线程被动结束

一个线程可能在执行一项耗时的计算任务，用户可能没耐心，希望结束该线程。此时线程就要被动地结束了。如何被动结束呢？一种方法是在同进程的另一个线程中通过函数 pthread_kill 发送信号给要结束的线程，目标线程收到信号后再退出；另一种方法是在同进程的其他线程中通过函数 pthread_cancel 来取消目标线程的执行。我们先来看看 pthread_kill。向线程发送信号的函数是 pthread_kill，注意它不是杀死（kill）线程，而是向线程发信号，因此线程之间交流信息可以用这个函数。需要注意的是，接收信号的线程必须先用 sigaction 函数注册该信号的处理函数。函数 pthread_kill 声明如下：

```
int pthread_kill(pthread_t threadId, int signal);
```

其中，参数 threadId 是接收信号的线程的线程 ID；signal 是信号，通常是一个大于 0 的值，如果等于 0，就用来探测线程是否存在。如果函数执行成功就返回 0，否则返回错误码，如 ESRCH

表示线程不存在，EINVAL 表示信号不合法。

　　向指定 ID 的线程发送 signal（信号），如果线程代码内不做处理，则按照信号默认的行为影响整个进程，也就是说，如果你给一个线程发送了 SIGQUIT，但线程却没有实现 signal 处理函数，则整个进程退出。所以，如果 int signal 的参数不是 0，那么一定要清楚到底要干什么，而且一定要实现线程的信号处理函数，否则就会影响整个进程。

【例 8.13】向线程发送请求结束信号

　　（1）打开 UE，新建一个 test.cpp 文件，在 test.cpp 中输入代码：

```cpp
#include <iostream>
#include <pthread.h>
#include <signal.h>
#include <unistd.h> //sleep
using namespace std;

static void on_signal_term(int sig) //信号处理函数
{
    cout << "sub thread will exit" << endl;
    pthread_exit(NULL);
}
void *thfunc(void *arg)
{
    signal(SIGQUIT, on_signal_term); //注册信号处理函数

    int tm = 50;
    while (true)   //死循环，模拟一个长时间计算任务
    {
        cout << "thrfunc--left:"<<tm<<" s--" <<endl;
        sleep(1);
        tm--; //每过一秒，tm就减一
    }

    return (void *)0;
}

int main(int argc, char *argv[])
{
    pthread_t    pid;
    int res;

    res = pthread_create(&pid, NULL, thfunc, NULL); //创建子线程
    sleep(5);  //让出CPU 5秒，让子线程执行
    pthread_kill(pid,SIGQUIT);//5秒结束后，开始向子线程发送SIGQUIT信号，通知其结束
    pthread_join(pid, NULL); //等待子线程结束
    cout << "sub thread has completed,main thread will exit\n";
    return 0;
}
```

（2）上传 test.cpp 到 Linux，在终端下输入命令"g++ -o test test.cpp -lpthread"，其中 pthread 是线程库的名字，然后运行 test，运行结果如下：

```
[root@localhost cpp98]# ./test
thrfunc--left:50 s--
thrfunc--left:49 s--
thrfunc--left:48 s--
thrfunc--left:47 s--
thrfunc--left:46 s--
sub thread will exit
sub thread has completed,main thread will exit
```

我们可以看到，子线程在执行的时候，主线程等了 5 秒后就开始向其发送信号 SIGQUIT。在子线程中已经注册了 SIGQUIT 的处理函数 on_signal_term。如果不注册信号 SIGQUIT 的处理函数，就将调用默认处理，即结束线程所属的进程。大家可以试着把 signal(SIGQUIT, on_signal_term);注释掉，再运行一下，就会发现在子线程运行 5 秒之后整个进程结束了，pthread_kill(pid, SIGQUIT);后面的语句不会再执行。

既然说到了 pthread_kill，就顺便讲一种常见应用。即判断线程是否还存活。方法是先发送信号 0（一个保留信号），然后判断其返回值，根据返回值就可以知道目标线程是否还存活着。请看下例。

【例 8.14】判断线程是否已经结束

（1）打开 UE，新建一个 test.cpp 文件，在 test.cpp 中输入代码：

```cpp
#include <iostream>
#include <pthread.h>
#include <signal.h>
#include <unistd.h> //sleep
#include "errno.h" //for ESRCH
using namespace std;

void *thfunc(void *arg) //线程函数
{
    int tm = 50;
    while (1)    //如果要线程停止，可以在这里改为tm>48或其他
    {
        cout << "thrfunc--left:"<<tm<<" s--" <<endl;
        sleep(1);
        tm--;
    }
    return (void *)0;
}

int main(int argc, char *argv[])
{
    pthread_t    pid;
    int res;
```

```
    res = pthread_create(&pid, NULL, thfunc, NULL); //创建线程
    sleep(5);
    int kill_rc = pthread_kill(pid, 0);  //发送信号0，探测线程是否存活
//打印探测结果
    if (kill_rc == ESRCH)
        cout<<"the specified thread did not exists or already quit\n";
    else if (kill_rc == EINVAL)
        cout<<"signal is invalid\n";
    else
        cout<<"the specified thread is alive\n";

    return 0;
}
```

（2）上传 test.cpp 到 Linux，在终端下输入命令"g++ -o test test.cpp -lpthread"，其中 pthread 是线程库的名字，然后运行 test，运行结果如下：

```
[root@localhost cpp98]# g++ -o test test.cpp -lpthread
[root@localhost cpp98]# ./test
thrfunc--left:50 s--
thrfunc--left:49 s--
thrfunc--left:48 s--
thrfunc--left:47 s--
thrfunc--left:46 s--
the specified thread is alive
```

上面例子中的主线程休眠 5 秒后，探测了子线程是否存活，结果是活着。因为子线程一直在死循环。如果要让探测结果为子线程不存在，可以把死循环改为一个可以跳出循环的条件，比如 while(tm>48)。

除了通过函数 pthread_kill 发送信号来通知线程结束外，还可以通过函数 pthread_cancel 来取消某个线程的执行。所谓取消某个线程的执行，也就是发送取消请求，请求其终止运行。注意，就算发送成功，也不一定意味着线程停止运行了。函数 pthread_cancel 声明如下：

```
    int pthread_cancel(pthread_t thread);
```

其中，参数 thread 表示要被取消线程（目标线程）的线程 ID。如果发送取消请求成功，则函数返回 0，否则返回错误码。发送取消请求成功并不意味着目标线程立即停止运行，即系统并不会马上关闭被取消线程，只有在被取消线程下次调用一些系统函数或 C 库函数（比如 printf），或者调用函数 pthread_testcancel（让内核去检测是否需要取消当前线程）时，才会真正结束线程。这种在线程执行过程中检测是否有未响应取消信号的地方叫作取消点。常见的取消点有 printf、pthread_testcancel、read/write、sleep 等函数调用的地方。如果被取消线程停止成功，就将自动返回常数 PTHREAD_CANCELED（这个值是-1），可以通过 pthread_join 获得这个退出值。

函数 pthread_testcancel 让内核去检测是否需要取消当前线程，声明如下：

```
    void pthread_testcancel(void);
```

可别小看了 pthread_testcancel 函数，它可以在线程的死循环中让系统（内核）有机会去检查是否有取消请求过来，如果不调用 pthread_testcancel，则函数 pthread_cancel 取消不了目标线程。下面看两个例子，第一个例子不调用函数 pthread_testcancel，无法取消目标线程；第二个例子调用函数 pthread_testcancel，取消成功。取消成功的意思是取消请求不但发送成功，而且目标线程停止运行了。

【例 8.15】取消线程失败

（1）打开 UE，新建一个 test.cpp 文件，在 test.cpp 中输入代码：

```cpp
#include<stdio.h>
#include<stdlib.h>
#include <pthread.h>
#include <unistd.h> //sleep
void *thfunc(void *arg)
{
    int i = 1;
    printf("thread start-------- \n");
    while (1)  //死循环
        i++;

    return (void *)0;
}
int main()
{
    void *ret = NULL;
    int iret = 0;
    pthread_t tid;
    pthread_create(&tid, NULL, thfunc, NULL);  //创建线程
    sleep(1);

    pthread_cancel(tid); //发送取消线程的请求
    pthread_join(tid, &ret);  //等待线程结束
    if (ret == PTHREAD_CANCELED) //判断是否成功取消线程
        printf("thread has stopped,and exit code: %d\n", ret);
        //打印返回值，应该是-1
    else
        printf("some error occured");

    return 0;
}
```

（2）上传 test.cpp 到 Linux，在终端下输入命令"g++ -o test test.cpp -lpthread"，其中 pthread 是线程库的名字，然后运行 test，运行结果如下：

```
[root@localhost cpp98]# ./test
thread start--------
^C
[root@localhost cpp98]#
```

从运行结果可以看到，程序打印 thread start--------后就没反应了，我们只能按 Ctrl+C 键来停止进程。这说明主线程中虽然发送取消请求了，但并没有让子线程停止运行。因为如果停止运行，pthread_join 是会返回的，然后会打印其后面的语句。下面我们来改进一下这个程序，在 while 循环中加一个函数 pthread_testcancel。

【例 8.16】取消线程成功

（1）打开 UE，新建一个 test.cpp 文件，在 test.cpp 中输入代码：

```
#include<stdio.h>
#include<stdlib.h>
#include <pthread.h>
#include <unistd.h> //sleep
void *thfunc(void *arg)
{
    int i = 1;
    printf("thread start-------- \n");
while (1)
    {
        i++;
        pthread_testcancel(); //让系统测试取消请求
    }
    return (void *)0;
}
int main()
{
    void *ret = NULL;
    int iret = 0;
    pthread_t tid;
    pthread_create(&tid, NULL, thfunc, NULL);  //创建线程
    sleep(1);

    pthread_cancel(tid); //发送取消线程的请求
    pthread_join(tid, &ret);  //等待线程结束
    if (ret == PTHREAD_CANCELED) //判断是否成功取消线程
        printf("thread has stopped,and exit code: %d\n", ret);
        //打印返回值，应该是-1
    else
        printf("some error occured");

    return 0;
}
```

（2）上传 test.cpp 到 Linux，在终端下输入命令“g++ -o test test.cpp -lpthread”其中 pthread 是线程库的名字，然后运行 test，运行结果如下：

```
[root@localhost cpp98]# g++ -o test test.cpp -lpthread
[root@localhost cpp98]# ./test
thread start--------
```

```
thread has stopped,and exit code: -1
```

我们可以看到，这个例子取消线程成功了，目标线程停止运行，返回 pthread_join，并且得到的线程返回值正是 PTHREAD_CANCELED。原因就在于我们在 while 死循环中添加了函数 pthread_testcancel，让系统每次循环都去检查一下有没有取消请求。不用 pthread_testcancel 也可以，可以在 while 循环中用 sleep 函数来代替，但这样会影响 while 的速度。大家在实际开发中可以根据具体项目具体分析。

8.3.4　线程退出时的清理机会

前面讲了线程的结束，主动结束可以认为是线程正常终止，这种方式是可预见的。被动结束是其他线程要求其结束，这种退出方式是不可预见的，是一种异常终止。不论是可预见的线程终止还是异常终止，都会存在资源释放的问题，在不考虑因运行出错而退出的前提下，如何保证线程终止时能顺利地释放掉自己所占用的资源，特别是锁资源，就是一个必须解决的问题。经常出现的情形是资源独占锁的使用：线程为了访问临界资源而为其加上锁，但在访问过程中被外界取消，如果取消成功了，则该临界资源将永远处于锁定状态得不到释放。外界取消操作是不可预见的，因此的确需要一个机制来简化用于资源释放的编程，也就是需要一个在线程退出时执行清理的机会。关于锁后面会讲到，这里只需要知道谁上了锁，谁就要负责解锁，否则会引起程序死锁。

我们来看一个场景：比如线程 1 执行这样一段代码：

```
void *thread1(void *arg)
{
    pthread_mutex_lock(&mutex);  //上锁
    //调用某个阻塞函数，比如套接字的accept，该函数等待客户连接
    sock = accept(......);
    pthread_mutex_unlock(&mutex);
}
```

这个例子中，如果线程 1 执行 accept，线程就会阻塞（也就是等在那里，有客户端连接的时候才返回，或者出现其他故障），现在线程 1 处于等待中，这时线程 2 发现线程 1 等了很久，不耐烦了，它想关掉线程 1，于是调用 pthread_cancel 或者类似函数，请求线程 1 立即退出。这时线程 1 仍然在 accept 等待中，当它收到线程 2 的 cancel 信号后，就会从 accept 中退出，然后终止线程，但是这个时候线程 1 还没有执行解锁函数 pthread_mutex_unlock(&mutex);，也就是说锁资源没有释放，从而造成其他线程的死锁问题，也就是其他在等待这个锁资源的线程将永远等不到了。所以必须在线程接收到 cancel 后，用一种方法来保证异常退出（也就是线程没达到终点）时可以做清理工作（主要是解锁方面）。

很幸运，POSIX 线程库提供了函数 pthread_cleanup_push 和 pthread_cleanup_pop，让线程退出时可以做一些清理工作。这两个函数采用先入后出的栈结构管理，前者会把一个函数压入清理函数栈，后者用来弹出栈顶的清理函数，并根据参数来决定是否执行清理函数。多次调用函数 pthread_cleanup_push 将把当前在栈顶的清理函数往下压，弹出清理函数时，在栈顶的清理函数先被弹出。栈的特点是先进后出。pthread_cleanup_push 声明如下：

```
void pthread_cleanup_push(void (*routine)(void *), void *arg);
```

其中，参数 routine 是一个函数指针，arg 是该函数的参数。由 pthread_cleanup_push 压栈的清理函数在下面 3 种情况下会执行：

（1）线程主动结束时，比如 return 或调用 pthread_exit 的时候。

（2）调用函数 pthread_cleanup_pop，且其参数为非 0 时。

（3）线程被其他线程取消时，也就是有其他的线程对该线程调用 pthread_cancel 函数。

函数 pthread_cleanup_pop 声明如下：

```
void pthread_cleanup_pop(int execute);
```

其中，参数 execute 用来决定在弹出栈顶清理函数的同时是否执行清理函数，取 0 时表示不执行清理函数，非 0 时则执行清理函数。要注意的是，函数 pthread_cleanup_pop 与 pthread_cleanup_push 必须成对出现在同一个函数中，否则就会出现语法错误。

了解这两个函数后，我们可以把上面可能会引起死锁的线程 1 的代码改写如下：

```
void *thread1(void *arg)
{
    pthread_cleanup_push(clean_func,...)  //压栈一个清理函数 clean_func
    pthread_mutex_lock(&mutex); //上锁
    //调用某个阻塞函数，比如套接字的accept，该函数等待客户连接
    sock = accept(......);

    pthread_mutex_unlock(&mutex);  //解锁
    pthread_cleanup_pop(0); //弹出清理函数，但不执行，因为参数是0
    return NULL;
}
```

在上面的代码中，如果 accept 被其他线程 cancel 后线程退出，就会自动调用 clean_func 函数，在这个函数中可以释放锁资源。如果 accept 没有被 cancel，那么线程继续执行，当执行到 "pthread_mutex_unlock(&mutex);" 时，表示线程自己正确地释放资源了，再执行到 "pthread_cleanup_pop(0);" 时，会把前面压栈的清理函数 clean_func 弹出栈，并且不会去执行它（因为参数是 0）。现在的流程就安全了。

【例 8.17】线程主动结束时，调用清理函数

（1）打开 UE，新建一个 test.cpp 文件，在 test.cpp 中输入代码：

```
#include <stdio.h>
#include <stdlib.h>
#include <pthread.h>
#include <string.h> //strerror

void mycleanfunc(void *arg) //清理函数
{
    printf("mycleanfunc:%d\n", *((int *)arg)); //打印传进来的不同参数

}
```

```
void *thfrunc1(void *arg)
{
    int m=1;
    printf("thfrunc1 comes \n");
    pthread_cleanup_push(mycleanfunc, &m);   //把清理函数压栈
    return (void *)0;     //退出线程
    pthread_cleanup_pop(0); //把清理函数出栈，这句不会执行，但必须有，否则编译不过
}

void *thfrunc2(void *arg)
{
    int m = 2;
    printf("thfrunc2 comes \n");
    pthread_cleanup_push(mycleanfunc, &m); //把清理函数压栈
    pthread_exit(0); //退出线程
    pthread_cleanup_pop(0); //把清理函数出栈，这句不会执行，但必须有，否则编译不过
}

int main(void)
{
    pthread_t pid1,pid2;
    int res;
    res = pthread_create(&pid1, NULL, thfrunc1, NULL); //创建线程1
    if (res)
    {
        printf("pthread_create failed: %d\n", strerror(res));
        exit(1);
    }
    pthread_join(pid1, NULL); //等待线程1结束

    res = pthread_create(&pid2, NULL, thfrunc2, NULL); //创建线程2
    if (res)
    {
        printf("pthread_create failed: %d\n", strerror(res));
        exit(1);
    }
    pthread_join(pid2, NULL); //等待线程2结束

    printf("main over\n");
    return 0;
}
```

（2）上传 test.cpp 到 Linux，在终端下输入命令"g++ -o test test.cpp -lpthread"，其中 pthread 是线程库的名字，然后运行 test，运行结果如下：

```
[root@localhost cpp98]# g++ -o test test.cpp -lpthread
[root@localhost cpp98]# ./test
thfrunc1 comes
mycleanfunc:1
```

```
thfrunc2 comes
mycleanfunc:2
main over
```

从例子中可以看到，无论是 return 还是 pthread_exit 都会引起清理函数的执行。值得注意的是，pthread_cleanup_pop 必须和 pthread_cleanup_push 成对出现在同一个函数中，否则编译不过，大家可以把 pthread_cleanup_pop 注释掉后再编译试试。这个例子是线程主动调用清理函数，下面我们再看一个由 pthread_cleanup_pop 执行清理函数的例子。

【例 8.18】pthread_cleanup_pop 调用清理函数

（1）打开 UE，新建一个 test.cpp 文件，在 test.cpp 中输入代码：

```
#include <stdio.h>
#include <stdlib.h>
#include <pthread.h>
#include <string.h> //strerror

void mycleanfunc(void *arg) //清理函数
{
    printf("mycleanfunc:%d\n", *((int *)arg));
}
void *thfrunc1(void *arg) //线程函数
{
    int m=1,n=2;
    printf("thfrunc1 comes \n");
    pthread_cleanup_push(mycleanfunc, &m); //把清理函数压栈
    pthread_cleanup_push(mycleanfunc, &n); //再把一个清理函数压栈
    pthread_cleanup_pop(1);//出栈清理函数，并执行
    pthread_exit(0); //退出线程
    pthread_cleanup_pop(0); //不会执行，仅为了成对
}

int main(void)
{
    pthread_t pid1 ;
    int res;
    res = pthread_create(&pid1, NULL, thfrunc1, NULL); //创建线程
    if (res)
    {
        printf("pthread_create failed: %d\n", strerror(res));
        exit(1);
    }
    pthread_join(pid1, NULL);//等待线程结束

    printf("main over\n");
    return 0;
}
```

（2）上传 test.cpp 到 Linux，在终端下输入命令"g++ -o test test.cpp -lpthread"，其中 pthread 是线程库的名字，然后运行 test，运行结果如下：

```
[root@localhost cpp98]# g++ -o test test.cpp -lpthread
[root@localhost cpp98]# ./test
thfrunc1 comes
mycleanfunc:2
mycleanfunc:1
main over
```

从例子中可以看出，我们连续压了两次清理函数入栈，第一次压栈的清理函数在栈底，第二次压栈的清理函数就到栈顶了，出栈的时候应该是第二次压栈的清理函数先执行，因此"pthread_cleanup_pop(1);"执行的是传 n 进去的清理函数，输出的整数值应该是 2。pthread_exit 退出线程时，引发执行的清理函数是传 m 进去的清理函数，输出的整数值是 1。下面再看最后一种情况，线程被取消时引发清理函数。

【例 8.19】取消线程时引发清理函数

（1）打开 UE，新建一个 test.cpp 文件，在 test.cpp 中输入代码：

```
#include<stdio.h>
#include<stdlib.h>
#include <pthread.h>
#include <unistd.h> //sleep

void mycleanfunc(void *arg) //清理函数
{
    printf("mycleanfunc:%d\n", *((int *)arg));
}

void *thfunc(void *arg)
{
    int i = 1;
    printf("thread start-------- \n");
    pthread_cleanup_push(mycleanfunc, &i); //把清理函数压栈
    while (1)
    {
        i++;
        printf("i=%d\n", i);
    }
    printf("this line will not run\n"); //这句不会调用
    pthread_cleanup_pop(0);  //仅仅为了成对调用

    return (void *)0;
}
int main()
{
    void *ret = NULL;
    int iret = 0;
```

```
    pthread_t tid;
    pthread_create(&tid, NULL, thfunc, NULL);  //创建线程
    sleep(1);   //等待一会，让子线程开始while循环

    pthread_cancel(tid); //发送取消线程的请求
    pthread_join(tid, &ret);   //等待线程结束
    if (ret == PTHREAD_CANCELED) //判断是否成功取消线程
        printf("thread has stopped,and exit code: %d\n", ret);
        //打印返回值，应该是-1
    else
        printf("some error occured");

    return 0;
}
```

（2）上传 test.cpp 到 Linux，在终端下输入命令"g++ -o test test.cpp -lpthread"，其中 pthread 是线程库的名字，然后运行 test，运行结果如下：

```
[root@localhost cpp98]# g++ -o test test.cpp -lpthread
[root@localhost cpp98]# ./test
i=2
i=3
i=4
...
i=24383
i=24384
i=24385
i=24386
i=24387
i=24388
i=24389i=24389
mycleanfunc:24389
thread has stopped,and exit code: -1
```

从这个例子可以看出，子线程在循环打印 i 的值，一直到被取消。由于循环里有系统调用 printf，因此取消成功。取消成功的时候，将会执行清理函数，在清理函数中打印的 i 值将是执行很多次 i++后的 i 值，这是因为我们压栈清理函数的时候，传给清理函数的是 i 的地址，而执行清理函数的时候，i 的值已经变了，因此打印的是最新的 i 值。

8.4 C++11 中的线程类

前面讲的线程是利用 POSIX 线程库，这是传统 C/C++程序员使用线程的方式。现在在 C++11中，提供了语言层面使用线程的方式。

C++11 新标准中引入了 5 个头文件来支持多线程编程，分别是 atomic、thread、mutex、condition_variable 和 future。

- atomic：该头文件主要声明了两个类，即 std::atomic 和 std::atomic_flag，另外还声明了一套 C 风格的原子类型和与 C 兼容的原子操作的函数。
- thread：该头文件主要声明了 std::thread 类，另外 std::this_thread 命名空间也在该头文件中。
- mutex：该头文件主要声明了与互斥锁（mutex）相关的类，包括 std::mutex 系列类、std::lock_guard、std::unique_lock 以及其他的类型和函数。
- condition_variable：该头文件主要声明了与条件变量相关的类，包括 std::condition_variable 和 std::condition_variable_any。
- future：该头文件主要声明了 std::promise、std::package_task 两个 Provider 类，以及 std::future 和 std::shared_future 两个 Future 类，另外还有一些与之相关的类型和函数，std::async 函数就声明在此头文件中。

显然，std::thread 类是非常重要的类，下面我们来概览一下这个类的成员，类 std::thread 的常用成员函数如表 8-2 所示。

表 8-2　类 std::thread 的常用成员函数

成员函数	说明（public 访问方式）
thread	构造函数，有 4 种
get_id	获得线程 ID
joinable	判断线程对象是否可连接
join	阻塞函数，等待线程结束
native_handle	用于获得与操作系统相关的原生线程句柄（需要本地库支持）
swap	线程交换
detach	分离线程

8.4.1　线程的创建

在 C++11 中，创建线程的方式是使用类 std::thread 的构造函数，std::thread 在#include<thread> 头文件中声明，因此使用 std::thread 时需要包含头文件 thread，即#include <thread>。std::thread 的构造函数有 3 种形式：不带参数的默认构造函数、初始化构造函数、移动构造函数。

虽然类 thread 的初始化可以提供很丰富和方便的形式，其实现的底层依然是创建一个 pthread 线程并运行，有些实现甚至是直接调用 pthread_create 来创建。

1. 默认构造函数

默认构造函数是不带参数的，声明如下：

```
thread();
```

刚定义默认构造函数的 thread 对象，其线程是不会马上运行的。

【例 8.20】批量创建线程

（1）打开 UE，新建一个 test.cpp 文件，在 test.cpp 中输入代码：

```cpp
#include <stdio.h>
#include <stdlib.h>

#include <chrono>    // std::chrono::seconds
#include <iostream> // std::cout
#include <thread>    // std::thread, std::this_thread::sleep_for
using namespace std;
void thfunc(int n) //线程函数
{
    std::cout << "thfunc:" << n << endl;
}

int main(int argc, const char *argv[])
{
    std::thread threads[5]; //批量定义5个thread对象，但此时并不会执行线程
    std::cout << "create 5 threads...\n";
    for (int i = 0; i < 5; i++)
        threads[i] = std::thread(thfunc, i + 1); //这里开始执行线程函数thfunc

    for (auto& t : threads) //等待每个线程结束
        t.join();

    std::cout << "All threads joined.\n";

    return EXIT_SUCCESS;
}
```

（2）上传 test.cpp 到 Linux，在终端下输入命令"g++ -o test test.cpp -lpthread -std=c++11"，其中 pthread 是线程库的名字，然后运行 test，运行结果如下：

```
[root@localhost test]# g++ -o test test.cpp -lpthread -std=c++11
[root@localhost test]# ./test
create 5 threads...
thfunc:5
thfunc:1
thfunc:2
thfunc:3
thfunc:4
All threads joined.
```

上例定义了 5 个线程对象，刚定义的时候并不会执行线程，然后将另外初始化构造函数（后面会讲到）的返回值赋给它们。创建的线程都是可连接线程，所以要用 join 来等待它们结束。这个函数后面也会讲到。多执行几次这个程序，就可以发现其打印的次序并不是每次都一样，这与 CPU 的调度有关。

2. 初始化构造函数

这里所说的初始化构造函数的意思是把线程函数的指针和线程函数的参数（如果有）都传入线程类的构造函数中。这种形式最常用，由于传入了线程函数，因此定义线程对象的时候，就会开始执行线程函数，如果线程函数需要参数，可以在构造函数中传入。初始化构造函数的形式如下：

```
template <class Fn, class... Args>
explicit thread (Fn&& fn, Args&&... args);
```

其中，**fn** 是线程函数指针；args 是可选的，是要传入线程函数的参数。线程对象定义后，主线程会继续执行后面的代码，这就可能会出现创建的子线程还没执行完，主线程就结束了，比如控制台程序，主线程结束意味着进程就结束了。在这种情况下，我们需要让主线程等待，等待子线程全部运行结束后再继续执行主线程。还有一种情况，主线程为了统计各个子线程工作的结果而需要等待子线程结束后再继续执行，此时主线程就要等待了。类 thread 提供了成员函数 join 来等待子线程结束，即子线程的线程函数执行完毕后，join 才返回，因此 join 是一个阻塞函数。函数 join 会让主线程挂起（休眠，就是让出 CPU），直到子线程都退出，同时 join 能让子线程所占的资源得到释放。子线程退出后，主线程会接收到系统的信号，从休眠中恢复。这一过程和 POSIX 类似，只是函数形式不同而已，大家有了 POSIX 线程方面的基础，理解这里的内容应该不难。成员函数 join 声明如下：

```
void join();
```

值得注意的是，这样创建的线程是可连接线程，因此线程对象必须在销毁时调用 join 函数，或者将其设置为可分离的。

下面我们来看一个通过初始化构造函数来创建线程的例子。

【例 8.21】创建一个线程，不传参数

（1）打开 UE，新建一个 test.cpp 文件，在 test.cpp 中输入代码：

```cpp
#include <iostream>
#include <thread>
#include <unistd.h> //sleep
using namespace std;  //使用命名空间std

void thfunc()  //子线程的线程函数
{
    cout << "i am c++11 thread func" << endl;
}

int main(int argc, char *argv[])
{
    thread t(thfunc);  //定义线程对象，并把线程函数指针传入
    sleep(1); //main线程挂起1秒钟，为了让子线程有机会执行

    return 0;
}
```

（2）上传 test.cpp 到 Linux，在终端下输入命令"g++ -o test test.cpp -lpthread -std=c++11"，其中 pthread 是线程库的名字，然后运行 test，运行结果如下：

```
[root@localhost ch08-2]# g++ -o test test.cpp -lpthread -std=c++11
[root@localhost ch08-2]# ./test
i am c++11 thread func
```

值得注意的是，编译 C++11 代码的时候，要加上编译命令函数"-std=c++11"。在这个例子中，首先定义一个线程对象，定义对象后马上会执行传入构造函数的线程函数，线程函数中打印一行字符串后结束，而主线程在创建子线程后，会等待一秒后再结束，这样不至于因为主线程的过早结束而导致进程结束，进程结束后子线程就没有机会执行了。如果没有等待函数 sleep，则可能子线程的线程函数还没来得及执行，主线程就结束了，这样导致子线程的线程都没有机会执行，因为主线程已经结束，整个应用程序已经退出了。

【例 8.22】创建一个线程，并传入整型参数

（1）打开 UE，新建一个 test.cpp 文件，在 test.cpp 中输入代码：

```cpp
#include <iostream>
#include <thread>
using namespace std;

void thfunc(int n)  //线程函数
{
    cout << "thfunc: " << n << "\n";   //这里的n是1
}

int main(int argc, char *argv[])
{
    thread t(thfunc,1);  //定义线程对象t，并把线程函数指针和线程函数参数传入
    t.join();  //等待线程对象t结束

    return 0;
}
```

（2）上传 test.cpp 到 Linux，在终端下输入命令"g++ -o test test.cpp -lpthread -std=c++11"，其中 pthread 是线程库的名字，然后运行 test，运行结果如下：

```
[root@localhost test]# g++ -o test test.cpp -lpthread -std=c++11
[root@localhost test]# ./test
thfunc: 1
```

这个例子和上一个例子有两点不同，一点是创建线程的时候，把一个整数作为参数传给构造函数；另一点是等待子线程结束没有用 sleep 函数，而是用 join，sleep 只是等待一个固定的时间，有可能在这个固定的时间内，子线程早已经结束，或者子线程运行的时间大于这个固定时间，因此用它来等待子线程结束并不精确，而用函数 join 则会一直等到子线程结束后才会执行该函数后面的代码。

【例 8.23】创建一个线程，并传递字符串作为参数

（1）打开 UE，新建一个 test.cpp 文件，在 test.cpp 中输入代码：

```cpp
#include <iostream>
#include <thread>
using namespace std;

void thfunc(char *s)   //线程函数
{
    cout << "thfunc: " <<s << "\n";    //这里s就是boy and girl
}

int main(int argc, char *argv[])
{
    char s[] = "boy and girl"; //定义一个字符串
    thread t(thfunc,s);   //定义线程对象，并传入字符串s
    t.join();    //等待t执行结束

    return 0;
}
```

（2）上传 test.cpp 到 Linux，在终端下输入命令"g++ -o test test.cpp -lpthread -std=c++11"，其中 pthread 是线程库的名字，然后运行 test，运行结果如下：

```
[root@localhost test]# g++ -o test test.cpp -lpthread -std=c++11
[root@localhost test]# ./test
thfunc: boy and girl
```

【例 8.24】创建一个线程，并传递结构体作为参数

（1）打开 UE，新建一个 test.cpp 文件，在 test.cpp 中输入代码：

```cpp
#include <iostream>
#include <thread>
using namespace std;

typedef struct   //定义结构体的类型
{
    int n;
    const char *str; //注意这里要有const，否则会有警告
}MYSTRUCT;

void thfunc(void *arg)   //线程函数
{
    MYSTRUCT *p = (MYSTRUCT*)arg;
cout << "in thfunc:n=" << p->n<<",str="<< p->str <<endl; //打印结构体的内容
}

int main(int argc, char *argv[])
```

```
{
    MYSTRUCT mystruct; //定义结构体
    //初始化结构体
    mystruct.n = 110;
    mystruct.str = "hello world";

    thread t(thfunc, &mystruct);   //定义线程对象t，并把结构体变量的地址传入
    t.join();   //等待线程对象t结束

    return 0;
}
```

（2）上传 test.cpp 到 Linux，在终端下输入命令 "g++ -o test test.cpp -lpthread -std=c++11"，其中 pthread 是线程库的名字，然后运行 test，运行结果如下：

```
[root@localhost test]# g++ -o test test.cpp -lpthread -std=c++11
[root@localhost test]# ./test
in thfunc:n=110,str=hello world
```

通过结构体把多个值传给了线程函数，现在不用结构体作为载体，直接把多个值通过构造函数来传给线程函数，其中有一个参数是指针，我们在线程中修改其值。

【例 8.25】创建一个线程，传多个参数给线程函数

（1）打开 UE，新建一个 test.cpp 文件，在 test.cpp 中输入代码：

```
#include <iostream>
#include <thread>
using namespace std;

void thfunc(int n,int m,int *pk,char s[])   //线程函数
{
    cout << "in thfunc:n=" <<n<<",m="<<m<<",k="<<* pk <<"\nstr="<<s<<endl;
    *pk = 5000;  //修改* pk
}

int main(int argc, char *argv[])
{
    int n = 110,m=200,k=5;
    char str[] = "hello world";

    thread t(thfunc, n,m,&k,str);  //定义线程对象t，并传入多个参数
    t.join();  //等待线程对象t结束
    cout << "k=" << k << endl;  //此时应该打印5000

    return 0;
}
```

（2）上传 test.cpp 到 Linux，在终端下输入命令 "g++ -o test test.cpp -lpthread -std=c++11"，其中 pthread 是线程库的名字，然后运行 test，运行结果如下：

```
[root@localhost test]# g++ -o test test.cpp -lpthread -std=c++11
[root@localhost test]# ./test
in thfunc:n=110,m=200,k=5
str=hello world
k=5000
```

这个例子中，我们传入了多个参数给构造函数，这样线程函数也要准备多样的形参，并且其中一个是整型地址（&k），我们在线程中修改了它所指变量的内容，等子线程结束后，再在主线程中打印 k，发现它的值变了。

前面提到，默认创建的线程都是可连接线程，可连接线程需要调用 join 函数来等待其结束并释放资源。前面的例子用了 join 函数来等待其结束。除了使用 join 方式来等待结束外，还可以把可连接线程进行分离，即调用 detach 成员函数。变成可分离线程，线程自己结束后就可以被系统自动回收资源了。而且主线程并不需要等待子线程结束，主线程可以自己先结束。将线程进行分离的成员函数是 detach，形式如下：

```
void detach();
```

【例 8.26】把可连接线程转为分离线程（C++11 和 POSIX 联合作战）

（1）打开 UE，新建一个 test.cpp 文件，在 test.cpp 中输入代码：

```
#include <iostream>
#include <thread>
using namespace std;
void thfunc(int n,int m,int *k,char s[])   //线程函数
{
    cout << "in thfunc:n=" <<n<<",m="<<m<<",k="<<*k<<"\nstr="<<s<<endl;
    *k = 5000;
}

int main(int argc, char *argv[])
{
    int n = 110,m=200,k=5;
    char str[] = "hello world";

    thread t(thfunc, n,m,&k,str);    //定义线程对象
    t.detach();  //分离线程

    cout << "k=" << k << endl;  //这里输出3
    pthread_exit(NULL); //main线程结束，但进程并不会结束，下面一句不会执行

    cout << "this line will not run"<< endl;  //这一句不会执行
    return 0;
}
```

（2）上传 test.cpp 到 Linux，在终端下输入命令"g++ -o test test.cpp -lpthread -std=c++11"，其中 pthread 是线程库的名字，然后运行 test，运行结果如下：

```
[root@localhost test]# ./test
k=5
in thfunc:n=110,m=200,k=5
str=hello world
```

在这个例子中，我们调用 detach 来分离线程，这样主线程可以不用等子线程结束而自己先结束。为了展示效果，我们在主线程中调用了 pthread_exit(NULL);来结束主线程，前面提到过，在 main 线程中调用 pthread_exit(NULL);的时候，将结束 main 线程，但进程并不立即退出，要等所有的线程全部结束后才会结束，所以我们能看到子线程函数打印的内容。主线程中会先打印 k，这是因为打印 k 的时候线程还没有切换。从这个例子也可以看出，C++11 可以和 POSIX 联合作战，充分体现了 C++程序的强大威力。

3. 移动（move）构造函数

通过移动构造函数的方式来创建线程是 C++11 创建线程的另一种常用方式。它通过向 thread 构造函数中传入一个 C++对象来创建线程。这种形式的构造函数定义如下：

```
thread (thread&& x);
```

调用成功之后，x 不代表任何 thread 对象。

【例 8.27】通过移动构造函数来启动线程

（1）打开 UE，新建一个 test.cpp 文件，在 test.cpp 中输入代码：

```cpp
#include <iostream>
#include <thread>

using namespace std;

void fun(int & n)   //线程函数
{
    cout << "fun: " << n << "\n";
    n += 20;
    this_thread::sleep_for(chrono::milliseconds(10));    //等待10毫秒
}
int main()
{
    int n = 0;

    cout << "n=" << n << '\n';
    n = 10;
thread t1(fun, ref(n));    //ref(n)是取n的引用
    thread t2(move(t1));      //t2执行fun，t1不是thread对象
    t2.join();   //等待t2执行完毕
    cout << "n=" << n << '\n';
    return 0;
}
```

（2）上传 test.cpp 到 Linux，在终端下输入命令"g++ -o test test.cpp -lpthread -std=c++11"，

其中 pthread 是线程库的名字，然后运行 test，运行结果如下：

```
[root@localhost test]# g++ -o test test.cpp -lpthread -std=c++11
[root@localhost test]# ./test
n=0
fun: 10
n=30
```

从这个例子可以看出，t1 并不会执行，执行的是 t2，因为 t1 的线程函数移动给 t2 了。

8.4.2　线程的标识符

线程的标识符（ID）可以用来唯一标识某个 thread 对象所对应的线程，这样可以用来区别不同的线程。两个标识符相同的 thread 对象，所代表的线程是同一个线程，或者代表这两个对象都还没有线程。两个标识符不同的 thread 对象代表着不同的线程，或者一个 thread 对象已经有线程了，另一个还没有。

类 thread 提供了成员函数 getid 来获取线程 ID，该函数声明如下：

```
thread::id get_id()
```

其中，id 是线程标识符的类型，它是类 thread 的成员，用来唯一标识某个线程。

有时候，为了查看两个 thread 对象的 ID 是否相同，可以在调试的时候把 ID 打印出来查看，它们的数值虽然没什么含义，但却可以比较是否相同，也是为调试做出了贡献。

【例 8.28】线程比较

（1）打开 UE，新建一个 test.cpp 文件，在 test.cpp 中输入代码：

```
#include <iostream>          // std::cout
#include <thread>            // std::thread, std::thread::id,
std::this_thread::get_id
using namespace std;

thread::id main_thread_id =  this_thread::get_id(); //获取主线程id

void is_main_thread()
{
    if (main_thread_id == this_thread::get_id())   //判断是否和主线程id相同
        std::cout << "This is the main thread.\n";
    else
        std::cout << "This is not the main thread.\n";
}

int main()
{
    is_main_thread(); // is_main_thread作为main线程的普通函数调用
    thread th(is_main_thread); // is_main_thread作为线程函数使用
    th.join(); //等待th结束
    return 0;
```

```
}
```

（2）上传 test.cpp 到 Linux，在终端下输入命令"g++ -o test test.cpp -lpthread -std=c++11"，其中 pthread 是线程库的名字，然后运行 test，运行结果如下：

```
[root@localhost test]# ./test
This is the main thread.
This is not the main thread.
```

上例中，is_main_thread 第一次使用时是 main 线程中的普通函数，得到的 ID 肯定和 main_thread_id 相同。第二次是作为一个子线程的线程函数，此时得到的 ID 是子线程的 ID，和 main_thread_id 就不同了。this_thread 是一个命名空间（namespace），用来表示当前线程，主要作用是集合一些函数来访问当前线程，一共有 4 个函数：get_id、yield、sleep_until、sleep_for。

8.4.3 当前线程 this_thread

在实际线程开发中，经常需要访问当前线程。 C++11 提供了一个命名空间 this_thread 来引用当前线程，该命名空间集合了 4 个有用的函数，get_id、yield、sleep_until、sleep_for。函数 get_id 和类 thread 的成员函数 get_id 是同一个意思，都是用来获取线程 ID 的。

1. 让出 CPU 时间

调用函数 yield 的线程将让出自己的 CPU 时间片，以便其他线程有机会运行，声明如下：

```
void yield();
```

调用该函数的线程放弃执行，回到就绪态。只看这个函数似乎有点抽象，我们通过一个例子来说明该函数的作用。创建 10 个线程，每个线程中让一个变量从一累加到一百万，谁先完成就打印它的编号，以此排名。为了公平起见，创建线程的时候，先不让它们占用 CPU 时间，一直到 main 线程改变全局变量值，各个子线程才一起开始累加。

【例 8.29】线程赛跑排名次

（1）打开 UE，新建一个 test.cpp 文件，在 test.cpp 中输入代码：

```
#include <iostream>        // std::cout
#include <thread>          // std::thread, std::this_thread::yield
#include <atomic>          // std::atomic
using namespace std;

atomic<bool> ready(false); //定义全局变量

void thfunc(int id)
{
    while (!ready) //一直等待，直到main线程中重置全局变量ready
        this_thread::yield(); //让出自己的CPU时间片

    for (volatile int i = 0; i < 1000000; ++i) //开始累加到一百万
    {}
```

```
        cout << id<<",";//累加完毕后, 打印本线程的序号, 这样最终输出的是排名, 先完成先打印
}

int main()
{
    thread threads[10]; //定义10个线程对象
    cout << "race of 10 threads that count to 1 million:\n";
    for (int i = 0; i < 10; ++i)
        threads[i] = thread(thfunc, i);
        //启动线程, 把i当作参数传入线程函数, 用于标记线程的序号
    ready = true;                // 重置全局变量
    for (auto& th : threads) th.join(); //等待10个线程全部结束
    cout << '\n';

    return 0;
}
```

（2）上传 test.cpp 到 Linux, 在终端下输入命令 "g++ -o test test.cpp -lpthread -std=c++11", 其中 pthread 是线程库的名字, 然后运行 test, 运行结果如下:

```
[root@localhost test]# g++ -o test test.cpp -lpthread -std=c++11
[root@localhost test]# ./test
race of 10 threads that count to 1 million:
9,4,5,0,1,2,6,7,8,3,
```

如果多次运行此例, 每次结果是不同的。线程刚刚启动的时候, 一直在 while 循环中让出自己的 CPU 时间, 这就是函数 yield 的作用, this_thread 在子线程中使用, 代表这个子线程本身。一旦跳出 while, 就开始累加, 一直到一百万, 最后输出序号, 全部序号都输出后, 得到的结果是先跑完一百万的排名。atomic 用来定义在全局变量 ready 上的操作都是原子操作, 原子操作（后面章节会讲到）表示在多个线程访问同一个全局资源的时候, 能够确保所有其他的线程都不在同一时间内访问相同的资源。也就是它确保了在同一时刻只有唯一的线程对这个资源进行访问。这有点类似互斥对象对共享资源访问的保护, 但是原子操作更加接近底层, 因而效率更高。

2. 让线程暂停一段时间

命名空间 this_thread 还有 2 个函数, 即 sleep_until、sleep_for, 用来阻塞线程, 暂停执行一段时间。函数 sleep_until 声明如下:

```
template <class Clock, class Duration>
void sleep_until (const chrono::time_point<Clock,Duration>& abs_time);
```

其中, 参数 abs_time 表示函数阻塞线程到 abs_time 时间点, 到了这个时间点后再继续执行。函数 sleep_for 的功能类似, 只是它是挂起线程一段时间, 时间长度由参数决定, 声明如下:

```
template <class Rep, class Period>
void sleep_for (const chrono::duration<Rep,Period>& rel_time);
```

其中, 参数 rel_time 表示线程挂起的时间段, 在这段时间内线程暂停执行。

下面我们来看两个小例子，加深一下对这两个函数的理解。

【例 8.30】暂停线程到下一分钟

（1）打开 UE，新建一个 test.cpp 文件，在 test.cpp 中输入代码：

```cpp
#include <iostream>        // std::cout
#include <thread>          // std::this_thread::sleep_until
#include <chrono>          // std::chrono::system_clock
#include <ctime>           // std::time_t, std::tm, std::localtime, std::mktime
#include <time.h>
#include <stddef.h>
using namespace std;

void getNowTime() //获取并打印当前时间
{
    timespec time;
    struct  tm nowTime;
    clock_gettime(CLOCK_REALTIME, &time);   //获取相对于1970到现在的秒数

    localtime_r(&time.tv_sec, &nowTime);
    char current[1024];
    printf(
        "%04d-%02d-%02d %02d:%02d:%02d\n",
        nowTime.tm_year + 1900,
        nowTime.tm_mon+1,
        nowTime.tm_mday,
        nowTime.tm_hour,
        nowTime.tm_min,
        nowTime.tm_sec);
}

int main()
{
    using std::chrono::system_clock;
    std::time_t tt = system_clock::to_time_t(system_clock::now());
    struct std::tm * ptm = std::localtime(&tt);
    getNowTime();//打印当前时间
    cout << "Waiting for the next minute to begin...\n";
    ++ptm->tm_min; //累加一分钟
    ptm->tm_sec = 0;//秒数置0
    this_thread::sleep_until(system_clock::from_time_t(mktime(ptm)));
    //暂停执行到下一个整分时间
    getNowTime(); //打印当前时间

    return 0;
}
```

（2）上传 test.cpp 到 Linux，在终端下输入命令 "g++ -o test test.cpp -lpthread -std=c++11"，其中 pthread 是线程库的名字，然后运行 test，运行结果如下：

```
[root@localhost test]# g++ -o test test.cpp -lpthread -std=c++11
[root@localhost test]# ./test
2017-10-05 13:02:31
Waiting for the next minute to begin...
2017-10-05 13:03:00
```

上例中，main 线程从 sleep_until 处开始挂起，然后到下一个整分时间（就是分钟加 1，秒钟为 0）再继续执行。

【例 8.31】暂停线程 5 秒

（1）打开 UE，新建一个 test.cpp 文件，在 test.cpp 中输入代码：

```cpp
#include <iostream>         // std::cout, std::endl
#include <thread>           // std::this thread::sleep for
#include <chrono>           // std::chrono::seconds

int main()
{
    std::cout << "countdown:\n";
    for (int i = 5; i > 0; --i)
    {
        std::cout << i << std::endl;
        std::this thread::sleep for(std::chrono::seconds(1));  //暂停一秒
    }
    std::cout << "Lift off!\n";

    return 0;
}
```

（2）上传 test.cpp 到 Linux，在终端下输入命令"g++ -o test test.cpp -lpthread -std=c++11"，其中 pthread 是线程库的名字，然后运行 test，运行结果如下：

```
[root@localhost test]# g++ -o test test.cpp -lpthread -std=c++11
[root@localhost test]# ./test
countdown:
5
4
3
2
1
Lift off!
```

程序很简单，无须多言。

第9章 多线程高级编程

第 8 章讲述了多线程的一些基本概念和基本操作，比如创建、结束等。这一章我们将讲述线程开发的一些高级话题，比如多线程编程模型、线程同步等。

在多线程编程中，线程间是相互独立而又相互依赖的，所有的线程都是并发、并行并且是异步执行的。多线程编程提供了一种新型的模块化编程思想和方法。这种方法能清晰地表达各种独立事件的相互关系，但是多线程编程也带来了一定的复杂度：并发和异步机制带来了线程间资源竞争的无序性。因此，我们需要引入同步机制来消除这种复杂度并实现线程间的数据共享，以一致的顺序执行一组操作。如何使用同步机制来消除线程并发、并行和异步执行而带来的复杂度是多线程编程中的核心问题。

9.1 多线程的同步和异步

多个线程可能在同一时间对同一共享资源进行操作，其结果是某个线程无法获得资源，或者会导致资源的破坏。为保证共享资源的稳定性，需要采用线程同步机制来调整多个线程的执行顺序，比如可以用一把"锁"，一旦某个线程获得了锁的拥有权，即可保证只有它（拥有锁的线程）才能对共享资源进行操作。同样，利用这个锁，其他线程可一直处于等待状态，直到锁没有被任何线程拥有为止。

异步是当一个调用或请求发给被调用者时，调用者不用等待其结果的返回而继续当前的处理。实现异步机制的方式有多线程、中断和消息等。也就是说，多线程是实现异步的一种方式。C++11对异步的支持丝毫不弱。

9.2 线程同步

并发和异步机制带来了线程间资源竞争的无序性。因此需要引入同步机制来消除这种复杂度实现线程间正确有序共享数据，以一致的顺序执行一组操作。

线程同步是多线程编程中的重要概念。它的基本思想是同步各个线程对资源（比如全局变量、文件）的访问。如果不对资源访问进行线程同步，则会产生资源访问冲突的问题。对于多线程程序，访问冲突的问题是很普遍的，解决的办法是引入锁（比如互斥锁、读写锁等），获得锁的线程可以完成"读-修改-写"的操作，然后释放锁给其他线程，没有获得锁的线程只能等待而不能访问共享数据，这样"读-修改-写"3 步操作组成一个原子操作，要么都执行，要么都不执行，不会执行到中间被打断，也不会在其他处理器上并行做这个操作。

　　比如，一个线程正在读取一个全局变量，虽然读取全局变量的这个语句在 C/C++源代码中是一条语句，但编译为机器代码后，CPU 指令处理这个过程的时候，需要用多条指令来处理这个读取变量的过程，如果这一系列指令被另一个线程打断了，也就是说 CPU 还没执行完全部读取变量的所有指令，而去执行另一个线程了，另一个线程却要对这个全局变量进行修改，这样修改完后又返回原先的线程，继续执行读取变量的指令，此时变量的值已经改变了，这样第一个线程的执行结果就不是预料的结果了。

　　我们来看一个对于多线程访问共享变量造成竞争的例子，假设增量操作分为以下 3 个步骤：

　　（1）从内存单元读入寄存器。

　　（2）在寄存器中进行变量值的增加。

　　（3）把新的值写回内存单元。

　　那么当两个线程对同一个变量做增操作时，就可能出现如图 9-1 所示的情况。

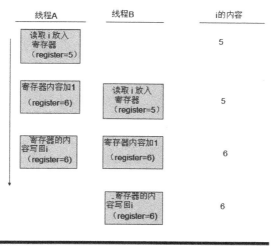

图 9-1

　　如果两个线程在串行操作下分别对 i 进行了累加，那么 i 的值就应该是 7 了，但图 9-1 的两个线程执行后的 i 值是 6。因为 B 线程并没有等 A 线程做完 i+1 后开始执行，而是 A 线程刚刚把 i 从内存读入寄存器后就开始执行了，所以 B 线程也是在 i=5 的时候开始执行，这样 A 执行的结果是 6，B 执行的结果也是 6。因此在这种没有做同步的情况下，多个线程对全局变量进行累加，最终结果是小于或等于它们的串行操作结果的。请看下例。

【例 9.1】不用线程同步的多线程累加

　　（1）打开 UE，新建一个 test.cpp 文件，在 test.cpp 中输入代码：

```
#include <stdio.h>
#include <unistd.h>
#include <pthread.h>
#include <sys/time.h>
```

```
#include <string.h>
#include <cstdlib>

int gcn = 0;  //定义一个全局变量，用于累加

void *thread_1(void *arg) {    //第一个线程
    int j;
    for (j = 0; j < 10000000; j++) {  //开始累加
        gcn++;
    }
    pthread_exit((void *)0);
}

void *thread_2(void *arg) {    //第二个线程
    int j;
    for (j = 0; j < 10000000; j++) {  //开始累加
        gcn++;
    }
    pthread_exit((void *)0);
}
int main(void)
{
    int j,err;
    pthread_t th1, th2;

    for (j = 0; j < 10; j++)  //做10次
    {
        err=pthread_create(&th1, NULL, thread_1, (void *)0);//创建第一个线程
        if (err != 0) {
            printf("create new thread error:%s\n", strerror(err));
            exit(0);
        }
        err = pthread_create(&th2, NULL, thread_2,(void *)0);//创建第二个线程
        if (err != 0) {
            printf("create new thread error:%s\n", strerror(err));
            exit(0);
        }

        err = pthread_join(th1, NULL);   //等待第一个线程结束
        if (err != 0) {
            printf("wait thread done error:%s\n", strerror(err));
            exit(1);
        }
        err = pthread_join(th2, NULL);   //等待第二个线程结束
        if (err != 0) {
            printf("wait thread done error:%s\n", strerror(err));
            exit(1);
        }
        printf("gcn=%d\n", gcn);
```

```
        gcn = 0;
    }

    return 0;
}
```

（2）上传 test.cpp 到 Linux，在终端下输入命令"g++ -o test test.cpp -lpthread"，其中 pthread 是线程库的名字，然后运行 test，运行结果如下：

```
[root@localhost cpp98]# ./test
gcn=17945938
gcn=20000000
gcn=20000000
gcn=20000000
gcn=20000000
gcn=20000000
gcn=20000000
gcn=15315061
gcn=20000000
gcn=16248825
```

从结果可以看到，有几次没有达到 20 000 000。

上面的例子是一个语句被打断的情况，有时候还会有一个事务不能被打断。比如，一个事务需要多条语句完成，并且不可打断，如果打断的话，其他需要这个事务结果的线程则可能会得到非预料的结果。下面我们再看一个例子，有这样一个需求，伙计在卖商品时，每次卖出 50 元的货物就要收 50 元的钱，老板每隔一秒钟就要去清点店里的货物和金钱的总和，看总和有没有少。我们可以创建两个线程，一个线程代表伙计卖货收钱这个事务，另一个线程模拟老板验证总和的操作。抽象地讲，就是一个线程对全局变量进行写操作，另一个线程对全局变量进行读操作。

【例 9.2】不用线程同步的卖货程序

（1）打开 UE，新建一个 test.cpp 文件，在 test.cpp 中输入代码：

```
#include <stdio.h>
#include <unistd.h>
#include <pthread.h>

int a = 200; //代表有价值200元的货物
int b = 100; //代表现在有100元现金

void* ThreadA(void*) //模拟伙计卖货收钱
{
    while (1)
    {
        a -= 50; //卖出价值50元的货物
        b += 50;//收回50元钱
    }
}
```

```
void* ThreadB(void*)  //模拟老板对账
{
    while (1)
    {
        printf("%d\n", a + b);  //打印当前货物和现金的总和
        sleep(1);       //隔一秒
    }
}

int main()
{
    pthread_t tida, tidb;

    pthread_create(&tida, NULL, ThreadA, NULL);  //创建伙计卖货线程
    pthread_create(&tidb, NULL, ThreadB, NULL);  //创建老板对账线程
    pthread_join(tida, NULL);  //等待线程结束
    pthread_join(tidb, NULL);  //等待线程结束
    return 1;
}
```

（2）上传 test.cpp 到 Linux，在终端下输入命令"g++ -o test test.cpp -lpthread"，其中 pthread 是线程库的名字，然后运行 test，运行结果如下：

```
[root@localhost cpp98]# ./test
300
250
250
300
250
300
250
^C
[root@localhost cpp98]#
```

按 Ctrl+C 键后程序停止。在这个例子中，线程 B 每隔一秒就检查一下当前货物和现金的总和是否是 300，以此来判断伙计是否私吞钱款，伙计虽然在卖力地卖货和收钱，但无奈还是出现了 250，真是有口难辩啊。发生这种情况的原因是伙计在卖出货物和收货款之间被老板的对账线程打断了。下面我们用互斥锁来帮伙计证明清白。

在讲述互斥锁之前，我们首先要了解一下临界资源和临界区的概念。所谓临界资源，是一次仅允许一个线程使用的共享资源。对于临界资源，各线程应该互斥地对其访问。每个线程中访问临界资源的那段代码称为临界区（Critical Section），又称临界段。因为临界资源要求每个线程互斥地对其访问，所以每次只准许一个线程进入临界区，进入后其他进程不允许再进入，一直要等到临界区中的线程退出。我们可以用线程同步机制来互斥地进入临界区。

一般来讲，线程进入临界区需要遵循下列原则：

（1）如果有若干线程要求进入空闲的临界区，一次仅允许一个线程进入。

（2）任何时候，处于临界区内的线程不可多于一个。若已有线程进入自己的临界区，则其他所有试图进入临界区的进程必须等待。

（3）进入临界区的线程要在有限时间内退出，以便其他线程能及时进入自己的临界区。

（4）如果进程不能进入自己的临界区，则应让出 CPU（阻塞），避免进程出现"忙等"现象。

9.3 利用 POSIX 多线程 API 函数进行线程同步

POSIX 提供了 3 种方式进行线程同步，即互斥锁、读写锁和条件变量。

9.3.1 互斥锁

1. 互斥锁的概念

互斥锁（也可称互斥量）是线程同步的一种机制，用来保护多线程的共享资源。同一时刻，只允许一个线程对临界区进行访问。互斥锁的工作流程是：初始化一个互斥锁，在进入临界区前把互斥锁加锁（防止其他线程进入临界区），退出临界区的时候把互斥锁解锁（让别的线程有机会进入临界区），最后不用互斥锁的时候就销毁它。POSIX 库中用类型 **pthread_mutex_t** 来定义一个互斥锁。**pthread_mutex_t** 是一个联合体类型，定义在 **pthreadtypes.h** 中，具体如下：

```
/* Data structures for mutex handling.  The structure of the attribute
   type is not exposed on purpose. */
typedef union
{
  struct __pthread_mutex_s
    {
      int __lock;
      unsigned int __count;
      int __owner;
#ifdef __x86_64__
      unsigned int __nusers;
#endif
    /* KIND must stay at this position in the structure to maintain
       binary compatibility.  */
      int __kind;
#ifdef __x86_64__
    int __spins;
    pthread_list_t __list;
# define __PTHREAD_MUTEX_HAVE_PREV 1
#else
    unsigned int __nusers;
    __extension__ union
    {
      int __spins;
      __pthread_slist_t __list;
    };
```

```
#endif
    } __data;
    char __size[__SIZEOF_PTHREAD_MUTEX_T];
    long int __align;
} pthread_mutex_t;
```

我们不需要去深究这个类型，只要了解即可。注意使用的时候不需要包含 pthreadtypes.h，只需要包含 pthread.h 文件即可，因为 pthread.h 会包含 pthreadtypes.h 文件。

我们可以如下定义一个互斥变量：

```
pthread_mutex_t mutex;
```

2. 互斥锁的初始化

用于初始化互斥锁的函数是 pthread_mutex_init（这种初始化方式叫函数初始化），声明如下：

```
int pthread_mutex_init(pthread_mutex_t *restrict mutex,const
pthread_mutexattr_t *restrict attr);
```

其中，参数 mutex 是指向 pthread_mutex_t 变量的指针；attr 是指向 pthread_mutexattr_t 的指针，表示互斥锁的属性，如果赋值 NULL，则使用默认的互斥锁属性，该参数通常使用 NULL。如果函数执行成功就返回 0，否则返回错误码。

注意：关键字 restrict 只用于限定指针，用于告知编译器所有修改该指针所指向内容的操作全部都是基于该指针的，即不存在其他进行修改操作的途径，这样的后果是帮助编译器进行更好的代码优化，生成更有效率的汇编代码。

使用函数 pthread_mutex_init 初始化互斥锁属于动态方式，还可以用宏 PTHREAD_MUTEX_INITIALIZER 来静态地初始化互斥锁（这种方式叫常量初始化），这个宏定义在 pthread.h 中，定义如下：

```
# define PTHREAD_MUTEX_INITIALIZER \
  { { 0, 0, 0, 0, 0, { 0 } } }
```

它用一些初始化值来初始化一个互斥锁。用 PTHREAD_MUTEX_INITIALIZER 来初始化一个互斥锁可以这样写：

```
pthread_mutex_t  mutex = PTHREAD_MUTEX_INITIALIZER;
```

注意，如果 mutex 是指针，则不能用这种静态方式，例如：

```
pthread_mutex_t  * pmutex =  (pthread_mutex_t
*)malloc(sizeof(pthread_mutex_t));
pmutex = PTHREAD_MUTEX_INITIALIZER;   //这样是错误的
```

因为 PTHREAD_MUTEX_INITIALIZER 相当于一组常量，只能对 pthread_mutex_t 的变量进行赋值，而不能赋值给一个指针，即使这个指针已经分配了内存空间。如果要对指针进行初始化，可以用函数 pthread_mutex_init，比如：

```
pthread_mutex_t  *pmutex =  (pthread_mutex_t
```

```
*)malloc(sizeof(pthread_mutex_t));
    pthread_mutex_init(pmutex, NULL);    //这个写法是正确的, 动态初始化一个互斥锁
```

或者可以先定义变量, 再调用初始化函数进行初始化, 例如:

```
pthread_mutex_t  mutex;
pthread_mutex_init(&mutex, NULL);
```

注意, 静态初始化的互斥锁是不需要销毁的, 而动态初始化的互斥锁是需要销毁的, 销毁函数会在后面讲到。

3. 互斥锁的上锁和解锁

一个互斥锁成功初始化后, 就可以用于上锁和解锁了, 上锁是为了防止其他线程进入临界区, 解锁则允许其他线程进入临界区。用于上锁的函数是 pthread_mutex_lock 或 pthread_mutex_trylock, 前者声明如下:

```
int pthread_mutex_lock(pthread_mutex_t *mutex);
```

其中, 参数 mutex 是指向 pthread_mutex_t 变量的指针, 应该已经成功初始化过。函数执行成功时返回 0, 否则返回错误码。值得注意的是, 如果调用该函数时互斥锁已经被其他线程上锁了, 则调用该函数的线程将阻塞。

另一个上锁函数 pthread_mutex_trylock 在调用时, 如果互斥锁已经上锁了, 则并不阻塞, 而是立即返回, 并且函数返回 EBUSY, 函数声明如下:

```
int pthread_mutex_trylock(pthread_mutex_t *mutex);
```

其中, 参数 mutex 是指向 pthread_mutex_t 变量的指针, 应该已经成功初始化过。函数执行成功时返回 0, 否则返回错误码。

当线程退出临界区后, 要对互斥锁进行解锁。解锁的函数是 pthread_mutex_unlock, 声明如下:

```
int pthread_mutex_unlock(pthread_mutex_t *mutex);
```

其中, 参数 mutex 是指向 pthread_mutex_t 变量的指针, 应该是已上锁的互斥锁。函数执行成功时返回 0, 否则返回错误码。需要注意的是, pthread_mutex_unlock 要和 pthread_mutex_lock 成对使用。

4. 互斥锁的销毁

当互斥锁用完后, 最终要销毁, 用于销毁互斥锁的函数是 pthread_mutex_destroy, 声明如下:

```
int pthread_mutex_destroy(pthread_mutex_t *mutex);
```

其中, 参数 mutex 是指向 pthread_mutex_t 变量的指针, 应该是已初始化的互斥锁。函数执行成功时返回 0, 否则返回错误码。

关于互斥锁的基本函数介绍完了, 下面我们通过例子来加深理解。

【例9.3】 用互斥锁的多线程累加

（1）打开 UE，新建一个 test.cpp 文件，在 test.cpp 中输入代码：

```cpp
#include <stdio.h>
#include <unistd.h>
#include <pthread.h>
#include <sys/time.h>
#include <string.h>
#include <cstdlib>

int gcn = 0;

pthread_mutex_t mutex;

void *thread_1(void *arg) {
    int j;
    for (j = 0; j < 10000000; j++) {
        pthread_mutex_lock(&mutex);
        gcn++;
        pthread_mutex_unlock(&mutex);
    }
    pthread_exit((void *)0);
}

void *thread_2(void *arg) {
    int j;
    for (j = 0; j < 10000000; j++) {
        pthread_mutex_lock(&mutex);
        gcn++;
        pthread_mutex_unlock(&mutex);     //解锁
    }
    pthread_exit((void *)0);
}
int main(void)
{
    int j,err;
    pthread_t th1, th2;

    pthread_mutex_init(&mutex, NULL); //初始化互斥锁
    for (j = 0; j < 10; j++)
    {
        err = pthread_create(&th1, NULL, thread_1, (void *)0);
        if (err != 0) {
            printf("create new thread error:%s\n", strerror(err));
            exit(0);
        }
        err = pthread_create(&th2, NULL, thread_2, (void *)0);
        if (err != 0) {
```

```
            printf("create new thread error:%s\n", strerror(err));
            exit(0);
        }

        err = pthread_join(th1, NULL);
        if (err != 0) {
            printf("wait thread done error:%s\n", strerror(err));
            exit(1);
        }
        err = pthread_join(th2, NULL);
        if (err != 0) {
            printf("wait thread done error:%s\n", strerror(err));
            exit(1);
        }
        printf("gcn=%d\n", gcn);
        gcn = 0;
    }
    pthread_mutex_destroy(&mutex); //销毁互斥锁

    return 0;
}
```

（2）上传 test.cpp 到 Linux，在终端下输入命令 "g++ -o test test.cpp -lpthread"，其中 pthread 是线程库的名字，然后运行 test，运行结果如下：

```
[root@localhost cpp98]# ./test
gcn=20000000
gcn=20000000
gcn=20000000
gcn=20000000
gcn=20000000
gcn=20000000
gcn=20000000
gcn=20000000
gcn=20000000
gcn=20000000
```

正如所料，加了互斥锁来同步线程后，每次都能得到正确的结果。下面我们来帮伙计证明一下。

【例 9.4】用互斥锁进行同步的卖货程序

（1）打开 UE，新建一个 test.cpp 文件，在 test.cpp 中输入代码：

```
#include <stdio.h>
#include <unistd.h>
#include <pthread.h>

int a = 200; //当前货物价值
int b = 100; //当前现金
```

```
pthread_mutex_t lock; //定义一个全局的互斥锁

void* ThreadA(void*) //伙计卖货线程
{

    while (1)
    {
        pthread_mutex_lock(&lock);                //上锁
        a -= 50; //卖出价值50元的货物
        b += 50;//收回50元钱
        pthread_mutex_unlock(&lock);       //解锁
    }

}

void* ThreadB(void*) //老板对账线程
{
    while (1)
    {
        pthread_mutex_lock(&lock);  //上锁
        printf("%d\n", a + b);
        pthread_mutex_unlock(&lock);  //解锁
        sleep(1);
    }
}

int main()
{
    pthread_t tida, tidb;
    pthread_mutex_init(&lock, NULL); //初始化互斥锁
    pthread_create(&tida, NULL, ThreadA, NULL); //创建伙计卖货线程
    pthread_create(&tidb, NULL, ThreadB, NULL); //创建老板对账线程
    pthread_join(tida, NULL);
    pthread_join(tidb, NULL);

    pthread_mutex_destroy(&lock); //销毁互斥锁

    return 1;
}
```

（2）上传 test.cpp 到 Linux，在终端下输入命令"g++ -o test test.cpp -lpthread"，其中 pthread 是线程库的名字，然后运行 test，运行结果如下：

```
[root@localhost cpp98]# g++ -o test test.cpp -lpthread
[root@localhost cpp98]# ./test
300
300
300
300
```

```
300
300
^C
[root@localhost cpp98]#
```

这个例子加了互斥锁同步，从中可以发现，老板每次对账输出的结果都是 300。这是因为伙计卖货和收钱的过程没有被打断，账面就对了。

9.3.2　读写锁

1. 读写锁的概念

前面我们讲述了通过互斥锁来同步线程访问临界资源的方法。回想一下前面介绍的互斥锁，它只有两个状态，要么是加锁状态，要么是不加锁状态。假如现在一个线程 a 只是想读一个共享变量 i，因为不确定是否会有线程去写它，所以我们还是要对它进行加锁。但是这时又有一个线程 b 试图读共享变量 i，发现被锁住，那么 b 不得不等到 a 释放了锁后才能获得锁并读取 i 的值，但是两个读取操作即使是同时发生的，也并不会像写操作那样造成竞争，因为它们不修改变量的值。所以我们期望在多个线程试图读取共享变量的值时，它们可以立刻获取因为读而加的锁，而不需要等待前一个线程释放。读写锁解决了上面的问题。它提供了比互斥锁更好的并行性。因为以读模式加锁后，当有多个线程试图再以读模式加锁时，并不会造成这些线程阻塞在等待锁的释放上。

读写锁是多线程同步的另一种机制。在一些程序中存在读操作和写操作问题，也就是说，对某些资源的访问会存在两种可能的情况，一种情况是访问必须是排他的，就是独占的意思，这种操作称作写操作；另一种情况是访问方式是可以共享的，就是可以有多个线程同时去访问某个资源，这种操作就称作读操作。这个问题模型是从对文件的读写操作中引申出来的。把对资源的访问细分为读和写两种操作模式，这样可以大大增加并发效率。读写锁比互斥锁的适用性更高，并行性也更高。需要注意的是，这里只是说并行效率比互斥锁高，并不是速度一定比互斥锁快，读写锁更复杂，系统开销更大。并发性好对于用户体验非常重要，假设使用互斥锁需要 0.5 秒，使用读写锁需要 0.8 秒，在类似学生管理系统的软件中，可能 90% 的操作都是查询操作。如果突然有 20 个查询请求，使用的是互斥锁，则最后的查询请求被满足需要 10 秒，估计没人能受得了。使用读写锁时，因为读锁能够多次获得，所以 20 个请求中，每个请求都能在 1 秒左右被满足，用户体验好得多。

读写锁有几个重要特点需要记住：

（1）如果一个线程用读锁锁定了临界区，那么其他线程也可以用读锁来进入临界区，这样就可以有多个线程并行操作。这个时候如果再用写锁加锁就会发生阻塞，写锁请求阻塞后，后面继续有读锁来请求时，这些后来的读锁都将会被阻塞。这样避免了读锁长期占用资源，防止写锁饥饿。

（2）如果一个线程用写锁锁住了临界区，那么其他线程无论是读锁还是写锁都会发生阻塞。

POSIX 库中用类型 pthread_rwlock_t 来定义一个互斥锁，pthread_rwlock_t 是一个联合体类型，定义在 pthreadtypes.h 中，定义如下：

```
typedef union
{
# ifdef __x86_64__
```

```
    struct
    {
        int __lock;
        unsigned int __nr_readers;
        unsigned int __readers_wakeup;
        unsigned int __writer_wakeup;
        unsigned int __nr_readers_queued;
        unsigned int __nr_writers_queued;
        int __writer;
        int __shared;
        unsigned long int __pad1;
        unsigned long int __pad2;
    /* FLAGS must stay at this position in the structure to maintain
       binary compatibility.  */
        unsigned int __flags;
# define __PTHREAD_RWLOCK_INT_FLAGS_SHARED 1
    } __data;
# else
    struct
    {
        int __lock;
        unsigned int __nr_readers;
        unsigned int __readers_wakeup;
        unsigned int __writer_wakeup;
        unsigned int __nr_readers_queued;
        unsigned int __nr_writers_queued;
    /* FLAGS must stay at this position in the structure to maintain
       binary compatibility.  */
        unsigned char __flags;
        unsigned char __shared;
        unsigned char __pad1;
        unsigned char __pad2;
        int __writer;
    } __data;
# endif
    char __size[__SIZEOF_PTHREAD_RWLOCK_T];
    long int __align;
} pthread_rwlock_t;
```

　　我们不需要去深究这个类型，只要了解即可。注意使用的时候不需要包含 pthreadtypes.h 文件，只需要包含 pthread.h 文件即可，因为 pthread.h 文件会包含 pthreadtypes.h 文件。

　　我们可以这样定义一个读写锁：

```
pthread_rwlock_t rwlock;
```

2. 读写锁的初始化

　　读写锁有两种初始化方式，即常量初始化和函数初始化。常量初始化通过宏 PTHREAD_RWLOCK_INITIALIZER 来给一个读写锁变量赋值，比如：

```
pthread_rwlock_t rwlock = PTHREAD_RWLOCK_INITIALIZER;
```

同互斥锁一样，这种方式属于静态初始化方式，不能对一个读写锁指针进行初始化，比如下面这样是错误的：

```
pthread_rwlock_t *prwlock = (pthread_rwlock_t
*)malloc(sizeof(pthread_rwlock_t));
prwlock = PTHREAD_RWLOCK_INITIALIZER;  //这样是错误的
```

函数初始化方式属于动态初始化方式，通过函数 pthread_rwlock_init 进行。该函数声明如下：

```
int pthread_rwlock_init(pthread_rwlock_t *restrict rwlock,const
pthread_rwlockattr_t *restrict attr);
```

其中，参数 rwlock 是指向 pthread_rwlock_t 类型变量的指针，表示一个读写锁；attr 是指向 pthread_rwlockattr_t 类型变量的指针，表示读写锁的属性，如果该参数为 NULL，则使用默认的读写锁属性。如果函数执行成功就返回 0，否则返回错误码。

静态初始化的读写锁是不需要销毁的，而动态初始化的读写锁是需要销毁的，销毁函数我们会在后面讲到。

比如对如下条件变量进行初始化：

```
pthread_rwlock_t *prwlock = (pthread_rwlock_t
*)malloc(sizeof(pthread_rwlock_t));
pthread_rwlock_init (prwlock,NULL);
```

或者

```
pthread_rwlock_t rwlock;
pthread_rwlock_init (&rwlock,NULL);
```

3. 读写锁的上锁和解锁

读写锁的上锁可分为读模式下的上锁和写模式下的上锁。读模式下的上锁函数有 pthread_rwlock_rdlock 和 pthread_rwlock_tryrdlock。前者声明如下：

```
int pthread_rwlock_rdlock(pthread_rwlock_t *rwlock);
```

其中，参数 rwlock 是指向 pthread_rwlock_t 变量的指针，应该已经成功初始化过。函数执行成功时返回 0，否则返回错误码。值得注意的是，如果调用该函数时，读写锁已经被其他线程在写模式下上了锁或者有一个线程中在写模式下等待该锁，则调用该函数的线程将阻塞；如果其他线程在读模式下已经上锁，则可以获得该锁，进入临界区。

另一个读模式下的上锁函数 pthread_rwlock_tryrdlock 在调用时，如果读写锁已经上锁了，则并不阻塞，而是立即返回，并且函数返回 EBUSY，函数声明如下：

```
int pthread_rwlock_tryrdlock(pthread_rwlock_t *rwlock);
```

其中，参数 rwlock 是指向 pthread_rwlock_t 变量的指针，应该已经成功初始化过。函数执行成功时返回 0，否则返回错误码。

相对于读模式下的上锁，写模式下的读写锁也有两个上锁函数：pthread_rwlock_wrlock 和 pthread_rwlock_trywrlock。前者声明如下：

```
int pthread_rwlock_wrlock(pthread_rwlock_t *rwlock);
```

其中，参数 rwlock 是指向 pthread_rwlock_t 变量的指针，应该已经成功初始化过。函数执行成功时返回 0，否则返回错误码。值得注意的是，如果调用该函数时，读写锁已经被其他线程上锁（无论是读模式还是写模式），则调用该函数的线程将阻塞。

函数 pthread_rwlock_trywrlock 和 pthread_rwlock_wrlock 类似，唯一的区别是读写锁不可用时不会阻塞，而是返回一个错误值 EBUSY，该函数声明如下：

```
int pthread_rwlock_trywrlock(pthread_rwlock_t *rwlock);
```

其中，参数 rwlock 是指向 pthread_rwlock_t 变量的指针，应该已经成功初始化过。函数执行成功时返回 0，否则返回错误码。

除了上述上锁函数外，还有两个不常用的上锁函数，它们可以设定在规定的时间内等待读写锁，如果等不到，就返回 ETIMEDOUT，这两个函数声明如下：

```
int pthread_rwlock_timedrdlock(pthread_rwlock_t *restrict rwlock, const
struct timespec *restrict abs_timeout);
    int pthread_rwlock_timedwrlock(pthread_rwlock_t *restrict rwlock, const
struct timespec *restrict abs_timeout);
```

这两个函数不常用，所以这里不详细说明了。

当线程退出临界区后，要对读写锁进行解锁，解锁的函数是 pthread_rwlock_unlock，声明如下：

```
int pthread_rwlock_unlock(pthread_rwlock_t *rwlock);
```

其中，参数 rwlock 是指向 pthread_rwlock_t 变量的指针，应该是已上锁的读写锁。函数执行成功时返回 0，否则返回错误码。需要注意的是，该函数要与上锁函数成对使用。

4. 读写锁的销毁

当读写锁用完后，最终要销毁，用于销毁读写锁的函数是 pthread_rwlock_destroy，声明如下：

```
int pthread_rwlock_destroy(pthread_rwlock_t *rwlock);
```

其中，参数 rwlock 是指向 pthread_mutex_t 变量的指针，它应该是已初始化的互斥锁。函数执行成功时返回 0，否则返回错误码。

关于读写锁的基本函数介绍完了，下面我们通过例子来加深理解。

【例 9.5】互斥锁和读写锁速度大 PK

（1）打开 UE，新建一个 test.cpp 文件，在 test.cpp 中输入代码：

```
#include <stdio.h>
#include <unistd.h>
#include <pthread.h>
#include <sys/time.h>
```

```
#include <string.h>
#include <cstdlib>

int gcn = 0;

pthread_mutex_t mutex;
pthread_rwlock_t rwlock;

void *thread_1(void *arg) {
    int j;
    volatile int a;
    for (j = 0; j < 10000000; j++) {
        pthread_mutex_lock(&mutex);   //上锁
        a = gcn; //只读全局变量gcn
        pthread_mutex_unlock(&mutex);   //解锁
    }
    pthread_exit((void *)0);
}

void *thread_2(void *arg) {
    int j;
    volatile int b;
    for (j = 0; j < 10000000; j++) {
        pthread_mutex_lock(&mutex);   //上锁
        b = gcn; //只读全局变量gcn
        pthread_mutex_unlock(&mutex);     //解锁
    }
    pthread_exit((void *)0);
}

void *thread_3(void *arg) {
    int j;
    volatile int a;
    for (j = 0; j < 10000000; j++) {
        pthread_rwlock_rdlock(&rwlock); //上锁
        a = gcn; //只读全局变量gcn
        pthread_rwlock_unlock(&rwlock);
    }
    pthread_exit((void *)0);
}

void *thread_4(void *arg) {
    int j;
    volatile int b;
    for (j = 0; j < 10000000; j++) {
        pthread_rwlock_rdlock(&rwlock); //上锁
        b = gcn; //只读全局变量gcn
        pthread_rwlock_unlock(&rwlock);     //解锁
    }
```

```
        pthread_exit((void *)0);
    }


    int mutextVer(void)
    {
        int j,err;
        pthread_t th1, th2;

        struct  timeval start;
        clock_t t1, t2;
        struct  timeval end;

        pthread_mutex_init(&mutex, NULL); //初始化互斥锁

        gettimeofday(&start, NULL);

            err = pthread_create(&th1, NULL, thread_1, (void *)0);
            if (err != 0) {
                printf("create new thread error:%s\n", strerror(err));
                exit(0);
            }
            err = pthread_create(&th2, NULL, thread_2, (void *)0);
            if (err != 0) {
                printf("create new thread error:%s\n", strerror(err));
                exit(0);
            }

            err = pthread_join(th1, NULL);
            if (err != 0) {
                printf("wait thread done error:%s\n", strerror(err));
                exit(1);
            }
            err = pthread_join(th2, NULL);
            if (err != 0) {
                printf("wait thread done error:%s\n", strerror(err));
                exit(1);
            }

        gettimeofday(&end, NULL);

        pthread_mutex_destroy(&mutex); //销毁互斥锁

        long long total_time = (end.tv_sec - start.tv_sec) * 1000000 + (end.tv_usec
- start.tv_usec);

        total_time /= 1000; // get the run time by millisecond
        printf("total mutex time is %lld ms\n", total_time);
```

```
        return 0;
    }

    int rdlockVer(void)
    {
        int j, err;
        pthread_t th1, th2;

        struct  timeval start;
        clock_t  t1, t2;
        struct  timeval end;



        pthread_rwlock_init(&rwlock, NULL); //初始化读写锁

        gettimeofday(&start, NULL);

            err = pthread_create(&th1, NULL, thread_3, (void *)0);
            if (err != 0) {
                printf("create new thread error:%s\n", strerror(err));
                exit(0);
            }
            err = pthread_create(&th2, NULL, thread_4, (void *)0);
            if (err != 0) {
                printf("create new thread error:%s\n", strerror(err));
                exit(0);
            }

            err = pthread_join(th1, NULL);
            if (err != 0) {
                printf("wait thread done error:%s\n", strerror(err));
                exit(1);
            }
            err = pthread_join(th2, NULL);
            if (err != 0) {
                printf("wait thread done error:%s\n", strerror(err));
                exit(1);
            }

        gettimeofday(&end, NULL);

        pthread_rwlock_destroy(&rwlock); //销毁互斥锁



        long long total_time = (end.tv_sec - start.tv_sec) * 1000000 + (end.tv_usec
- start.tv_usec);
        total_time /= 1000; // get the run time by millisecond
```

```
    printf("total rwlock time is %lld ms\n", total_time);

    return 0;
}

int main()
{
    mutextVer();
    rdlockVer();

    return 0;
}
```

（2）上传 test.cpp 到 Linux，在终端下输入命令"g++ -o test test.cpp -lpthread"，其中 pthread 是线程库的名字，然后运行 test，运行结果如下：

```
[root@localhost cpp98]# g++ -o test test.cpp -lpthread
[root@localhost cpp98]# ./test
total mutex time is 439 ms
total rwlock time is 836 ms
```

从这个例子中可以看出，即使都是在读情况下，读写锁依然比互斥锁速度慢。那是不是说读写锁没什么作用了呢？不是这样的，虽然速度上可能不如互斥锁，但并发性好，并发性对于用户体验非常重要。对于并发性要求高的地方，应该优先考虑读写锁。

9.3.3　条件变量

1. 条件变量的概念

线程间的同步有这样一种情况：线程 A 需要等某个条件成立才能继续往下执行，现在这个条件不成立，线程 A 就阻塞等待，而线程 B 在执行过程中使这个条件成立了，于是唤醒线程 A 继续执行。在 POSIX 线程库中，同步机制之一的条件变量（Condition Variable）就是用在这种场合，它可以让一个线程等待"条件变量的条件"而挂起，另一个线程在条件成立后向挂起的线程发送条件成立的信号。这两种行为都是通过条件变量相关的函数实现的。

为了防止线程间竞争，使用条件变量时，需要联合互斥锁一起使用。条件变量常用在多线程之间关于共享数据状态变化的通信中，当一个线程的行为依赖于另一个线程对共享数据状态的改变时，就可以使用条件变量来同步它们。

我们首先来看一个经典问题——生产者-消费者问题。生产者-消费者（producer-consumer）问题也称作有界缓冲区（bounded-buffer）问题，两个线程共享一个公共的固定大小的缓冲区。其中一个是生产者，用于将数据放入缓冲区，如此反复；另一个是消费者，用于从缓冲区中取出数据，如此反复。问题出现在当缓冲区已经满了，而此时生产者还想向其中放入一个新的数据项的情形，其解决方法是让生产者进行休眠，等待消费者从缓冲区中取出一个或者多个数据后再去唤醒它。同样地，当缓冲区已经空了，而消费者还想去取数据时，也可以让消费者进行休眠，等待生产者放入一个或者多个数据时再唤醒它。看似蛮对的，但其实在实现时会有一个死锁情况存在。为了跟踪缓冲区中的消息数目，需要一个全局变量 count。如果缓冲区最多存放 N 个数据，则生产者的代码会首先检查 count 是否达到 N，如果是，则生产者休眠，否则生产者向缓冲区中放入一个数据，并增加 count 的值。消费者的代码也与此类似，首先检测 count 是否为 0，如果是，则休眠，否则从缓冲区中取出消息并递减 count 的值。同时，每个线程也需要检查是否需要唤醒另一个进程。代码如下：

```
pthread_mutex_t mutex; //定义一个互斥锁，用于让生产线程和消费线程对缓冲区的互斥访问
#define N 100        // 缓冲区大小
int count = 0;        // 跟踪缓冲区的记录数

/* 生产者线程 */
void procedure(void)
{
    int item;                    // 缓冲区中的数据项

    while(true)                  // 无限循环
    {
        item = produce_item();               // 产生下一个数据项
        if (count == N)                      // 如果缓冲区满了，进行休眠
        {
            sleep();
        }
        pthread_mutex_lock(&mutex);       //上锁
        insert_item(item);                // 将新数据项放入缓冲区
        count = count + 1;                // 计数器加 1
        pthread_mutex_unlock(&mutex);     //解锁

        if (count == 1)                   // 表明插入之前为空
        {                                 // 消费者等待
            wakeup(consumer);         // 唤醒消费者
        }
    }
}

/* 消费者线程 */
void consumer(void)
{
    int item;                // 缓冲区中的数据项

    while(true)              // 无限循环
    {
        if (count == 0)     // 如果缓冲区为空，进入休眠
        {
            sleep();
        }
        pthread_mutex_lock(&mutex);    //上锁
        item = remove_item();          // 从缓冲区中取出一个数据项
        count = count - 1;             // 计数器减 1
```

```
        pthread_mutex_unlock(&mutex);  //解锁
        if (count == N -1)             // 缓冲区有空槽
        {                              // 唤醒生产者
            wakeup(producer);
        }
    }
}
```

当缓冲区为空时，消费线程刚刚读取 count 的值为 0，准备开始休眠（sleep）了，而此时调度程序决定暂停消费线程并启动执行生产线程。生产者向缓冲区中加入一个数据项，count 的值加 1。现在 count 的值变成了 1。推断刚才 count 为 0，所以此时消费者一定在休眠，于是生产者开始调用 wakeup（consumer）来唤醒消费者。但是，此时消费者实际上并没有休眠，所以 wakeup 信号就丢失了。当消费者下次运行时，它将进入休眠（因为它已经判断过 count 是 0 了）。而生产者下次运行的时候，count 会继续递增，并且不会唤醒 consumer 了（生产者认为消费者醒着），所以迟早会填满缓冲区，然后生产者也休眠，这样两个线程就都永远地休眠下去了。产生这个问题的关键是消费者解锁到休眠这段代码有可能被打断，而条件变量的重要功能是把释放互斥锁到休眠当作一个原子操作，不容打断。

POSIX 库中用类型 pthread_cond_t 来定义一个条件变量，比如定义一个条件变量：

```
#include <pthread.h>
pthread_cond_t  cond;
```

2. 条件变量的初始化

条件变量有两种初始化方式，即常量初始化和函数初始化。常量初始化通过宏 PTHREAD_RWLOCK_INITIALIZER 来给一个读写锁变量赋值，比如：

```
pthread_cond_t cond = PTHREAD_COND_INITIALIER;
```

这种方式属于静态初始化方式，不能对一个读写锁指针进行初始化，比如下面的代码是错误的：

```
pthread_cond_t *pcond = (pthread_cond_t *)malloc(sizeof(pthread_cond_t));
pcond = PTHREAD_COND_INITIALIER;  //这样是错误的
```

函数初始化方式属于动态初始化方式，通过函数 pthread_cond_init 进行，该函数声明如下：

```
int pthread_cond_init(pthread_cond_t *cond,pthread_condattr_t *cond_attr);
```

其中，参数 cond 是指向 pthread_cond_t 变量的指针；attr 是指向 pthread_condattr_t 变量的指针，表示条件变量的属性，如果赋值 NULL，则使用默认的条件变量属性，该参数通常使用 NULL。如果函数执行成功就返回 0，否则返回错误码。

静态初始化的条件变量是不需要销毁的，而动态初始化的条件变量是需要销毁的，销毁函数我们会在后面讲到。

比如对如下条件变量进行初始化：

```
pthread_cond_t *pcond = (pthread_cond_t *)malloc(sizeof(pthread_cond_t));
pthread_cond_init(pcond,NULL);
```

或者

```
pthread_cond_t    cond;
pthread_cond_init(&cond,NULL);
```

下面的代码也演示了一个条件变量的静态初始化过程：

```
#include <pthread.h>
#include "errors.h"

typedef struct my_struct_tag {
    pthread_mutex_t    mutex;  /* 对变量访问进行保护 */
    pthread_cond_t     cond;   /* 变量值发生改变会发出信号*/
    int                value;  /* 被互斥锁保护的变量 */
} my_struct_t;

my_struct_t data = {
    PTHREAD_MUTEX_INITIALIZER, PTHREAD_COND_INITIALIZER, 0};

int main (int argc, char *argv[])
{
    return 0;
}
```

上面代码初始化的效果和用函数 pthread_mutex_init 与 pthread_cond_init（都使用默认属性）进行初始化的效果是一样的。

3. 等待条件变量

pthread_cond_wait 和 pthread_cond_timedwait 用于等待条件变量，并且将线程阻塞在一个条件变量上。pthread_cond_wait 声明如下：

```
int pthread_cond_wait(pthread_cond_t *restrict cond,pthread_mutex_t *restrict
mutex);
```

其中，参数 cond 指向 pthread_cond_t 类型变量的指针，表示一个已经初始化的条件变量；mutex 指向一个互斥锁变量的指针，用于同步线程对共享资源的访问。如果函数执行成功就返回 0，出错返回错误编号。

前面提到过，这里再次强调，为了防止多个线程同时请求函数 pthread_cond_wait 形成竞争，因此条件变量必须和一个互斥锁联合使用。如果条件不满足，调用 pthread_cond_wait 会发生这些原子操作：线程将 mutex 解锁、线程被条件变量 cond 阻塞。这是一个原子操作，不会被打断。被阻塞的线程可以在以后某个时间通过其他线程执行函数 pthread_cond_signal 或 pthread_cond_broadcast 来唤醒。线程被唤醒后，如果条件还不满足，该线程将继续阻塞在这里，等待下一次被唤醒。这个过程可以用 while 循环语句来实现，比如：

```
Lock (mutex)

while (condition is false) {
```

```
        Cond_wait(cond, mutex, timeout)
}

DoSomething()

Unlock (mutex)
```

使用 while 还有一个原因是,等待在条件变量上的线程被唤醒有可能不是由于条件满足而是由于虚假唤醒(Spurious Wakeups)。虚假唤醒在 POSIX 标准里是默认允许的,wait 返回只是代表共享数据有可能被改变,因此必须要重新判断。

那么什么时候会出现虚假唤醒呢?

在多核处理器下,pthread_cond_signal 可能会激活多于一个线程(阻塞在条件变量上的线程)。结果是,当一个线程调用 pthread_cond_signal() 后,多个调用 pthread_cond_wait() 或 pthread_cond_timedwait()的线程返回。

当函数等到条件变量时,将对 mutex 上锁并唤醒本线程。这也是一个原子操作。由于 pthread_cond_wait 需要释放锁,因此当调用 pthread_cond_wait 的时候,互斥锁必须已经被调用线程锁定。由于收到信号时要对 mutex 上锁,因此等到信号时,除了信号来到外,互斥锁也应该已经解锁了,只有两个条件都满足,该函数才会返回。

函数 pthread_cond_timedwait 是计时等待条件变量,声明如下:

```
  int pthread_cond_timedwait(pthread_cond_t *restrict cond,pthread_mutex_t
*restrict mutex,const struct timespec *restrict abstime);
```

其中,参数 cond 指向 pthread_cond_t 类型变量的指针,表示一个已经初始化的条件变量;mutex 指向一个互斥锁变量的指针,用于同步线程对共享资源的访问;参数 abstime 指向结构体 timespec 变量,表示等待的时间,如果等于或超过这个时间,则返回 ETIME。结构体 timespec 定义如下:

```
typedef struct timespec{
    time_t tv_sec; //秒
    long tv_nsex; //纳秒
}timespec_t;
```

这里的秒和纳秒数是自 1970 年 1 月 1 号 00:00:00 开始到现在所经历的时间。如果函数执行成功就返回 0,出错则返回错误编号。

4. 唤醒等待条件变量的线程

pthread_cond_signal 用于唤醒一个等待条件变量的线程,该函数声明如下:

```
    int pthread_cond_signal(pthread_cond_t *cond);
```

其中,参数 cond 指向 pthread_cond_t 类型变量的指针,表示一个已经阻塞线程的条件变量。如果函数执行成功就返回 0,出错则返回错误编号。

pthread_cond_signal 只唤醒一个等待该条件变量的线程, pthread_cond_broadcast 函数则将唤醒所有等待该条件变量的线程,该函数声明如下:

```
int pthread_cond_broadcast(pthread_cond_t *cond);
```

其中，参数 cond 指向 pthread_cond_t 类型变量的指针，表示一个已经阻塞线程的条件变量。如果函数执行成功就返回 0，出错则返回错误编号。

5. 条件变量的销毁

当不再使用条件变量的时候，应该把它销毁。用于销毁条件变量的函数是 pthread_cond_destroy，声明如下：

```
int pthread_cond_destroy(pthread_cond_t *cond);
```

其中，参数 cond 指向 pthread_cond_t 类型变量的指针，表示一个不再使用的条件变量。如果函数执行成功就返回 0，出错则返回错误编号。

关于条件变量的基本函数介绍完了，下面我们通过例子来加深理解。

【例 9.6】找出 1~20 中能整除 3 的整数

（1）打开 UE，新建一个 test.cpp 文件，在 test.cpp 中输入代码：

```cpp
#include <pthread.h>
#include <stdio.h>
#include <stdlib.h>
#include <unistd.h>

pthread_mutex_t mutex = PTHREAD_MUTEX_INITIALIZER;/*初始化互斥锁*/
pthread_cond_t cond = PTHREAD_COND_INITIALIZER;/*初始化条件变量*/

void *thread1(void *);
void *thread2(void *);

int i = 1;
int main(void)
{
    pthread_t t_a;
    pthread_t t_b;

    pthread_create(&t_a, NULL, thread2, (void *)NULL);//创建线程t_a
    pthread_create(&t_b, NULL, thread1, (void *)NULL); //创建线程t_b
    pthread_join(t_b, NULL);/*等待进程t_b结束*/
    pthread_mutex_destroy(&mutex);
    pthread_cond_destroy(&cond);
    exit(0);
}

void *thread1(void *junk)
{
    for (i = 1; i <= 20; i++)
    {
        pthread_mutex_lock(&mutex);//锁住互斥锁
```

```
        if (i % 3 == 0)
            pthread_cond_signal(&cond); //唤醒等待条件变量cond的线程
        else
            printf("thead1:%d\n", i); //打印不能整除3的i
        pthread_mutex_unlock(&mutex);//解锁互斥锁

        sleep(1);
    }

}

void *thread2(void *junk)
{
    while (i < 20)
    {
        pthread_mutex_lock(&mutex);

        if (i % 3 != 0)
            pthread_cond_wait(&cond, &mutex);//等待条件变量
        printf("------------thread2:%d\n", i); //打印能整除3的i
        pthread_mutex_unlock(&mutex);

        sleep(1);
        i++;
    }

}
```

（2）上传 test.cpp 到 Linux，在终端下输入命令"g++ -o test test.cpp -lpthread"，其中 pthread 是线程库的名字，然后运行 test，运行结果如下：

```
[root@localhost cpp98]# g++ -o test test.cpp -lpthread
[root@localhost cpp98]# ./test
thead1:1
thead1:2
------------thread2:3
thead1:5
------------thread2:6
thead1:8
------------thread2:9
thead1:10
------------thread2:12
thead1:13
------------thread2:15
thead1:16
------------thread2:18
thead1:19
```

上例中，线程 1 在累加 i 的过程中，如果发现 i 能整除 3，就唤醒等待条件变量 cond 的线程。

线程 2 在循环中,如果 i 不能整除 3,则阻塞线程,等待条件变量。要注意的是,由于 pthread_cond_wait 需要释放锁,因此当调用 pthread_cond_wait 的时候,互斥锁必须已经被调用线程锁定,线程 2 中的 pthread_cond_wait 函数前会先加锁 pthread_mutex_lock(&mutex)。并且,pthread_cond_wait 收到条件变量信号时,要对互斥锁加锁,因此在线程 1 中的 pthread_cond_signal 后面解锁后,才会让线程 2 中的 pthread_cond_wait 返回,并执行它后面的语句。并且 pthread_cond_wait 可以对 mutex 上锁,当用完 i 的时候,再对 mutex 解锁,这样可以让线程 1 继续进行。当线程 1 打印了一个非整除 3 的 i 后,就休眠(sleep)了,此时将切换到线程 2 的执行,线程发现 i 不能整除 3,就阻塞。

9.4　C++11/14 中的线程同步

C++11/14 提供了两种方式进行线程同步,即互斥锁和条件变量。一线实际编程中用的较多的是互斥锁,C++11 中的条件变量在实际编程中用的不多,这里不再赘述。

同 POSIX 线程库一样,C++11 也提供了互斥锁来同步线程对共享资源的访问,而且是语言级别上的支持。我们知道,互斥锁是线程同步的一种机制,用来保护多线程的共享资源。同一时刻,只允许一个线程对临界区进行访问。互斥锁的工作流程是:初始化一个互斥锁,在进入临界区前把互斥锁加锁(防止其他线程进入临界区),退出临界区的时候把互斥锁解锁(让别的线程有机会进入临界区),最后不用互斥锁的时候就销毁它。POSIX 库中用类型 pthread_mutex_t 来定义一个互斥锁,pthread_mutex_t 是一个联合体类型,定义在 pthreadtypes.h 中。

C++ 11 中与互斥锁相关的类(包括锁类型)和函数都声明在头文件 <mutex>中,如果需要使用互斥锁相关的类,就必须包含头文件<mutex>。C++11 中的互斥锁有 4 种,并对应着 4 种不同的类。

(1)基本互斥锁,对应的类为 std::mutex。
(2)递归互斥锁,对应的类为 std::recursive_mutex。
(3)定时互斥锁,对应的类为 std::time_mutex。
(4)定时递归互斥锁,对应的类 std::time_mutex。

既然是互斥锁,肯定有上锁和解锁操作了,这些类里面都有上锁的成员函数 lock、try_lock 以及解锁的成员函数 unlock。

下面具体介绍基本互斥锁和定时互斥锁。

1. 基本互斥锁 std::mutex

类 std::mutex 是最基本的互斥锁,用来同步线程对临界资源的互斥访问。它的成员函数如表 9-1 所示。

表 9-1　类 std::mutex 的成员函数

成员函数	说明
mutex	构造函数
lock	互斥锁上锁
Try_lock	如果互斥锁没有上锁,则上锁
native_handle	得到本地互斥锁句柄

函数 lock 用来对一个互斥锁上锁，如果互斥锁当前没有被上锁，则当前线程（调用线程，调用该函数的线程）可以成功对互斥锁上锁，即当前线程拥有互斥锁，直到当前线程调用解锁函数 unlock。如果互斥锁已经被其他线程上锁了，则当前线程挂起，直到互斥锁被其他线程解锁。如果互斥锁已经被当前线程上锁了，则再次调用该函数时将死锁，若需要递归上锁，则可以调用成员函数 recursive_mutex。该函数声明如下：

```
void lock();
```

函数 unlock 用来对一个互斥锁解锁，释放调用线程对其拥有的所有权。如果有其他线程因为要对互斥锁上锁而阻塞着，则互斥锁被调用线程解锁后，阻塞的其他线程就可以继续往下执行了，即能对互斥锁上锁了。如果互斥锁当前没有被调用线程上锁，则调用线程调用 unlock 后将产生不可预知结果。函数 unlock 声明如下：

```
void unlock();
```

lock 和 unlock 都要被调用线程配对使用。

【例 9.7】多线程统计计数器到 10 万

（1）打开 UE，新建一个 test.cpp 文件，在 test.cpp 中输入代码：

```cpp
#include <iostream>        // std::cout
#include <thread>          // std::thread
#include <mutex>           // std::mutex

volatile int counter(0);        //定义一个全局变量，当作计数器，用于累加
std::mutex mtx;                 // 用于保护counter的互斥锁

void thrfunc()
{
    for (int i = 0; i < 10000; ++i)
    {
        mtx.lock(); //互斥锁上锁
        ++counter; //计数器累加
        mtx.unlock(); //互斥锁解锁
    }
}

int main(int argc, const char* argv[])
{
    std::thread threads[10];

    for (int i = 0; i < 10; ++i)
        threads[i] = std::thread(thrfunc); //启动10个线程

    for (auto& th : threads) th.join(); //等待10个线程结束
    std::cout <<"count to "<< counter << " successfully \n";
```

```
    return 0;
}
```

（2）上传 test.cpp 到 Linux，在终端下输入命令"g++ -o test test.cpp -lpthread -std=c++11"，其中 pthread 是线程库的名字，然后运行 test，运行结果如下：

```
[root@localhost test]# g++ -o test test.cpp -lpthread -std=c++11
[root@localhost test]# ./test
count to 100000 successfully
```

2. 定时互斥锁 std::time_mutex

类 std:: time_mutex 是定时互斥锁类，和基本互斥锁类似，用来同步线程对临界资源的互斥访问，区别是多了定时。它的成员函数如表 9-2 所示。

表 9-2　类 std:: time_mutex 的成员函数

成员函数	说明
mutex	构造函数
lock	互斥锁上锁
try_lock	如果互斥锁没有上锁，则努力上锁，但不阻塞
try_lock_for	如果互斥锁没有上锁，则努力一段时间上锁，这段时间内阻塞，过了这段时间就退出
try_lock_until	努力上锁，直到某个时间点，时间点到达之前将一直阻塞
native_handle	得到本地互斥锁句柄

函数 try_lock 尝试锁住互斥锁，如果互斥锁被其他线程占有，则当前线程也不会被阻塞，线程调用该函数会出现 3 种情况：① 如果当前互斥锁没有被其他线程占有，则该线程锁住互斥锁，直到该线程调用 unlock 释放互斥锁；② 如果当前互斥锁被其他线程锁住，则当前调用线程返回 false，而并不会被阻塞掉；③ 如果当前互斥锁被当前调用线程锁住，则会产生死锁。该函数声明如下：

```
bool try_lock(); //注意有下画线
```

如果函数成功上锁，则返回 true，否则返回 false。该函数不会阻塞，不能上锁时将立即返回 false。

【例 9.8】用非阻塞上锁版本改写上例

（1）打开 UE，新建一个 test.cpp 文件，在 test.cpp 中输入代码：

```
#include <iostream>        // std::cout
#include <thread>          // std::thread
#include <mutex>           // std::mutex

volatile int counter(0);      //定义一个全局变量，当作计数器用于累加
std::mutex mtx;               // 用于保护counter的互斥锁

void thrfunc()
```

```
{
    for (int i = 0; i < 10000; ++i)
    {
        if (mtx.try_lock())//互斥锁上锁
        {
            ++counter; //计数器累加
            mtx.unlock(); //互斥锁解锁
        }
        else std::cout << "try_lock false\n"  ;
    }
}

int main(int argc, const char* argv[])
{
    std::thread threads[10];

    for (int i = 0; i < 10; ++i)
        threads[i] = std::thread(thrfunc); //启动10个线程

    for (auto& th : threads) th.join(); //等待10个线程结束
    std::cout << "count to " << counter << " successfully \n";

    return 0;
}
```

（2）上传 test.cpp 到 Linux，在终端下输入命令"g++ -o test test.cpp -lpthread -std=c++11"，其中 pthread 是线程库的名字，然后运行 test，运行结果如下：

```
[root@localhost test]# g++ -o test test.cpp -lpthread -std=c++11
[root@localhost test]# ./test
count to 100000 successfully
```

从上面两个例子可以看出，当临界区的代码很短的时候，比如只有"counter++;"，lock 和 try_lock 的效果一样。

9.5 线程池

9.5.1 线程池的定义

这里的池是形象的说法。线程池就是有一堆已经创建好了的线程，初始都处于空闲等待状态，当有新的任务需要处理的时候，就从这堆线程（这堆线程比喻为线程池）中取一个空闲等待的线程来处理该任务，当任务处理完毕后，就再次把该线程放回池中（一般就是将线程状态置为空闲），以供后面的任务继续使用。当池子里的线程全都处于忙碌状态时，线程池中没有可用的空闲等待线程，此时根据需要选择创建一个新的线程并置入池中，或者通知任务当前线程池里所有线程都在忙，等待片刻再尝试。这个过程可以用图 9-2 来表示。

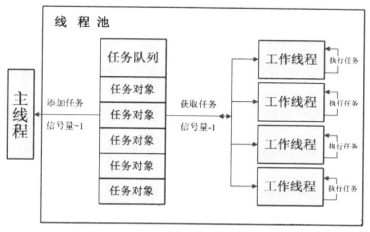

图 9-2

9.5.2 使用线程池的原因

线程的创建和销毁相对于进程的创建和销毁来说是轻量级的（开销没有进程那么大），但是当我们的任务需要进行大量线程的创建和销毁操作时，这些开销合在一起就比较大了。比如，当你设计一个压力性能测试框架的时候，需要连续产生大量的并发操作。线程池在这种场合是非常适用的。线程池的好处就在于线程复用，某个线程在处理完一个任务后，可以继续处理下一个任务，而不用销毁后再创建，这样可以避免无谓的开销，因此尤其适用于连续产生大量并发任务的场合。

9.5.3 用 C++实现一个简单的线程池

在知道了线程池的基本概念后，下面我们用 Linux C++来实现一个基本的线程池，该线程池虽然简单，但可以体现线程池的基本工作思想。另外，线程池的实现是千变万化的，有时候要根据实际应用场合来定制，但万变不离其宗，原理都是一样的。现在我们从简单的、基本的线程池开始实践，为以后工作中设计复杂高效的线程池做准备。

【例 9.9】用 C++实现一个简单的线程池

（1）打开 UE 并输入如下代码：

```
#ifndef __THREAD_POOL_H
#define __THREAD_POOL_H

#include <vector>
#include <string>
#include <pthread.h>

using namespace std;

/*执行任务的类：设置任务数据并执行*/
class CTask {
protected:
```

```
        string m_strTaskName;    //任务的名称
        void* m_ptrData;        //要执行的任务的具体数据

public:
    CTask() = default;
    CTask(string &taskName)
        : m_strTaskName(taskName)
        , m_ptrData(NULL) {}
    virtual int Run() = 0;
    void setData(void* data);    //设置任务数据

    virtual ~CTask() {}

};

/*线程池管理类*/
class CThreadPool {
private:
    static vector<CTask*> m_vecTaskList;    //任务列表
    static bool shutdown;    //线程退出标志
    int m_iThreadNum;    //线程池中启动的线程数
    pthread_t *pthread_id;

    static pthread_mutex_t m_pthreadMutex;    //线程同步锁
    static pthread_cond_t m_pthreadCond;    //线程同步条件变量

protected:
    static void* ThreadFunc(void *threadData);    //新线程的线程回调函数
    static int MoveToIdle(pthread_t tid);    //线程执行结束后，把自己放入空闲线程中
    static int MoveToBusy(pthread_t tid);    //移入到忙碌线程中去
    int Create();    //创建线程池中的线程

public:
    CThreadPool(int threadNum);
    int AddTask(CTask *task);    //把任务添加到任务队列中
    int StopAll();    //使线程池中的所有线程退出
    int getTaskSize();    //获取当前任务队列中的任务数
};

#endif
```

（2）保存代码为头文件 thread_pool.h，再新建一个 thread_pool.cpp 文件，并输入如下代码：

```
#include "thread_pool.h"
#include <cstdio>

void CTask::setData(void* data) {
    m_ptrData = data;
}
```

```
//静态成员初始化
vector<CTask*> CThreadPool::m_vecTaskList;
bool CThreadPool::shutdown = false;
pthread_mutex_t CThreadPool::m_pthreadMutex = PTHREAD_MUTEX_INITIALIZER;
pthread_cond_t CThreadPool::m_pthreadCond = PTHREAD_COND_INITIALIZER;

//线程管理类构造函数
CThreadPool::CThreadPool(int threadNum) {
    this->m_iThreadNum = threadNum;
    printf("I will create %d threads.\n", threadNum);
    Create();
}

//线程回调函数
void* CThreadPool::ThreadFunc(void* threadData) {
    pthread_t tid = pthread_self();
    while (1)
    {
        pthread_mutex_lock(&m_pthreadMutex);
        //如果队列为空，等待新任务进入任务队列
        while (m_vecTaskList.size() == 0 && !shutdown)
            pthread_cond_wait(&m_pthreadCond, &m_pthreadMutex);

        //关闭线程
        if (shutdown)
        {
            pthread_mutex_unlock(&m_pthreadMutex);
            printf("[tid: %lu]\texit\n", pthread_self());
            pthread_exit(NULL);
        }

        printf("[tid: %lu]\trun: ", tid);
        vector<CTask*>::iterator iter = m_vecTaskList.begin();
        //取出一个任务并处理之
        CTask* task = *iter;
        if (iter != m_vecTaskList.end())
        {
            task = *iter;
            m_vecTaskList.erase(iter);
        }

        pthread_mutex_unlock(&m_pthreadMutex);

        task->Run();     //执行任务
        printf("[tid: %lu]\tidle\n", tid);

    }

    return (void*)0;
```

```
    }

//往任务队列里添加任务并发出线程同步信号
int CThreadPool::AddTask(CTask *task) {
    pthread_mutex_lock(&m_pthreadMutex);
    m_vecTaskList.push_back(task);
    pthread_mutex_unlock(&m_pthreadMutex);
    pthread_cond_signal(&m_pthreadCond);

    return 0;
}

//创建线程
int CThreadPool::Create() {
    pthread_id = new pthread_t[m_iThreadNum];
    for (int i = 0; i < m_iThreadNum; i++)
        pthread_create(&pthread_id[i], NULL, ThreadFunc, NULL);

    return 0;
}

//停止所有线程
int CThreadPool::StopAll() {
    //避免重复调用
    if (shutdown)
        return -1;
    printf("Now I will end all threads!\n\n");

    //唤醒所有等待进程，线程池也要销毁了
    shutdown = true;
    pthread_cond_broadcast(&m_pthreadCond);

    //清理僵尸进程
    for (int i = 0; i < m_iThreadNum; i++)
        pthread_join(pthread_id[i], NULL);

    delete[] pthread_id;
    pthread_id = NULL;

    //销毁互斥锁和条件变量
    pthread_mutex_destroy(&m_pthreadMutex);
    pthread_cond_destroy(&m_pthreadCond);

    return 0;
}

//获取当前队列中的任务数
int CThreadPool::getTaskSize() {
    return m_vecTaskList.size();
}
```

（3）新建一个 main.cpp，输入如下代码：

```cpp
#include "thread pool.h"
#include <cstdio>
#include <stdlib.h>
#include <unistd.h>

class CMyTask : public CTask {
public:
    CMyTask() = default;
    int Run() {
        printf("%s\n", (char*)m ptrData);
        int x = rand() % 4 + 1;
        sleep(x);
        return 0;
    }
    ~CMyTask() {}
};

int main() {
    CMyTask taskObj;
    char szTmp[] = "hello!";
    taskObj.setData((void*)szTmp);
    CThreadPool threadpool(5);   //线程池大小为5

    for (int i = 0; i < 10; i++)
        threadpool.AddTask(&taskObj);

    while (1) {
        printf("There are still %d tasks need to handle\n", threadpool.
getTaskSize());
        //任务队列已没有任务了
        if (threadpool.getTaskSize() == 0) {
            //清除线程池
            if (threadpool.StopAll() == -1) {
                printf("Thread pool clear, exit.\n");
                exit(0);
            }
        }
        sleep(2);
        printf("2 seconds later...\n");
    }
    return 0;
}
```

（4）把这 3 个文件上传到 Linux，在命令行下编译运行：

```
[root@localhost test]# g++ thread_pool.cpp test.cpp -o test -lpthread
[root@localhost test]# ./test
I will create 5 threads.
There are still 10 tasks need to handle
[tid: 139992529053440]  run: hello!
[tid: 139992520660736]  run: hello!
```

```
[tid: 139992512268032]  run: hello!
[tid: 139992503875328]  run: hello!
[tid: 139992495482624]  run: hello!
2 seconds later...
There are still 5 tasks need to handle
[tid: 139992512268032]  idle
[tid: 139992512268032]  run: hello!
[tid: 139992495482624]  idle
[tid: 139992495482624]  run: hello!
[tid: 139992520660736]  idle
[tid: 139992520660736]  run: hello!
[tid: 139992529053440]  idle
[tid: 139992529053440]  run: hello!
[tid: 139992503875328]  idle
[tid: 139992503875328]  run: hello!
2 seconds later...
There are still 0 tasks need to handle
Now I will end all threads!

[tid: 139992520660736]  idle
[tid: 139992520660736]  exit
[tid: 139992495482624]  idle
[tid: 139992495482624]  exit
[tid: 139992512268032]  idle
[tid: 139992512268032]  exit
[tid: 139992529053440]  idle
[tid: 139992529053440]  exit
[tid: 139992503875328]  idle
[tid: 139992503875328]  exit
2 seconds later...
There are still 0 tasks need to handle
Thread pool clear, exit.
```

第10章 Linux下的库

10.1 库的基本概念

库在软件开发中扮演着重要的角色，尤其是当软件规模较大的时候，往往将软件划分为许多模块，这些模块各自提供不同的功能，尤其是一些通用的功能，都放在一个模块里，然后给其他模块来调用，这样可以避免多次重复开发，提高效率。而且，在多人开发的软件项目中，可以根据模块划分来进行分工，比如指定某个人负责开发某个库。在实际的软件开发中，对于一些需要被许多模块反复使用的公共代码，我们通常可以将它们编译为库文件。

库从本质上来说是一种可执行代码的二进制格式，可以被载入内存中执行。在 Linux 操作系统中，库以文件的形式存在，并且可以分为动态链接库和静态链接库两种，简称动态库和静态库。静态链接库文件的后缀名是.a，动态链接库文件以.so 为后缀名。无论是动态链接库还是静态链接库，它们无非向其调用者提供变量、函数或类。

10.2 库的分类

Linux 下的库有两种：静态库和共享库（动态库）。二者的不同在于代码被载入的时刻不同。

静态库在程序编译时会被链接到目标代码中，目标程序运行时将不再需要该动态库，移植方便，体积较大，但是浪费空间和资源，因为所有相关的对象文件与牵涉到的库被链接合成一个可执行文件，这样导致可执行文件的体积较大。

动态库在程序编译时并不会被链接到目标代码中，而是在程序运行时才被载入，因此可执行文件体积较小。有了动态库，程序的升级相对变得比较简单，比如某个动态库升级了，只需要更换这个动态库文件，而不需要去更换可执行文件。但要注意的是，可执行程序在运行时需要能找到动态库文件。可执行文件是动态库的调用者。

10.3 静态库

10.3.1 静态库的基本概念

静态库文件的后缀为.a，在 Linux 下一般命名为 libxxx.a。当有程序使用某个静态库时，在链接步骤中，链接器将从静态库文件中取得的代码复制到生成的可执行文件中，即整个库中的所有函数都被链接到可执行文件中。因此使用静态库的可执行文件通常较大。但使用静态库的优点也非常明显，即可执行程序最终运行时不需要和该库有关的文件的支持，因为所有使用的函数都已经被编译进去了，可执行文件可以直接运行了。当然，有时候这也是一个缺点，比如静态库里的内容改变了，那么你的程序（调用者）必须要重新编译。

10.3.2 静态库的创建和使用

通常使用 ar 命令来创建静态库。通过 ar 命令其实就是把一些目标文件（.o）组合在一起，成为一个单独的静态库。Linux 上创建静态库的步骤如下：

（1）编辑源文件（比如.c 或.cpp 文件）。

（2）通过 gcc -c xxx.c 或 g++ -c xxx.cpp 生成目标文件（即.o 文件）。

（3）用 ar 归档目标文件，生成静态库。

（4）配合静态库写一个头文件，文件里的内容就是提供给外面使用的函数、变量或类的声明。

要学会创建静态库，主要是学会 ar 命令的使用。ar 命令不但可以创建静态库，也可以修改或提取已有静态库中的信息。它的常见用法如下：

```
ar [option] libxxx.a xx1.o xx2.o xx3.o …
```

其中，option 是 ar 命令的选项；libxxx.a 是生成的静态库文件的名字，xxx 通常是我们自己设定的名字，lib 是一种习惯，静态库通常以 lib 开头；后面的 xx1.o、xx2.o、xx3.o 是要归档进静态库中的目标代码文件，可以有多个，所以后面用省略号。

常用选项如下：

（1）选项 c
用来创建一个库。无论库是否存在，都将创建。

（2）选项 s
创建目标文件索引，这在创建较大的库时能加快时间。如果不需要创建索引，可改成大写 S 参数；如果.a 文件缺少索引，还可以使用 ranlib 命令添加。

（3）选项 r
在库中插入模块，若插入的模块名已经在库中存在，则将替换同名的模块。如果若干模块中有一个模块在库中不存在，ar 就会显示一个错误消息，并不会替换其他同名模块。默认情况下，新的成员增加在库的结尾处，可以使用其他任意选项来改变增加的位置。

（4）选项 t

显示库文件中有哪些目标文件。注意，只显示名称。

（5）选项 tv

显示库文件中有哪些目标文件。显示的信息包括文件名、时间、大小等。

（6）选项 s

显示静态库文件中的索引表。

要使用静态库很简单，下面我们来看一个小例子，生成一个静态库并使用它。

【例 10.1】创建并使用静态库（g++版）

（1）打开 UE，新建一个源文件 test.cpp，内容如下：

```
#include <stdio.h>
#include <iostream>
using namespace std;
void f(int age)
{
    cout << "your age is " << age << endl;
    printf("age:%d\n",age);
}
```

代码很简单。这个源码文件主要作为静态库。我们首先对其生成 test.o，上传到 Linux，在命令行输入：

```
[root@localhost test]# g++ -c test.cpp
```

此时会在 test.cpp 同目录下生成 test.o 目标文件，再输入命令来生成静态库：

```
[root@localhost test]# ar rcs libtest.a test.o
```

其中，ar 是静态函数库创建的命令，c 是 create（创建）的意思，rs 前面都有解释。

此时会在同目录下生成 libtest.a 静态库文件。注意，所要生成的.a 文件的名字前 3 位最好是 lib，否则在链接的时候，就可能导致找不到这个库。

（2）现在静态库生成了，我们另外编写一个源文件，来使用该库中的函数 f。打开 UE，然后新建一个文件 main.cpp，并输入代码如下：

```
extern void f(int age);    //声明要使用的函数
#include <iostream>
using namespace std;

int main(int argc, char *argv[])
{
    f(66);
    cout << "HI" << endl;
    return 0;
}
```

代码很简单。首先声明一下 f，然后就可以在 main 函数中使用了。保存后上传到 Linux，注意要和 libtest.a 放在同一个目录，然后在命令行进行编译并运行：

```
[root@localhost test]# g++ -o main main.cpp -L. -ltest
[root@localhost test]# ./main
your age is 66
age:66
HI
```

编译运行成功了。其中，-L 用来告诉 g++去哪里找库文件，它后面加了一个点（.），表示在当前目录下去找库文件；-l 的作用是用来指定具体的库，其中的 lib 和.a 不用显式写出，g++或 gcc 会自动去寻找 libtest.a，这也是我们前面生成静态库的时候，静态库的文件名要用 lib 前缀的原因。默认情况下，g++或 gcc 会首先搜索动态库（.so）文件，找不到后再去寻找静态库（.a）文件。当前目录没有动态库文件，因此可以找到静态库文件。

gcc 和 g++使用静态库的过程类似，下面列举一个 gcc 版本的例子。

【例 10.2】创建并使用静态库（gcc 版）

（1）打开 UE，新建一个源文件 test.c，内容如下：

```
#include <stdio.h>
void f(int age)
{
    printf("age:%d\n",age);
}
```

代码很简单。这个源码文件主要作为静态库。我们首先对其生成 test.o，上传到 Linux，在命令行输入：

```
[root@localhost test]# gcc -c test.cpp
```

此时会在 test.cpp 同目录下生成 test.o 目标文件，再输入命令来生成静态库：

```
[root@localhost test]# ar rcs libtest.a test.o
```

其中，ar 是静态函数库创建的命令，c 是 create（创建）的意思，rs 前面都有解释。

此时会在同目录下生成 libtest.a 静态库文件。注意，所要生成的.a 文件的名字前 3 位最好是 lib，否则在链接的时候，就可能导致找不到这个库。

（2）现在静态库生成了，我们另外编写一个源文件，来使用该库中的函数 f。打开 UE，然后新建一个文件 main.cpp，并输入代码如下：

```
extern void f(int age);    //声明要使用的函数

int main(int argc, char *argv[])
{
    f(66);
    return 0;
```

```
}
```

代码很简单。首先声明一下 f，然后就可以在 main 函数中使用了。保存后上传到 Linux，注意要和 libtest.a 放在同一个目录，然后在命令行进行编译并运行：

```
[root@localhost test]# gcc -o main main.c -L. -ltest
[root@localhost test]# ./main
age:66
```

编译运行成功了。其中，-L 用来告诉 gcc 去哪里找库文件，它后面加了一个点（.），表示在当前目录下去找库文件；-l 的作用是用来指定具体的库，其中的 lib 和.a 不用显式写出，g++或 gcc 会自动去寻找 libtest.a，这也是我们前面生成静态库的时候，静态库的文件名要用 lib 前缀的原因。默认情况下，g++或 gcc 会首先搜索动态库（.so）文件，找不到后再去寻找静态库（.a）文件。当前目录没有动态库文件，因此可以找到静态库文件。

10.4 动态库

10.4.1 动态库的基本概念

动态库又称为共享库。这类库的名字一般是 libxxx.M.N.so，同样，xxx 为库的名字，M 是库的主版本号，N 是库的副版本号。当然也可以不要版本号，但名字必须有，即 libxxx.so。相对于静态函数库，动态函数库在编译的时候并没有被编译进目标代码中，我们的程序执行到相关函数时才调用该函数库里的相应函数，因此动态函数库所产生的可执行文件比较小。由于函数库没有被整合进你的程序，而是程序运行时动态地申请并调用，所以程序的运行环境中必须提供相应的库。动态函数库的改变并不影响你的程序，所以动态函数库的升级比较方便。Linux 系统有几个重要的目录存放相应的函数库，如/lib /usr/lib。

当要使用静态的程序库时，连接器会找出程序所需的函数，然后将它们复制到执行文件，由于这种复制是完整的，因此一旦连接成功，静态程序库也就不再需要了。然而，对动态库而言，就不是这样的。动态库会在执行程序内留下一个标记，指明当程序执行时，首先必须载入这个库。由于动态库节省空间，Linux 下进行连接的默认操作是首先连接动态库，也就是说，如果同时存在静态和动态库，不特别指定的话，将与动态库相连接。

10.4.2 动态库的创建和使用

动态库文件的后缀为.so，可以直接使用 gcc 或 g++生成。下面来看一个例子。

【例 10.3】创建和使用动态库

打开 UE，新建一个源文件 test.cpp，内容如下：

```
#include <stdio.h>
#include <iostream>
using namespace std;
```

```
void f(int age)
{
    cout << "your age is " << age << endl;
    printf("age:%d\n",age);
}
```

代码很简单。这个源码文件主要作为动态库。把文件上传到 Linux，在命令行输入：

```
[root@localhost test]# g++ test.c -fPIC -shared -o libtest.so
```

此时会在同目录下生成动态库文件 libtest.so。上面命令行中的-shared 表明产生共享库，而-fPIC则表明使用地址无关代码。PIC 的全称是 Position Independent Code。在 Linux 下编译共享库时，必须加上-fPIC 参数，否则在链接时会有错误提示。那么 fPIC 的目的是什么？共享库文件可能会被不同的进程加载到不同的位置上，如果共享对象中的指令使用了绝对地址、外部模块地址，那么在共享对象被加载时就必须根据相关模块的加载位置对这个地址做调整，也就是修改这些地址，让它在对应进程中能正确访问，这样就不能实现多进程共享一份物理内存，共享库在每个进程中都必须有一份物理内存的复制。fPIC 指令就是为了让使用同一个共享对象的多个进程能尽可能多地共享物理内存，它背后把那些涉及绝对地址、外部模块地址访问的地方都抽离出来，保证代码段的内容可以多进程相同，实现共享。这些内容了解即可。总之，-fPIC（或-fpic）表示编译为位置独立的代码。位置独立的代码即位置无关代码，在可执行程序加载的时候可以存放在内存中的任何位置。若不使用该选项，则编译后的代码是位置相关的代码，在可执行程序加载时，通过代码复制的方式来满足不同进程的需要，没有实现真正意义上的位置共享。

动态库产生后，我们就可以使用动态库了，下面先编写一个主函数。打开 UE，然后新建一个文件 main.cpp，并输入代码如下：

```
extern void f(int age);    //声明要使用的函数
#include <iostream>
using namespace std;

int main(int argc, char *argv[])
{
    f(66);
    cout << "HI" << endl;

    return 0;
}
```

代码很简单。首先声明一下 f，然后就可以在 main 函数中使用了。保存后上传到 Linux，注意要和 libtest.a 放在同一个目录，然后在命令行进行编译并运行：

```
[root@localhost test]# g++ main.c -o main -L ./ -ltest
```

其中，-L 用来告诉 g++去哪里找库文件，它后面加了空格和./表示在当前目录下寻找库，或者直接写-L.即可；-l 的作用是用来指定具体的库，其中的 lib 和.so 不用显式写出，g++会自动去寻找libtest.so。默认情况下，g++或 gcc 会首先搜索动态库（.so）文件，找不到后再去寻找静态库（.a）

文件。当前目录下以 test 命名的库文件有动态库文件（libtest.so），因此 g++可以找到。

编译链接后，会在当前目录下生成可执行文件 main，如果此时运行，会发现运行不了：

```
[root@localhost test]# ./main
./main: error while loading shared libraries: libtest.so: cannot open shared
object file: No such file or directory
```

这是为什么呢？看提示似乎是 main 程序找不到 libtest.so，但是 main 文件和 libtest.so 都在同一目录下。虽然我们知道它们在同一目录下，但程序 main 并不知道。那怎么办呢？把动态库放到默认的搜索路径上或者告诉系统动态库的路径即可，有以下 3 种方法。

第一种，将库复制到/usr/lib 和/lib（不包含子目录）下。

这两个路径是默认搜索的地方，但要注意的是，把动态库放到这两个目录之一后，要执行命令 ldconfig，否则还是会提示找不到。现在我们把 libtest.so 剪切到/usr/lib：

```
[root@localhost test]# mv libtest.so /usr/local/lib
```

移动后，当前目录下就没有 libtest.so 了，然后执行 ldconfig 后再运行 main：

```
[root@localhost test]# ldconfig
[root@localhost test]# ./main
age:66
HI
```

很多开源软件通过源码包进行安装时，如果不指定--prefix，就会将库安装在/usr/local/lib 目录下，当运行程序需要链接动态库时，提示找不到相关的.so 库，进而报错。也就是说，/usr/local/lib 目录不在系统默认的库搜索目录中。

第二种，在命令前加环境变量。

如果第一种方法做了，则我们首先把/usr/lib 或/lib 下的 libtest.so 删除：

```
[root@localhost lib]# cd /usr/lib
[root@localhost lib]# rm -f libtest.so
```

再回到/zww/test 下重新生成一个 libtest.so，然后加环境变量后运行 main：

```
[root@localhost test]# g++ test.cpp -fPIC -shared -o libtest.so
[root@localhost test]# LD_LIBRARY_PATH=/zww/test ./main
age:66
HI
```

可以看到，我们把动态库 libtest.so 的路径/zww/test 赋值给了环境变量 LD_LIBRARY_PATH，然后运行 main 就成功了。这种方法虽然简单，但该环境变量只对当前命令有效，当该命令执行完成后，该环境变量就无效了，除非每次执行 main 都这样加环境变量。此法只能是时法，要想采用永久法，可以参考第 3 种方法。

第三种，修改/etc/ld.so.conf 文件。

我们可以把自己的动态库文件的路径加到/etc/ld.so.conf中，这个文件叫动态库配置文件，接着执行 ldconfig，然后系统可以把我们添加的路径作为其默认的搜索路径，一劳永逸。

```
[root@localhost test]# vi  /etc/ld.so.conf
```

然后在该文件末尾新起一行加入我们的库路径：/zww/test/，保存并关闭。此时查看/etc/ld.so.conf的内容为：

```
[root@localhost test]# cat  /etc/ld.so.conf
include ld.so.conf.d/*.conf
/zww/test/
```

其中，第一行原来就有。

现在开始执行 main：

```
[root@localhost test]# ./main
age:66
HI
```

可以发现执行成功了。我们也可以把 libtest.so 放到任意目录，然后添加任意目录的路径到/etc/ld.so.conf，发现再也不用担心 main 找不到 ibtest.so 了。比如现在把 libtest.so 放到/root/下，并执行 main：

```
[root@localhost test]# mv libtest.so /root
[root@localhost test]# ./main
./main: error while loading shared libraries: libtest.so: cannot open shared
object file: No such file or directory
```

预料之中，main 找不到 libtest.so，因为/zww/test 下没有了。我们来修改/etc/ld.so.conf，把/root添加进去，添加后的内容如下：

```
[root@localhost test]# cat /etc/ld.so.conf
include ld.so.conf.d/*.conf
/root
```

再执行 ldconfig，然后执行 main：

```
[root@localhost test]# ldconfig
[root@localhost test]# ./main
age:66
HI
```

执行成功了。值得注意的是，每次修改/etc/ld.so.conf 后，都要执行 ldconfig，ldconfig 命令的用途主要是在默认搜寻目录（/lib 和/usr/lib）以及动态库配置文件/etc/ld.so.conf 内所列的目录下，搜索出可共享的动态链接库（格式如前面介绍的 lib*.so*），进而创建出动态装入程序（ld.so 程序）所需的连接和缓存文件。缓存文件默认为/etc/ld.so.cache，此文件保存已排好序的动态链接库的名字列表。

【例 10.4】多个文件生成动态库

打开 UE，新建一个源文件 test1.cpp，内容如下：

```
#include <iostream>
using namespace std;
void f1(int age)
{
    cout << "this is libtest1.so: " << age << endl;
}
```

保存后，再新建一个源文件 test2.cpp，内容如下：

```
#include <iostream>
using namespace std;
void f2(int age)
{
    cout << "this is libtest2.so: " << age << endl;
}
```

代码很简单。这 2 个源码文件主要作为动态库。把文件上传到 Linux，在命令行输入：

```
[root@localhost test]# g++ test1.cpp test2.cpp -fPIC -shared -o libtest.so
```

此时会在同目录下生成动态库文件 libtest.so，然后编译 main：

```
[root@localhost test]# g++ main.cpp -L. -ltest -o main
```

此时把/zww/test 路径加入动态库配置文件/etc/ld.so.conf 中，加入后内容如下：

```
[root@localhost test]# cat /etc/ld.so.conf
include ld.so.conf.d/*.conf
/zww/test
```

执行 ldconfig 后再执行 main：

```
[root@localhost test]# ldconfig
[root@localhost test]# ./main
this is libtest1.so: 65
this is libtest2.so: 66
bye
```

运行成功了。其实多个文件组成库的过程和一个文件类似，只是编译库的时候多加一个源文件而已。

第11章 TCP/IP协议基础

本章讲述 Linux 网络编程所需的基础理论概念，这是一个很广的话题，如果要全面论述，根本不可能在一章里讲完。本章将主要讲解 Linux 网络编程中经常涉及的 TCP/IP 概念等。

11.1 什么是 TCP/IP

TCP/IP 是 Transmission Control Protocol/Internet Protocol 的简写，中文译名为传输控制协议/因特网互联协议，又名网络通信协议，是 Internet 最基本的协议，Internet 国际互联网络的基础。TCP/IP协议不是指一个协议，也不是 TCP 和 IP 这两个协议的合称，而是一个协议簇，包括多个网络协议，比如 IP 协议、IMCP 协议、TCP 协议以及我们更加熟悉的 HTTP 协议、FTP 协议、POP3 协议等。TCP/IP 定义了计算机操作系统如何连入因特网，以及数据如何在它们之间传输的标准。

TCP/IP 协议是为了解决不同系统的计算机之间的传输通信而提出的一个标准，不同系统的计算机采用了同一种协议后，就能相互进行通信，从而建立网络连接，实现资源共享和网络通信。就像两个不同语言国家的人，都用英语说话后，就能相互交流了。

11.2 TCP/IP 协议的分层结构

TCP/IP 协议簇按照层次由上到下可以分成 4 层，分别是应用层、传输层、网际层和网络接口层。其中，应用层（Application Layer）包含所有的高层协议，比如虚拟终端协议（Telecommunications Network，TELNET）、文件传输协议（File Transfer Protocol，FTP）、电子邮件传输协议（Simple Mail Transfer Protocol，SMTP）、域名服务（Domain Name Service，DNS）、网上新闻传输协议（Net News Transfer Protocol，NNTP）和超文本传送协议（HyperText Transfer Protocol，HTTP）等。TELNET 允许一台机器上的用户登录到远程机器上，并进行工作；FTP 提供有效地将文件从一台机器上移到另一台机器上的方法；SMTP 用于电子邮件的收发；DNS 用于把主机名映射到网络地址；NNTP用于新闻的发布、检索和获取；HTTP 用于在 WWW 上获取主页。

应用层的下面一层是传输层（Transport Layer），著名的 TCP 协议和 UDP 协议就在这一层。TCP 协议（Transmission Control Protocol，传输控制协议）是面向连接的协议，它提供可靠的报文传输和对上层应用的连接服务。为此，除了基本的数据传输外，它还有可靠性保证、流量控制、多路复用、优先权和安全性控制等功能。UDP 协议（User Datagram Protocol，用户数据报协议）是面向无连接的不可靠传输的协议，主要用于不需要 TCP 的排序和流量控制等功能的应用程序。

传输层的下面一层是网际层（Internet Layer，也称 Internet 层或网络层），该层是整个 TCP/IP

体系结构的关键部分，其功能是使主机可以把分组发往任何网络，并使分组独立地传向目标。这些分组可能经由不同的网络，到达的顺序和发送的顺序也可能不同。互联网层使用的协议有 IP 协议（Internet Protocol，因特网协议）。

网络层下面是网络接口层（Network Interface Layer），或称数据链路层，该层是整个体系结构的基础部分，负责接收 IP 层的 IP 数据包，通过网络向外发送；或接收处理从网络上传来的物理帧，抽出 IP 数据包，向 IP 层发送。该层是主机与网络的实际连接层。链路层下面就是实体线路了（比如以太网络、光纤网络等）。链路层有以太网、令牌环网等标准，链路层负责网卡设备的驱动、帧同步（就是从网线上检测到什么信号算作新帧的开始）、冲突检测（如果检测到冲突就自动重发）、数据差错校验等工作。交换机是工作在链路层的网络设备，可以在不同的链路层网络之间转发数据帧（比如十兆以太网和百兆以太网之间、以太网和令牌环网之间），由于不同链路层的帧格式不同，因此交换机要将进来的数据包拆掉链路层首部重新封装之后再转发。

不同的协议层对数据包有不同的称谓，在传输层叫作段（segment），在网络层叫作数据报（datagram），在链路层叫作帧（frame）。数据封装成帧后发到传输介质上，到达目的主机后，每层协议再剥掉相应的首部，最后将应用层数据交给应用程序处理。

不同层包含不同的协议，我们可以用图 11-1 来表示各个协议及其所在的层。

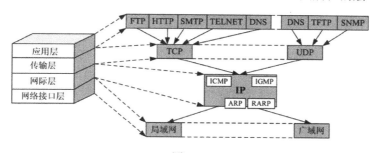

图 11-1

在主机发送端，从传输层开始，会把上一层的数据加上一个报头形成本层的数据，这个过程叫数据封装，如图 11-2 所示。在主机接收端，从最下层开始，每一层数据会去掉首部信息，该过程叫作数据解封。

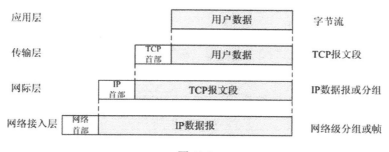

图 11-2

我们以浏览某个网页为例，看看浏览网页的过程中，TCP/IP 各层做了哪些工作。

发送方：

（1）打开浏览器，输入网址：www.xxx.com，按回车键，访问网页，其实就是访问 Web 服务器上的网页，在应用层采用的是 HTTP 协议，浏览器将网址等信息组成 HTTP 数据，并将数据送给下一层传输层。

（2）传输层在数据前面加上 TCP 首部，并标记端口为 80（Web 服务器默认端口），将这个数据段送给下一层网络层。

（3）网络层在这个数据段前面加上自己机器的 IP 和目的 IP，这时这个段被称为 IP 数据包（也可以称为报文），然后将这个 IP 包送给下一层网络接口层。

（4）网络接口层先在 IP 数据包前面加上自己机器的 MAC 地址以及目的 MAC 地址，这时加上 MAC 地址的数据称为帧，网络接口层通过物理网卡将这个帧以比特流的方式发送到网络上。

互联网上有路由器，它会读取比特流中的 IP 地址进行选路，到达正确的网段，之后这个网段的交换机读取比特流中的 MAC 地址，找到对应要接收的机器。

接收方：

（1）网络接口层用网卡接收到比特流，读取比特流中的帧，将帧中的 MAC 地址去掉，就成了 IP 数据包，传递给上一层网络层。

（2）网络层接收到下层传上来的 IP 数据包，将 IP 从包的前面拿掉，取出带有 TCP 的数据（数据段）交给传输层。

（3）传输层拿到这个数据段，看到 TCP 标记的端口是 80 端口，说明应用层协议是 HTTP 协议，之后将 TCP 头去掉并将数据交给应用层，告诉应用层对方要求的是 HTTP 的数据。

（4）应用层发送方请求的是 HTTP 数据，就调用 Web 服务器程序，把 www.xxx.com 的首页文件发送回去。

如果两台计算机在不同的网段中，那么数据从一台计算机到另一台计算机的传输过程要经过一个或多个路由器。跨路由器通信过程如图 11-3 所示。

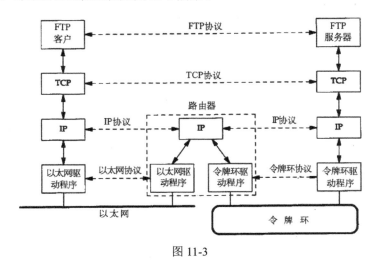

图 11-3

目的主机收到数据包后，如何经过各层协议栈最后到达应用程序呢？整个过程如图 11-4 所示。

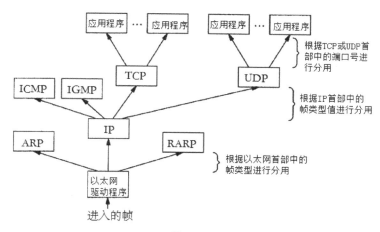

图 11-4

以太网驱动程序首先根据以太网首部中的"上层协议"字段确定该数据帧的有效载荷（payload，指除去协议首部之外实际传输的数据）是 IP、ARP 还是 RARP 协议的数据报，然后交给相应的协议处理。假如是 IP 数据报，IP 协议再根据 IP 首部中的"上层协议"字段确定该数据报的有效载荷是 TCP、UDP、ICMP 还是 IGMP，然后交给相应的协议处理。假如是 TCP 段或 UDP 段，TCP 或 UDP 协议再根据 TCP 首部或 UDP 首部的"端口号"字段确定应该将应用层数据交给哪个用户进程。IP 地址是标识网络中不同主机的地址，而端口号是同一台主机上标识不同进程的地址，IP 地址和端口号合起来标识网络中唯一的进程。

注意，虽然 IP、ARP 和 RARP 数据报都需要以太网驱动程序来封装成帧，但是从功能上划分，ARP 和 RARP 属于链路层，IP 属于网络层。虽然 ICMP、IGMP、TCP、UDP 的数据都需要 IP 协议来封装成数据报，但是从功能上划分，ICMP、IGMP 与 IP 同属于网络层，TCP 和 UDP 属于传输层。

下面用一张图来总结一下 TCP/IP 协议模型对数据的封装，如图 11-5 所示。

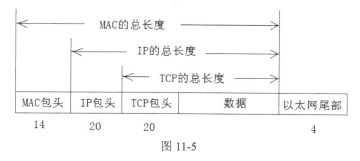

图 11-5

11.3 应用层

应用层位于 TCP/IP 最高层，该层的协议主要有以下几种：

（1）远程登录协议（Telnet）。

（2）文件传送协议（File Transfer Protocol，FTP）。

（3）简单邮件传送协议（Simple Mail Transfer Protocol，SMTP）。

（4）域名系统（Domain Name System，DNS）。

（5）简单网络管理协议（Simple Network Management Protocol，SNMP）。

（6）超文本传送协议（Hyper Text Transfer Protocol，HTTP）。

（7）邮局协议（POP3）。

其中，从网络上下载文件时使用的是 FTP 协议，上网浏览网页时使用的是 HTTP 协议；在网络上访问一台主机时，通常不直接输入 IP 地址，而是输入域名，用的是 DNS 服务协议，它会将域名解析为 IP 地址；通过 outlook 发送电子邮件时，使用 SMTP 协议，接收电子邮件时会使用 POP3 协议。

11.3.1　DNS

因特网上的主机通过 IP 地址来标识自己，但由于 IP 地址是一串数字，用这个数字去访问主机比较难记，因此，因特网管理机构又采用了一串英文来标识一个主机，这串英文是有一定规则的，它的专业术语叫域名（Domain Name）。对用户来讲，用户访问一个网站的时候，既可以输入该网站的 IP 地址，也可以输入其域名，对访问而言两者是等价的。例如，微软公司的 Web 服务器的域名是 www.microsoft.com，无论用户在浏览器中输入的是 www.microsoft.com，还是 Web 服务器的 IP 地址，都可以访问其 Web 网站。

域名由因特网域名与地址管理机构（Internet Corporation for Assigned Names and Numbers，ICANN）管理，这是为承担域名系统管理、IP 地址分配、协议参数配置以及主服务器系统管理等职能而设立的非赢利机构。ICANN 为不同的国家或地区设置了相应的顶级域名，这些域名通常都由两个英文字母组成。例如，.uk 代表英国，.fr 代表法国，.jp 代表日本。中国的顶级域名是.cn，.cn 下的域名由中国互联网络信息中心（China Internet Network Information Center，CNNIC）进行管理。

域名只是某个主机的别名，并不是真正的主机地址，主机地址只能是 IP 地址，为了通过域名来访问主机，就必须实现域名和 IP 地址之间的转换。这个转换工作就由域名系统（Domain Name System，DNS）来完成。DNS 是因特网的一项核心服务。它作为可以将域名和 IP 地址相互映射的一个分布式数据库，能够使人更方便地访问互联网，而不用记住能够被机器直接读取的 IP 数串。一个需要域名解析的用户先将该解析请求发往本地的域名服务器，如果本地的域名服务器能够解析，则直接得到结果，否则本地的域名服务器将向根域名服务器发送请求。依据根域名服务器返回的指针再查询下一层的域名服务器，以此类推，最后得到所要解析域名的 IP 地址。

11.3.2　端口的概念

我们知道，网络上的主机通过 IP 地址来标识自己，方便其他主机上的程序和自己主机上的程序建立通信。但主机上需要通信的程序有很多，那么如何才能找到对方主机上的目的程序呢？IP 地址只是用来寻找目的主机的，最终通信还需要找到目的程序。为此，人们提出了端口这个概念，用来标识目的程序。有了端口，一台拥有 IP 地址的主机可以提供许多服务，比如 Web 服务进程用 80 端口提供 Web 服务，FTP 进程通过 21 端口提供 FTP 服务，SMTP 进程通过 23 端口提供 SMTP 服务，等等。

如果把 IP 地址比作一间旅馆的地址，端口就是这家旅馆内某个房间的房号。旅馆的地址只有一个，但房间却有很多个，因此端口也有很多个。端口是通过端口号来标记的，端口号是一个 16 位的无符号整数，范围是 0~65535（2^{16}-1），并且前面 1024 个端口号留作操作系统使用，我们自己的应用程序如果要使用端口，通常用 1024 后面的整数作为端口号。

11.4　传输层

传输层为应用层提供会话和数据报通信服务。传输层最重要的两个协议是 TCP 和 UDP。TCP 协议提供一对一的、面向连接的可靠通信服务，它能建立连接，对发送的数据包进行排序和确认，并恢复在传输过程中丢失的数据包。与 TCP 不同，UDP 协议提供一对一或一对多的、无连接的不可靠通信服务。

11.4.1　TCP 协议

TCP 协议（The Transmission Control Protocol，传输控制协议）是面向连接的、保证高可靠性（数据无丢失、数据无失序、数据无错误、数据无重复到达）的传输层协议。TCP 协议会把应用层数据加上一个 TCP 头，组成 TCP 报文。TCP 报文首部（TCP 头）的格式如图 11-6 所示。

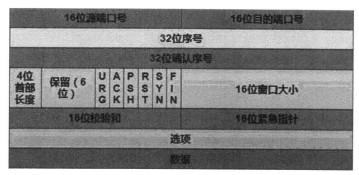

图 11-6

如果用 C 语言来定义，可以这样写：

```
typedef struct  TCP_HEADER          //TCP头定义，共20个字节
{
    short  sSourPort;               // 源端口号16bit
    short  sDestPort;               // 目的端口号16bit
    unsigned int  uiSequNum;        // 序列号32bit
    unsigned int  uiAcknowledgeNum; // 确认号32bit
    short  sHeaderLenAndFlag;       // 前4位：TCP头长度；中6位：保留；后6位：标志位
    short  sWindowSize;             // 窗口大小16bit
    short  sCheckSum;               // 检验和16bit
    short  surgentPointer;          // 紧急数据偏移量16bit
}TCP_HEADER, *PTCP_HEADER;
```

11.4.2 UDP 协议

UDP 协议（User Datagram Protocol，用户数据报协议）是无连接的、不保证可靠的传输层协议。它的协议头相对比较简单，如图 11-7 所示。

图 11-7

如果用 C 语言来定义，可以这样写：

```
typedef struct  UDP HEADER            // UDP头定义，共8个字节
{
    unsigned short m usSourPort;       // 源端口号16bit
    unsigned short m usDestPort;       // 目的端口号16bit
    unsigned short m usLength;         // 数据包长度16bit
    unsigned short m usCheckSum;      // 校验和16bit
}UDP_HEADER, *PUDP_HEADER;
```

11.5　网络层

网络层向上层提供简单灵活的、无连接的、尽最大努力交付的数据报服务。该层重要的协议有 IP、 ICMP（Internet 互联网控制报文协议）、IGMP（Internet 组织管理协议）、ARP（地址转换协议）、RARP（反向地址转换协议）等。

11.5.1 IP 协议

IP（Internet Protocol，网际协议）是 TCP/IP 协议簇中最为核心的协议。它把上层数据报封装成 IP 数据包后进行传输。如果 IP 数据包太大，还要对数据包进行分片后再传输，到了目的地址处再进行组装还原，以适应不同物理网络对一次所能传输数据大小的要求。

1. IP 协议的特点

（1）不可靠

不可靠的意思是它不能保证 IP 数据包能成功地到达目的地。IP 协议仅提供最好的传输服务。如果发生某种错误，如某个路由器暂时用完了缓冲区，IP 有一个简单的错误处理算法：丢弃该数据报，然后发送 ICMP 消息报给信源端。任何要求的可靠性必须由上层协议来提供（如 TCP 协议）。

（2）无连接

无连接的意思是 IP 协议并不维护任何关于后续数据报的状态信息。每个数据包的处理是相互独立的。这也说明，IP 数据报可以不按发送顺序接收。如果一信源向相同的信宿发送两个连续的数据报（先是 A，然后是 B），每个数据报都是独立地进行路由选择，可能选择不同的路线，因此 B 可能在 A 到达之前先到达。

（3）无状态

无状态的意思是通信双方不同步传输数据的状态信息，无法处理乱序和重复的 IP 数据报。IP 数据报提供了标识字段用来唯一标识 IP 数据报，处理 IP 分片和重组，不指示接收顺序。

2. IPv4 数据包的包头格式

IP v4 数据包的包头格式如图 11-8 所示。

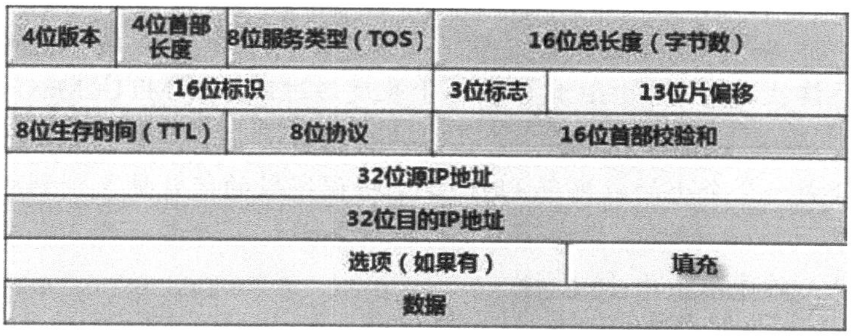

图 11-8

这里主要介绍 IPv4 的包头结构，IPv6 的结构与之不同。图 11-8 中的"数据"以上部分就是 IP 包头的内容。因为有了选项部分，所以 IP 包头的长度是不确定的。如果选项部分没有，则 IP 包头的长度为（4+4+8+16+16+3+13+8+8+16+32+32）bit=160bit=20 字节，这也是 IP 包头的最小长度。

版本（Version）：占用 4 比特，标识目前采用的 IP 协议的版本号，一般的值为 0100（表示 IPv4），0110（表示 IPv6）。

首部长度：即 IP 包头长度（Header Length），这个字段的作用是为了描述 IP 包头的长度。该字段占用 4 比特，由于在 IP 包头中有变长的可选部分，为了能多表示一些长度，因此采用 4 字节（32 比特）为本字段数值的单位，比如 4 比特最大能表示为 1111，即 15，单位是 4 字节，因此最多能表示的长度为 15×4 =60 字节。

服务类型（Type of Service，TOS）：占用 8 比特，这 8 位可用 PPPDTRC0 八个字符来表示，其中，PPP 定义了包的优先级，取值越大表示数据越重要，取值如表 11-1 所示。

表 11-1　PPP 定义了包的优先级

PPP 取值	含义	PPP 取值	含义
000	普通（Routine）	100	疾速（Flash Override）
001	优先（Priority）	101	关键（Critic）
010	立即（Immediate）	110	网间控制（Internetwork Control）
011	闪速（Flash）	111	网络控制（Network Control）

● D: 延迟，0 表示普通，1 表示延迟尽量小。

● T: 吞吐量，0 表示普通，1 表示流量尽量大。

● R: 可靠性，0 表示普通，1 表示可靠性尽量大。

● M: 传输成本，0 表示普通，1 表示成本尽量小。

- 0：这是最后一位，被保留，恒定为 0。
- 总长度：占用 16 比特空间，该字段表示以字节为单位的 IP 包的总长度（包括 IP 包头部分和 IP 数据部分）。如果该字段全为 1，就是最大长度，即 $2^{16}-1= 65535$ 字节≈63.9990234375KB，有些书上写最大是 64KB，其实是达不到的，最大长度只能是 65535 字节，而不是 65536 字节。
- 标识：在协议栈中保持着一个计数器，每产生一个数据报，计数器的值就加 1，并将此值赋给标识字段。注意这个"标识符"并不是序号，IP 是无连接服务，数据报不存在按序接收的问题。当 IP 数据报由于长度超过网络的 MTU（ Maximum Transmission Unit，最大传输单元）而必须分片（分片会在后面讲到，意思就是把一个大的网络数据包拆分成一个个小的数据包）时，这个标识字段的值就被复制到所有的小分片的标识字段中。相同的标识字段的值使得分片后各数据包片最后能正确地重装成为原来的大数据包。该字段占用 16 比特。
- 标志（ Flags) 该字段占用 3 比特，该字段最高位不使用，第二位称 DF（ Don't Fragment ）位，DF 位设为 1 时表明路由器不用对该上层数据包分片。如果一个上层数据包无法在不分段的情况下进行转发，则路由器会丢弃该上层数据包并返回一个错误信息。最低位称 MF（ More Fragments ）位，为 1 时说明这个 IP 数据包是分片的，并且后续还有数据包，为 0 时说明这个 IP 数据包是分片的，但已经是最后一个分片了。
- 片偏移：该字段的含义是某个分片在原 IP 数据包中的相对位置。第一个分片的偏移量为 0。片偏移以 8 字节为偏移单位。这样，每个分片的长度一定是 8 字节（64 位）的整数倍。该字段占 13 比特。
- 生存时间，也称存活时间（Time To Live，TTL）：表示数据包到达目标地址之前的路由跳数。TTL 是由发送端主机设置的一个计数器，每经过一个路由节点就减 1，减到为 0 时，路由就丢弃该数据包，向源端发送 ICMP 差错报文。这个字段的主要作用是防止数据包不断在 IP 互联网络上永不终止地循环转发。该字段占 8 比特。
- 协议：该字段用来标识数据部分所使用的协议，比如取值 1 表示 ICMP、取值 2 表示 IGMP、取值 6 表示 TCP、取值 17 表示 UDP、取值 88 表示 IGRP、取值 89 表示 OSPF。该字段占 8 比特。
- 首部校验和（Header Checksum）：该字段用于对 IP 头部的正确性进行检测，但不包含数据部分。前面提到，每个路由器会改变 TTL 的值，所以路由器会为每个通过的数据包重新计算首部校验和。该字段占 16 比特。
- 起源和目标地址：用于标识这个 IP 包的起源和目标 IP 地址。值得注意的是，除非使用 NAT（网络地址转换），否则整个传输的过程中，这两个地址不会改变。这两个字段都占用 32 比特。
- 选项（可选）：这是一个可变长的字段。该字段属于可选项，主要是在一些特殊情况下使用。最大长度是 40 字节。
- 填充（Padding）：由于 IP 包头长度（Header Length）字段的单位为 32bit，因此 IP 包头的长度必须为 32bit 的整数倍。在可选项后面，IP 协议会填充若干个 0，以达到

32bit 的整数倍。

在 Linux 源代码中，IP 包头的定义如下：

```
struct iphdr {
#if defined( LITTLE ENDIAN BITFIELD)
        u8      ihl:4,
            version:4;
#elif defined ( BIG ENDIAN BITFIELD)
        u8      version:4,
            ihl:4;
#else
#error  "Please fix <asm/byteorder.h>"
#endif
        u8      tos;
        be16    tot len;
        be16    id;
        be16    frag off;
        u8      ttl;
        u8      protocol;
        sum16 check;
        be32    saddr;
        be32    daddr;
    /*The options start here. */
};
```

这个定义可以在源代码目录的 include/uapi/linux/ip.h 中查到。

3. IP 数据包分片

IP 协议在传输数据包时，将数据包分为若干分片（小数据包）后进行传输，并在目的系统中进行重组。这一过程称为分片（fragmentation）。

要理解 IP 分片，首先要理解 MTU（最大传输单元），物理网络一次传送的数据是有最大长度的，因此网络层下层（数据链路层）的传输单元（数据帧）也有一个最大长度，这个最大长度的值就是 MTU，每一种物理网络都会规定链路层数据帧的最大长度，比如以太网的 MTU 为 1500 字节。

IP 协议在传输数据包时，若 IP 数据包加上数据帧头部后长度大于 MTU，则将数据包切分成若干分片（小数据包）后再进行传输，并在目标系统中进行重组。IP 分片既可能在源端主机进行，也可能发生在中间的路由器处，因为不同网络的 MTU 是不一样的，而传输的整个过程可能会经过不同的物理网络。如果传输路径上的某个网络的 MTU 比源端网络的 MTU 小，路由器就可能对 IP 数据报再次进行分片。分片数据的重组只会发生在目的端的 IP 层。

4. IP 地址的定义

IP 协议中有个概念叫 IP 地址。所谓 IP 地址，就是 Internet 中主机的标识，Internet 中的主机要与别的主机通信必须具有一个 IP 地址。就像房子要有个门牌号，这样邮递员才能根据信封上的家庭地址送到目的地。

IP 地址现在有两个版本，分别是 32 位的 IPv4 和 128 位的 IPv6，后者是为了解决前者不够用而产生的。每个 IP 数据包都必须携带目的 IP 地址和源 IP 地址，路由器依靠此信息为数据包选择路由。

这里以 IPv4 为例，IP 地址是由 4 个数字组成的，数字之间用小圆点隔开，每个数字的取值范围为 0~255（包括 0 和 255）。通常有两种表示形式：

（1）十进制表示，比如 192.168.0.1。

（2）二进制表示，比如 11000000.10101000.00000000.00000001。

两种方式可以相互转换，每 8 位二进制数对应 1 位十进制数。如图 11-9 所示是一个例子。

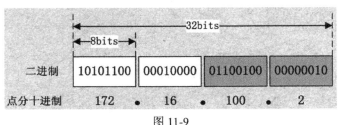

图 11-9

实际应用中多用十进制表示，比如 172.16.100.2。

5. IP 地址的两级分类编址

因特网由很多网络构成，每个网络上都有很多主机，这样便构成了一个有层次的结构。IP 地址在设计的时候就考虑到地址分配的层次特点，把每个 IP 地址分割成网络号（NetID）和主机号（HostID）两部分，网络号表示主机属于互联网中的哪一个网络，而主机号则表示其属于该网络中的哪一台主机，两者之间是主从关系，同一网络中绝对不能有主机号完全相同的两台计算机，否则会报出 IP 地址冲突。IP 地址分为两部分后，IP 数据包从网际上的一个网络到达另一个网络时，选择路径可以基于网络而不是主机。在大型的网际中，这一点优势特别明显，因为路由表中只存储网络信息而不是主机信息，这样可以大大简化路由表，方便路由器的 IP 寻址。

根据网络地址和主机地址在 IP 地址中所占的位数可将 IP 地址分为 A、B、C、D、E 五类，每一类网络可以从 IP 地址的第一个数字看出，如图 11-10 所示。

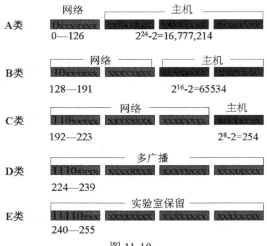

图 11-10

这 5 类 IP 地址中，A 类地址的第 1 位为 0，第 2~8 位为网络地址，第 9~32 位为主机地址，这类地址适用于为数不多的主机数大于 2^{16} 的大型网络，A 类地址的网段为 1~126（2^7-2）个，每个 A 类网络最多可以容纳 16777214（2^{24}-2）台主机。

B 类地址前两位分别为 1 和 0，第 3~16 位为网络地址，第 17~32 位为主机地址，此类地址用于主机数介于 2^8 和 2^{16} 之间的中型网络，B 类网络可以有 16382（2^{14}-2）个网段。

C 类地址前 3 位分别为 1、1、0，第 4~24 位为网络地址，其余为主机地址，用于每个网络只能容纳 254（2^8-2）台主机的大量小型网，C 类网络数量上限为 2097150（2^{21}-2）个。

D 类地址前 4 位为 1、1、1、0， 其余为多目地址。

E 类地址前 5 位为 1、1、1、1、0，其余位数留待后用。

A 类 IP 的第一个字节范围是 0~126，B 类 IP 的第一个字节范围是 128~191，C 类 IP 的第一个字节范围是 192~223，所以看到 192.X.X.X 肯定是 C 类 IP 地址，大家根据 IP 地址的第一个字节的范围就能够推导出该 IP 属于 A 类还是 B 类或 C 类。

IP 地址以 A、B、C 两类为主，又以 B、C 两类地址更为常见。除此之外，还有一些特殊用途的 IP 地址，如广播地址（主机地址全为 1，用于广播，这里的广播是指同时向网上所有主机发送报文，不是指我们日常所听的那种广播）、有限广播地址（所有地址全为 1，用于本网广播）、本网地址（网络地址全为 0，后面的主机号表示本网地址）、回送测试地址（127.x.x.x 型，用于网络软件测试及本地机进程间通信）、主机位全 0 地址（这种地址的网络地址就是本网地址）及保留地址（网络号全 1 和全 0 两种）。由此可见，网络位全 1 或全 0 和主机位全 1 或全 0 都是不能随意分配的。这也是前面的 A、B、C 类网络的网络数及主机数要减 2 的原因。

总之，主机号全为 0 或全为 1 时分别作为本网络地址和广播地址使用，这种 IP 地址不能分配给用户使用。D 类网络用于广播，它可以将信息同时传送到网上的所有设备，而不是点对点的信息传送，这种网络可以用来召开电视电话会议。E 类网络常用于进行试验。网络管理员在配置网络时不应该采用 D 类和 E 类网络。特殊的 IP 地址如表 11-2 所示。

表 11-2　特殊的 IP 地址

特殊 IP 地址	含义
0.0.0.0	表示默认的路由，这个值用于简化 IP 路由表
127.0.0.1	表示本主机，使用这个地址，应用程序可以像访问远程主机一样访问本主机
网络号全为 0 的 IP 地址	表示本网络的某主机，如 0.0.0.88 将访问本网络中节点为 88 的主机
主机号全为 0 的 IP 地址	表示网络本身
网络号或主机号全为 1	表示所有主机
255.255.255.255	表示本网络广播

当前，A 类地址已经全部分配完，B 类也不多了，为了有效并连续地利用剩下的 C 类地址，互联网采用 CIDR（Classless Inter Domain Routing，无类别域间路由）方式把许多 C 类地址合起来作为 B 类地址分配，整个世界被分为 4 个地区,每个地区分配一段连续的 C 类地址:欧洲(194.0.0.0～195.255.255.255)、北美（198.0.0.0～199.255.255.255）、中南美（200.0.0.0～201.255.255.255）、

亚太地区（202.0.0.0～203.255.255.255）、保留备用（204.0.0.0～223.255.255.255）。这样每一类都有约 3200 万网址可供使用。

6. 网络掩码

在 IP 地址的两级编址中，IP 地址由网络号和主机号两部分组成，如果我们把主机号部分全部置零，此时得到的地址就是网络地址，网络地址可以用于确定主机所在的网络，为此路由器只需计算出 IP 地址中的网络地址，然后跟路由表中存储的网络地址相比较，就可以知道这个分组应该从哪个接口发送出去。当分组达到目的网络后，再根据主机号抵达目的主机。

要计算出 IP 地址中的网络地址，需要借助于网络掩码，或称默认掩码。这是一个 32 位的数，左边连续 n 位全部为 1，后边 32-n 位连续为 0。A、B、C 三类地址的网络掩码分别为 255.0.0.0、255.255.0.0 和 255.255.255.0。我们通过 IP 地址和网络掩码进行与运算，得到的结果就是该 IP 地址的网络地址。网络地址相同的两台主机就处于同一个网络中，它们可以直接通信，而不必借助于路由器。

举个例子，现在有两台主机 A 和 B，A 的 IP 地址为 192.168.0.1，网络掩码为 255.255.255.0；B 的 IP 地址为 192.168.0.254，网络掩码为 255.255.255.0。我们先运行 A，把它的 IP 地址和子网掩码每位相与。

IP：11010000.10101000.00000000.00000001
子网掩码：11111111. 11111111. 11111111.00000000
AND 运算
网络号：11000000.10101000.00000000.00000000
转换为十进制：192.168.0.0
再把 B 的 IP 地址和子网掩码每位相与：
IP：11010000.10101000.00000000.11111110
子网掩码：11111111. 11111111. 11111111.00000000
AND 运算
网络号：11000000.10101000.00000000.00000000
转换为十进制：192.168.0.0

我们看到，A 和 B 两台主机的网络号是相同的，因此可以认为它们处于同一网络。

由于 IP 地址越来越不够用，为了不浪费，人们对每类网络进一步划分出子网，为此 IP 地址的编址又有了三级编址的方法，即子网内的某个主机 IP 地址={<网络号>,<子网号>,<主机号>}，该方法中有了子网掩码的概念。后来又提出了超网、无分类编址和 IPv6。限于篇幅，这里不再叙述。

11.5.2　ARP 协议

网络上的 IP 数据包到达最终目的网络后，必须通过 MAC 地址来找到最终目的主机，而数据包中只有 IP 地址，为此需要把 IP 地址转为 MAC 地址，这个工作就由 ARP 协议来完成。ARP 协议是网际层中的协议，用于将 IP 地址解析为 MAC 地址。通常，ARP 协议只适用于局域网中。ARP 协议的工作过程如下：

（1）本地主机在局域网中广播 ARP 请求，ARP 请求数据帧中包含目的主机的 IP 地址。这一步所表达的意思就是"如果你是这个 IP 地址的拥有者，请回答你的硬件地址"。

（2）目的主机收到这个广播报文后，用 ARP 协议解析这份报文，识别出是询问其硬件地址。于是发送 ARP 应答包，里面包含 IP 地址及其对应的硬件地址。

（3）本地主机收到 ARP 应答后，知道了目的地址的硬件地址，之后的数据报就可以传送了。同时，会把目的主机的 IP 地址和 MAC 地址保存在本机的 ARP 表中，以后通信直接查找此表即可。

我们在 Windows 操作系统的命令行下可以使用"arp –a"命令来查询本机 ARP 缓存列表，如图 11-11 所示。

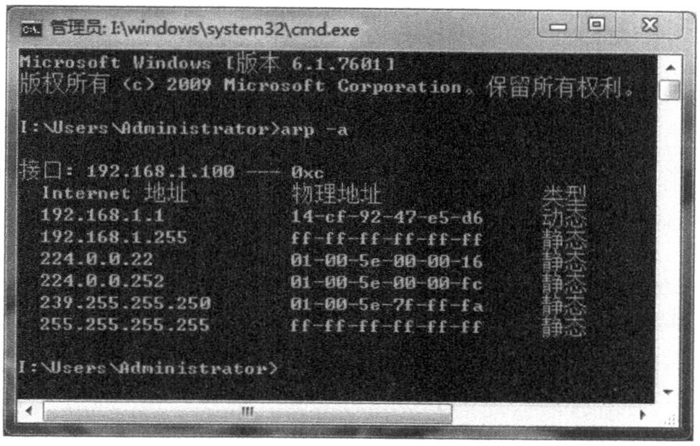

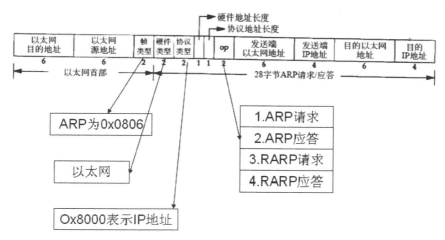

图 11-11

另外，可以使用"arp -d"命令清除 ARP 缓存表。

ARP 协议通过发送和接收 ARP 报文来获取物理地址，ARP 报文的格式如图 11-12 所示。

图 11-12

结构 ether_header 定义了以太网帧首部；结构 arphdr 定义了其后的 5 个字段，其信息用于在任何类型的介质上传送 ARP 请求和回答；ether_arp 结构除了包含 arphdr 结构外，还包含源主机和目的主机的地址。如果这个报文格式用 C 语言表述，可以这样写：

```
//定义常量
#define EPT_IP   0x0800   /* type: IP */
#define EPT_ARP   0x0806   /* type: ARP */
#define EPT_RARP 0x8035   /* type: RARP */
#define ARP_HARDWARE 0x0001   /* Dummy type for 802.3 frames */
#define ARP_REQUEST 0x0001   /* ARP request */
#define ARP_REPLY 0x0002   /* ARP reply */
//定义以太网首部
typedef struct ehhdr
{
unsigned char eh_dst[6];   /* destination ethernet addrress */
unsigned char eh_src[6];   /* source ethernet addresss */
unsigned short eh_type;   /* ethernet pachet type */
}EHHDR, *PEHHDR;
//定义以太网arp字段
typedef struct arphdr
{
//arp首部
unsigned short arp_hrd;   /* format of hardware address */
unsigned short arp_pro;   /* format of protocol address */
unsigned char arp_hln;   /* length of hardware address */
unsigned char arp_pln;   /* length of protocol address */
unsigned short arp_op;   /* ARP/RARP operation */

unsigned char arp_sha[6];   /* sender hardware address */
unsigned long arp_spa;   /* sender protocol address */
unsigned char arp_tha[6];   /* target hardware address */
unsigned long arp_tpa;   /* target protocol address */
}ARPHDR, *PARPHDR;

//定义整个arp报文包,总长度42字节
typedef struct arpPacket
{
EHHDR ehhdr;
ARPHDR arphdr;
} ARPPACKET, *PARPPACKET;
```

11.5.3　RARP 协议

RARP（Reverse Address Resolution Protocol，逆地址解析协议）允许局域网的物理机器从网关服务器的 ARP 表或者缓存上请求其 IP 地址。比如局域网中有一台主机只知道自己的物理地址而不知道自己的 IP 地址，那么可以通过 RARP 协议发出征求自身 IP 地址的广播请求，然后由 RARP 服务器负责回答。RARP 协议广泛应用于无盘工作站引导时获取 IP 地址。RARP 允许局域网的物理机器从网管服务器 ARP 表或者缓存上请求其 IP 地址。

RARP 协议的工作过程如下：

（1）主机发送一个本地的 RARP 广播，在此广播包中，声明自己的 MAC 地址并且请求任何收到此请求的 RARP 服务器分配一个 IP 地址。

（2）本地网段上的 RARP 服务器收到此请求后，检查其 RARP 列表，查找该 MAC 地址对应的 IP 地址。

（3）如果存在，RARP 服务器就给源主机发送一个响应数据包，并将此 IP 地址提供给对方主机使用。

（4）如果不存在，RARP 服务器对此不做任何响应。

（5）源主机收到从 RARP 服务器的响应信息，就利用得到的 IP 地址进行通信。如果一直没有收到 RARP 服务器的响应信息，表示初始化失败。

RARP 的帧格式与 ARP 协议相同，只是帧类型字段和操作类型不同。

11.5.4　ICMP 协议

ICMP（Internet Control Message Protocol，Internet 控制报文协议）是网络层的一个协议，用于探测网络是否连通、主机是否可达、路由是否可用等。简单地讲，它是用来查询诊断网络的。

虽然和 IP 协议同处网络层，但 ICMP 报文却是作为 IP 数据包的数据，再加上 IP 包头后再发送出去的，如图 11-13 所示。

图 11-13

IP 首部的长度为 20 字节。ICMP 报文作为 IP 数据包的数据部分，当 IP 首部的协议字段取值为 1 时，其数据部分是 ICMP 报文。ICMP 报文格式如图 11-14 所示。

图 11-14

其中，最上面的（0　8　16　31）指的是比特位，所以前 3 个字段（类型、代码、校验和）一共占了 32 比特（类型占 8 位，代码占 8 位，检验和占 16 位），即 4 字节。所有 ICMP 报文前 4 个字节的格式都是一样的，即任何 ICMP 报文都含有类型、代码和检验和 3 个字段，8 位类型和 8 位代码字段一起决定了 ICMP 报文的种类。紧接着后面 4 个字节取决于 ICMP 报文种类。前面 8 个字节就是 ICMP 报文的首部，后面的 ICMP 数据部分的内容和长度也取决于 ICMP 报文种类。16 位的检验和字段是对包括选项数据在内的整个 ICMP 数据报文的检验和，其计算方法和 IP 头部检验和的计算方法是一样的。

ICMP 报文可分为两大类：差错报告报文和查询报文。每一条（或称每一种）ICMP 报文要么属于差错报告报文，要么属于查询报文，如图 11-15 所示。

类型	代码	描述	查询	差错
0	0	回显应答(ping 应答)	*	
3		目的不可达		
	0	网络不可达		*
	1	主机不可达		*
	2	协议不可达		*
	3	端口不可达		*
	4	需要进行分片但设置了不分片比特		*
	5	源站选路失败		*
	6	目的网络不认识		*
	7	目的主机不认识		*
	8	源主机被隔离（作废不用）		*
	9	目的网络被强制禁止		*
	10	目的主机被强制禁止		*
	11	由于服务类型 TOS，网络不可达		*
	12	由于服务类型 TOS，主机不可达		*
	13	由于过滤，通信被强制禁止		*
	14	主机越权		*
	15	优先权中止生效		*
4	0	源端被关闭（基本流控制）		*
5		重定向		*
	0	对网络重定向		*
	1	对主机重定向		*
	2	对服务类型和网络重定向		*
	3	对服务类型和主机重定向		*
8	0	请求回显（Ping 请求）	*	
9	0	路由器通告	*	
10	0	路由器请求	*	
11		超时		
	0	传输期间生存期间为 0		*
	1	在数据报组装期间生存期为 0		*
12		参数问题		
	0	环的 IP 首部（包括各种差错）		*
	1	缺少必需的选项		*
13	0	时间戳请求	*	
14	0	时间戳应答	*	
15	0	信息请求（作废不用）	*	
16	0	信息应答（作废不用）	*	
17	0	地址掩码请求	*	
18	0	地址掩码应答	*	

图 11-15

从图 11-15 中可以看出，每一行都是一条（或称每一种）ICMP 报文，要么属于查询报文，要么属于差错报告报文。

1. ICMP 差错报告报文

我们从图 11-15 中可以发现属于差错报告报文的 ICMP 报文很多，为了归纳方便，根据其类型的不同，可以将这些差错报告报文分为 5 种类型：目的不可达（类型=3）、源端被关闭（类型=4）、重定向（类型=5）、超时（类型=11）和参数问题（类型=12）。

从图 11-15 中可以看到，代码字段不同的取值进一步表明了该类型 ICMP 报文的具体情况，比如类型为 3 的 ICMP 报文都是表明目的不可达，但目的不可达是什么原因呢？此时就用代码字段进一步说明，比如代码为 0 表示网络不可达，代码为 1 表示主机不可达，等等。

ICMP 协议规定，ICMP 差错报文必须包括产生该差错报文的源数据报的 IP 首部，还必须包括跟在该 IP（源 IP）首部后面的前 8 字节，这样 ICMP 差错报文的 IP 包长度=本 IP 首部（20 字节）+本 ICMP 首部（8 字节）+ 源 IP 首部（20 字节）+源 IP 包的 IP 首部后的 8 字节=56 字节。我们可以用图 11-16 来表示 ICMP 差错报文。

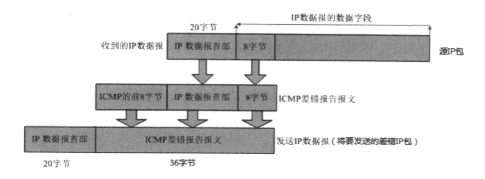

图 11-16

我们来看一个具体的 UDP 端口不可达的差错报文，如图 11-17 所示。

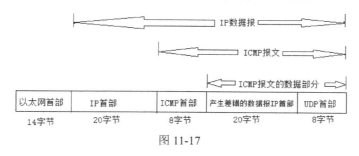

图 11-17

从图 11-17 可以看到 IP 数据报的长度是 56 字节。为了让大家更形象地了解这五大类差错报告报文的格式，我们用图形来表示每一类报文。

（1）ICMP 目的不可达报文

目的不可达也称终点不可达，可分为网络不可达、主机不可达、协议不可达、端口不可达、需要分片但 DF 比特已置为 1 以及源站选路失败等 16 种报文，其代码字段分别置为 0~15。当出现以上 16 种情况时，就向源站发送目的不可达报文。目的不可达报文的报文格式如图 11-18 所示。

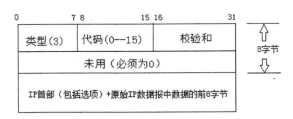

图 11-18

（2）ICMP 源端被关闭报文

也称源站抑制，当路由器或主机由于拥塞而丢弃数据报时，就向源站发送源站抑制报文，使源站知道应当将数据报的发送速率放慢。该类报文的格式如图 11-19 所示。

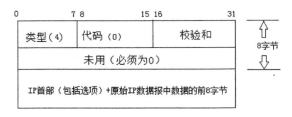

图 11-19

（3）ICMP 重定向报文

当 IP 数据报应该被发送到另一个路由器时，收到该数据报的当前路由器就要发送 ICMP 重定向差错报文给 IP 数据报的发送端。重定向一般用来让具有很少选路信息的主机逐渐建立更完善的路由表。ICMP 重定向报文只能由路由器产生。该类报文格式如图 11-20 所示。

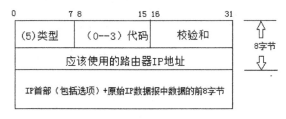

图 11-20

（4）ICMP 超时报文

当路由器收到生存时间为零的数据报时，除了丢弃该数据报外，还要向源站发送时间超过报文。当目的站在预先规定的时间内不能收到一个数据报的全部数据报片时，就将已收到的数据报片都丢弃，并向源站发送时间超时报文。该类报文格式如图 11-21 所示。

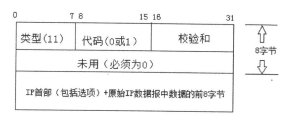

图 11-21

（5）ICMP 参数问题

当路由器或目的主机收到的数据报的首部中的字段的值不正确时，就丢弃该数据报，并向源站发送参数问题报文。该类报文格式如图 11-22 所示。

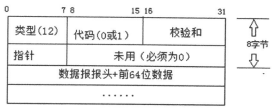

0 —— 数据报某个参数出错，指针域指向出错的字节。
1 —— 数据报缺少某个选项，无指针域。

图 11-22

2. ICMP 查询报文

根据功能的不同，ICMP 查询报文可以分为四大类：请求回显（Echo）或应答、请求时间戳（Timestamp）或应答、请求地址掩码（Address mask）或应答、请求路由器或通告。请提起精神，后面 ping 编程的时候会用到这方面的理论知识。前面提到，种类由类型和代码字段决定，我们来看一下它们的类型和代码，如表 11-3 所示。

表 11-3　类型和代码字段含义

类型/TYPE	代码	含义
8、0	0	回送请求（TYPE=8）、应答（TYPE=0）
13、14	0	时间戳请求（TYPE=13）、应答（TYPE=14）
17、18	0	地址掩码请求（TYPE=17）、应答（TYPE=18）
10、9	0	路由器请求（TYPE=10）、通告（TYPE=9）

这里要提一下回送请求和应答，Echo 的中文翻译为回声，有的文献用回送或回显，本书用回显表示。请求回显的含义就好比请求对方回复一个应答。我们知道 Linux 或 Windows 下有一个 ping 命令，值得注意的是，Linux 下的 ping 命令产生的 ICMP 报文大小是 56+8=64 字节（56 是 ICMP 报文数据部分长度，8 是 ICMP 报头部分长度），而 Windows（比如 XP）下的 ping 命令产生的 ICMP 报文大小是 32+8=40 字节。该命令就是本机向一个目的主机发送一个请求回显（类型 Type=8）的

ICMP 报文，如果途中没有异常（例如被路由器丢弃、目标不回应 ICMP 或传输失败），则目标返回一个回显应答的 ICMP 报文（类型 Type=0），表明这台主机存在。后面章节还会讲到 ping 命令的抓包和编程。

为了让大家更形象地了解这 4 类查询报文格式，我们用图形来表示每一类报文。

（1）ICMP 请求回显和应答回显报文格式，如图 11-23 所示。

图 11-23

（2）ICMP 时间戳请求和应答报文，如图 11-24 所示。

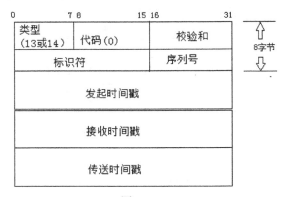

图 11-24

（3）ICMP 地址掩码请求和应答报文，如图 11-25 所示。

图 11-25

（4）ICMP 路由器请求报文格式和通告报文，如图 11-26 和图 11-27 所示。

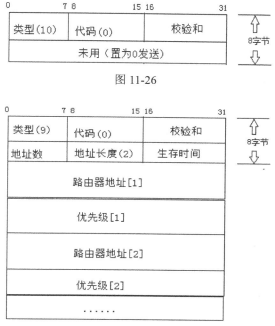

图 11-26

图 11-27

【例 11.1】抓包查看来自 Windows 的 ping 包

（1）启动 VMware 下的 XP，设置网络连接方式为 NAT，则虚拟机 XP 会连接到虚拟交换机 VMnet8 上。

（2）在 Windows 7 上安装并打开抓包软件 Wireshark，选择要捕获网络数据包的网卡是 "VMware Virtual Ethernet Adapter for VMnet8"，如图 11-28 所示。

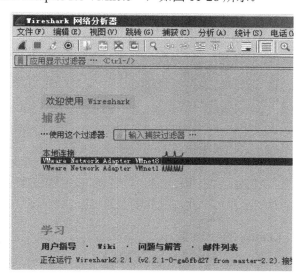

图 11-28

双击图 11-28 中选中的网卡,开始在该网卡上捕获数据。此时我们在虚拟机 XP(192.168.80.129)下 ping 宿主机（192.168.80.1），可以在 Wireshark 下看到捕获到的 ping 包,如图 11-29 所示的是回显请求,我们可以看到 ICMP 报文的数据部分是 32 字节,如果加上 ICMP 报头（8 字节）,就是 40 字节。

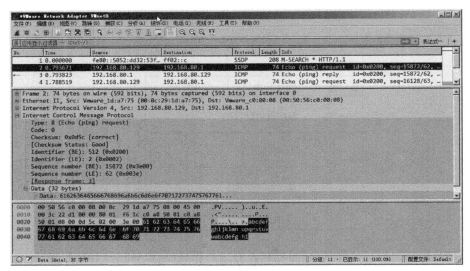

图 11-29

再看一下回显应答,ICMP 报文的数据部分长度依然是 32 字节,如图 11-30 所示。

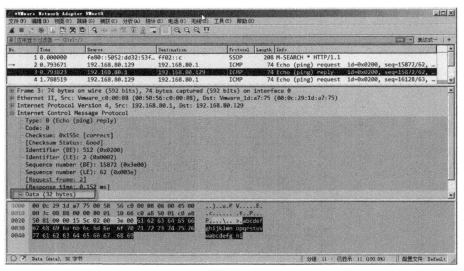

图 11-30

【例 11.2】抓包查看来自 Linux 的 ping 包

（1）启动 Vmware 下的 Linux,设置网络连接方式为 NAT,则虚拟机 Linux 会连接到虚拟交换机 VMnet8 上。

（2）在 Windows 7 上安装并打开抓包软件 Wireshark，选择要捕获网络数据包的网卡是"VMware Virtual Ethernet Adapter for VMnet8"，图示可以参考上例。

我们在虚拟机 Linux（192.168.80.128）下 ping 宿主机（192.168.80.1），可以在 Wireshark 下看到捕获到的 ping 包，如图 11-31 所示的是回显请求，我们可以看到 ICMP 报文的数据部分是 56 字节，如果加上 ICMP 报头（8 字节），就是 64 字节。

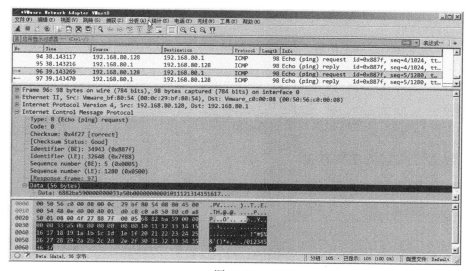

图 11-31

再看一下回显应答，ICMP 报文的数据部分长度依然是 56 字节，如图 11-32 所示。

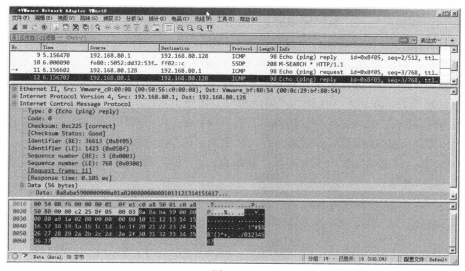

图 11-32

11.6 数据链路层

11.6.1 数据链路层的基本概念

数据链路层最基本的服务是将源计算机网络层来的数据可靠地传输到相邻节点目标计算机的网络层。为达到这一目的，数据链路层主要解决以下 3 个问题：

（1）如何将数据组合成数据块（在数据链路层中，将这种数据块称为帧，帧是数据链路层的传送单位）。

（2）如何控制帧在物理信道上的传输，包括如何处理传输差错、如何调节发送速率以使之与接收方相匹配。

（3）在两个网路实体之间提供数据链路通路的建立、维持和释放管理。

11.6.2 数据链路层的主要功能

数据链路层的主要功能如下：

（1）为网络层提供服务

● 无确定的无连接服务。适用于实时通信或者误码率较低的通信信道，如以太网。
● 有确定的无连接服务。适用于误码率较高的通信信道，如无线通信。
● 有确定的面向连接服务。适用于通信要求比较高的场合。

（2）成帧、帧定界、帧同步、透明传输的功能

为了向网络层提供服务，数据链路层必须使用物理层提供的服务。而物理层我们知道，它是以比特流进行传输的，这种比特流并不保证在数据传输过程中没有错误，接收到的位数量可能少于、等于或者多于发送的位数量。而且它们还可能有不同的值，这时数据链路层为了实现数据有效的差错控制，就采用一种"帧"的数据块进行传输。而要采用帧格式传输，就必须有相应的帧同步技术，这就是数据链路层的"成帧"（也称为"帧同步"）功能。

● 成帧：两个工作站之间传输信息时，必须将网络层的分组封装成帧，以帧的形式进行传输，将一段数据的前后分别添加首部和尾部，就构成了帧。
● 帧定界：首部和尾部中含有很多控制信息，它们的一个重要作用是确定帧的界限，即帧定界。
● 帧同步：帧同步指的是接收方应当能从接收的二进制比特流中区分出帧的起始和终止。
● 透明传输：透明传输就是无论所传的数据是什么样的比特组合都能在链路上传输。

（3）差错控制功能

在数据通信过程中，难免会因为物理链路性能和网络通信环境等因素出现一些传送错误，但为了确保数据通信的准确，必须使得这些错误发生的概率尽可能低。这一功能也是在数据链路层实现的，就是它的"差错控制"功能。

（4）流量控制

在双方的数据通信中，控制数据通信的流量同样非常重要。它既可以确保数据通信的有序进行，还可以避免通信过程中出现因为接收方来不及接收而造成的数据丢失。这就是数据链路层的"流量控制"功能。

（5）链路管理

数据链路层的"链路管理"功能包括数据链路的建立、链路的维持和释放 3 个主要方面。当网络中的两个节点要进行通信时，数据的发送方必须确定接收方是否已处于准备接收的状态。为此通信双方必须先要交换一些必要的信息，以建立一条基本的数据链路。在传输数据时要维持数据链路，而在通信完毕时要释放数据链路。

（6）MAC 寻址

这是数据链路层中 MAC 子层的主要功能。这里所说的"寻址"与"IP 地址寻址"是完全不一样的，因为此处所寻找的地址是计算机网卡的 MAC 地址，也称"物理地址""硬件地址"，而不是 IP 地址。在以太网中，采用媒体访问控制（Media Access Control，MAC）地址进行寻址，MAC 地址被烧入每个以太网网卡中。

网络接口层中的数据通常称为 MAC 帧，帧所用的地址为媒体设备地址，即 MAC 地址，也就是通常所说的物理地址。每一块网卡都有一个全世界唯一的物理地址，它的长度固定为 6 字节，比如 00-30-C8-01-08-39。我们在 Linux 操作系统的命令行下用 ifconfig -a 可以看到系统所有网卡信息。

MAC 帧的帧头定义如下：

```
typedef struct _MAC_FRAME_HEADER  //数据帧头定义
{
 char  cDstMacAddress[6];     //目的MAC地址
 char  cSrcMacAddress[6];     //源MAC地址
 short m_cType;               //上一层协议类型，如0x0800代表上一层是IP协议，0x0806为
ARP
}MAC_FRAME_HEADER,*PMAC_FRAME_HEADER;
```

第12章 套接字基础

从本章开始讲述具体的网络编程。本书讲述的 Linux 网络编程是指用户态网络编程，Linux 网络编程还包括内核态网络编程。顾名思义，用户态网络编程开发的程序都是在用户态运行的，内核态网络编程开发的程序都是在内核态运行的。实际上，内核态网络编程和用户态网络编程的概念类似。一般掌握了用户态网络编程后，内核态基本上就是替换一下函数形式。

Linux 用户态网络编程主要基于套接字 API，套接字 API 是 Linux 提供的一种网络编程接口。通过套接字 API，开发人员既可以在传输层上进行网络编程，也可以跨越传输层直接对网络层进行开发。套接字 API 已经是用户态网络编程必须要掌握的内容。套接字编程可以分为 TCP 套接字编程、UDP 套接字编程和原始套接字编程，我们将在后面的章节分别叙述。

Socket 的中文称呼为套接字或套接口，是 TCP/IP 网络编程中的基本操作单元，可以看作不同主机进程之间相互通信的端点。套接字是应用层与 TCP/IP 协议簇通信的中间软件抽象层，一组接口把复杂的 TCP/IP 协议簇隐藏在套接字接口后面。某个主机上的某个进程通过该进程中定义的套接字可以与其他主机上同样定义了套接字的进程建立通信，传输数据。

Socket 起源于 UNIX，在 UNIX 一切皆文件的哲学思想下，Socket 是一种"打开—读/写—关闭"模式的实现，服务器和客户端各自维护一个"文件"，在建立连接后，可以向自己的文件写入内容供对方读取或者读取对方的内容，通信结束时关闭文件。当然这只是一个大体路线，实际上编程还有不少细节需要考虑。

无论在 Windows 平台还是 Linux 平台，都对套接字实现了自己的一套编程接口。Windows 下的 Socket 实现叫 Windows Socket。Linux 下的实现有两套：一套是伯克利套接口（Berkeley Sockets），起源于 Berkeley UNIX，这套接口很简单，得到了广泛应用，已经成为 Linux 网络编程事实上的标准；另一套是传输层接口（Transport Layer Interface，TLI），它是 System V 系统上的网络编程 API，所以这套编程接口更多的是在 UNIX 上使用。

简单地介绍一下 System V 和 BSD（Berkeley Software Distribution），System V 的鼻祖正是 1969 年 AT&T 开发的 UNIX，随着 1993 年 Novell 收购 AT&T 后开放了 UNIX 的商标，System V 的风格也逐渐成为 UNIX 厂商的标准。BSD 的鼻祖是加州大学伯克利分校在 1975 年开发的 BSD UNIX，后来被开源组织发展为现在众多的 BSD 操作系统。这里需要说明的是，Linux 不能称为"标准的 Unix"而只能称为"UNIX Like"的原因有一部分就来自它的操作风格介于两者之间（System V 和 BSD），而且不同的厂商为了照顾不同的用户，各个 Linux 发行版本的操作风格也有不小的出入。本书讲述的 Linux 网络编程都是基于 Berkeley Sockets API 的。

Socket 是在应用层和传输层之间的一个抽象层，它把 TCP/IP 层复杂的操作抽象为几个简单的接口供应用层调用已实现的进程在网络中通信。Socket 在 TCP/IP 中的地位如图 12-1 所示。

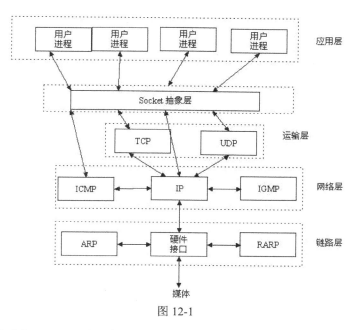

图 12-1

由图 12-1 可以看出，Socket 编程接口其实就是用户进程（应用层）和传输层之间的编程接口。

12.1　网络程序的架构

　　网络程序通常有两种架构，一种是 B/S 架构（Browser/Server，浏览器/服务器），比如我们使用火狐浏览器浏览 Web 网站，火狐浏览器就是一个 Browser，网站上运行的 Web 服务器就是一个 Server。这种架构的优点是用户只需要在自己计算机上安装一个网页浏览器就可以了，主要工作逻辑都在服务器上完成，减轻了用户端的升级和维护的工作量。另一种架构是 C/S 架构（Client/Server，客户机/服务器），这种架构要在服务器端和客户机端分别安装不同的软件，并且对于不同的应用，客户机端也要安装不同的客户机软件，有时候客户机端的软件安装或升级比较复杂，因此维护起来成本较高。这种架构的优点是可以较充分地利用两端的硬件能力，较为合理地分配任务。值得注意的是，客户机和服务器实际上是指两个不同的进程，服务器是提供服务的进程，客户机是请求服务和接收服务的进程，它们通常位于不同的主机上（也可以是同一主机上的两个进程），这些主机有网络连接，服务器端提供服务并对来自客户端进程的请求做出响应。比如我们计算机上安装的 QQ 程序就是一个客户端，而在腾讯公司内部还有服务端程序。

　　基于套接字的网络编程中，通常使用 C/S 架构。一个简单的客户机和服务器之间的通信过程如下：

（1）客户机向服务器提出一个请求。

（2）服务器收到客户机的请求，进行分析处理。

（3）服务器将处理的结果返回给客户机。

通常，一个服务器可以向多个客户机提供服务。因此对服务器来说，还需要考虑如何有效地处理多个客户的请求。

12.2　套接字的类型

在 Linux 系统下，有以下 3 种类型的套接字。

（1）流套接字（SOCK_STREAM）

流套接字用于提供面向连接的、可靠的数据传输服务。该服务将保证数据能够实现无差错、无重复发送，并按顺序接收。流套接字之所以能够实现可靠的数据服务，原因在于其使用了传输控制协议，即 TCP 协议。

（2）数据报套接字（SOCK_DGRAM）

数据报套接字提供了一种无连接的服务。该服务并不能保证数据传输的可靠性，数据有可能在传输过程中丢失或出现重复，且无法保证按顺序接收到数据。数据报套接字使用 UDP 协议进行数据的传输。由于数据报套接字不能保证数据传输的可靠性，对于有可能出现数据丢失的情况，需要在程序中做相应的处理。

（3）原始套接字（SOCK_RAW）

原始套接字允许对较低层次的协议直接访问，比如 IP、ICMP 协议，常用于检验新的协议实现，或者访问现有服务中配置的新设备，因为 RAW SOCKET 可以自如地控制 Linux 下的多种协议，能够对网络底层的传输机制进行控制，所以可以应用原始套接字来操纵网络层和传输层应用。比如，我们可以通过 RAW SOCKET 来接收发向本机的 ICMP、IGMP 协议包，或者接收 TCP/IP 栈不能够处理的 IP 包，也可以用来发送一些自定包头或自定协议的 IP 包。网络监听技术经常会用到原始套接字。

原始套接字与标准套接字（标准套接字包括流套接字和数据报套接字）的区别在于：原始套接字可以读写内核没有处理的 IP 数据包，而流套接字只能读取 TCP 协议的数据，数据报套接字只能读取 UDP 协议的数据。

12.3　套接字的地址结构

不同协议簇的套接字地址的定义是不同的，如 AF_INET 的地址为 struct socketaddr_in，而域套接字协议簇 AF_UNIX 的地址为 struct socketaddr_un。不同地址结构的定义不同，占用的内存大小自然不同。

在进行套接字编程的时候，很多套接字函数都需要一个指向套接字地址结构的指针作为参数。这些结构的名字均以 sockaddr_开头，比如，IPv4 的套接字地址结构体为 sockaddr_in，IPv6 的套接字地址结构体为 sockaddr_in6。

IPv4 的套接字地址结构体 sockaddr_in 定义在<netinet/in.h>里（这个头文件的全路径是

/usr/include/ netinet/in.h）， 其结构体定义如下：

```
/* Structure describing an Internet socket address. */
struct sockaddr_in
{
    SOCKADDR_COMMON (sin_);        //协议簇
    in_port_t      sin_port;              /* Port number. 端口号*/
    struct in_addr sin_addr;              /* Internet address.  IP地址*/

    /* Pad to size of `struct sockaddr'.  用于填充的0字节*/
    unsigned char sin_zero[sizeof (struct sockaddr) -
            SOCKADDR_COMMON_SIZE -
            sizeof (in_port_t) -
            sizeof (struct in_addr)];
};
```

其中，__SOCKADDR_COMMON 是一个宏，定义在/usr/include/bits/sockaddr.h 中，定义如下：

```
#define __SOCKADDR_COMMON(sa_prefix) \
  sa_family_t sa_prefix##family
```

熟悉 C 语言的朋友都知道"\"是一个续行符，表示两行内容依旧当一行处理。而精通 C 语言的朋友知道"##"用来连接前后两个参数，比如定义了一个宏：#define SIGN(x) INT_##x，则 int SIGN(1);展开后变为 int INT_1;。这里顺便讲一点题外知识，C 语言还可以用一个#把一个符号直接转换为字符串，例如：

```
#define STRING(x) #x
const char *str = STRING( test_string );
```

str 的内容就是 test_string，也就是说#会把其后的符号直接加上双引号，这些都是我们编程不大用到的知识，但 Linux 头文件以及内核代码中却经常用到，不得不熟悉。

言归正传，现在知道了 __SOCKADDR_COMMON(sa_prefix) 相当于 sa_family_t sa_prefix##family，并且 sa_prefix 是一个宏参数。而 sa_family_t 在/usr/include/bits/sockaddr.h 中的定义如下：

```
/* POSIX.1g specifies this type name for the `sa_family' member. */
typedef unsigned short int sa_family_t;
```

原来就是一个无符号短整型（unsigned short int），有人可能会问，short int 是什么？其实 short int 就是 int，是 int 的正规写法，平时我们只用 int，是因为 short int 中的 short 可以省略。

12.4　主机字节序和网络字节序

首先要理解字节顺序。所谓字节顺序，是指数据在内存里的存储顺序。

主机字节序就是在主机内部，数据在内存中的存储顺序。学过微机原理的朋友应该知道，不同 CPU 的字节序是不同的，所谓字节序，就是一个数据的某个字节在内存地址中存放的顺序，即该数据的低位字节是从内存低地址开始存放还是从高地址开始存放。主机字节序通常可以分为两种模式：小端字节序和大端字节序。

为什么会有大小端模式之分呢？这是因为在计算机系统中是以字节为单位的，一个地址单元（存储单元）对应着一个字节，即一个存储单元存放一个字节数据。但是在 C 语言中，除了 8bit 的 char 型之外，还有 16bit 的 short 型，32bit 的 long 型（要看具体的编译器）。另外，对于位数大于 8 位的处理器，例如 16 位或者 32 位的处理器，由于寄存器宽度大于一个字节，必然存在着多个字节如何安排的问题，这就导致了大端存储模式和小端存储模式。例如一个 16bit 的 short 型 x，在内存中的地址为 0x0010，x 的值为 0x1122，那么 0x11 为高字节，0x22 为低字节。对于大端模式，就将 0x11 放在低地址中，即 0x0010 中，0x22 放在高地址中，即 0x0011 中。小端模式刚好相反。我们常用的 x86 结构是小端模式，而 KEIL C51 则为大端模式。很多 ARM、DSP 都为小端模式。有些 ARM 处理器还可以由硬件来选择是大端模式还是小端模式。

（1）小端字节序

小端字节序（little-endian）就是数据的低字节存于内存低地址中，高字节存于内存高地址中。比如一个 long 型数据 0x12345678，采用小端字节序的话，它在内存中的存放情况是这样的：

```
0x0029f458    0x78    //低内存地址存放低字节数据
0x0029f459    0x56
0x0029f45a    0x34
0x0029f45b    0x12    //高内存地址存放高字节数据
```

（2）大端字节序

大端字节序（big-endian）就是数据的高字节存于内存低地址中，低字节存于内存高地址中。比如一个 long 型数据 0x12345678，采用大端字节序的话，它在内存中的存放情况是这样的：

```
0x0029f458    0x12    //低内存地址存放高字节数据
0x0029f459    0x34
0x0029f45a    0x56
0x0029f45b    0x79    //高内存地址存放低字节数据
```

可以用下面的小例子来测试主机的字节序。

【例 12.1】测试主机的字节序

（1）新建一个 Linux C++工程，工程名是 Test。

（2）在 Test.cpp 中输入代码如下：

```cpp
#include <iostream>
using namespace std;

int main(int argc, char *argv[])
{
    int nNum = 0x12345678;
    char *p = (char*)&nNum;  //p指向存储nNum的内存的低地址

    if (*p == 0x12) cout << "This machine is big endian." << endl; //判断低地
```

址是否存放的是数据高位
```
        else cout << "This machine is small endian." << endl;

        return 0;
}
```

首先定义 nNum 为 int，数据长度为 4 个字节，然后定义字符指针 p 指向 nNum 的地址，因为字符是一个字节，所以为字符指针 p 赋值时，会取存放在 nNum 地址的最低字节出来，即 p 指向低地址。如果*p 为 0x78（0x78 为数据的低位），则为小端；如果*p 为 0x12（0x12 为数据的高位），则为大端。

（3）保存工程并运行，运行结果如图 12-2 所示。

图 12-2

这个机子是 x86 机子，x86 机子基本都是小端模式。

在网络上有着各种各样的主机、路由器等网络设备，彼此的机器字节序都是不同的，但由于它们要相互传输存储数据，必须统一它们的字节序，因此人们提出了网络字节序。网络字节顺序是 TCP/IP 中规定好的一种数据表示格式，它与具体的 CPU 类型、操作系统等无关，从而可以保证数据在不同主机之间传输时能够被正确解释。网络字节顺序采用大端排序方式。我们在开发网络程序的时候，应该保证使用网络字节序，为此需要将数据由主机的字节序转换为网络字节序后再发出数据，接收方收到数据后也要先转为主机字节序后再进行处理。这个过程在跨平台开发时尤其重要。

在 Linux 中提供了几个主机字节序和网络字节序相互转换的函数，比如：

```
    uint16_t htons(uint16_t hosts); //将uint16_t（16位）类型的数据从主机字节序转为网络
字节序
    uint32_t htonl(uint32_t  hostl); //将uint32_t（32位）类型的数据从主机字节序转为网
络字节序
    uint16_t ntohs(uint16_t  nets); //将uint16_t（16位）类型的数据从网络字节序转为主机
字节序
    uint32_t ntohl(uint32_t  netl); //将uint32_t（32位）类型的数据从网络字节序转为主机
字节序
```

使用这些函数的时候，要包含头文件 netinet/in.h，即#include <netinet/in.h>。

值得注意的是，对于字节类型，是不存在字节顺序的问题的（想想为什么），因此网络编程中发送数据和接收数据的函数的用户缓冲区指针都是字符或字节类型，后面会讲到这点。

12.5　出错信息的获取

网络编程并不简单，经常会发生各种各样的问题。因此，获取出错时的信息显得尤为重要。有些 socket 函数可以通过返回值来判断，但并不全面。实际在网络编程中，很多情况都是在发送和接收数据时出现了 socket 上有异常，导致操作无法完成，而返回值只能涉及操作相关的字节数和是否错误，并不能反映完全的错误信息。可以通过下面几种方式来获取更为全面的出错信息。

（1）通过全局变量 errno

经常在调用 Linux 系统 API 的时候会出现一些错误，比如使用函数 open、write 之类的函数时，有时会返回-1，也就是调用失败，往往需要知道失败的原因。这个时候使用 errno 全局变量就相当有用了。

在程序代码中包含 #include<errno.h>，每次程序调用失败的时候，系统都会自动用错误代码填充 errno 全局变量，这样只需要读 errno 全局变量就可以获得失败原因。查看错误代码 errno 是调试程序的一个重要方法。当 linuc API 函数发生异常时，一般会对 errno 变量（需包含 errno.h）赋一个整数值，不同的值表示不同的含义，可以通过查看该值推测出错的原因。在实际编程中，用这一招解决了不少原本看来莫名其妙的问题。

（2）通过函数 strerror

这个函数以及 errno 全局变量是常用的获取 Linux 中错误信息的函数，使用起来相当顺手，而且这个函数也可以捕捉所有 Linux 中的错误，因为其使用的错误号是全局变量。劣势也在于此：在获取错误时不能完全保证这个错误信息就是之前的，很有可能在获取该信息时错误号和错误信息已经再度更新了，因而会造成误判。在网络编程中，特别是在异步的网络操作时，检测到错误后，再去获取错误是有时间差的，容易被覆盖修改。

（3）通过函数 gai_strerror

有很多 socket 相关的函数的错误号和错误信息是无法通过 errno 或 strerror(errno)函数去获取的。其原因在于很多函数并没有将 errno.h 作为错误码。gai_strerror 根据返回的非零值作为参数，然后返回指向对应的出错信息字符串的指针，其原型如下：

```
#include <netdb.h>
char *gai_strerror(int error);
```

（4）通过函数 getsockopt

当该函数的第 3 个参数是 SO_ERROR 时，可以获取 fd 上的错误信息。如果 epoll 获取 select，poll 检测到 fd 上有异常，那么通过 getsockopt 的 SO_ERROR 来获取 fd 上的错误码无疑是最准确的。该函数的原型如下：

```
#include <netinet/socket.h>
int getsockopt(int sockfd, int level, int optname, void *optval, socklen_t
*optlen);
```

综上所述，这些错误信息的获取方式各有优缺点和适宜的场景，大家可以根据使用场景合理地去调用。这里只需要了解，后面在实际编程中会讲到这些函数的用法。这里提到这些主要是让大家知道网络编程经常会有各种意想不到的情况出现，要有获取错误信息的能力，以便分析问题。

第13章 TCP套接字编程

13.1 TCP套接字编程的基本步骤

流式套接字编程针对的是 TCP 协议通信，即面向连接的通信，分为服务器端和客户端两部分，分别代表两个通信端点。下面介绍流式套接字编程的基本步骤。

服务器端编程的步骤如下：

（1）创建服务端套接字（使用 socket）。

（2）绑定套接字到一个 IP 地址和一个端口上（使用函数 bind）。

（3）将套接字设置为监听模式等待连接请求（使用函数 listen），这个套接字就是监听套接字了。

（4）请求到来后，接受连接请求，返回一个新的对应此次连接的套接字（accept）。

（5）用返回的新的套接字和客户端进行通信，即发送或接收数据（使用函数 send 或 recv），通信结束就关闭这个新创建的套接字（使用函数 closesocket）。

（6）监听套接字继续处于监听状态，等待其他客户端的连接请求。

（7）如果要退出服务器程序，则先关闭监听套接字（使用函数 closesocket）。

客户端编程的步骤如下：

（1）创建客户端套接字（使用函数 socket）。

（2）向服务器发出连接请求（使用函数 connect）。

（3）和服务器端进行通信，即发送或接收数据（使用函数 send 或 recv）。

（4）如果要关闭客户端程序，则先关闭套接字（使用函数 closesocket）。

下面用图 13-1 来解释这些步骤。

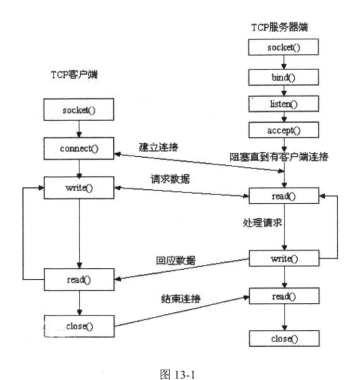

图 13-1

13.2 协议簇和地址簇

协议簇就是不同协议的集合，在 Linux 中，用宏来表示不同的协议簇，这个宏的形式是 PF 开头，比如 IPv4 协议簇为 PF_INET，PF 的意思是 PROTOCOL FAMILY，在 bits/socket.h 中定义了不同协议的宏定义：

```
/* Protocol families.  */
#define PF_UNSPEC    0    /* Unspecified.  */
#define PF_LOCAL     1    /* Local to host (pipes and file-domain).  */
#define PF_UNIX      PF_LOCAL /* POSIX name for PF_LOCAL. */
#define PF_FILE      PF_LOCAL /* Another non-standard name for PF_LOCAL.  */
#define PF_INET      2    /* IP protocol family.  */
#define PF_AX25      3    /* Amateur Radio AX.25.  */
#define PF_IPX       4    /* Novell Internet Protocol.  */
#define PF_APPLETALK 5     /* Appletalk DDP.  */
#define PF_NETROM    6    /* Amateur radio NetROM.  */
#define PF_BRIDGE    7    /* Multiprotocol bridge.  */
#define PF_ATMPVC    8    /* ATM PVCs.  */
#define PF_X25       9    /* Reserved for X.25 project.  */
#define PF_INET6     10   /* IP version 6.  */
#define PF_ROSE      11   /* Amateur Radio X.25 PLP.  */
#define PF_DECnet    12   /* Reserved for DECnet project.  */
```

```
#define PF_NETBEUI  13   /* Reserved for 802.2LLC project. */
#define PF_SECURITY 14   /* Security callback pseudo AF. */
#define PF_KEY      15   /* PF_KEY key management API. */
#define PF_NETLINK  16
#define PF_ROUTE       PF_NETLINK /* Alias to emulate 4.4BSD. */
#define PF_PACKET   17   /* Packet family. */
#define PF_ASH      18   /* Ash. */
#define PF_ECONET   19   /* Acorn Econet. */
#define PF_ATMSVC   20   /* ATM SVCs. */
#define PF_RDS      21   /* RDS sockets. */
#define PF_SNA      22   /* Linux SNA Project */
#define PF_IRDA     23   /* IRDA sockets. */
#define PF_PPPOX    24   /* PPPoX sockets. */
#define PF_WANPIPE  25   /* Wanpipe API sockets. */
#define PF_LLC      26   /* Linux LLC. */
#define PF_CAN      29   /* Controller Area Network. */
#define PF_TIPC     30   /* TIPC sockets. */
#define PF_BLUETOOTH   31  /* Bluetooth sockets. */
#define PF_IUCV     32   /* IUCV sockets. */
#define PF_RXRPC    33   /* RxRPC sockets. */
#define PF_ISDN     34   /* mISDN sockets. */
#define PF_PHONET   35   /* Phonet sockets. */
#define PF_IEEE802154 36  /* IEEE 802.15.4 sockets. */
#define PF_CAIF        37  /* CAIF sockets. */
#define PF_ALG      38   /* Algorithm sockets. */
#define PF_NFC      39   /* NFC sockets. */
#define PF_MAX      40   /* For now.. */
```

地址簇就是一个协议簇所使用的地址集合，也是用宏来表示不同的地址簇，这个宏的形式是 AF 开头，比如 IP 地址簇为 AF_INET，AF 的意思是 ADDRESS FAMILY，在 bits/socket.h 中定义了不同协议的宏定义：

```
/* Address families. */
#define AF_UNSPEC     PF_UNSPEC
#define AF_LOCAL      PF_LOCAL
#define AF_UNIX       PF_UNIX
#define AF_FILE       PF_FILE
#define AF_INET       PF_INET
#define AF_AX25       PF_AX25
#define AF_IPX        PF_IPX
#define AF_APPLETALK    PF_APPLETALK
#define AF_NETROM     PF_NETROM
#define AF_BRIDGE     PF_BRIDGE
#define AF_ATMPVC     PF_ATMPVC
#define AF_X25        PF_X25
#define AF_INET6      PF_INET6
#define AF_ROSE       PF_ROSE
#define AF_DECnet     PF_DECnet
#define AF_NETBEUI    PF_NETBEUI
```

```
#define AF_SECURITY  PF_SECURITY
#define AF_KEY       PF_KEY
#define AF_NETLINK   PF_NETLINK
#define AF_ROUTE     PF_ROUTE
#define AF_PACKET    PF_PACKET
#define AF_ASH       PF_ASH
#define AF_ECONET    PF_ECONET
#define AF_ATMSVC    PF_ATMSVC
#define AF_RDS       PF_RDS
#define AF_SNA       PF_SNA
#define AF_IRDA      PF_IRDA
#define AF_PPPOX     PF_PPPOX
#define AF_WANPIPE   PF_WANPIPE
#define AF_LLC       PF_LLC
#define AF_CAN       PF_CAN
#define AF_TIPC      PF_TIPC
#define AF_BLUETOOTH    PF_BLUETOOTH
#define AF_IUCV      PF_IUCV
#define AF_RXRPC     PF_RXRPC
#define AF_ISDN      PF_ISDN
#define AF_PHONET    PF_PHONET
#define AF_IEEE802154   PF_IEEE802154
#define AF_CAIF      PF_CAIF
#define AF_ALG       PF_ALG
#define AF_NFC       PF_NFC
#define AF_MAX       PF_MAX
```

可以看到，地址簇和协议簇其实是一样的，值也一样，说到底，都是用来识别不同的协议的。那为什么会有两套东西呢？这是因为之前 UNIX 有两种风格的系统：BSD 系统和 POSIX 系统，对于 BSD 系统，一直用的是 AF，对于 POSIX 系统，一直用的是 PF。Linux 作为晚辈，不敢得罪两位大哥，所以这两种都支持，这样两位大哥的一些应用软件都可以在 Linux 上运行了。

Bell 实验室的 Ken Thompson 开始利用一台闲置的 PDP-7 计算机开发了一种多用户、多任务操作系统。很快，Dennis Richie 加入了这个项目，在他们共同的努力下，诞生了最早的 UNIX。Richie 受一个更早的项目——MULTICS 的启发，将此操作系统命名为 UNIX。早期 UNIX 是用汇编语言编写的，但其第 3 个版本用一种崭新的编程语言 C 重新设计了。C 是 Richie 设计出来并用于编写操作系统的程序语言。通过这次重新编写，UNIX 得以移植到更为强大的 DEC PDP-11/45 与 11/70 计算机上运行。后来发生的一切正如他们所说的，已经成为历史。UNIX 从实验室走出来并成为操作系统的主流，现在几乎每个主要的计算机厂商都有其自有版本的 UNIX。

随着 UNIX 的成长，后来占领了市场，公司多了，懂得人也多了，就分家了。后来 UNIX 太多太乱，大家编程的接口甚至命令都不一样了，为了规范大家的使用和开发，就出现了 POSIX 标准。典型的 POSIX 标准的 UNIX 实现有 Solaris、AIX 等。

BSD 则代表 Berkeley Software Distribution，即伯克利软件套件，是 20 世纪 70 年代，加州大学伯克利分校对贝尔实验室的 UNIX 进行一系列修改后的版本，它最终发展成了一个完整的操作系统，有着自己的一套标准。现在有多个不同的 BSD 分支。今天，BSD 并不特指任何一个 BSD 衍生版本，而是类 UNIX 操作系统中的一个分支的总称。典型的代表是 FreeBSD、NetBSD、OpenBSD 等。

13.3 socket 地址

　　一个套接字代表通信的一端，每端都有一个套接字地址，这个 socket 地址包含 IP 地址和端口信息。有了 IP 地址，就能从网络中识别对方的主机，有了端口，就能识别对方主机上的进程。

　　socket 地址可以分为通用 socket 地址和专用 socket 地址。前者会出现在一些 socket api 函数中，比如 bind 函数、connect 函数等。后者主要是为了方便使用而提出来的，两者可以相互转换。

13.3.1 通用 socket 地址

　　通用 socket 地址就是一个结构体，名字是 sockaddr，定义在 bits/socket.h 中，注意是 bits 目录下的 socket.h，而不是 sys/socket.h。该结构体如下：

```
#include <bits/socket.h>
/* Structure describing a generic socket address.  */
struct sockaddr
{
    SOCKADDR_COMMON (sa_);
    char sa_data[14];          /* Address data.  */
};
```

　　其中，__SOCKADDR_COMMON 是一个宏，定义如下：

```
#define __SOCKADDR_COMMON(sa_prefix) \
sa_family_t sa_prefix##family
```

　　这个宏用来声明 socket 地址（比如 struct sockaddr、struct sockaddr_in、struct sockaddr_un 等）的通用成员,##是 C 语言中的粘连符,即将前后字符连接起来。这样__SOCKADDR_COMMON (sa_)就变成:

```
sa_family_t sa_pfamily
```

　　而类型 sa_family_t 在 bit/sockaddr.h 的定义如下：

```
/* POSIX.1g specifies this type name for the `sa_family' member.  */
typedef unsigned short int sa_family_t;
```

　　其实就是一个无符号的短整型（unsigned short int）。那么我们的通用 socket 地址结构体就可以这样写：

```
struct sockaddr
{
    sa_family_t  sa_pfamily;
    char sa_data[14];          /* Address data.  */
};
```

其中，sa_pfamily 是个短整型变量，用来存放地址簇（或协议簇）类型，常用取值如下。

- PF_UNIX：UNIX 本地域协议簇。
- PF_INET：IPv4 协议簇。
- PF_INET6：IPv6 协议簇。
- AF_UNIX：UNIX 本地域地址簇。
- AF_INET：IPv4 地址簇。
- AF_INET6：IPv6 地址簇。

sa_data 用来存放地址数据。

由于 sa_data 只有 14 字节，随着时代的发展，一些新的协议提出来了，比如 IPv6，它的地址长度不够 14 字节，不同协议簇的具体地址长度如表 13-1 所示。

表 13-1　不同协议簇的具体地址长度

协议簇	地址含义和长度
PF_INET	32 位 IPv4 地址和 16 位端口号，共 6 字节
PF_INET6	128 位 IPv6 地址、16 位端口号、32 位流标识和 32 位范围 ID，共 26 字节
PF_UNIX	文件全路径名，最大长度可达 108 字节

sa_data 太小了，容纳不下了，怎么办呢？Linux 定义了新的通用存储结构：

```
#include <bits/socket.h>
struct sockeaddr_storage{
    sa_family_t sa_family;
    unsigned long int __ss_align;
    char __ss_padding[128-sizeof(__ss_align)]
}
```

这个结构体存储的地址就大了，而且是内存对齐的，我们可以看到有__ss_align。

13.3.2　专用 socket 地址

上面两个通用地址结构把 IP 地址、端口等信息一股脑儿放到一个 char 数组中，使得使用起来不方便。为此，Linux 为不同的协议簇定义了不同的 socket 地址结构体。

IPv4 的 socket 地址定义了下面的结构体：

```
struct sockaddr_in{
    sa_family_t sin_family;  //地址簇，取AF_INET
    u_int16_t sin_port;      //端口号，用网络字节序表示
    struct in_addr sin_addr; //ipv4地址结构，用网络字节序表示
}
```

其中，in_addr 定义如下：

```
typedef __u32 __bitwise __be32;
/* Internet address. */
```

```
struct in_addr {
    be32    s_addr;   //存放ipv4地址,用网络字节序表示,be32就是一个无符号的32位整型
};
```

再看 IPv6 的 socket 地址专用结构体:

```
/* Ditto, for IPv6. */
struct sockaddr_in6
{
    sa_family_t  sin6_family;     //地址簇,取AF_INET6
    in_port_t sin6_port;          //端口号,用网络字节序表示
    uint32_t sin6_flowinfo;       // IPv6 流信息,设置为0
    struct in6_addr sin6_addr;    // IPv6 地址
    uint32_t sin6_scope_id;       //IPv6 id范围
};
```

其中,in6_addr 定义如下:

```
// IPv6 address structure
struct in6_addr {
    union {
        __u8       u6_addr8[16];
        __be16     u6_addr16[8];
        __be32     u6_addr32[4];
    } in6_u;
#define s6_addr        in6_u.u6_addr8
#define s6_addr16      in6_u.u6_addr16
#define s6_addr32      in6_u.u6_addr32
};
```

UNIX 本地域协议簇使用如下 socket 地址结构体:

```
#include <linux/un.h>
#define UNIX_PATH_MAX   108
struct sockaddr_un {
    __kernel_sa_family_t sun_family;      //地址簇,取AF_UNIX
    char sun_path[UNIX_PATH_MAX];   // 文件全路径名
};
```

这些专用的 socket 地址结构体显然比通用的 socket 地址更清楚,把各个信息用不同的字段来表示。但要注意的是,socket api 函数使用的是通用地址结构,因此我们具体使用的时候,最终要把专用地址结构转换为通用地址结构,不过可以强制转换。

13.3.3 IP 地址的转换

IP 地址转换函数用于完成点分十进制 IP 地址与二进制 IP 地址之间的相互转换。IP 地址转换主要有 inet_aton、inet_addr 和 inet_ntoa 三个函数,这三个地址转换函数都只能处理 IPv4 地址,而不能处理 IPv6 地址。

函数 inet_addr 将点分十进制 IP 地址转换为二进制地址,声明如下:

```
#include <sys/socket.h>
#include <netinet/in.h>
#include <arpa/inet.h>
in_addr_t inet_addr (const char *cp)
```

其中，参数 cp 为点分十进制 IP 地址，如"172.16.2.6"。如果函数执行成功，就返回二进制形式的 IP 地址，类型是 32 位无符号整型：

```
typedef uint32_t in_addr_t;
```

否则返回一个常值 INADDR_NONE（32 位均为 1）。

```
/* Address indicating an error return. */
#define INADDR_NONE      ((unsigned long int) 0xffffffff)
```

函数 inet_aton 将点分十进制 IP 地址转换为二进制地址，声明如下：

```
#include <sys/socket.h>
#include <netinet/in.h>
#include <arpa/inet.h>
int inet_aton(const char *cp, struct in_addr *inp);
```

其中，参数 cp 为点分十进制 IP 地址，如"172.16.2.6"；inp 用来存储转换后的二进制地址信息。如果函数执行成功，就返回非 0，否则返回 0。

函数 inet_ntoa 将二进制地址转换为点分十进制 IP 地址，声明如下：

```
#include <sys/socket.h>
#include <netinet/in.h>
#include <arpa/inet.h>
char *inet_ntoa(struct in_addr in)
```

其中，in 存放二进制 IP 地址。如果函数执行成功，就返回字符串指针，此指针指向转换后的点分十进制 IP 地址，否则返回 NULL。

【例 13.1】IP 地址字符串和二进制的互换

（1）打开 UE，输入代码如下：

```
#include <stdio.h>
#include <arpa/inet.h>
int main(int argc, const char * argv[])
{
    struct in_addr ia;
    inet_aton("172.16.2.6", &ia);
    printf("ia.s_addr=0x%x\n",ia.s_addr);
    printf("real_ip=%s\n",inet_ntoa(ia));
    return 0;
}
```

代码很简单，先把 IP 172.16.2.6 转为二进制存于 ia，然后打印出来，再转换为点阵的字符串形式。

（2）上传到 Linux，编译并运行：

```
[root@localhost test]# ./test
ia.s_addr=0x60210ac
real_ip=172.16.2.6
```

13.4 TCP 套接字编程的相关函数

13.4.1 socket 函数

无论是服务端还是客户端，都需要先调用 socket 函数，用于建立两端通信的端点。该函数声明如下：

```
#include <sys/types.h>
#include <sys/socket.h>
int socket(int domain, int type, int protocol);
```

其中，参数 domain 用于指定协议簇，常用取值如下。

● AF_INET：使用 IPv4 协议。
● AF_INET6：使用 IPv6 协议。
● AF_UNIX：本地通信，在 UNIX 和 Linux 系统上，一般都是当客户端和服务器在同一台机器上的时候使用。
● AF_NETLINK：内核和用户之间的通信。

参数 type 指定产生套接字的类型，通常取值如下。

● SOCK_STREAM：表示字节流套接口，即生成的 socket 使用 TCP 来进行通信。
● SOCK_DGRAM：表示数据包套接口，即生成的 socket 使用 UDP 来进行通信。
● SOCK_RAW：表示原始套接口。
● SOCK_RDM：这个类型很少使用，在大部分的操作系统上没有实现，它是提供给数据链路层使用的，不保证数据包的顺序。

参数 protocol 通常取 0，如果在原始套接字下，则取一个常数值，到第 15 章再具体讲述。如果函数执行成功，则返回一个正整数值，该值通常称为套接字描述符；如果函数执行失败，则返回-1。

下面演示 socket 函数的使用：

```
int sockfd;
if( (sockfd = socket(AF_INET,SOCK_STREAM,0))<0 )   //建立一个socket
{
    printf("创建套接字失败!\n");
```

```
        return -1;
}
```

13.4.2　bind 函数

该函数让本地地址信息关联（或称绑定）到一个套接字（socket 函数产生的套接字）上，例如对应 AF_INET、AF_INET6 就是把一个 IPv4 或 IPv6 地址和端口号组合赋给 socket。它既可以用于连接的（流式）套接字也可以用于无连接的（数据报）套接字。当新建一个套接字后，套接字数据结构中有一个默认的 IP 地址和默认的端口号。服务器程序必须调用 bind 函数来给其绑定自己的 IP 地址和一个特定的端口号。客户端程序一般不必调用 bind 函数来为其套接字绑定 IP 地址和端口号，客户端程序通常会用默认的 IP 和端口来与服务器程序通信。bind 函数声明如下：

```
#include <sys/socket.h>
int bind( int sockfd, const struct  sockaddr * addr,  socklen t addrlen);
```

其中，参数 sockfd 标识一个待绑定的套接字描述符（由 socket 函数产生）；addr 是一个结构体 sockaddr 的指针，指向要绑定给 sockfd 的协议地址，这个地址结构根据创建 socket 时的地址协议簇的不同而不同，如 IPv4 对应的是：

```
struct sockaddr_in {
    sa_family_t    sin_family; /* address family: AF_INET */
    in_port_t      sin_port;   /* port in network byte order */
    struct in_addr sin_addr;   /* internet address */
};

/* Internet address. */
struct in_addr {
    uint32_t       s_addr;     /* address in network byte order */
};
```

IPv6 对应的是：

```
struct sockaddr_in6 {
    sa_family_t    sin6_family;   /* AF_INET6 */
    in_port_t      sin6_port;     /* port number */
    uint32_t       sin6_flowinfo; /* IPv6 flow information */
    struct in6_addr sin6_addr;    /* IPv6 address */
    uint32_t       sin6_scope_id; /* Scope ID (new in 2.4) */
};

struct in6_addr {
    unsigned char  s6_addr[16];   /* IPv6 address */
};
```

UNIX 域对应的是：

```
#define UNIX_PATH_MAX   108
struct sockaddr_un {
    sa_family_t sun_family;                 /* AF_UNIX */
```

```
    char          sun_path[UNIX_PATH_MAX];  /* pathname */
};
```

addrlen 指定 addr 的缓冲区长度，socklen_t 相当于 int，因为系统相关头文件中有定义：

```
typedef int socklen_t;
```

大家可以去 sys/socket.h 和 unistd.h 中找到它。因此要使用 socklen_t，需要包含头文件：

```
#include <sys/socket.h>
#include <unistd.h>
```

如果函数执行成功，就返回零，否则返回-1，可用通过 errno 查看错误码。

通常服务器在启动的时候会绑定一个众所周知的地址（如 IP 地址+端口号），用于提供服务，客户可以通过它来连接服务器；而客户端就不用指定，由系统自动分配一个端口号和自身的 IP 地址组合。这就是为什么通常服务器端在 listen 之前会调用 bind 函数，而客户端就不会调用，而是在连接（调用 connect 函数）时由系统随机生成一个。

另外要注意的是，调用 bind 函数前设置端口号时，一般不要使用大于 1024 的值，因为 1~1024 是系统保留的端口号。

还有一个问题要注意，一个程序成功 bind 后，程序退出再次运行进行 bind 的时候，会提示该套接字地址（IP，端口）已经被占用（错误码是 98），而上次进程已经关闭了套接字，为什么不能马上再次绑定呢？这是由 TCP 套接字的状态 TIME_WAIT 引起的，该状态在套接字关闭后保留 2~4 分钟。在 TIME_WAIT 状态退出之后，套接字被删除，该地址才能被重新绑定而不出问题。

等待 TIME_WAIT 结束可能是一件令人恼火的事，特别是当你正在开发一个套接字服务器时，需要停止服务器来做一些改动，然后重启。幸运的是，有方法可以避开 TIME_WAIT 状态。可以给套接字应用 SO_REUSEADDR 套接字选项，以便端口可以马上重用：

```
int on = 1;
setsockopt( sfp, SOL_SOCKET, SO_REUSEADDR, &on, sizeof(on) );//允许地址的立即
重用
```

后面我们会在实例中验证这一点。

下面的代码片段演示了 bind 函数的使用：

```
#include <sys/socket.h>
...

int listenfd,connfd;
struct sockaddr_in sockaddr;
char buff[MAXLINE];
int n,port=10051;

int on = 1;
setsockopt(sfp,SOL_SOCKET,SO_REUSEADDR,&on,sizeof(on));//允许地址的立即重用

memset(&sockaddr,0,sizeof(sockaddr));
```

```
sockaddr.sin_family = AF_INET;
sockaddr.sin_addr.s_addr = htonl(INADDR_ANY); //接受任意IP地址的客户连接
sockaddr.sin_port = htons(port); //port是服务器端指定的端口号
listenfd = socket(AF_INET,SOCK_STREAM,0); //创建套接字
if(-1==bind(listenfd,(struct sockaddr *) &sockaddr,sizeof(sockaddr))//绑定协
议地址
{
    printf("failed to bind socket:%d\n",errno);
    return -1;
}
...
```

13.4.3　listen 函数

该函数用于服务器端的流套接字，让流套接字处于监听状态，监听客户端发来的建立连接的请求。该函数声明如下：

```
#include <sys/socket.h>
int listen( int s,  int backlog);
```

其中，参数 s 是一个流套接字描述符，处于监听状态的流套接字 s 将维护一个客户连接请求队列；backlog 表示连接请求队列所能容纳的客户连接请求的最大数量，或者说队列的最大长度。如果函数执行成功就返回零，否则返回-1。

举个例子，如果 backlog 设置为5，当有 6 个客户端发来连接请求时，那么前 5 个客户端连接会放在请求队列中，第 6 个客户端会收到错误。

socket 函数创建的套接字默认是一个主动套接字，即默认是一个将调用 connect 函数发起连接的客户端套接字，listen 函数将该套接字变为被动套接字，等待客户的连接请求。因此，对于 TCP 服务器，在调用 bind 函数后，必须要调用 listen 函数，使其变为被动套接字，使得内核能接受发向该套接字的连接请求。

13.4.4　accept 函数

该函数用于服务程序从处于监听状态的流套接字的客户连接请求队列中取出排在最前面的一个客户端请求，并且创建一个新的套接字来与客户套接字创建连接通道，如果连接成功，就返回新创建的套接字的描述符，以后就用新创建的套接字与客户套接字相互传输数据。该函数声明如下：

```
#include <sys/socket.h>
int accept( int s,  struct sockaddr * addr,  socklen_t * addrlen);
```

其中，参数 s 为处于监听状态的流套接字描述符；addr 返回新创建的套接字的地址结构；addrlen 指向结构 sockaddr 的长度，表示新创建的套接字的地址结构的长度。如果函数执行成功就返回一个新的套接字的描述符，该套接字将与客户端套接字进行数据传输，并且参数 addr 将得到客户端的协议地址，包括 IP 和端口号等，而 addrlen 将得到客户端地址结构的大小（socklen_t 相当于 int）。如果执行失败就返回-1，可以从 errno 获取错误码。

下面的代码演示了 accept 的使用：

```
struct  sockaddr_in  NewSocketAddr;
int addrlen;
addrlen=sizeof(NewSocketAddr);
int  NewServerSocket=accept(ListenSocket, (struct sockaddr *)& NewSocketAddr,
&addrlen);
if(-1== NewServerSocket)
    printf("failed to accept: %d\n", errno);
```

13.4.5　connect 函数

该函数用于在套接字上建立一个 TCP 连接。它用在客户端，客户端程序使用 connect 函数请求与服务器的监听套接字建立 TCP 连接。该函数声明如下：

```
#include <sys/socket.h>
int connect( int s,  const struct sockaddr* name,  socklen_t  namelen);
```

其中，参数 s 为还未连接的套接字描述符；name 是服务器套接字的地址结构的指针；namelen 是 name 所指套接字地址结构的大小。如果函数执行成功就返回零，否则返回-1。

建立 socket 后默认是阻塞套接字，因此调用 connect 后一直要等到连接成功或超时才能返回。在大多数实现中，connect 的超时时间在 75 秒至几分钟之间，想要缩短超时时间，解决问题有两种方法：一是将套接字设置为非阻塞状态；二是采用信号处理函数设置阻塞超时控制。

对于一个阻塞套接字，该函数的返回值表示连接是否成功，如果连接不上，通常要等较长时间才能返回，此时可以把套接字设为非阻塞方式，然后设置连接超时时间。对于非阻塞套接字，由于连接请求不会马上成功，因此函数会立即返回 EINPROGRESS，但这并不意味着连接失败，表示连接操作正在进行中，但是仍未完成，同时 TCP 的三路握手操作继续进行。在这之后，我们可以调用 select 来检查这个链接是否建立成功。

下面的代码片段演示了阻塞套接字的使用情况：

```
struct sockaddr_in server_address;
bzero( &server_address, sizeof( server_address ) );
server_address.sin_family = AF_INET;
inet_pton( AF_INET, ip, &server_address.sin_addr );
server_address.sin_port = htons( port );

int sock = socket( PF_INET, SOCK_STREAM, 0 );
assert( sock >= 0 );

int sendbuf = atoi( argv[3] );
int len = sizeof( sendbuf );
setsockopt( sock, SOL_SOCKET, SO_SNDBUF, &sendbuf, sizeof( sendbuf ) );
getsockopt( sock, SOL_SOCKET, SO_SNDBUF, &sendbuf, ( socklen_t* )&len );
printf( "the tcp send buffer size after setting is %d\n", sendbuf );

int ret = connect( sock, ( struct sockaddr* )&server_address,
sizeof( server_address ) );
printf("connect ret code is: %d\n", ret);
if ( ret == -1 )
```

```
        printf("connect failed...\n");
```

下面的代码片段演示了非阻塞套接字的 connect 函数使用情况：

```
int setnonblocking( int fd )
{
    int old_option = fcntl( fd, F_GETFL );
    int new_option = old_option | O_NONBLOCK;
    fcntl( fd, F_SETFL, new_option );
    return old_option;
}

int unblock_connect( const char* ip, int port, int time )
{
    int ret = 0;
    struct sockaddr_in address;
    bzero( &address, sizeof( address ) );
    address.sin_family = AF_INET;
    inet_pton( AF_INET, ip, &address.sin_addr );
    address.sin_port = htons( port );

    int sockfd = socket( PF_INET, SOCK_STREAM, 0 );
    int fdopt = setnonblocking( sockfd );
    ret = connect( sockfd, ( struct sockaddr* )&address, sizeof( address ) );
    printf("connect ret code = %d\n", ret);
    if ( ret == 0 )
    {
        printf( "connect with server immediately\n" );
        fcntl( sockfd, F_SETFL, fdopt );   //set old optional back
        return sockfd;
    }
    //unblock mode --> connect return immediately! ret = -1 & errno=EINPROGRESS
    else if ( errno != EINPROGRESS )
    {
        printf("ret = %d\n", ret);
        printf( "unblock connect failed!\n" );
        return -1;
    }
    else if (errno == EINPROGRESS)
    {
        printf( "unblock mode socket is connecting...\n" );
    }

    //use select to check write event, if the socket is writable, then
    //connect is complete successfully!
    fd_set readfds;
    fd_set writefds;
    struct timeval timeout;

    FD_ZERO( &readfds );
```

```
    FD_SET( sockfd, &writefds );

    timeout.tv_sec = time; //timeout is 10 minutes
    timeout.tv_usec = 0;

    ret = select( sockfd + 1, NULL, &writefds, NULL, &timeout );
    if ( ret <= 0 )
    {
        printf( "connection time out\n" );
        close( sockfd );
        return -1;
    }

    if ( ! FD_ISSET( sockfd, &writefds ) )
    {
        printf( "no events on sockfd found\n" );
        close( sockfd );
        return -1;
    }

    int error = 0;
    socklen_t length = sizeof( error );
    if( getsockopt( sockfd, SOL_SOCKET, SO_ERROR, &error, &length ) < 0 )
    {
        printf( "get socket option failed\n" );
        close( sockfd );
        return -1;
    }

    if( error != 0 )
    {
        printf( "connection failed after select with the error: %d \n", error );
        close( sockfd );
        return -1;
    }

    //connection successful!
    printf( "connection ready after select with the socket: %d \n", sockfd );
    fcntl( sockfd, F_SETFL, fdopt ); //set old optional back
    return sockfd;
}
```

后面会举例详细讲述这两种情况。

13.4.6　write 函数

　　write 函数用于在已建立连接的 socket 上发送数据，无论是客户端还是服务器应用程序都用 write 函数向 TCP 连接的另一端发送数据。但在该函数内部，它只是把参数 buf 中的数据发送到套接字的发送缓冲区中，此时数据并不一定马上成功地被传到连接的另一端，发送数据到接收端是底层协议完成的。该函数只是把数据发送（或称复制）到套接字的发送缓冲区后就返回了。该函数声明如下：

```
#include <unistd.h>
int write( int s, const char* buf, int len);
```

其中，参数 s 为发送端套接字的描述符，对于服务器而言是 accept 函数返回的已连接的套接字描述符，对于客户端而言是调用 socket 函数返回的套接字描述符；buf 存放应用程序要发送的数据的缓冲区；len 表示 buf 所指缓冲区的大小。如果函数复制数据成功，就返回实际复制的字节数，如果函数在复制数据时出现错误，send 就返回-1。

如果底层协议在后续的数据发送过程中出现网络错误，那么下一个 socket 函数就会返回-1（这是因为每一个除 send 外的 socket 函数在执行的最开始总要先等待套接字的发送缓冲中的数据被协议传送完毕才能继续，如果在等待时出现网络错误，该 socket 函数就返回 -1）。

13.4.7 read 函数

该函数从连接的套接字或无连接的套接字上接收数据，该函数声明如下：

```
int read( int s, char* buf, int len);
```

其中，参数 s 为已连接或已绑定（针对无连接）的套接字的描述符，对于服务器而言是 accept 函数返回的已连接的套接字描述符，对于客户端而言是调用 socket 函数返回的套接字描述符；buf 指向一个缓冲区，该缓冲区用来存放从套接字的接收缓冲区中复制得到的数据；len 为 buf 所指缓冲区的大小。如果函数执行成功，则返回收到的数据的字节数；如果连接被优雅地关闭了，则函数返回零；如果发生错误，则返回-1。

13.4.8 send 函数

send 函数和 write 函数类似，都是用来发送数据的，只不过多了一个附加参数，这样控制更灵活些。函数声明如下：

```
#include <sys/socket.h>
#include <sys/types.h>
ssize_t send(int sockfd, const void *buf,size_t len, int flag);
```

其中，前 3 个参数和 write 函数的参数含义相同；flag 参数是传输控制标志，取值如下。

（1）0：表示常规操作，功能与 write 相同。
（2）MSG_DONTROUTE：通知内核目的主机在直接连接的本地网络上，不需要查询路由表。
（3）MSG_DONTWAIT：将单个 I/O 操作设置为非阻塞模式（不需要在套接字上打开非阻塞标志），然后执行 I/O 操作，最后关闭非阻塞标志。
（4）MSG_OOB：表明发送的数据是带外数据。

如果函数执行成功，就返回写出的字节数，失败则返回-1。

13.4.9　recv 函数

和 read 函数类似，recv 函数也是用于数据的发送操作，只不过多了一个附加参数。函数声明如下：

```
#include <sys/socket.h>
#include <sys/types.h>
ssize_t recv(int sockfd, void *buf, size_t len, int flag);
```

其中，前 3 个参数和 read 函数的参数含义相同；flag 参数是传输控制标志，取值如下。

（1）0：表示常规操作，功能与 read 相同。

（2）MSG_DONTWAIT：将单个 I/O 操作设置为非阻塞模式（不需要在套接字上打开非阻塞标志），然后执行 I/O 操作，最后关闭非阻塞标志。

（3）MSG_OOB：指明要读取的数据是带外数据而不是一般数据。

（4）MSG_PEEK：可以查看可读的数据，在接收数据后不会将这些数据丢弃。

（5）MSG_WAITALL：通知内核直到读到请求的数据字节数时，读操作才返回。

如果函数执行成功，就返回读入数据的字节数，出错则返回-1。

13.4.10　close 函数

close 函数用于关闭套接字，并立即返回。不再使用的套接字应该最后关闭它。关闭后的套接字描述符将不能再接收和发送数据。TCP 试着将已排队的待发数据发送完，然后按照正常 TCP 连接终止的操作关闭连接。close 关闭套接字描述符本质上只是将描述符的访问计数减 1，如果此时描述符的访问计数仍旧大于 0，就不会引发 TCP 的终止连接操作，这个功能在并发服务器中非常重要。

close 函数声明如下：

```
#include <unistd.h>
int close(int sockfd);
```

其中，参数 sockfd 是要关闭的套接字描述符。函数调用成功返回 0，出错返回-1。

13.4.11　获得套接字地址

一个套接字绑定了地址，就可以通过函数来获取它的套接字地址了。套接字通信需要本地和远程两端建立套接字，这样获取套接字地址可以分为获取本地套接字地址和获取远程套接字地址。其中，获取本地套接字地址的函数是 getsockname，这个函数在下面两种情况下可以获得本地套接字地址。

（1）本地套接字通过 bind 函数绑定了地址。

（2）本地套接字没有绑定地址，但通过 connect 函数和远程建立了连接，此时内核会分配一个地址给本地套接字。

getsockname 函数声明如下：

```
#include <sys/socket.h>
int getsockname(int sockfd, struct sockaddr *addr, socklen_t *addrlen);
```

其中，参数 sockfd 是套接字描述符；addr 指向存放套接字地址的结构体指针；addrlen 是结构体 sockaddr 的大小。

【例 13.2】绑定后获取本地套接字地址

（1）打开 UE，输入代码如下：

```
#include <stdlib.h>
#include <sys/types.h>
#include <stdio.h>
#include <sys/socket.h>
#include <netinet/in.h>
#include <string.h>
#include "unistd.h"
#include "errno.h"
#include <arpa/inet.h> //for inet_ntoa

int main()
{
    int sfp, nfp;
    struct sockaddr_in s_add, c_add;
    socklen_t sin_size;
    unsigned short portnum = 10051;
    struct sockaddr_in serv;
    socklen_t serv_len = sizeof(serv);

    sfp = socket(AF_INET, SOCK_STREAM, 0);
    if (-1 == sfp)
    {
        printf("socket fail ! \r\n");
        return -1;
    }
    printf("socket ok !\r\n");
    printf("ip=%s,port=%d\r\n", inet_ntoa(serv.sin_addr),
ntohs(serv.sin_port)); //马上获取

    int on = 1;
    setsockopt(sfp, SOL_SOCKET, SO_REUSEADDR, &on, sizeof(on));//允许地址的立
即重用
    bzero(&s_add, sizeof(struct sockaddr_in));
    s_add.sin_family = AF_INET;
    s_add.sin_addr.s_addr =  inet_addr("192.168.0.2"); //这个ip地址必须是本机
上有的
    s_add.sin_port = htons(portnum);
```

```
        if (-1 == bind(sfp, (struct sockaddr *)(&s_add), sizeof(struct sockaddr)))
//绑定
        {
            printf("bind fail:%d!\r\n", errno);
            return -1;
        }
        printf("bind ok !\r\n");
        getsockname(sfp, (struct sockaddr *)&serv,&serv_len);//获取本地套接字地址
        //打印套接字地址里的ip和端口值
        printf("ip=%s,port=%d\r\n", inet_ntoa(serv.sin_addr),
ntohs(serv.sin_port));
        return 0;
    }
```

在代码中，我们首先创建套接字，马上获取它的地址信息，然后绑定 IP 和端口号，再去获取套接字地址。运行时可以看到没有绑定前获取到的都是 0，绑定后就可以正确获取到了。

（2）保存代码为 test.cpp，上传到 Linux，编译并运行：

```
[root@localhost ~]# cd /zww/test
[root@localhost test]# g++ test.cpp -o test
[root@localhost test]# ./test
socket ok !
ip=0.0.0.0,port=0
bind ok !
ip=192.168.0.2,port=10051
```

要注意的是，192.168.0.2 必须是本机上存在的 IP 地址，如果随便设一个并不存在的 IP 地址，程序就会返回错误，大家可以修改一个并不存在的 IP 地址后编译运行，应该会出现下面的结果：

```
[root@localhost test]# g++ test.cpp -o test
[root@localhost test]# ./test
socket ok !
ip=0.0.0.0,port=0
bind fail:99!
```

getpeername 只有在连接建立以后才调用，否则不能正确获得对方的地址和端口，所以它的参数描述字一般是已连接描述字而非监听套接口描述字。

（3）gethostname 函数举例。

gethostname.c 源代码如下：

```
#include <stdio.h>

#include <string.h>

#include <unistd.h>

int main()
```

```
{

    char hostname[30] ;

    int flag =0 ;

    memset(hostname, 0x00, sizeof(hostname));

    flag = gethostname(hostname, sizeof(hostname));

    if( flag <0 )

    {

        perror("gethostname error") ;

        return -1 ;

    }

    printf( "hostname = %s\n", hostname) ;

    return 0 ;

}
```

编译 gcc gethostname.c -o gethostname。
执行./gethostname，执行结果如下：

```
hostname = ubuntu
```

（4）通过主机名或域名获取 IP 地址。
通过主机名或域名获取网络信息 gethostbyname。
所需头文件：

```
#include <netinet/in.h>
```

函数说明：
gethostbyname 会返回一个 hostent 结构指针，该结构具体说明如下：

```
struct hostent {

    char *h_name;          /*正式的主机名称*/

    char **h_aliases;       /*该主机的其他别名*/

    int h_addrtype;        /*地址类型，通常是AF_INET*/
```

```
        int h_length;              /*地址的长度*/

        char **h_addr_list;    /*该主机的所有地址*/

};
```

函数原型：

```
struct hostent *gethostbyname(const char *name)
```

函数传入值如下。

name：域名或主机名。
函数传出值如下。

name：主机的名称
函数返回值如下。

成功：返回 hostent 指针。
失败：NULL，失败原因存于 h_error 中（注意错误原因不存于 error 中）。
附加说明：
该函数首先在/etc/hosts 文件中查找是否有匹配的主机名。如果没有，则到域名解析配置文件
中去查找主机名。

（5）gethostbyname 函数举例。
gethostbyname.c 源代码如下：

```
#include <stdio.h>

#include <stdlib.h>

#include <errno.h>

#include <netdb.h>

#include <sys/types.h>

#include <netinet/in.h>

int main(int argc, char *argv[])

{

    struct hostent *h;

    if (argc != 2) {  /* error check the command line */

        fprintf(stderr,"usage: getip address\n");
```

```
    return -1;

}

if ((h=gethostbyname(argv[1])) == NULL) {  /* get the host info */

    herror("gethostbyname");

    return -1;

}

printf("Host name  : %s\n", h->h_name);

printf("IP Address : %s\n",inet_ntoa(*((struct in_addr *)h->h_addr)));

return 0;

}
```

13.4.12　阻塞套接字的使用

当使用函数 socket 创建的套接字时，默认都是阻塞模式的。阻塞模式是指套接字在执行操作时，调用函数在没有完成操作之前不会立即返回的工作模式。这意味着当调用 API 函数时，不能立即完成时，线程处于等待状态，直到操作完成。值得注意的是，并不是所有的 Linux socket API 以阻塞套接字为参数调用都会发生阻塞。例如，以阻塞模式的套接字为参数调用 bind()、listen()时，函数会立即返回。这里将可能阻塞套接字的 Linsock API 调用分为以下 4 种。

（1）接收连接函数

函数 accept 从请求连接队列中接收一个客户端连接。以阻塞套接字为参数调用这些函数时，若请求队列为空，则函数就会阻塞，线程进入睡眠状态。

（2）发送函数

函数 send、sendto 都是发送数据的函数。当用阻塞套接字作为参数调用这些函数时，如果套接字缓冲区没有可用空间，函数就会阻塞，线程就会睡眠，直到缓冲区有空间。

（3）接收函数

函数 recv 用来接收数据。当用阻塞套接字为参数调用这些函数时，如果此时套接字缓冲区没有数据可读，则函数阻塞，调用线程在数据到来前处于睡眠状态。

（4）连接函数

函数 connect 用于向对方发出连接请求。客户端以阻塞套接字为参数调用这些函数向服务器发出连接时，直到收到服务器的应答或超时才会返回。

使用阻塞模式的套接字开发网络程序比较简单，容易实现。当希望能够立即发送和接收数据，且处理的套接字数量较少的情况下，使用阻塞套接字模式来开发网络程序比较合适，而它的不足之处表现为：在大量建立好的套接字线程之间进行通信比较困难。当希望同时处理大量套接字时，将无从下手，扩展性差。

【例 13.3】一个简单的服务器客户机聊天程序（阻塞套接字版）

（1）首先创建服务器端的代码，打开 UE，输入代码如下：

```
#include <stdlib.h>
#include <sys/types.h>
#include <stdio.h>
#include <sys/socket.h>
#include <netinet/in.h>
#include <string.h>
#include "unistd.h"
#include "errno.h"
#include <arpa/inet.h> //for inet_ntoa

int main()
{
    int sfp,nfp;
    struct sockaddr_in s_add,c_add;
    socklen_t sin_size;
    unsigned short portnum=10051;

    printf("Hello,I am a server,Welcome to connect me !\r\n");
    sfp = socket(AF_INET, SOCK_STREAM, 0);
    if(-1 == sfp)
    {
        printf("socket fail ! \r\n");
        return -1;
    }
    printf("socket ok !\r\n");


    int on = 1;
    setsockopt( sfp, SOL_SOCKET, SO_REUSEADDR, &on, sizeof(on) );//允许地址的
立即重用


    bzero(&s_add,sizeof(struct sockaddr_in));
    s_add.sin_family=AF_INET;
    s_add.sin_addr.s_addr=htonl(INADDR_ANY);
    s_add.sin_port=htons(portnum);

    if(-1 == bind(sfp,(struct sockaddr *)(&s_add), sizeof(struct sockaddr)))
    {
        printf("bind fail:%d!\r\n",errno);
        return -1;
```

```
    }
    printf("bind ok !\r\n");

    if(-1 == listen(sfp,5)) //在套接字上监听
    {
        printf("listen fail !\r\n");
        return -1;
    }
    printf("listen ok\r\n");

    while(1)
    {
        sin_size = sizeof(struct sockaddr_in);

        nfp = accept(sfp, (struct sockaddr *)(&c_add), &sin_size);
        if(-1 == nfp)
        {
            printf("accept fail !\r\n");
            return -1;
        }
        printf("accept ok!\r\nServer start get connect from
ip=%s,port=%d\r\n",inet_ntoa(c_add.sin_addr)  ,ntohs(c_add.sin_port));


        if(-1 == write(nfp,"hello,client,you are welcome! \r\n",32))
        {
            printf("write fail!\r\n");
            return -1;
        }
        printf("write ok!\r\n");
        close(nfp);

        puts("continue to listen(y/n)?");
        char ch[2];
        scanf("%s", ch, 2); //读控制台两个字符,包括回车符
        if (ch[0] != 'y') //如果不是y就退出循环
            break;


    }

    printf("bye!\n");
    close(sfp); //关闭套接字
    return 0;
}
```

程序很简单。先新建一个监听套接字,然后等待客户端的连接请求,阻塞在 accept 函数处,一旦有客户端连接请求来了,就返回一个新的套接字,这个套接字和客户端进行通信,通信完毕就关掉这个套接字。而监听套接字根据用户的输入继续监听或退出。

（2）保存为 test.cpp，上传到 Linux 后编译运行：

```
[root@localhost test]# g++ test.cpp -o test
[root@localhost test]# ./test
Hello,I am a server,Welcome to connect me !
socket ok !
bind ok !
listen ok
```

（3）下面我们创建客户端代码，打开 UE，在其中输入代码如下：

```
#include <stdlib.h>
#include <sys/types.h>
#include <stdio.h>
#include <sys/socket.h>
#include <netinet/in.h>
#include <string.h>
#include <arpa/inet.h> //for inet_addr
#include "unistd.h"  //for read

int main()
{
    int cfd;
    int recbytes;
    int sin_size;
    char buffer[1024]={0};
    struct sockaddr_in s_add,c_add;
    unsigned short portnum=10051;
    char ip[]="172.16.2.7";

    printf("this is client\r\n");

    cfd = socket(AF_INET, SOCK_STREAM, 0);
    if(-1 == cfd)
    {
        printf("socket fail ! \r\n");
        return -1;
    }
    printf("socket ok !\r\n");

    bzero(&s_add,sizeof(struct sockaddr_in));
    s_add.sin_family=AF_INET;
    s_add.sin_addr.s_addr= inet_addr(ip);
    s_add.sin_port=htons(portnum);



    if(-1 == connect(cfd,(struct sockaddr *)(&s_add), sizeof(struct sockaddr)))
//发起连接
    {
```

```
        printf("connect fail !\r\n");
        return -1;
    }
    printf("connect ok !\r\n");

    if(-1 == (recbytes = read(cfd,buffer,1024)))   //接收数据
    {
        printf("read data fail !\r\n");
        return -1;
    }
    printf("read ok:");

    buffer[recbytes]='\0';
    printf("%s\r\n",buffer);

    printf("press any key to quit");
    getchar();
    close(cfd); //关闭套接字
    return 0;
}
```

（4）保存为 client.cpp，上传到 Linux 后，新开启一个终端窗口，然后编译运行：

```
[root@localhost client]# g++ client.cpp -o client
[root@localhost client]# ./client
this is client
socket ok !
connect ok !
read ok:hello,client,you are welcome!

press any key to quit
```

因为前面的服务器端已经运行了，所以连接成功，并能收到服务器端发来的数据。此时服务器端变为：

```
Hello,I am a server,Welcome to connect me !
socket ok !
bind ok !
listen ok
accept ok!
Server start get connect from ip=172.16.2.7,port=55890
write ok!
continue to listen(y/n)?
```

如果要停止服务器，可以输入 n，然后按回车键来结束程序。

【例 13.4】判断当前套接字是否为阻塞套接字

（1）打开 UE，输入代码如下：

```
#include <sys/socket.h>
#include <arpa/inet.h>
#include <assert.h>
#include <stdio.h>
#include <unistd.h>
#include <string.h>
#include <errno.h>
#include <stdlib.h>
#include <fcntl.h>
#include <sys/time.h>

int main( int argc, char* argv[] )
{
    int sock = socket( PF_INET, SOCK_STREAM, 0 );
    assert( sock >= 0 );

    int old_option = fcntl( sock, F_GETFL );
    if(0==(old_option & O_NONBLOCK))
        printf("now socket is BLOCK mode\n"); //0 is block mode
    else
        printf("now socket is NOT BLOCK mode\n");
    return 0;
}
```

可见，socket 函数创建的套接字默认是阻塞套接字。判断套接字是否阻塞可以通过系统调用 fcntl 先获得套接字描述符的属性标志，然后和 O_NONBLOCK 进行与操作，看是否为 0，如果是 0，则说明是阻塞套接字。

（2）保存为 test.cpp，上传到 Linux 后，新开启一个终端窗口，然后编译运行：

```
[root@localhost test]# g++ test.cpp -o test
[root@localhost test]# ./test
now socket is BLOCK mode
```

【例 13.5】统计阻塞套接字的 connect 超时时间

（1）打开 UE，输入代码如下：

```
#include <sys/socket.h>
#include <arpa/inet.h>
#include <assert.h>
#include <stdio.h>
#include <unistd.h>
#include <string.h>
#include <errno.h>
#include <stdlib.h>
#include <fcntl.h>
#include <sys/time.h>

#define BUFFER_SIZE 512
```

```c
int main( int argc, char* argv[] )
{

    char ip[]="172.16.2.88"; //本机的ip是172.16.2.7，172.16.2.88并不存在
    int port = 13334;

    struct sockaddr_in server_address;
    bzero( &server_address, sizeof( server_address ) );
    server_address.sin_family = AF_INET;
    inet_pton( AF_INET, ip, &server_address.sin_addr );
    server_address.sin_port = htons( port );

    int sock = socket( PF_INET, SOCK_STREAM, 0 );
    assert( sock >= 0 );



    int old_option = fcntl( sock, F_GETFL );
    printf("noblock: %d\n", old_option & O_NONBLOCK); //0 is block mode


    struct  timeval tv1, tv2;
    gettimeofday(&tv1, NULL);

    int ret = connect( sock, ( struct sockaddr* )&server_address,
sizeof( server_address ) );
    printf("connect ret code is: %d\n", ret);
    if ( ret == 0 )
    {
        printf("call getsockname ...\n");
        struct sockaddr_in local_address;
        socklen_t length;
        int ret = getpeername(sock, ( struct sockaddr* )&local_address,
&length);
        assert(ret == 0);
        char local[INET_ADDRSTRLEN ];
        printf( "local with ip: %s and port: %d\n",
            inet_ntop( AF_INET, &local_address.sin_addr, local,
INET_ADDRSTRLEN ), ntohs( local_address.sin_port ) );


        char buffer[ BUFFER_SIZE ];
        memset( buffer, 'a', BUFFER_SIZE );
        send( sock, buffer, BUFFER_SIZE, 0 );
    }
    else if (ret == -1)
```

```
    {
        gettimeofday(&tv2, NULL);
        suseconds_t msec = tv2.tv_usec - tv1.tv_usec;
        time_t sec = tv2.tv_sec - tv1.tv_sec;
        printf("time used:%d.%fs\n", sec, (double)msec / 1000000 );

        printf("connect failed...\n");
        if (errno == EINPROGRESS)
        {
            printf("unblock mode ret code...\n");
        }
    }
    else
    {
        printf("ret code is: %d\n", ret);
    }


    close( sock );
    return 0;
}
```

代码中，首先定义了和本机 IP 在同一子网的不真实存在的 IP。如果不是同一子网，connect 能很快判断出这个 IP 不存在，所以超时时间较短。而定义一个在同一子网的假 IP，则要等网关回复结果后 connect 才知道是否能连通。如果我们的计算机连上 Internet，再定义一个公网上的假 IP，那么超时时间会更长，因为要等很多网关、路由器等信息回复后，connect 才能知道是否可以连上。不过，现在同一子网里的假 IP 用作测试也足够了。

（2）保存为 test.cpp，上传到 Linux 后，新开启一个终端窗口，然后编译运行：

```
[root@localhost test]# g++ test.cpp -o test
[root@localhost test]# ./test
noblock: 0
connect ret code is: -1
time used:3.0.032286s
connect failed...
```

可以看到，大概等 3 秒后，才提示 connect 失败了。

13.4.13 非阻塞套接字的使用

把套接字设为非阻塞模式后，很多 Linsock 函数就会立即返回，但并不意味着操作已经完成。

【例 13.6】设置阻塞套接字为非阻塞套接字

（1）打开 UE，输入代码如下：

```
#include <sys/socket.h>
#include <arpa/inet.h>
#include <assert.h>
#include <stdio.h>
#include <unistd.h>
#include <string.h>
#include <errno.h>
#include <stdlib.h>
#include <fcntl.h>
#include <sys/time.h>


int setnonblocking( int fd ) //自定义函数，用于设置套接字为非阻塞套接字
{
    int old_option = fcntl( fd, F_GETFL );
    int new_option = old_option | O_NONBLOCK;
    fcntl( fd, F_SETFL, new_option );
    return old_option;
}

int main( int argc, char* argv[] )
{
    int sock = socket( PF_INET, SOCK_STREAM, 0 );
    assert( sock >= 0 );

    int old_option = fcntl( sock, F_GETFL );
    if(0==(old_option & O_NONBLOCK))
        printf("now socket is BLOCK mode\n"); //0 is block mode
    else
        printf("now socket is NOT BLOCK mode\n");

    setnonblocking(sock);
    old_option = fcntl( sock, F_GETFL );
    if(0==(old_option & O_NONBLOCK))
        printf("now socket is BLOCK mode\n"); //0 is block mode
    else
        printf("now socket is NOBLOCK mode\n");

    return 0;
}
```

可以看到，在调用了我们定义的 setnonblocking 函数后，套接字变为非阻塞套接字。实际功能也是通过系统调用 fcntl 来实现的。

（2）保存为 test.cpp，上传到 Linux 后，新开启一个终端窗口，然后编译运行：

```
[root@localhost test]# g++ test.cpp -o test
[root@localhost test]# ./test
now socket is BLOCK mode
```

```
now socket is NOBLOCK mode
```

【例 13.7】自定义 connect 超时时间（非阻塞套接字法）

（1）打开 UE，输入代码如下：

```c
#include <sys/types.h>
#include <sys/socket.h>
#include <netinet/in.h>
#include <arpa/inet.h>
#include <stdlib.h>
#include <assert.h>
#include <stdio.h>
#include <time.h>
#include <errno.h>
#include <fcntl.h>
#include <sys/ioctl.h>
#include <unistd.h>
#include <string.h>

#define BUFFER_SIZE 1023

int setnonblocking( int fd )
{
    int old_option = fcntl( fd, F_GETFL );
    int new_option = old_option | O_NONBLOCK;
    fcntl( fd, F_SETFL, new_option );
    return old_option;
}

int unblock_connect( const char* ip, int port, int time )
{
    int ret = 0;
    struct sockaddr_in address;
    bzero( &address, sizeof( address ) );
    address.sin_family = AF_INET;
    inet_pton( AF_INET, ip, &address.sin_addr );
    address.sin_port = htons( port );

    int sockfd = socket( PF_INET, SOCK_STREAM, 0 );
    int fdopt = setnonblocking( sockfd );
    ret = connect( sockfd, ( struct sockaddr* )&address, sizeof( address ) );
    printf("connect ret code = %d\n", ret);
    if ( ret == 0 )
    {
        printf( "connect with server immediately\n" );
        fcntl( sockfd, F_SETFL, fdopt );   //set old optional back
        return sockfd;
    }
    //unblock mode --> connect return immediately! ret = -1 & errno=EINPROGRESS
```

```c
        else if ( errno != EINPROGRESS )
        {
            printf("ret = %d\n", ret);
            printf( "unblock connect failed!\n" );
            return -1;
        }
        else if (errno == EINPROGRESS)
        {
            printf( "unblock mode socket is connecting...\n" );
        }

        //use select to check write event, if the socket is writable, then
        //connect is complete successfully!
        fd_set readfds;
        fd_set writefds;
        struct timeval timeout;

        FD_ZERO( &readfds );
        FD_SET( sockfd, &writefds );

        timeout.tv_sec = time; //我们设置超时时间为1秒，原来大概需要3秒
        timeout.tv_usec = 0;

        ret = select( sockfd + 1, NULL, &writefds, NULL, &timeout );
        if ( ret <= 0 )
        {
            printf( "connection time out\n" );
            close( sockfd );
            return -1;
        }

        if ( ! FD_ISSET( sockfd, &writefds ) )
        {
            printf( "no events on sockfd found\n" );
            close( sockfd );
            return -1;
        }

        int error = 0;
        socklen_t length = sizeof( error );
        if( getsockopt( sockfd, SOL_SOCKET, SO_ERROR, &error, &length ) < 0 )
        {
            printf( "get socket option failed\n" );
            close( sockfd );
            return -1;
        }

        if( error != 0 )
        {
```

```
        printf( "connection failed after select with the error: %d \n", error );
        close( sockfd );
        return -1;
    }

    //connection successful!
    printf( "connection ready after select with the socket: %d \n", sockfd );
    fcntl( sockfd, F_SETFL, fdopt ); //set old optional back
    return sockfd;
}

int main( int argc, char* argv[] )
{
    if( argc <= 2 )
    {
        printf( "usage: %s ip_address port_number\n", basename( argv[0] ) );
        return 1;
    }
    const char* ip = argv[1];
    int port = atoi( argv[2] );

    int sockfd = unblock_connect( ip, port, 1);
    if ( sockfd < 0 )
    {
        printf("sockfd error! return -1\n");
        return 1;
    }
    //shutdown( sockfd, SHUT_WR ); //disable read and write
    printf( "send data out\n" );
    send( sockfd, "abc", 3, 0 );
    shutdown( sockfd, SHUT_WR ); //disable read and write
    close(sockfd);
    return 0;
}
```

在代码中自定义函数 setnonblocking，用于设置套接字为非阻塞套接字。然后定义一个函数 unblock_connect 用于连接，并且设置 1 秒作为超时时间。而实际的超时返回是通过 select 函数来实现的。

（2）保存为 test.cpp，上传到 Linux 后，新开启一个终端窗口，然后编译运行：

```
[root@localhost test]# ./test 172.16.2.88 11133 kkk
connect ret code = -1
unblock mode socket is connecting...
connection failed after select with the error: 113
sockfd error! return -1
```

172.16.2.88 是 Linux 主机 IP 的同一网段的一个假 IP，原来阻塞超时需要 3 秒左右，现在大概需要 1 秒左右，说明我们自定义的超时实际生效了；11133 是端口；kkk 是我们想要发送的信息。

在一个 TCP 套接口被设置为非阻塞之后调用 connect，connect 会立即返回 EINPROGRESS 错误，表示连接操作正在进行中，但是仍未完成。同时 TCP 的三路握手操作继续进行，在这之后，我们可以调用 select 来检查这个链接是否建立成功。

非阻塞 connect 有以下 3 种用途。

（1）我们可以在三路握手的同时做一些其他的处理。connect 操作要花一个往返时间完成，而且可以是在任何地方，从几毫秒的局域网到几百毫秒或几秒的广域网，在这段时间内，我们可能有一些其他的处理想要执行。

（2）可以用这种技术同时建立多个连接，在 Web 浏览器中很普遍。

（3）由于我们使用 select 来等待连接的完成，因此可以给 select 设置一个时间限制，从而缩短 connect 的超时时间。在大多数实际环境（公网）中，connect 的超时时间在 75 秒到几分钟之间。有时候应用程序想要一个更短的超时时间，使用非阻塞 connect 就是一种方法。

非阻塞 connect 听起来虽然简单，但是仍然有一些细节问题要处理：

（1）即使套接口是非阻塞的，如果连接的服务器在同一台主机上，那么在调用 connect 建立连接时，连接通常会立即建立成功。我们必须处理这种情况。

（2）有两条与 select 和非阻塞 IO 相关的规则：一是当连接建立成功时，套接口描述符变成可写；二是当连接出错时，套接口描述符变成既可读又可写。

值得注意的是，当一个套接口出错时，它会被 select 调用标记为既可读又可写。

这里总结一下处理非阻塞 connect 的步骤。

● 第一步：创建 socket，返回套接口描述符。
● 第二步：调用 fcntl 把套接口描述符设置成非阻塞。
● 第三步：调用 connect 开始建立连接。
● 第四步：判断连接是否成功建立。

如果 connect 返回 0，表示连接成功（服务器和客户端在同一台机器上时就有可能发生这种情况）。

调用 select 来等待连接建立成功完成。

如果 select 返回 0，则表示建立连接超时。我们返回超时错误给用户，同时关闭连接，以防止三路握手操作继续进行下去。

如果 select 返回大于 0 的值，则需要检查套接口描述符是否可读或可写，如果套接口描述符可读或可写，则我们可以通过调用 getsockopt 来得到套接口上待处理的错误（SO_ERROR），如果连接建立成功，这个错误值将是 0，如果建立连接时遇到错误，则这个值是连接错误所对应的 errno 值，比如 ECONNREFUSED、ETIMEDOUT 等。

【例 13.8】自定义 connect 超时时间（信号处理法）

打开 UE，输入代码如下：

```
#include <sys/socket.h>
#include <arpa/inet.h>
#include <assert.h>
#include <stdio.h>
#include <unistd.h>
#include <string.h>
#include <errno.h>
#include <stdlib.h>
#include <fcntl.h>
#include <sys/time.h>
#include <signal.h>

#define BUFFER_SIZE 512


void u_alarm_handler(int n)
{
    printf("alarm:-----------connect timeout----------\n");
}

int main( int argc, char* argv[] )
{

    char ip[]="172.16.2.88"; //本机的ip是172.16.2.7，172.16.2.88并不存在
    int port = 13334;

    struct sockaddr_in server_address;
    bzero( &server_address, sizeof( server_address ) );
    server_address.sin_family = AF_INET;
    inet_pton( AF_INET, ip, &server_address.sin_addr );
    server_address.sin_port = htons( port );

    int sock = socket( PF_INET, SOCK_STREAM, 0 );
    assert( sock >= 0 );




    int old_option = fcntl( sock, F_GETFL );
    printf("noblock: %d\n", old_option & O_NONBLOCK); //0 is block mode


    struct  timeval tv1, tv2;
    gettimeofday(&tv1, NULL);


    sigset(SIGALRM, u_alarm_handler);
    alarm(1);//设置1秒超时
int ret = connect( sock, ( struct sockaddr* )&server_address,
```

```
sizeof( server_address ) );
        alarm(0);
        sigrelse(SIGALRM);



        printf("connect ret code is: %d\n", ret);
        if ( ret == 0 )
        {
            printf("call getsockname ...\n");
            struct sockaddr_in local_address;
            socklen_t length;
            int ret = getpeername(sock, ( struct sockaddr* )&local_address,
&length);
            assert(ret == 0);
            char local[INET_ADDRSTRLEN ];
            printf( "local with ip: %s and port: %d\n",
                inet_ntop( AF_INET, &local_address.sin_addr, local,
INET_ADDRSTRLEN ), ntohs( local_address.sin_port ) );



            char buffer[ BUFFER_SIZE ];
            memset( buffer, 'a', BUFFER_SIZE );
            send( sock, buffer, BUFFER_SIZE, 0 );
        }
        else if (ret == -1)
        {
            gettimeofday(&tv2, NULL);
            suseconds_t msec = tv2.tv_usec - tv1.tv_usec;
            time_t sec = tv2.tv_sec - tv1.tv_sec;
            printf("time used:%d.%fs\n", sec, (double)msec / 1000000 );

            printf("connect failed...\n");
            if (errno == EINPROGRESS)
            {
                printf("unblock mode ret code...\n");
            }
        }
        else
        {
            printf("ret code is: %d\n", ret);
        }



        close( sock );
        return 0;
    }
```

在代码中，套接字依然是阻塞套接字。首先定义一个中断信号处理函数 u_alarm_handler，用于超时后的报警处理，然后定义一个 1 秒的定时器，执行 connect，当系统 connect 成功时，则系统正常执行下去；如果 connect 不成功阻塞在这里，则超过定义的 2 秒后，系统会产生一个信号，触发执行 u_alarm_handler 函数，当执行完 u_alarm_handler 后，程序将继续从 connect 的下面一行执行下去。

【例 13.9】一个简单的服务器客户机聊天程序（非阻塞套接字版）

（1）首先创建服务器端的代码，打开 UE，输入代码如下：

```c
#include <stdlib.h>
#include <sys/types.h>
#include <stdio.h>
#include <sys/socket.h>
#include <netinet/in.h>
#include <string.h>
#include "unistd.h"
#include "errno.h"
#include <arpa/inet.h> //for inet_ntoa

int main()
{
    int sfp,nfp;
    struct sockaddr_in s_add,c_add;
    socklen_t sin_size;
    unsigned short portnum=10051;

    printf("Hello,I am a server,Welcome to connect me !\r\n");
    sfp = socket(AF_INET, SOCK_STREAM, 0);
    if(-1 == sfp)
    {
        printf("socket fail ! \r\n");
        return -1;
    }
    printf("socket ok !\r\n");


    int on = 1;
    setsockopt( sfp, SOL_SOCKET, SO_REUSEADDR, &on, sizeof(on) );//允许地址的
立即重用

    bzero(&s_add,sizeof(struct sockaddr_in));
    s_add.sin_family=AF_INET;
    s_add.sin_addr.s_addr=htonl(INADDR_ANY);
    s_add.sin_port=htons(portnum);

    if(-1 == bind(sfp,(struct sockaddr *)(&s_add), sizeof(struct sockaddr)))
    {
        printf("bind fail:%d!\r\n",errno);
```

```
                return -1;
        }
        printf("bind ok !\r\n");

        if(-1 == listen(sfp,5)) //在套接字上监听
        {
            printf("listen fail !\r\n");
            return -1;
        }
        printf("listen ok\r\n");

        while(1)
        {
            sin_size = sizeof(struct sockaddr_in);

            nfp = accept(sfp, (struct sockaddr *)(&c_add), &sin_size);
            if(-1 == nfp)
            {
                printf("accept fail !\r\n");
                return -1;
            }
            printf("accept ok!\r\nServer start get connect from
ip=%s,port=%d\r\n",inet_ntoa(c_add.sin_addr)  ,ntohs(c_add.sin_port));

            if(-1 == write(nfp,"hello,client,you are welcome! \r\n",32))
            {
                printf("write fail!\r\n");
                return -1;
            }
            printf("write ok!\r\n");
            close(nfp);

            puts("continue to listen(y/n)?");
            char ch[2];
            scanf("%s", ch, 2); //读控制台两个字符，包括回车符
            if (ch[0] != 'y') //如果不是y就退出循环
                break;

        }

        printf("bye!\n");
        close(sfp); //关闭套接字
        return 0;
}
```

程序很简单。先新建一个监听套接字，然后等待客户端的连接请求，阻塞在 accept 函数处，一旦有客户端连接请求来了，就返回一个新的套接字，这个套接字就和客户端进行通信，通信完毕

后关掉这个套接字。而监听套接字根据用户的输入继续监听或退出。

（2）保存为 test.cpp，上传到 Linux 后编译运行：

```
[root@localhost test]# g++ test.cpp -o test
[root@localhost test]# ./test
Hello,I am a server,Welcome to connect me !
socket ok !
bind ok !
listen ok
```

（3）下面我们创建客户端代码，打开 UE，在其中输入代码如下：

```
#include <sys/types.h>
#include <sys/socket.h>
#include <netinet/in.h>
#include <arpa/inet.h>
#include <stdlib.h>
#include <assert.h>
#include <stdio.h>
#include <time.h>
#include <errno.h>
#include <fcntl.h>
#include <sys/ioctl.h>
#include <unistd.h>
#include <string.h>

#define BUFFER_SIZE 1023

int setnonblocking( int fd )
{
    int old_option = fcntl( fd, F_GETFL );
    int new_option = old_option | O_NONBLOCK;
    fcntl( fd, F_SETFL, new_option );
    return old_option;
}

int unblock_connect( const char* ip, int port, int time )
{
    int ret = 0;
    struct sockaddr_in address;
    bzero( &address, sizeof( address ) );
    address.sin_family = AF_INET;
    inet_pton( AF_INET, ip, &address.sin_addr );
    address.sin_port = htons( port );

    int sockfd = socket( PF_INET, SOCK_STREAM, 0 );
    int fdopt = setnonblocking( sockfd );
    ret = connect( sockfd, ( struct sockaddr* )&address, sizeof( address ) );
    printf("connect ret code = %d\n", ret);
```

```
    if ( ret == 0 )
    {
        printf( "connect with server immediately\n" );
        fcntl( sockfd, F_SETFL, fdopt );   //set old optional back
        return sockfd;
    }
    //unblock mode --> connect return immediately! ret = -1 & errno=EINPROGRESS
    else if ( errno != EINPROGRESS )
    {
        printf("ret = %d\n", ret);
        printf( "unblock connect failed!\n" );
        return -1;
    }
    else if (errno == EINPROGRESS)
    {
        printf( "unblock mode socket is connecting...\n" );
    }

    //use select to check write event, if the socket is writable, then
    //connect is complete successfully!
    fd_set readfds;
    fd_set writefds;
    struct timeval timeout;

    FD_ZERO( &readfds );
    FD_SET( sockfd, &writefds );

    timeout.tv_sec = time; //timeout is 10 minutes
    timeout.tv_usec = 0;

    ret = select( sockfd + 1, NULL, &writefds, NULL, &timeout );
    if ( ret <= 0 )
    {
        printf( "connection time out\n" );
        close( sockfd );
        return -1;
    }

    if ( ! FD_ISSET( sockfd, &writefds ) )
    {
        printf( "no events on sockfd found\n" );
        close( sockfd );
        return -1;
    }

    int error = 0;
    socklen_t length = sizeof( error );
    if( getsockopt( sockfd, SOL_SOCKET, SO_ERROR, &error, &length ) < 0 )
    {
```

```
            printf( "get socket option failed\n" );
            close( sockfd );
            return -1;
        }

        if( error != 0 )
        {
            printf( "connection failed after select with the error: %d \n", error );
            close( sockfd );
            return -1;
        }

        //connection successful!
        printf( "connection ready after select with the socket: %d \n", sockfd );
        fcntl( sockfd, F_SETFL, fdopt ); //set old optional back

         printf("connect ok !\r\n");

        int recbytes;
        int sin_size;
        char buffer[1024]={0};


        if(-1 == (recbytes = read(sockfd,buffer,1024)))   //接收数据
        {
            printf("read data fail !\r\n");
            return -1;
        }
        printf("read ok:");

        buffer[recbytes]='\0';
        printf("%s\r\n",buffer);

        return sockfd;
}


int main( int argc, char* argv[] )
{

        const char ip[] = "172.16.2.7";
        int port = 10051;

        int sockfd = unblock_connect( ip, port, 1);
        if ( sockfd < 0 )
        {
            printf("sockfd error! return -1\n");
            return 1;
        }
```

```
    close(sockfd);
    return 0;
}
```

在代码中，我们把阻塞套接字设置为非阻塞套接字，然后 connect 会立即返回，并且 errno 等于 EINPROGRESS，表示正在连接过程中。

（4）保存为 client.cpp，上传到 Linux 后，新开启一个终端窗口，然后编译运行：

```
[root@localhost client]# g++ client.cpp -o client
[root@localhost client]# ./client
connect ret code = -1
unblock mode socket is connecting...
connection ready after select with the socket: 3
connect ok !
read ok:hello,client,you are welcome!
```

因为前面的服务器端已经运行了，所以连接成功，并能收到服务器端发来的数据。此时服务器端变为：

```
Hello,I am a server,Welcome to connect me !
socket ok !
bind ok !
listen ok
accept ok!
Server start get connect from ip=172.16.2.7,port=55938
write ok!
continue to listen(y/n)?
```

如果要停止服务器，可以输入 n，然后按回车键来结束程序。

第14章 UDP套接字编程

UDP 套接字就是数据报套接字，一种无连接的 Socket，对应无连接的 UDP 应用。在使用 TCP 编写的应用程序和使用 UDP 编写的应用程序之间存在一些本质差异，其原因在于这两个传输层之间的差别：UDP 是无连接的不可靠的数据报协议，不同于 TCP 提供面向连接的可靠字节流。从资源的角度来看，UDP 套接字相对来说开销较小，因为不需要维持网络连接，而且因为无须花费时间来连接，所以 UDP 套接字的速度也较快。

因为 UDP 提供的是不可靠服务，所以数据可能会丢失。如果数据非常重要，就需要小心编写 UDP 客户程序，以检查错误并在必要时重传。实际上，UDP 套接字在局域网中是非常可靠的。

14.1 UDP 套接字编程的基本步骤

在 UDP 套接字程序中，客户不需要与服务器建立连接，可直接使用 sendto 函数给服务器发送数据报。同样，服务器不需要接受来自客户的连接，可直接调用 recvfrom 函数，等待来自某个客户的数据到达。图 14-1 展示了客户与服务器使用 UDP 套接字进行通信的过程。

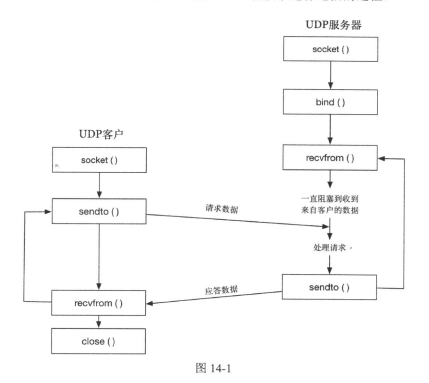

图 14-1

编写 UDP 套接字应用程序，涉及的步骤说明如下。

服务器：

（1）创建套接字描述符（socket）。

（2）设置服务器的 IP 地址和端口号（需要转换为网络字节序的格式）。

（3）将套接字描述符绑定到服务器地址（bind）。

（4）从套接字描述符读取来自客户端的请求并取得客户端的地址（recvfrom）。

（5）向套接字描述符写入应答并发送给客户端（sendto）。

（6）回到步骤（4），等待读取下一个来自客户端的请求。

客户端：

（1）创建套接字描述符（socket）。

（2）设置服务器的 IP 地址和端口号（需要转换为网络字节序的格式）。

（3）向套接字描述符写入请求并发送给服务器（sendto）。

（4）从套接字描述符读取来自服务器的应答（recvfrom）。

（5）关闭套接字描述符（close）。

了解了套接字编程的基本步骤后，我们再来看一下常用的 UDP 套接字函数。

14.2　TCP 套接字编程的相关函数

套接字创建函数 socket()、地址绑定函数 bind()与 TCP 套接字编程相同，具体可参考第 13 章，此处仅介绍消息传输函数 sendto()与 recvfrom()。

14.2.1　消息发送函数 sendto 和 sendmsg

发送消息时，send 只可用于基于连接的套接字，send 和 write 唯一的不同是标志的存在，当标志为 0 时，send 等同于 write。sendto 和 sendmsg 既可用于无连接的套接字，也可用于基于连接的套接字。但一般这两个函数不用在连接套接字上。

这两个函数用来发送消息，函数原型如下：

```
#include <sys/types.h>
#include <sys/socket.h>
ssize_t sendto(int sock, const void *buf, size_t len, int flags, const struct
sockaddr *to, socklen_t tolen);
ssize_t sendmsg(int sock, const struct msghdr *msg, int flags);
```

其中，参数 sock 表示将要从其发送数据的套接字；buf 指向将要发送数据的缓冲区；len 是以上缓冲区的长度；flags 是以下零个或者多个标志的组合体，可通过或操作连在一起。

● MSG_DONTROUTE: 不要使用网关来发送封包，只发送到直接联网的主机。这个标志主要用于诊断或者路由程序。

- MSG_DONTWAIT: 操作不会被阻塞。
- MSG_EOR: 终止一个记录。
- MSG_MORE: 调用者有更多的数据需要发送。
- MSG_NOSIGNAL: 当另一端终止连接时，请求在基于流的错误套接字上不要发送 SIGPIPE 信号。
- MSG_OOB: 发送 out-of-band 数据（需要优先处理的数据），同时现行协议必须支持这种操作。
- to: 指向存放接收端地址的区域，可以为 NULL。
- tolen: 是以上结构体 struct sockaddr 的长度。
- msg: 指向存放发送消息头的内存缓冲，定义如下：

```
struct msghdr {
    void        *msg_name;
    socklen_t    msg_namelen;
    struct iovec    *msg_iov;
    size_t        msg_iovlen;
    void        *msg_control;
    socklen_t     msg_controllen;
    int         msg_flags;
};
```

函数成功执行时，返回已发送的字节数。失败返回-1，错误码 errno 被设为以下的某个值。

- EACCES: 对于 UNIX 域套接字，不允许对目标套接字文件进行写，或者路径前驱的一个目录节点不可搜索。
- EAGAIN, EWOULDBLOCK: 套接字已标记为非阻塞，而发送操作被阻塞。
- EBADF: sock 不是有效的描述词。
- ECONNRESET: 连接被用户重置。
- EDESTADDRREQ: 套接字不处于连接模式，没有指定对端地址。
- EFAULT: 内存空间访问出错。
- EINTR: 操作被信号中断。
- EINVAL: 参数无效。
- EISCONN: 基于连接的套接字已被连接上，同时指定接收对象。
- EMSGSIZE: 消息太大。
- ENOMEM: 内存不足。
- ENOTCONN: 套接字尚未连接，目标没有给出。
- ENOTSOCK: sock 索引的不是套接字。
- EPIPE: 本地连接已关闭。

14.2.2　消息接收函数 recvfrom 和 recvmsg

这两个函数从套接字上接收一个消息。对于 recvfrom 和 recvmsg，可同时应用于面向连接的和无连接的套接字。recv 一般只用在面向连接的套接字，几乎等同于 recvfrom，只要将 recvfrom 的第 5 个参数设置 NULL。按照习惯，recvfrom 和 recvmsg 一般用于无连接套接字。

如果消息太大，无法完整存放在所提供的缓冲区，根据不同的套接字，多余的字节会被丢弃。假如套接字上没有消息可以读取，除非套接字已被设置为非阻塞模式，否则这两个函数将会阻塞一直等到消息到来。

这两个函数声明如下：

```
#include <sys/types.h>
#include <sys/socket.h>
ssize_t  recvfrom(int sock, void *buf, size_t len, int flags, struct sockaddr
*from, socklen_t *fromlen);
ssize_t  recvmsg(int sock, struct msghdr *msg, int flags);
```

其中，参数 sock 是将要从其接收数据的套接字；buf 为存放消息接收后的缓冲区；len 为 buf 所指缓冲区的大小；flags 是以下一个或者多个标志的组合体，可通过或操作连在一起。

- MSG_DONTWAIT: 操作不会被阻塞，非阻塞，立即返回，不等待。
- MSG_ERRQUEUE: 指示应该从套接字的错误队列上接收错误值，依据不同的协议，错误值以某种辅佐性消息的方式传递进来，使用者应该提供足够大的缓冲区。错误以 sock_extended_err 结构形态被使用，定义如下：

```
#define SO_EE_ORIGIN_NONE    0
#define SO_EE_ORIGIN_LOCAL   1
#define SO_EE_ORIGIN_ICMP    2
#define SO_EE_ORIGIN_ICMP6   3
struct sock_extended_err
{
    u_int32_t ee_errno;   /* error number */
    u_int8_t ee_origin; /* where the error originated */
    u_int8_t ee_type;    /* type */
    u_int8_t ee_code;    /* code */
    u_int8_t ee_pad;
    u_int32_t ee_info;    /* additional information */
    u_int32_t ee_data;    /* other data */
    /* More data may follow */
};
```

- MSG_PEEK: 指示数据接收后，在接收队列中保留原数据，不将其删除，随后的读操作还可以接收相同的数据。
- MSG_TRUNC: 返回封包的实际长度，即使它比所提供的缓冲区更长，只对 packet 套接字有效。
- MSG_WAITALL: 要求阻塞操作，直到请求得到完整的满足。然而，如果捕捉到信号、错误或者连接断开发生，或者下次被接收的数据类型不同，仍会返回少于请求量的数据。
- MSG_EOR: 指示记录的结束，返回的数据完成一个记录。

- MSG_TRUNC: 指明报尾部数据已被丢弃，因为它比所提供的缓冲区需要更多的空间。
- MSG_CTRUNC: 指明由于缓冲区空间不足，一些控制数据已被丢弃。
- MSG_OOB: 指示接收到 out-of-band 数据（需要优先处理的数据）。
- MSG_ERRQUEUE: 指示除了来自套接字错误队列的错误外，没有接收到其他数据。
- From: 为指向存放对端地址的缓冲区指针，如果为 NULL，不储存对端地址；fromlen 是一个输入输出参数，作为输入参数，指向存放表示 from 所指缓冲区的最大长度，作为输出参数，指向存放表示 from 所指缓冲区的实际长度；msg 指向存放进入消息头的内存缓冲，结构形态如下：

```
struct msghdr {
    void        *msg_name;      /* optional address */
    socklen_t    msg_namelen;   /* size of address */
    struct iovec *msg_iov;      /* scatter/gather array */
    size_t       msg_iovlen;    /* # elements in msg_iov */
    void        *msg_control;   /* ancillary data, see below */
    socklen_t    msg_controllen; /* ancillary data buffer len */
    int          msg_flags;     /* flags on received message */
};
```

函数成功执行时，返回接收到的字节数；另一端已关闭则返回 0；失败收返回-1，errno 被设为以下的某个值。

- EAGAIN: 套接字已标记为非阻塞，而接收操作被阻塞或者接收超时。
- EBADF: sock 不是有效的描述词。
- ECONNREFUSE: 远程主机阻绝网络连接。
- EFAULT: 内存空间访问出错。
- EINTR: 操作被信号中断。
- EINVAL: 参数无效。
- ENOMEM: 内存不足。
- ENOTCONN: 与面向连接关联的套接字尚未被连接上。
- ENOTSOCK: sock 索引的不是套接字。

14.3 实战 UDP 套接字

了解了基本的 UDP 收发函数后，接着进入实战环节。

【例 14.1】获取网卡 IP 地址信息（UDP 套接字版）

（1）打开 UE，输入代码如下：

```
#include <string.h>
#include <sys/socket.h>
#include <sys/ioctl.h>
```

```
#include <net/if.h>
#include <stdio.h>
#include <netinet/in.h>
#include <arpa/inet.h>
int main()
{
    int inet_sock;
    struct ifreq ifr;  //定义网口请求结构体
    inet_sock = socket(AF_INET, SOCK_DGRAM, 0);

    strcpy(ifr.ifr_name, "eno16777736");
    //SIOCGIFADDR标志代表获取接口地址
    if (ioctl(inet_sock, SIOCGIFADDR, &ifr) < 0)
        perror("ioctl");
    printf("%s\n", inet_ntoa(((struct
sockaddr_in*)&(ifr.ifr_addr))->sin_addr));
    return 0;
}
```

在代码中，首先创建一个 UDP 套接字，然后把本机的一个网卡名字"eno16777736"赋值给 ifr.ifr_name，接着调用 ioctl 函数获取 SIOCGIFADDR 信息，即网络接口的 IP 地址信息。

（2）上传到 Linux，然后编译运行：

```
[root@localhost test]# g++ test.cpp -o test
[root@localhost test]# ./test
1.1.1.10
```

该 IP 是笔者 CentOS 7 的 eno16777736 网卡的 IP 地址。

【例 14.2】服务器和客户端通信

（1）先创建服务器端的程序，打开 UE，输入代码如下：

```
#include <sys/types.h>
#include <sys/stat.h>
#include <fcntl.h>
#include <stdio.h>
#include <stdlib.h>
#include <string.h>
#include <strings.h>
#include <unistd.h>
#include <errno.h>
#include <sys/stat.h>
#include <dirent.h>
#include <sys/mman.h>
#include <sys/wait.h>
#include <signal.h>
#include <sys/ipc.h>
#include <sys/shm.h>
```

```
#include <sys/msg.h>
#include <sys/sem.h>
#include <pthread.h>
#include <semaphore.h>
#include <poll.h>
#include <sys/epoll.h>
#include <sys/socket.h>
#include <netinet/in.h>
#include <arpa/inet.h>
#include <netinet/in.h>


char rbuf[50];

int main()
{
    int sockfd;
    int size;
    int ret;
    int on =1;
    struct sockaddr_in saddr;
    struct sockaddr_in raddr;

    //设置地址信息，ip信息
    size = sizeof(struct sockaddr_in);
    bzero(&saddr,size);
    saddr.sin_family = AF_INET;
    saddr.sin_port = htons(8888);
    saddr.sin_addr.s_addr = htonl(INADDR_ANY);

    //创建udp 的套接字
    sockfd = socket(AF_INET,SOCK_DGRAM,0);
    if(sockfd<0)
    {
        perror("socket failed");
        return -1;
    }

    //设置端口复用
    setsockopt(sockfd,SOL_SOCKET,SO_REUSEADDR,&on,sizeof(on));

    //绑定地址信息，ip信息
    ret = bind(sockfd,(struct sockaddr*)&saddr,sizeof(struct sockaddr));
    if(ret<0)
    {
        perror("sbind failed");
        return -1;
    }
```

```
    socklen_t val = sizeof(struct sockaddr);
    //循环接收客户端发来的消息
    while(1)
    {
        puts("waiting data");
        ret=recvfrom(sockfd,rbuf,50,0,(struct sockaddr*)&raddr,&val);
        if(ret <0)
        {
            perror("recvfrom failed");
        }

        printf("the data :%s\n",rbuf);
        bzero(rbuf,50);
    }
    //关闭udp套接字，这里不可达
    close(sockfd);
    return 0;
}
```

代码很简单，通过一个 while 循环等待客户端发来的消息。没有数据过来时，就在 recvfrom 函数上阻塞着。

保存为 test.cpp，上传到 Linux，然后编译运行：

```
[root@localhost test]# g++ test.cpp -o test
[root@localhost test]# ./test
waiting data
```

（2）创建客户端代码，打开 UE，输入代码如下：

```
#include <sys/types.h>
#include <sys/stat.h>
#include <fcntl.h>
#include <stdio.h>
#include <stdlib.h>
#include <string.h>
#include <strings.h>
#include <unistd.h>
#include <errno.h>
#include <sys/stat.h>
#include <dirent.h>
#include <sys/mman.h>
#include <sys/wait.h>
#include <signal.h>
#include <sys/ipc.h>
#include <sys/shm.h>
#include <sys/msg.h>
#include <sys/sem.h>
#include <pthread.h>
#include <semaphore.h>
```

```
#include <poll.h>
#include <sys/epoll.h>
#include <sys/socket.h>
#include <netinet/in.h>
#include <arpa/inet.h>
#include <netinet/in.h>

char wbuf[50];

int main()
{
    int sockfd;
    int size,on = 1;
    struct sockaddr_in saddr;
    int ret;

    size = sizeof(struct sockaddr_in);
    bzero(&saddr,size);

    //设置地址信息、ip信息
    saddr.sin_family = AF_INET;
    saddr.sin_port = htons(8888);
    saddr.sin_addr.s_addr=inet_addr("172.16.2.6");//172.16.2.6为服务端所在的ip

    sockfd= socket(AF_INET,SOCK_DGRAM,0);  //创建udp 的套接字
    if(sockfd<0)
    {
        perror("failed socket");
        return -1;
    }
    //设置端口复用
    setsockopt(sockfd,SOL_SOCKET,SO_REUSEADDR,&on,sizeof(on));

    //循环发送信息给服务端
    while(1)
    {
        puts("please enter data:");
        scanf("%s",wbuf);
        ret=sendto(sockfd,wbuf,50,0,(struct sockaddr*)&saddr,
            sizeof(struct sockaddr));
        if(ret<0)
        {
            perror("sendto failed");
        }

        bzero(wbuf,50);
    }
    close(sockfd);
    return 0;
```

```
}
```

代码也很简单，使用一个 while 循环等待用户输入信息，输入后就把信息发送出去。

保存为 client.cpp，上传到 Linux，重新开一个终端，然后编译运行：

```
[root@localhost client]# g++ client.cpp -o client
[root@localhost client]# ./client
please enter data:
hi,server
please enter data:
```

发送消息"hi,server"后，服务端就变为：

```
waiting data
the data :hi,server
waiting data
```

【例 14.3】实现简单的 ifconfig 查询功能

（1）打开 UE，输入代码如下：

```
#include <net/if.h>          /* for ifconf */
#include <linux/sockios.h>     /* for net status mask */
#include <netinet/in.h>        /* for sockaddr_in */
#include <sys/socket.h>
#include <sys/types.h>
#include <sys/ioctl.h>
#include <stdio.h>
#include <unistd.h> //for close
#include <arpa/inet.h>
#include <string.h>
#define MAX_INTERFACE    (16)

void port_status(unsigned int flags);

/* set == 0: do clean , set == 1: do set! */
int set_if_flags(char *pif_name, int sock, int status, int set)
{
    struct ifreq ifr;
    int ret = 0;

    strncpy(ifr.ifr_name, pif_name, strlen(pif_name) + 1);
    ret = ioctl(sock, SIOCGIFFLAGS, &ifr);
    if (ret)
        return -1;
    /* set or clean */
    if (set)
        ifr.ifr_flags |= status;
    else
        ifr.ifr_flags &= ~status;
    /* set flags */
```

```
        ret = ioctl(sock, SIOCSIFFLAGS, &ifr);
        if (ret)
            return -1;

        return 0;
    }

    int get_if_info(int fd)
    {
        struct ifreq buf[MAX_INTERFACE];
        struct ifconf ifc;
        int ret = 0;
        int if_num = 0;

        ifc.ifc_len = sizeof(buf);
        ifc.ifc_buf = (caddr_t) buf;

        ret = ioctl(fd, SIOCGIFCONF, (char*)&ifc);
        if (ret)
        {
            printf("get if config info failed");
            return -1;
        }
        /* 网口总数 ifc.ifc_len 应该是一个出入参数 */
        if_num = ifc.ifc_len / sizeof(struct ifreq);
        printf("interface num is interface = %d\n", if_num);
        while (if_num-- > 0)
        {
            printf("net device: %s\n", buf[if_num].ifr_name);
            /* 获取第n个网口信息 */
            ret = ioctl(fd, SIOCGIFFLAGS, (char*)&buf[if_num]);
            if (ret)
                continue;

            /* 获取网口状态 */
            port_status(buf[if_num].ifr_flags);

            /* 获取当前网卡的ip地址 */
            ret = ioctl(fd, SIOCGIFADDR, (char*)&buf[if_num]);
            if (ret)
                continue;
            printf("IP address is: \n%s\n", inet_ntoa(((struct sockaddr_in
*)(&buf[if_num].ifr_addr))->sin_addr));

            /* 获取当前网卡的mac */
            ret = ioctl(fd, SIOCGIFHWADDR, (char*)&buf[if_num]);
            if (ret)
                continue;
```

```
            printf("%02x:%02x:%02x:%02x:%02x:%02x\n\n",
                 (unsigned char)buf[if_num].ifr_hwaddr.sa_data[0],
                 (unsigned char)buf[if_num].ifr_hwaddr.sa_data[1],
                 (unsigned char)buf[if_num].ifr_hwaddr.sa_data[2],
                 (unsigned char)buf[if_num].ifr_hwaddr.sa_data[3],
                 (unsigned char)buf[if_num].ifr_hwaddr.sa_data[4],
                 (unsigned char)buf[if_num].ifr_hwaddr.sa_data[5]);
    }
}

void port_status(unsigned int flags)
{
    if (flags & IFF_UP)
    {
        printf("is up\n");
    }
    if (flags & IFF_BROADCAST)
    {
        printf("is broadcast\n");
    }
    if (flags & IFF_LOOPBACK)
    {
        printf("is loop back\n");
    }
    if (flags & IFF_POINTOPOINT)
    {
        printf("is point to point\n");
    }
    if (flags & IFF_RUNNING)
    {
        printf("is running\n");
    }
    if (flags & IFF_PROMISC)
    {
        printf("is promisc\n");
    }
}

int main()
{
    int fd;

    fd = socket(AF_INET, SOCK_DGRAM, 0);
    if (fd > 0)
    {
        get_if_info(fd);
        close(fd);
    }
```

```
    return 0;
}
```

在代码中，首先创建 UDP 套接字，然后通过 ioctl 函数和内核进行交互，获得所需要的信息。ioctl 函数在驱动编程中经常会碰到，它是用户态和内核态打交道的重要途径。结构体 ifconf 通常是用来保存所有接口信息的，定义如下：

```
//if.h
struct ifconf
{
    int ifc len; /* size of buffer */
    union
    {
        char *ifcu buf; /* input from user->kernel*/
        struct ifreq *ifcu_req; /* return from kernel->user*/
    } ifc ifcu;
};
#define ifc_buf ifc_ifcu.ifcu_buf /* buffer address */
#define ifc_req ifc_ifcu.ifcu_req /* array of structures */
```

（2）保存为 test.cpp，上传到 Linux，然后编译运行：

```
[root@localhost test]# g++ test.cpp -o test
[root@localhost test]# ./test
interface num is interface = 6
net device: virbr0
is up
is broadcast
IP address is:
192.168.122.1
00:00:00:00:00:00

net device: eno67109432
is up
is broadcast
is running
IP address is:
1.1.1.11
00:0c:29:3d:94:31

net device: eno50332208
is up
is broadcast
is running
IP address is:
192.168.0.2
00:0c:29:3d:94:27

net device: eno33554984
is up
is broadcast
is running
IP address is:
```

```
10.1.0.2
00:0c:29:3d:94:1d

net device: eno16777736
is up
is broadcast
is running
is promisc
IP address is:
1.1.1.10
00:0c:29:3d:94:13

net device: lo
is up
is loop back
is running
IP address is:
127.0.0.1
00:00:00:00:00:00
```

可以看到，本机所有网卡信息都列举出来了，效果和 ifconfig 命令类似。

14.4　UDP 丢包及无序问题

UDP 是无连接的面向消息的数据传输协议，与 TCP 相比，有两个致命的缺点，一是数据包容易丢失，二是数据包无序。

丢包的原因通常是服务器端的 socket 接收缓存满了（UDP 没有流量控制，因此发送速度比接收速度快，很容易出现这种情况），然后系统就会将后来收到的包丢弃，而且服务器收到包后，还要进行一些处理，而这段时间客户端发送的包没有去收，就会造成丢包。我们可以在服务端单独开一个线程，去接收 UDP 数据，存放在一个应用缓冲区中，又用另外的线程去处理收到的数据，尽量减少因为处理数据延时造成的丢包。但这个办法不能从根本上解决问题（只能改善），在数据量比较大时依然会丢包。还有一种方法就是让客户端发送慢点（比如增加 sleep 延时），但这也是权宜之计。

要实现数据的可靠传输，就必须在上层对数据丢包和乱序做特殊处理，必须要有丢包重发机制和超时机制。

常见的可靠传输算法有模拟 TCP 协议和重发请求（ARQ）协议，后者又可分为连续 ARQ 协议、选择重发 ARQ 协议、滑动窗口协议等。如果只是小规模程序，也可以自己实现丢包处理，原理基本上就是给数据进行分块，每个数据包的头部添加一个唯一标识序号的 ID 值，当接收的包头部 ID 不是期望中的 ID 号时，则判定丢包，将丢包 ID 发回服务器端，服务器端接到丢包响应则重发丢失的数据包。

既然用 UDP，就要接受丢包的现实，否则请用 TCP。如果必须使用 UDP，而且丢包又是不能接受的，只能自己实现确认和重传，可以制定上层的协议，里面包括流控制、简单的超时和重传机制。

第15章 原始套接字编程

15.1 原始套接字概述

所谓原始套接字，是指在传输层下面使用的套接字。前面介绍了流式套接字和数据报套接字的编程方法，这两种套接字工作在传输层，主要为应用层的应用程序提供服务，并且在接收和发送时只能操作数据部分，而不能对 IP 首部或 TCP 和 UDP 首部进行操作，通常把流式套接字和数据报套接字称为标准套接字，开发应用层的程序用这两类套接字就够了。但是，如果我们开发的是更底层的应用，比如发送一个自定义的 IP 包、UDP 包、TCP 包或 ICMP 包，捕获所有经过本机网卡的数据包，伪装本机 IP 地址，想要操作 IP 首部或传输层协议首部，等等，这些功能对于这两种套接字就无能为力了。这些功能需要使用另一种套接字来实现，这种套接字叫作原始套接字（Raw Socket），功能更强大，更底层。原始套接字可以在链路层收发数据帧。在 Linux 下，在链路层上收发数据帧的另外两种通常的做法是使用 libpcap 和 libnet 两个开源库来实现。

15.2 与标准套接字的区别

与标准套接字编程的区别在于，原始套接字可以自行组装数据包（伪装本地 IP 和本地 MAC），可以接收本机网卡上所有的数据帧（数据包）。另外，必须在管理员权限下才能使用原始套接字。

通常情况下，所接触到的标准套接字（socket）分为两类：

（1）流式套接字（SOCK_STREAM）：一种面向连接的 Socket，对应面向连接的 TCP 服务应用。

（2）数据报套接字（SOCK_DGRAM）：一种无连接的 Socket，对应无连接的 UDP 服务应用。

而原始套接字（SOCK_RAW）与标准套接字（SOCK_STREAM、SOCK_DGRAM）的区别在于，原始套接字直接置"根"于操作系统网络核心（Network Core），而 SOCK_STREAM、SOCK_DGRAM 则"悬浮"于 TCP 和 UDP 协议的外围，如图 15-1 所示。

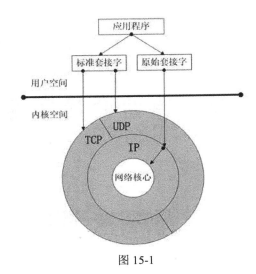

图 15-1

流式套接字只能收发 TCP 协议的数据，数据报套接字只能收发 UDP 协议的数据，原始套接字可以收发没经过内核协议栈的数据包。

15.3   原始套接字的编程方法

原始套接字的编程方法和前面 UDP 的编程方法差不多，也是创建一个套接字后，通过这个套接字收发数据。重要的区别是原始套接字更底层，可以自行封装数据包，制作网络嗅探工具，实现拒绝服务攻击（DOS），实现 IP 欺骗，等等。面向链路层的原始套接字用于在 MAC 层（二层）上收发原始数据帧，这样就允许用户在用户空间完成 MAC 上各个层次的实现，给无论是进行开发还是测试的人带来极大的便利。

15.4   面向链路层的原始套接字编程函数

值得注意的是，使用原始套接字的函数通常需要用户有 root 权限。

15.4.1   创建原始套接字函数

```
#include <netinet/in.h>
int socket ( int family, int type, int protocol );
```

其中，参数 family 表示协议簇，这里面向链路层，因此取值为 PF_PACKET；type 表示套接字类型，有两种类型（即两种取值），一种为 SOCK_RAW，它是包含 MAC 层头部信息的原始分组，就是接收到的帧包含 MAC 层头部信息，因此这种类型的套接字在发送的时候需要自己加上一个 MAC 头部；另一种是 SOCK_DGRAM 类型，它已经进行了 MAC 层头部处理，即收到的帧已经去掉了头部，而发送时也无须用户添加头部字段。其实还能取值 SOCK_PACKET，但是已经废弃，以后不保证还能支持，不推荐使用，可能大家在维护以前的代码时会看到它。protocol 表示我们关心的协议类型，相当于指定了要收发的数据包的类型，不能取 0，常用的取值如下。

- ETH_P_IP：只接收目的 mac 是本机的 IP 类型的数据帧。
- ETH_P_ARP：只接收目的 mac 是本机的 ARP 类型的数据帧。
- ETH_P_RARP：只接收目的 mac 是本机的 RARP 类型的数据帧。
- ETH_P_PAE：只接收目的 mac 是本机的 802.1x 类型的数据帧。
- ETH_P_ALL：接收目的 mac 是本机的所有类型的数据帧，同时还可以接收本机发出的所有数据帧，混杂模式打开时，还可以接收目的 mac 不是本机的数据帧。

通过 protocol 参数还能收发自定义类型的数据帧，在后面的例子中可以看到。注意传入参数时需要用 htons 进行字节序转换，比如 htons（ETH_P_ALL）。如果函数执行成功，就返回一个正整数，表示链路层的套接字；失败则返回-1，可以通过 errno 查看错误码。

15.4.2　接收函数 recvfrom

原始套接字的数据接收同 UDP 的收发数据函数，声明如下：

```
#include <sys/types.h>
#include <sys/socket.h>
ssize_t recvfrom(int sock, void *buf, size_t len, int flags, struct sockaddr
*from, socklen_t *fromlen);
```

其中，参数 sock 是将要从其接收数据的套接字；buf 为存放消息接收后的缓冲区；len 为 buf 所指缓冲区的大小；from 是一个输出参数（记住这一点，不是用来指定接收来源，如果要指定接收来源，要用 bind 函数进行套接字和物理层的地址绑定），该参数用来获取对端地址，所以 from 指向已经开辟好的缓冲区，如果不需要获得对端地址，就设为 NULL，即不存储对端地址。开始笔者以为 from 是一个输入参数，用来指定接收数据的网络接口，后来通过很多实践发现并不是这么回事，而很多 Linux 文献，包括 man 帮助都没有说明它是输出参数，幸亏最后在微软的文献上找到了证明，大家可以看一下微软对该函数的定义：

```
int
WSAAPI
recvfrom(
    _In_ SOCKET s,
    _Out_writes_bytes_to_(len, return) __out_data_source(NETWORK) char FAR *
buf,
    _In_ int len,
    _In_ int flags,
    _Out_writes_bytes_to_opt_(*fromlen, *fromlen) struct sockaddr FAR * from,
    _Inout_opt_ int FAR * fromlen
);
```

大家可以看到_Out_writes_bytes_to_opt_，这就说明 from 是一个输出参数，后来通过反复实验，证明它的确是输出参数，用来获取接收数据的来源 socket 地址，虽然参数类型是 sockaddr 指针，但传入的实参需要一个物理层地址，即结构体 sockaddr_ll，我们后面在发送函数的时候会详细阐述这个结构体。fromlen 是一个指针，而且是一个输入输出参数，作为输入参数时，指向存放表示 from 所指缓冲区的最大长度，作为输出参数时，指向存放表示 from 所指缓冲区的实际长度，from 也可以取 NULL，就是不存储来源地址，此时 fromlen 也要设为 0。函数成功执行时，返回接收到的字节数；另一端已关闭则返回 0；失败则返回-1，可以用 errno 获取错误码，errno 被设为以下的某个值。

- EAGAIN：套接字已标记为非阻塞，而接收操作被阻塞或者接收超时。
- EBADF：sock 不是有效的描述词。
- ECONNREFUSE：远程主机阻绝网络连接。
- EFAULT：内存空间访问出错。
- EINTR：操作被信号中断。
- EINVAL：参数无效。
- ENOMEM：内存不足。
- ENOTCONN：与面向连接关联的套接字尚未被连接上。
- ENOTSOCK：sock 索引的不是套接字。

该函数使用时和 UDP 基本相同，只不过套接字用的是原始套接字。另外，如果要获取来源地址，可以这样使用：

```
struct sockaddr_ll        sa_recv;
recvfrom(fd, buf, sizeof(buf), 0, (struct sockaddr *)&sa_recv, &sa_len);
```

值得注意的是，默认情况下，从任何接口收到的符合指定协议（包括自定义协议号）的所有数据报文都会被传送到原始 PACKET 套接字口，而使用 bind 系统调用并以一个 sochddr_ll 结构体对象将 PACKET 套接字与某个网络接口相绑定，就可以使我们的 PACKET 原始套接字只接收指定接口的数据报文。大家可以从后面的实例中深深体会到这一点。

15.4.3 发送函数 sendto

同 UDP 的发送函数，原始套接字的数据发送也是用 sendto。需要格外留心的一点是，发送数据的时候需要自己组织整个以太网数据帧。和地址相关的结构体就不能再用前面的 struct sockaddr_in 了，而是用 struct sockaddr_ll，使用的时候这样：

```
struct sockaddr_ll        sa;
... //对sa设置相关内容
sendto(fd, buf, sizeof(buf), 0, (struct sockaddr *)&sa, sizeof(struct
sockaddr_ll));
```

sockaddr_ll 结构体地址表示的是一个与物理设备无关的物理层地址，定义如下：

```
struct sockaddr_ll {
    unsigned short  sll_family;
    __be16          sll_protocol;
    int             sll_ifindex;
    unsigned short  sll_hatype;
    unsigned char   sll_pkttype;
```

```
    unsigned char    sll_halen;
    unsigned char    sll_addr[8];
};
```

其中，参数 sll_family 与 sockaddr_in 中的 sa_family 一样，表示地址簇的意思。sll_protocol 表示上层的协议类型，通常有如下取值：

```
// 定义在头文件 <linux/if_ether.h>
/*
 * These are the defined Ethernet Protocol ID's.
 */

#define ETH_P_LOOP 0x0060 /* Ethernet Loopback packet */
#define ETH_P_PUP 0x0200 /* Xerox PUP packet */
#define ETH_P_PUPAT 0x0201 /* Xerox PUP Addr Trans packet */
#define ETH_P_IP 0x0800 /* Internet Protocol packet */
#define ETH_P_X25 0x0805 /* CCITT X.25 */
#define ETH_P_ARP 0x0806 /* Address Resolution packet */
#define ETH_P_BPQ 0x08FF /* G8BPQ AX.25 Ethernet Packet*/
#define ETH_P_IEEEPUP 0x0a00 /* Xerox IEEE802.3 PUP packet */
#define ETH_P_IEEEPUPAT 0x0a01 /* Xerox IEEE802.3 PUP Addr Trans packet */
#define ETH_P_DEC 0x6000 /* DEC Assigned proto */
#define ETH_P_DNA_DL 0x6001 /* DEC DNA Dump/Load */
#define ETH_P_DNA_RC 0x6002 /* DEC DNA Remote Console */
#define ETH_P_DNA_RT 0x6003 /* DEC DNA Routing */
#define ETH_P_LAT 0x6004 /* DEC LAT */
#define ETH_P_DIAG 0x6005 /* DEC Diagnostics */
#define ETH_P_CUST 0x6006 /* DEC Customer use */
#define ETH_P_SCA 0x6007 /* DEC Systems Comms Arch */
#define ETH_P_RARP 0x8035 /* Reverse Addr Res packet */
#define ETH_P_ATALK 0x809B /* Appletalk DDP */
#define ETH_P_AARP 0x80F3 /* Appletalk AARP */
#define ETH_P_IPX 0x8137 /* IPX over DIX */
#define ETH_P_IPV6 0x86DD /* IPv6 over bluebook */
#define ETH_P_PPP_DISC 0x8863 /* PPPoE discovery messages */
#define ETH_P_PPP_SES 0x8864 /* PPPoE session messages */
#define ETH_P_ATMMPOA 0x884c /* MultiProtocol Over ATM */
#define ETH_P_ATMFATE 0x8884 /* Frame-based ATM Transport
* over Ethernet
*/
```

sll_ifindex 表示网络接口类型，如果是单网卡主机，可以赋值为 0，置为 0 表示处理所有接口，对于多网卡，则要获取网卡的接口索引，然后赋值给这个参数，比如：

```
struct sockaddr_ll sll;
struct ifreq ifr;
strcpy(ifr.ifr_name, "eth0");
ioctl(sockfd, SIOCGIFINDEX, &ifr);
sll.sll_ifindex = ifr.ifr_ifindex; //网卡的接口索引，然后赋值给这个参数
```

通常还有如下已知类型可以直接赋值：

```
//定义在<linux/netdevice.h>
/* Media selection options. */
enum {
    IF_PORT_UNKNOWN = 0,
    IF_PORT_10BASE2,
    IF_PORT_10BASET,
    IF_PORT_AUI,
    IF_PORT_100BASET,
    IF_PORT_100BASETX,
    IF_PORT_100BASEFX
};
```

sll_hatype 为 ARP 硬件地址类型，可以选择：

```
//定义在<net/if_arp.h>
/* ARP protocol HARDWARE identifiers. */
#define ARPHRD_NETROM 0 /* From KA9Q: NET/ROM pseudo. */
#define ARPHRD_ETHER 1 /* Ethernet 10/100Mbps. */
#define ARPHRD_EETHER 2 /* Experimental Ethernet. */
#define ARPHRD_AX25 3 /* AX.25 Level 2. */
#define ARPHRD_PRONET 4 /* PROnet token ring. */
#define ARPHRD_CHAOS 5 /* Chaosnet. */
#define ARPHRD_IEEE802 6 /* IEEE 802.2 Ethernet/TR/TB. */
#define ARPHRD_ARCNET 7 /* ARCnet. */
#define ARPHRD_APPLETLK 8 /* APPLEtalk. */
#define ARPHRD_DLCI 15 /* Frame Relay DLCI. */
#define ARPHRD_ATM 19 /* ATM. */
#define ARPHRD_METRICOM 23 /* Metricom STRIP (new IANA id). */
```

sll_pkttype 包含分组类型，有效的分组类型如下。

- PACKET_HOST：目标地址是本地主机的分组用的。
- PACKET_BROADCAST：物理层广播分组用的。
- PACKET_MULTICAST：发送到一个物理层多路广播地址的分组用的。
- PACKET_OTHERHOST：在混杂（promiscuous）模式下的设备驱动器发向其他主机的分组用的。
- PACKET_OUTGOING：本源于本地主机的分组被环回到分组套接口用的。

这些类型只对接收到的分组有意义。

sll_addr 和 sll_halen 为物理层（例如 IEEE 802.3）地址（比如 MAC 地址）和地址长度，精确的解释依赖于设备。

sll_halen 为 MAC 地址长度（6 bytes），通常取值如下：

```
//定义在头文件<linux/if_ether.h>
#define ETH_ALEN 6 /* Octets in one ethernet addr */
```

```
#define ETH_HLEN 14 /* Total octets in header. */
#define ETH_ZLEN 60 /* Min. octets in frame sans FCS */
#define ETH_DATA_LEN 1500 /* Max. octets in payload */
#define ETH_FRAME_LEN 1514 /* Max. octets in frame sans FCS */
```

sll_addr[8] 表示 MAC 地址,如果 sockaddr_ll 用在 recvfrom 中,那么得到的是数据源端的 MAC 地址。如果要绑定 sockaddr_ll 到套接字,则这个字段设置要绑定网卡的 MAC 地址。

15.5　以太网帧格式

因为下面有例子涉及以太网格式,所以这里简要分析一下。

以太网帧格式即在以太网帧头、帧尾中用于实现以太网功能的域。在以太网的帧头和帧尾中有几个用于实现以太网功能的域,每个域也称为字段,有其特定的名称和目的。以太网帧格式多达 5 种,这是由历史原因造成的。那么实际使用中具体会用哪种呢?事实上,如今大多数 TCP/IP 应用都是用 Ethernet V2 帧格式(IEEE802.3-1997)的。RFC894 规定了这种以太网的封装格式,如图 15-2 所示。

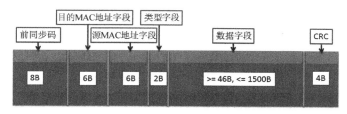

图 15-2

- 前同步码:前 7 字节都是 10101010,最后一个字节是 10101011。用于将发送方与接收方的时钟进行同步,主要是由不同类型的以太网同时发送接收速率也不完全精确的帧速率传输,因此需要在传输之前进行时钟同步。
- 目的 MAC 地址字段:都是 6 字节共 128 位的 MAC 物理地址,用于标识帧的接收者,可以是某个机器的物理地址,也可以是 FF-FF-FF-FF-FF-FF 广播 MAC 地址。
- 源 MAC 地址字段:用于标识帧的发送者。
- 类型字段:帧中数据的协议类型,比如数据部分是 IP 报文,这里就是 0x0800;如果是 ARP 报文,就是 0x0806。
- 数据字段:高层的数据,通常为 3 层(网络层)协议数据单元,比如存放 IP 报文、ARP 报文、RARP 报文,如图 15-3 所示。

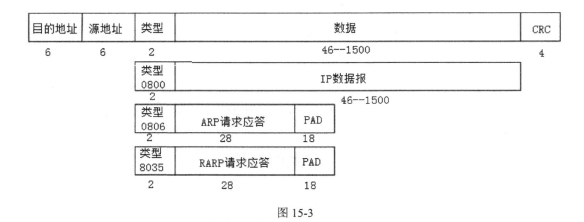

图 15-3

● **CRC**: 循环冗余校验，用来让接收方的网卡适配器检查接收到的数据帧是否有错误，是否有比特翻转引入差错，如果引入了差错就会丢弃，这是网卡适配器直接从硬件响应的。此字段是发送方发送时由适配器从该帧中除了前同步码之外的其他比特进行映射计算获得的。

通常以太帧的长度指的是从目的地址到冗余校验。在 802.3 标准里，定义帧最大为 1518 字节，规定一个以太帧的数据部分（Payload）的最大长度是 1500 字节，这个数也是经常在网络设备里看到的 MTU。在这个限制之下，最长的以太帧包括 6 字节的目的地址（DMAC）、6 字节的源地址（SMAC）、2 字节的以太类型（EtherType）、1500 字节的载荷数据（Payload）、4 字节的校验（FCS），总共是 1518 字节。IEEE802.3 定义最小 64 字节，如果帧长小于 64 字节，则要求"填充"，以使这个帧的长度达到 64 字节。

上面介绍的基本都是在十兆/百兆以太网的年代，但到了千兆以太网出现以后，发现如果 payload 被限制在 1500 字节，传输效率不够高，所以又提出了 Jumbo Frame（巨帧）的概念。在一个 Jumbo Frame 中，Payload 的长度是可以超过 1500 字节的，通常来说最高可以到 9000 字节，但并没有一个统一的标准。就目前来看，大部分商用的网络服务提供商都还不支持 Jumbo Frame。

目的、源 MAC 地址和类型构成以太网帧头，在 Linux 系统中，使用 struct ethhdr 结构体来表示以太网帧的头部。这个 struct ethhdr 结构体位于#include<linux/if_ether.h>中，定义如下：

```
#define ETH_ALEN 6  //定义了以太网接口的MAC地址的长度为6字节
#define ETH_HLAN 14  //定义了以太网帧的头长度为14字节
#define ETH_ZLEN 60  //定义了以太网帧的最小长度为ETH_ZLEN+ETH_FCS_LEN=64字节
#define ETH_DATA_LEN 1500  //定义了以太网帧的最大负载为1500字节
#define ETH_FRAME_LEN 1514  //定义了以太网帧的最大长度为ETH_DATA_LEN+ETH_FCS_LEN=1518
字节
#define ETH_FCS_LEN 4  //定义了以太网帧的CRC值占4字节
struct ethhdr
{
    unsigned char h_dest[ETH_ALEN]; //目的MAC地址
    unsigned char h_source[ETH_ALEN]; //源MAC地址
    u16 h_proto ; //网络层所使用的协议类型
} __attribute__((packed)) //用于告诉编译器不要对这个结构体中的缝隙部分进行填充操作
```

15.6　获取网络接口的信息

在 Linux 下，可以使用 ioctl 函数、struct ifreq 结构体和 struct ifconf 结构体来获取网络接口的各种信息。首先来看 ioctl() 的用法，该函数在 Linux 驱动编程中经常碰到，用于用户层和驱动层交换信息，以达到控制设备功能的目的。函数 ioctl 声明如下：

```
#include <sys/ioctl.h>
int ioctl(int d, int request, ...);
```

其中，参数 d 为文件描述符或套接字描述符；request 表示要请求的信息，如 IP 地址、网络掩码等；...表示后面的可变参数根据 request 而定。如果函数执行成功，通常返回 0，但也有一些情况会返回一个非负整数；如果函数执行失败则返回-1，此时可用 errno 查看错误码。

这里关心的是与网络接口相关的信息，此时 request 的取值如表 15-1 所示。

表 15-1　request 的取值

类别	request	说明	输出参数类型（ioctl 中的可变参数）
套接口	SIOCATMARK	是否位于带外标记	int
	SIOCSPGRP	设置套接口的进程 ID 或进程组 ID	int
	SIOCGPGRP	获取套接口的进程 ID 或进程组 ID	int
文件	FIONBIN	设置/ 清除非阻塞 I/O 标志	int
	FIOASYNC	设置/ 清除信号驱动异步 I/O 标志	int
	FIONREAD	获取接收缓存区中的字节数	int
	FIOSETOWN	设置文件的进程 ID 或进程组 ID	int
	FIOGETOWN	获取文件的进程 ID 或进程组 ID	int
接口	SIOCGIFCONF	获取所有接口的清单	struct ifconf
	SIOCSIFADDR	设置接口地址	struct ifreq
	SIOCGIFADDR	获取接口地址	struct ifreq
	SIOCSIFFLAGS	设置接口标志	struct ifreq
	SIOCGIFFLAGS	获取接口标志	struct ifreq
	SIOCSIFDSTADDR	设置点到点地址	struct ifreq
	SIOCGIFDSTADDR	获取点到点地址	struct ifreq
	SIOCGIFBRDADDR	获取广播地址	struct ifreq
	SIOCSIFBRDADDR	设置广播地址	struct ifreq
	SIOCGIFNETMASK	获取子网掩码	struct ifreq
	SIOCSIFNETMASK	设置子网掩码	struct ifreq
	SIOCGIFMETRIC	获取接口的测度	struct ifreq
	SIOCGIFMETRIC	获取接口的测度	struct ifreq
	SIOCSIFMETRIC	设置接口的测度	struct ifreq

（续表）

类别	request	说明	输出参数类型（ioctl 中的可变参数）
接口	SIOCGIFMTU	获取接口 MTU	struct ifreq
ARP	SIOCSARP	创建/修改 ARP 表项	struct arpreq
	SIOCGARP	获取 ARP 表项	struct arpreq
	SIOCDARP	删除 ARP 表项	struct arpreq
路由	SIOCADDRT	增加路径	struct rtentry
	SIOCDELRT	删除路径	struct rtentry

比如我们要求所有网络接口的清单，可以这样：

```
struct ifconf IoCtlReq;
...
ioctl( Sock, SIOCGIFCONF, &IoCtlReq )
```

其中，结构体 IoCtlReq 用来存放结果信息。网络接口请求结构体 struct ifreq 定义在 /usr/include/net/if.h 中，用来配置和获取 IP 地址、掩码、MTU 等接口信息，该结构体定义如下：

```
struct ifreq
{
# define IFHWADDRLEN 6
# define IFNAMSIZ IF_NAMESIZE
  union
  {
      char ifrn_name[IFNAMSIZ]; /* Interface name, e.g. "en0". */
  } ifr_ifrn;

  union
  {
    struct sockaddr ifru_addr;
    struct sockaddr ifru_dstaddr;
    struct sockaddr ifru_broadaddr;
    struct sockaddr ifru_netmask;
    struct sockaddr ifru_hwaddr;
    short int ifru_flags;
    int ifru_ivalue;
    int ifru_mtu;
    struct ifmap ifru_map;
    char ifru_slave[IFNAMSIZ]; /* Just fits the size */
    char ifru_newname[IFNAMSIZ];
    __caddr_t ifru_data;
  } ifr_ifru;
};
```

里面包含两个联合体，一个是网络接口名，另一个是各种信息。要获取某个网络接口的信息，一般要先把该网络接口的名字赋值给 ifrn_name，然后调用 ioctl 来获取所需要的信息。

下面的例子演示如何获取网卡的 MAC 地址信息。

【例 15.1】获取网卡的 MAC 地址

（1）打开 UE，输入代码如下：

```
#include <sys/ioctl.h>
#include <net/if.h>
#include <linux/if_ether.h>
#include <bits/ioctls.h>
#include <linux/if_packet.h>
#include <net/ethernet.h>
#include <errno.h>
#include <string.h> //bzero
#include <sys/types.h>
#include <sys/socket.h>
#include <unistd.h> //for close
#include <arpa/inet.h>//htons
#include <stdio.h>
#include <stdlib.h>//EXIT_FAILURE
#define IFRNAME   "eno16777736"

unsigned char dest_mac[6] = { 0 };

int main(int argc, char **argv)
{
    int i, datalen;
    int sd;

    struct sockaddr_ll device;
    struct ifreq ifr; //定义网口的信息请求结构体

    bzero(&ifr, sizeof(struct ifreq));

    if ((sd = socket(PF_PACKET, SOCK_DGRAM, htons(ETH_P_ALL))) < 0)
    //创建原始套接字
    {
        printf("socket() failed to get socket descriptor for using ioctl()");
        return (EXIT_FAILURE);
    }
    memcpy(ifr.ifr_name, IFRNAME, sizeof(struct ifreq));
    if (ioctl(sd, SIOCGIFHWADDR, &ifr) < 0) { //发送请求
        printf("ioctl() failed to get source MAC address");
        return (EXIT_FAILURE);
    }
    close(sd);

    memcpy(dest_mac, ifr.ifr_hwaddr.sa_data, 6);

    printf("mac addr:%02x:%02x:%02x:%02x:%02x:%02x\n", dest_mac[0],
```

```
dest_mac[1], dest_mac[2], dest_mac[3], dest_mac[4], dest_mac[5]); //打印MAC地址
    return 0;
}
```

我们首先创建了一个链路层的原始套接字，然后把网卡名字复制给 ifr.ifr_name，接着调用 ioctl 函数获取 SIOCGIFHWADDR 指定的信息，即网卡的 MAC 地址。因为这里创建的套接字是链路层套接字，所以通过 SIOCGIFHWADDR 获得的地址是 MAC 地址。如果要获取网卡的 IP 地址，就要创建面向 IP 层的原始套接字，后面会讲到。

（2）保存为 test.cpp，然后上传到 Linux，编译并运行：

```
[root@localhost test]# g++ test.cpp -o test
[root@localhost test]# ./test
mac addr:00:0c:29:3d:94:13
```

该 MAC 地址是笔者网卡 eno16777736 的 MAC 地址，大家可以用 ifconfig 命令对比一下。

15.7 实战链路层的原始套接字

15.7.1 常见的应用场景

下面来看一些链路层的原始套接字常见的应用场景。

【例 15.2】抓包并判断网络层包类型

（1）准备两台虚拟机 A 和 B，都装有 CentOS 7，其中：

- 主机 A 的 IP 为 172.16.2.6，MAC 为 00:0c:29:6c:0d:c2。
- 主机 B 的 IP 为 172.16.2.9，MAC 为 00:0c:29:8f:f6:4c。

做到能互相 ping 通。现在我们的程序在主机 A 上进行抓包，在 B 上向 A 发送一些包，然后看 A 能否收到并判断出来。

（2）打开 UE，输入代码如下：

```
#include <stdio.h>
#include <string.h>
#include <stdlib.h>
#include <sys/socket.h>
#include <netinet/in.h>
#include <arpa/inet.h>
#include <netinet/ether.h>

int main(int argc,char *argv[])
{
    int i = 0;
    unsigned char buf[1024] = "";
```

```
    int sock_raw_fd = socket(PF_PACKET, SOCK_RAW, htons(ETH_P_ALL));
    while(1)
    {
        char src_mac[18] = "";
        char dst_mac[18] = "";

        recvfrom(sock_raw_fd, buf, sizeof(buf),0,NULL,NULL);//获取链路层的数据帧
        //从buf里提取目的mac、源mac
        sprintf(dst_mac,"%02x:%02x:%02x:%02x:%02x:%02x", buf[0], buf[1],
buf[2], buf[3], buf[4], buf[5]);
        sprintf(src_mac,"%02x:%02x:%02x:%02x:%02x:%02x", buf[6], buf[7],
buf[8], buf[9], buf[10], buf[11]);
        if(buf[12]==0x08 && buf[13]==0x00)    //判断是否为IP数据报
        {
            printf("_____IP数据报_____\n");
            printf("MAC:%s >> %s\n",src_mac,dst_mac);
        }
        else if(buf[12]==0x08 && buf[13]==0x06)    //判断是否为ARP数据报
        {
            printf("_____ARP数据报_____\n");
            printf("MAC:%s >> %s\n",src_mac,dst_mac);
        }
        else if(buf[12]==0x80 && buf[13]==0x35)    //判断是否为RARP数据报
        {
            printf("_____RARP数据报_____\n");
            printf("MAC:%s>>%s\n",src_mac,dst_mac);
        }
    }
    return 0;
}
```

（3）上传到主机 A，然后编译运行：

```
[root@localhost test]# g++ test.cpp -o test
[root@localhost test]# ./test
```

如果此时 SecureCRT 正连着主机 A，test 程序就会收到很多 IP 数据包。为了方便观察，我们可以把代码中判断 IP 数据包的那一段 if 注释掉，再编译运行 test。

（4）捕获 ARP 包。

在 B 端发送 5 个 ARP 探测包，在 B 端命令行输入 arping 命令：

```
[root@localhost ~]# arping -I eno16777736 172.16.2.6 -c 5
ARPING 172.16.2.6 from 172.16.2.9 eno16777736
Unicast reply from 172.16.2.6 [00:0C:29:6C:0D:C2]  1.030ms
Unicast reply from 172.16.2.6 [00:0C:29:6C:0D:C2]  2.205ms
Unicast reply from 172.16.2.6 [00:0C:29:6C:0D:C2]  1.029ms
Unicast reply from 172.16.2.6 [00:0C:29:6C:0D:C2]  1.024ms
Unicast reply from 172.16.2.6 [00:0C:29:6C:0D:C2]  1.043ms
```

```
Sent 5 probes (1 broadcast(s))
Received 5 response(s)
[root@localhost ~]#
```

可以看到，B 发送了 5 个探测包（其中有一个是广播包），并收到了 5 个响应包。我们再看 A 端：

```
[root@localhost test]# ./test
               ARP
MAC:00:0c:29:8f:f6:4c >> ff:ff:ff:ff:ff:ff
               ARP
MAC:00:0c:29:6c:0d:c2 >> 00:0c:29:8f:f6:4c
               ARP
MAC:00:0c:29:8f:f6:4c >> 00:0c:29:6c:0d:c2
               ARP
MAC:00:0c:29:6c:0d:c2 >> 00:0c:29:8f:f6:4c
               ARP
MAC:00:0c:29:8f:f6:4c >> 00:0c:29:6c:0d:c2
               ARP
MAC:00:0c:29:6c:0d:c2 >> 00:0c:29:8f:f6:4c
               ARP
MAC:00:0c:29:8f:f6:4c >> 00:0c:29:6c:0d:c2
               ARP
MAC:00:0c:29:6c:0d:c2 >> 00:0c:29:8f:f6:4c
               ARP
MAC:00:0c:29:8f:f6:4c >> 00:0c:29:6c:0d:c2
               ARP
MAC:00:0c:29:6c:0d:c2 >> 00:0c:29:8f:f6:4c
```

可以发现在 A 端，test 程序捕获了 10 个 ARP 包，而且第一个包是一个广播包（目的地址是 ff:ff:ff:ff:ff:ff）。

第一个抓到的包的源 MAC 地址是 00:0c:29:8f:f6:4c，目的地址是 ff:ff:ff:ff:ff:ff，说明是从 B 端发出来的 ARP 广播包。

第二个抓到的包的源 MAC 地址是 00:0c:29:6c:0d:c2，目的地址是 00:0c:29:8f:f6:4c，说明是从 A 端发出的 ARP 包，而且是发给 B 的，也就是 A 端对 B 端第一个包的响应。

第三个抓到的包的源 MAC 是 00:0c:29:8f:f6:4c，目的地址是 00:0c:29:6c:0d:c2，说明该 ARP 包是 B 端发出的，而且是发给 A 的，这个包是我们在 B 端通过 arping 命令发出来的第二个包。

第四个抓到的包的源 MAC 是 00:0c:29:6c:0d:c2，目的地址是 00:0c:29:8f:f6:4c，说明该 ARP 包是从 A 端发出的，而且是发给 B 的。这个包是 A 收到了第三个包后，对其做出的响应。

后面的包都是如此，一问一答，test 把 10 个 ARP 包都抓到了。

上面的例子还要自己去判断数据包类型，其实我们创建套接字的时候，可以直接指定类型，这样可以直接收到所需类型的数据包，比如 ARP 报文。

【例 15.3】直接抓取 ARP 报文

（1）准备两台虚拟机 A 和 B，都装有 CentOS 7，其中：

● 主机 A 的 IP 为 172.16.2.6，MAC 为 00:0c:29:6c:0d:c2。

- 主机 B 的 IP 为 172.16.2.9，MAC 为 00:0c:29:8f:f6:4c。

做到能互相 ping 通。现在我们的程序在主机 A 上进行抓包，在 B 上向 A 发送一些包，然后看 A 能否收到并判断出来。

（2）打开 UE，输入代码如下：

```
#include <stdlib.h>
#include <sys/socket.h>
#include <netinet/in.h>
#include <arpa/inet.h>
#include <netinet/ether.h>
#include <netinet/if_ether.h>    //for ethhdr
#include <arpa/inet.h>
int main(int argc, char *argv [])
{
    int i = 0;
    unsigned char buf[1024] = "";
    struct ethhdr *eth; //定义以太网头结构体指针
    int sock_raw_fd = socket(PF_PACKET, SOCK_RAW, htons(ETH_P_ARP));
    while (1)
    {
        recvfrom(sock_raw_fd, buf, sizeof(buf), 0, NULL, NULL);//获取链路层的
数据帧
        eth = (struct ethhdr*)buf;
        //从eth里提取目的mac、源mac、协议号
        printf("proto=0x%04x,dst mac addr:%02x:%02x:%02x:%02x:%02x:%02x\n",
ntohs(eth->h_proto), eth->h_dest[0], eth->h_dest[1], eth->h_dest[2],
eth->h_dest[3], eth->h_dest[4], eth->h_dest[5]);
        printf("proto=0x%04x,src mac addr:%02x:%02x:%02x:%02x:%02x:%02x\n",
ntohs(eth->h_proto), eth->h_source[0], eth->h_source[1], eth->h_source[2],
eth->h_source[3], eth->h_source[4], eth->h_source[5]);
    }
    return 0;
}
```

在代码中，我们定义套接字的时候使用了 ETH_P_ARP 协议号，这样这个套接字就只会去接收 ARP 报文了。然后，我们定义了以太网头结构体指针，用这个指针指向接收到的数据缓冲区，就能通过结构体字段来得到目的、源 MAC 地址和协议号。

（3）上传到主机 A，然后编译运行：

```
[root@localhost test]# g++ test.cpp -o test
[root@localhost test]# ./test
```

如果此时 SecureCRT 正连着主机 A，test 程序就会收到很多 IP 数据包。为了方便观察，我们可以把代码中判断 IP 数据包的那一段 if 注释掉，再编译运行 test。

（4）捕获 ARP 包。

在 B 端发送 5 个 ARP 探测包，在 B 端命令行输入 arping 命令：

```
[root@localhost ~]# arping -I eno16777736 172.16.2.6 -c 5
ARPING 172.16.2.6 from 172.16.2.9 eno16777736
Unicast reply from 172.16.2.6 [00:0C:29:6C:0D:C2]  1.030ms
Unicast reply from 172.16.2.6 [00:0C:29:6C:0D:C2]  2.205ms
Unicast reply from 172.16.2.6 [00:0C:29:6C:0D:C2]  1.029ms
Unicast reply from 172.16.2.6 [00:0C:29:6C:0D:C2]  1.024ms
Unicast reply from 172.16.2.6 [00:0C:29:6C:0D:C2]  1.043ms
Sent 5 probes (1 broadcast(s))
Received 5 response(s)
[root@localhost ~]#
```

可以看到，B 发送了 5 个探测包（其中有一个是广播包），并收到了 5 个响应包。我们再看 A 端：

```
[root@localhost test]# g++ test.cpp -o test
[root@localhost test]# ./test
proto=0x0806,dst mac addr:ff:ff:ff:ff:ff:ff
proto=0x0806,src mac addr:00:0c:29:8f:f6:4c
proto=0x0806,dst mac addr:00:0c:29:6c:0d:c2
proto=0x0806,src mac addr:00:0c:29:8f:f6:4c
proto=0x0806,dst mac addr:00:0c:29:6c:0d:c2
proto=0x0806,src mac addr:00:0c:29:8f:f6:4c
proto=0x0806,dst mac addr:00:0c:29:6c:0d:c2
proto=0x0806,src mac addr:00:0c:29:8f:f6:4c
proto=0x0806,dst mac addr:00:0c:29:6c:0d:c2
proto=0x0806,src mac addr:00:0c:29:8f:f6:4c
```

可见，A 端捕获到了 10 个 ARP 报文，为什么是 10 个报文就不介绍了，具体可以参考上例。

【例 15.4】直接抓取 IP 报文，并打印 IP 地址

（1）准备一台装有 CentOS 7 的虚拟机 A，另一台是装有 Windows 7 的主机，其中：

● 主机 A 的 IP 为 1.1.1.10，MAC 地址为 00:0c:29:3d:94:13。
● 主机 B 的 IP 为 1.1.1.10，MAC 地址为 0-50-56-C0-00-01。

做到能互相 ping 通。现在我们的程序在主机 A 上进行抓包，在 B 上向 A 发送一些 IP 包（比如 ping 包），然后看 A 能否收到并获取地址。

（2）打开 UE，输入代码如下：

```
#include <stdio.h>
#include <stdlib.h>
#include <errno.h>
#include <unistd.h>
#include <sys/socket.h>
#include <sys/types.h>
#include <netinet/in.h>
```

```c
#include <netinet/ip.h>
#include <netinet/if_ether.h>
#include <arpa/inet.h>
#include <stdlib.h>
#include <string.h>

int main(int argc, char **argv) {
    int sock, n;
    char buffer[2048];
    struct ethhdr *eth;
    struct iphdr *iph;
    struct in_addr addr1, addr2;
    long cn = 1;
    if (0 > (sock = socket(PF_PACKET, SOCK_RAW, htons(ETH_P_IP)))) {
        perror("socket");
        exit(1);
    }

    while (1) {

        n = recvfrom(sock, buffer, 2048, 0, NULL, NULL);
        printf("===============count=%d=====================\n", cn++);
        printf("%d bytes read\n", n);

        //接收到的数据帧前6字节是目的MAC地址，紧接着6字节是源MAC地址
        eth = (struct ethhdr*)buffer; //获取以太网帧缓冲区首地址
        printf("Dest MAC addr:%02x:%02x:%02x:%02x:%02x:%02x\n",
eth->h_dest[0], eth->h_dest[1], eth->h_dest[2], eth->h_dest[3], eth->h_dest[4],
eth->h_dest[5]);
        printf("Source MAC addr:%02x:%02x:%02x:%02x:%02x:%02x\n",
eth->h_source[0], eth->h_source[1], eth->h_source[2], eth->h_source[3],
eth->h_source[4], eth->h_source[5]);

        iph = (struct iphdr*)(buffer + sizeof(struct ethhdr));

        memcpy(&addr1, &iph->saddr, 4); //复制IP地址
        memcpy(&addr2, &iph->daddr, 4); //复制IP地址

        //我们只对IPV4且没有选项字段的IPv4报文感兴趣
        if (iph->version == 4 && iph->ihl == 5) {
            printf("Source host:%s\n",inet_ntoa(addr1));
            printf("Dest host:%s\n", inet_ntoa(addr2));
        }
    }
}
```

在代码中，先获取以太网帧缓冲区首地址，然后打印出源、目的 MAC 地址，接着获取 IP 包头（iph），IP 包作为以太网帧的数据部分，只需要越过以太网帧，就可以得到 IP 数据包头的内容，随后打印出源、目的 IP 地址。

（3）保存为 test.cpp，然后上传到 Linux，在虚拟机的终端编译并运行，注意不要通过 SecureCRT 等 SSH 工具去编译运行，因为这些工具都会发送 IP 包，影响程序的观察效果，所以最好在虚拟机 Linux 的终端命令行下编译运行，这样不会一运行就不停地抓到很多包。编译运行如下：

```
[root@localhost test]# g++ test.cpp -o test
[root@localhost test]# ./test
```

此时，test 程序就阻塞在 recvfrom 处等待 IP 包，我们可以在主机 B 内 ping 主机 A：

```
E:\Users\Administrator>ping 1.1.1.10

正在 Ping 1.1.1.10 具有 32 字节的数据:
来自 1.1.1.10 的回复: 字节=32 时间<1ms TTL=64
来自 1.1.1.10 的回复: 字节=32 时间<1ms TTL=64
来自 1.1.1.10 的回复: 字节=32 时间<1ms TTL=64
来自 1.1.1.10 的回复: 字节=32 时间<1ms TTL=64
```

发了 4 个 ping 包，此时主机 A 会收到包：

```
[root@localhost test]# g++ test.cpp -o test
[root@localhost test]# ./test
================count=1====================
74 bytes read
Dest MAC addr:00:0c:29:3d:94:13
Source MAC addr:00:50:56:c0:00:01
Source host:1.1.1.1
Dest host:1.1.1.10
================count=2====================
74 bytes read
Dest MAC addr:00:0c:29:3d:94:13
Source MAC addr:00:50:56:c0:00:01
Source host:1.1.1.1
Dest host:1.1.1.10
================count=3====================
74 bytes read
Dest MAC addr:00:0c:29:3d:94:13
Source MAC addr:00:50:56:c0:00:01
Source host:1.1.1.1
Dest host:1.1.1.10
================count=4====================
74 bytes read
Dest MAC addr:00:0c:29:3d:94:13
Source MAC addr:00:50:56:c0:00:01
Source host:1.1.1.1
Dest host:1.1.1.10
```

抓到 4 个包后，程序又暂停了，继续等待。至此，我们抓 IP 包完成。ping 包发送的 ICMP 报文也是一种 IP 包，如果忘记了，可以看看第 11 章。

【例 15.5】 发送和接收自定义类型的链路层数据帧（不绑定，目的地址不同于接收网卡）

（1）准备两台装有 CentOS 7 的虚拟机，即主机 A 和主机 B。主机 A 当作接收端，运行 recv 程序，等待接收数据帧；主机 B 运行 send 程序，当作发送端，发出数据帧。

主机 A 有多个网卡，其中一个网卡 eno16777736 的 IP 为 1.1.1.10，MAC 地址为 00:0c:29:3d:94:13。另一个网卡 eno67109432 的 IP 为 1.1.1.11，MAC 地址为 00:0c:29:3d:94:31。

注意这两个网卡地址不同，一个以 13 结尾，另一个以 31 结尾，这两个网卡都接在虚拟交换机 vmnet1 上，可以相互 ping 通。我们现在在主机 A 的网卡 eno16777736 上等待接收数据，而发送端 B 发出的数据帧的目的 MAC 地址是主机 A 的网卡 eno67109432 的地址，但因为我们没有做绑定操作，所以接收程序 recv 还是可以收到数据的。原因在前面已经提醒注意了，这里不再赘述。

主机 B 的网卡 eno16777736 的 IP 为 172.16.2.9，MAC 为 00:0c:29:ee:c9:3e，当作发送端，运行 send 程序。

（2）创建接收端的代码，打开 UE，输入代码如下：

```c
#include <stdio.h>
#include <string.h>
#include <errno.h>
#include <sys/types.h>
#include <sys/socket.h>
#include <netpacket/packet.h>
#include <net/if.h>
#include <net/if_arp.h>
#include <sys/ioctl.h>
#include <arpa/inet.h> //for htons
#include <netinet/if_ether.h>   //for ethhdr
#define LEN     60
void print_str16(unsigned char buf[], size_t len)
{
    int     i;
    unsigned char   c;
    if (buf == NULL || len <= 0)
        return;
    for (i = 0; i < len; i++) {
        c = buf[i];
        printf("%02x", c);
    }
    printf("\n");
}
void print_sockaddr_ll(struct sockaddr_ll *sa)
{
    if (sa == NULL)
        return;
    printf("sll_family:%d\n", sa->sll_family);
    printf("sll_protocol:%#x\n", ntohs(sa->sll_protocol));
    printf("sll_ifindex:%#x\n", sa->sll_ifindex);
```

```
        printf("sll_hatype:%d\n", sa->sll_hatype);
        printf("sll_pkttype:%d\n", sa->sll_pkttype);
        printf("sll_halen:%d\n", sa->sll_halen);
        printf("sll_addr:"); print_str16(sa->sll_addr, sa->sll_halen);
    }
    int main()
    {
        int          result = 0, fd, n, count = 0;
        char    buf[LEN];
        struct sockaddr_ll   sa_recv;
        struct ifreq    ifr;
        socklen_t        sa_len = 0;
        char    if_name[] = "eno16777736";
        struct ethhdr *eth; //定义以太网头结构体指针

        //create socket
        fd = socket(PF_PACKET, SOCK_RAW, htons(0x8902));
        if (fd < 0) {
            perror("socket error\n");
            return errno;
        }

    //开始等待接收数据
        while (1) {
            memset(buf, 0, sizeof(buf));
            n = recvfrom(fd, buf, sizeof(buf), 0, (struct sockaddr *)&sa_recv,
&sa_len);
            /*
            如果不需要打印sa_recv内容，用NULL也可以:
            n = recvfrom(fd, buf, sizeof(buf), 0, NULL, NULL);
            */
            if (n < 0) {
                printf("sendto error, %d\n", errno);
                return errno;
            }
            printf("****************** recvfrom msg %d ****************\n",
++count);

            print_str16((unsigned char*)buf, n);   //打印数据帧的内容

            eth = (struct ethhdr*)buf;
            //从eth里提取目的mac、源mac、协议号
            printf("proto=0x%04x,dst mac addr:%02x:%02x:%02x:%02x:%02x:%02x\n",
ntohs(eth->h_proto), eth->h_dest[0], eth->h_dest[1], eth->h_dest[2],
eth->h_dest[3], eth->h_dest[4], eth->h_dest[5]);
            printf("proto=0x%04x,src mac addr:%02x:%02x:%02x:%02x:%02x:%02x\n",
ntohs(eth->h_proto), eth->h_source[0], eth->h_source[1], eth->h_source[2],
eth->h_source[3], eth->h_source[4], eth->h_source[5]);
            print_sockaddr_ll(&sa_recv);   //打印物理层地址sa_recv的内容
            printf("sa_len:%d\n", sa_len);
```

```
    }
    return 0;
}
```

在代码中，在 while 循环中调用接收函数 recvfrom，这样套接字就会在这个地址上等到数据的接收。注意，我们在 recvfrom 函数的第三、第四个参数中没有用 NULL，这样可以获得对端（发送端）的物理层地址 sockaddr_ll 的内容。

我们每收到一个以太网数据帧，就把协议号、源、目的地址打印出来，再通过函数 print_str16 打印出整个数据帧，还打印了 sockaddr_ll 地址，虽然没什么具体作用，但可以演示以太网数据帧的真实面貌，从而更加具体地了解以太网数据帧，为以后在实践工作中分析网络数据包打下扎实的基础。

保存代码为 recv.c，然后上传到主机 A（1.1.1.10），编译并运行：

```
[root@localhost test]# g++ recv.cpp -o recv
[root@localhost test]# ./recv
```

此时，recv 程序静静地等待数据的到来。下面我们创建发送端的代码，打开 UE，输入代码如下：

```
#include <stdio.h>
#include <string.h>
#include <errno.h>
#include <sys/types.h>
#include <sys/socket.h>
#include <netpacket/packet.h>
#include <net/if.h>
#include <net/if_arp.h>
#include <sys/ioctl.h>
#include <arpa/inet.h> //for htons

#define LEN     60

void print_str16(unsigned char buf[], size_t len)
{
    int     i;
    unsigned char   c;
    if (buf == NULL || len <= 0)
        return;
    for (i = 0; i < len; i++) {
        c = buf[i];
        printf("%02x", c);
    }
    printf("\n");
}
int main()
{
    int             result = 0;
    int             fd, n, count = 3, nsend = 0;  // count表示发送3个数据包
    char    buf[LEN];
```

```
        struct sockaddr_ll    sa;
        struct ifreq    ifr;
        char    if_name[] = "eno16777736";   //本机要发送数据的网卡名称
    /*
     dst_mac是主机A的网卡eno67109432的MAC地址，注意不是主机A的网卡eno16777736的MAC地址，
我们就是要演示这样的场景
    */
        char    dst_mac[6] = { 0x00,0x0c,0x29,0x3d,0x94,0x31 };
    char    src_mac[6];
        short    type = htons(0x8902);

        memset(&sa, 0, sizeof(struct sockaddr_ll));
        memset(buf, 0, sizeof(buf));

         //创建套接字
        fd = socket(PF_PACKET, SOCK_RAW, htons(0x8902));
        if (fd < 0) {
            printf("socket error, %d\n", errno);
            return errno;
        }

        //获得网卡索引号
        strcpy(ifr.ifr_name, if_name);
        result = ioctl(fd, SIOCGIFINDEX, &ifr);
        if (result != 0) {
            printf("get mac index error, %d\n", errno);
            return errno;
        }
        sa.sll_ifindex = ifr.ifr_ifindex;   //赋值给物理层地址

        //得到源MAC地址，即本机要发送数据的网卡MAC地址
        result = ioctl(fd, SIOCGIFHWADDR, &ifr);
        if (result != 0) {
            printf("get mac addr error, %d\n", errno);
            return errno;
        }
        memcpy(src_mac, ifr.ifr_hwaddr.sa_data, 6);

        //设置数据给以太网数据帧头
        memcpy(buf, dst_mac, 6);
        memcpy(buf + 6, src_mac, 6);
        memcpy(buf + 12, &type, 2);

        print_str16((unsigned char*)buf, sizeof(buf));   //打印我们要发送的数据帧
        //准备发送数据
        while (count-- > 0) {
            n = sendto(fd, buf, sizeof(buf), 0, (struct sockaddr *)&sa,
sizeof(struct sockaddr_ll));
            if (n < 0) {
```

```
            printf("sendto error, %d\n", errno);
            return errno;
        }
        printf("sendto msg %d, len %d\n", ++nsend, n);
    }
    return 0;
}
```

在代码中，先创建了套接字，然后得到网卡索引号，赋值给物理层地址 sockaddr_ll，接着又获取了源 MAC 地址，并填充了以太网数据帧头，万事俱备后，就可以发送数据了。

值得注意的是，默认情况下，从任何接口收到的符合指定协议（包括自定义协议号）的所有数据报文都会被传送到原始 PACKET 套接字口，而使用 bind 系统调用并以一个 sockaddr_ll 结构体对象将 PACKET 套接字与某个网络接口相绑定，可以使我们的 PACKET 原始套接字只接收指定接口的数据报文。大家可以从后面的实例中深深体会到这一点。因此，本例中发送的数据帧的目的 MAC 地址并不是接收端网卡 eno16777736 的 MAC 地址，而接收端照样可以收到数据，这说明任何接口收到的符合指定协议（包括自定义协议号）的所有数据报文都会被传送到原始 PACKET 套接字口。但要注意的是，发送端发出的数据帧的目的 MAC 地址必须是接收端主机上的一个网卡的 MAC 地址，而且这个网卡要和 eno16777736 在同一网段（同一个交换机上，这里都是连接在虚拟交换机 VMnet1 上）。

把发送端代码保存为 send.cpp，然后上传到主机 B，在命令行下编译并运行：

```
[root@localhost send]# g++ send.cpp -o send
[root@localhost send]# ./send
000c293d9431000c29eec93e8902000000000000000000000000000000000000000000000000000000000000000000000000000000000000000000
sendto msg 1, len 60
sendto msg 2, len 60
sendto msg 3, len 60
```

此时，接收端主机 A 上变为：

```
[root@localhost test]# g++ recv.cpp -o recv
[root@localhost test]# ./recv
****************** recvfrom msg 1 ****************
000c293d9431000c29eec93e8902000000000000000000000000000000000000000000000000000000000000000000000000000000000000000000
proto=0x8902,dst mac addr:00:0c:29:3d:94:31
proto=0x8902,src mac addr:00:0c:29:ee:c9:3e
000c293d9431000c29eec93e8902000000000000000000000000000000000000000000000000000000000000000000000000000000000000000000
sll_family:1
sll_protocol:0
sll_ifindex:0x7ffd
sll_hatype:0
sll_pkttype:0
sll_halen:0
sll_addr:sa_len:18
```

```
******************** recvfrom msg 2 ***************
000c293d9431000c29eec93e8902000000000000000000000000000000000000000
00000000000000000000000000000000000000000
proto=0x8902,dst mac addr:00:0c:29:3d:94:31
proto=0x8902,src mac addr:00:0c:29:ee:c9:3e
000c293d9431000c29eec93e8902000000000000000000000000000000000000000
00000000000000000000000000000000000000000
sll_family:17
sll_protocol:0x8902
sll_ifindex:0x5
sll_hatype:1
sll_pkttype:0
sll_halen:6
sll_addr:000c29eec93e
sa_len:18
******************** recvfrom msg 3 ***************
000c293d9431000c29eec93e8902000000000000000000000000000000000000000
00000000000000000000000000000000000000000
proto=0x8902,dst mac addr:00:0c:29:3d:94:31
proto=0x8902,src mac addr:00:0c:29:ee:c9:3e
000c293d9431000c29eec93e8902000000000000000000000000000000000000000
00000000000000000000000000000000000000000
sll_family:17
sll_protocol:0x8902
sll_ifindex:0x5
sll_hatype:1
sll_pkttype:0
sll_halen:6
sll_addr:000c29eec93e
sa_len:18
```

可见，3 个数据帧都收到了，而且我们获得了发送端的物理层地址，并且把里面的协议号（sll_protocol:0x8902）都打印出来了，而且把发送端的网卡地址（sll_addr:000c29eec93e）也打印出来了。另外，我们打印出了数据帧的全部内容，可以看到以太网数据帧头后面都是零，因为我们没有填充以太网帧的数据部分，所以类型字段值（8902）后面都是 0，这些 0 的区域通常用来存放上层协议内容，比如 IP 包、ARP 包等。

下面我们接着做实验，接收端绑定接收网卡，然后发送端再发送目的地址不同于接收网卡的数据帧，会出现什么情况呢？我们拭目以待。

【例 15.6】发送和接收自定义类型的链路层数据帧（绑定，目的地址不同于接收网卡）

（1）准备两台安装的 CentOS 7 虚拟机，即主机 A 和主机 B。主机 A 当作接收端，运行 recv 程序，等待接收数据帧；主机 B 运行 send 程序，当作发送端，发出数据帧。

主机 A 有多个网卡，其中一个网卡 eno16777736 的 IP 为 1.1.1.10，MAC 地址为 00:0c:29:3d:94:13，另一个网卡 eno67109432 的 IP 为 1.1.1.11，MAC 地址为 00:0c:29:3d:94:31。

注意这两个网卡地址不同，一个以 13 结尾，另一个以 31 结尾，这两个网卡都接在虚拟交换机 vmnet1 上，可以相互 ping 通。我们现在在主机 A 的网卡 eno16777736 上等待接收数据，并且把套接字和网卡 eno16777736 进行了绑定，即只接收发往网卡 eno16777736 的数据帧。而发送端 B 发出的数据帧的目的 MAC 地址是主机 A 的网卡 eno67109432 的地址，因为我们在接收端做了绑定操作，所以接收程序 recv 是接收不到数据的。原因在前面已经提醒注意了，这里不再赘述。

（2）创建接收端的代码，打开 UE，输入代码如下：

```c
#include <stdio.h>
#include <string.h>
#include <errno.h>
#include <sys/types.h>
#include <sys/socket.h>
#include <netpacket/packet.h>
#include <net/if.h>
#include <net/if_arp.h>
#include <sys/ioctl.h>
#include <arpa/inet.h> //for htons
#include <netinet/if_ether.h>   //for ethhdr
#define LEN      60
void print_str16(unsigned char buf[], size_t len)
{
    int      i;
    unsigned char   c;
    if (buf == NULL || len <= 0)
        return;
    for (i = 0; i < len; i++) {
        c = buf[i];
        printf("%02x", c);
    }
    printf("\n");
}
void print_sockaddr_ll(struct sockaddr_ll *sa)
{
    if (sa == NULL)
        return;
    printf("sll_family:%d\n", sa->sll_family);
    printf("sll_protocol:%#x\n", ntohs(sa->sll_protocol));
    printf("sll_ifindex:%#x\n", sa->sll_ifindex);
    printf("sll_hatype:%d\n", sa->sll_hatype);
    printf("sll_pkttype:%d\n", sa->sll_pkttype);
    printf("sll_halen:%d\n", sa->sll_halen);
    printf("sll_addr:"); print_str16(sa->sll_addr, sa->sll_halen);
}
int main()
{
    int            result = 0, fd, n, count = 0;
    char    buf[LEN];
    struct sockaddr_ll    sa, sa_recv;
    struct ifreq    ifr;
    socklen_t       sa_len = 0;
```

```
        char    if_name[] = "eno16777736";
        struct ethhdr *eth; //定义以太网头结构体指针


        //create socket
        fd = socket(PF_PACKET, SOCK_RAW, htons(0x8902));
        if (fd < 0) {
            perror("socket error\n");
            return errno;
        }


        memset(&sa, 0, sizeof(sa));
        sa.sll_family = PF_PACKET;
        sa.sll_protocol = htons(0x8902);
        // get flags
        strcpy(ifr.ifr_name, if_name);
        result = ioctl(fd, SIOCGIFFLAGS, &ifr);   //必须先得到flags，才能得到index
        if (result != 0) {
            perror("ioctl error, get flags\n");
            return errno;
        }
        result = ioctl(fd, SIOCGIFINDEX, &ifr);        //get index
        if (result != 0) {
            perror("ioctl error, get index\n");
            return errno;
        }
        sa.sll_ifindex = ifr.ifr_ifindex;
        result = bind(fd, (struct sockaddr*)&sa, sizeof(struct sockaddr_ll));
        //把sa绑定到套接字
        if (result != 0) {
            perror("bind error\n");
            return errno;
        }


        //开始接收数据
        while (1) {
            memset(buf, 0, sizeof(buf));
            n = recvfrom(fd, buf, sizeof(buf), 0, (struct sockaddr *)&sa_recv,
&sa_len);

            if (n < 0) {
                printf("sendto error, %d\n", errno);
                return errno;
            }
            printf("******************* recvfrom msg %d ***************\n",
++count);
            print_str16((unsigned char*)buf, n);
```

```
        eth = (struct ethhdr*)buf;
        //从eth里提取目的mac、源mac、协议号
        printf("proto=0x%04x,dst mac addr:%02x:%02x:%02x:%02x:%02x:%02x\n",
ntohs(eth->h_proto), eth->h_dest[0], eth->h_dest[1], eth->h_dest[2],
eth->h_dest[3], eth->h_dest[4], eth->h_dest[5]);
        printf("proto=0x%04x,src mac addr:%02x:%02x:%02x:%02x:%02x:%02x\n",
ntohs(eth->h_proto), eth->h_source[0], eth->h_source[1], eth->h_source[2],
eth->h_source[3], eth->h_source[4], eth->h_source[5]);

        print_sockaddr_ll(&sa_recv);
        printf("sa_len:%d\n", sa_len);
    }
    return 0;
}
```

在代码中，我们把网卡 eno16777736 和套接字进行了绑定，因此将在网卡 eno16777736 上等待接收数据，目的地址不是 eno16777736 的数据帧就接收不到了。

保存代码为 recv.c，然后上传到主机 A（1.1.1.10），编译并运行：

```
[root@localhost test]# g++ recv.cpp -o recv
[root@localhost test]# ./recv
```

此时，recv 程序静静地等待数据的到来。下面我们创建发送端的代码，打开 UE，输入代码如下：

```
#include <stdio.h>
#include <string.h>
#include <errno.h>
#include <sys/types.h>
#include <sys/socket.h>
#include <netpacket/packet.h>
#include <net/if.h>
#include <net/if_arp.h>
#include <sys/ioctl.h>
#include <arpa/inet.h> //for htons

#define LEN     60

void print_str16(unsigned char buf[], size_t len)
{
    int     i;
    unsigned char   c;
    if (buf == NULL || len <= 0)
        return;
    for (i = 0; i < len; i++) {
        c = buf[i];
        printf("%02x", c);
    }
    printf("\n");
```

```
}
int main()
{
    int          result = 0;
    int          fd, n, count = 3, nsend = 0;   // count表示发送3个数据包
    char         buf[LEN];
    struct sockaddr_ll     sa;
    struct ifreq   ifr;
    char    if_name[] = "eno16777736";   //本机要发送数据的网卡名称
/*
    dst_mac是主机A的网卡eno67109432的MAC地址，注意不是主机A的网卡eno16777736的MAC地址，
我们就是要演示这样的场景
    */
    char    dst_mac[6] = { 0x00,0x0c,0x29,0x3d,0x94,0x31 };
char    src_mac[6];
    short   type = htons(0x8902);

    memset(&sa, 0, sizeof(struct sockaddr_ll));
    memset(buf, 0, sizeof(buf));

    //创建套接字
    fd = socket(PF_PACKET, SOCK_RAW, htons(0x8902));
    if (fd < 0) {
        printf("socket error, %d\n", errno);
        return errno;
    }

    //获得网卡索引号
    strcpy(ifr.ifr_name, if_name);
    result = ioctl(fd, SIOCGIFINDEX, &ifr);
    if (result != 0) {
        printf("get mac index error, %d\n", errno);
        return errno;
    }
    sa.sll_ifindex = ifr.ifr_ifindex;   //赋值给物理层地址

    //得到源MAC地址，即本机要发送数据的网卡MAC地址
    result = ioctl(fd, SIOCGIFHWADDR, &ifr);
    if (result != 0) {
        printf("get mac addr error, %d\n", errno);
        return errno;
    }
    memcpy(src_mac, ifr.ifr_hwaddr.sa_data, 6);

    //设置数据给以太网数据帧头
    memcpy(buf, dst_mac, 6);
    memcpy(buf + 6, src_mac, 6);
    memcpy(buf + 12, &type, 2);
```

```
    print_str16((unsigned char*)buf, sizeof(buf));  //打印我们要发送的数据帧
    //准备发送数据
    while (count-- > 0) {
        n = sendto(fd, buf, sizeof(buf), 0, (struct sockaddr *)&sa,
sizeof(struct sockaddr_ll));
        if (n < 0) {
            printf("sendto error, %d\n", errno);
            return errno;
        }
        printf("sendto msg %d, len %d\n", ++nsend, n);
    }
    return 0;
}
```

发送端代码和上例的发送端代码一样。所发送的数据帧的目的地址依然不是主机 A 的网卡
eno16777736 的。虽然上例可以收到数据，但这个例子就收不到了。把发送端代码保存为 send.cpp，
然后上传到主机 B，在命令行下编译并运行：

```
[root@localhost send]# ./send
000c293d9431000c29eec93e89020000000000000000000000000000000000000000000000
00000000000000000000000000000000000000000000
sendto msg 1, len 60
sendto msg 2, len 60
sendto msg 3, len 60
```

此时再看接收端主机 A，发现：

```
[root@localhost test]# g++ recv.cpp -o recv
[root@localhost test]# ./recv
```

依然如此，recv 程序没有收到数据包，这说明我们绑定网卡 eno16777736 后，recv 只等待接收
发向 eno16777736 的数据帧，而 send 的数据帧是发向 eno67109432 的，因此 recv 收不到。下面把
发送端的数据帧的目的地址改为 eno16777736 的地址，接收端就可以收到数据帧。具体可以看下例。

【例 15.7】发送和接收自定义类型的链路层数据帧（绑定，目的地址同于接收网卡）

（1）准备两台安装 CentOS 7 的虚拟机，即主机 A 和主机 B。主机 A 当作接收端，运行 recv
程序，等待接收数据帧；主机 B 运行 send 程序，当作发送端，发出数据帧。

主机 A 有多个网卡，其中一个网卡 eno16777736 的 IP 为 1.1.1.10，MAC 地址为
00:0c:29:3d:94:13。另一个网卡 eno67109432 的 IP 为 1.1.1.11，MAC 地址为 00:0c:29:3d:94:31。

注意这两个网卡地址不同，一个以 13 结尾，另一个以 31 结尾，这两个网卡都接在虚拟交换
机 vmnet1 上，可以相互 ping 通。我们现在在主机 A 的网卡 eno16777736 上等待接收数据，并且把
套接字和网卡 eno16777736 进行了绑定，即只接收发往网卡 eno16777736 的数据帧。本例中，发送
端 B 发出的数据帧的目的 MAC 地址是主机 A 的网卡 eno16777736 的地址，我们的接收程序 recv
是可以接收到数据的。

（2）创建接收端的代码，打开 UE，输入代码如下：

```c
#include <stdio.h>
#include <string.h>
#include <errno.h>
#include <sys/types.h>
#include <sys/socket.h>
#include <netpacket/packet.h>
#include <net/if.h>
#include <net/if_arp.h>
#include <sys/ioctl.h>
#include <arpa/inet.h> //for htons
#include <netinet/if_ether.h>   //for ethhdr
#define LEN    60
void print_str16(unsigned char buf[], size_t len)
{
    int    i;
    unsigned char    c;
    if (buf == NULL || len <= 0)
        return;
    for (i = 0; i < len; i++) {
        c = buf[i];
        printf("%02x", c);
    }
    printf("\n");
}
void print_sockaddr_ll(struct sockaddr_ll *sa)
{
    if (sa == NULL)
        return;
    printf("sll_family:%d\n", sa->sll_family);
    printf("sll_protocol:%#x\n", ntohs(sa->sll_protocol));
    printf("sll_ifindex:%#x\n", sa->sll_ifindex);
    printf("sll_hatype:%d\n", sa->sll_hatype);
    printf("sll_pkttype:%d\n", sa->sll_pkttype);
    printf("sll_halen:%d\n", sa->sll_halen);
    printf("sll_addr:"); print_str16(sa->sll_addr, sa->sll_halen);
}
int main()
{
    int            result = 0, fd, n, count = 0;
    char    buf[LEN];
    struct sockaddr_ll    sa, sa_recv;
    struct ifreq    ifr;
    socklen_t        sa_len = 0;
    char    if_name[] = "eno16777736";
    struct ethhdr *eth; //定义以太网头结构体指针


    //create socket
    fd = socket(PF_PACKET, SOCK_RAW, htons(0x8902));
```

```
    if (fd < 0) {
        perror("socket error\n");
        return errno;
    }


    memset(&sa, 0, sizeof(sa));
    sa.sll_family = PF_PACKET;
    sa.sll_protocol = htons(0x8902);
    // get flags
    strcpy(ifr.ifr_name, if_name);
    result = ioctl(fd, SIOCGIFFLAGS, &ifr);   //必须先得到flags，才能得到index
    if (result != 0) {
        perror("ioctl error, get flags\n");
        return errno;
    }
    result = ioctl(fd, SIOCGIFINDEX, &ifr);          //get index
    if (result != 0) {
        perror("ioctl error, get index\n");
        return errno;
    }
    sa.sll_ifindex = ifr.ifr_ifindex;
    result = bind(fd, (struct sockaddr*)&sa, sizeof(struct sockaddr_ll));
    //把sa绑定到套接字
    if (result != 0) {
        perror("bind error\n");
        return errno;
    }

    //开始接收数据
    while (1) {
        memset(buf, 0, sizeof(buf));
        n = recvfrom(fd, buf, sizeof(buf), 0, (struct sockaddr *)&sa_recv,
&sa_len);

        if (n < 0) {
            printf("sendto error, %d\n", errno);
            return errno;
        }
        printf("******************* recvfrom msg %d ***************\n",
++count);
        print_str16((unsigned char*)buf, n);

        eth = (struct ethhdr*)buf;
        //从eth里提取目的mac、源mac、协议号
        printf("proto=0x%04x,dst mac addr:%02x:%02x:%02x:%02x:%02x:%02x\n",
ntohs(eth->h_proto), eth->h_dest[0], eth->h_dest[1], eth->h_dest[2],
eth->h_dest[3], eth->h_dest[4], eth->h_dest[5]);
        printf("proto=0x%04x,src mac addr:%02x:%02x:%02x:%02x:%02x:%02x\n",
```

```
ntohs(eth->h_proto), eth->h_source[0], eth->h_source[1], eth->h_source[2],
eth->h_source[3], eth->h_source[4], eth->h_source[5]);

        print_sockaddr_ll(&sa_recv);
        printf("sa_len:%d\n", sa_len);
    }
    return 0;
}
```

在代码中，我们把网卡 eno16777736 和套接字进行了绑定，因此将在网卡 eno16777736 上等待
接收数据，目的地址不是 eno16777736 的数据帧就接收不到了。

保存代码为 recv.c，然后上传到主机 A（1.1.1.10），编译并运行：

```
[root@localhost test]# g++ recv.cpp -o recv
[root@localhost test]# ./recv
```

此时，recv 程序静静地等待数据的到来。下面我们创建发送端的代码，打开 UE，输入代码如下：

```
#include <stdio.h>
#include <string.h>
#include <errno.h>
#include <sys/types.h>
#include <sys/socket.h>
#include <netpacket/packet.h>
#include <net/if.h>
#include <net/if_arp.h>
#include <sys/ioctl.h>
#include <arpa/inet.h> //for htons

#define LEN      60

void print_str16(unsigned char buf[], size_t len)
{
    int     i;
    unsigned char   c;
    if (buf == NULL || len <= 0)
        return;
    for (i = 0; i < len; i++) {
        c = buf[i];
        printf("%02x", c);
    }
    printf("\n");
}
int main()
{
    int            result = 0;
    int            fd, n, count = 3, nsend = 0;  // count表示发送3个数据包
    char    buf[LEN];
    struct sockaddr_ll      sa;
```

```
        struct ifreq    ifr;
        char    if_name[] = "eno16777736";   //本机要发送数据的网卡名称
    /* dst_mac是主机A的网卡eno16777736的MAC地址 */
        char    dst_mac[6] = { 0x00,0x0c,0x29,0x3d,0x94, 0x13  };
    char    src_mac[6];
        short   type = htons(0x8902);

        memset(&sa, 0, sizeof(struct sockaddr_ll));
        memset(buf, 0, sizeof(buf));

        //创建套接字
        fd = socket(PF_PACKET, SOCK_RAW, htons(0x8902));
        if (fd < 0) {
            printf("socket error, %d\n", errno);
            return errno;
        }

        //获得网卡索引号
        strcpy(ifr.ifr_name, if_name);
        result = ioctl(fd, SIOCGIFINDEX, &ifr);
        if (result != 0) {
            printf("get mac index error, %d\n", errno);
            return errno;
        }
        sa.sll_ifindex = ifr.ifr_ifindex;   //赋值给物理层地址

        //得到源MAC地址，即本机要发送数据的网卡MAC地址
        result = ioctl(fd, SIOCGIFHWADDR, &ifr);
        if (result != 0) {
            printf("get mac addr error, %d\n", errno);
            return errno;
        }
        memcpy(src_mac, ifr.ifr_hwaddr.sa_data, 6);

         //设置数据给以太网数据帧头
        memcpy(buf, dst_mac, 6);
        memcpy(buf + 6, src_mac, 6);
        memcpy(buf + 12, &type, 2);

        print_str16((unsigned char*)buf, sizeof(buf));   //打印我们要发送的数据帧
        //准备发送数据
        while (count-- > 0) {
            n = sendto(fd, buf, sizeof(buf), 0, (struct sockaddr *)&sa,
sizeof(struct sockaddr_ll));
            if (n < 0) {
                printf("sendto error, %d\n", errno);
                return errno;
            }
            printf("sendto msg %d, len %d\n", ++nsend, n);
```

```
    }
    return 0;
}
```

发送端代码和上例的发送端代码一样。所发送的数据帧的目的地址依然不是主机 A 的网卡 eno16777736。虽然上例可以收到，但这个例子就收不到了。把发送端代码保存为 send.cpp，然后上传到主机 B，在命令行下编译并运行：

```
[root@localhost send]# ./send
000c293d9431000c29eec93e89020000000000000000000000000000000000000000000000000000
00000000000000000000000000000000000000000000
sendto msg 1, len 60
sendto msg 2, len 60
sendto msg 3, len 60
```

此时再看接收端主机 A，发现：

```
[root@localhost test]# g++ recv.cpp -o recv
[root@localhost test]# ./recv
[root@localhost test]# g++ recv.cpp -o recv
[root@localhost test]# ./recv
****************** recvfrom msg 1 ***************
000c293d9413000c29eec93e89020000000000000000000000000000000000000000000000000000
00000000000000000000000000000000000000000000
proto=0x8902,dst mac addr:00:0c:29:3d:94:13
proto=0x8902,src mac addr:00:0c:29:ee:c9:3e
sll_family:1
sll_protocol:0
sll_ifindex:0
sll_hatype:52496
sll_pkttype:28
sll_halen:66
sll_addr:b47f000038de1625fd7f000076971f42b47f0000110089020200000000000000
00000000000000000000000080dc1625fd7f00003c0000000300000000000000000100
sa_len:18
****************** recvfrom msg 2 ***************
000c293d9413000c29eec93e89020000000000000000000000000000000000000000000000000000
00000000000000000000000000000000000000000000
proto=0x8902,dst mac addr:00:0c:29:3d:94:13
proto=0x8902,src mac addr:00:0c:29:ee:c9:3e
sll_family:17
sll_protocol:0x8902
sll_ifindex:0x2
sll_hatype:1
sll_pkttype:0
sll_halen:6
sll_addr:000c29eec93e
sa_len:18
****************** recvfrom msg 3 ***************
```

```
000c293d9413000c29eec93e890200000000000000000000000000000000000000000000000
0000000000000000000000000000000000000000000000000000
    proto=0x8902,dst mac addr:00:0c:29:3d:94:13
    proto=0x8902,src mac addr:00:0c:29:ee:c9:3e
    sll_family:17
    sll_protocol:0x8902
    sll_ifindex:0x2
    sll_hatype:1
    sll_pkttype:0
    sll_halen:6
    sll_addr:000c29eec93e
    sa_len:18
```

recv 程序收到数据包了,说明我们绑定网卡 eno16777736 后,recv 只等待接收发向 eno16777736 的数据帧,而 send 的数据帧是发向主机 A 的网卡 eno16777736 的,因此 recv 收到了。

【例 15.8】分析 TCP、UDP、ICMP 和 IGMP 协议

（1）设置虚拟机 CentOS 的 IP 为 1.1.1.10 或其他 IP 地址,一定要能和 Windows 宿主机 ping 通。

（2）打开 UE,输入代码如下:

```c
#include <sys/types.h>
#include <sys/socket.h>
#include <sys/ioctl.h>
#include <net/if.h>
#include <string.h>
#include <stdio.h>
#include <stdlib.h>
#include <linux/if_packet.h>
#include <netinet/if_ether.h>
#include <netinet/in.h>
#include <unistd.h> //for close


typedef struct _iphdr //定义IP首部
{
    unsigned char h_verlen; //4位首部长度+4位IP版本号
    unsigned char tos; //8位服务类型TOS
    unsigned short total_len; //16位总长度（字节）
    unsigned short ident; //16位标识
    unsigned short frag_and_flags; //3位标志位
    unsigned char ttl; //8位生存时间 TTL
    unsigned char proto; //8位协议 (TCP、UDP 或其他)
    unsigned short checksum; //16位IP首部校验和
    unsigned int sourceIP; //32位源IP地址
    unsigned int destIP; //32位目的IP地址
}IP_HEADER;

typedef struct _udphdr //定义UDP首部
{
```

```
        unsigned short uh_sport;      //16位源端口
        unsigned short uh_dport;       //16位目的端口
        unsigned int uh_len;//16位UDP包长度
        unsigned int uh_sum;//16位校验和
}UDP_HEADER;

typedef struct _tcphdr //定义TCP首部
{
        unsigned short th_sport; //16位源端口
        unsigned short th_dport; //16位目的端口
        unsigned int th_seq; //32位序列号
        unsigned int th_ack; //32位确认号
        unsigned char th_lenres;//4位首部长度/6位保留字
        unsigned char th_flag; //6位标志位
        unsigned short th_win; //16位窗口大小
        unsigned short th_sum; //16位校验和
        unsigned short th_urp; //16位紧急数据偏移量
}TCP_HEADER;

typedef struct _icmphdr {
        unsigned char  icmp_type;
        unsigned char icmp_code; /* type sub code */
        unsigned short icmp_cksum;
        unsigned short icmp_id;
        unsigned short icmp_seq;
        /* This is not the std header, but we reserve space for time */
        unsigned short icmp_timestamp;
}ICMP_HEADER;

void analyseIP(IP_HEADER *ip);
void analyseTCP(TCP_HEADER *tcp);
void analyseUDP(UDP_HEADER *udp);
void analyseICMP(ICMP_HEADER *icmp);


int main(void)
{
    int sockfd;
    IP_HEADER *ip;
    char buf[10240];
    ssize_t n;
    /* capture ip datagram without ethernet header */
    if ((sockfd = socket(PF_PACKET, SOCK_DGRAM, htons(ETH_P_IP))) == -1)
    {
        printf("socket error!\n");
        return 1;
    }
    while (1)
    {
```

```
            n = recv(sockfd, buf, sizeof(buf), 0);
            if (n == -1)
            {
                printf("recv error!\n");
                break;
            }
            else if (n == 0)
                continue;
            //接收数据不包括数据链路帧头
            ip = (IP_HEADER *)(buf);
            analyseIP(ip);
            size_t iplen = (ip->h_verlen & 0x0f) * 4;
            TCP_HEADER *tcp = (TCP_HEADER *)(buf + iplen);
            if (ip->proto == IPPROTO_TCP)
            {
                TCP_HEADER *tcp = (TCP_HEADER *)(buf + iplen);
                analyseTCP(tcp);
            }
            else if (ip->proto == IPPROTO_UDP)
            {
                UDP_HEADER *udp = (UDP_HEADER *)(buf + iplen);
                analyseUDP(udp);
            }
            else if (ip->proto == IPPROTO_ICMP)
            {
                ICMP_HEADER *icmp = (ICMP_HEADER *)(buf + iplen);
                analyseICMP(icmp);
            }
            else if (ip->proto == IPPROTO_IGMP)
            {
                printf("IGMP----\n");
            }
            else
            {
                printf("other protocol!\n");
            }
            printf("\n\n");
    }
    close(sockfd);
    return 0;
}

void analyseIP(IP_HEADER *ip)
{
    unsigned char* p = (unsigned char*)&ip->sourceIP;
    printf("Source IP\t: %u.%u.%u.%u\n", p[0], p[1], p[2], p[3]);
    p = (unsigned char*)&ip->destIP;
    printf("Destination IP\t: %u.%u.%u.%u\n", p[0], p[1], p[2], p[3]);
```

```
}

void analyseTCP(TCP_HEADER *tcp)
{
    printf("TCP -----\n");
    printf("Source port: %u\n", ntohs(tcp->th_sport));
    printf("Dest port: %u\n", ntohs(tcp->th_dport));
}

void analyseUDP(UDP_HEADER *udp)
{
    printf("UDP -----\n");
    printf("Source port: %u\n", ntohs(udp->uh_sport));
    printf("Dest port: %u\n", ntohs(udp->uh_dport));
}

void analyseICMP(ICMP_HEADER *icmp)
{
    printf("ICMP -----\n");
    printf("type: %u\n", icmp->icmp_type);
    printf("sub code: %u\n", icmp->icmp_code);
}
```

代码虽长，但不难，结构模块化做得很好，分别对常见的几个协议做了简单分析，大家以后一线实践开发时，可以以此为模板，开发出更为强大的协议分析器来，作为教学不能太复杂，简单明了是第一位的。

（3）把代码保存为 test.cpp，上传到 Linux，然后在 VM 虚拟机终端窗口下编译运行，最好不要通过 Windows 的终端工具，因为这样会抓到很多数据包，不利于我们观察。

```
[root@localhost test]# g++ test.cpp -o test
[root@localhost test]# ./test
```

然后在 Windows 下 ping1.1.1.10，此时可以看到 test 程序抓到包了：

```
[root@localhost test]# g++ test.cpp -o test
[root@localhost test]# ./test
Source IP   : 1.1.1.1
Destination IP : 1.1.1.10
ICMP -----
type: 8
sub code: 0


Source IP   : 1.1.1.1
Destination IP : 1.1.1.10
ICMP -----
type: 8
sub code: 0
```

```
Source IP   : 1.1.1.1
Destination IP : 1.1.1.10
ICMP -----
type: 8
sub code: 0


Source IP   : 1.1.1.1
Destination IP : 1.1.1.10
ICMP -----
type: 8
sub code: 0
```

Windows 下的 ping 发了 4 个 ICMP 包，我们的 test 程序同样抓到了 4 个 ICMP 包。

15.7.2 混杂模式

1. 混杂模式基本概念

一般情况下，我们知道网卡往往只会接收目的地址是它的数据包而不会接收目的地址不是的它的数据包，所以网卡只会接收该接收的包而不会接收其他地址的网络数据包。

混杂模式就是接收所有经过网卡的数据包，包括不是发给本机的包。默认情况下，网卡只把发给本机的包（包括广播包）传递给上层程序，其他的包一律丢弃。简单地讲，混杂模式就是指网卡能接收所有通过它的数据流，无论是什么格式、什么地址的。当网卡处于这种"混杂"模式时，该网卡具备"广播地址"，它对所有遇到的每一个数据帧都产生一个硬件中断，以便提醒操作系统处理流经该物理媒体上的每一个报文包。

2. 网卡的工作模式

网卡具有如下几种工作模式。

（1）广播模式（Broad Cast Model）：物理地址（MAC）是 0Xffffff 的帧为广播帧，工作在广播模式的网卡接收广播帧。

（2）多播传送（MultiCast Model）：多播传送地址作为目的物理地址的帧可以被组内的其他主机同时接收，而组外主机却接收不到。但是，如果将网卡设置为多播传送模式，它可以接收所有的多播传送帧，而不论它是不是组内成员。

（3）直接模式（Direct Model）：工作在直接模式下的网卡只接收目地址是自己 Mac 地址的帧。

（4）混杂模式（Promiscuous Model）：工作在混杂模式下的网卡接收所有流过网卡的帧，信包捕获程序就是在这种模式下运行的。

网卡的默认工作模式包含广播模式和直接模式，即它只接收广播帧和发给自己的帧。如果采用混杂模式，一个站点的网卡将接收同一网络内所有站点所发送的数据包，这样就可以达到对网络信息监视捕获的目的。

3. 命令行查看、设置、取消混杂模式

查看网卡是否为混杂模式：

```
[root@localhost ~]# ifconfig eno16777736
eno16777736: flags=67<UP,BROADCAST,RUNNING> mtu 1500
        inet 1.1.1.10  netmask 255.255.255.0  broadcast 1.1.1.255
        inet6 fe80::20c:29ff:fe3d:9413  prefixlen 64  scopeid 0x20<link>
        ether 00:0c:29:3d:94:13  txqueuelen 1000  (Ethernet)
        RX packets 248  bytes 24067 (23.5 KiB)
        RX errors 0  dropped 0  overruns 0  frame 0
        TX packets 114  bytes 19218 (18.7 KiB)
        TX errors 0  dropped 0 overruns 0  carrier 0  collisions 0
```

如果 flags=67<UP,BROADCAST,RUNNING>信息中没有 PROMISC，就说明当前不在混杂模式下，如果有则处于混杂模式。

设置网卡为混杂模式：

```
[root@localhost ~]# ifconfig eno16777736 promisc
```

设置完后，再查看该网卡：

```
[root@localhost ~]# ifconfig eno16777736
eno16777736: flags=323<UP,BROADCAST,RUNNING,PROMISC>  mtu 1500
        inet 1.1.1.10  netmask 255.255.255.0  broadcast 1.1.1.255
        inet6 fe80::20c:29ff:fe3d:9413  prefixlen 64  scopeid 0x20<link>
        ether 00:0c:29:3d:94:13  txqueuelen 1000  (Ethernet)
        RX packets 345  bytes 32646 (31.8 KiB)
        RX errors 0  dropped 0  overruns 0  frame 0
        TX packets 188  bytes 34890 (34.0 KiB)
        TX errors 0  dropped 0 overruns 0  carrier 0  collisions 0
```

可以发现第一行尖括号里有 PROMISC 了，说明网卡在混杂模式下了。

取消网卡混杂模式：

```
[root@localhost ~]# ifconfig eno16777736 -promisc
```

设置完后，再查看该网卡：

```
[root@localhost ~]# ifconfig eno16777736
eno16777736: flags=323<UP,BROADCAST,RUNNING > mtu 1500
        inet 1.1.1.10  netmask 255.255.255.0  broadcast 1.1.1.255
        inet6 fe80::20c:29ff:fe3d:9413  prefixlen 64  scopeid 0x20<link>
        ether 00:0c:29:3d:94:13  txqueuelen 1000  (Ethernet)
        RX packets 345  bytes 32646 (31.8 KiB)
        RX. errors 0  dropped 0  overruns 0  frame 0
        TX packets 188  bytes 34890 (34.0 KiB)
        TX errors 0  dropped 0 overruns 0  carrier 0  collisions 0
```

可以发现第一行尖括号里没有 PROMISC 了，说明网卡不在混杂模式下了。

4. 代码方式设置网卡混杂模式

默认情况下，网卡只处理目的地址是本机网卡地址的包，可通过设置混杂模式使网卡将收到的所有包（包括组播和广播）都转发给操作系统。代码片段如下：

```
struct ifreq    ifr;
strcpy(ifr.ifr_name, if_name);
ioctl(fd, SIOCGIFFLAGS, &ifr);
ifr.ifr_flags |= IFF_PROMISC;  //或上混杂模式标记
ioctl(fd, SIOCSIFFLAGS, &ifr);
```

主要是通过两次调用 ioctl 函数，先获取 flag 标记，再加上（或上）IFF_PROMISC，然后重新设置。

【例 15.9】捕获网络上的数据帧（无论是否绑定，与主机同网段的数据帧）

（1）准备两台装有 CentOS 7 的虚拟机，即主机 A 和主机 B。主机 A 当作接收端，运行 recv 程序，等待接收数据帧；主机 B 运行 send 程序，当作发送端，发出数据帧。

主机 A 有多个网卡，其中一个网卡 eno16777736 的 IP 为 1.1.1.10，MAC 地址为 00:0c:29:3d:94:13。另一个网卡 eno67109432 的 IP 为 1.1.1.11，MAC 地址为 00:0c:29:3d:94:31。

注意这两个网卡地址不同，一个以 13 结尾，另一个以 31 结尾，这两个网卡都接在虚拟交换机 vmnet1 上，可以相互 ping 通。我们现在在主机 A 的网卡 eno16777736 上等待接收数据，并且把套接字和网卡 eno16777736 进行了绑定，而且把网卡 eno16777736 设置为混杂模式，这样即使绑定了 eno16777736，也可以收到不是发往 eno16777736 的数据帧，即能捕获网络中的所有数据帧（本例测试的是与主机同网段的数据帧），这就是混杂模式的妙用。本例中，发送端 B 发出的数据帧的目的 MAC 地址是主机 A 的网卡 eno67109432 的地址，我们的接收程序 recv 是可以接收到数据的。eno16777736 和 eno67109432 都是 A 主机上的网卡，并且处于同一网段。

（2）创建接收端的代码，打开 UE，输入代码如下：

```
#include <stdio.h>
#include <string.h>
#include <errno.h>
#include <sys/types.h>
#include <sys/socket.h>
#include <netpacket/packet.h>
#include <net/if.h>
#include <net/if_arp.h>
#include <sys/ioctl.h>
#include <arpa/inet.h> //for htons
#include <netinet/if_ether.h>   //for ethhdr
#define LEN     60
void print_str16(unsigned char buf[], size_t len)
{
    int     i;
    unsigned char   c;
    if (buf == NULL || len <= 0)
```

```
            return;
    for (i = 0; i < len; i++) {
        c = buf[i];
        printf("%02x", c);
    }
    printf("\n");
}
void print_sockaddr_ll(struct sockaddr_ll *sa)
{
    if (sa == NULL)
        return;
    printf("sll_family:%d\n", sa->sll_family);
    printf("sll_protocol:%#x\n", ntohs(sa->sll_protocol));
    printf("sll_ifindex:%#x\n", sa->sll_ifindex);
    printf("sll_hatype:%d\n", sa->sll_hatype);
    printf("sll_pkttype:%d\n", sa->sll_pkttype);
    printf("sll_halen:%d\n", sa->sll_halen);
    printf("sll_addr:"); print_str16(sa->sll_addr, sa->sll_halen);
}
int main()
{
    int             result = 0, fd, n, count = 0;
    char    buf[LEN];
    struct sockaddr_ll     sa, sa_recv;
    struct ifreq    ifr;
    socklen_t       sa_len = 0;
    char    if_name[] = "eno16777736";
    struct ethhdr *eth; //定义以太网头结构体指针


    //create socket
    fd = socket(PF_PACKET, SOCK_RAW, htons(0x8902));
    if (fd < 0) {
        perror("socket error\n");
        return errno;
    }

    memset(&sa, 0, sizeof(sa));
    sa.sll_family = PF_PACKET;
    sa.sll_protocol = htons(0x8902);

    // get flags
    strcpy(ifr.ifr_name, if_name);  //必须先得到flags，才能得到index
    result = ioctl(fd, SIOCGIFFLAGS, &ifr);
    if (result != 0) {
        perror("ioctl error, get flags\n");
        return errno;
    }
```

```
        ifr.ifr_flags |= IFF_PROMISC;
        //设置网卡为混杂模式
        result = ioctl(fd, SIOCSIFFLAGS, &ifr);
        if (result != 0) {
            perror("ioctl error, set promisc\n");
            return errno;
        }

        result = ioctl(fd, SIOCGIFINDEX, &ifr);              //get index
        if (result != 0) {
            perror("ioctl error, get index\n");
            return errno;
        }



        sa.sll_ifindex = ifr.ifr_ifindex;
        result = bind(fd, (struct sockaddr*)&sa, sizeof(struct sockaddr_ll));
//bind fd
        if (result != 0) {
            perror("bind error\n");
            return errno;
        }

        //recvfrom
        while (1) {
            memset(buf, 0, sizeof(buf));
            n = recvfrom(fd, buf, sizeof(buf), 0, (struct sockaddr *)&sa_recv,
&sa_len);

            if (n < 0) {
                printf("recvfrom error, %d\n", errno);
                return errno;
            }
            printf("******************** recvfrom msg %d ***************\n",
++count);
            print_str16((unsigned char*)buf, n);

            eth = (struct ethhdr*)buf;
            //从eth里提取目的mac、源mac、协议号
            printf("proto=0x%04x,dst mac addr:%02x:%02x:%02x:%02x:%02x:%02x\n",
ntohs(eth->h_proto), eth->h_dest[0], eth->h_dest[1], eth->h_dest[2],
eth->h_dest[3], eth->h_dest[4], eth->h_dest[5]);
            printf("proto=0x%04x,src mac addr:%02x:%02x:%02x:%02x:%02x:%02x\n",
ntohs(eth->h_proto), eth->h_source[0], eth->h_source[1], eth->h_source[2],
eth->h_source[3], eth->h_source[4], eth->h_source[5]);

            print_sockaddr_ll(&sa_recv);
```

```
        printf("sa_len:%d\n", sa_len);
    }
    return 0;
}
```

代码和上例几乎相同，只是多了设置混杂模式的步骤。保存代码为 recv.c，然后上传到主机 A（1.1.1.10），编译并运行：

```
[root@localhost test]# g++ recv.cpp -o recv
[root@localhost test]# ./recv
```

此时，recv 程序静静地等待数据的到来。下面我们创建发送端的代码，打开 UE，输入代码如下：

```
#include <stdio.h>
#include <string.h>
#include <errno.h>
#include <sys/types.h>
#include <sys/socket.h>
#include <netpacket/packet.h>
#include <net/if.h>
#include <net/if_arp.h>
#include <sys/ioctl.h>
#include <arpa/inet.h> //for htons

#define LEN     60


void print_str16(unsigned char buf[], size_t len)
{
    int     i;
    unsigned char    c;
    if (buf == NULL || len <= 0)
        return;
    for (i = 0; i < len; i++) {
        c = buf[i];
        printf("%02x", c);
    }
    printf("\n");
}
int main()
{
    int             result = 0;
    int             fd, n, count = 3, nsend = 0;
    char    buf[LEN];
    struct sockaddr_ll      sa;
    struct ifreq    ifr;
    char    if_name[] = "eno16777736";
/*
```

dst_mac是主机A的网卡eno67109432的MAC地址，注意不是主机A的网卡eno16777736的MAC地址，我们就是要演示这样的场景，用来测试混杂模式下主机A的网卡eno16777736是否能收到

```
    */
        char    dst_mac[6] = { 0x00, 0x0c, 0x29, 0x3d, 0x94, 0x31 };
        char    src_mac[6];
        short   type = htons(0x8902);

        memset(&sa, 0, sizeof(struct sockaddr_ll));
        memset(buf, 0, sizeof(buf));

        //create socket
        fd = socket(PF_PACKET, SOCK_RAW, htons(0x8902));
        if (fd < 0) {
            printf("socket error, %d\n", errno);
            return errno;
        }

        //get index
        strcpy(ifr.ifr_name, if_name);
        result = ioctl(fd, SIOCGIFINDEX, &ifr);
        if (result != 0) {
            printf("get mac index error, %d\n", errno);
            return errno;
        }
        sa.sll_ifindex = ifr.ifr_ifindex;

        //get mac
        result = ioctl(fd, SIOCGIFHWADDR, &ifr);
        if (result != 0) {
            printf("get mac addr error, %d\n", errno);
            return errno;
        }
        memcpy(src_mac, ifr.ifr_hwaddr.sa_data, 6);

         //set buf
        memcpy(buf, dst_mac, 6);
        memcpy(buf + 6, src_mac, 6);
        memcpy(buf + 12, &type, 2);

        print_str16((unsigned char*)buf, sizeof(buf));
        //sendto
        while (count-- > 0) {
            n = sendto(fd, buf, sizeof(buf), 0, (struct sockaddr *)&sa,
sizeof(struct sockaddr_ll));
            if (n < 0) {
                printf("sendto error, %d\n", errno);
                return errno;
            }
            printf("sendto msg %d, len %d\n", ++nsend, n);
        }
        return 0;
```

```
    }
```

代码也和上例一样，把发送端代码保存为 send.cpp，然后上传到主机 B，在命令行下编译并运行：

```
[root@localhost send]# ./send
000c293d9431000c29eec93e8902000000000000000000000000000000000000000000000000
0000000000000000000000000000000000000000000000
sendto msg 1, len 60
sendto msg 2, len 60
sendto msg 3, len 60
```

此时再看接收端主机 A，发现收到包了：

```
[root@localhost test]# g++ recv.cpp -o recv
[root@localhost test]# ./recv
******************* recvfrom msg 1 ***************
000c293d9431000c29eec93e8902000000000000000000000000000000000000000000000000
0000000000000000000000000000000000000000000000
proto=0x8902,dst mac addr:00:0c:29:3d:94:31
proto=0x8902,src mac addr:00:0c:29:ee:c9:3e
sll_family:1
sll_protocol:0
sll_ifindex:0
sll_hatype:15632
sll_pkttype:166
sll_halen:126
sll_addr:687f0000f80beca4fc7f00007607a97e687f000011008902020000000000000000
00000000000000000000000400aeca4fc7f00003c000000030000000000000010000000000000
000000000000000000000000003008400000000000f00beca4fc7f0000000000000000000000000
000000000000000000000000000152b
sa_len:18
******************* recvfrom msg 2 ***************
000c293d9431000c29eec93e8902000000000000000000000000000000000000000000000000
0000000000000000000000000000000000000000000000
proto=0x8902,dst mac addr:00:0c:29:3d:94:31
proto=0x8902,src mac addr:00:0c:29:ee:c9:3e
sll_family:17
sll_protocol:0x8902
sll_ifindex:0x2
sll_hatype:1
sll_pkttype:3
sll_halen:6
sll_addr:000c29eec93e
sa_len:18
******************* recvfrom msg 3 ***************
000c293d9431000c29eec93e8902000000000000000000000000000000000000000000000000
0000000000000000000000000000000000000000000000
proto=0x8902,dst mac addr:00:0c:29:3d:94:31
proto=0x8902,src mac addr:00:0c:29:ee:c9:3e
sll_family:17
```

```
sll_protocol:0x8902
sll_ifindex:0x2
sll_hatype:1
sll_pkttype:3
sll_halen:6
sll_addr:000c29eec93e
sa_len:18
```

可见，即使我们绑定了网卡，但只要设置其为混杂模式，依然可以收到非发往它但与主机同网段的数据帧。

【例 15.10】捕获网络上的数据帧（无论是否绑定，与主机不同网段的数据帧）

（1）准备两台装有 CentOS 7 的虚拟机，即主机 A 和主机 B。主机 A 当作接收端，运行 recv 程序，等待接收数据帧；主机 B 运行 send 程序，当作发送端，发出数据帧。

主机 A 有多个网卡，其中一个网卡 eno16777736 的 IP 为 1.1.1.10，MAC 地址为 00:0c:29:3d:94:13。另一个网卡 eno50332208 的 IP 为 192.168.0.2，MAC 地址为 00:0c:29:3d:94:27。

注意这两个网卡不是处于同一网段，不能互相 ping 通。我们现在在主机 A 的网卡 eno16777736 上等待接收数据，并且把套接字和网卡 eno16777736 进行了绑定，而且把网卡 eno16777736 设置为混杂模式，这样即使绑定了 eno16777736，也可以收到不是发往 eno16777736 的数据帧，即能捕获网络中的所有数据帧（本例测试的是与主机不同网段的数据帧），这就是混杂模式的妙用。本例中，发送端 B 发出的数据帧的目的 MAC 地址是主机 A 的网卡 eno50332208 的地址，我们的接收程序 recv 是可以接收到数据的。eno16777736 和 eno50332208 都是 A 主机上的网卡，但处于不同网段。

（2）创建接收端的代码，打开 UE，输入代码如下：

```c
#include <stdio.h>
#include <string.h>
#include <errno.h>
#include <sys/types.h>
#include <sys/socket.h>
#include <netpacket/packet.h>
#include <net/if.h>
#include <net/if_arp.h>
#include <sys/ioctl.h>
#include <arpa/inet.h> //for htons
#include <netinet/if_ether.h>   //for ethhdr
#define LEN     60
void print_str16(unsigned char buf[], size_t len)
{
    int    i;
    unsigned char   c;
    if (buf == NULL || len <= 0)
        return;
    for (i = 0; i < len; i++) {
        c = buf[i];
        printf("%02x", c);
```

```
    }
    printf("\n");
}
void print_sockaddr_ll(struct sockaddr_ll *sa)
{
    if (sa == NULL)
        return;
    printf("sll_family:%d\n", sa->sll_family);
    printf("sll_protocol:%#x\n", ntohs(sa->sll_protocol));
    printf("sll_ifindex:%#x\n", sa->sll_ifindex);
    printf("sll_hatype:%d\n", sa->sll_hatype);
    printf("sll_pkttype:%d\n", sa->sll_pkttype);
    printf("sll_halen:%d\n", sa->sll_halen);
    printf("sll_addr:"); print_str16(sa->sll_addr, sa->sll_halen);
}
int main()
{
    int         result = 0, fd, n, count = 0;
    char    buf[LEN];
    struct sockaddr_ll      sa, sa_recv;
    struct ifreq    ifr;
    socklen_t       sa_len = 0;
    char    if_name[] = "eno16777736";
    struct ethhdr *eth; //定义以太网头结构体指针


    //create socket
    fd = socket(PF_PACKET, SOCK_RAW, htons(0x8902));
    if (fd < 0) {
        perror("socket error\n");
        return errno;
    }

    memset(&sa, 0, sizeof(sa));
    sa.sll_family = PF_PACKET;
    sa.sll_protocol = htons(0x8902);

    // get flags
    strcpy(ifr.ifr_name, if_name);  //必须先得到flags，才能得到index
    result = ioctl(fd, SIOCGIFFLAGS, &ifr);
    if (result != 0) {
        perror("ioctl error, get flags\n");
        return errno;
    }

    ifr.ifr_flags |= IFF_PROMISC;
    //设置网卡为混杂模式
    result = ioctl(fd, SIOCSIFFLAGS, &ifr);
    if (result != 0) {
```

```
                perror("ioctl error, set promisc\n");
                return errno;
        }

        result = ioctl(fd, SIOCGIFINDEX, &ifr);          //get index
        if (result != 0) {
                perror("ioctl error, get index\n");
                return errno;
        }

        sa.sll_ifindex = ifr.ifr_ifindex;
        result = bind(fd, (struct sockaddr*)&sa, sizeof(struct sockaddr_ll));
//bind fd
        if (result != 0) {
            perror("bind error\n");
            return errno;
        }

    //recvfrom
    while (1) {
        memset(buf, 0, sizeof(buf));
        n = recvfrom(fd, buf, sizeof(buf), 0, (struct sockaddr *)&sa_recv,
&sa_len);

        if (n < 0) {
            printf("recvfrom error, %d\n", errno);
            return errno;
        }
        printf("****************** recvfrom msg %d ***************\n",
++count);

        print_str16((unsigned char*)buf, n);

        eth = (struct ethhdr*)buf;
        //从eth里提取目的mac、源mac、协议号
        printf("proto=0x%04x,dst mac addr:%02x:%02x:%02x:%02x:%02x:%02x\n",
ntohs(eth->h_proto), eth->h_dest[0], eth->h_dest[1], eth->h_dest[2],
eth->h_dest[3], eth->h_dest[4], eth->h_dest[5]);
        printf("proto=0x%04x,src mac addr:%02x:%02x:%02x:%02x:%02x:%02x\n",
ntohs(eth->h_proto), eth->h_source[0], eth->h_source[1], eth->h_source[2],
eth->h_source[3], eth->h_source[4], eth->h_source[5]);

        print_sockaddr_ll(&sa_recv);
        printf("sa_len:%d\n", sa_len);
    }
    return 0;
}
```

代码和上例几乎相同,只是多了设置混杂模式的步骤。保存代码为 recv.c,然后上传到主机 A (1.1.1.10),编译并运行:

```
[root@localhost test]# g++ recv.cpp -o recv
[root@localhost test]# ./recv
```

此时，recv 程序静静地等待数据的到来。下面我们创建发送端的代码，打开 UE，输入代码如下：

```
#include <stdio.h>
#include <string.h>
#include <errno.h>
#include <sys/types.h>
#include <sys/socket.h>
#include <netpacket/packet.h>
#include <net/if.h>
#include <net/if_arp.h>
#include <sys/ioctl.h>
#include <arpa/inet.h> //for htons

#define LEN      60


void print_str16(unsigned char buf[], size_t len)
{
    int    i;
    unsigned char   c;
    if (buf == NULL || len <= 0)
        return;
    for (i = 0; i < len; i++) {
        c = buf[i];
        printf("%02x", c);
    }
    printf("\n");
}
int main()
{
    int           result = 0;
    int           fd, n, count = 3, nsend = 0;
    char    buf[LEN];
    struct sockaddr_ll       sa;
    struct ifreq    ifr;
    char    if_name[] = "eno16777736";
/*
    dst_mac是主机A的网卡eno50332208的MAC地址，注意不是主机A的网卡eno16777736的MAC地
址，我们就是要演示这样的场景，用来测试混杂模式下主机A的网卡eno16777736是否能收到
*/
    char    dst_mac[6] = { 0x00,0x0c,0x29,0x3d,0x94,0x27 };
    char    src_mac[6];
    short   type = htons(0x8902);

    memset(&sa, 0, sizeof(struct sockaddr_ll));
    memset(buf, 0, sizeof(buf));
```

```
    //create socket
     fd = socket(PF_PACKET, SOCK_RAW, htons(0x8902));
     if (fd < 0) {
         printf("socket error, %d\n", errno);
         return errno;
     }

     //get index
     strcpy(ifr.ifr_name, if_name);
     result = ioctl(fd, SIOCGIFINDEX, &ifr);
     if (result != 0) {
         printf("get mac index error, %d\n", errno);
         return errno;
     }
     sa.sll_ifindex = ifr.ifr_ifindex;

     //get mac
     result = ioctl(fd, SIOCGIFHWADDR, &ifr);
     if (result != 0) {
         printf("get mac addr error, %d\n", errno);
         return errno;
     }
     memcpy(src_mac, ifr.ifr_hwaddr.sa_data, 6);

     //set buf
     memcpy(buf, dst_mac, 6);
     memcpy(buf + 6, src_mac, 6);
     memcpy(buf + 12, &type, 2);

     print_str16((unsigned char*)buf, sizeof(buf));
     //sendto
     while (count-- > 0) {
         n = sendto(fd, buf, sizeof(buf), 0, (struct sockaddr *)&sa,
sizeof(struct sockaddr_ll));
         if (n < 0) {
             printf("sendto error, %d\n", errno);
             return errno;
         }
         printf("sendto msg %d, len %d\n", ++nsend, n);
     }
     return 0;
 }
```

代码也和上例一样，把发送端代码保存为 send.cpp，然后上传到主机 B，在命令行下编译并运行：

```
[root@localhost send]# ./send
 000c293d9431000c29eec93e89020000000000000000000000000000000000000000000000000000
0000000000000000000000000000000000000000000000
 sendto msg 1, len 60
 sendto msg 2, len 60
```

```
sendto msg 3, len 60
```

此时再看接收端主机 A，发现收到包了：

```
[root@localhost test]# ./recv
****************** recvfrom msg 1 ****************
000c293d9427000c29eec93e890200000000000000000000000000000000000000000000000
00000000000000000000000000000000000000000000
proto=0x8902,dst mac addr:00:0c:29:3d:94:27
proto=0x8902,src mac addr:00:0c:29:ee:c9:3e
sll_family:1
sll_protocol:0
sll_ifindex:0
sll_hatype:36112
sll_pkttype:163
sll_halen:229
sll_addr:c77f000068ea7af4fd7f00007657a6e5c77f00001100890202000000000000000
00000000000000000000b0e87af4fd7f00003c00000003000000000000000010000000000000
00000000000000000000300840000000000060ea7af4fd7f00000000000000000000000000000
000000000000000000000000000000157be9e4c77f000000000002000000068ea7af4fd7f0000000
000000100000008000a4000000000000000000000000008aba8477b200942c30084000000000006
0ea7af4fd7f0000000000000000000000000000000000008abaa4a447e86fd38aba1e8260c91bd
300
sa_len:18
****************** recvfrom msg 2 ****************
000c293d9427000c29eec93e89020000000000000000000000000000000000000000000000000
0000000000000000000000000000000000000000000
proto=0x8902,dst mac addr:00:0c:29:3d:94:27
proto=0x8902,src mac addr:00:0c:29:ee:c9:3e
sll_family:17
sll_protocol:0x8902
sll_ifindex:0x2
sll_hatype:1
sll_pkttype:3
sll_halen:6
sll_addr:000c29eec93e
sa_len:18
****************** recvfrom msg 3 ****************
000c293d9427000c29eec93e89020000000000000000000000000000000000000000000000000
00000000000000000000000000000000000000000
proto=0x8902,dst mac addr:00:0c:29:3d:94:27
proto=0x8902,src mac addr:00:0c:29:ee:c9:3e
sll_family:17
sll_protocol:0x8902
sll_ifindex:0x2
sll_hatype:1
sll_pkttype:3
sll_halen:6
sll_addr:000
```

可见，即使我们绑定了网卡，但只要设置其为混杂模式，依然可以收到非发往它、非同一子网的同主机网卡的数据帧。下面的例子是终极情况，测试能否捕捉到发往一个不存在的网卡的数据帧。

【例 15.11】捕获网络上的数据帧（无论绑定，并不存在的网卡的数据帧）

（1）准备两台装有 CentOS 7 的虚拟机，即主机 A 和主机 B。主机 A 当作接收端，运行 recv 程序，等待接收数据帧；主机 B 运行 send 程序，当作发送端，发出数据帧。

主机 A 有多个网卡，其中一个网卡 eno16777736 的 IP 为 1.1.1.10，MAC 地址为 00:0c:29:3d:94:13。

我们现在在主机 A 的网卡 eno16777736 上等待接收数据，并且把套接字和网卡 eno16777736 进行了绑定，而且把网卡 eno16777736 设置为混杂模式，这样即使绑定了 eno16777736，也可以收到不是发往 eno16777736 的数据帧，即能捕获网络中的所有数据帧（本例测试的是发往并不存在的网卡的数据帧），这就是混杂模式的妙用。本例中，发送端 B 发出的数据帧的目的 MAC 地址并不存在，我们的接收程序 recv 依然是可以接收到数据的。

（2）创建接收端的代码，打开 UE，输入代码如下：

```
#include <stdio.h>
#include <string.h>
#include <errno.h>
#include <sys/types.h>
#include <sys/socket.h>
#include <netpacket/packet.h>
#include <net/if.h>
#include <net/if_arp.h>
#include <sys/ioctl.h>
#include <arpa/inet.h> //for htons
#include <netinet/if_ether.h>   //for ethhdr
#define LEN     60
void print_str16(unsigned char buf[], size_t len)
{
    int     i;
    unsigned char  c;
    if (buf == NULL || len <= 0)
        return;
    for (i = 0; i < len; i++) {
        c = buf[i];
        printf("%02x", c);
    }
    printf("\n");
}
void print_sockaddr_ll(struct sockaddr_ll *sa)
{
    if (sa == NULL)
        return;
    printf("sll_family:%d\n", sa->sll_family);
    printf("sll_protocol:%#x\n", ntohs(sa->sll_protocol));
    printf("sll_ifindex:%#x\n", sa->sll_ifindex);
```

```
        printf("sll_hatype:%d\n", sa->sll_hatype);
        printf("sll_pkttype:%d\n", sa->sll_pkttype);
        printf("sll_halen:%d\n", sa->sll_halen);
        printf("sll_addr:"); print_str16(sa->sll_addr, sa->sll_halen);
}
int main()
{
    int     result = 0, fd, n, count = 0;
    char    buf[LEN];
    struct sockaddr_ll    sa, sa_recv;
    struct ifreq    ifr;
    socklen_t       sa_len = 0;
    char    if_name[] = "eno16777736";
    struct ethhdr *eth; //定义以太网头结构体指针


    //create socket
    fd = socket(PF_PACKET, SOCK_RAW, htons(0x8902));
    if (fd < 0) {
        perror("socket error\n");
        return errno;
    }

    memset(&sa, 0, sizeof(sa));
    sa.sll_family = PF_PACKET;
    sa.sll_protocol = htons(0x8902);

    // get flags
    strcpy(ifr.ifr_name, if_name);   //必须先得到flags，才能得到index
    result = ioctl(fd, SIOCGIFFLAGS, &ifr);
    if (result != 0) {
        perror("ioctl error, get flags\n");
        return errno;
    }

    ifr.ifr_flags |= IFF_PROMISC;
    //设置网卡为混杂模式
    result = ioctl(fd, SIOCSIFFLAGS, &ifr);
    if (result != 0) {
        perror("ioctl error, set promisc\n");
        return errno;
    }

    result = ioctl(fd, SIOCGIFINDEX, &ifr);          //get index
    if (result != 0) {
        perror("ioctl error, get index\n");
        return errno;
    }
```

```
        sa.sll_ifindex = ifr.ifr_ifindex;
        result = bind(fd, (struct sockaddr*)&sa, sizeof(struct sockaddr_ll));
//bind fd
        if (result != 0) {
            perror("bind error\n");
            return errno;
        }


        //recvfrom
        while (1) {
            memset(buf, 0, sizeof(buf));
            n = recvfrom(fd, buf, sizeof(buf), 0, (struct sockaddr *)&sa_recv,
&sa_len);

            if (n < 0) {
                printf("recvfrom error, %d\n", errno);
                return errno;
            }
            printf("****************** recvfrom msg %d ***************\n",
++count);
            print_str16((unsigned char*)buf, n);

            eth = (struct ethhdr*)buf;
            //从eth里提取目的mac、源mac、协议号
            printf("proto=0x%04x,dst mac addr:%02x:%02x:%02x:%02x:%02x:%02x\n",
ntohs(eth->h_proto), eth->h_dest[0], eth->h_dest[1], eth->h_dest[2],
eth->h_dest[3], eth->h_dest[4], eth->h_dest[5]);
            printf("proto=0x%04x,src mac addr:%02x:%02x:%02x:%02x:%02x:%02x\n",
ntohs(eth->h_proto), eth->h_source[0], eth->h_source[1], eth->h_source[2],
eth->h_source[3], eth->h_source[4], eth->h_source[5]);

            print_sockaddr_ll(&sa_recv);
            printf("sa_len:%d\n", sa_len);
        }
        return 0;
    }
```

代码和上例几乎相同，只是多了设置混杂模式的步骤。保存代码为 recv.c，然后上传到主机 A
（1.1.1.10），编译并运行：

```
[root@localhost test]# g++ recv.cpp -o recv
[root@localhost test]# ./recv
```

此时，recv 程序静静地等待数据的到来。下面我们创建发送端的代码，打开 UE，输入代码如下：

```
#include <stdio.h>
#include <string.h>
#include <errno.h>
#include <sys/types.h>
#include <sys/socket.h>
```

```c
#include <netpacket/packet.h>
#include <net/if.h>
#include <net/if_arp.h>
#include <sys/ioctl.h>
#include <arpa/inet.h> //for htons

#define LEN     60


void print_str16(unsigned char buf[], size_t len)
{
    int     i;
    unsigned char   c;
    if (buf == NULL || len <= 0)
        return;
    for (i = 0; i < len; i++) {
        c = buf[i];
        printf("%02x", c);
    }
    printf("\n");
}
int main()
{
    int             result = 0;
    int             fd, n, count = 3, nsend = 0;
    char    buf[LEN];
    struct sockaddr_ll      sa;
    struct ifreq    ifr;
    char    if_name[] = "eno16777736";
/*
下面的dst_mac地址并不存在于主机A上，网络上也没有
*/
    char    dst_mac[6] = { 0x00,0x01, 0x01, 0x01, 0x01, 0x01 };
    char    src_mac[6];
    short   type = htons(0x8902);

    memset(&sa, 0, sizeof(struct sockaddr_ll));
    memset(buf, 0, sizeof(buf));

     //create socket
    fd = socket(PF_PACKET, SOCK_RAW, htons(0x8902));
    if (fd < 0) {
        printf("socket error, %d\n", errno);
        return errno;
    }

    //get index
    strcpy(ifr.ifr_name, if_name);
    result = ioctl(fd, SIOCGIFINDEX, &ifr);
```

```
        if (result != 0) {
            printf("get mac index error, %d\n", errno);
            return errno;
        }
        sa.sll_ifindex = ifr.ifr_ifindex;

        //get mac
        result = ioctl(fd, SIOCGIFHWADDR, &ifr);
        if (result != 0) {
            printf("get mac addr error, %d\n", errno);
            return errno;
        }
        memcpy(src_mac, ifr.ifr_hwaddr.sa_data, 6);

        //set buf
        memcpy(buf, dst_mac, 6);
        memcpy(buf + 6, src_mac, 6);
        memcpy(buf + 12, &type, 2);

        print_str16((unsigned char*)buf, sizeof(buf));
        //sendto
        while (count-- > 0) {
            n = sendto(fd, buf, sizeof(buf), 0, (struct sockaddr *)&sa,
sizeof(struct sockaddr_ll));
            if (n < 0) {
                printf("sendto error, %d\n", errno);
                return errno;
            }
            printf("sendto msg %d, len %d\n", ++nsend, n);
        }
        return 0;
}
```

代码也和上例一样，把发送端代码保存为 send.cpp，然后上传到主机 B，在命令行下编译并运行：

```
[root@localhost send]# ./send
000c293d9431000c29eec93e8902000000000000000000000000000000000000000000000
00000000000000000000000000000000000000000000
sendto msg 1, len 60
sendto msg 2, len 60
sendto msg 3, len 60
```

此时再看接收端主机 A，发现收到包了：

```
[root@localhost test]# ./recv
****************** recvfrom msg 1 ***************
000101010101000c29eec93e890200000000000000000000000000000000000000000000000
0000000000000000000000000000000000000000000000
proto=0x8902,dst mac addr:00:01:01:01:01:01
proto=0x8902,src mac addr:00:0c:29:ee:c9:3e
```

```
sll_family:1
sll_protocol:0
sll_ifindex:0
sll_hatype:64784
sll_pkttype:126
sll_halen:13
sll_addr:347f00008876a98bfc7f000076
sa_len:18
******************* recvfrom msg 2 ****************
000101010101000c29eec93e8902000000000000000000000000000000000000000000000
00000000000000000000000000000000000000000
proto=0x8902,dst mac addr:00:01:01:01:01:01
proto=0x8902,src mac addr:00:0c:29:ee:c9:3e
sll_family:17
sll_protocol:0x8902
sll_ifindex:0x2
sll_hatype:1
sll_pkttype:3
sll_halen:6
sll_addr:000c29eec93e
sa_len:18
****************** recvfrom msg 3 ****************
000101010101000c29eec93e8902000000000000000000000000000000000000000000000
00000000000000000000000000000000000000000
proto=0x8902,dst mac addr:00:01:01:01:01:01
proto=0x8902,src mac addr:00:0c:29:ee:c9:3e
sll_family:17
sll_protocol:0x8902
sll_ifindex:0x2
sll_hatype:1
sll_pkttype:3
sll_halen:6
sll_addr:000c29eec93e
sa_len:18
```

依然收到数据帧了，说明 B 发出的数据帧在网络上出现了，这样就被混杂的 A 捕获到了，而根本不去管是不是发往主机 A 的数据帧。

15.7.3 链路层原始套接字开发注意事项

在面向链路层的原始套接字一线实践开发中，有以下几点需要注意。

（1）原始套接字要尽量绑定网卡，因为收到的适合类型的报文除了会被分发给绑定在该网卡上的原始套接字外，还会分发给没有绑定网卡的原始套接字，如果原始套接字创建得较多，一个报文就会在软中断上下文中分发多次，影响性能。如果绑定了网卡，就只会收到发给网卡的数据帧，不是发送给网卡的就不需要再去接收了，减少了软中断次数。

（2）绑定网卡后的原始套接字还有另一个好处，就是可以直接调用 send 发送以太网帧；否则就需要在发送时调用 sendto/sendmsg 来额外指定网卡。大家应该还记得 sendto 函数中需要设置 struct sockaddr*参数，忘记了赶紧复习一下。绑定后，就可以用 send 函数发送了，该函数更简单。

（3）若只接收指定类型的二层报文，在调用 socket()创建时最好指定第 3 个参数的协议类型，而避免使用 ETH_P_ALL，因为 ETH_P_ALL 会接收所有类型的报文，而且还会将外发报文收回来，这样就需要做 BPF 过滤，比较影响性能。笔者以前在项目开发中因为用了 ETH_P_ALL，导致性能不高，还被嘲笑了，这点也是经验之谈。

（4）原始套接字编程必须是 root 用户。

（5）原始套接字不支持 connect()操作。

15.8　面向 IP 层的原始套接字编程

前面我们讲了面向链路层的原始套接字，可以在链路层上获取数据帧。现在我们讲解面向 IP 层的原始套接字，它可以获取网络层上的数据包。

要创建面向 IP 层的原始套接字，也是通过原始套接字创建函数 socket，只要指定 socket 函数的第一个参数为 AF_INET，第二个参数为 SOCK_RAW（如果第二个参数是 SOCK_STREAM，创建的就是 TCP 流式套接字；如果是 SOCK_DGRAM，创建的就是 UDP 数据报套接字，这两种都是标准套接字），就可以创建这种网络层的原始套接字，比如：

```
socket(AF_INET,SOCK_RAW,protocol);
```

AF_INET 表示获取从网络层开始的数据；protocol 字段定义在 netinet/in.h 中，常见的有 IPPROTO_TCP IPPROTO_UDP、IPPROTO_ICMP、IPPROTO_RAW。注意：构建网络层的原始套接字时，protocol 参数不能为 0（IPPROTO_IP），因为这样会导致系统不知道用哪种协议。另外，在这里 protocol 参数不需要 htons，这一点和链路层原始套接字不同。

当接收包时，表示用户获得完整的包含 IP 报头的数据包，即数据从 IP 报头开始算起。

当发送包时，用户只能发送包含 TCP 报头、UDP 报头或包含其他传输协议的报文，IP 报头以及以太网帧头则由内核自动加封。除非是设置了 IP_HDRINCL 的 socket 选项，即默认情况下，我们所构造的报文从 IP 首部之后的第一个字节开始，IP 首部由内核自己维护，首部中的协议字段会被设置为调用 socket()函数时传递给它的 protocol 字段。当开启 IP_HDRINCL 时，我们可以从 IP 首部第一个字节开始构造整个 IP 报文，其中 IP 首部中的标识字段和校验和字段总是内核自己维护的，开启 IP_HDRINCL 的模板代码如下：

```
const int on = 1;
if(setsockopt(fd,SOL_IP,IP_HDRINCL,&on,sizeof(int)) < 0)
{
    printf("set socket option error!\n");
}
```

下面的代码创建了一个网络层的原始套接字：

```
socket(AF_INET, SOCK_RAW, IPPROTO_TCP|IPPROTO_UDP|IPPROTO_ICMP);
```

该套接字可以接收协议类型为 TCP、UDP、ICMP 等发往本机的 IP 数据包，但不能收到不是发往本地 IP 的数据包（IP 软过滤会丢弃这些不是发往本机 IP 的数据包），而且不能收到从本机发送出去的数据包。发送时需要自己组织 TCP、UDP、ICMP 等头部，可以使用 setsockopt 来自己包装 IP 头部。

面向 IP 层的原始套接字的常用编程函数和链路层的原始套接字函数相同，这里就不再赘述。下面来看实例。

【例 15.12】获取网卡 IP 地址信息（原始套接字版）

（1）打开 UE，输入代码如下：

```
#include <string.h>
#include <sys/socket.h>
#include <sys/ioctl.h>
#include <net/if.h>
#include <stdio.h>
#include <netinet/in.h>
#include <arpa/inet.h>
int main()
{
    int inet_sock;
    struct ifreq ifr;   //定义网口请求结构体
    inet_sock = socket(AF_INET, SOCK_RAW, IPPROTO_TCP);
    strcpy(ifr.ifr_name, "eno16777736");
    //SIOCGIFADDR标志代表获取接口地址
    if (ioctl(inet_sock, SIOCGIFADDR, &ifr) < 0)
        perror("ioctl");
    printf("%s\n", inet_ntoa(((struct
sockaddr_in*)&(ifr.ifr_addr))->sin_addr));
    return 0;
}
```

代码中，首先创建一个原始套接字，然后把本机的一个网卡名字 "eno16777736" 赋值给 ifr.ifr_name，接着调用 ioctl 函数获取 SIOCGIFADDR 信息，即网络接口的 IP 地址信息。

（2）上传到 Linux，然后编译运行：

```
[root@localhost test]# g++ test.cpp -o test
[root@localhost test]# ./test
1.1.1.10
```

该 IP 是笔者 CentOS 7 的 eno16777736 网卡的 IP 地址。

【例 15.13】实现简单的 ping 功能

（1）打开 UE，输入代码如下：

```
#include <stdio.h>
#include <stdlib.h>
#include <string.h>
#include <errno.h>
```

```
#include <sys/socket.h>
#include <sys/types.h>
#include <netinet/in.h>
#include <arpa/inet.h>
#include <netdb.h>
#include <sys/time.h>
#include <netinet/ip icmp.h>
#include <unistd.h>
#include <signal.h>

#define MAX_SIZE 1024

char send buf[MAX SIZE];
char recv_buf[MAX_SIZE];
int nsend = 0, nrecv = 0;
int datalen = 56;

    //统计结果
void statistics(int signum)
{
    printf("\n----------------PING statistics----------------\n");
    printf("%d packets transmitted,%d recevid,%%%d lost\n", nsend, nrecv,
(nsend - nrecv) / nsend * 100);
    exit(EXIT SUCCESS);
}

    //校验和算法
int calc chsum(unsigned short *addr, int len)
{
    int sum = 0, n = len;
    unsigned short answer = 0;
    unsigned short *p = addr;

    //每两个字节相加
    while (n > 1)
    {
        sum += *p++;
        n -= 2;
    }

    //处理数据大小是奇数, 在最后一个字节后面补0
    if (n == 1)
    {
        *((unsigned char *)&answer) = *(unsigned char *)p;
        sum += answer;
    }

    //将得到的sum值的高2字节和低2字节相加
    sum = (sum >> 16) + (sum & 0xffff);

    //处理溢出的情况
    sum += sum >> 16;
    answer = ~sum;
```

```
        return answer;
    }

    int pack(int pack num)
    {
        int packsize;
        struct icmp *icmp;
        struct timeval *tv;

        icmp = (struct icmp *)send buf;
        icmp->icmp_type = ICMP_ECHO;
        icmp->icmp code = 0;
        icmp->icmp cksum = 0;
        icmp->icmp_id = htons(getpid());
        icmp->icmp seq = htons(pack num);
        tv = (struct timeval *)icmp->icmp data;

                //记录发送时间
        if (gettimeofday(tv, NULL) < 0)
        {
            perror("Fail to gettimeofday");
            return -1;
        }

        packsize = 8 + datalen;
        icmp->icmp cksum = calc_chsum((unsigned short *)icmp, packsize);

        return packsize;
    }

    int send packet(int sockfd, struct sockaddr *paddr)
    {
        int packsize;

        //将send_buf填上a
        memset(send buf, 'a', sizeof(send buf));

        nsend++;
        //打icmp包
        packsize = pack(nsend);

        if (sendto(sockfd, send buf, packsize, 0, paddr, sizeof(struct sockaddr))
< 0)
        {
            perror("Fail to sendto");
            return -1;
        }

        return 0;
    }

    struct timeval time sub(struct timeval *tv send, struct timeval *tv recv)
    {
        struct timeval ts;
```

```
        if (tv_recv->tv_usec - tv_send->tv_usec < 0)
        {
            tv_recv->tv_sec--;
            tv_recv->tv_usec += 1000000;
        }

        ts.tv_sec = tv_recv->tv_sec - tv_send->tv_sec;
        ts.tv_usec = tv_recv->tv_usec - tv_send->tv_usec;

        return ts;
    }

    int unpack(int len, struct timeval *tv_recv, struct sockaddr *paddr, char
*ipname)
    {
        struct ip *ip ;
        struct icmp *icmp ;
        struct timeval *tv_send,
         ts ;
        int ip_head_len ;
        float rtt ;

        ip = (struct ip *)recv_buf ;
        ip_head_len = ip->ip_hl << 2 ;
        icmp = (struct icmp *)(recv_buf + ip_head_len) ;

        len -= ip_head_len ;
        if(len < 8)
        {
            printf("ICMP packets\'s is less than 8.\n") ;
            return - 1 ;
        }

        if(ntohs(icmp->icmp_id) == getpid() && icmp->icmp_type == ICMP_ECHOREPLY)
        {
            nrecv++ ;
            tv_send = (struct timeval *)icmp->icmp_data ;
            ts = time_sub(tv_send, tv_recv) ;
            rtt = ts.tv_sec * 1000 + (float)ts.tv_usec / 1000 ;//以毫秒为单位
            printf("%d bytes from %s (%s):icmp_req = %d ttl=%d time=%.3fms.\n",
            len,
            ipname,
            inet_ntoa(((struct sockaddr_in *)paddr)->sin_addr),
            ntohs(icmp->icmp_seq),
            ip->ip_ttl,
            rtt) ;
        }

        return 0 ;
    }

    int recv_packet(int sockfd, char *ipname)
    {
```

```
        socklen t addr len,
         n ;
        struct timeval tv ;
        struct sockaddr from addr ;

        addr len = sizeof(struct sockaddr) ;
        if((n = recvfrom(sockfd, recv buf, sizeof(recv buf), 0,&from addr,
&addr len)) < 0)
            {
            perror("Fail to recvfrom") ;
            return - 1 ;
            }

        if(gettimeofday(&tv, NULL) < 0)
        {
            perror("Fail to gettimeofday") ;
            return - 1 ;
        }

        unpack(n, &tv, &from_addr, ipname) ;

        return 0 ;
    }


    int main(int argc, char *argv[])
    {
        int size = 50 * 1024 ;
        int sockfd,
        netaddr ;
        struct protoent *protocol ;
        struct hostent *host ;
        struct sockaddr in peer addr ;

        if(argc < 2)
        {
            fprintf(stderr, "usage : %s ip.\n", argv[0]) ;
            exit(EXIT FAILURE) ;
        }

        //获取icmp的信息
        if((protocol = getprotobyname("icmp")) == NULL)
        {
            perror("Fail to getprotobyname") ;
            exit(EXIT FAILURE) ;
        }

        //创建原始套接字
        if((sockfd = socket(AF INET, SOCK RAW, protocol->p proto)) < 0)
        {
            perror("Fail to socket") ;
            exit(EXIT FAILURE) ;
        }
```

```
        //回收root权限，设置当前用户权限
        setuid(getuid()) ;


//扩大套接字接收缓冲区到50KB（见size的定义），这样做主要是为了减少接收缓冲区溢出的可能性

        if(setsockopt(sockfd, SOL SOCKET, SO RCVBUF, &size, sizeof(size)) < 0)
        {
            perror("Fail to setsockopt") ;
            exit(EXIT FAILURE) ;
        }

        //填充对方的地址
        bzero(&peer_addr, sizeof(peer_addr)) ;
        peer addr.sin family = AF INET ;
        //判断是主机名(域名)还是ip
        if((netaddr = inet_addr(argv[1])) == INADDR_NONE)
        {
            //是主机名（域名）
            if((host = gethostbyname(argv[1])) == NULL)
            {
                fprintf(stderr, "%s unknown host : %s.\n", argv[0], argv[1]) ;
                exit(EXIT_FAILURE) ;
            }

            memcpy((char *)&peer_addr.sin_addr, host->h_addr, host->h_length) ;

        }else {//ip地址
            peer_addr.sin_addr.s_addr = netaddr ;
        }

        //注册信号处理函数
        signal(SIGALRM, statistics) ;
        signal(SIGINT, statistics) ;
        alarm(5) ;

        //打印开始信息
        printf("PING %s(%s) %d bytes of data.\n", argv[1],
inet ntoa(peer addr.sin addr), datalen) ;

        //发送包文和接收报文
        while(1)
        {
            send_packet(sockfd, (struct sockaddr *)&peer_addr) ;
            recv packet(sockfd, argv[1]) ;
            alarm(5) ;
            sleep(1) ;
        }

        exit(EXIT_SUCCESS) ;
    }
```

在代码中，主要实现了 ICMP 的一些协议，如果不熟悉，可以参考前面第 11 章的内容，对于

ICMP 协议讲述得相当详细，大家可以和代码结合起来看，必定有所收获。

ping（packet internet groper）命令通常用来测试本机与目标主机的连通性。Linux 和 Windows 都提供了此命令，但两者也有不同之处，比如 Linux 下的 ping 不会自动终止，需要按 Ctrl+C 键终止或者用参数-c 指定要求完成的回应次数。基本工作原理是向网络上的目标主机发送 ICMP 报文，如果目标主机收到报文，则把报文原样传回给源主机。向目标主机发送的 ICMP 数据包被称为 echo_request（回声_请求）包，而之后被返回的数据包则叫作 echo_response（回声_响应）。

这里的 ping 程序使用的格式为：./test ip。

（2）保存代码为 test.cpp，然后上传到 Linux，在命令行下编译运行：

```
[root@localhost test]# g++ test.cpp -o test
[root@localhost test]# ./test 1.1.1.1
PING 1.1.1.1(1.1.1.1) 56 bytes of data.
64 bytes from 1.1.1.1 (1.1.1.1):icmp_req = 1 ttl=128 time=0.706ms.
64 bytes from 1.1.1.1 (1.1.1.1):icmp_req = 2 ttl=128 time=1.134ms.
64 bytes from 1.1.1.1 (1.1.1.1):icmp_req = 3 ttl=128 time=1.436ms.
64 bytes from 1.1.1.1 (1.1.1.1):icmp_req = 4 ttl=128 time=1.148ms.
64 bytes from 1.1.1.1 (1.1.1.1):icmp_req = 5 ttl=128 time=1.423ms.
64 bytes from 1.1.1.1 (1.1.1.1):icmp_req = 6 ttl=128 time=1.109ms.
```

第16章　C++网络性能测试工具iPerf的简析

16.1　iPerf 概述

　　iPerf 是美国伊利诺斯大学（University of Illinois）开发的一种网络性能测试工具，可以用来测试网络节点间 TCP 或 UDP 连接的性能，包括带宽、延时抖动（jitter，适用于 UDP）以及误码率（适用于 UDP）等。iPerf 工具对学习 C++编程和网络编程具有相当重要的借鉴意义。学习一定不能闭门造车，要学习各种优秀的开源工具。

　　iPerf 开始出现的时候是在 2003 年，最初的版本是 1.7.0，该版本使用 C++编写，后面到了 iPerf2 版本，是 C++和 C 结合编写的，现在一个法国人团队另起炉灶，重构出了不向下兼容的 iPerf3。C++开发者要学习 iPerf 源代码，最好用 1.7.0 版本。iPerf 的官方网站地址为：https://iperf.fr/，源代码可以在上面下载。

16.2　iPerf 的特点

　　iPerf 有以下特点：

　　（1）开源，每个版本的源代码都能进行下载和学习。
　　（2）跨平台，支持 Windows、Linux、MacOS、Android 等主流平台。
　　（3）支持 TCP、UDP 协议，包括 IPV4 和 IPV6，最新的 iPerf 还支持 SCTP 协议。如果使用 TCP 协议，iPerf 可以测试网络带宽、报告 MSS（最大报文段长度）和 MTU（最大传输单元）的大小，支持通过套接字缓冲区修改 TCP 窗口大小，支持多线程并发。如果使用 UDP 协议，客户端可创建指定大小的带宽流、统计数据包丢失和延迟抖动率等信息。

16.3　iPerf 的工作原理

　　iPerf 是基于 Server-Client 模式实现的。在测量网络参数时，iPerf 区分听者和说者两种角色。说者向听着发送一定量的数据，由听者统计并记录带宽、延迟抖动等参数。说者的数据全部发送完成后，听者通过向说者回送一个数据包，将测量数据告知说者。这样，在听者和说者两边都可以显示记录的数据。如果网络过于拥塞或误码率较高，当听者回送的数据包无法被说者收到时，说者就无法显示完整的测量数据，而只能报告本地记录的部分网络参数，如发送的数据量、发送时间、发送带宽等，像延时抖动等参数在说者一侧则无法获得。

iPerf 提供 3 种测量模式：normal、tradeoff、dualtest。对于每一种模式，用户都可以通过 -P 选项指定同时测量的并行线程数。下面假设用户设定的并行线程数为 P 个。

在 normal 模式下，Client 生成 P 个说者线程，并行向 Server 发送数据。Server 每接收到一个说者的数据，就生成一个听者线程，负责与该说者间的通信。Client 有 P 个并行的说者线程，而 Server 端有 P 个并行的听者线程（针对这一 Client），两者之间共有 P 个连接同时收发数据。测量结束后，Server 端的每个听者向自己对应的说者回送测得的网络参数。

在 tradeoff 模式下，首先进行 normal 模式下的测量过程。然后 Server 和 Client 互换角色。Server 生成 P 个说者，同时向 Client 发送数据。Client 对应每个说者生成一个听者接收数据并测量参数。最后由 Client 端的听者向 Server 端的说者回馈测量结果。这样就可以测量两个方向上的网络参数了。

dualtest 模式同样可以测量两个方向上的网络参数，与 tradeoff 模式的不同在于，在 dualtest 模式下，由 Server 到 Client 方向上的测量与由 Client 到 Server 方向上的测量是同时进行的。Client 生成 P 个说者和 P 个听者，说者向 Server 端发送数据，听者等待接收 Server 端的说者发来的数据。Server 端也进行相同的操作。在 Server 端和 Client 端之间同时存在 2P 个网络连接，其中有 P 个连接的数据由 Client 流向 Server，另外 P 个连接的数据由 Server 流向 Client。因此，dualtest 模式需要的测量时间是 tradeoff 模式的一半。

在 3 种模式下，除了 P 个听者或说者进程外，在 Server 和 Client 两侧均存在一个监控线程（monitor thread）。监控线程的作用包括：

（1）生成说者或听者线程。
（2）同步所有说者或听者的动作（开始发送、结束发送等）。
（3）计算并报告说有说者或听者的累计测量数据。

在监控线程的控制下，所有 P 个线程间都可以实现同步和信息共享。说者线程或听者线程向一个公共的数据区写入测量数据（此数据区位于实现监控线程的对象中），由监控线程读取并处理。通过互斥锁（mutex）实现对该数据区的同步访问。

Server 可以同时接收来自不同 Client 的连接，这些连接是通过 Client 的 IP 地址标识的。Server 将所有 Client 的连接信息组织成一个单向链表，每个 Client 对应链表中的一项，该项包含该 Client 的地址结构（sockaddr）以及实现与该 Client 对应的监控线程的对象（我们称它为监控对象），所有与此 Client 相关的听者对象和说者对象都是由该监控线程生成的。

16.4　iPerf 的主要功能

对于 TCP，有以下几个主要功能：

（1）测量网络带宽。
（2）报告 MSS/MTU 值的大小和观测值。

（3）支持 TCP 窗口值通过套接字缓冲。

（4）当 P 线程或 Win32 线程可用时，支持多线程。客户端与服务端支持同时多重连接。

对于 UDP，有以下几个主要功能：

（1）客户端可以创建指定带宽的 UDP 流。

（2）测量丢包。

（3）测量延迟。

（4）支持多播。

（5）当 P 线程可用时，支持多线程。客户端与服务端支持同时多重连接（不支持 Windows）。

其他功能：

（1）在适当的地方，选项中可以使用 K 和 M。例如，131072 字节可以用 128K 代替。

（2）可以指定运行的总时间，甚至可以设置传输的数据总量。

（3）在报告中，为数据选用最合适的单位。

（4）服务器支持多重连接，而不是等待一个单线程测试。

（5）在指定时间间隔重复显示网络带宽、波动和丢包情况。

（6）服务器端可作为后台程序运行。

（7）服务器端可作为 Windows 服务运行。

（8）使用典型数据流来测试链接层压缩对于可用带宽的影响。

（9）支持传送指定文件，可以定性和定量测试。

16.5　在 Linux 下安装 iPerf

对于 Linux，可以登录官网（https://iperf.fr/iperf-download.php#source），然后下载 1.7.0 版本的安装程序（iperf-1.7.0-source.tar.gz），使用下列命令进行安装：

```
[root@localhost iperf-1.7.0]# tar  -zxvf iperf-1.7.0-source.tar.gz
[root@localhost soft]# cd iperf-1.7.0/
[root@localhost soft]#make
[root@localhost soft]#make install
```

先解压，然后编译和安装。

安装完毕后，在命令行下可以直接输入 iPerf 命令，比如查看帮助：

```
[root@localhost iperf-1.7.0]# iperf -h
Usage: iperf [-s|-c host] [options]
       iperf [-h|--help] [-v|--version]

Client/Server:
  -f, --format    [kmKM]    format to report: Kbits, Mbits, KBytes, MBytes
  -i, --interval  #         seconds between periodic bandwidth reports
```

```
-l, --len       #[KM]   length of buffer to read or write (default 8 KB)
-m, --print_mss         print TCP maximum segment size (MTU - TCP/IP header)
-p, --port      #       server port to listen on/connect to
-u, --udp               use UDP rather than TCP
-w, --window    #[KM]   TCP window size (socket buffer size)
-B, --bind      <host>  bind to <host>, an interface or multicast address
-C, --compatibility     for use with older versions does not sent extra msgs
-M, --mss       #       set TCP maximum segment size (MTU - 40 bytes)
-N, --nodelay           set TCP no delay, disabling Nagle's Algorithm
-V, --IPv6Version       Set the domain to IPv6

Server specific:
 -s, --server            run in server mode
 -D, --daemon            run the server as a daemon

Client specific:
 -b, --bandwidth #[KM]   for UDP, bandwidth to send at in bits/sec
                         (default 1 Mbit/sec, implies -u)
 -c, --client    <host>  run in client mode, connecting to <host>
 -d, --dualtest          Do a bidirectional test simultaneously
 -n, --num       #[KM]   number of bytes to transmit (instead of -t)
 -r, --tradeoff          Do a bidirectional test individually
 -t, --time      #       time in seconds to transmit for (default 10 secs)
 -F, --fileinput <name>  input the data to be transmitted from a file
 -I, --stdin             input the data to be transmitted from stdin
 -L, --listenport #      port to recieve bidirectional tests back on
 -P, --parallel  #       number of parallel client threads to run
 -T, --ttl       #       time-to-live, for multicast (default 1)

Miscellaneous:
 -h, --help              print this message and quit
 -v, --version           print version information and quit

[KM] Indicates options that support a K or M suffix for kilo- or mega-

The TCP window size option can be set by the environment variable
TCP WINDOW SIZE. Most other options can be set by an environment variable
IPERF_<long option name>, such as IPERF BANDWIDTH.

Report bugs to <dast@nlanr.net>
```

说明安装成功了。

16.6 iPerf 的简单使用

在分析源代码之前，我们需要学会 iPerf 的简单使用。iPerf 是一个服务器/客户端运行模式的程序。因此使用的时候，需要在服务器端运行 iPerf，也需要在客户端运行 iPerf。简单的网络拓扑图如图 16-1 所示。

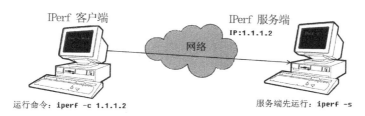

IPerf 客户端　　　　　　　　　　　　　IPerf 服务端
　　　　　　　　　　网络　　　　　　IP:1.1.1.2

运行命令：`iperf -c 1.1.1.2`　　　　　　　服务端先运行：`iperf -s`

图 16-1

右边是服务端，在命令行下使用 iperf 加参数-s，左边是客户端，运行时加上-c 和服务器的 IP 地址。iPerf 通过选项-c 和-s 决定其当前是作为客户端程序还是作为服务端程序运行，当作为客户端程序运行时，-c 后面必须带所连接对端服务器的 IP 地址或域名。经过一段测试时间（默认为 10 秒）后，在 Server 端和 Client 端就会打印出网络连接的各种性能参数。iPerf 作为一种功能完备的测试工具，还提供了各种选项，例如建立 TCP 连接还是 UDP 连接、测试时间、测试应传输的字节总数、测试模式等。而测试模式又分为单项测试（Normal Test）、同时双向测试（Dual Test）和交替双向测试（Tradeoff Test）。此外，用户可以指定测试的线程数。这些线程各自独立完成测试，并可报告各自的以及汇总的统计数据。我们可以用虚拟机软件 VMware 来模拟两台主机，在 VMware 下建立两个 Linux 操作系统即可，并且确保能互相 ping 通，而且要关闭两端防火墙：

```
[root@localhost iperf-1.7.0]# firewall-cmd --state
running
[root@localhost iperf-1.7.0]# systemctl stop firewalld
[root@localhost iperf-1.7.0]# firewall-cmd --state
not running
```

其中，firewall-cmd --state 用来查看防火墙的当前运行状态，systemctl stop firewalld 用来关闭防火墙。

具体使用 iPerf 的时候，一台当作服务器，另一台当作客户机。在服务器端输入命令：

```
[root@localhost iperf-1.7.0]# iperf -s
------------------------------------------------------------
Server listening on TCP port 5001
TCP window size: 85.3 KByte (default)
------------------------------------------------------------
```

此时服务器就处于监听等待状态了。接着在客户端输入命令：

```
[root@localhost iperf-1.7.0]# iperf -c 1.1.1.2
```

其中，1.1.1.2 是服务端的 IP 地址。

16.7　iPerf 源代码概述

iPerf 是用 C++语言实现的，对设计中的各种结构和功能单元都按照面向对象的思想进行建模。它主要用到 Linux 系统编程中两个主要的部分：Socket 网络编程和多线程编程。因此，通过分析 iPerf

的源代码,我们就可以在实际的例子中学习面向对象编程、Socket 网络编程以及多线程编程的技术。同时,iPerf 实现的功能比较简单,代码并不复杂。因此,iPerf 是我们研究 Linux 系统编程技术的一个很好的学习对象。

这里我们分析的是 1.7.0 版本的源代码。值得注意的是,iPerf 的源代码中既包含对应于 UNIX 的部分,也包含对应于 Windows 的部分。这两部分是通过条件编译的预处理语句分别编译的。下面仅对 UNIX 部分的代码进行分析。

在开发 iPerf 的过程中,开发者把 Socket 编程和多线程编程中经常用到的一些系统调用封装成对象,屏蔽了底层函数的复杂接口,提供了模块化和面向对象的机制,也提供了一些非常实用的编程工具,我们可以在实现自己的程序时复用这些类。由于这些类实现的源代码都比较简单,因此为我们修改前人的代码实现自己的功能提供了方便。

这些类的定义与实现都在源代码文件夹的 lib 子文件夹下。主要包括以下一些对象。

- SocketAddr 类: 封装了 Socket 接口中的网络地址结构(sockaddr_in 等)以及各种地址转换的系统调用(gethostbyname、gethostbyaddr、inet_ntop 等)。
- Socket 类: 封装了 socket 文件描述符,以及 socket、listen、connect 等系统调用。
- Mutex 类以及 Condition 类: 封装了 POSIX 标准中的 mutex 和 condition(条件变量)线程同步机制。
- Thread 类: 封装了 POSIX 标准中的多线程机制,提供了一种简单易用的线程模型。
- Timestamp 类: 通过 UNIX 系统调用 gettimeofday 实现了一个时间戳对象,提供了获得当前时间戳、计算两个时间戳之间的先后关系等方法。

此外,在 lib 文件夹中还包括一些 iPerf 的实现提供的实用工具函数,包括 endian.c 文件中的字节序转换函数、gnu_getopt 文件中的命令行参数处理函数、snprintf 文件中的字符串格式化函数、signal.c 文件中的与信号处理有关的函数、string.c 文件中的字符处理函数、tcp_window_size.c 文件中的 TCP 窗口大小处理函数等。

16.8　Thread 类

Thread 类封装了 POSIX 标准中的多线程机制,提供了一种简单易用的线程模型。Thread 类是 iPerf 实现中比较重要的类,是 iPerf 实现多线程并行操作的核心。

Thread 类的定义在文件 lib/Thread.hpp 中,其实现位于 lib/Thread.cpp 中。

```
/* ------------------------------------------------------------------- */
class Thread {
public:
    Thread( void );
    virtual ~Thread();
    // start or stop a thread executing
    void Start( void );
    void Stop( void );
```

```
    // run is the main loop for this thread
    // usually this is called by Start(), but may be called
    // directly for single-threaded applications.
    virtual void Run( void ) = 0;
    // wait for this or all threads to complete
    void Join( void );
    static void Joinall( void );
    void DeleteSelfAfterRun( void ) {
        mDeleteSelf = true;
    }
    // set a thread to be daemon, so joinall won't wait on it
    void SetDaemon( void );
    // returns the number of user (i.e. not daemon) threads
    static int NumUserThreads( void ) {
        return sNum;
    }
    static nthread_t GetID( void );
    static bool EqualID( nthread_t inLeft, nthread_t inRight );
    static nthread_t ZeroID( void );
protected:
    nthread_t mTID;
    bool mDeleteSelf;
    // count of threads; used in joinall
    static int sNum;
    static Condition sNum_cond;
private:
    // low level function which calls Run() for the object
    // this must be static in order to work with pthread_create
    static void*        Run_Wrapper( void* paramPtr );
}; // end class Thread
```

16.8.1　数据成员说明

mTID 记录本线程的线程 ID。

mDeleteSelf 通过方法 DeleteSelfAfterRun 设置来说明是否在线程结束后释放属于该现程的变量。

sNum 是一个静态变量，即为所有的 Thread 实例所共有。该变量记录所生成的线程的总数。Thread 对象的 Joinall 方法通过该变量判断所有的 Thread 实例是否执行结束。

sNum_cond 用来同步对 sNum 操作的条件变量，也是一个静态变量。

16.8.2　主要函数成员

1. Start 方法

该方法的代码如下：

```
/* --------------------------------------------------------------------
 * Start the object's thread execution. Increments thread
 * count, spawns new thread, and stores thread ID.
```

```
 * ------------------------------------------------------------------ */
void Thread::Start( void ) {
    if ( EqualID( mTID, ZeroID() ) ) {
        // increment thread count
        sNum_cond.Lock();
        sNum++;
        sNum_cond.Unlock();
        Thread* ptr = this;
        // pthreads -- spawn new thread
        int err = pthread_create( &mTID, NULL, Run_Wrapper, ptr );
        FAIL( err != 0, "pthread_create" );
    }
} // end Start
```

该函数首先通过 Num++记录一个新线程的产生，之后通过 pthread_create 系统调用产生一个新
线程。新线程执行 Run_Wrapper 函数，并把 ptr 指针作为参数。原线程在判断 pthread_create 是否
成功后退出 Start 函数。

2. Stop 方法

该方法的代码如下：

```
/* ------------------------------------------------------------------
 * Stop the thread immediately. Decrements thread count and
 * resets the thread ID.
 * ------------------------------------------------------------------ */
void Thread::Stop( void ) {
    if ( ! EqualID( mTID, ZeroID() ) ) {
        // decrement thread count
        sNum_cond.Lock();
        sNum--;
        sNum_cond.Signal();
        sNum_cond.Unlock();
        nthread_t oldTID = mTID;
        mTID = ZeroID();
        // exit thread
        // use exit()   if called from within this thread
        // use cancel() if called from a different thread
        if ( EqualID( pthread_self(), oldTID ) ) {
            pthread_exit( NULL );
        } else {
            // Cray J90 doesn't have pthread_cancel; Iperf works okay without
            pthread_cancel( oldTID );
        }
    }
} // end Stop
```

函数首先通过 sNum--记录一个线程执行结束，并通过 sNum_cond 的 Signal 方法激活 wait 在
sNum_cond 的线程（某个主线程会调用 Joinall 方法，等待全部线程的结束，在 Joinall 方法中通过

sNum_cond.Wait()在 sNum_cond 条件变量上等待）。若结束的线程是自身，则调用 pthread_exit 函数结束，否则调用 pthread_cancel 函数。注意：传统的 exit 函数会结束整个进程（即该进程的全部线程）的运行，而 pthread_exit 函数仅结束该线程的运行。

3. Run_Wrapper 方法

该方法的代码如下：

```
/* -------------------------------------------------------------
 * Low level function which starts a new thread, called by
 * Start(). The argument should be a pointer to a Thread object.
 * Calls the virtual Run() function for that object.
 * Upon completing, decrements thread count and resets thread ID.
 * If the object is deallocated immediately after calling Start(),
 * such as an object created on the stack that has since gone
 * out-of-scope, this will obviously fail.
 * [static]
 * ------------------------------------------------------------- */
void*
Thread::Run_Wrapper( void* paramPtr ) {
    assert( paramPtr != NULL );
    Thread* objectPtr = (Thread*) paramPtr;
    // run (pure virtual function)
    objectPtr->Run();
#ifdef HAVE_POSIX_THREAD
    // detach Thread. If someone already joined it will not do anything
    // If noone has then it will free resources upon return from this
    // function (Run_Wrapper)
    pthread_detach(objectPtr->mTID);
#endif
    // set TID to zero, then delete it
    // the zero TID causes Stop() in the destructor not to do anything
    objectPtr->mTID = ZeroID();
    if ( objectPtr->mDeleteSelf ) {
        DELETE_PTR( objectPtr );
    }
    // decrement thread count and send condition signal
    // do this after the object is destroyed, otherwise NT complains
    sNum_cond.Lock();
    sNum--;
    sNum_cond.Signal();
    sNum_cond.Unlock();
    return NULL;
} // end run_wrapper
```

该方法是一个外包函数（wrapper），其主要功能是调用本实例的 Run 方法。实际上，Run_Wrapper 是一个静态成员函数，是为所有的 Thread 实例所共有的，因此无法使用 this 指针。调用 Run_Wrapper 的 Thread 通过参数 paramPtr 指明具体的 Thread 实例。在 Run 返回之后，通过 pthread_detach 使该线程在运行结束以后可以释放资源。Joinall 函数通过监视 sNum 的数值等待所有线程运行结束，而并非通过 pthread_join 函数。在完成清理工作后，Run_Wrapper 减少 sNum 的值，并通过 sNum_cond.Signal 函数通知在 Joinall 中等待的线程。

4. Run 方法

从 Run 方法的声明中知道，该方法是一个纯虚函数，因此 Thread 是一个抽象基类，主要作用是为其派生类提供统一的对外接口。在 Thread 的派生类中，像 iPerf 中的 Server、Client、Speader、Audience、Listener 等类都会为 Run 提供特定的实现，以完成不同的功能，这是对面向对象设计多态特性的运用。Thread 函数通过 Run 方法提供了一个通用的线程接口。大家可以想一下，为什么要通过 Run_Wrapper 函数间接地调用 Run 函数呢？首先，Thread 的各派生类完成的功能不同，但它们都是 Thread 的实例，都有一些相同的工作要做，如初始化和清理等。在 Run_Wrapper 中实现这些作为 Thread 实例所应有的相同功能，在 Run 函数中实现派生类各自不同的功能，是比较合理的设计。

更重要的是，由于要通过 Pthread_create 函数调用 Run_Wrapper 函数，因此 Run_Wrapper 函数必须是一个静态成员，无法使用 this 指针区分运行 Run_Wrapper 函数的具体实例，也就无法利用多态的特性。而这个问题可以通过把 this 指针作为 Run_Wrapper 函数的参数，并在 Run_Wrapper 中显式调用具有多态特性的 Run 函数来解决。

这种使用一个 wrapper 函数的技术为我们提供了一种将 C++面向对象编程和传统的 Linux 系统调用相结合的思路。

5. Joinall 方法和 SetDaemon 方法

其代码如下：

```
/* --------------------------------------------------------------
 * Wait for all thread object's execution to complete. Depends on the
 * thread count being accurate and the threads sending a condition
 * signal when they terminate.
 * [static]
 * -------------------------------------------------------------- */
void Thread::Joinall( void ) {
   sNum_cond.Lock();
   while ( sNum > 0 ) {
      sNum_cond.Wait();
   }
   sNum_cond.Unlock();
} // end Joinall
/* --------------------------------------------------------------
 * set a thread to be daemon, so joinall won't wait on it
 * this simply decrements the thread count that joinall uses,
 * which is not a thorough solution, but works for the moment
 * -------------------------------------------------------------- */
void Thread::SetDaemon( void ) {
   sNum_cond.Lock();
   sNum--;
```

```
    sNum_cond.Signal();
    sNum_cond.Unlock();
}
```

由这两个方法的实现可见，Thread 类是通过计数器 sNum 监视运行的线程数的。线程开始前 sNum 加一，线程结束后（Stop 方法和 Run_Wrapper 方法末尾）sNum 减一。Joinall 通过条件变量类的实例 sNum_cond 的 Wait 方法等待 sNum 的值改变。而 SetDaemon 的目的是使调用线程不再受主线程 Joinall 的约束，只是简单地把 sNum 减一就可以了。

16.9　SocketAddr 类

SocketAddr 类定义在 lib/SocketAddr.hpp 中，实现在 lib/SocketAddr.cpp 中。SocketAddr 类封装了网络通信中经常用到的地址结构以及在这些结构上进行的操作。地址解析也是在 SocketAddr 的成员函数中完成的。

首先说明一下 Socket 编程中用于表示网络地址的数据结构。网络通信中的端点地址一般可以表示为（地址簇，该簇中的端点地址）。Socket 接口系统中用来表示通用网络地址的数据结构是 sockaddr：

```
struct sockaddr {   /* struct to hold an address */
    u_char  sa_len    /* total length     */
    u_short sa_family;  /* type of address    */
    char sa_data[14]; /* value of address    */
};
```

其中，sa_family 表示地址所属的地址簇，TCP/IP 协议的地址簇用常量 AF_INET 表示，而 UNIX 命名管道的地址簇用常量 AF_UNIX 表示。

使用 Socket 的每个协议簇都精确定义了自己的网络端点地址，并在头文件中提供了相应的结构声明。用来表示 TCP/IP 地址的数据结构如下：

```
struct sockaddr_in {
    u_char  sin_len;  /* total length     */
    u_short  sin_family;  /* type of address    */
    u_short  sin_port;  /* protocol port number  */
    struct  in_addr sin_addr; /* IP address    */
    char sin_zero[8];  /* unused (set to zero)  */
}
```

其中，sin_len、sin_family 和 sockaddr 结构中的 sa_len 以及 sa_family 表示相同的数据。结构 sockaddr_in 将 sockaddr 中通用的端点地址 sa_data（14 字节长）针对 TCP/IP 的地址结构做了细化，分为 8bit 的端口地址 sin_port 和 32bit 的 IP 地址。在 Linux 系统中，结构 in_addr 的定义如下：

```
struct in_addr {
    unsigned long s_addr;  /* IP address */
}
```

可见，结构 in_addr 仅有一个成员，表示一个 32bit 的数据，即 IP 地址。对于通用地址结构中的其余 bit，填充 0。

Socket 接口中的很多函数都是为通用的网络地址结构设计的。例如，我们既可以用 bind 函数将一个 socket 绑定到一个 TCP/IP 的端口上，也可以用 bind 函数将一个 socket 绑定到一个 UNIX 命名管道上。因此，像 bind、connect、recvfrom、sendto 等函数都要求一个 sockaddr 结构作为指名地址的参数。这时，我们就要使用强制类型转换把表示 IP 地址的 sockaddr_in 结构转换为 sockaddr 结构进行函数调用。但实际上，sockaddr 和 sockaddr_in 结构表示的均是同一地址。它们在内存中对应的区域是重合的。

SockedAddr 类的功能比较单一，成员变量 mAddress 就是 SockedAddr 的实例所表示的 TCP/IP 端口地址（包括 IP 地址和 TCP/UDP 端口号）。类声明 mAddress 为 iperf_sockaddr 类型的变量，而在文件/lib/headers.h 中，有：

```
typedef sockaddr_in iperf_sockaddr
```

因此，iperf_sockaddr 实际上就是 sockaddr_in 类型的变量。SockedAddr 的成员函数都是对 mAddress 进行读取或修改的操作。比较复杂的成员函数是 setHostname，它完成了地址解析的过程，源代码如下（已将不相关部分删除）：

```
/* -------------------------------------------------------------
 * Resolve the hostname address and fill it in.
 * ------------------------------------------------------------- */

void SocketAddr::setHostname( const char* inHostname ) {

    assert( inHostname != NULL );

    mIsIPv6 = false;
    mAddress.sin_family = AF_INET;
    // first try just converting dotted decimal
    // on Windows gethostbyname doesn't understand dotted decimal
    int rc = inet_pton( AF_INET, inHostname, (unsigned
char*)&(mAddress.sin_addr) );
    if ( rc == 0 ) {
        struct hostent *hostP = gethostbyname( inHostname );
        if ( hostP == NULL ) {
            /* this is the same as herror() but works on more systems */
            const char* format;
            switch ( h_errno ) {
                case HOST_NOT_FOUND:
                    format = "%s: Unknown host\n";
                    break;
                case NO_ADDRESS:
                    format = "%s: No address associated with name\n";
                    break;
                case NO_RECOVERY:
                    format = "%s: Unknown server error\n";
```

```
                        break;
            case TRY_AGAIN:
                format = "%s: Host name lookup failure\n";
                break;

            default:
                format = "%s: Unknown resolver error\n";
                break;
        }
        fprintf( stderr, format, inHostname );
        …
```

16.10　Socket **类**

Socket 的定义和实现分别在文件 Socket.hpp 和 Socket.cpp 中。它的主要功能是封装 socket 文件描述符、此 Socket 对应的端口号以及 socket 接口中的 listen、accept、connect 和 close 等函数，为用户提供了一个简单易用而又统一的接口。同时作为其他派生类的基类。

Socket 类的定义如下：

```
 *  -------------------------------------------------------------------
 * A parent class to hold socket information. Has wrappers around
 * the common listen, accept, connect, and close functions.
 *  ------------------------------------------------------------------- */

#ifndef SOCKET_H
#define SOCKET_H

#include "headers.h"
#include "SocketAddr.hpp"

/* ------------------------------------------------------------------- */
class Socket {
public:
    // stores server port and TCP/UDP mode
    Socket( unsigned short inPort, bool inUDP = false );

    // destructor
    virtual ~Socket();

protected:
    // get local address
    SocketAddr getLocalAddress( void );

    // get remote address
    SocketAddr getRemoteAddress( void );

    // server bind and listen
```

```
    void Listen( const char *inLocalhost = NULL, bool isIPv6 = false );

    // server accept
    int Accept( void );

    // client connect
    void Connect( const char *inHostname, const char *inLocalhost = NULL );

    // close the socket
    void Close( void );

    // to put setsockopt calls before the listen() and connect() calls
    virtual void SetSocketOptions( void ) {
    }

    // join the multicast group
    void McastJoin( SocketAddr &inAddr );

    // set the multicast ttl
    void McastSetTTL( int val, SocketAddr &inAddr );

    int    mSock;            // socket file descriptor (sockfd)
    unsigned short mPort;    // port to listen to
    bool   mUDP;             // true for UDP, false for TCP

}; // end class Socket

#endif // SOCKET_H
```

Socket 类主要提供了 4 个函数：Listen、Accept、Connect 和 Close。getLocalAddress 和 GetRemoteAddress 的作用分别是获得 Socket 本端的地址和对端的地址，两个函数均返回一个 SocketAddr 实例。SetSocketOptions 的作用是设置 Socket 的属性，它是一个虚函数，因此不同 Socket 的派生类在实现此函数时会执行不同的操作。下面重点介绍 Socket 类的几个函数的实现。

16.10.1 Listen 函数

该函数的代码如下：

```
/* -----------------------------------------------------------------
 * Setup a socket listening on a port.
 * For TCP, this calls bind() and listen().
 * For UDP, this just calls bind().
 * If inLocalhost is not null, bind to that address rather than the
 * wildcard server address, specifying what incoming interface to
 * accept connections on.
 * ----------------------------------------------------------------- */

void Socket::Listen( const char *inLocalhost, bool isIPv6 ) {
  int rc;
```

```
        SocketAddr serverAddr( inLocalhost, mPort, isIPv6 );

        // create an internet TCP socket
        int type = (mUDP ? SOCK_DGRAM : SOCK_STREAM);
        int domain = (serverAddr.isIPv6() ?
#ifdef IPV6
                      AF_INET6
#else
                      AF_INET
#endif
                      : AF_INET);

        mSock = socket( domain, type, 0 );
        FAIL_errno( mSock == INVALID_SOCKET, "socket" );

        SetSocketOptions();

        // reuse the address, so we can run if a former server was killed off
        int boolean = 1;
        Socklen_t len = sizeof(boolean);
        // this (char*) cast is for old headers that don't use (void*)
        setsockopt( mSock, SOL_SOCKET, SO_REUSEADDR, (char*) &boolean, len );

        // bind socket to server address
        rc = bind( mSock, serverAddr.get_sockaddr(),
serverAddr.get_sizeof_sockaddr());
        FAIL_errno( rc == SOCKET_ERROR, "bind" );
        // listen for connections (TCP only).
        // default backlog traditionally 5
        if ( ! mUDP ) {
        rc = listen( mSock, 5 );
        FAIL_errno( rc == SOCKET_ERROR, "listen" );
        }
} // end Listen
```

　　首先，构造一个包含本地服务器地址结构的 SocketAddr 实例，inLocalhost 是本地 IP 地址（点分十进制字符串或 URL，后者在创建 SocketAddr 实例时完成地址解析），mPort 是 Socket 构造函数中设置的端口。接着，通过 socket 系统调用创建一个 socket。SetSocketOptions 方法设置此 socket 的属性。因为 SetSocketOptions 是虚函数，在 Socket 类的实现中是一个空函数，而不同 Socket 的派生类在覆盖（overwrite）该函数时执行的操作是不同的，这是多态特性的应用。此后设置 socket 的可重用（reuse）属性，使服务器在重启后可以重用以前的地址和端口。此时该 socket 还没有绑定到某个网络端点（IP 地址、端口对）上，bind 系统调用完成此功能。最后，如果该 socket 用于一个 TCP 连接，则调用 listen 函数，一来向系统说明可以接收到 socket 绑定端口上的连接请求，二来设定请求等待队列的长度为 5。

　　Socket 的 Listen 方法将地址解析（地址结构生成）、socket、bind 和 listen 等系统调用组合为一个函数。在应用时，调用一个 Listen 方法就可以完成 Server 端 socket 初始化的所有工作。

16.10.2　Accept 函数

Accept 函数是 Server 完成 socket 初始化，等待连接请求时调用的函数。其代码如下：

```
/* -------------------------------------------------------------------
 * After Listen() has setup mSock, this will block
 * until a new connection arrives. Handles interupted accepts.
 * Returns the newly connected socket.
 * ------------------------------------------------------------------- */

int Socket::Accept( void ) {
    iperf_sockaddr clientAddr;
    Socklen_t addrLen;
    int connectedSock;

    while ( true ) {
        // accept a connection
        addrLen = sizeof( clientAddr );
        connectedSock = accept( mSock, (struct sockaddr*) &clientAddr,
&addrLen );

        // handle accept being interupted
        if ( connectedSock == INVALID_SOCKET  &&  errno == EINTR ) {
            continue;
        }

        return connectedSock;
    }

} // end Accept
```

Accept 函数为 Accept 系统调用增添了在中断后自动重启的功能。Server 线程在执行 Accept 函数后被阻塞，直到有请求到达，或者接收到某个信号。若是后面一种情况，Accept 会返回 INVALID_SOCKET 并置 errno 为 EINTR。Accept 方法检查这种情况，并重新调用 Accept 函数。

16.10.3　Connect 函数

Connect 函数是 Client 端调用的函数，作用是连接指定的 Server。其代码如下：

```
/* -------------------------------------------------------------------
 * Setup a socket connected to a server.
 * If inLocalhost is not null, bind to that address, specifying
 * which outgoing interface to use.
 * ------------------------------------------------------------------- */

void Socket::Connect( const char *inHostname, const char *inLocalhost ) {
    int rc;
```

```
        SocketAddr serverAddr( inHostname, mPort );

        assert( inHostname != NULL );

        // create an internet socket
        int type = (mUDP  ?  SOCK_DGRAM : SOCK_STREAM);

        int domain = (serverAddr.isIPv6() ?
#ifdef IPV6
                AF_INET6
#else
                AF_INET
#endif
                : AF_INET);

    mSock = socket( domain, type, 0 );
    FAIL_errno( mSock == INVALID_SOCKET, "socket" );

    SetSocketOptions();


    if ( inLocalhost != NULL ) {
        SocketAddr localAddr( inLocalhost );
        // bind socket to local address
        rc = bind( mSock, localAddr.get_sockaddr(),
localAddr.get_sizeof_sockaddr());
        FAIL_errno( rc == SOCKET_ERROR, "bind" );
    }

    // connect socket
    rc = connect( mSock, serverAddr.get_sockaddr(),
serverAddr.get_sizeof_sockaddr());
    FAIL_errno( rc == SOCKET_ERROR, "connect" );

} // end Connect
```

　　首先构造一个 SocketAddr 实例保存 Server 端的地址（IP 地址、端口对），同时按需完成地址解析。socket 系统调用生成 socket 接口。虚函数 SetSocketOptions 利用多态特性使不同的派生类按需要设置 socket 属性。如果传入的 inLocalhost 参数不是空指针，说明调用者希望指定某个本地接口作为连接的本地端点，此时通过 bind 系统调用把该 socket 绑定到这个接口对应的 IP 地址上。最后调用 Connect 函数完成与远端 Server 的连接。

　　这里要强调一个问题，TCP 和 UDP 在调用 Connect 函数时的操作有什么不同？对于 TCP 连接，调用 Connect 函数会发起建立 TCP 连接的三次握手（3-way handshaking）过程。当 Connect 调用返回时，此过程已经完成，连接已经建立。因为 TCP 连接使用字符流模型，因此在建立好的连接上交换数据时，就好像从一个字符流中读取，向另一个字符流中写入一样。

　　而 UDP 是无连接的协议，使用数据报而不是连接的模型，因此调用 Connect 函数并不发起连接的过程，也没有任何数据向 Server 发送，而只是通知操作系统，发往该地址和端口的数据报都送到这个 Socket 连接上来，也就是说，把这个地址、端口对和该 Socket 关联起来。UDP 在 IP 协议的基础上提供了多路访问（multiplex）的服务，UDP 的 Connect 系统调用对这种多路提供了 Socket 接口与对端地址间的对应关系。在 UDP 连接中，Connect 提供的这种功能是很有用的。例如，Server 可以在接收到一个 Client 的数据报后，分配一个线程执行 Connect 函数与该 Client 绑定，处理与该 Client 的后继交互，其他的线程继续在原来的 UDP 端口上监听新的请求。因为在 Client 端和 Server 端都执行了 Connect 函数，所以一个 Server 与多个 Client 间的连接不会发生混乱。在 iPerf 对 UDP 的处理中，就使用了这种技巧。

第17章　版本控制和SVN工具

中大型软件项目往往是多人一起开发的，并且会把整个软件系统划分为多个模块，每个团队成员负责一个或几个模块，并且自己的模块开发完毕后，需要发布出来，供开发其他模块的人使用，而供别人使用的模块往往是一个比较稳定和较新的版本，每次这个模块的功能更新和 Bug 修复后都需要更新其版本。像这种多个人共同开发一个项目，并且需要共享资源（代码模块）的开发方式，通常需要一个版本控制系统对每个人的代码进行版本管理。常见的版本控制软件有 SourceSafe（VC自带的）、CVS（并发版本系统）和 SVN（Subversion 的简称，它是一个开放源代码的版本控制系统）。SourceSafe 现在很少用了。当前用得较多的是 SVN 和 CVS，相对而言，SVN 比 CVS 速度快，但代价是需要更多服务器存储空间，因为 SVN 完全备份所有的工作文件。下面我们以 SVN 为例进行介绍。

17.1　SVN 简介

17.1.1　什么是 SVN

SVN 是一个开放源代码、可以自由传播使用的版本控制系统。它把需要保存的代码或数据文件放在一个服务器上，同时能记录每一次文件和目录的修改。以后用户可以把数据恢复到早期版本，或者检查数据修改的历史。用户可以远程通过网络访问 SVN 的版本库，使得不同地方的开发人员可以共享最新版本的文件。

SVN 分为服务器端程序和客户端程序两部分。通常，管理员需要在一个服务器上安装 SVN 的服务器程序，然后为每个项目建立相应的仓库（Repository，也称代码库，存放代码的地方）；而开发人员则在自己的计算机上安装 SVN 的客户端程序，然后就可以通过一个网络地址来访问 SVN 服务器上的仓库了。

当我们用 SVN 进行版本控制时，它会记录你对代码库进行的每一次修改（包括添加、修改、删除等），每一次对代码库的修改都会产生一个修订版本号（Revision），修订版本号标记了某个时刻代码库的状态，我们可以根据修订版本号回溯任意时刻的代码库，就像 VMware Workstation 的快照功能一样，修订版本号也类似某个时刻的代码库的快照。而且，每修改一次代码库，修订版本号都会增加 1。

17.1.2 使用 SVN 的好处

在开发团队中，开发人员在编写代码的过程中，每个人都会生成很多不同的代码版本，为了有效统一管理这些代码，并进行共享，就需要一个版本控制软件来进行管理，比如 SVN。有了 SVN，任何有相应权限的人在需要的时候都可以迅速、准确地获取相应的文件版本。并且，开发人员一旦想恢复到以前某个版本上，也可以很快恢复过去。因为 SVN 记录了每一次的修改。

我们写一个项目，肯定会有要修改的地方，当已经修改了很多地方的时候，一旦发现改错了，再想一个一个改回去，可能会不记得哪里改动过了，此时如果有了 SVN 来管理，就可以很容易地恢复到改动之前的某个版本。

17.1.3 使用 SVN 的基本流程

当服务器端 SVN 程序配置完毕后，开发人员就可以使用 SVN 客户端软件进行代码管理。基本使用流程如下：

（1）开发人员在开始一天的工作前，先从 SVN 服务器上下载开发团队的最新源代码。

（2）在自己负责的模块中开始代码编辑工作。每隔一段时间（比如 1 或 2 小时）向 SVN 服务器提交一次代码，这样有一个好处，尤其在测试某段代码功能的时候，如果觉得走不通，可以恢复到前一两个小时的代码，然后重新使用其他的方法来实现功能。

（3）到了快下班的时候，把自己的代码提交到 SVN 服务器上，一天工作完成。

17.2 SVN 服务器的安装和配置

前面提到，SVN 分为服务器端软件和客户端软件。服务器端的软件常见的有两种：一种是 Subversion，如果想用 Web 方式访问 SVN 服务器，还需要安装和配置 Apache（一个 HTTP 服务器软件）。而且如果安装在 Windows 上，为了让它随系统自启，还需要将 Subversion 设置为服务程序（service），非常麻烦。另一种是 VisualSVN Server，它集成了 Subversion 和 Apache，并且安装的时候 VisualSVN Server 已经把自己设置为 Windows 服务，这样随着系统启动而自启，且对于 Apache 服务器的配置也提供了图形界面，只需指定认证方式、访问端口等，而且用户权限的管理也是通过图形界面来配置的，大大简化了用户的操作，VisualSVN Server 不愧是 Visual 软件。但要注意的是，VisualSVN Server 虽然是免费的，但其对应的客户端软件 VisualSVN 是收费的。

17.2.1 VisualSVN 服务器的安装和配置

VisualSVN Server 通常安装在服务器的操作系统下，作为实验，我们在 VMware Workstation 下安装 64 位的 Windows Server 2012，然后把 VisualSVN Server 安装在 Windows Server 2012 中。

VisualSVN Server 的下载地址为：https://www.visualsvn.com/downloads/。

VisualSVN Server 分为 32 位的版本和 64 位的版本。

值得注意的是，VisualSVN Server 2.7 以上版本是不支持 Windows Server 2003 的，至少需要 Windows Server 2008 或 Vista 等操作系统。

　　我们选择下载 64 位的 VisualSVN Server，当前最新的版本号是 3.5.3。文件不大，很快就可以下载完成，接着双击安装文件，出现安装向导界面，如图 17-1 所示。

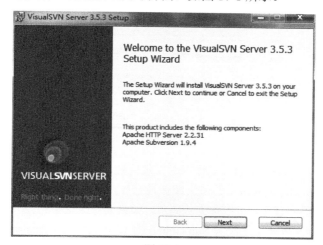

图 17-1

　　在图 17-1 中可以看到这个产品包括 Apache HTTP Server 和 Apache Subversion，其实 Subversion 才是真正的 SVN 服务器软件，Apache HTTP Server 只是提供 Web 服务。

　　在后面的向导步骤中，会提示选择"标准版本"还是"企业版本"，如图 17-2 所示。

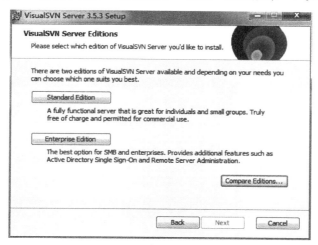

图 17-2

　　一般选择标准版本就够用了，企业版是要收费的，单击 Standard Edition 按钮，然后出现如图 17-3 所示的对话框。

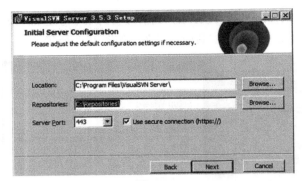

图 17-3

其中，Location 是 VisualSVN 服务器程序的安装位置，如果要修改默认位置，可以单击该行末尾的"Browse…"按钮；Repositories 的中文翻译是仓库，这里就是放置客户端上传来的代码的位置，这个仓库是存放代码的仓库，可以称为代码库，如果要修改这个路径，同样可以单击该行末尾的"Browse…"按钮；Server Port 用于配置 Subversion 的 Web 服务器 Apache 的服务端口（VisualSVN通过 Web 服务器 Apache 来配置 Subversion），要注意的是，443 是 HTTPS 的默认端口，如果VisualSVN Server 所在的主机还要进行 HTTPS 的 Web 开发，那么这里最好不要使用 443 端口，否则进行 HTTPS Web 开发还要指定其他端口，不然会产生冲突。如果需要安全连接（使用 HTTPS），可以勾选 Use secure connection（https://）复选框。这里我们都保持默认设置。接着单击 Next 按钮，出现下一个向导界面，再单击 Install 按钮，开始正式安装。稍等片刻，安装完成。VisualSVN Server安装完毕后，可以在"开始"→"应用"中运行 VisualSVN Server Manager，如图 17-4 所示。

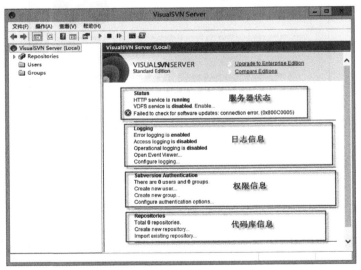

图 17-4

下面新建一个代码库，对左侧栏中的 Repositories 右击，然后在快捷菜单中选择 Create New Repository，如图 17-5 所示。

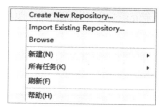

图 17-5

出现选择代码库类型的对话框，默认选项是创建一个基于 FSFS 文件系统的规则代码库，这里保持默认即可，如图 17-6 所示。

单击"下一步"按钮，将出现要求输入代码库名称的对话框，我们输入代码库的名称为 myrepos，代码库的名称通常可以是一个软件项目的名称，如图 17-7 所示。

图 17-6	图 17-7

然后一直单击"下一步"按钮，最后出现创建成功的对话框，如图 17-8 所示。

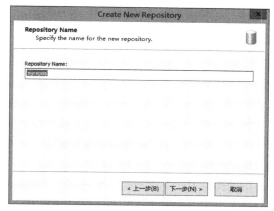

图 17-8

单击 Finish 按钮，关闭对话框。此时代码库是空的，因为还没有用户为其迁入源代码。下面

为代码库创建用户。在主界面的左侧栏的 User 上右击，在快捷菜单中选择 Create User，如图 17-9
所示。

　　接着出现创建新用户对话框，在对话框中输入用户名和密码（用户名和密码都是区分大小写
的），如图 17-10 所示。

图 17-9

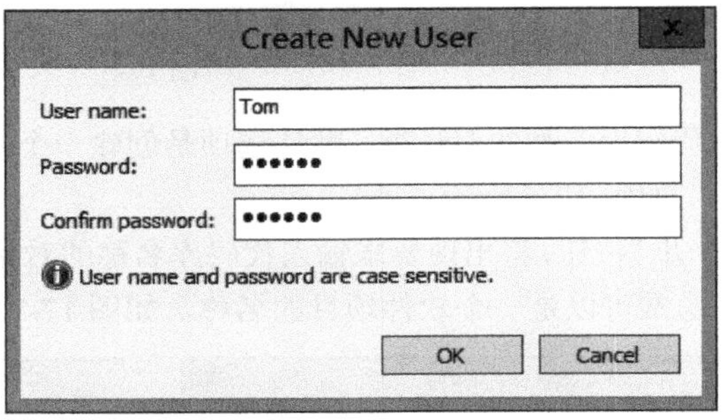

图 17-10

　　这里输入用户名为 Tom，密码为 123456，然后单击 OK 按钮，就可以创建一个用户 Tom，再
用同样的方法创建 coder1、coder2、tester1、tester2 和 leader1，他们分别是两个程序员、两个测试
人员和一个项目经理。然后可以对他们进行分组，把两个程序员分在一个组里，把两个测试人员分
在一个组里，项目经理不分组。对左侧栏的 Groups 右击，在快捷菜单中选择"Create Group…"来
新建分组，在新建分组对话框中输入组名为"开发组"，并单击"Add…"按钮把 coder1 和 coder2
作为开发组的成员，如图 17-11 所示。

　　用同样的方法，再新建一个测试组，把 tester1 和 tester2 作为其成员。

　　接下来，我们要把这些用户添加到刚才创建的项目里。对刚刚创建的代码库 myrepos 右击，
在快捷菜单中选择"Properties..."，如图 17-12 所示。

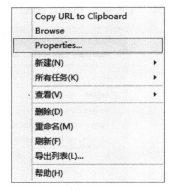

图 17-11

图 17-12

　　然后出现属性对话框，在 Security 页中可以添加不同的用户，并且可以让不同的用户具有不同
的权限，首先把 Everyone 删除，如图 17-13 所示。

　　在属性对话框中单击"Add…"按钮，然后在弹出的对话框中选择开发组，如图 17-14 所示。

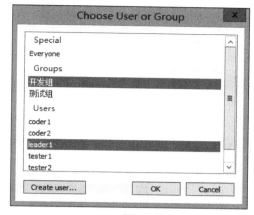

图 17-13 　　　　　　　　　　　　　　　　　　　图 17-14

　　然后单击 OK 按钮，开发组和 leader1 就添加进来了，并且他们都具有读写权限，如图 17-15 所示。

　　下面再为测试组添加权限，因为测试人员不需要修改代码，所以他们只需要只读权限即可。我们把 Tom 作为外来实习生，暂时不能读写代码，因此给他的权限为 No Access，如图 17-16 所示。

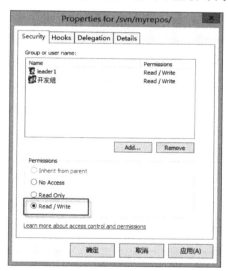

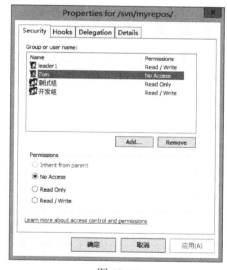

图 17-15 　　　　　　　　　　　　　　　　　　　图 17-16

　　现在服务端的配置基本完成了。下面可以进行 SVN 客户端的配置。

17.2.2　SVN 客户端在 Windows 上的使用

　　SVN 客户端分两种，一种是在 Windows 上使用，用于对 Windows 下的开发工具（如 VC）开发的项目进行版本管理；另一种是在 Linux 上使用，用于对 Linux 下的项目进行管理。这里先对 Windows 下的 SVN 客户端进行介绍。

　　VisualSVN 官方的客户端是要收费的。因此我们使用免费的 Windows 下的 SVN 客户端软件

TortoiseSVN，这个软件可以从官网（https://tortoisesvn.net/）下载。但要注意从 1.9 版本开始，对操作系统的要求就是 Vista 或以上版本了，因此如果要在 XP 下使用，可以使用 1.9 以下的版本。这里使用的是 1.8 版本，如果官网上没有，可以去网上搜索。

1. 安装 TortoiseSVN

我们把 TortoiseSVN 下载到与安装 VisualSVN 服务器不同的计算机上，这个计算机通常用于开发人员进行项目开发，这个计算机上需要进行版本管理的项目源代码可以通过 TortoiseSVN 客户端软件和 VisualSVN 服务器软件进行通信，从而实现对项目源代码的版本管理。双击 TortoiseSVN 安装包，出现如图 17-17 所示的对话框。

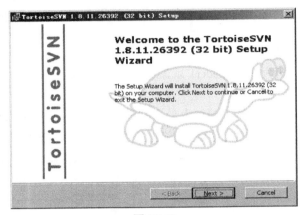

图 17-17

直接单击 Next 按钮进行安装，如果在安装过程中提示"Please wait while the installer finishes determining your disk space requirements"，可以先退出安装，然后停止 VisualSVN 服务（单击"开始"→"运行"，输入 Services.msc，找到 VisualSVN 服务，然后右击，选择"停止"来停掉该服务），接着重新安装 TortoiseSVN，就能安装成功了。安装完成的对话框如图 17-18 所示。

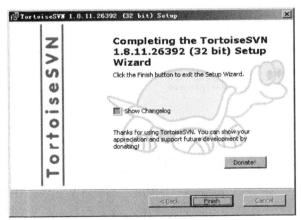

图 17-18

TortoiseSVN 安装完毕后，就可以把想要进行版本管理的项目导入 SVN 代码库中了。通常使用 TortoiseSVN 前，要确保客户端计算机和装有 SVN 服务器的计算机能相互 ping 通，否则在使用过程中可能会出现无法连接到服务器的提示。

2. ping 通客户端和服务端

我们在 VMware 虚拟机软件中新建一个 Windows Server 2012 系统，首先设置 VMware 的网络适配器为"仅主机模式"（仅主机模式用的虚拟网卡通常是 VMnet1），如图 17-19 所示。

此时真实的机子和虚拟机子都通过虚拟网卡 VMnet1 来网络通信，但如果要相互 ping 通，还需要关闭各自的 Windows 防火墙。我们的客户端计算机是 Windows Server 2003 系统，关闭防火墙就不介绍了，下面介绍服务端计算机 Windows Server 2012 系统防火墙的关闭，Windows Server 2012 系统的防火墙设置在"控制面板→系统和安全→Windows 防火墙"中，左边有一个"启用或关闭 Windows 防火墙"，单击它，出现如图 17-20 所示的界面。

图 17-19

图 17-20

全部选中"关闭 Windows 防火墙"后，点击"确定"按钮。现在真实机和虚拟机应该能相互 ping 通了，如果还不能 ping 通，则要查看一下 IP 是否在同一个子网。

3. 获取代码库的 URL

SVN 客户端软件 TortoiseSVN 要访问某个代码库，必须先获得该代码库的 URL，它相当于这个代码库的网络地址。这个 URL 可以从 VisualSVN Server 上获得，方法是打开 VisualSVN Server Manager，然后在左侧展开 VisualSVN Server→Repositories，右击 myrepos，在快捷菜单中选择 Copy URL to Clipboard，即复制 URL 到粘贴板，这个 URL 也可以在右侧上方看到，如图 17-21 所示。

myrepos (https://WIN-NFUI0APP24M/svn/myrepos/)

图 17-21

4. 导入项目

作为测试，我们用 VC2005 建立一个简单的控制台工程 HelloWorld，然后把这个工程导入 myrepos 代码库中。在路径 D:\ex 下新建一个控制台工程 HelloWorld，然后编译运行，VC 会在解决方案文件夹和工程目录文件夹下分别生成 Debug 目录，这些目录存放的都是生成的可执行文件和中间文件，这些文件我们不需要导入代码库中，所以在导入之前，要对导入的文件进行一个过滤设置，哪些文件或文件夹不需要导入，要告诉 TortoiseSVN。比如，我们不想让 Debug 文件、.ncb 文件和.suo 文件导入代码库中，首先打开"我的电脑"，进入 D:\ex，然后对 HelloWorld 右击，在快捷菜单中会发现有一个菜单项 TortoiseSVN，进入其子菜单，选择 Settings，打开设置对话框，然后在右侧的 Global ignore pattern 后输入"*debug *Debug *.ncb *.suo"，如图 17-22 所示。

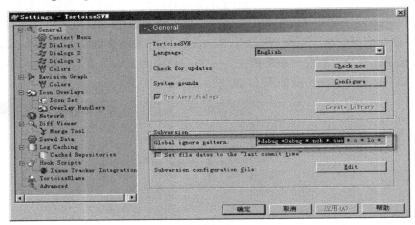

图 17-22

其中，*debug 表示名字为 debug 的文件夹都不要导入代码库中，*Debug 表示名字为 Debug 的文件夹都不要导入代码库中，*.ncb 和*.suo 表示后缀名为 ncb 和 suo 的文件都不要导入代码库中，注意名称都是区分大小写的。解决方案文件夹下的 debug 目录是小写的，而工程目录下的 Debug 目录的第一个字母是大写的，所以要分别输入*debug 和*Debug。如果要过滤其他文件夹或文件，设置方法类似。输入完毕后，单击"确定"按钮，关闭设置对话框。

下面我们准备导入项目。打开"我的电脑"，进入 D:\ex，然后对 HelloWorld 右击，此时在快捷菜单中会发现有一个菜单项 TortoiseSVN，进入其子菜单，选择"Import..."，出现如图 17-23 所示的对话框。

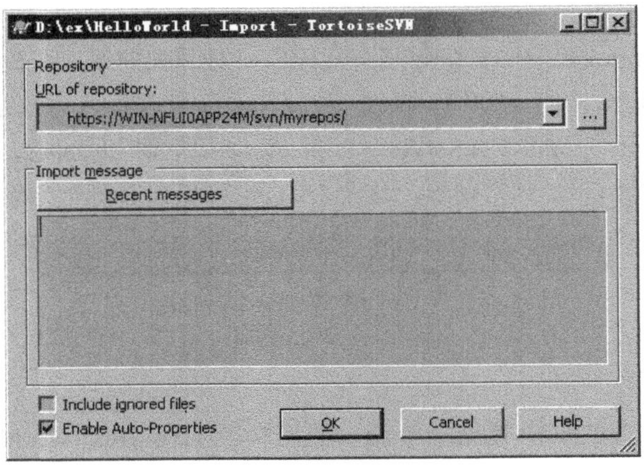

图 17-23

我们把代码库 myrepos 的 URL 粘贴到对话框的 URL of repository 下面，然后单击 OK 按钮，此时会出现输入用户名和密码的对话框，如图 17-24 所示。

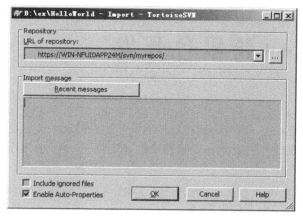

图 17-23

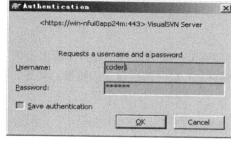

图 17-24

这个用户名就是访问代码库 myrepos 的账号，也就是我们在前面建立的具有不同权限的访问账号，比如开发组、测试组或经理等。在这里输入用户名 coder1 及其密码，coder1 属于开发组，具有读写权限。

输入完毕后，单击 OK 按钮，然后导入过程开始，如图 17-25 所示。

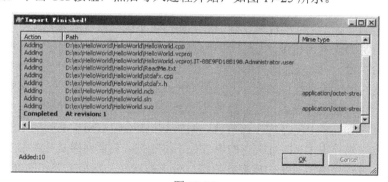

图 17-25

导入完毕后，我们再到 VisualSVN Server Manager 中可以看到 HelloWorld 全部代码已经在 myrepos 中了，如图 17-26 所示。

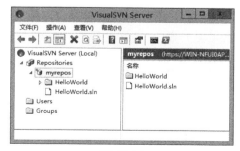

图 17-26

第18章 C++跨平台开发

随着 C++语言在现代软件工程方面的广泛应用，对其多元化软件系统开发的需求也日益增加，本章将结合 C++语言自身的特性，论述一线实践开发中 C++的可移植性以及跨平台软件的设计方法。

18.1 什么是跨平台

跨平台是软件开发中一个重要的概念，即不依赖于操作系统，也不依赖硬件环境。一个操作系统下开发的应用程序放到另一个操作系统下依然可以运行。而跨平台开发的需求源于现代软件工程的发展，使所开发的应用程序能够支持各种不同的平台，可以为应用程序本身带来巨大的市场潜力，同时，这也会给应用程序的开发增加更大的工作量。如果应用程序针对每种操作系统、CPU 提供并测试各自的编译版本，再发布到各自平台上而产生不同的软件版本，这种做法将会以巨大的软件开发和版本控制的成本为代价。因此，跨平台的开发致力于使应用程序可以几乎不做任何修改就能运行在不同的平台上。而目前流行的操作平台之间的差异使跨平台开发面临着诸多问题。总的来说，跨平台开发的思想涉及软件的整个开发周期，从架构、设计、编码、测试到发布。编程语言并不能够直接操作计算机硬件设备，它们需要通过调用系统提供的 API（应用程序接口）来实现对计算机的操作，而目前市面上流行的主流平台，例如 Windows、UNIX 系列的系统之间，这种应用程序接口的实现方式差异很大，而且实现的原理也不尽相同，甚至同样是开源的 Linux 之间也会有着细节上的差别，这些对操作系统的依赖会给跨平台下的软件开发带来潜在的问题。

18.2 C++的可移植性

在跨平台软件项目的开发过程中，自然会涉及软件项目可移植性的概念。本身来讲，跨平台开发和可移植性代码所阐述的核心是一致的。为了使软件产品可以在多种平台下执行发布，在开发的过程中，或者说在整个开发周期中，产品的设计都需要根据不同平台下的差异来进行，从而使产品的源代码具备可移植性。因此，C++语言跨平台软件开发的设计也会以设计可移植性的代码和编译环境为核心。

18.2.1 可移植性的概念

在实际开发过程中，C++语言所开发的项目或产品需要在不同的平台上进行编译，从而实现在多平台上的可执行性，简单地归纳，C++语言在跨平台下的项目开发需要一次编写，多次编译。这种特性就引发了 C++语言的可移植性问题。可移植性本身是一种考虑问题的方式，而不是一种状态。例如，将 Linux 下的应用程序移植成能在 Windows 系统上运行的程序，这就是可移植性问题的具体实现方式，但这并不是可移植性的概念。可移植性对代码、不同平台下的环境部署有着很高的要求，而解决这些需求中所涉及的问题就是可移植性的概念。

如今，许多语言都编译成一种通用的中间形式，例如 Java 语言，先编译成字节码，再在 JVM 中运行，这是保持可移植性的一个好方法，不过，这是以显著增加代码量和执行时间为代价的。此外，这样的通用代码必须由虚拟机或运行时环境来执行。而更复杂的是，虚拟机或运行时环境每一次实现都有可能出现难以察觉的 Bug 或者实现差异，由此得到的可移植程序仍然对平台有依赖性。在适合使用较高级语言的领域，使用它们编写可移植程序要比使用 C 或者 C++语言容易得多，但是，能够提供硬件访问和高性能的低级语言始终都有用武之地，而且这些仍然需要支持可移植性。

理论上的可移植性与实践中的可移植性之间存在着巨大的差距，尽管 C/C++语言本身的核心是可移植性，因为能够几乎被所有的平台所支持，但是它们却充满了可移植性的问题，其中一些具体的原因是目前并没有完全严格统一的标准，而更多的原因则在于 C/C++语言本身专注于编写系统级软件的高级语言程序，这也是为什么 C/C++语言可以在众多高级编程语言中依旧保留着自己的优势领域。

18.2.2　影响 C++语言可移植性的因素

即使抛开各个平台间的差异性，C++语言在跨平台的项目开发中也有着许多因素影响其可移植性。C++语言自身的特性及其编译环境的多样性都为其多元平台的开发增加了一定的复杂性。具体表现如下。

1. 编程语言本身

由于 C++语言与 C 语言之间的紧密关系，C 语言本身的特性对于 C++语言也同样有效。C 语言从诞生开始就被认为是可移植性良好的语言。C 语言能够得到广泛认可的一个主要原因是 UNIX 系统能在多元化的硬件平台上运行，而 UNIX 操作系统的绝大部分是用 C 语言写成的，另外标准化的努力更让 C 语言成为一个可移植性很强的编程语言。遵循 ANSI 标准，避免使用编译器开发商的语言扩展是消除 C 可移植性问题的重要步骤。在开发的过程中，源代码应当尽量避免编译器开发商提供的语言扩展而接受基于标准的 C/ C++代码，从而提高软件产品的可移植性。

2. 编译器

作为负责将源代码转变成可执行形式的编译器，自然与 C/C++语言的可移植性紧密相关。编译器可用于控制代码遵循标准的程度，但编译器的作用不止于此。目前流行的众多编译器中，如 Windows 平台上的微软 Visual Studio C++，而在很多平台上都有的 GNU 的 GCC 则支持 MAC OS X、Linux 和通过 Cygwin 项目支持 Windows，由于 C/C++语言的定义，许多语言特性的实现细节都留给编译器开发商自行处理，结果造成使用这些特性会引发源代码的不可移植性。

根据定义，C++内建类型的长度与编译器是相关的。举例来说，C 标准规定 short 类型必须至少有 16 位；而 int 类型必须至少和 short 类型所占内存空间一样大；long 类型必须至少和 int 类型所占内存空间一样大。这样一来，同样的类型在不同的编译器、不同位数的机器上会有着不同的长度定义。在实际开发过程中，很有可能会出现如表 18-1 所示的情况。

表 18-1 不同位数的机器上会有着不同的长度定义

	short	Int	long
Visual C++	2 字节	4 字节	4 字节
Linux GCC（32 位）	4 字节	4 字节	4 字节
AIX XLC（64 位）	4 字节	4 字节	8 字节

而这些定义在不同版本的编译器中可能还会有所区别，虽然一般 int 变量默认为一个原生字长（在 32 位机上，int 类型为 32 位，而在 64 位机上则为 64 位），但是这一点也是不能保证的，而长度不同将会引发一系列的潜在异常，如位操作符的运算、文件存储等。

C 和 C++都不指定一个 char 型是有符号的还是无符号的。这个是由编译器的开发人员自行决定的。当代码里的 char 类型和 int 类型混合使用的时候，就有可能产生问题，典型的例子是使用 getchar( )函数从标准输入（stdin）读入一串字符到一个无符号的 char 变量里。getchar 的返回值是一个 int 值，通常-1 代表读到了文件结尾。如果在循环中比较-1 和一个无符号 char 值，这样无论如何 getchar( )是不会遇到 EOF 的，这个循环也将会进入死循环的状态。要克服这类移植性问题，就要遵循一定的移植性标准：一律使用 C++风格的类型转换，遵循函数原型，修复每一个编译器产生的警告。

所以开发 C++语言跨平台项目需要建立可移植的运行库，而库中必不可少的是对于常用内建类型以及函数原型的应用。

3. 编译系统

编译系统可以简单到一个执行编译器和连接器的命令行脚本，也可以复杂到一套处理跨平台 Makefile 生成的策略。集成开发系统（Integrated Development Environment，IDE），如微软的 Visual Studio .NET，或者是 Apple 的 Interface Builder 和 Project Builder 等，则直接束缚了可移植编译系统的开发，如果在 Windows 或者 Mac OS X 上使用集成开发系统，那么 Linux 系统的源代码移植是完全无从做起的。跨平台的软件开发必须要使用一个标准的可共享的编译系统，从而才能使源代码在不同的机器之间轻易地移植编译。而流行于开源社区的 Makefile 策略正是解决这种编译系统差异的很好的选择。UNIX 系统（包括 Linux 系统自身）能够很好地支持这种编译方式，而 Windows 自身除了有支持 Makefile 策略（nmake）的机制以外，目前还有很多的第三方库支持这种编译策略，如 MiniGW、MKSToolkits 等。

4. 用户界面

基本上，每个操作平台都有它自己的用户界面工具包来支持图形界面（GUI）的开发，Windows 平台上有 Win32、MFC 和目前广泛流行的.Net API；在 Mac OSX 上有基于 Object-C 的 Cocoa 框架；而在 Linux 平台上的选择范围非常大，从 Gtk+(GNOME)、Qt(KDE)到其他诸如 Xt/Motif(CDE)等，都是基于 X -Windows 系统的。

这些工具包的源代码互不兼容，而且使用方法及图形界面也完全不同。虽然 Qt(KDE)可以对 Windows 有很好的支持，不过微软提供的工具绝对地统治了 Windows 的平台。然而，在开发跨平台的软件项目中，使用跨平台的 GUI 工具包却依旧是开发人员的主要选择，因为如果单独开发一个自己的图形界面工具包，其代价不亚于分离 UI 代码而使用每个平台下原生的 GUI 开发工具。wxWidgets 是一个跨平台的开源 GUI 工具包，其项目的开发源于这样一个要求：开发的应用程序既能运行于 Windows，也能运行于图形界面的 UNIX，由于其完全的开源协议和自身优秀的性能，使其成为目前多元化软件项目开发的绝佳选择。同时，在它的 API 和事件系统都留下了很多 MFC 的痕迹，这也是它能够得到广泛使用的重要原因。

5. 不同平台间的差异

为使所开发的软件系统支持多种平台，首先需要了解不同平台下语言特性的差异，从设计软件开始就把这些因素考虑进去，这样才能最低限度地降低 C++语言所开发的项目在移植性过程中的复杂程度。Windows 和 UNIX 是当前两大主流操作系统平台，基于 C/C++的开发人员经常会面临这两个平台之间移植的问题。UNIX 作为一个开发式的系统，其下又出现了很多分支，包括 Sun 的 Solaris、IBM 的 AIX、HP UNIX、SCO UNIX、Free BSD、苹果的 MAC OS 以及开源的 Linux 等。对于这些 UNIX 的分支操作系统，其实现又有很大的差别，因此开发人员又要针对这些不同的系统进行移植。

这种平台的差异则表现在多个方面，如打开文件句柄数的限制、Socket 等待队列的限制、进程和线程堆栈大小的限制等，因此在开发的过程中，必须考虑这些限制因素对程序的影响。当然，有些限制参数可以适当调整，这就需要在发布程序的时候加以声明。举例来说，在不同的平台下，字节的存储顺序分为大字节序和小字节序两种,这两种方式中每一段字节的存储位置的具体差异如表 18-2 所示。

表 18-2　两种方式中每一段字节的存储位置

十六进制表示	Windows 内存表示	UNIX 内存表示
0x00004E20	20 4E 00 00	00 00 4E 20

此外，一般的操作系统对每个进程和线程可以使用的资源数都有限制，比如一个进程可以创建的线程数、一个进程可以打开的文件描述符的数量、进程和线程栈大小的限制和默认值等。针对这些问题，首先要分析和考虑所开发的应用程序的规模，会不会受这些限制的影响，如果需求大于系统的限制，可以通过适当地调整系统参数来解决，如果还不能解决，就得考虑采用多进程的方式来解决。与此同时，Linux 的线程是通过进程实现的，实际上是假的线程。如果程序只在 Linux 下运行，就可以考虑直接使用多进程技术来代替多线程，因为在 Linux 下，多线程并不能带来相对于多进程的优势。

在实际开发过程中，操作平台的不同所带来的移植性问题贯穿始终，从最初的设计、代码编写到最终的测试阶段。因此，开发跨平台的软件项目一定要从需求入手，分析其中所涉及的问题，体现在软件架构的设计上，这样才能够使开发高效、高质量地进行下去。

6. 硬件平台体系结构

跨平台开发还包含一个概念，就是跨硬件平台的开发，然而虽然硬件平台之间的差异很大，但是一般的应用程序开发很难直接接触到，而且操作系统提供的接口函数就可以完成这部分问题。

因此，一般情况下，如果应用程序没有用到汇编语言，基本很难考虑到这种跨平台的支持。但是，如果应用程序需要直接接触硬件，无论是因为功能的需求还是性能的需求，都不得不考虑这类问题。

要解决这类硬件相关的可移植性问题，则需要对应用程序的代码使用分层设计。这种分层设计使代码的底层部分是平台相关的，而上层部分是平台无关的。上层部分的代码可以作为应用程序的源代码，同时并不需要关心底层代码的实现，它只关心与下层代码中的接口；而下层的代码则把对不同硬件的操作封装成统一的接口，并通过依赖库的方式为应用程序提供对硬件方面的支持。

18.3　设计跨平台软件的原则

根据 C++语言可移植性的特点和不同平台下的语言特性以及操作系统接口等不同的差异，进行跨平台开发时需要关注更多的问题，这一节将讲述进行跨平台软件设计时的一些原则。

18.3.1　避免语言的扩展特性

无论使用什么样的语言，都要避免使用新的或者高度封装的语言特性和代码库。在这里，新特性不仅是指刚刚出现的新技术，也包括由于高度的封装而只能被调用的这一部分技术。因为对新特性的支持，往往是有很多故障的，甚至扩展了这种支持之后，仍然经常出现没有被确切地测试和精确定义的意外情况。在对异常非常敏感的跨平台开发过程中，过分地使用新特性将会让软件在排除异常时变得十分困难。因此，在实际的开发过程中应当使用 C++标准函数，如计算机环境的可移植操作系统接口（Portable Operating System Interface of UNIX，POSIX），从而让所开发的软件项目或产品有更高的稳定性。

18.3.2　实现动态的处理

在实际的开发过程中，每当编写一个旨在多种环境中运行的可移植代码库时，项目的开发就会不可避免地面临一个问题，即怎样处理在一个平台上有而在另一个平台上没有的特性。例如 Windows 有树形控件和递归互斥体，DOS 下没有线程，Linux 下的线程也是依据进程来实现的，这是一些典型的特性示例，某些平台有，某些平台没有，这就需要一个跨平台代码库来进行协调。

一种方法是将抽象性直接映射为在每一个目标平台上可以利用的具体实现方式。应用程序可以进行查询，以便了解某个特性的实现方式是否可以利用，如果不存在则不使用它。但是，这个方法有许多缺点，例如，应用程序中有着错综复杂的条件句，并且所依赖的特性突然消失时，这个方法的健壮性将会变得很差，例如：

```
Api_function functions;              //使用平台的某种特性
api _get_function(&functions);       //获得特定平台的函数实现
if(functions.function_x_present)
{
     //使用一种实现方式
}
else if(funcions.function_y_present)
{
        //使用另一种实现方式
```

```
}
//如果需要使用其他方法，继续增加条件
else
{
        //该平台不支持该特性
}
```

说明当应用程序试图处理变化极大的特性时，将会出现大量的条件语句，从而使代码的复杂度增加。

另一种方法是完全不使用偶尔出现的特性，这将极大地简化开发过程，但是一旦未被使用的特性是该平台下的一个重要方面，那么应用程序可能会变得效率低下。在这种情况下，也可以考虑使用第三方软件，不过正如之前所论述的，若使用的第三方软件不是开源的，项目中源代码的未知度又会增加软件的复杂度。

在实际开发过程中，需要根据情况适当地选择一种方法，或者两者之间的中间方法，即使用本地实现。如果仿真平台所缺少的特性并不会给平台之间带来太大的差异，例如最终实现的功能在性能上不会有几个数量级的差别，在这种情况下，采用本地实现是更加合适的选择，同时，本地实现对抽象不同平台下的代码库也有着更大的帮助。

18.3.3　使用脚本文件进行管理

为了使开发过程中编写的代码更加简单明了，合理地设计软件结构，在开发过程中需要使用脚本文件，在编译之前就将与平台相关的文件和依赖库分离出来，并分配到合适的位置上。而在应用程序的运行过程中，也需要从配置文件中读取程序所需要的配置选项，所以在开发过程中，需要尽量隔离与平台依赖的文件格式，而采取更加可控的方式进行开发过程的管理。

在跨平台的开发中，使用 Make 的编译策略是相对于自动编译模式的更佳选择，原因就在于可以完全控制编译过程，同时利用平台提供的 Shell 或者 Windows 下的 bat 脚本在编译之处就能够判定所在平台的各种参数。在实际开发过程中，通常需要编写大量的平台文件，例如图 18-1 所示的各种脚本文件。

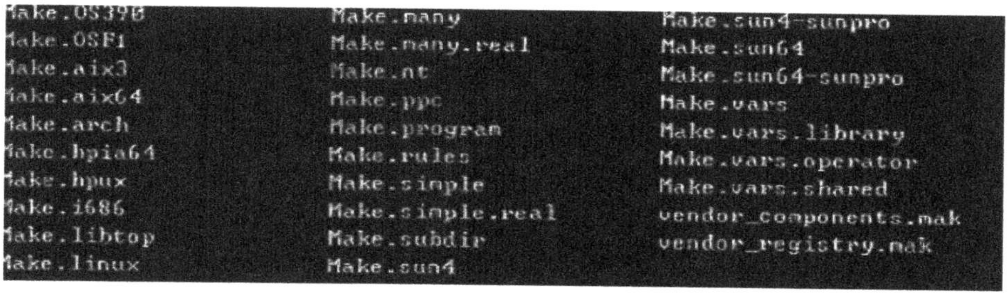

图 18-1

从文件名字可以看出，除了一些必要的文件外，大多数都是以平台命名的，而这些依据平台命名的文件在 make 命令调用后会提供平台下相应的编译器配置以及编译选项配置，为下面的编译提供相应的依赖。下面是 Make.nt 文件中的一小部分代码：

```
################################
```

```
##环境变量的配置 ##
###############################
# 配置第三方依赖库名称及路径
ARCHLIBS:= -W/STACK:0xC00000 -m
ARCH1NCLUDE = -I$(ICUHOME)/include
FPAR1THFLAG:=
PICFLAG:=
##配置编译参数##
override OPTPREFIX:= -0
override OPTLEVEL:=
override PCC:=  cc
override CXX:=  cxx-W/TP-W/EHa
override CC:=       cxx-W/TP-W/EHa
override AR:     ar qs
override TRUE:= $(ROOTD1R)/mksnt/true
```

脚木文件的使用不仅局限于 Make 命令中 makefile 文件的编写上，由于 Windows 自身和 Linux、UNIX 系列有着很大的差别，因此还需要手动编写一些小命令来达到平台间的统一，例如在 Windows 上编写下列命令。

- uname.exe：返回当前平台的名称，例如在 Windows 下返回 Windows_NT。
- arch.exe：返回当前平台的操作系统位数，例如 PC 机会返回 i686 或 32。
- cc.exe：统一与 Linux 或 UNIX 下一样的编译命令，在 Windows 下会自动链接到 Visual Studio C++的 cl 或者其他的编译器命令。

18.3.4　使用安全的数据串行化

涉及跨平台常见的问题之一是以安全、有效地方式去存储（串行化）和加载（反串行化）。在处理单个编译器和目标平台的时候，可以始终使用 fwiteO/freadO。但是在跨平台环境中，这样是不能够做到与平台无关的，尤其是需要把数据存储到文件以外的目的地，例如要存到网络缓冲区中，不同的字节序和不同类型的大小会造成结果的不统一。

可移植的实现将串行化分成两部分。首先是将对象从内在平台的内存表示转换成一个规范的引用格式。这个转换过程几乎是百分百可移植的，例如：

```
#define MAX_NAME_LENGTH 50
typedef struct record          //定义数据结构
{
    char name[MAX_NAME_LENGTH];
    int16_tpriv;
}record;
void serialize_record(const record *ur, void *dst_bytes)
{
    /*在序列化之前需要判定缓冲区大小是否超过限制*/
    uint8_t *dst = ( uint8_t* ) dst_bytes;

    memcpy(dst,ur->name, MAX_NAME_LENGTH);
```

```
        dst += MAX_NAME_LENGTH;
        dst[0] = ( uint8_t) ( ( ur->priv >>8 ) & 0xFF);
        dst[l] = ( uint8_t) ( (ur->priv >>& 0xFF);
    }
```

上述代码无论运行在什么平台上，serialize_record 都会把信息以相同的方式复制到 dst_bytes 中。在运行 Linux 的 Power PC 上被串行化的 record 所创建的字节集合和在运行 Microsoft 的 Pocket PC 上被串行化的 record 所创建的字节集合完全相同。内存中的原始结构在不同的平台上可能具有不同的对齐、字节存储次序和填充性质，所以在真正的开发过程中，还需要通过串行化接口动态地实现多种方式，常见的做法就是使用多重继承，这样类就可以根据需要继承输出或输出存档基类。同时，如果可以进行适当的预处理，并且可以利用适当的运行时检查进行验证，那么最终实现的跨平台数据就会有更可靠的性能，从而不会出现不必要的异常。

18.3.5　跨平台开发中的编译及测试

跨平台的软件开发涉及修改和编写许多代码，而这些代码很有可能在相当长的一段时间内得不到在其他平台上的测试，这意味着许多 Bug 将会有相当长的潜伏期，因此进行多个平台下的标准化测试至关重要，以便尽早找出 Bug。

单元测试对于这种平台差异间的测试有着很好的效果，它们利用已知数据测试特定的功能或者子系统，以确保每个功能或子系统可以按照预期运行。这些测试应该能够立即发现在开发软件时潜在的平台差异，而且当一个特定的功能在 Linux 上能运行，而在 Windows 上却无法使用时，将会迅速提供测试线索，从而可以尽快修正平台间的潜在隐患。在实际操作过程中，编译选项以及编译断言的合理使用可以为测试提供大量的线索，断言的使用在于避免不合理的或者不准确的假定，一旦这些假定会产生异常，就需要尽快修改这些代码，例如：

```
#define CASSERT(cxp, name) typedef int dummy#name [(exp)? 1:-1];
```

这样的断言在执行下列代码时：

```
CASSERT( sizeof (int) = = sizeof( char ), int_as_char);
```

将扩展成：

```
typedef int dummint_as_char[ -1 ];
```

这将产生一个编译时的错误。这个错误将会提供一个文件名与行号可以进行调查，显然这样的情况要比编译之后出现神秘异常或者在运行时出现异常方便管理得多。

18.3.6　实现抽象

在解决跨平台下应用程序可移植性问题的过程中，用到的主要方式就是实现抽象。这是一个将系统特有的元素与较为普遍的体系结构隔离开来的过程。抽象的最终目的是以一种整洁的、与系统无关的方式来编写主线代码。这也是跨平台开发中所要解决的核心问题。

实现抽象是实现工程复杂度和代码复杂度的折中，尤其是对于 C++语言的应用程序而言，这种抽象的实现方式更加具体，究其本质而言，抽象必须采用大量不同的实现方式，而且还要涵盖操作系统接口 API、函数以及数据类型 3 方面的内容，同时，函数和数据类型一定会被要求在应用程序中动态的调用，否则代码的可阅读性及维护性将会大幅度的降低。而系统接口函数则代表了所在系统的特性，这些特性往往只能在其他的系统中找到类似的接口，但是调用方式上又会出现一定的差异。例如，在 Linux 或 Mac OS X 上打开文件的函数是 open( )，而在 Win32 下则是_pen( )。因此，在开发过程中需要创造一个包装函数来封装这一过程：

```
int CrossPlatformOpen(const char * path, int flags, mode_t mode);
```

在开发过程中，类似的函数将会有很多，所以开发过程中并不会针对每一个函数进行重新编写，封装将会成为主要的手段，也就是实现抽象。除此以外，还可以采取将相关的文件 123 操作类封装到以操作平台命名的头文件和源文件中，在调用之前根据编译选项中的定义使用相应类别的头文件，或者更直接一点使用函数指针，不同的方法将会使用在不同的环境中，这取决于应用程序的规模以及需求中的细节。无论采用什么样的方法，都是通过抽象的方式隐藏某一接口函数与平台之间的细节。

18.4　建立跨平台的开发环境

开发环境主要由编辑器、编译器和调试器 3 部分组成。实现抽象对于跨平台项目开发至关重要，然而使用平台相关的工具包和库也经常要求适用平台相关的开发工具。这些开发工具往往并不是统一的，比如 Linux 上流行的 GCC 在 Windows 下的使用并不如 Visual Studio .NET 中的 C++。为了做到这一点，就需要使用抽象以及相关的设计模式（如编译器工厂等）来提供一种独立于平台的开发方式，使之更好地支持不同平台下项目的编译。

18.4.1　跨平台开发编译器的选择

相比于跨平台编译器，更应该使用目标平台上支持最好的编译器和链接器，例如，在 Windows 上使用 Visual C++，在 AIX 中使用 XLC，而在大多数 UNIX 和 Linux 系列平台上使用 GUN g++。没有理由为了生产出跨平台支持的代码而把所有平台的编译器都固定在某一个编译器上。

这种选择包含多方面的原因。首先，目前还没有一款编译器能够在多元化的平台上有着出色的开发工具合集，即使是 GNU 家族的 GCC 在 Windows 上也只是一些基本开发工具的集合，并没有像在 Linux 系列平台下那样庞大的依赖库。其次，使用目标平台下支持最好的编译器可以给予平台本身更好的支持和性能。再次，当项目使用不同的编译器时，代码里编译器相关的成分（依赖于特定编译器的标志和编译器中的扩展性能）会大大减少。因为使用编译器相关特性的代码在没有提供这个特性的编译器上编译一定会失败，使用不同的编译器后，还可以暴露不同的编译器在特定平台下的编译警告和错误，这样更有助于发现潜在 Bug。关键在于，在使用平台支持的最好的编译器的同时，只要能保证应用程序中公共部分的代码遵循 C 和 C++标准，而这些标准由被锁选择的编译器所支持，并且通过合适的抽象把平台相关的代码封装起来，所开发的代码自然拥有良好的可移植性，从而使跨平台的开发更加高效，同时也保证了最终代码的健壮性。

18.4.2　建立跨平台的 Make 系统

在跨平台的项目开发过程中，如果使用 IDE 来自动化整个软件的编译过程，例如使用微软 Visual Studio 或 Apple Project Builder 等，我们可能根本不了解自己所开发的源代码在编译过程中选择了哪些编译选项、是如何链接在一起的。这样就会使软件项目失去可移植性，因此使用命令行调用编译器是跨平台软件开发的绝佳选择。

1. 使用 Make 生成策略

Make 在 Linux 与 UNIX 下已经存在了很长一段时间，同时已经成为这两种操作系统在 C++语言开发环境下编译的主要方式。通过手动编写 Makefile 文件来制定源代码的编译规则，这种更直接的编译方式为跨平台的开发提供了更好的可控性。

举例来说，假设在 Linux 平台下正在编写一个名字为 myApp 的应用程序，它由 myApp.cpp 和 main.cpp 两个 C++源文件和一个 myApp.h 头文件组成。在完成代码部分的编写以后，源代码需要被转换成一种平台下可读的方式，即二进制格式，并对外生成一个可以运行的接口命令。如果直接调用 g++命令，对于这个小程序来说，可以很容易地实现：

```
g++ -g -o myApp myApp.cpp main.cpp
```

随后就会生成 example 命令，而这个小程序中的源代码就可以在平台中实现，但是对于一个复杂的应用程序，需要编译的文件有很多，而且有些文件需要编译成动态库而有些需要编译成命令，因此需要使用 Make 系统来完成这些复杂的编译过程。还是以 example 程序为例，首先编写一个名字为 makefile 的文件，这个文件是 make 命令执行所必需的文件，里面定义了 Make 的具体规则：

```
myApp: myAppxpp main.cpp
g++ -g -o myApp myApp.cpp main.cpp
```

有了这样一个 makefile 文件后，只需再输入 make 命令，然后 make 就会生成 myApp 的程序。同时，在使用 makefile 定义规则后，跨平台的项目还会得到更加灵活的编写方法，即如果只有一个源文件被修改，make 会根据文件的修改时间而只编译这个被修改的文件，并不会将所有的源文件都同时编译。当然，为实现这样的目标，还需要修改一下 makefile 文件来确定它们之间的一些依赖关系：

```
myApp: myApp.o main.o
g++ -g -o myApp myApp.o main.o
myApp.o: myApp.cpp myApp.h
g++ -g -c myApp.cpp
main.o: main.cpp myApp.h
g++ -g -c main.cpp
```

在修改 makefile 文件以后，通过引入两个新目标解决了依赖性的问题，而当没有依赖的源文件发生改变时，make 就不会同时编译这个文件。在下面的论述中，make 可以带来的灵活性和解决的问题还有很多，不过在此之前，先讨论如何在 Windows 平台下使用 Make 策略。

2. Windows 平台与 nmake

由于微软提供的编译工具 Visual Studio .NET 在 Windows 系列平台上有着绝对统治地位，Make 的生成策略并没有被广泛使用，甚至很多 Windows 的开发人员并不懂得如何添加编译选项，或者使用 Make 将源代码编译成程序。然而事实上 Windows 中确实存在一种命令行的编译方式，与 GUN 的 make 生成策略类似（nmake）。然而，虽然这种方式与 GNU make 使用起来几乎完全相同，但是它们之间却有着不同的规则，这些规则的差异源于平台的自身因素，也源于 Windows 下开发工具的差异，如图 18-2 所示。

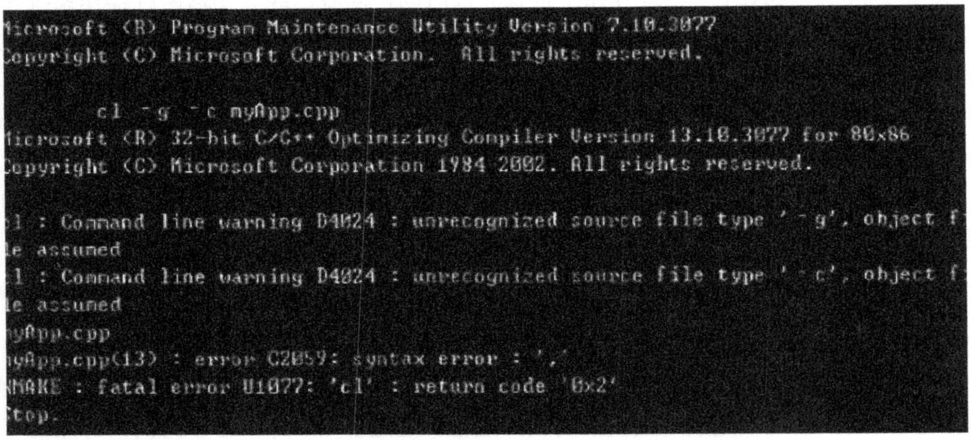

图 18-2

由图 18-2 可以得出 nmake 在 Windows 中确实存在，而它与 GNU make 之间的差异也同步存在。仅对于这个例子而言，nmake 中编译的命名是 cl 而非 g++，同时它们也不支持-g 或者-c 的编译选项，而与之相对的选项是/Zi，除此之外，.o 的文件格式也不是 Windows 下的文件格式，而.obj 的文件格式才是。为此，需要为 Windows 与 Linux 之间编写一个合适的 Makefile 文件，在文件中引入变量，根据平台的不同动态改变这些平台间的差异。然而，随着项目的复杂性不断增高，或者需要支持的平台不断增加，库与库之间的差异使得创建和维护跨平台的 Makefile 和软件变得困难起来，编译器和链接器的标志往往互不相同，因此跨平台的项目需要统一 Make 机制，同时编写脚本文件配合 Makefile 来管理不同平台之间的差异，从而建立一个跨平台的 Make 系统，而这个系统的核心在于在 Windows 平台下实现一个 Linux 的 Make 策略。

3. 在 Windows 下使用 GNU make

在跨平台的软件开发中，开发环境必须能够同时适用 Windows、Linux 和 UNIX 等几大主流平台，而由于 Windows 的操作平台并不是一个以丰富命令行工具为核心的主流平台，其自身提供的 nmake 也与 UNIX 或 Linux 系列中的 Make 有着很大的差别，因此在开发过程中，不得不在 Windows 平台上使用第三方软件来支持这种模式的编译方式，即在 Windows 上实现 Linux 的环境。主流有以下两种方式。

1. 使用 Cygwin

Cygwin 始于 1995 年，包括 3 部分：

（1）一个动态链接库（Dynamic Link Library，DLL）。这个动态链接库实现了绝大多数 UNIX 程序员熟悉的核心 API（POSIX）。

（2）需要上述 DLL 来执行的开源 UNIX 库。

（3）一个以二进制发布的丰富的 UNIX 命令行语言工具套件，这个套件也包括 GCC 等开发工具。

Cygwin 的 DLL 库以及工具集合都是用来帮助开发人员在 Windows 上重新编译 UNIX 命令行应用程序的，而同时 Cygwin 也支持在 Windows 上编写 Shell 脚本程序，这些对于建立一个跨平台的开发环境都起着关键作用。

2. 使用 MKS Toolkits

和 Cygwin 一样，MKS Toolkits 工具集也能够实现 Windows 平台上的 Linux 系统，然而和 Cygwin 不同的是，MKS Toolkits 系列的产品是一个以付费为主的软件，作为付费软件，它几乎能够让 Windows 实现 Linux 系统的任何操作（X WINDOW 除外）。这款第三方软件也有免费的工具集，如 MKS Toolkit ForDeve，它包含 GNU make 以及项目编译过程中所需要的一些脚本命令行，图 18-3 显示了部分 MKS 工具集所提供的命令。

图 18-3

无论是 Cygwin 还是 MKS Toolkits，都可以在 Windows 下提供 Linux 的 GNU make 以及所必需的 Shell 脚本编写的功能，而跨平台的开发环境也正需要这两者的支持。对于两者之间的选择并不是绝对的，虽然 Cygwin 不是付费产品，但是它完全能够提供所需要的功能，而且并不需要过多的工作量去搭建环境，关键的问题在于能否将这些工具集合理的应用。

4. 跨平台的 Make 系统

在确保开发平台可以使用同一 make 编译以后，这部分将会把核心放在 Makefile 文件的编写以及配合 Shell 的脚本实现跨平台的编译环境上，一个跨平台 Makefile 的编写要更加注重其动态的特性，保证其在各个平台之间编译的同时做到最小的改动量，所以需要在这个 Makefile 中引入变量。

```
include make.arch
include make.$(ARCH)
#注释中的这些定义会在make.$(ARCH)这个脚本中实现，以Windows为例
#CXX = cl
#OBJS = myApp.obj main.obj
#CXXFLAGS = /Zi
myApp: $(OBJS)
$(CXX) (CXXFLAGS) $(OBJS)
%.obj :%cpp
$(CXX) (CXXFLAGS) -c $<
%(OBJS): myApp.h
```

经过这样的修改之后，Makefile 的编译规则就变得更加灵活，而下面需要做的是添加变量的赋值部分，将其移至另一个脚本文件中，然后通过平台判定调用这些不同的文件，使其能够在不同平台下赋予相应的值。所以，在完成 Makefile 中编译部分的工作以后，还需要编写一些其他的脚本文件。在这个例子中，至少还需要三种文件，一是用于判定平台及操作系统位数的 Make.arch 文件，二是以各个平台命名的用于配置编译命令及编译选项的一系列文件，例如 Make.nt、Make.linux 等，三是在复杂的软件项目中还需要一个用于配置链接库的文件 Make.library。

在这个例子中，Make.nt 的内容如下：

```
CXX : = cl
OBJS:= myApp.obj main.obj
CXXFLAGS: = /Zi
```

Make.linux 的内容如下：

```
CXX := g++
OBJS := myApp.o main.o
CXXFLAGS: = -g
```

若操作系统为 AIX 的 64 位系统，则可定义 Make.aix64 如下：

```
CXX:=Xlc_r
OBJS:=myApp.o main.o
CXXFLAGS:=-g-q64
```

在调用 make 命令以后，这些脚本的工作流程如图 18-4 所示。

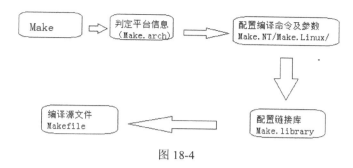

图 18-4

通过关键字 include 引入这些脚本文件，使其在 Makefile 制定的编译过程之前配置完成所需要的各种变量。然而通过这种方式解决平台间的差异还需要充分地了解 Makefile 文件编写的规则，对于一个复杂的应用程序，开发时所包含的不仅仅是编译目标文件和链接依赖库，同时还需要配置资源文件，涵盖所需的配置文件，还要为应用程序提供运行过程中用户操作界面的国际化支持。在实际开发的过程中，一套 Make 生成策略所需要做的工作并没有例子中这么简易，尤其是针对跨平台的开发，需要大量的编译条件，并通过不同的条件引入相应的编译配置。以平台判定的部分为例，在这部分所使用的技术并不复杂，首先在 Windows 平台下需要实现 uname 命令，这个命令返回的是当前的平台名称，而随后大量的工作都会集中在条件判定上，图 18-5 显示了该脚本程序的一部分。

```
UNAME_NOARG:=$(shell uname)

ifeq (OS/390,$(UNAME_NOARG))
    ARCH:=OS390
    XARCH:=OS/390
    SUPPORTED_ARCHITECTURE:=true
else
    ifeq (OSF1,$(UNAME_NOARG))
        ARCH:=OSF1
        XARCH:=OSF1
        SUPPORTED_ARCHITECTURE:=true
    else
        ifeq (Windows_NT,$(UNAME_NOARG))
            ARCH:=nt
            XARCH:=Windows_NT
            SUPPORTED_ARCHITECTURE:=true
        else
            ARCH:=$(shell arch)

            ifeq (i586,$(ARCH))
                # Note that we lose the fact this was i586.
                ARCH:=i686
                XARCH:=linux
                SUPPORTED_ARCHITECTURE:=true
            else
                ifeq (i686,$(ARCH))
                    XARCH:=linux
                    SUPPORTED_ARCHITECTURE:=true
                else
                    ifeq (HP-UX,$(ARCH))
                        SUBARCH:=$(ARCH)
                        SUPPORTED_ARCHITECTURE:=true
                        ifeq (ia64,$(shell uname -n))
                            ARCH:=hpia64
                            XARCH:=hpia64
```

图 18-5

随着平台支持数量的增加，这部分的代码结构会变得更加复杂，而在实现平台的成功判定之后，Makefile 的工作也才刚刚开始，首先需要为每一个支持的平台配置相应的 make 文件，这部分文件已经在图 18-1 中显示出来，而之后由于跨平台开发过程中需要建立自己的可移植代码库，因此需要配置的链接库也会相应地增加，同时，在项目的编译过程中，也需要按照依赖的顺序逐层编译每一个阶段的源文件，而这些工作需要根据项目的实际情况合理地设计编译规则。因此，这部分工作的进行需要同步甚至提前于应用程序的开发阶段，即当应用程序框架已经搭建完成时，Makefile 生成策略的文件在这个阶段应该已经基本完成，并可以用于测试。这样不仅可以为多个平台下的测试提供条件，而且会使这部分的工作量不会由于项目的异常庞大而变得无法设计。

18.5　C++语言跨平台软件开发的实现

一个跨平台软件产品的开发和实践关键在于对开发过程的整体设计，在实现平台无关的代码的基础上，还要对软件的配置与架构有合理的设计。图 18-6 展示了其主要流程。

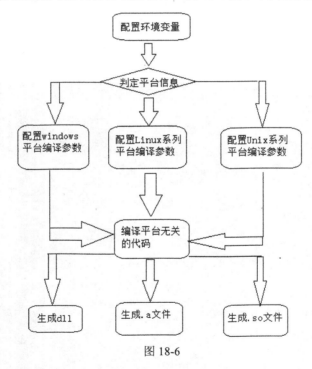

图 18-6

而开发公共代码的内容涉及多方面的问题，从源文件的文件格式到 C/C++语言的代码设计。总之，能被不同平台共享的代码越多，跨平台的项目就越趋于成功。所有平台上公共的功能应该被标识出来，避免它们在平台相关的代码里重复出现，在跨平台开发的过程中，需要根据各个差异的类别建立一个能够被重复调用的代码库，同时还要在程序的运行过程中进行必要的安全检查，动态地控制不同平台之间代码的使用。图 18-7 以一线开发中的项目为例说明这部分代码的设计思路。

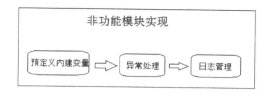

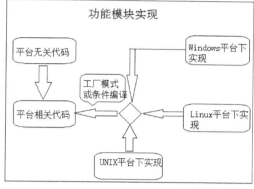

图 18-7

18.6　C++语言跨平台的开发策略

在开始编写代码之前，首先要规定源代码在文本编写过程中的编辑策略，在不同的操作系统中创建和编辑文本文件必然涉及多种类型的行结束符。DOS 和 Windows 使用回车/换行对（\r\n）作为行结束的标志，UNIX 使用换行符（\n）。当在这些平台之间编写源代码的时候，这就成为一个问题。如果一个文件是在 UNIX 下创建的，那么在 Windows 计算机上很可能不会被正确的编辑。此外，不同平台间 Tab 的间距也有着不同的定义，因此在编写代码的过程中，需要规定统一的 Tab与行结束符，从而保证代码的阅读性在各个平台间都是相同的。所以在开发的初期，需要针对这个问题制定两点规则：

（1）统一使用 4 个空格键来代替 Tab，也就是\t 格式。

（2）Windows 下的源文件代码需要存储成 UNIX 的文件格式，或者在 Windows 下的文件编写完成之后，通过 dos2unix 命令实现文本格式的转换。

目前来讲，这部分的问题还有一个更简易的解决方式——使用 Emacs 编辑器，Emacs 虽然没有久远的历史，但是它已经迅速得到了广泛的应用，原因在于其独特的开发方式，编辑人员几乎可以完全放弃使用鼠标而专心使用键盘来完成自己的代码,同时它对几乎任何一个平台都能给予很好的支持，并且非常易于安装，甚至有很多开发人员视 Emacs 为一种编写源代码的理念，而远超于一个简单的编辑器。

在进入开发阶段以后，需要跟随项目的进度，保持在不同平台上编译代码的习惯，由于在跨平台的开发过程中选择了不同的编译器作为不同平台下的开发工具,通过这种方式可以为跨平台的软件开发带来很多好处，例如：

（1）可以帮助开发人员避免使用编译器相关的特性、标志和宏。

（2）把对 C/C++标准不同解读的影响减到最小，并可以避免使用未经证明的语言特性。

（3）每种编译器在不同的平台上会产生不同的错误和警告，这会使开发人员编写出更强壮的代码，最大化地避免潜在的问题。

此外，在实际开发过程中，如果没能切实保证代码在提交前可以在所有支持的平台上编译，那么最终一定会产生架构上的问题。假设有一个需要平台相关具体实现的抽象类，如果在完成以后才发现不能在某一个平台上成功编译或运行，那么这个问题可能会导致这个抽象类需要整体重新设计，在跨平台的开发过程中，代码的结构往往十分复杂，而这样的错误会导致工作幅度大幅增加。

18.7　建立统一的工程包

一个多元平台下的软件产品在开发过程中需要保证各个源代码以及配置文件、依赖库的移植性，只有这样才可以做到，当一个 Linux 平台下开发的工程包被移植到另一个平台上时，可以直接对其编译或者使用。否则，一个工程包在移植到其他平台以后，还需要进行大规模的编辑，这样不但影响软件开发的进度，还会影响该项目在各个平台之间的一致性，长期的改动将会直接导致项目没有任何可维护性。因此，在整个开发周期中，必须保证各个平台下所使用的开发工程包是完全统一的。

18.8　建立跨平台的代码库

由于 C++语言的语言特性及其标准在各个平台、编译器上的不同定义，跨平台的软件开发需要更合理的代码规划，一定要明白，抽象是真正实现代码跨平台的核心，没有适当的抽象很难构建一个跨平台的应用程序。抽象在 C++里普遍的使用，C++的标准模板库（Standard Template Library，STL）和 Boost 是两个很好的例子。Boost 标准类随着其被不断完善，可以帮助一个跨平台的产品解决操作系统库内各个接口的差异，但是还不能够解决所有的问题，一方面它目前并没有涵盖所有的范畴，另一方面由于它的封装使项目又增加了不确定性，而在 STL 中并不是所有的模板都有着很高的可移植性，在可能的情况下，笔者更倾向于自己手动编写所需要的各个抽象类。进一步而言，即使这些标准库可以被完全使用，然而这对于一个跨平台的软件项目来说还是远远不够的。所以，在项目开发过程中需要编写自己的抽象库，随着开发的不断进展，根据需求的变化结合 C++语言的语言特性设计这部分代码。

建立一个跨平台的抽象库需要借助设计模式的思想合理地设计，使最终抽象出的代码库更像是一个产品，它不仅仅用在一个软件项目上，而且应该时时进行更新维护，根据不同的需求给予跨平台开发更好的支持。在实际的操作中，这是一个问题，它更多的是在设计软件架构的过程中出现的问题结合工程师自身经验的产物。而关于 C++语言的部分也有着更多考虑，例如字符串的处理、文件的读写、浮点数的使用等，在必要的情况下，还需要对 C++语言的内建函数进行封装，换句话说，使用自己定义的变量来确保代码的确定性。

18.9　工厂模式与单例模式的实现

在跨平台开发的过程中，工厂模式与单例模式的使用有着重要的意义，C++语言的代码有着诸多的特性不被多元化的平台所共享。因此，工厂模式通常需要在代码库中抽象出这部分的代码，然后分别在 Windows、Linux、UNIX 平台下通过各自的方式实现，再通过条件编译来动态地调用不同平台下的函数；而单例模式则是为了保证每一个类在程序中只有一个对象被实例化，防止过多的实例间产生冲突。这两种设计模式的实现需要利用面向对象的思想，通过继承来实现这种多平台的多态性，除此之外，跨平台的工厂模式还需要利用条件编译来实现动态的调用。

18.10　利用平台依赖库封装平台相关代码

在实际的开发过程中，对于应用程序的核心功能，还可以在编译过程中通过链接不同的依赖库来处理 C++语言跨平台开发过程中平台相关的代码。这种方法的核心在于把平台相关的各部分代码在不同的平台下实现并封装成依赖库，然后在不同的平台下调用不同的依赖库以达到统一代码的目的。这种方法首先需要在编译时定义一个编译选项变量 REQUIRED_LIBRARIES，然后根据不同的平台赋予这个变量不同的值，从而统一添加到编译选项中。而对于代码的处理，则定义一个头文件，在这个头文件中定义处理这些核心处理函数的统一接口，而这些接口的实现则体现在不同平台下的依赖库中。也就是说，可以先将这些核心的功能编译出来，然后通过依赖库添加到应用程序中。具体的实现以曾经开发的一个项目为例来介绍。

在这个项目中，核心的处理就是针对地址的比对，而这些比对在不同的平台下会有不同的实现方式，考虑到代码效率和代码结构的问题，采用这种链接库的方式可以提高运行效率，同时合理优化代码。在实现的过程中，首选需要定义一个头文件 Address.h，在这个头文件中包含对这些接口的统一定义。代码示例如下：

首先，需要针对不同平台在链接动态库时的不同规则定义关键字：

```
#if defined(_WIN32) ||defined(_WTN64 )
//!针对Windows平台下关键字_declspec(dllexport)的定义
define AD_EXPORTCALL 1_declspec(dllexport)
//!针对Windows平台下关键字_stdcall的定义
#define AD_EXPORTCALL2_stdcall
#else
#define AD_EXPORTCALL1
#define AD_EXPORTCALL2
#endif                //define(_WIN32) || define(_W1N64 )
```

随后，头文件中的函数接口会被定义成如下形式：

```
AD_EXPORTCALL1 AD_StatusCodc AD_EXPORTCALL2 AD_GetConfigSettingsXMLW(
AD_WCHAR* const psConfigXMLOutputBuffer,
//!< [out] Pointer to output buffer; optional parameter, may be NULL
```

```
const AD_U32 ulConfigXMLOutputBufferSize
//!< [in] Size of the output buffer in number of characters inch the terminating
zero);
```

其中，AD_EXPORTCALL1 和 AD_EXPORTCALL2 就是在之前定义的关键字，其主要目的是实现不同平台下对动态库中函数调用的差异，例如 Windows 平台下需要引入_declspec(dllexport)。随后，通过在不同平台下的编译实现这些接口函数，并编译出不同平台格式的库文件，例如Address.dll、libAddress.so 等。在有了这些库文件函数之后，跨平台的部分已经基本完成，下面在应用程序的代码中引入头文件 Address.h，然后在编译的过程中加入文件 Make.library，用于控制不同动态库的链接，其内容如图 18-8 所示。

```
ifeq(Windows_NT,$(Shell uname))
REQUIRED_LIBRARIES=$(QSAVINST)/lib/Address.lib
else
ifeq(Linux,$(shell uname))
REQUIRED_LIBRARIES=$(PX_LIBRARIES)
                    $(QSAVINST)/lib/libAddress.so
else
ifeq(AIX,$(shell uname))
REQUIRED_LIBRARIES=$(PX_LIBRARIES)
                    -L$(QSAVINST)/lib -lAddress
```

图 18-8

这样，同样的接口在不同的平台下就可以被引入不同的动态库，从而使平台不相关的实现不体现在应用程序的源代码中。这种方法适用于对应用程序核心功能的处理，因为不论在什么平台，应用程序都需要做出同样的处理，使用同样的接口。而在运行的效率上，由于这种方式不需要大量的条件判断，在程序初始化的过程中，这些链接库就会被调进内存中，这样一方面可以提高运行效率，另一方面可以优化代码的结构，有效地优化 C++语言跨平台的应用程序。

18.11　处理器的差异控制

处理器的差别在于存储要求（数据对齐、字节排序）、数据大小和格式以及性能方面有着根本的不同，在跨平台项目的开发过程中，这些问题的产生都是不可避免的。因此，在项目中需要对这些差异中的部分代码进行封装，以便在开发过程中为不同平台的开发和编译提供更好的支持。

18.11.1　内存对齐

所谓内存对齐，就是当处理器访问长度为 n 字节的一段数据时，这段数据的起始地址必须是 n 的倍数，例如一个 4 字节长的变量的地址应该是 4 的倍数，一个 2 字节长的变量的地址应该是 2 的倍数。但是处理器对于内存访问常常有不同的要求，一旦没能满足这些要求，将导致处理器故障。为了获得最大的可移植性，应当强制对齐，以达到最高的可能粒度，而不应该依赖指针这样的窍门，因为指针可能会引发更多的意外。

解决这个问题的方法是，在定义相关的类型时，定义自己的对齐系数。每个特定平台上的编译器都有自己的默认对齐系数(也叫对齐模数)。在开发过程中，可以通过预编译命令#pragma pack(n)（n=1,2,4,8,16）来改变这一系数，其中的 n 就是需要被指定的"对齐系数"。结构（struct）或联合（union）的数据成员中，第一个数据成员放在 offset 为 0 的地方，以后每个数据成员的对齐按照#pragma pack 指定的数值和这个数据成员自身长度中比较小的那个进行。在数据成员完成各自对齐之后，结构（或联合）本身也要进行对齐，对齐将按照#pragma pack 指定的数值和结构（或联合）最大数据成员长度中比较小的那个进行。另外，当#pragma pack 的 n 值等于或超过所有数据成员长度的时候，这个 n 值的大小将不产生任何效果，所以在编写这部分代码的过程中必须谨慎，合理地规划结构中每一个变量的位置。

18.11.2 字节顺序

所有多字节的变量在内存中可以表示为两种形式，即大字节序（big-endian）和小字节序（little-endian)，它们在数据类型中就展示了字节顺序。在 Windows 系列的平台，中小字节序是其主要的存储方式，除非有着特殊的需求，否则不会出现大字节序的方式。两者具体的区别从下面这个示例来看：

```
union
{
    Long l; //这里假设sizeof(long) == 4
    unsigned char c[4];
}u;
u.l = 0x12345678;
printf( "c[0] = 0x%x\n", (unsigned) u.c[0]);
```

在小字节序的机器上运行时，会看到如下输出：

```
c[0] - 0x78
```

在大字节序的机器上运行时，会看到如下输出：

```
c[0] = 0x12
```

二者在内存中的存储方式如表 18-3 所示。

表 18-3 内存存储方式的对比

地址	小字节序	大字节序
&c[0]	0x78	0x12
&c[1]	0x56	0x34
&c[2]	0x34	0x56
&c[3]	0x12	0x78

这就造成了一个问题，多字节数据不能被具有不同字节排序的处理器直接共享。例如，如果将某些多字节数据写入一个文件，然后在具有不同字节序的体系结构上读取这些数据，那么数据将是混乱的。为了使代码结构更加清晰，在项目进行初始化的阶段就需要对处理器的字节序进行判定，判定的方法如下：

```
bool    APT_PS_AddressDoctor5::getEndian0
```

```
{
//判断当前平台的字节顺序
//初始化变量
inti = 0x12345678;
//判断该变量第一个字节的内容从而确定字节顺序
if (*(char *)&i = 0x12)
    //如果为小字节序，则返回true
    return true;
else if (*(char *) & i = 0x78)
    //如果为大字节序，则返回false
    return false;
}
```

18.11.3 类型的大小

处理器有一个对应于其内部寄存器大小的自然尺寸，代表变量的最佳尺寸，长时间以来，很多开发人员在编写代码时都会默认 sizeof(int) = 4 的条件。然而，当开发环境进入 64 位平台时，关于 int 的大小会让开发人员明显感觉到这种认定的不确定性。

在日常的开发习惯中，整型、长整型和指针的大小都是 32 位，即 4 字节，这也是常年使用 Windows 系统所带来的固定思维。然而在 64 位操作平台上，这样的长度将会变得不确定，一般整型依旧会成为内部寄存器大小的自然尺寸，而长整型却有着不同的选择，可以与 int 的长度相同，也有可能是 int 类型的两倍，这取决于处理器和编译器对类型的定义。所以，在开发跨平台应用程序的过程中，需要指定特定的长度，在有必要的情况下自定义类型，通过每个类型的大小范围指定统一的变量长度，从而实现开发的统一，而这部分的实现可以通过 C 语言的预处理程序（即宏定义）来实现差异的控制。

18.11.4 使用预编译处理类型差异

C/C++预处理程序在帮助开发跨平台软件时是一个非常有效的工具，应用程序在平台之间编译的过程中，这种预处理所提供的条件编译、原始文本替换以及预定义符号可以极大地减少平台间差异所带来的代码量。由于编译器的不同，C++语言的内建类型的类型长度、字节顺序等可能会有着不同的定义，因此在开发过程中，需要先对这些类型进行预定义，以消除潜在的问题，例如：

```
//定义内建变量，以便需要改变处理变量的形式时，直接改变这些宏定义即可，
//而不需要改变程序每一个涉及的代码
#if (defined (_WINDOWS))
//! 8 bit signed type
typedef char        AD_18;        //根据字节位数定义变量名称
//! 16 bit signed type
typedef short       AD_I16;       //定义16位变量
//! 32 bit signed type
typedef int         AD_132;       //定义32位变量
//! 64 bit signed type
typedef char        AD_CHAR;       //char为单字节变量
//! 8 bit type
/*略去其他定义*/
```

```
#endif
```

为了统一各个变量之间的类型长度及开发标识，在该项目中使用了条件编译以及宏来实现对内建类型的定义，然而宏的应用不仅仅在于此，例如在处理跨字符（双字节的类型字符）时，类型的长度及范围的差异也会使程序产生异常，因此这类变量需要被更加详细的定义：

```
//动态地定义变量AD_WCHAR
#if (WCHAR_MIN = 0 && WCHAR_MAX ==65535) || (WCHAR_MIN==-32768 ) &&
WCHAR_MAX=32767)
//如果wchar的字节长度为2字节，则定义为wchar_t
typedcf wchar_t AD_WCHAR;
#elif USHRT_MIN=O && USHRT_MAX=65535
//如果unsigned short的字节长度为2字节
typedef unsigned short AD_WCHAR;
#else
#否则无法定义该常量
#endif
```

此外，由于 C 语言的预定义或者说宏的使用不受变量或者函数的限制，在项目中甚至可以使用宏来区别不同平台间的关键字，比如 Windows 下链接动态库的时候需要的关键字_declspec(dllexport)，不过过度使用宏将会给处理器带来不可预料的异常，因此在使用 C 语言的预定义时，要根据程序的需要合理的添加，宏的使用要尽量以解决平台间的差异为核心，而不是为了节约一部分代码。

18.12　编译器的差异控制

编译器的差异主要体现在扩展语言范围，以支持特定平台的需要后，不同的扩展特性不能被其他的平台所共享，最具有代表性的就是 windows.h 头文件。在 Visual Studio C++中，这些定义可以为开发人员提供相当的便利，然而这其中所定义的多数标准即使是针对控制台程序的，也将无法在 Linux 中得到支持。其次，编译器在内存管理方面也有着细节上的区别，而这些区别也会给跨平台应用程序的软件开发带来差异，因此在处理这部分的差异时，可以通过自身实现来克服，同时也需要软件项目的代码设计更注重平台间的不同。

18.12.1　实现平台无关的代码

以 windows.h 头文件为例，文件中定义了编译器默认的各种标志、预处理标识以及编译错误标识，同时还通过引入其他相关的头文件定义了具有 Windows 平台特性的函数调用，在这其中可以找到系统的接口函数、网络接口（WinSock），甚至一些类型的操作函数，例如 Unicode 字符串的操作。然而，跨平台项目的开发并不能够以其中的某一个平台为标准，因为很多特性在其他平台上是无法共享的，即使有类的实现，调用的方式也有着很大的不同。因此，在项目的开发过程中需要制定这些函数的操作实现，以扩充自身的可移植的代码库。

首先，宏定义对跨平台项目的开发有着很大的帮助，无论是从维护还是代码结构上，都能不同程度地缩减项目的工作量，所以在开发过程中必须针对项目的需求定义自己的标识符。这些标识符包括项目中用户操作的配置、项目的异常处理标志以及一些表示该平台特定的定义，而实现的方式就是编写自己的头文件来定义，例如：

```
//定义界面中的选项在后台处理的唯一标识
#define QSAV_SOANAME        "companyNname_QSAV"
#define QSAV_S0A1D          "listID_QSAV"
#define QSAV_SOAREPORT      "reportFile_QSAV"
#definc QSAV_PROCESSED      "RecordsProcessed_QSAV"
#define QSAV_PASSED         "RecordsPassed_QSAV"
/*略去其他相同定义*/
//定义异常处理时的输出，其中SetConfig.xml是由界面传入后台的各个选项的选择
#define_AD_SC_WRN_INIT_UNLOCKCODE_CORRUPT   1//!< The SetConfig.xml contained
atleast one corrupt unlock code
#define AD_SC_WRN_IN1T_UNLOCKC0DE_EXPIRED  2 //!< The SetConfig.xml contained
atleast one expired unlock code
```

这些定义有些可以直接在项目中使用，而有些还需要配合配置文件来获得这些标识所代表的实际意义，接下来将要做的是将这些预定义整理在同一个头文件中，并确保项目在使用的时候包含这些头文件，这样就可以避免由于字符的差别所引发的平台下的差异。

以字符串操作为例，如果项目需要支持多种语言，而像中文、韩文等，ASCII 码无法给予其支持，所以在进行字符操作的时候，就需要使用宽字符作为主要变量，在前面已经讨论过 wchar_这样的多字节变量，无论是字节顺序还是字符的长度在不同的平台中都有可能不同，所以就需要手动编写关于宽字符的处理。首先，需要统一制定该变量的长度，这部分的实现由预定义来完成，前面已经出现过这部分的代码，代码中 wchar_t 变量根据不同平台下的长度范围自定义成变量 AD_WCHAR。随后需要为这个新定义的变量量身定做其操作方式，字符串的操作方式有很多，这里以字符串转换为例，假设这个双字节的字符串需要复制一个单字节字符串中的内容，而为了保证在转换过程中不损失任何字符，保证其在内存方式上存储的正确性，就需要自己手动编写这部分实现的代码，实现的代码如下：

```
void APT_String::wstr2cstr<const AD_WCHAR*pwstr, char*pcslr, size_t len)
{
    //初始化临时变量
    char *ptcmp = pcstr;
    if(pwstr!=NULL && pcstr!=NULL)
    {
        //判断字符串的长度，并进行循环处理
        Size_t wstr_len = wcslen(pwstr);
        len = (len > wstr_len) ? wstr_len : len ;
        while( Ien --> 0)
        {
            //如果是类中文的变量，则将字节的后8位拷入
            //否则是英文的变量，则直接拷入
            if (*pwstr>> 8) !='/0')
                    *pcstr++=*pwstr >>8 ;
            *pcstr=*pwstr,
```

```
                    pwstr++;
                    pstr+=1
                }
                //字符串的结束符
                *pcstr='/0';
        }
}
```

从代码中可以看到，这个过程的实现基于 APT_String 类，而在实际项目的开发过程中，APT_String 是在项目中手动封装的一个类，它的主要目的就是实现各个字符串相关的操作。在实际的项目中，需要被封装的类还包括文件操作、类型转换等多方面的内容，这部分的实现要基于项目开发的需求以及对不同平台的支持。在多元化开发的过程中，这套被封装的代码库是实现 C++ 语言项目可移植性的主要基础，而在其设计过程中也会以一种高度可移植的风格来解决各个平台间的差异性问题。

18.12.2　内存管理

C++语言没有内存回收器，其内存的管理完全需要开发人员手动进行，这样的管理方式无形之中增加了代码的复杂度。同时，不同的编译器在堆和栈两方面使用不同的方法表示与管理内存。对于 C++语言而言，内存的管理本身就容易引发多种程序漏洞，而在多元平台下，这种错误更容易出现在程序的各个角落，而常见的内存错误是对于未分配或者已经回收内存的变量进行使用以及内存溢出的问题，在这里要适当用 free 和 delete 及时对内存及变量进行回收，同时还要注意，不同的平台下对于堆栈的大小限制是有所不同的，而在大规模的申请之前，一定要做好检测工作，还要配合日志管理的使用才能避免内存管理问题而导致的程序崩溃。

18.12.3　容错性的影响

采用 C/C++开发程序时，缓冲区溢出的错误非常普遍，但是系统运行程序的时候，对待运行期间出现的这些错误的处理能力是不同的。总的来说，Windows 系统的容错性最强，尤其是 Debug 版的程序，系统都加入了一些保护机制，能够保证出现一些小的错误以后，程序仍能够正常运行。UNIX 平台的要求就严格一些，有些系统更是容不得一点错误，有一点错误就会出现宕机的现象，这些跟操作系统的内存分配机制有关。Windows 平台的程序分配内存的时候，一般都会多分出一些字节用于对齐，如果缓冲区溢出的不是太多，就不会对内存中其他变量的值造成影响，因此程序也能够正常运行。但是这种保护机制会带来更多的系统开销。这就是 Windows 程序移植到 UNIX 下稳定性降低的主要原因之一，也是 Windows 系统会消耗那么多系统资源的原因。

要解决这类问题，就要进行更严格的测试和代码检查。同时，借助相关的测试工具找出系统中隐藏的问题，不能放过任何一个可能产生的错误，尤其是在编译过程中发现的警告信息。当然，这些工作都应该在移植前做得很充分，在移植后更应该加大测试的力度。

18.12.4　利用日志管理异常

在处理各个编译器差异的过程中，日志管理的合理使用发挥着重要的作用，一方面它可以为最终的用户提供应用程序的运行状态；另一方面，在开发阶段它可以提供更加准确的异常捕捉的范围。

在移植的过程中潜在的异常或错误会时常出现，同时，像 try、catch 这样的机制并不能够涵盖全部代码，更确切地说，过分地使用 try、catch 机制会直接影响代码运行的效率。因此，利用日志来定位程序运行的阶段以及异常的多发区控制是更合理的办法。

日志管理的实现有很多种形式，例如，在缓冲区中直接读写，或者借助于配置文件进行读写，前者实现日志的读写效率更高，但是会占用内存，而后者则会使程序的效率降低。而开发一个软件产品，不仅在日志管理中涉及文件的读写，其本身就需要进行文件的输入输出。因此，最佳的方式是利用配置文件进行读写，并同时为其在程序内部配置一个开关，若打开开关，则会进行日志的读写，否则不会。在代码中的实现如下：

```
IF_DEBUG(validateop){
APT_MSG(Info, "DSEE-QSAV-00071", args, 0);
}
```

IF_DEBUG 则控制程序内部的开关是否输出口志，其实现如下：

```
#define IF_DEBUG(module_)\
if (APT_debug.isDebugModuleOn(APT_ ##module_))
```

其中的 APT_debug 为全局变量，对象内部存储的标志表示该应用程序运行过程中的每一个阶段，而在本阶段是否要输出日志，则由项目刚刚开始时配置的参数决定。该项目还为各个阶段的输出做了文件映射，代码中 DSEE-QSAV-00071 这一标志则表示在 QSAV 文件中对应的第 71 条信息，文件映射部分则由 map 模板来实现。在 QSAV 文件中，信息的定义如下：

```
//省略其他类似定义
QSAV0070 "validation Result list:"
QSAV0071 "Preload Country Successful! \n"
QSAV0072 "Preload Country Failed: {0}\n"
QSAV0073 "Country Invalid for preloading: {0}\n"
```

如果在该程序运行时，为其配置了参数 validateop，则将会在日志文件中看到如下信息：

```
Preload Country Successful!
```

在该程序中，这部分代码主要用于检测内存是否出现溢出，这部分代码内容涉及读取一个大容量的比对文件进入内存中，而不同的平台对于内存的使用有着不同的限制，当内存出现异常或不足的情况时，程序会停止写入，这样则会导致运行以后的结果不准确。因此，在运行之后得到异常的结果时，可以配合日志中的输出来判定是不是因为程序的错误而导致这样的情况发生。

18.13　操作系统和接口库

不同的操作系统中都存在一些系统的限制，如打开文件句柄数的限制、Socket 等待队列的限制、进程和线程堆栈大小的限制等，因此在开发的过程中，必须考虑这些限制因素对程序的影响。当然，有些限制参数可以适当地调整，这就需要在发布程序的时候加以声明。

18.13.1　文件描述符的限制

文件描述符最初是 UNIX 下的一个概念，在 UNIX 系统中，用文件描述符来表示文件、打开的 Socket 连接等，跟 Windows 下 HANDLE 的概念类似。文件描述符是一种系统资源，系统对每个进程可以分配的文件描述符数量都有限制。以 Solaris 为例，默认情况下每个进程可以打开的文件文件描述符为 1024 个，系统的硬限制是 8192 个（具体的值跟版本有关），也就是说可以调整到 8192 个。在 UNIX 系统下，使用 ulimit 命令来获得系统的这些限制参数。一般情况下都是够用的，但是有一个例外，在 32 位的 Solaris 程序中，使用标准输入输出函数（stdio）进行文件的操作，文件描述符最多不能超过 256 个。比如用 fopen 打开文件，除法系统占用的 3 个文件描述符（stdin、stdout 和 stderr）外，程序中只能再同时打开 253 个文件。如果使用 open 函数来打开文件，就没有这个限制，但是就不能使用 stdio 中的那些函数进行操作了，使程序的通用性和灵活性有所降低。这是因为在 stdio 的 FILE 结构中，用一个 unsigned char 来表示文件描述符，所以只能表示 0～255。

在网络程序的开发中，每一个网络连接也都占用一个文件描述符，如果程序打开了很多 Socket 连接（典型的例子就是使用连接池技术），那么程序运行的时候可能用 fopen 打不开文件。

解决这个问题可以采用以下几种方法：

- 升级为 64 位系统或采用 64 位方式编译程序。
- 使用 sys/io.h 中的函数操作文件。
- 采用文件池技术，预留一部分文件描述符（3～255 的），使用 freopen 函数来重用这些描述符。

至于采用哪种方法或者是否考虑在系统中处理这个问题，就要视具体的情况而定了，那些不受这个限制影响的程序可以不考虑这个问题。

18.13.2　进程和线程的限制

一般的操作系统对每个进程和线程可以使用的资源数都有限制，比如一个进程可以创建的线程数、一个进程可以打开的文件描述符的数量、进程和线程栈大小的限制和默认值等。

针对这些问题，首先要分析和考虑所开发的系统的规模，会不会受到这些限制的影响，如果需求大于系统的限制，可以通过适当地调整系统参数来解决，如果还不能解决，就得考虑采用多进程的方式来解决。对于进程和线程的栈空间大小的限制，主要是解决线程栈空间的问题。一般的系统都有默认的线程栈空间大小，而且不同操作系统的默认值可能不同。在通常情况下，这些对程序没有影响，但是当程序的层次结构比较复杂，使用了过多的本地变量时，这个限制可能就会对程序产生影响，导致栈空间溢出，这是一个比较严重的问题。不能通过调整系统参数来解决这个问题，但是可以通过相应的函数在程序里面指定创建线程的栈空间的大小。但是具体该调整的数值适当即可，而不是越大越好。因为线程的栈空间过大的时候，就会影响可创建的线程的数量，虽然远没有达到系统多线程数的限制，但却可能因为系统资源占用过多导致分配内存失败。

18.13.3　操作系统抽象层

操作系统函数永远不要被直接调用，应将其包装到一个"操作系统抽象层"的库中，把应用程序从底层的操作系统中脱离出来。于是，当将应用程序移植到其他操作系统时，只要简单地移植操作系统抽象层即可，无须修改应用程序的代码。这不仅将原应用程序的正确性和可靠性带到了新平台上，还加速了移植过程。此外，当在向新平台移植的过程中发现错误时，操作系统抽象层将是调试的最有效的起点。

操作系统抽象层应该输出函数原型，同时，无论底层的操作系统是如何实现的，抽象层应该对应用程序隐藏它的一些特殊行为。例如，以对信号量的操作为例，在大多数操作系统中，相同的进程可以多次获取一个信号量，而某些操作系统在递归获取信号时会阻塞调用者。在递归获取信号量这个例子中，开发者必须实现递归行为本身。具体实现时，一些操作系统可能要比较两个任务的 ID，这两个任务一个是上次要求获取信号量的任务，另一个是本次要求获取信号量的任务。如果两个 ID 相同，说明是在同一进程中，函数将增加信号量计数器的值，且不调用操作系统的信号量获取函数。相应地，信号量释放函数必须对信号量的计数器进行递减操作，直到计数器的值为 0，才调用操作系统的信号量释放函数释放信号量。

程序中编写的函数封装应该保证在所有的操作系统中具有相同的行为，这可以避免底层操作系统的特殊性对应用程序的影响。Socket 库函数中的 select()提供了一个很好的例子来说明函数封装的重要性。对于不同的操作系统来说，可选择的设备有相当大的差异，一些系统只允许选择插口，而其他系统可以选择插口、管道和消息队列。在移植的过程中，对底层操作系统实现的抽象使应用程序免于不必要的、杂乱的修改。假设某个操作系统没有实现 sdect()中的超时功能，只要在抽象层库中就能够完成修改。否则，就需要对应用程序的结构进行重大修改。系统抽象层的具体实现方法是利用工厂模式，抽象出一个基类，然后在每个平台下实现一个派生类，根据应用程序的具体需要实例化不同的派生类。

18.14　用户界面

在跨平台软件的开发过程中，用户界面的开发是最为复杂的，因为几乎每一个平台下用于图形开发的 GUI 工具包都有所不同，而且互相不支持。因此，在实际的开发过程中，往往需要第三方工具包的支持，而在目前流行的图形界面包中，wxWidgets 提供了绝佳的选择，虽然目前支持 C++语言的跨平台图形开发工具有很多，例如 Qt、MFC 等，但是使用 wxWidgets 不仅是从开源的角度，其也给跨平台的软件开发提供了很多其他方面的支持。但是使用第三方库进行图形界面开发之前，需要分离所开发项目的基础逻辑部分和图形部分的代码，这样一方面可以使原来所开发的代码保持很好的独立性，另一方面也为图形方面的可移植奠定了基础。

18.14.1　跨平台软件图形界面的设计

每一个带有图形界面的程序都由两个主要部分组成：

（1）构成程序基础的逻辑代码和数据。

（2）允许用户操作查看由程序部分管理的数据的 UI。

通常一个 C/S 架构的应用程序必然会将逻辑部分和用户操作部分分开，前者称为 Server 端，后者称为 Client 端，这种架构的好处不仅是根据项目应用于网络或者安全性质的考虑而不得不分开，同时可以很大程度地提高项目的健壮性以及可修改性。而在跨平台的项目中，类似这种架构将得到更为广泛的使用，因为开发人员不可能在已经开发好的逻辑中添加图形界面的代码，这些代码往往并不具有可移植性，可以想象在其中加入大量的条件语句之后，代码将会变得多么的不可维护。如果将其单独地拿出来，就可以在其中设计图形界面方面自己的架构，添加设计模式的思想，使其中的代码更加便于维护。此外，考虑到 GUI 应用程序的特殊性，当用户的界面创建和显示以后，它们都会要求程序进入一个时间循环。这个循环体把事件处理部分分配给指定的代码来创建和实现更多的用户界面。这就要求开发人员单独地编写用户交互部分的代码，而这些也需要以图形界面的控件为中心。

18.14.2　wxWidgets 简介

wxWidgets 是一个跨平台的软件开发包。它诞生于 1992 年，最初的名字是 wxWindows，但由于 Microsoft 的抗议，在 2004 年改名为 wxWidgets。它最初被设计成跨平台的 GUI 软件开发包，但后来随着越来越多的人参与进来，为 wxWidgets 加入了许多非 GUI 的功能，如多线程（multithread）、网络（network）等。并且从最初的只支持 C++语言逐渐发展成为支持多种语言，如 Python、Perl、C#、Basic 等。因此，现在的 wxWidgets 已经不再是单纯的跨平台的 GUI 软件开发包，而是一个可以支持多种操作系统平台的能够在多种语言中使用的通用跨平台软件开发包。由于 wxWidgets 最开始是为 C++而设计的，因此对 C++语言有着更好的支持。

18.14.3　使用 wxWidgets 开发跨平台软件的界面

wxWidgets 作为一个跨平台的开发工具包，在使用其作为 GUI 的开发工具以后，使得跨平台的应用程序在图形方面的开发更专注于其自身的代码编写。因为 wxWidgets 本身对 Windows、UNIX、Linux 系列下的各个平台都有着很好的支持，与此同时，它的底层代码也是通过 C++语言来实现的，所以利用这个工具来开发一个利用 C++语言实现跨平台应用程序的用户界面可以说是再合适不过了。而最关键的是，wxWidgets 对于偏好 Windows 的开发人员来说上手很快，下面的例子将会说明这个问题。

抽象地说，一个 UI 应用的创建过程是这样的。首先创建一个 wxFrame 实例，并制定长宽和屏幕上的位置。接着创建垂直 sizer widget 和顶层窗口的子 sizer。然后创建一个垂直 sizer widget 和一个水平子 sizer。最后创建 wxStaticText 实例并为这个窗口应用添加事件响应。代码示例如下：

```
class my frame : public wxframe //窗体类
{
public:
    myframe(const wxstring& title); // 窗体的构造函数
};
myframe::myframe(const wxstring& title): wxframe(null, wxid_any, title)
wxmenu *filemenu = new wxmenu; // 建立"文件"菜单
wxmenu *helpmenu = new wxmenu; // 建立"帮助"菜单
helpmenu->append(wxid_about,_t("关于"tfl"),_t("显示关于对话框"));
filemenu->append(wxid_exit,_t("退出"talt-x"),_t("退出应用程序"));
wxmenubar *menubar = new wxmenubar(); // 建立一个菜单条
```

```
menubar->append(filemenu,_t("文件")); //将"文件"菜单加入菜单条
menubai_>append(helpmenu,_t("帮助")); //将"帮助"菜单加入菜单条
setmenubar(menubar); //将菜单条放到窗体上
}
```

在完成这个窗口之后，还需要实现下面的类：

```
class MyApp: public wxtApp
{
 public:
    virtual bool Onlnit0;
}
bool MyApp:: Onlnit 0
{
    //建立myframe类的实例
    myframe *frame=new myframc(_t("wxwidgets程序"));
    frame->show(true); //显示主窗体
    return true; //必须返回true，否则应用程序将退出
}
```

无论是窗口类之间的继承关系还是其中实现控件的代码，wxWidgets 深受 MFC 的影响。下面这个规则表明就像一个跨平台的 MFC：在创建完成 wxWidgets 窗口以后，还需要用 IMPLEMENT_APP 宏来向 wxWidgets 注册从 wxApp 继承而来的类：

```
IMPLEMENT(MyApp)
```

在实际开发过程中，这部分的开发更注重如何编写图形界面，而跨平台软件的开发部分则集中在与逻辑代码部分的通信中，通信部分的实现会根据项目的具体情况而定，对于网络部分的程序，通信通过 Socket 来实现是再好不过的方法，而同时这套类库可以支持多个平台，移植性非常好，唯一需要注意的就是网络通信过程中的数据顺序、缓冲区等问题。而对于非网络应用，笔者更倾向于使用 XML 文件，一方面 XML 格式被多个平台所支持，另一方面其自身规范的格式也为跨平台的软件开发提供了严谨的数据格式。

第19章 Linux下的安全编程

19.1 本章概述

随着信息技术的飞速发展，网络安全理论得到了广泛的应用。身份认证是网络安全的第一道屏障。实现身份认证的方法很多，但传统的、单一的认证手段暴露出了严重的安全隐患，已经不能适应信息技术高速发展的要求，因此迫切需要一种更为安全高效的认证方式。

PKI 以公钥密码学为基础，能保证信息的机密性、完整性与不可否认性。CA 是 PKI 的核心组成部分，它把用户的公钥及其他标识信息捆绑在一起，为用户签发和管理数字证书。PKI 作为当前网络安全认证领域中的最佳技术，已经被广泛应用于电子商务活动中。

本章运用 PKI 技术设计并实现一个小型的数字认证系统。首先，介绍相关的项目背景知识，比如密码学基础理论与身份认证方式，并详细阐述 PKI 的相关技术；其次，通过分析项目具体功能需求设计一个简单的小型数字认证系统；最后，实现该小型数字认证系统。该系统实现了证书生成、证书撤销、证书更新、密钥管理等功能。此外，针对信息传输过程中存在的信息窃听问题，我们借助网络安全协议 SSL 实现了数据的加密传输，建立了数据传输的安全通道，实现了基于数字证书的身份认证。

网络技术的兴起和应用给人们的生活和工作带来了重大变化，信息技术正在不断深入社会的各个层面，并在国防、生产、生活等领域产生着深刻的影响。现在无论是政府机构还是企事业单位的传统事务都向自动化、数字化和网络化转变。人们通过各种通信网络进行数据的传输、交换、存储、共享和分布式计算。可见，计算机信息技术的高速发展给世界带来了巨大的变化，推动了一次又一次科技革命的到来。但是，信息技术给我们带来方便与快捷的同时，也带来了许多安全隐患。在信息传输和交换时，首要的工作就是需要对交互双方的身份进行合法认证，还要对通信信道上传输的机密数据进行加密；在数据存储和共享时，需要对数据进行安全的访问控制；在进行多方计算时，需要保证各方机密信息不被泄露。这些都属于网络安全领域所要面对的难题。

随着计算机网络和各种通信网络的快速发展，网络安全问题日益突出。如何解决网络安全的问题是信息化社会必须面临的一个重要课题。我们面临的网络安全威胁多种多样，信息泄露、完整性破坏、拒绝服务、非法使用网络资源是 4 种基本的安全威胁，攻击者可以采取不同类型的主动攻击和被动攻击手段来达到其目的。为了从系统的角度研究网络安全问题，国际标准化组织（ISO）提出了开放系统互联的安全体系结构，国际电信联盟(ITU-T)也从身份认证、访问控制、数据保密性、数据完整性、不可否认等安全服务上定义了相关标准，提出了实现安全服务所需的安全机制。

身份认证技术作为网络安全的第一道门槛，是最基本的安全服务，其他的安全服务都要依赖于它。身份认证技术已经成为网络安全的一个重要课题，它对网络应用的安全性起着至关重要的作用。

目前，单一口令方式的身份认证早已被业界公认不能有效保护网络及计算机的账号和信息资产的安全。现在很多计算机网络应用系统使用的认证方法都是最简单的用户 ID+密码的形式。进入系统时，用户输入用户名和口令，系统根据预存的用户信息与当前的用户输入进行比较，从而判断用户身份的合法性。这种身份认证方法很不安全，用户信息一旦被他人非法获得，极易受攻击。目前电子商务中采用的最为普遍的方法是通过一个证书授权机构（Certificate Authority，CA）发放数字证书，在之后的交易活动中，双方依据数字证书来确认对方身份。一个实体在电子商务交易活动中身份的证明具有唯一性。在基于数字证书的安全通信中，数字证书是证明用户合法身份和提供合法公钥的凭证（有点类似每个人的身份证）。公钥基础设施（Public Key Infrastructure，PKI）是国际上解决开放式互联网络信息安全需求的一套体系。PKI 体系支持身份认证、信息传输、存储的完整性与机密性以及操作的不可否认性。

基于数字证书的认证方式具有很重要的意义。首先，在认证过程中不涉及秘密信息的传输，用户可以向远端服务器认证自己的身份，而不必担心被窃听。其次，用户和服务器之间不需要共享任何密钥，因此它支持向多个服务器进行认证。再次，这种认证方式同时支持双向认证，用户在向服务器进行身份认证的同时，服务器端也可以利用相同的机制进行身份认证。因此，基于数字证书的认证方式在现实中应用得极为广泛。

PKI 技术经过 20 年的发展已日趋成熟，逐步得到许多国家的政府和企业的广泛重视，由理论研究进入商业化应用阶段。美国、加拿大、欧盟等国家相继建立了自己的 PKI 体系，在金融和通信行业得到了普及。这些国家开展的 PKI 服务都是由政府支持和授权的，由政府部门实行统一的审核管理，组织制定和发布电子交易法令法规和认证中心认证管理办法，采用有关国际组织发布的技术和操作标准与协议，这些做法为规范、安全、有效地运作 PKI/CA 奠定了可靠的基础，促进了整个 PKI 行业的飞速发展。在亚洲，韩国是开发 PKI 技术较早且体系相对完善的国家。韩国的认证架构有 3 个等级：最上一级是信息通信部，中间是由信息通信部设立的国家 CA 认证中心，最下一级是由信息通信部指定的下级授权认证机构。在 1999 年，韩国成立了国际 CA 认证中心。日本的 PKI 管理架构也同样很有特色，它把 PKI 应用体系分为公众和私人两大领域，其中又进行了若干详细的划分。这些国家相继通过了"电子（数字）签名法"等 PKI 相关法律，在法律上赋予了数字签名与传统手工签名同等的地位，极大地推动了 PKI 技术的应用。PKI 技术发展的市场前景极为广阔，PKI 的产品与服务不断更新，国际上有实力的企业也纷纷投入这个行业中，例如全球最大的 3 家 PKI 产品与服务提供商（VeriSign、Entrust Technologies 和 Baltimore Technologies）的加入为这个行业的发展起到了极大的作用。

我国的 PKI 应用起步较晚，在基础理论等方面还依赖于国外的先进技术，虽然如此，近些年来我国 PKI 行业的发展还是十分迅速的。政府和有关部门也对这个行业的发展给予了重视与关心。国内的认证中心分为行业性认证中心、区域性认证中心和纯商业性认证中心。目前已在电信和金融行业得到了广泛应用，市场需求巨大。相信在不久的将来，PKI 技术将发挥越来越重要的作用。

本章旨在通过对 PKI 网络安全技术相关的理论与技术的研究，设计并实现一个具有较好安全性、通用性和可扩展的小型数字认证系统。通过本章的学习，可以重点学到网络安全领域中的身份认证、安全传输等方面的知识。

19.2　密码学基础知识

19.2.1　密码学概述

密码学（cryptography）是一种将信息表述为不可读的方式，并且使用一种秘密的方法将信息恢复出来的科学。密码学提供的最基本的服务是数据机密性服务，就是使通信双方可以互相发送消息，并且避免他人窃取消息的内容。加密算法是密码学的核心。

任何加密系统，无论实现的算法如何不同、形式如何复杂，其基本组成部分是相同的。通常包括以下 4 部分：

（1）需要加密的原始消息，即明文 M。
（2）用于加密或解密的钥匙，即密钥 K。
（3）加密算法 E 或者解密算法 D。
（4）加密后形成的消息，即密文 C。

$C=E_k(M)$表示对明文 M 使用密钥 K 加密后得到密文 C，同样，$M=D_k(C)$表示对密文 C 解密后得到明文 M。加解密过程如图 19-1 所示。

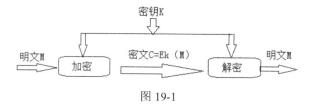

图 19-1

19.2.2　对称密钥加密技术

对称密钥加密技术又称为传统密钥加密技术，是指在一个加密系统中，通信双方使用同一密钥，或者能够通过一方的密钥推导出另一方的密钥的加密体制。对称密钥加密技术的模型如图 19-2 所示。

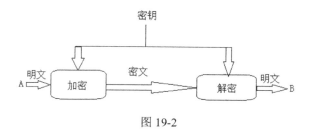

图 19-2

在使用对称密钥加密时，信息交互的双方必须使用同一个密钥，并且这个密钥还要防止被他人窃取。另外，还要经常对所使用的密钥进行更新，减少攻击者获取密钥的概率。因此，对称密钥加密技术的安全性依赖于密钥分配技术。

对称密钥加密技术的特点在于效率高、算法简单、易于实现、计算开销小，适合于对大量数据进行加密。但是它的最大缺点是密钥的安全性得不到保证，易被攻击。所以，密钥分发、密钥保存、密钥管理都是对称密钥加密的缺点。在实际应用中，常用的对称密钥加密技术有 DES 算法、AES 算法等。

- DES 算法：数据加密标准（Data Encryption Standard），是由 IBM 公司研制的一种加密算法。DES 是一个分组加密算法，以 64 位为分组对数据加密。加密和解密使用的是同一个密钥。它的密钥长度是 56 位。64 位的明文从算法的一端输入，经过左右部分的迭代和密钥的异或、置换等一系列操作，从另一端输出。
- AES 算法：高级加密标准（Advanced Encryption Standard），是由美国国家标准技术协会（NIST）在 2001 年发布的。AES 也是一种分组密码，用以取代 DES。AES 作为新一代的安全加密标准，集合了强安全性、高性能、高效率、易用和灵活等优点，其分组长度为 128 位，密钥长度为 128 位、192 位或 256 位。

19.2.3　公开密钥加密技术

公开密钥加密技术又称为非对称密钥加密技术，与对称密钥加密技术不同，它使用一对密钥分别进行加密和解密操作，其中一个是公开密钥（Public-Key），另一个是由用户自己保存（不能公开）的私有密钥（Private-Key），发送方用公钥或私钥进行加密，接收方则使用私钥或公钥进行解密。公钥加密的模型如图 19-3 所示。

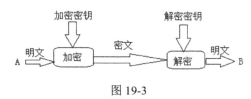

图 19-3

使用公钥加密技术时，通信双方事先不需要通过通信信道进行密钥交换，并且由于公钥是公开的，因此密钥的持有量得到了减少，密钥保存量少、分配简单，便于密钥的分发与管理。常用的公开密钥加密算法有 RSA 算法、DH 算法等。

- RSA 算法：当前应用最为广泛的公钥系统 RSA（Rivest、Shamir、Adleman 三人名字的缩写）是基于大数因子分解的复杂性来构造的，是公钥系统中最典型的加密算法，大多数使用公钥加密技术进行加密和数字签名的实际应用使用的都是 RSA 算法。RSA 算法如下：

  （1）用户选择两个足够大的保密素数 p、q。

  （2）计算 n=pq，n 的欧拉函数为 F(n)=(p-1)(q-1)。

  （3）选择一个相对比较大的整数 e 作为加密指数，使 e 与 F(n)互素。

  （4）解方程：ed=1modF(n)，求出解密指数 d。

  （5）设 M、C 分别为要加密的明文和已被加密的密文，则加密运算为 C=Me mod n，解密运算为 M=Cd mod n。

每个用户都有一个密钥(e,d,n)，(e,n)是可以公开的密钥 PK，(d,n)是用户保密的密钥 PR，e 是加密指数，d 是解密指数。

RSA 算法的安全性基于数论中大数分解为质因子的困难性，从一个公开密钥加密的密文和公钥中推导出明文的难度等价于分解两个大素数的乘积。可见分解越困难，算法的安全性就越高。

● DH 算法：DH（Diffie-Hellman）算法是最早的公钥算法，实质上是一个通信双方进行密钥协定的协议，它的用途仅限于密钥交换。DH 算法的安全性依赖于计算离散对数的难度，离散对数的研究现状表明：所使用的 DH 密钥至少需要 1024 位，才能保证算法的安全性。

19.2.4　单向散列函数算法

单向散列函数算法也称为报文摘要函数算法，使用单向的散列函数，其实现过程是从明文到密文的不可逆的过程。其实就是只能加密而不能将其还原，即理论上无法通过反向运算得到原始数据内容。因此，单向散列函数算法通常只用来进行数据完整性验证。

单向散列函数表达式为 h=H(M)，其中 M 是一个变长消息，H(M)是定长的散列值。消息正确时，将散列值附于发送方的消息后，接收方通过重新计算散列值可认证该消息。散列函数必须具有下列性质：

（1）M 可应用于任意大小的数据块。

（2）H 产生定长的输出。

（3）对任意给定的 M，计算 H(M)比较容易，用硬件和软件均可实现。

（4）对任意给定的散列码 h，找到满足 H(M)=h 的 M 在计算上是不可行的，称为单向性。

（5）对任意给定的分组 M，找到满足 N 不等于 M 且 H(M)=H(N)的 N 在计算上是不可行的，称之为抗弱碰撞性。

（6）找到任何满足 H(M)=H(N)的(M,N)在计算上是不可行的，称为抗强碰撞性。

由于单向函数在速度上比对称加密算法还快，因此它被广泛应用，是数字签名和消息验证码（MAC）的基础，常用的单向散列函数算法有 MD5 和 SHA-1 等。

19.2.5　数字签名基础知识

数字签名是指通过某种密码运算生成一系列符号及代码组成电子密码进行签名的过程。数字签名是一种认证机制，它以公钥技术和单向散列函数为基础，使得消息的产生都可以添加一个起签名作用的标识。数字签名是目前电子商务中应用最普遍、可操作性最强、技术最成熟的一种电子签名方法，它采用规范化的程序和科学的方法，用于鉴定签名人的身份以及对一项电子签名内容的认证。签名保证了消息的来源和完整性，即数字签名能验证出数据在传输过程中有无改变，确保传输电子文件的完整性、真实性和不可替代性。数字签名的过程如图 19-4 所示。

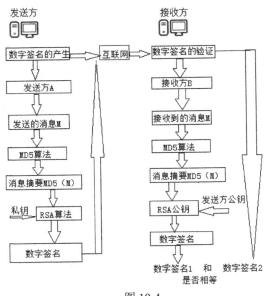

图 19-4

数字签名的实现有下列几个步骤。

（1）发送方使用摘要函数（如 MD5）对信息 M 生成消息摘要 MD5(M)。

（2）发送方使用自己的私钥用某种数字签名算法来签名消息摘要（用私钥对摘要进行加密），得到数字签名。

（3）发送方把消息 M 和数字签名一起发送给接收方。

（4）接收方通过使用与发送方同一个摘要函数对接收的消息生成新的摘要，与（1）中生成的摘要进行对比，如果一致，说明收到的消息没有被修改过；再使用发送方的公钥对数字签名解密来验证发送方的签名。由数字签名的过程可以看出，数字签名很好地保证了如下几个方面的安全性。

① 完整性：因为摘要函数算法实现的过程是不可逆的，如果消息在传输过程中遭到破坏或被窃取，接收方根据接收到的报文还原出来的消息摘要不同于用公钥解密得出的摘要，这样保证了数据在传输过程中的安全性。

② 不可否认性：由于公钥与私钥是一一对应的关系，发送方的私钥只有自己知道，因此它不能否认已发送的消息。

③ 认证：由于公钥和私钥是一一对应的关系，因此接收方用发送方的公钥计算出来的摘要跟发送方生成的摘要是一致的，这样就能证明消息一定是该发送方发送出来的。

19.3　身份认证基础知识

19.3.1　身份认证概述

身份认证常被用于通信双方相互确认身份，以保证通信的安全，是证实被认证对象是否属实和是否有效的一个过程。身份认证是信息安全的第一道防线，对信息系统的安全有着重要的意义，是信息安全体系的基础环节。由于互联网的广泛性和开放性，使得非法用户可以借机进行破坏，他们很容易伪造和盗用用户的身份。因此，有效的、可信的身份认证手段是确保整个安全系统可信的基础。

身份认证技术的基本思想是通过验证被认证对象的某一特殊属性来达到确认被认证对象是否真实有效的目的。被认证对象的属性可以是口令、证书、数字签名或者像指纹、声音、视网膜这样的生理特征。当前，网络上流行的身份认证技术主要有基于口令的认证、基于智能卡的认证、动态口令认证、生物特性认证、USB Key 认证等，这些认证技术并非单独使用，有很多认证过程同时使用多种认证机制。

19.3.2 身份认证的方式

身份认证技术根据不同的侧重点可以有多种划分方式。下面我们根据认证方法将身份认证技术大致分类如下。

（1）基于账号和口令的用户身份认证。系统给每个提出申请的用户分配一个具有唯一性的标识 ID，用户设定自己的口令（PW）。用户要注册进入系统时，向系统提交标识 ID 和 PW，系统根据 ID 检索口令表得到相应的 PW。如果两个 PW 一致，则用户是合法的，系统接收用户，否则用户被拒绝。基于账号和口令的身份认证技术具有成本低、易实现、用户界面友好等特点，所以目前该技术被一般的计算机系统广泛采用。

（2）基于对称密钥/公开密钥的用户身份认证。数据在信道中的传输一般都会采取对称密钥/公开密钥加密措施，以保证数据传输过程中的安全性。在传统的对称密钥密码体制中，加密与解密方法相同，密钥管理较为不便，密码体制单一且容易被攻击或窃取。使用基于公开密钥的身份认证技术就可以很好地解决对称加密过程中密钥无法安全共享这一问题，可以减轻因密钥管理不善而带来的安全威胁。公开密钥密码体制的加密和解密是由通信双方使用不同的两个密钥来实现的。

（3）基于 KDC 的身份认证。在基于对称密钥加密的身份认证协议中，需要认证双方共享一个对称密钥，但是随着系统中用户逐渐增多，密钥数量就会逐渐变得庞大。当用户的数量较大时，密钥的数量增长很快，也就意味着密钥的管理很难，并且增加了密钥存储的危险性，降低了身份认证的安全性。为了减轻密钥管理的难度并且降低密钥的安全风险，可增加一个如密钥分配中心（Key Distributed Center，KDC）这样的可靠中介机构来保存和分发密钥。一般的 KDC 的工作原理如图 19-5 所示。

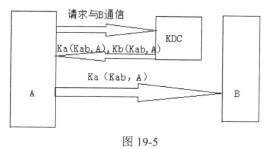

图 19-5

其中，K_a 是 A 与 KDC 之间的对称密钥，K_b 是 B 与 KDC 之间的对称密钥，K_{ab} 是由 KDC 颁发的 A 与 B 之间的对称密钥，KDC 给出的 $K_a(K_{ab},A)$等称为通知单 ticket。常见的基于 KDC 的身份认证协议有这几种：Needham-Schroeder 协议、扩展的 Needham-Schroeder 协议和 Otway-Rees 认证方法等。

（4）基于数字证书的用户身份认证。公开密钥认证方式中的关键问题是确保公开密钥的真实性。现今流行的一种解决的办法是采用数字证书的方式来保证实体公开密钥的真实性， 证书由实体的身份标识、公开密钥、对身份标识和公开密钥的数字签名以及其他附加信息构成，数字证书由可信的第三方来制作和颁发。其认证原理如图 19-6 所示。

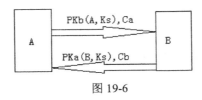

图 19-6

在 A 与 B 进行相互认证时，首先 A 需获得 B 的数字证书 C_b，并使用可信的第三方的公开密钥对 C_b 的签名进行验证，通过后生成会话密钥 K_s，然后用 B 的公开密钥对自己的身份标识 A 和 K_s 进行加密，得到 $PK_b(A,K_s)$，并将结果和自己的证书 C_a 一并发送给 B。B 接收到信息后，同样利用可信的第三方提供的公开密钥对证书 C_a 的签名进行验证，然后对 $PK_b(A,K_s)$进行解密，再利用 A 的公开密钥对自己的身份标识 B 和 K_s 进行加密，将结果 $PK_a(B,K_s)$返回给 A。A 接收后对其进行解密，验证 K_s，完成身份认证，构建会话密钥 K_s。以后双方的交互就能建立在此会话密钥的基础上进行。

（5）基于生物特征的用户身份认证。生物特征识别技术是通过计算机利用人体所固有的生理特征或行为特征，如指纹、手形或视网膜等来进行的个人身份鉴别。目前生物认证技术已被广泛使用，包括指纹识别、语音识别以及视网膜识别等。与传统的身份鉴别手段相比，基于生物特征的用户身份认证技术具有这些优点：不易遗忘或者丢失、防伪性能较好、与拥有者具有绝对相关性。

PKI 是以公开密钥技术为基础并提供安全服务的安全机制。它提供公钥加密和数字签名的功能，并且对密钥和数字证书进行管理。本节重点阐述了密码学基础与身份认证相关的理论。首先介绍了对称密钥加密技术和公开密钥加密技术，其次介绍了单向散列函数算法与数字签名的原理，最后详细介绍了身份认证相关的理论与几种常见的身份认证方式。这些都是 PKI 技术的基础。

19.4　密码编程的两个重要库

密码编程如果所有事情都要从头开始写，结果将是灾难性的。幸亏开源界已经为我们提供了两个密码学相关的函数库：Crypto++和 OpenSSL，前者是纯粹用 C++写的，适合 C++爱好者，后者是用 C 语言写的，也可以在 C++程序中调用。从功能上来讲，OpenSSL 更为强大，OpenSSL 不但提供了编程用的 API 函数，还提供了强大的命令行工具，可以通过命令来进行常用的加解密、签名验证、证书操作等功能。

19.5　OpenSSL 的简介

　　Crypto++虽好，但功能不如 OpenSSL，既生瑜，何生亮。一线开发中，用的更多的是 OpenSSL。虽然 OpenSSL 是用 C 语言写的，但在 C++程序中使用完全没有问题，而且 OpenSSL 很多地方利用面向对象的设计方法与多态来支持多种加密算法。所以学好 OpenSSL，甚至分析其源代码，对我们提高面向对象的设计能力大有帮助。很多著名的开源软件，比如内核 XFRM 框架、VPN 软件 strongSwan 等都是用 C 语言来实现面向对象设计的。因此，我们会对 OpenSSL 叙述得更为详细些，因为一线实践开发中，经常会碰到这个库的使用（很多 C#开发的软件中，底层的安全连接也会用 VC 封装 OpenSSL 为控件后，供 C#界面使用，更不要说 Linux 的一线开发了），希望大家能提前掌握好。

　　随着 Internet 的迅速发展和广泛应用，网络与信息安全的重要性和紧迫性日益突出。Netscape 公司提出了安全套接层协议（Secure Socket Layer，SSL），该协议基于公开密钥技术，可保证两个实体间通信的保密性和可靠性，是目前 Internet 上保密通信的工业标准。

　　Eric A.Young 和 Tim J. Hudson 自 1995 年开始编写后来具有巨大影响力的 OpenSSL 软件包，这是一个没有太多限制的开放源代码的软件包，可以利用这个软件包做很多事情。1998 年，OpenSSL 项目组接管了 OpenSSL 的开发工作，并推出了 OpenSSL 的 0.9.1 版。到目前为止，OpenSSL 的算法已经非常完善。对 SSL 2.0、SSL 3.0 以及 TLS 1.0 都支持。OpenSSL 目前最新的版本是 1.1.1 版。

　　OpenSSL 采用 C 语言作为开发语言，使得 OpenSSL 具有优秀的跨平台性能，可以在不同的平台使用。OpenSSL 支持 Linux、Windows、BSD、Mac 等平台，具有广泛的适用性。OpenSSL 实现了 8 种对称加密算法：ES、DES、Blowfish、CAST、IDEA、RC2、RC4、RC5，实现了 4 种非对称加密算法：DH 算法、RSA 算法、DSA 算法和椭圆曲线算法（ECC），实现了 5 种信息摘要算法：MD2、MD5、MDC2、SHA1 和 RIPEMD，还提供了证书相关的功能。

　　OpenSSL 的许可证（License）是 SSLeay License 和 OpenSSL License 的结合，这两种许可证实际上都是 BSD 类型的许可证，依照许可证里面的说明，OpenSSL 可以被用作各种商业、非商业的用途，但是需要相应遵守一些协定，其实这都是为了保护自由软件作者对其作品的权利。

19.6　OpenSSL 模块分析

19.6.1　OpenSSL 源代码模块结构

　　OpenSSL 整个软件包大概可以分成 3 个主要的功能部分：密码算法库、SSL 协议库以及应用程序。OpenSSL 的目录结构也是围绕这 3 个功能部分进行规划的，具体如表 19-1 所示。

表 19-1 OpenSSL 的目录结构

目录名	功能描述
Crypto	所有加密算法源代码文件和相关标准（如 X.509 源代码文件），是 OpenSSL 中最重要的目录，包含 OpenSSL 密码算法库的所有内容

（续表）

目录名	功能描述
SSL	SSL 中存放 OpenSSL 中 SSL 协议各个版本和 TLS 1.0 协议源代码文件，包含 OpenSSL 协议库的所有内容
Apps	存放 OpenSSL 中所有应用程序源代码文件，如 CA、X509 等应用程序的源文件就存放在这里
Docs	存放 OpenSSL 中所有的使用说明文档，包含 3 部分：应用程序说明文档、加密算法库 API 说明文档以及 SSL 协议 API 说明文档
Demos	存放一些基于 OpenSSL 的应用程序例子，这些例子一般都很简单，演示怎么使用 OpenSSL 中的功能
Include	存放使用 OpenSSL 的库时需要的头文件
Test	存放 OpenSSL 自身功能测试程序的源代码文件

OpenSSL 的算法目录 Crypto 包含 OpenSSL 密码算法库的所有源代码文件，是 OpenSSL 中最重要的目录之一。OpenSSL 的密码算法库包含 OpenSSL 中所有密码算法、密钥管理和证书管理相关标准的实现。

19.6.2　OpenSSL 加密库调用方式

OpenSSL 是全开放的、开放源代码的工具包，实现安全套接层协议（SSLv2/v3）和传输层安全协议（TLSv1），并形成一个功能完整的通用目的的加密库 SSLeay。应用程序可通过 3 种方式调用 SSLeay，如图 19-7 所示。

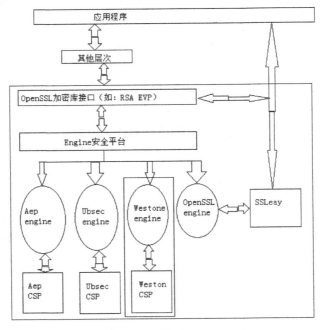

图 19-7

一是直接调用，二是通过 OpenSSL 加密库接口调用，三是通过 Engine 平台和 OpenSSL 对象调用。除了 SSLeay 外，用户可通过 Engine 安全平台访问 CSP。

使用 Engine 技术的 OpenSSL 已经不仅仅是一个密码算法库，而是一个提供通用加解密接口的安全框架，在使用时，只要加载了用户的 Engine 模块，应用程序中所调用的 OpenSSL 加解密函数就会自动调用用户自己开发的加解密函数来完成实际的加解密工作。这种方法将底层硬件的复杂多样性与上层应用分隔开，大大降低了应用开发的难度。

19.6.3　OpenSSL 支持的对称加密算法

OpenSSL 一共提供了 8 种对称加密算法，其中 7 种是分组加密算法，仅有一种流加密算法是 RC4。这 7 种分组加密算法分别是 AES、DES、Blowfish、CAST、IDEA、RC2、RC5，都支持电子密码本模式（ECB）、加密分组链接模式（CBC）、加密反馈模式（CFB）和输出反馈模式（OFB）4 种常用的分组密码加密模式。其中，AES 使用的加密反馈模式（CFB）和输出反馈模式（OFB）分组长度是 128 位，其他算法使用的则是 64 位。事实上，DES 算法里面不仅仅是常用的 DES 算法，还支持三个密钥和两个密钥 3DES 算法。OpenSSL 还使用 EVP 封装了所有的对称加密算法，使得各种对称加密算法能够使用统一的 API 接口 EVP_Encrypt 和 EVP_Decrypt 进行数据的加密和解密，大大提高了代码的可重用性能。

19.6.4　OpenSSL 支持的非对称加密算法

OpenSSL 一共实现了 4 种非对称加密算法，包括 DH 算法、RSA 算法、DSA 算法和椭圆曲线算法（ECC）。DH 算法一般用于密钥交换；RSA 算法既可以用于密钥交换，也可以用于数字签名，当然，如果你能够忍受其缓慢的速度，那么也可以用于数据加解密；DSA 算法则一般只用于数字签名。

跟对称加密算法相似，OpenSSL 也使用 EVP 技术对不同功能的非对称加密算法进行封装，提供了统一的 API 接口。如果使用非对称加密算法进行密钥交换或者密钥加密，则使用 EVPSeal 和 EVPOpen 进行加密和解密；如果使用非对称加密算法进行数字签名，则使用 EVP_Sign 和 EVP_Verify 进行签名和验证。

19.6.5　OpenSSL 支持的信息摘要算法

OpenSSL 实现了 5 种信息摘要算法，分别是 MD2、MD5、MDC2、SHA(SHA1)和 RIPEMD。SHA 算法事实上包括 SHA 和 SHA1 两种信息摘要算法。此外，OpenSSL 还实现了 DSS 标准中规定的两种信息摘要算法：DSS 和 DSS1。

OpenSSL 采用 EVPDigest 接口作为信息摘要算法统一的 EVP 接口，对所有信息摘要算法进行了封装，提供代码的重用性。当然，跟对称加密算法和非对称加密算法不一样，信息摘要算法是不可逆的，不需要一个解密的逆函数。

19.6.6　OpenSSL 密钥和证书管理

OpenSSL 实现了 ASN.1 的证书和密钥相关标准，提供了对证书、公钥、私钥、证书请求以及 CRL 等数据对象的 DER、PEM 和 BASE64 的编解码功能。OpenSSL 提供产生各种公开密钥对和对称密钥的方法、函数和应用程序，同时提供对公钥和私钥的 DER 编解码功能，并实现了私钥的 PKCS#12 和 PKCS#8 的编解码功能。OpenSSL 在标准中提供对私钥的加密保护功能，使得密钥可以安全地进行存储和分发。

在此基础上，OpenSSL 实现了对证书的 X.509 标准编解码、PKCS#12 格式的编解码以及 PKCS#7 的编解码功能，并提供了一种文本数据库，支持证书的管理功能，包括证书密钥产生、请求产生、证书签发、吊销和验证等功能。

事实上，OpenSSL 提供的 CA 应用程序就是一个小型的证书管理中心（CA），实现了证书签发的整个流程和证书管理的大部分机制。

19.7　面向对象与 OpenSSL

OpenSSL 支持常见的密码算法。OpenSSL 成功地运用了面向对象的方法与技术，才使得它能支持众多算法并能实现 SSL 协议。OpenSSL 的可贵之处在于它利用面向过程的 C 语言去实现面向对象的思想。

面向对象方法是一种运用对象、类、继承、封装、聚合、消息传递、多态性等概念来构造系统的软件开发方法。

面向对象方法与技术起源于面向对象的编程语言（OOPL）。但是，面向对象不仅是一些具体的软件开发技术与策略，而且是一整套关于如何看待软件系统与现实世界的关系、以什么观点来研究问题并进行求解以及如何进行系统构造的软件方法学。概括地说，面向对象方法的基本思想是，从现实世界中客观存在的事物（对象）出发来构造软件系统，并在系统构造中尽可能运用人类的自然思维方式。面向对象方法强调直接以问题域（现实世界）中的事物为中心来思考问题、认识问题，并根据这些事物的本质特征，把它们抽象地表现为系统中的对象，作为系统的基本构成单位。这可以使系统直接地映射问题域，保持问题域中事物及其互相关系的本来面貌。

结构化方法采用许多符合人类思维习惯的原则与策略（如自顶向下、逐步求精）。面向对象方法则更加强调运用人类在日常逻辑思维中经常采用的思想方法与原则，例如抽象、分类、继承、聚合、封装等。这使得软件开发者能更有效地思考问题，并以其他人也能看得懂的方式把自己的认识表达出来。具体地讲，面向对象方法有以下一些主要特点：

（1）从问题域中客观存在的事物出发来构造软件系统，用对象作为这些事物的抽象表示，并以此作为系统的基本构成单位。

（2）事物的静态特征（可以用一些数据来表达的特征）用对象的属性表示，事物的动态特征（事物的行为）用对象的服务表示。

（3）对象的属性与服务结合成一体，成为一个独立的实体，对外屏蔽其内部细节（称作封装）。

（4）对事物进行分类。把具有相同属性和相同服务的对象归为一类，类是这些对象的抽象描述，每个对象是它的类的一个实例。

（5）通过在不同程度上运用抽象的原则（较多或较少地忽略事物之间的差异），可以得到较一般的类和较特殊的类。子类继承超类的属性与服务，面向对象方法支持对这种继承关系的描述与实现，从而简化系统的构造过程及其文档。

（6）复杂的对象可以用简单的对象作为其构成部分（称作聚合）。

（7）对象之间通过消息进行通信，以实现对象之间的动态联系。

（8）通过关联表达对象之间的静态关系。

概括以上几点，在用面向对象方法开发的系统中，以类的形式进行描述并通过对类的引用而创建的对象是系统的基本构成单位。这些对象对应着问题域中的各个事物，它们内部的属性与服务刻画了事物的静态特征和动态特征。对象类之间的继承关系、聚合关系、消息和关联如实地表达了问题域中事物之间实际存在的各种关系。因此，无论是系统的构成成分，还是通过这些成分之间的关系而体现的系统结构，都可以直接映射问题域。

面向对象方法代表一种贴近自然的思维方式，它强调运用人类在日常逻辑思维中经常采用的思想方法与原则。面向对象方法中的抽象、分类、继承、聚合、封装等思维方法和分析手段能有效地反映客观世界中事物的特点和相互的关系。而面向对象方法中的继承、多态等特点可以提高过程模型的灵活性、可重用性。因此，应用面向对象的方法将降低工作流分析和建模的复杂性，并使工作流模型具有较好的灵活性，可以较好地反映客观事物。

在 OpenSSL 源代码中，将文件及网络操作封装成 BIO。BIO 几乎封装了除了证书处理外 OpenSSL 所有的功能，包括加密库以及 SSL/TLS 协议。当然，它们都只是在 OpenSSL 其他功能之上封装搭建起来的，却方便了不少。OpenSSL 对各种加密算法封装就可以使用相同的代码但采用不同的加密算法进行数据的加密和解密。

19.7.1　BIO 接口

在 OpenSSL 源代码中，I/O 操作主要有网络操作、磁盘操作。为了方便调用者实现其 I/O 操作，OpenSSL 源代码中将所有与 I/O 操作有关的函数进行统一封装，即无论是网络还是磁盘操作，其接口是一样的。对于函数调用者来说，以统一的接口函数去实现其真正的 I/O 操作。

为了达到此目的，OpenSSL 采用 BIO 抽象接口。BIO 是在底层覆盖了许多类型 I/O 接口细节的一种应用接口，如果在程序中使用 BIO，就可以和 SSL 连接、非加密的网络连接、文件 I/O 进行透明的连接。BIO 接口的定义如下：

```
struct bio_st
{
    ...
    BIO_METHOD *method;
    ...
};
```

其中，BIO_METHOD 结构体是各种函数的接口定义。如果是文件操作，此结构体如下：

```
static BIO_METHOD methods_filep=
{
    BIO_TYPE_FILE,
    "FILE pointer",
    file_write,
    file_read,
    file_puts,
```

```
     file_gets,
     file_ctrl,
     file_new,
     file_free,
     NULL,
};
```

以上是定义 7 个文件操作的接口函数的入口。这 7 个文件操作函数的具体实体与操作系统提供的 API 有关。BIO_METHOD 结构体如果用于网络操作，其结构体如下：

```
staitc BIO_METHOD methods_sockp=
{
    BIO_TYPE_SOCKET,
    "socket",
    sock_write,
    sock_read,
    sock_puts,
    sock_ctrl,
    sock_new,
    sock_free,
    NULL,
};
```

它跟文件类型 BIO 在实现的动作上基本是一样的，只不过是前缀名和类型字段的名称不一样。其实在像 Linux 这样的系统里，Socket 类型跟 fd 类型是一样的，它们可以通用，但是为什么要分开来实现呢？那是因为有些系统（如 Windows 系统）中，Socket 跟文件描述符是不一样的，所以为了平台的兼容性，OpenSSL 就将这两类分开了。

19.7.2　EVP 接口

EVP 系列的函数定义包含在"evp.h"里面，这是一系列封装了 OpenSSL 加密库里面所有算法的函数。通过这样统一的封装，使得只需要在初始化参数的时候做很少的改变，就可以使用相同的代码但采用不同的加密算法进行数据的加密和解密。

EVP 系列函数主要封装了三大类型的算法，要全部支持这些算法，需调用 OpenSSL_addall_algorithms 函数。

（1）公开密钥算法

- 函数名称：EVPSeal*...*，EVPOpen*...*。
- 功能描述：该系列函数封装提供了公开密钥算法的加密和解密功能，实现了电子信封的功能。
- 相关文件：p_seal，p_open.c。

（2）数字签名算法

- 函数名称：EVP_Sign*...*，EVP_Verify*...*。
- 功能描述：该系列函数封装提供了数字签名算法的功能。

- 相关文件：p_sign.c，p_verify.c。

（3）对称加密算法

- 函数名称：EVP_Encrypt*...*。
- 功能描述：该系列函数封装提供了对称加密算法的功能。
- 相关文件：evp_enc.c，p_enc.c，p_dec.c，e_*.c。

（4）信息摘要算法

- 函数名称：EVPDigest*...*。
- 功能描述：该系列函数封装实现了多种信息摘要算法。
- 相关文件：digest.c，m_*.c。

（5）信息编码算法

- 函数名称：EVPEncode*...*。
- 功能描述：该系列函数封装实现了 ASCII 码与二进制码之间的转换函数和功能。

19.8　OpenSSL 的下载、编译和升级安装

前面讲了不少理论知识，虽然枯燥，但可以从宏观层面上对 OpenSSL 进行高屋建瓴的了解，这样以后走迷宫的时候不至于迷路。下面进入实战环节。打开官网下载源代码。OpenSSL 的官网地址是：https://www.openssl.org。这里使用的版本是 1.0.2m，不求最新，但求稳定，这是一线开发者的原则。另外要注意的是，OpenSSL 官方现在已停止对 0.9.8 和 1.0.0 两个版本的升级维护。这里下载下来的是一个压缩文件：openssl-1.0.2m.tar。

刚下载下来不能马上安装，先要看看现在操作系统中是否已经安装了，可以用下列命令进行查看：

```
[root@localhost ~]# rpm -ql openssl
```

或者直接查询 OpenSSL 版本：

```
[root@localhost ~]# openssl version
OpenSSL 1.0.1e-fips 11 Feb 2013
```

可以看出，在笔者的 CentOS 7 上已经预先装了 OpenSSL1.0.1e 版本，如果要查看这个版本更为详细的信息，可以输入命令：

```
[root@localhost ~]# openssl version -a
OpenSSL 1.0.1e-fips 11 Feb 2013
built on: Mon Jun 29 12:45:07 UTC 2015
platform: linux-x86_64
options:  bn(64,64) md2(int) rc4(16x,int) des(idx,cisc,16,int) idea(int)
blowfish(idx)
compiler: gcc -fPIC -DOPENSSL_PIC -DZLIB -DOPENSSL_THREADS -D_REENTRANT
```

```
-DDSO_DLFCN -DHAVE_DLFCN_H -DKRB5_MIT -m64 -DL_ENDIAN -DTERMIO -Wall -O2 -g -pipe
-Wall -Wp,-D_FORTIFY_SOURCE=2 -fexceptions -fstack-protector-strong
--param=ssp-buffer-size=4 -grecord-gcc-switches  -m64 -mtune=generic
-Wa,--noexecstack -DPURIFY -DOPENSSL_IA32_SSE2 -DOPENSSL_BN_ASM_MONT
-DOPENSSL_BN_ASM_MONT5 -DOPENSSL_BN_ASM_GF2m -DSHA1_ASM -DSHA256_ASM -DSHA512_ASM
-DMD5_ASM -DAES_ASM -DVPAES_ASM -DBSAES_ASM -DWHIRLPOOL_ASM -DGHASH_ASM
    OPENSSLDIR: "/etc/pki/tls"
    engines:  rdrand dynamic
```

其实，也就是加了-a 选项。

把下载下来的压缩文件放到 Linux 后解压缩：

```
[root@localhost soft]# tar zxf openssl-1.0.2m.tar.gz
```

进入解压后的文件夹，开始配置、编译、安装：

```
[root@localhost soft]# cd openssl-1.0.2m/
[root@localhost openssl-1.0.2m]# ./config shared zlib
[root@localhost openssl-1.0.2m]# make
[root@localhost openssl-1.0.2m]# make install
```

稍等片刻安装完成。接着，删除两个备份文件：

```
mv /usr/bin/openssl /usr/bin/openssl.bak
mv /usr/include/openssl /usr/include/openssl.bak
```

再创建两个软链接：

```
ln -s /usr/local/ssl/bin/openssl /usr/bin/openssl
ln -s /usr/local/ssl/include/openssl /usr/include/openssl
```

最后添加路径到动态库配置文件并更新：

```
echo "/usr/local/ssl/lib" >> /etc/ld.so.conf
ldconfig -v
```

至此，升级安装工作完成了。我们可以看一下现在 OpenSSL 的版本号：

```
[root@localhost bin]# openssl version
OpenSSL 1.0.2m  2 Nov 2017
```

版本升级成功了。趁热打铁，下面马上编写一个 OpenSSL 的 C++程序，以此验证开发环境是否建立起来了。

【例 19.1】第一个 OpenSSL 的 C++程序

（1）打开 UE，输入代码如下：

```
#include <iostream>
using namespace std;
#include "openssl/evp.h"  //包含相关openssl头文件，位于
/usr/local/ssl/include/openssl/evp.h
```

```
int main(int argc, char *argv[])
{
    char sz[] = "Hello, OpenSSL!";
    cout << sz << endl;
    OpenSSL_add_all_algorithms();   //载入所有SSL算法,这个函数是openssl库中的函数
    return 0;
}
```

代码很简单,只调用了一个 OpenSSL 的库函数 OpenSSL_add_all_algorithms,该函数的作用是载入所有 SSL 算法,这里调用就是为了看看能否调用得起来。

evp.h 的路径是/usr/local/ssl/include/openssl/evp.h,它包含常用密码算法的声明。

(2)保存为 test.cpp,上传到 Linux,在命令行下编译运行:

```
[root@localhost test]# g++ test.cpp -o test  -lcrypto
[root@localhost test]# ./test
Hello, OpenSSL!
```

运行成功了。编译的时候要注意链接 OpenSSL 的动态库 Crypto,这个库文件位于/usr/lib64/libcrypto.so,是一个动态库,提供了 OpenSSL 的常用算法。

有读者可能会问,evp.h 的存放路径是/usr/local/ssl/include/openssl/evp.h,编译的时候为什么不用-I 包含头文件的路径呢?答案是我们在安装 OpenSSL 库的时候,该路径已经写到环境变量中去了,可以用 env 命令查看:

```
[root@localhost test]# env
XDG_SESSION_ID=37
HOSTNAME=localhost.localdomain
……
……
MAIL=/var/spool/mail/root
PATH=/usr/lib64/qt-3.3/bin:/root/perl5/bin:/usr/local/sbin:/usr/local/bin:
/usr/sbin:/usr/bin:/root/bin
PWD=/zww/test
LANG=zh_CN.UTF-8
KDEDIRS=/usr
SELINUX_LEVEL_REQUESTED=
HISTCONTROL=ignoredups
SHLVL=1
HOME=/root
PERL_LOCAL_LIB_ROOT=:/root/perl5
LOGNAME=root
QTLIB=/usr/lib64/qt-3.3/lib
SSH_CONNECTION=172.16.2.5 2177 172.16.2.6 22
LESSOPEN=||/usr/bin/lesspipe.sh %s
XDG_RUNTIME_DIR=/run/user/0
QT_PLUGIN_PATH=/usr/lib64/kde4/plugins:/usr/lib/kde4/plugins
PERL_MM_OPT=INSTALL_BASE=/root/perl5
OLDPWD=/usr/local/ssl/include/openssl
```

```
_=/usr/bin/env
[root@localhost test]#
```

大家可以看末尾倒数第二行，env 命令用于显示系统中已存在的环境变量。

19.9　对称加解密算法的分类

对称加解密算法可以分为流加解密算法和分组加解密算法，分组加解密算法又称为块加解密算法。

19.9.1　流对称算法

加密和解密双方使用相同伪随机加密数据流（密钥），一般都是逐位异或或者随机置换数据内容，常见的流加密算法如 RC4。

流加密中，密钥的长度和明文的长度是一致的。假设明文的长度是 n 比特，那么密钥也为 n 比特。流密码的关键技术在于设计一个良好的"密钥流生成器"，即由种子密钥通过密钥流生成器生成伪随机流。通信双方交换种子密钥即可（已拥有相同的密钥流生成器），具体参见图 19-8。

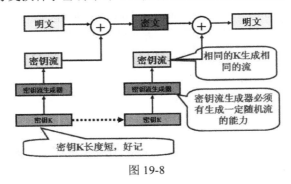

图 19-8

19.9.2　分组对称算法

分组对称算法也称分组加密算法或块加密算法，将明文分成多个等长的块（block，或称分组），使用确定的算法和对称密钥对每组分别加密解密。通俗地讲，就是一组一组地进行加解密，而且每组数据长度相同。

有人或许会想，既然是一组一组地加解密，那么程序是否可以设计成并行加解密呢？比如多核计算机上开 n 个线程同时可以对 n 个分组进行加解密，这个想法不完全正确。因为分组和分组之间可能存在关联。这就引出了分组算法的模式概念。分组算法的模式用来确定分组之间是否有关联以及如何关联的问题。

通常分组算法有 5 种加密模式，如表 19-2 所示。

3. CFB 模式

CFB 模式和 CBC 类似，也需要初始向量。加密第一个分组时，先对初始向量进行加密，得到的中间结果与第一个明文分组进行异或得到第一个密文分组；加密后面的分组时，把前一个密文分组作为向量先加密，得到的中间结果再和当前明文分组进行异或得到密文分组。解密时，解密第一个分组时，先对初始向量进行加密运算（注意用的是加密算法），得到的中间结果再与第一个密文分组进行异或得到明文分组；解密后面的分组时，把上一个密文分组当作向量进行加密运算（注意用的是加密算法），得到的中间结果再和本次的密文分组进行异或得到本次的明文分组，如图 19-11 所示。

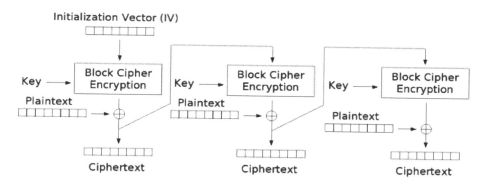

Cipher Feedback (CFB) mode encryption

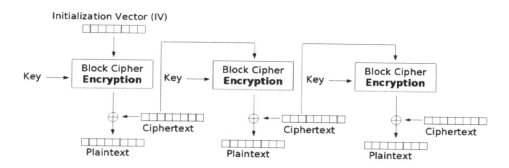

Cipher Feedback (CFB) mode decryption

图 19-11

同 CBC 一样，加密时因为要等前一次的结果，所以只能串行，无法并行计算。解密时因为不用等前一次的结果，所以可以并行计算。

4. OFB 模式

OFB 模式也需要初始向量。加密第一个分组时，先对初始向量进行加密，得到的中间结果与第一个明文分组进行异或得到第一个密文分组；加密后面的分组时，把前一个中间结果（前一个分组的向量的密文）作为向量先加密，得到的中间结果再和当前明文分组进行异或得到密文分组。解密时，解密第一个分组时，先对初始向量进行加密运算（注意用的是加密算法），得到的中间结果再与第一个密文分组进行异或得到明文分组；解密后面的分组时，把上一个中间结果（前一个分组的向量的密文，因为用的依然是加密算法）当作向量进行加密运算（注意用的是加密算法），得到的中间结果再和本次的密文分组进行异或得到本次的明文分组，如图 19-12 和图 19-13 所示。

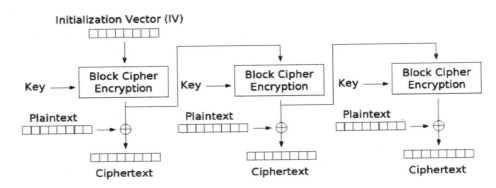

图 19-12

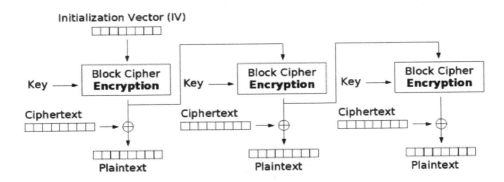

图 19-13

如图 19-12 所示是加密过程，如图 19-13 所示是解密过程。

19.9.3　了解库和头文件

OpenSSL 的加解密函数都包含在库文件/usr/lib64/libcrypto.so 中，有兴趣的话，可以用 nm 命令查看一下里面的导出函数：

```
[root@localhost lib64]# nm -D libcrypto.so
```

里面函数较多，或许 SecureCRT 窗口显示不全，可以设置 SecureCRT 窗口显示的内容行数多一些，具体方法如下。

（1）打开 Options→Session Options→Terminal→Emulation，如图 19-14 所示。

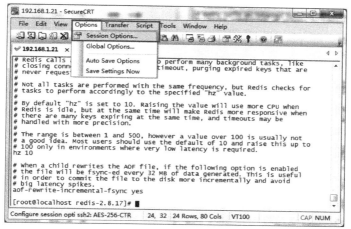

图 19-14

在 Scrollback 下的 Scrollback buffer 文本框中输入需要显示的最大行数，可以设置的最大行数是 32000，如图 19-15 所示。

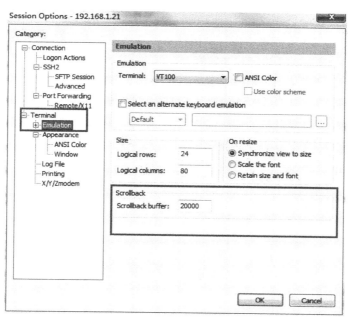

图 19-15

加解密算法的声明文件都存放在/usr/local/ssl/include/openssl 下，可以用 ls 命令看下：

```
[root@localhost lib64]# ls /usr/local/ssl/include/openssl
aes.h       cast.h      dh.h      e_os2.h    md5.h       pem2.h    rsa.h
ssl.h       x509.h
```

```
    asn1.h     cmac.h      dsa.h      err.h      mdc2.h      pem.h
safestack.h stack.h      x509v3.h
    asn1_mac.h cms.h       dso.h      evpzj.h    modes.h      pkcs12.h seed.h
    symhacks.h  x509_vfy.h
    asn1t.h    comp.h      dtls1.h    hmac.h     objects.h    pkcs7.h sha.h
tls1.h
    bio.h      conf_api.h ebcdic.h idea.h       obj_mac.h    pqueue.h srp.h      ts.h
    blowfish.h conf.h      ecdh.h     krb5_asn.h ocsp.h       rand.h   srtp.h
txt_db.h
    bn.h       crypto.h    ecdsa.h    kssl.h     opensslconf.h rc2.h    ssl23.h
ui_compat.h
    buffer.h   des.h       ec.h       lhash.h    opensslv.h   rc4.h    ssl2.h     ui.h
    camellia.h des_old.h  engine.h md4.h        ossl_typ.h   ripemd.h ssl3.h
whrlpool.h
    [root@localhost lib64]#
```

可以看到，des.h、aes.h、rsa.h 都在，而 OpenSSL 为了让大家使用方便，把这些算法的声明都放到了同目录的 evp.h 中，这样在开发时，只需要包含 evp.h 即可。大家可以使用 cat 命令看看这个文件，做到心里有数。

19.10　利用 OpenSSL 进行对称加解密

加密技术是最常用的安全保密手段，利用技术手段把重要的数据变为乱码（加密）传送，到达目的地后再用相同或不同的手段还原（解密）。

加密技术可以分为两类，即对称加密技术和非对称加密技术。对称加密的加密密钥和解密密钥相同，常见的对称加密算法有 DES、AES、SM1、SM4 等；非对称加密又称为公开密钥加密，它使用一对密钥分别进行加密和解密操作，其中一个是公开密钥（Public-Key），另一个是由用户自己保存（不能公开）的私有密钥（Private-Key），以 RSA、ECC 算法为代表。OpenSSL 对这两种加密技术都支持。这里先讲对称加解密。

19.10.1　一些基本概念

1. 密钥

密钥是一种参数，它是在将明文转换为密文或将密文转换为明文的算法中输入的参数。密钥分为对称密钥与非对称密钥。使用对称密钥是加密者和解密者使用同一把密钥，使用非对称密钥则是加密者和解密者使用不同的密钥。

2. 初始向量

初始向量或称初向量，是一个固定长度的比特串。一般使用时会要求它是随机数或伪随机数（pseudorandom）。使用随机数产生的初始向量使得同一个密钥加密的结果每次都不同，这样攻击者难以对同一把密钥的密文进行破解。

19.10.2　对称加解密相关函数

1. 上下文初始化函数 EVP_CIHER_CTX_init

该函数用于初始化密码算法上下文结构体，即 EVP_CIPHER_CTX 结构体，只有经过初始化的 EVP_CIPHER_CTX 结构体才能在后续函数中使用。函数声明如下：

```
void EVP_CIPHER_CTX_init(EVP_CIPHER_CTX *a);
```

其中，参数 a 是要初始化的密码算法上下文结构体指针，该结构体 EVP_CIPHER_CTX 的定义如下：

```
struct evp_cipher_ctx_st {
    const EVP_CIPHER *cipher;        //密码算法上下文结构体指针
    ENGINE *engine;              //密码算法引擎
    int encrypt;                 //标记加密或解密
    int buf_len;                 //运算剩余的数据长度
    unsigned char oiv[EVP_MAX_IV_LENGTH];   //初始iv
    unsigned char iv[EVP_MAX_IV_LENGTH];     //运算中的iv, 即当前iv
    unsigned char buf[EVP_MAX_BLOCK_LENGTH]; /* saved partial block */
    int num;                     /* used by cfb/ofb/ctr mode */
    void *app_data;              /* application stuff */
    int key_len;                 /* May change for variable length cipher */
    unsigned long flags;         /* Various flags */
    void *cipher_data;           /* per EVP data */
    int final_used;
    int block_mask;
    unsigned char final[EVP_MAX_BLOCK_LENGTH]; /* possible final block */
} /* EVP_CIPHER_CTX */ ;
```

2. 加密初始化函数 EVP_EncryptInit_ex

该函数用于加密初始化，设置具体加密算法、加密引擎、密钥，初始向量等参数。该函数声明如下：

```
int EVP_EncryptInit_ex(EVP_CIPHER_CTX *ctx, const EVP_CIPHER *cipher, ENGINE
*impl, const unsigned char *key, const unsigned char *iv)
```

【参数说明】

- ctx: [in]是已经被函数 EVP_CIPHER_CTX_init 初始化过的算法上下文结构体指针。
- cipher: [in]表示具体的加密函数，是一个指向 EVP_CIPHER 结构体的指针，指向 EVP_CIPHER*类型的函数。在 OpenSSL 中，对称加密算法的格式都以函数形式提供，其实该函数返回一个该算法的结构体，其形式一般如下：

```
EVP_CIPHER*   EVP_*(void)
```

常用的加密算法如表 19-3 所示。

表 19-3　常用的加密算法

函数	说明
NULL 算法函数	
const EVP_CIPHER *　　EVP_enc_null(void);	该算法不做任何事情，也就是没有进行加密处理
DES 算法函数	
const EVP_CIPHER *　　EVP_des_cbc(void);	CBC 方式的 DES 算法
const EVP_CIPHER *　　EVP_des_ecb(void);	ECB 方式的 DES 算法
const EVP_CIPHER *　　EVP_des_cfb(void);	CFB 方式的 DES 算法
const EVP_CIPHER *　　EVP_des_ofb(void);	OFB 方式的 DES 算法
使用两个密钥的 3DES 算法	
const EVP_CIPHER *EVP_des_ede_cbc(void);	CBC 方式的 3DES 算法，算法的第一个密钥和最后一个密钥相同，这样实际上就只需要两个密钥
const EVP_CIPHER　*EVP_des_ede(void);	ECB 方式的 3DES 算法，算法的第一个密钥和最后一个密钥相同，这样实际上就只需要两个密钥
const EVP_CIPHER *EVP_des_ede_ofb(void);	OFB 方式的 3DES 算法，算法的第一个密钥和最后一个密钥相同，这样实际上就只需要两个密钥
const EVP_CIPHER * EVP_des_ede_cfb(void);	CFB 方式的 3DES 算法，算法的第一个密钥和最后一个密钥相同，这样实际上就只需要两个密钥
使用 3 个密钥的 3DES 算法	
const EVP_CIPHER * EVP_des_ede3_cbc(void);	CBC 方式的 3DES 算法，算法的 3 个密钥都不相同
const EVP_CIPHER *　　EVP_des_ede3(void);	ECB 方式的 3DES 算法，算法的 3 个密钥都不相同
const EVP_CIPHER * EVP_des_ede3_ofb(void);	OFB 方式的 3DES 算法，算法的 3 个密钥都不相同
const EVP_CIPHER * EVP_des_ede3_cfb(void);	CFB 方式的 3DES 算法，算法的 3 个密钥都不相同
DESX 算法	
const EVP_CIPHER * EVP_desx_cbc(void);	CBC 方式的 DESX 算法
RC4 算法	
const EVP_CIPHER * EVP_rc4(void);	RC4 流加密算法。该算法的密钥长度可以改变，默认是 128 位
40 位 RC4 算法	
const EVP_CIPHER * EVP_rc4_40(void);	密钥长度 40 位的 RC4 流加密算法。该函数可以使用 EVP_rc4 和 EVP_CIPHER_CTX_set_key_length 函数代替
IDEA 算法	
const EVP_CIPHER * EVP_idea_cbc(void);	CBC 方式的 IDEA 算法
const EVP_CIPHER * EVP_idea_ecb(void);	ECB 方式的 IDEA 算法
const EVP_CIPHER *　　EVP_idea_cfb(void);	CFB 方式的 IDEA 算法
const EVP_CIPHER * EVP_idea_ofb(void);	OFB 方式的 IDEA 算法

（续表）

函数	说明
RC2 算法	
const EVP_CIPHER * EVP_rc2_cbc(void);	CBC 方式的 RC2 算法，该算法的密钥长度是可变的，可以通过设置有效密钥长度或有效密钥位的参数来改变。默认是 128 位
const EVP_CIPHER * EVP_rc2_ecb(void);	ECB 方式的 RC2 算法，该算法的密钥长度是可变的，可以通过设置有效密钥长度或有效密钥位的参数来改变。默认是 128 位
const EVP_CIPHER * EVP_rc2_cfb(void);	CFB 方式的 RC2 算法，该算法的密钥长度是可变的，可以通过设置有效密钥长度或有效密钥位的参数来改变。默认是 128 位
const EVP_CIPHER * EVP_rc2_ofb(void);	OFB 方式的 RC2 算法，该算法的密钥长度是可变的，可以通过设置有效密钥长度或有效密钥位的参数来改变。默认是 128 位
定长的两种 RC2 算法	
const EVP_CIPHER * EVP_rc2_40_cbc(void);	40 位 CBC 模式的 RC2 算法
const EVP_CIPHER * EVP_rc2_64_cbc(void);	64 位 CBC 模式的 RC2 算法
Blowfish 算法	
const EVP_CIPHER * EVP_bf_cbc(void);	CBC 方式的 Blowfish 算法，该算法的密钥长度是可变的
const EVP_CIPHER * EVP_bf_ecb(void);	ECB 方式的 Blowfish 算法，该算法的密钥长度是可变的
const EVP_CIPHER * EVP_bf_cfb(void);	CFB 方式的 Blowfish 算法，该算法的密钥长度是可变的
const EVP_CIPHER * EVP_bf_ofb(void);	OFB 方式的 Blowfish 算法，该算法的密钥长度是可变的
CAST 算法	
const EVP_CIPHER *EVP_cast5_cbc(void);	CBC 方式的 CAST 算法，该算法的密钥长度是可变的
const EVP_CIPHER *EVP_cast5_ecb(void);	ECB 方式的 CAST 算法，该算法的密钥长度是可变的
const EVP_CIPHER *EVP_cast5_cfb(void);	CFB 方式的 CAST 算法，该算法的密钥长度是可变的
const EVP_CIPHER *EVP_cast5_ofb(void);	OFB 方式的 CAST 算法，该算法的密钥长度是可变的
RC5 算法	
const EVP_CIPHER * EVP_rc5_32_12_16_cbc(void);	CBC 方式的 RC5 算法，该算法的密钥长度可以根据"算法中一个数据块被加密的次数"（number of rounds）来设置，默认是 128 位密钥，加密次数为 12 次。目前来说，由于 RC5 算法本身实现代码的限制，加密次数只能设置为 8、12 或 16
const EVP_CIPHER * EVP_rc5_32_12_16_ecb(void);	ECB 方式的 RC5 算法，该算法的密钥长度可以根据"算法中一个数据块被加密的次数"（number of rounds）来设置，默认是 128 位密钥，加密次数为 12 次。目前来说，由于 RC5 算法本身实现代码的限制，加密次数只能设置为 8、12 或 16

函数	说明
RC5 算法	
const EVP_CIPHER * EVP_rc5_32_12_16_cfb(void);	CFB 方式的 RC5 算法，该算法的密钥长度可以根据"算法中一个数据块被加密的次数"（number of rounds）来设置，默认是 128 位密钥，加密次数为 12 次。目前来说，由于 RC5 算法本身实现代码的限制，加密次数只能设置为 8、12 或 16
const EVP_CIPHER * EVP_rc5_32_12_16_ofb(void);	OFB 方式的 RC5 算法，该算法的密钥长度可以根据参数"算法中一个数据块被加密的次数"（number of rounds）来设置，默认是 128 位密钥，加密次数为 12 次。目前来说，由于 RC5 算法本身实现代码的限制，加密次数只能设置为 8、12 或 16
128 位 AES 算法	
const EVP_CIPHER *EVP_aes_128_cbc(void);	CBC 方式的 128 位 AES 算法
const EVP_CIPHER *EVP_aes_128_ecb(void);	ECB 方式的 128 位 AES 算法
const EVP_CIPHER *EVP_aes_128_cfb(void);	CFB 方式的 128 位 AES 算法
const EVP_CIPHER *EVP_aes_128_ofb(void);	OFB 方式的 128 位 AES 算法
192 位 AES 算法	
const EVP_CIPHER *EVP_aes_192_cbc(void);	CBC 方式的 192 位 AES 算法
const EVP_CIPHER *EVP_aes_192_ecb(void);	ECB 方式的 192 位 AES 算法
const EVP_CIPHER *EVP_aes_192_cfb(void);	CFB 方式的 192 位 AES 算法
const EVP_CIPHER *EVP_aes_192_ofb(void);	OFB 方式的 192 位 AES 算法
256 位 AES 算法	
const EVP_CIPHER *EVP_aes_256_cbc(void);	CBC 方式的 256 位 AES 算法
const EVP_CIPHER *EVP_aes_256_ecb(void);	ECB 方式的 256 位 AES 算法
const EVP_CIPHER *EVP_aes_256_cfb(void);	CFB 方式的 256 位 AES 算法
const EVP_CIPHER *EVP_aes_256_ofb(void);	OFB 方式的 256 位 AES 算法

参数 cipher 可以取值上面的函数名。

- impl: [in] 指向 ENGINE 结构体的指针，表示加密算法的引擎，可以理解为加密算法的提供者，比如提供硬件加密卡、提供软件算法等，如果取值为 NULL，则使用默认引擎。
- key: 表示加密密钥，长度根据不同的加密算法而定。
- iv: 初始向量，当 cipher 所指的算法为 CBC 模式的算法时才有效，因为 CBC 模式需要初始向量的输入，长度是对称算法分组长度。
- 返回值: 如果函数执行成功就返回 1，否则返回 0。

值得注意的是，key 和 iv 的长度都是根据不同算法而有默认值，比如 DES 算法的 key 和 iv 的长度都是 8 字节；3DES 算法的 key 的长度是 24 字节，iv 是 8 字节；128 位的 AES 算法的 key 和 iv 都是 16 字节。使用时要先根据算法而分配好 key 和 iv 的长度空间。

3. 加密 update 函数 EVP_EncryptUpdate

该函数执行对数据的加密。该函数加密从参数 in 输入的长度为 inl 的数据，并将加密好的数据写入参数 out 中。可以通过反复调用该函数来处理一个连续的数据块（也就是所谓的分组加密，一组一组地加密）。写入 out 的数据数量是由已经加密的数据的对齐关系决定的，理论上来说，从 0 到(inl+cipher_block_size-1)的任何一个数字都有可能（单位是字节），所以输出的参数 out 要有足够的空间存储数据。函数声明如下：

```
int EVP_EncryptUpdate(EVP_CIPHER_CTX *ctx, unsigned char *out, int *outl,
        const unsigned char *in, int inl);
```

【参数说明】

- ctx: [in] 指向 EVP_CIPHER_CTX 的指针，应该已经初始化过了。
- out: [out] 指向存放输出密文的缓冲区指针。
- outl: [out] 输出密文的长度。
- in: [in] 指向存放明文的缓冲区指针。
- inl: [in] 要加密的明文长度。
- 返回值：如果函数执行成功就返回 1，否则返回 0。

4. 加密结束函数 EVP_EncryptFinal_ex

函数 EVP_EncryptFinal_ex 用于结束数据加密，并输出最后剩余的密文。由于分组对称算法是对数据块（分组）操作的，原文数据（明文）的长度不一定为分组长度的倍数，因此存在数据补齐（就是在原文数据的基础上进行填充，填充到整个数据长度为分组的倍数），最后输出的密文就是最后补齐后的分组密文。比如使用 DES 算法加密 10 字节长度的数据，由于 DES 算法的分组长度是 8 字节，因此原文将补齐到 16 字节。当调用 EVP_EncryptUpdate 函数时，返回 8 字节密文，EVP_EncryptFinal_ex 函数返回最后剩余的 8 字节密文。函数 EVP_EncryptFinal_ex 的声明如下：

```
int EVP_EncryptFinal_ex(EVP_CIPHER_CTX *ctx, unsigned char *out, int *outl);
```

【参数说明】

- ctx: [in] EVP_CIPHER_CTX 结构体。
- out: [out] 指向输出密文缓冲区的指针。
- outl: [out] 指向一个整型变量，该变量存储输出的密文数据长度。
- 返回值：如果函数执行成功就返回 1，否则返回 0。

5. 解密初始化函数 EVP_DecryptInit_ex

和加密一样，解密时也要先初始化，作用是设置密码算法、加密引擎、密钥、初始向量等参数。函数 EVP_DecryptInit_ex 的声明如下：

```
int EVP_DecryptInit_ex(EVP_CIPHER_CTX *ctx,const EVP_CIPHER *cipher,ENGINE
*impl,const unsigned char *key,const unsigned char *iv);
```

【参数说明】

- ctx: [in] EVP_CIPHER_CTX 结构体。
- cipher: [in] 指向 EVP_CIPHER，表示要使用的解密算法。
- impl: [in] 指向 ENGINE，表示解密算法使用的加密引擎。应用程序可以使用自定义的加密引擎，如硬件加密算法等。如果取值为 NULL，则使用默认引擎。
- key: [in] 解密密钥，其长度根据解密算法的不同而不同。
- iv: 初始向量，根据算法的模式而确定是否需要，比如 CBC 模式是需要 iv 的。长度同分组长度。
- 返回值：如果函数执行成功就返回 1，否则返回 0。

6. 解密 update 函数 EVP_DecryptUpdate

该函数执行对数据的解密。函数声明如下：

```
int EVP_DecryptUpdate(EVP_CIPHER_CTX *ctx,unsigned char *out,int *outl,const
unsigned char *in,int inl);
```

【参数说明】

- ctx: [in] EVP_CIPHER_CTX 结构体。
- out: [out] 指向解密后存放明文的缓冲区。
- outl: [out] 指向存放明文长度的整型变量。
- in: [in] 指向存放密文的缓冲区的指针。
- inl: [in] 指向存放密文的整型变量。
- 返回值：如果函数执行成功就返回 1，否则返回 0。

7. 解密结束函数 EVP_DecryptFinal_ex

该函数用于结束解密，输出最后剩余的明文。函数声明如下：

```
int EVP_DecryptFinal_ex(EVP_CIPHER_CTX *ctx,unsigned char *outm,int *outl);
```

【参数说明】

- ctx: [in] EVP_CIPHER_CTX 结构体。
- out: [out] 指向输出的明文缓冲区指针。
- outl: [out] 指向存储明文长度的整型变量。

这些函数都可以在 evp.h 中看到原型，另外还有一套没有_ex 结尾的加解密函数，如 EVP_EncryptInit、EVP_DecryptInit 等，它们是旧版本 OpenSSL 的函数，现在已经不推荐使用了，而使用前面讲述的带有_ex 结尾的函数。旧版的函数不支持外部加密引擎，使用的都是默认的算法。EVP_EncryptInit 就相当于 EVP_EncryptInit_ex，第 3 个参数为 NULL。

前面我们讲述了 EVP 的加解密函数。具体使用的时候，一般按照以下流程进行。

（1）EVP_CIPHER_CTX_init：初始化对称计算上下文。

（2）EVP_des_ede3_ecb：返回一个 EVP_CIPHER，假设现在使用 DES 算法。

（3）EVP_EncryptInit_ex：加密初始化函数，本函数调用具体算法的 init 回调函数，将外送密钥 key 转换为内部密钥形式，将初始化向量 iv 复制到 ctx 结构中。

（4）EVP_EncryptUpdate：加密函数，用于多次计算，调用了具体算法的 do_cipher 回调函数。

（5）EVP_EncryptFinal_ex：获取加密结果，函数可能涉及填充，调用了具体算法的 do_cipher 回调函数。

（6）EVP_DecryptInit_ex：解密初始化函数。

（7）EVP_DecryptUpdate：解密函数，用于多次计算，调用了具体算法的 do_cipher 回调函数。

（8）EVP_DecryptFinal 和 EVP_DecryptFinal_ex：获取解密结果，函数可能涉及填充，调用了具体算法的 do_cipher 回调函数。

（9）EVP_CIPHER_CTX_cleanup：清除对称算法上下文数据，它调用用户提供的销毁函数清除内存中的内部密钥以及其他数据。

下面我们来看一个加解密实例。

【例 19.2】对称加解密的综合例子

（1）打开 UE，输入代码如下：

```c
#include <openssl/evp.h>
#include <string.h>
#define FAILURE -1
#define SUCCESS 0

int do_encrypt(const EVP_CIPHER *type, const char *ctype)
{
    unsigned char outbuf[1024];
    int outlen, tmplen;
    unsigned char key[] = { 0, 1, 2, 3, 4, 5, 6, 7, 8, 9, 10, 11, 12, 13, 14,
15, 16, 17, 18, 19, 20, 21, 22, 23 };
    unsigned char iv[] = { 1, 2, 3, 4, 5, 6, 7, 8 };
    char intext[] = "Helloworld";
    EVP_CIPHER_CTX ctx;
    FILE *out;
    EVP_CIPHER_CTX_init(&ctx);
    EVP_EncryptInit_ex(&ctx, type, NULL, key, iv);

    if (!EVP_EncryptUpdate(&ctx, outbuf, &outlen, (unsigned char*)intext,
(int)strlen(intext))) {
        printf("EVP_EncryptUpdate\n");
        return FAILURE;
```

```
        }

        if (!EVP_EncryptFinal_ex(&ctx, outbuf + outlen, &tmplen)) {
            printf("EVP_EncryptFinal_ex\n");
            return FAILURE;
        }

        outlen += tmplen;
        EVP_CIPHER_CTX_cleanup(&ctx);

        out = fopen("./cipher.dat", "wb+");
        fwrite(outbuf, 1, outlen, out);
        fflush(out);
        fclose(out);
        return SUCCESS;
    }

    int do_decrypt(const EVP_CIPHER *type, const char *ctype)
    {
        unsigned char inbuf[1024] = { 0 };
        unsigned char outbuf[1024] = { 0 };
        int outlen, inlen, tmplen;
        unsigned char key[] = { 0, 1, 2, 3, 4, 5, 6, 7, 8, 9, 10, 11, 12, 13, 14,
15, 16, 17, 18, 19, 20, 21, 22, 23 };
        unsigned char iv[] = { 1, 2, 3, 4, 5, 6, 7, 8 };

        EVP_CIPHER_CTX ctx;
        FILE *in = NULL;
        EVP_CIPHER_CTX_init(&ctx);
        EVP_DecryptInit_ex(&ctx, type, NULL, key, iv);

        in = fopen("cipher.dat", "r");
        inlen = fread(inbuf, 1, sizeof(inbuf), in);
        fclose(in);

        printf("Readlen: %d\n", inlen);
        if (!EVP_DecryptUpdate(&ctx, outbuf, &outlen, inbuf, inlen)) {
            printf("EVP_DecryptUpdate\n");
            return FAILURE;
        }

        if (!EVP_DecryptFinal_ex(&ctx, outbuf + outlen, &tmplen)) {
            printf("EVP_DecryptFinal_ex\n");
            return FAILURE;
        }

        outlen += tmplen;
        EVP_CIPHER_CTX_cleanup(&ctx);
```

```
    printf("Result: \n%s\n", outbuf);

    return SUCCESS;
}

int main(int argc, char *argv[])
{
    do_encrypt(EVP_des_cbc(), "des-cbc");
    do_decrypt(EVP_des_cbc(), "des-cbc");

    do_encrypt(EVP_des_ede_cbc(), "des-ede-cbc");
    do_decrypt(EVP_des_ede_cbc(), "des-ede-cbc");

    do_encrypt(EVP_des_ede3_cbc(), "des-ede3-cbc");
    do_decrypt(EVP_des_ede3_cbc(), "des-ede3-cbc");

    return 0;
}
```

在代码中，我们把字符串"Helloworld"进行加密后存入文件 cipher.dat，解密时从该文件中读取密文并解密，然后输出明文。

（2）保存代码为 test.cpp，上传到 Linux，在命令行下编译并运行：

```
[root@localhost test]# g++ test.cpp -o test -lcrypto
[root@localhost test]# ./test
Readlen: 16
Result:
Helloworld
Readlen: 16
Result:
Helloworld
Readlen: 16
Result:
Helloworld
```

19.11　Crypto++的简介

每种强大的语言都有相应的密码安全方面的库，比如 Java 自带加解密库。那么 C++有没有这样的库呢？答案是肯定的，那就是"小名鼎鼎"的 Crypto++。

Crypto++是一个 C++编写的密码学类库。读过《过河卒》的朋友还记得作者的那个不愿意去微软工作的儿子吗？就是 Crypto++ 的作者 WeiDai。Crypto++是一个非常强大的密码学库，在密码学界很受欢迎。虽然网络上有很多密码学相关的代码和库，但是 Crypto++有其明显的优点。主要是功能全、统一性好，例如椭圆曲线加密算法和 AES 算法在 OpenSSL 的 Crypto 库中还没最终完成，而在 Crypto++中就支持得比较好。

基本上密码学中需要的主要功能都可以在里面找到。Crypto++是由标准的 C++写成的，学习 C++、密码学、网络安全都可以通过阅读 Crypto++的源代码得到启发和提高。

Crypto++是一个开源库，其官方网站网址是 www.cryptopp.com。

19.12 Crypto++的编译

我们可以从其官方网站上下载最新源代码，这里下载下来的文件名是 cryptopp610.zip，是一个 ZIP 压缩文件，我们可以把它放到 Linux 下解压缩：

```
[root@localhost soft]# unzip cryptopp610.zip -d cryptopp610
```

加-d 是解压到目录 cryptopp610 下，这个目录会自动建立。

解压完毕后，进入目录 cryptopp610，然后用 make 进行编译：

```
[root@localhost soft]# cd cryptocpp610/
[root@localhost cryptocpp610]# make
```

稍等片刻，编译完成，此时会在文件夹 cryptocpp610 下生成一个静态库 libcryptopp.a，有了这个静态库，我们就可以在应用程序中使用 Crypto++提供的加解密函数了。

19.13 Crypto++进行 AES 加解密

前面我们通过 Crypto++源代码编译出了一个静态库 libcryptopp.a，现在开始使用它。首先看一个例子，这个例子是直接用 AES 加密一个块，AES 的数据块（分组）大小为 128 位，密钥长度可选择 128 位、192 位或 256 位。直接用 AES 加密一个块很少用，因为我们平常都是加密任意长度的数据，需要选择 CFB 等加密模式。但是直接的块加密是对称加密的基础。

【例 19.3】一个使用 Crypto++库的例子

（1）打开 UE，然后输入代码如下：

```
#include <iostream>
using namespace std;

#include <aes.h>
using namespace CryptoPP;

int main()
{

    //AES中使用的固定参数是以类AES中定义的enum数据类型出现的，而不是成员函数或变量
    //因此需要用::符号来索引
    cout << "AES Parameters: " << endl;
    cout << "Algorithm name : " << AES::StaticAlgorithmName() << endl;
```

```
                //Crypto++库中一般用字节数来表示长度，而不是常用的字节数
                cout << "Block size     : " << AES::BLOCKSIZE * 8 << endl;
                cout << "Min key length : " << AES::MIN_KEYLENGTH * 8 << endl;
                cout << "Max key length : " << AES::MAX_KEYLENGTH * 8 << endl;
                //AES中只包含一些固定的数据，而加密、解密的功能由AESEncryption和AESDecryption来
完成
                //加密过程
                AESEncryption aesEncryptor; //加密器
                unsigned char aesKey[AES::DEFAULT_KEYLENGTH];              //密钥
                unsigned char inBlock[AES::BLOCKSIZE] = "123456789";    //要加密的数据块
                unsigned char outBlock[AES::BLOCKSIZE];                  //加密后的密文块
                unsigned char xorBlock[AES::BLOCKSIZE];                  //必须全设定为零
                memset( xorBlock, 0, AES::BLOCKSIZE );                    //置零


                aesEncryptor.SetKey( aesKey, AES::DEFAULT_KEYLENGTH );  //设定加密密钥
                aesEncryptor.ProcessAndXorBlock( inBlock, xorBlock, outBlock );  //加密
                //以16进制显示加密后的数据
                for( int i=0; i<16; i++ ) {
                    cout << hex << (int)outBlock[i] << " ";
                }
                cout << endl;
                //解密
                AESDecryption aesDecryptor;
                unsigned char plainText[AES::BLOCKSIZE];
                aesDecryptor.SetKey( aesKey, AES::DEFAULT_KEYLENGTH );
                aesDecryptor.ProcessAndXorBlock( outBlock, xorBlock, plainText );
                for( int i=0; i<16; i++ )
                    cout << plainText[i];
                cout << endl;
                return 0;
}
```

代码中有以下几个地方要注意一下：

① AES 并不是一个类，而是类 Rijndael 的一个 typedef。

② Rijndael 虽然是一个类，但是其用法和 namespace 很像，本身没有什么成员函数和成员变量，只是在类体中定义了一系列类和数据类型（enum），真正能够进行加密、解密的 AESEncryption 和 AESDecryption 都是定义在这个类内部的类。

③ AESEncryption 和 AESDecryption 除了可以用 SetKey()函数设置密钥外，在构造函数中也能设置密钥，参数和 SetKey()是一样的。

④ ProcessAndXorBlock()可能会让人比较疑惑，函数名的意思是 ProcessBlock and XorBlock，ProcessBlock 就是对块进行加密或解密，XorBlock 在各种加密模式中使用，这里我们不需要应用模式，因此把用来 Xor 操作的 XorBlock 置为 0，这样 Xor 操作就不起作用了。

（2）保存代码为 test.cpp，上传到 Linux，在命令行下编译并运行：

```
[root@localhost test]# g++ test.cpp -o test -I/root/soft/cryptopp610
-L/root/soft/cryptopp610 -lcryptopp
[root@localhost test]# ./test
AES Parameters:
Algorithm name : AES
Block size     : 128
Min key length : 128
Max key length : 256
77 6e 2c a5 2 17 7a 5b 19 e4 28 65 26 f3 7e 14
123456789
```

 目录名 cryptopp610 不要写成 cryptoapp610。